思科系列丛书

思科网络实验室
CCNA 实验指南

（第 2 版）

梁广民　王隆杰　徐　磊　编著

李涤非　审校

电子工业出版社
Publishing House of Electronics Industry
北京·BEIJING

内 容 简 介

本书以 Cisco2911 路由器，Catalyst3750、Catalyst3560 和 Catalyst2960 交换机为硬件平台，以新版 CCNA 内容为基础，以实验为依托，从行业的实际需求出发组织全部内容，全书分为四篇，总计 21 章。其中，网络基础篇包括实验准备（第 1 章）、IP 地址（第 2 章）、设备访问和 IOS 配置（第 3 章）；路由和交换基础篇包括路由概念（第 4 章），静态路由（第 5 章），动态路由和 RIP（第 6 章），交换网络（第 7 章），VLAN、Trunk 和 VLAN 间路由（第 8 章），ACL（第 9 章），DHCP（第 10 章），IPv4 NAT（第 11 章），设备发现、维护和管理（第 12 章）；扩展网络篇包括扩展 VLAN（第 13 章）、STP 和交换机堆叠（第 14 章）、EtherChannel 和 FHRP（第 15 章）、EIGRP（第 16 章）、OSPF（第 17 章），连接网络篇包括 IIDLC 和 PPP（第 18 章）、分支连接（第 19 章）、网络安全和监控（第 20 章）、QoS（第 21 章）。

本书既可作为思科网络技术学院的配套实验教材，用来增强学生的网络知识和操作技能，也可作为电子和计算机等专业的网络集成类课程的教材或者实验指导书，还可作为相关企业的培训教材；同时对于从事网络管理和维护的技术人员，也是一本很实用的技术参考书。

未经许可，不得以任何方式复制或抄袭本书之部分或全部内容。
版权所有，侵权必究。

图书在版编目（CIP）数据

思科网络实验室 CCNA 实验指南 / 梁广民，王隆杰，徐磊编著. —2 版. —北京：电子工业出版社，2018.9
（思科系列丛书）
ISBN 978-7-121-34827-3

Ⅰ. ①思… Ⅱ. ①梁… ②王… ③徐… Ⅲ. ①计算机网络—实验—指南 Ⅳ. ①TP393-62

中国版本图书馆 CIP 数据核字（2018）第 175184 号

策划编辑：宋　梅
责任编辑：宋　梅
印　　刷：涿州市般润文化传播有限公司
装　　订：涿州市般润文化传播有限公司
出版发行：电子工业出版社
　　　　　北京市海淀区万寿路 173 信箱　邮编　100036
开　　本：787×1 092　1/16　印张：29　字数：742 千字
版　　次：2009 年 6 月第 1 版
　　　　　2018 年 9 月第 2 版
印　　次：2024 年 2 月第 11 次印刷
定　　价：99.00 元

凡所购买电子工业出版社图书有缺损问题，请向购买书店调换。若书店售缺，请与本社发行部联系，联系及邮购电话：(010) 88254888，88258888。

质量投诉请发邮件至 zlts@phei.com.cn，盗版侵权举报请发邮件至 dbqq@phei.com.cn。
本书咨询联系方式：mariams@phei.com.cn。

序

当前，以互联网为载体，人工智能、大数据和物联网为新动能，"互联网+"为特征的新一轮经济与产业革命正在到来。在数字化变革的冲击下，传统产业正在进行重大的转型与升级。中国政府已经制定了"中国制造 2025"和"构建国家网络空间安全"的重大国家战略，这些趋势和变化都要求各行各业的工程和技术人员掌握一定的网络技术基础。而作为网络工程师，学习和掌握 CCNA 课程内容和获得 CCNA 认证是多年来业界所公认的网络工程师必经之路。

仔细阅读了梁广民、王隆杰和徐磊老师的这部新作，我对他们多年来能够潜心钻研网络技术并不断取得成果表示敬佩。前两位老师是中国思科网络技术学院金牌教师，均通过两个领域的 CCIE 认证考试，具有扎实的网络基础、娴熟的网络技能和较高的职业素养。作为思科网络技术学院 ITC（教师培训中心）的教师，多年来一直工作在教学第一线，先后培养了 1 000 多名来自全国高校的教师，其教学风格和教学效果得到来自各地教师和学生的高度认可。在他们的指导下，深圳职业技术学院 240 多名学生通过 CCIE 认证考试，登上了网络领域的珠穆朗玛峰，同时指导的学生在网络大赛中成绩斐然，是中国至今囊括思科网络技术学院学生所有级别（中国大陆地区、大中华区、亚太区）比赛冠军的唯一院校。他们以企业实际需求以及新版 CCNA 课程大纲来组织和编写本书，并把自己对网络技术的热情以及从事第一线教学工作的经验和专业知识倾注于此书，书中所阐述的网络原理深入浅出，案例充足、鲜活和实用，实验结果和分析说明透彻详尽，与从国外引进的原版翻译教材相比，更适合中国人的阅读习惯和思维方式，有助于读者快速理解和掌握网络知识和网络技能。

我相信本书对于在校大学生系统学习网络知识、提升网络技能和参加思科 CCNA 认证考试非常有帮助，同时对于网络工程技术人员也是一本很实用的技术参考书。

思科公司前总裁约翰·钱伯斯先生曾说，"互联网和教育是推动社会公平发展的两个核心动力。"秉承这一理念，思科公司 20 年如一日，始终坚持以公益的方式，积极参与和推动中国教育事业的发展。截至目前，思科在中国已经设立了超过 800 所思科网络技术学院，在校学生人数 12 万，累计参加学习的学生人数接近 50 万，超过美国成为学生人数最多的国家。思科公司始终坚信，互联网必将改变人们的工作、学习、生活和娱乐方式。而这一理念的实现，是全体支持互联网发展的研究专家、系统厂商、技术与应用开发商、运营商、教育机构和消费者共同努力的结果。在此也感谢几位老师为此所付出的努力！

思科系统（中国）有限公司
公共事务部高级项目经理
韩江
2018 年 8 月 1 日

前　言

作为全球领先的互联网设备供应商，思科公司的产品已经涉及路由、交换、安全、语音、无线和存储等诸多方面。而思科推出的系列职业认证 CCNA、CCNP 和 CCIE 无疑是 IT 领域最为成功的职业认证规划之一。本书以 CCNA 职业认证内容为依托，从实际应用的角度出发，以思科网络实验室为背景设计拓扑，全面、细致地介绍了新版 CCNA 课程的内容，并从实用性和完整性角度做了必要的扩充。本书的特色如下：

在目标上，以企业实际需求为向导，以培养学生的网络设计能力、对网络设备的配置和调试能力、分析和解决问题能力以及创新能力为目标，讲求实用。

在内容选取上，集先进性、科学性和实用性为一体，全面覆盖新版 CCNA 的内容，但又不局限于 CCNA 范围，尽可能覆盖最新、最实用的技术。如本书对 PVLAN 技术、IPv6 技术、VPN 技术、OSPF 技术和 BGP 技术等领域做了适当的扩展和补充。

在内容表现形式上，把握"理论够用、技能为主"的原则，用最简单和最精练的描述讲解网络基本知识，然后通过详尽的实验现象分析来分层、分步骤地讲解网络技术，并对实验调试信息做了详细的注释，将作者多年实验调试的经验加以汇总和注释，写入本书，直观、易懂。

在内容结构上，本书按照 CCNA 新版教材的结构和布局，分为网络基础篇、路由和交换基础篇、扩展网络篇、连接网络篇四大模块，从配置开始，逐渐展开，结合实验调试结果来巩固和深化所学的内容，最后达到学习知识和培养能力的目的。

本书以 Cisco2911 路由器，Catalyst3750、Catalyst3560 和 Catalyst2960 交换机为硬件平台来搭建实验环境，由于各个实验室的具体情况不同，在实际使用过程中，教师可能需要做稍微改动，以适应自己实验室不同实验设备和环境。

本书既可作为思科网络技术学院的配套实验教材，用来增强学生的网络知识和操作技能，也可作为电子和计算机等专业的网络集成类课程的教材或者实验指导书，还可作为相关企业的培训教材；同时，对于从事网络管理和维护的技术人员，也是一本很实用的技术参考书。

本书由梁广民（CCIE#14496 R/S，Security）、王隆杰（CCIE#14676 R/S，Security）和徐磊组织编写并统稿，参加编写的还有张喜生、石淑华、杨旭、刘平、张立涓、石光华、邹润生、杨名川、成荣、周鸣琦、韦凯和齐治文。从复杂和庞大的 Cisco 网络技术中，编写出一本简明的、适合实验室使用的实验教材确实不是一件容易的事情，衷心感谢思科大中华区网络技术学院技术经理李涤非老师在百忙之中审校全书，感谢思科系统（中国）有限公司公共事务部高级项目经理韩江先生在百忙之中为本书作序，感谢沃尔夫网络实验室（www.wolf-lab.com）对本书中的关键技术给予的指导和帮助。如果没有他们的帮助，本书是不可能在很短的时间内高质量完成的。

由于时间仓促，加上作者水平有限，书中难免有不妥和错误之处，恳请同行专家指正。
E-mail：gmliang@szpt.edu.cn。

编　著　者
2018 年 8 月于深圳

目　　录

网络基础篇

第1章　实验准备 3
  1.1　实验拓扑搭建 3
    1.1.1　路由器接口命名 4
    1.1.2　交换机接口命名 5
    1.1.3　终端访问服务器连接 5
  1.2　实验软件准备 6
    1.2.1　操作系统软件 6
    1.2.2　工具软件 7

第2章　IP 地址 9
  2.1　IPv4 地址 9
    2.1.1　IPv4 地址结构 9
    2.1.2　IPv4 包头格式 11
    2.1.3　IPv4 地址类型 12
    2.1.4　IPv4 子网划分 14
    2.1.5　VLSM 14
  2.2　IPv6 地址 15
    2.2.1　IPv6 特征 15
    2.2.2　IPv6 地址与 IPv6 基本包头格式 16
    2.2.3　IPv6 扩展包头 18
    2.2.4　IPv6 地址类型 19
    2.2.5　IPv6 邻居发现协议 20
    2.2.6　IPv6 过渡技术 21

第3章　设备访问和 IOS 配置 23
  3.1　访问 Cisco 网络设备方式 23
    3.1.1　通过 Console 端口访问网络设备 23
    3.1.2　通过 Telnet 或者 SSH 访问网络设备 24
    3.1.3　通过终端访问服务器访问网络设备 24

3.2 IOS 概述 ·· 25
   3.2.1 IOS 简介 ··· 25
   3.2.2 IOS 命名 ··· 25
   3.2.3 CLI 简介 ··· 26
3.3 访问 Cisco 网络设备 ··· 28
   3.3.1 实验 1：通过 Console 或者 Mini-B USB Console 端口访问路由器 ············· 28
   3.3.2 实验 2：CLI 的使用与 IOS 基本命令 ·· 33
   3.3.3 实验 3：通过 Telnet 访问网络设备 ·· 41
   3.3.4 实验 4：配置终端访问服务器 ··· 42
   3.3.5 实验 5：配置 IPv6 地址 ·· 46

路由和交换基础篇

第 4 章 路由概念

4.1 路由器概述 ·· 51
   4.1.1 路由器组件 ··· 51
   4.1.2 路由器启动过程 ·· 52
   4.1.3 路由器转发数据包机制 ··· 53
4.2 路由决策 ·· 54
   4.2.1 IP 路由原理 ··· 54
   4.2.2 管理距离和度量值 ·· 54
   4.2.3 路由表 ··· 55
   4.2.4 理解路由器路由数据包过程 ·· 56

第 5 章 静态路由

5.1 静态路由概述 ·· 59
   5.1.1 静态路由特征 ·· 59
   5.1.2 默认路由 ··· 60
   5.1.3 静态路由分类 ·· 60
5.2 配置静态路由 ·· 60
   5.2.1 实验 1：配置 IPv4 静态路由 ··· 60
   5.2.2 实验 2：配置 IPv6 静态路由 ··· 67

第 6 章 动态路由和 RIP

6.1 动态路由概述 ·· 72
   6.1.1 动态路由协议特征 ·· 72
   6.1.2 动态路由协议分类 ·· 73
   6.1.3 动态路由协议运行过程 ··· 74
6.2 RIP 概述 ··· 74

		6.2.1 RIP 特征 ··· 74

- 6.2.1 RIP 特征 ·· 74
- 6.2.2 RIPv1 和 RIPv2 比较 ··· 75
- 6.2.3 RIPng 简介 ·· 76

6.3 IPv4 路由查找过程 ··· 76
- 6.3.1 路由表相关术语 ··· 76
- 6.3.2 IPv4 路由查找过程 ··· 77

6.4 配置 RIP ·· 78
- 6.4.1 实验 1：配置 RIPv2 ·· 78
- 6.4.2 实验 2：配置 IPv6 RIP（RIPng）····································· 85

第 7 章 交换网络 ··· 89

7.1 交换网络概述 ··· 89
- 7.1.1 交换机工作原理 ··· 89
- 7.1.2 交换机转发方法 ··· 89
- 7.1.3 冲突域和广播域 ··· 90
- 7.1.4 交换网络层次结构 ·· 91
- 7.1.5 交换机选型 ··· 91
- 7.1.6 交换机启动顺序 ··· 92

7.2 SSH 和交换机端口安全概述 ··· 93
- 7.2.1 SSH 简介 ·· 93
- 7.2.2 交换机端口安全简介 ··· 93

7.3 配置交换机 SSH 管理和端口安全 ·· 94
- 7.3.1 实验 1：配置交换机基本安全和 SSH 管理 ·························· 94
- 7.3.2 实验 2：配置交换机端口安全 ·· 97

第 8 章 VLAN、Trunk 和 VLAN 间路由 ·· 102

8.1 VLAN 概述 ·· 102
- 8.1.1 VLAN 简介 ·· 102
- 8.1.2 VLAN 类型 ·· 102
- 8.1.3 VLAN 划分 ·· 103

8.2 Trunk 概述 ·· 103
- 8.2.1 Trunk 简介 ·· 103
- 8.2.2 Voice VLAN ··· 104

8.3 VLAN 间路由概述 ··· 105
- 8.3.1 传统 VLAN 间路由 ··· 105
- 8.3.2 单臂路由 ··· 105

8.4 配置 VLAN、Trunk、VLAN 间路由和 VoIP ·································· 106
- 8.4.1 实验 1：创建 VLAN 和划分端口 ······································ 106
- 8.4.2 实验 2：配置 Trunk ··· 109

· IX ·

8.4.3 实验3：配置单臂路由实现 VLAN 间路由 ··· 112

第9章 ACL ··· 114

9.1 ACL 概述 ·· 114
9.1.1 ACL 功能 ·· 114
9.1.2 ACL 工作原理 ··· 114
9.1.3 标准 IPv4 ACL 和扩展 IPv4 ACL ·· 115
9.1.4 IPv4 通配符掩码 ··· 116
9.1.5 IPv6 ACL ·· 116
9.1.6 ACL 使用原则 ··· 116

9.2 配置 ACL ··· 117
9.2.1 实验1：配置标准 IPv4 ACL ·· 117
9.2.2 实验2：配置扩展 IPv4 ACL ·· 120
9.2.3 实验3：配置基于时间的 IPv4 ACL ·· 123
9.2.4 实验4：配置动态 IPv4 ACL ·· 125
9.2.5 实验5：配置自反 IPv4 ACL ·· 126
9.2.6 实验6：配置 IPv6 ACL ·· 128

第10章 DHCP ··· 132

10.1 DHCPv4 概述 ·· 132
10.1.1 DHCPv4 工作过程 ·· 132
10.1.2 DHCPv4 数据包格式 ·· 134
10.1.3 DHCPv4 中继代理 ··· 135

10.2 DHCPv6 概述 ·· 136
10.2.1 SLAAC ··· 136
10.2.2 无状态 DHCPv6 ··· 137
10.2.3 有状态 DHCPv6 ··· 137

10.3 DHCP Snooping 概述 ·· 138
10.3.1 DHCP 攻击类型 ·· 138
10.3.2 DHCP Snooping 工作原理 ·· 139

10.4 配置 DHCP 服务 ··· 139
10.4.1 实验1：配置 DHCPv4 服务 ··· 139
10.4.2 实验2：配置通过 SLAAC 获得 IPv6 地址 ·· 144
10.4.3 实验3：配置无状态 DHCPv6 服务 ··· 148
10.4.4 实验4：配置有状态 DHCPv6 服务 ··· 151
10.4.5 实验5：配置 DHCP Snooping ·· 153

第11章 IPv4 NAT ··· 157

11.1 NAT 概述 ··· 157

11.1.1	IPv4 NAT 特征	157
11.1.2	IPv4 NAT 分类	158
11.1.3	NAT-PT 技术	158

11.2 配置 NAT ... 158
    11.2.1 实验 1：配置 IPv4 NAT ... 158
    11.2.2 实验 2：配置 NAT-PT ... 162

第 12 章　设备发现、维护和管理 ... 165

12.1 CDP 和 LLDP 概述 ... 165
    12.1.1 CDP 简介 ... 165
    12.1.2 LLDP 简介 ... 165

12.2 NTP 和系统日志概述 ... 165
    12.2.1 NTP 简介 ... 165
    12.2.2 系统日志简介 ... 166

12.3 路由器 IOS 许可证 ... 167
    12.3.1 路由器 IOS 许可证简介 ... 167
    12.3.2 路由器 IOS 许可证申请和安装步骤 ... 167

12.4 配置 CDP 和 LLDP ... 168
    12.4.1 实验 1：配置 CDP ... 168
    12.4.2 实验 2：配置 LLDP ... 171

12.5 配置 NTP 和系统日志 ... 173
    12.5.1 实验 3：配置 NTP ... 173
    12.5.2 实验 4：配置系统日志 ... 175

12.6 IOS 恢复和 IOS 许可证获取、安装和管理 ... 176
    12.6.1 实验 5：IOS 恢复 ... 176
    12.6.2 实验 6：IOS 许可证获取、安装和管理 ... 179

12.7 实施密码恢复 ... 185
    12.7.1 实验 7：实施路由器密码恢复 ... 185
    12.7.2 实验 8：实施交换机密码恢复 ... 186

扩展网络篇

第 13 章　扩展 VLAN ... 191

13.1 VTP 和 DTP 概述 ... 191
    13.1.1 VTP 作用 ... 191
    13.1.2 VTP 域与 VTP 角色 ... 191
    13.1.3 VTP 通告 ... 192
    13.1.4 VTP 修剪 ... 194
    13.1.5 DTP 简介 ... 194

- 13.2 三层交换概述 195
  - 13.2.1 三层交换简介 195
  - 13.2.2 SVI 实现 VLAN 间路由的优点 196
- 13.3 端口隔离和私有 VLAN 概述 196
  - 13.3.1 端口隔离简介 196
  - 13.3.2 私有 VLAN 简介 197
- 13.4 配置 VTP、DTP 和三层交换 197
  - 13.4.1 实验 1：配置 VTP 197
  - 13.4.2 实验 2：配置 VTP 修剪 204
  - 13.4.3 实验 3：配置 DTP 207
  - 13.4.4 实验 4：配置三层交换实现 VLAN 间路由 208
- 13.5 配置端口隔离和私有 VLAN 211
  - 13.5.1 实验 5：配置端口隔离 211
  - 13.5.2 实验 6：配置私有 VLAN 212

第 14 章 STP 和交换机堆叠 216

- 14.1 STP 概述 216
  - 14.1.1 STP 简介 216
  - 14.1.2 STP 端口角色和端口状态 218
  - 14.1.3 STP 收敛 219
  - 14.1.4 STP 拓扑变更 221
  - 14.1.5 STP 防护 221
- 14.2 RSTP 和 MSTP 概述 222
  - 14.2.1 RSTP 简介 222
  - 14.2.2 RSTP 提议 / 同意机制 223
  - 14.2.3 MSTP 简介 224
  - 14.2.4 STP 运行方式 224
- 14.3 交换机堆叠概述 225
  - 14.3.1 交换机堆叠简介 225
  - 14.3.2 交换机堆叠选举 226
- 14.4 配置 STP 和 STP 防护 226
  - 14.4.1 实验 1：配置 STP 226
  - 14.4.2 实验 2：配置 STP 防护 233
- 14.5 配置 RSTP 和 MSTP 237
  - 14.5.1 实验 3：配置 RSTP 237
  - 14.5.2 实验 4：配置 MSTP 242
  - 14.5.3 实验 5：配置交换机堆叠 246

第 15 章 EtherChannel 和 FHRP 251

15.1 EtherChannel 概述 ⋯⋯⋯⋯⋯⋯⋯⋯⋯⋯⋯⋯⋯⋯⋯⋯⋯⋯⋯⋯⋯⋯⋯⋯⋯⋯⋯⋯⋯⋯⋯⋯⋯⋯⋯⋯⋯ 251
    15.1.1 EtherChannel 简介 ⋯⋯⋯⋯⋯⋯⋯⋯⋯⋯⋯⋯⋯⋯⋯⋯⋯⋯⋯⋯⋯⋯⋯⋯⋯⋯⋯⋯⋯⋯⋯ 251
    15.1.2 PAgP 和 LACP 协商规律 ⋯⋯⋯⋯⋯⋯⋯⋯⋯⋯⋯⋯⋯⋯⋯⋯⋯⋯⋯⋯⋯⋯⋯⋯⋯⋯⋯ 251
15.2 FHRP 概述 ⋯⋯ 252
    15.2.1 HSRP 简介 ⋯⋯⋯⋯⋯⋯⋯⋯⋯⋯⋯⋯⋯⋯⋯⋯⋯⋯⋯⋯⋯⋯⋯⋯⋯⋯⋯⋯⋯⋯⋯⋯⋯⋯ 252
    15.2.2 VRRP 简介 ⋯⋯⋯⋯⋯⋯⋯⋯⋯⋯⋯⋯⋯⋯⋯⋯⋯⋯⋯⋯⋯⋯⋯⋯⋯⋯⋯⋯⋯⋯⋯⋯⋯⋯ 254
15.3 配置 EtherChannel 和 FHRP ⋯⋯⋯⋯⋯⋯⋯⋯⋯⋯⋯⋯⋯⋯⋯⋯⋯⋯⋯⋯⋯⋯⋯⋯⋯⋯⋯⋯⋯⋯⋯ 255
    15.3.1 实验 1：配置 EtherChannel ⋯⋯⋯⋯⋯⋯⋯⋯⋯⋯⋯⋯⋯⋯⋯⋯⋯⋯⋯⋯⋯⋯⋯⋯⋯⋯⋯ 255
    15.3.2 实验 2：配置 HSRP ⋯⋯⋯⋯⋯⋯⋯⋯⋯⋯⋯⋯⋯⋯⋯⋯⋯⋯⋯⋯⋯⋯⋯⋯⋯⋯⋯⋯⋯⋯ 261
    15.3.3 实验 3：配置 VRRP ⋯⋯⋯⋯⋯⋯⋯⋯⋯⋯⋯⋯⋯⋯⋯⋯⋯⋯⋯⋯⋯⋯⋯⋯⋯⋯⋯⋯⋯⋯ 266

第 16 章 EIGRP ⋯⋯⋯ 270

16.1 EIGRP 概述 ⋯⋯⋯⋯⋯⋯⋯⋯⋯⋯⋯⋯⋯⋯⋯⋯⋯⋯⋯⋯⋯⋯⋯⋯⋯⋯⋯⋯⋯⋯⋯⋯⋯⋯⋯⋯⋯⋯⋯ 270
    16.1.1 IPv4 EIGRP 特征 ⋯⋯⋯⋯⋯⋯⋯⋯⋯⋯⋯⋯⋯⋯⋯⋯⋯⋯⋯⋯⋯⋯⋯⋯⋯⋯⋯⋯⋯⋯⋯ 270
    16.1.2 DUAL 算法 ⋯⋯⋯⋯⋯⋯⋯⋯⋯⋯⋯⋯⋯⋯⋯⋯⋯⋯⋯⋯⋯⋯⋯⋯⋯⋯⋯⋯⋯⋯⋯⋯⋯⋯ 271
    16.1.3 IPv4 EIGRP 数据包类型 ⋯⋯⋯⋯⋯⋯⋯⋯⋯⋯⋯⋯⋯⋯⋯⋯⋯⋯⋯⋯⋯⋯⋯⋯⋯⋯⋯⋯ 271
    16.1.4 IPv4 EIGRP 数据包格式 ⋯⋯⋯⋯⋯⋯⋯⋯⋯⋯⋯⋯⋯⋯⋯⋯⋯⋯⋯⋯⋯⋯⋯⋯⋯⋯⋯⋯ 272
    16.1.5 EIGRP 的 SIA 及查询范围的限定 ⋯⋯⋯⋯⋯⋯⋯⋯⋯⋯⋯⋯⋯⋯⋯⋯⋯⋯⋯⋯⋯⋯⋯ 274
    16.1.6 IPv6 EIGRP 简介 ⋯⋯⋯⋯⋯⋯⋯⋯⋯⋯⋯⋯⋯⋯⋯⋯⋯⋯⋯⋯⋯⋯⋯⋯⋯⋯⋯⋯⋯⋯⋯ 275
16.2 配置 EIGRP ⋯⋯⋯⋯⋯⋯⋯⋯⋯⋯⋯⋯⋯⋯⋯⋯⋯⋯⋯⋯⋯⋯⋯⋯⋯⋯⋯⋯⋯⋯⋯⋯⋯⋯⋯⋯⋯⋯⋯ 275
    16.2.1 实验 1：配置基本 IPv4 EIGRP ⋯⋯⋯⋯⋯⋯⋯⋯⋯⋯⋯⋯⋯⋯⋯⋯⋯⋯⋯⋯⋯⋯⋯⋯⋯ 275
    16.2.2 实验 2：配置高级 IPv4 EIGRP ⋯⋯⋯⋯⋯⋯⋯⋯⋯⋯⋯⋯⋯⋯⋯⋯⋯⋯⋯⋯⋯⋯⋯⋯⋯ 283
    16.2.3 实验 3：配置 IPv6 EIGRP ⋯⋯⋯⋯⋯⋯⋯⋯⋯⋯⋯⋯⋯⋯⋯⋯⋯⋯⋯⋯⋯⋯⋯⋯⋯⋯⋯ 289

第 17 章 OSPF ⋯⋯ 295

17.1 OSPF 概述 ⋯⋯ 295
    17.1.1 OSPFv2 特征 ⋯⋯⋯⋯⋯⋯⋯⋯⋯⋯⋯⋯⋯⋯⋯⋯⋯⋯⋯⋯⋯⋯⋯⋯⋯⋯⋯⋯⋯⋯⋯⋯⋯ 295
    17.1.2 OSPF 术语 ⋯⋯⋯⋯⋯⋯⋯⋯⋯⋯⋯⋯⋯⋯⋯⋯⋯⋯⋯⋯⋯⋯⋯⋯⋯⋯⋯⋯⋯⋯⋯⋯⋯⋯ 295
    17.1.3 OSPFv2 数据包类型 ⋯⋯⋯⋯⋯⋯⋯⋯⋯⋯⋯⋯⋯⋯⋯⋯⋯⋯⋯⋯⋯⋯⋯⋯⋯⋯⋯⋯⋯⋯ 296
    17.1.4 OSPF 网络类型 ⋯⋯⋯⋯⋯⋯⋯⋯⋯⋯⋯⋯⋯⋯⋯⋯⋯⋯⋯⋯⋯⋯⋯⋯⋯⋯⋯⋯⋯⋯⋯⋯ 300
    17.1.5 OSPF 邻居关系建立 ⋯⋯⋯⋯⋯⋯⋯⋯⋯⋯⋯⋯⋯⋯⋯⋯⋯⋯⋯⋯⋯⋯⋯⋯⋯⋯⋯⋯⋯⋯ 300
    17.1.6 OSPF 运行步骤 ⋯⋯⋯⋯⋯⋯⋯⋯⋯⋯⋯⋯⋯⋯⋯⋯⋯⋯⋯⋯⋯⋯⋯⋯⋯⋯⋯⋯⋯⋯⋯⋯ 301
    17.1.7 OSPFv2 和 OSPFv3 比较 ⋯⋯⋯⋯⋯⋯⋯⋯⋯⋯⋯⋯⋯⋯⋯⋯⋯⋯⋯⋯⋯⋯⋯⋯⋯⋯⋯⋯ 302
    17.1.8 OSPF 路由器类型 ⋯⋯⋯⋯⋯⋯⋯⋯⋯⋯⋯⋯⋯⋯⋯⋯⋯⋯⋯⋯⋯⋯⋯⋯⋯⋯⋯⋯⋯⋯⋯ 303
    17.1.9 OSPFv2 LSA 类型 ⋯⋯⋯⋯⋯⋯⋯⋯⋯⋯⋯⋯⋯⋯⋯⋯⋯⋯⋯⋯⋯⋯⋯⋯⋯⋯⋯⋯⋯⋯⋯ 304
    17.1.10 OSPF 区域类型 ⋯⋯⋯⋯⋯⋯⋯⋯⋯⋯⋯⋯⋯⋯⋯⋯⋯⋯⋯⋯⋯⋯⋯⋯⋯⋯⋯⋯⋯⋯⋯⋯ 305
17.2 配置单区域 OSPF ⋯⋯⋯⋯⋯⋯⋯⋯⋯⋯⋯⋯⋯⋯⋯⋯⋯⋯⋯⋯⋯⋯⋯⋯⋯⋯⋯⋯⋯⋯⋯⋯⋯⋯⋯⋯ 305
    17.2.1 实验 1：配置单区域 OSPFv2 ⋯⋯⋯⋯⋯⋯⋯⋯⋯⋯⋯⋯⋯⋯⋯⋯⋯⋯⋯⋯⋯⋯⋯⋯⋯⋯ 305
    17.2.2 实验 2：配置 OSPFv2 验证 ⋯⋯⋯⋯⋯⋯⋯⋯⋯⋯⋯⋯⋯⋯⋯⋯⋯⋯⋯⋯⋯⋯⋯⋯⋯⋯⋯ 314

        17.2.3　实验 3：配置单区域 OSPFv3 318
        17.2.4　实验 4：配置 OSPFv3 验证 325
    17.3　配置多区域 OSPF 327
        17.3.1　实验 5：配置多区域 OSPFv2 327
        17.3.2　实验 6：配置多区域 OSPFv3 332

连接网络篇

第 18 章　HDLC 和 PPP 339

    18.1　HDLC 和 PPP 概述 339
        18.1.1　HDLC 简介 339
        18.1.2　PPP 组件和会话过程 340
        18.1.3　PPP 帧结构 341
        18.1.4　LCP 操作和 NCP 操作 341
        18.1.5　PPP 身份验证协议 342
    18.2　配置 PPP 343
        18.2.1　实验 1：配置 PPP 封装 343
        18.2.2　实验 2：配置 PAP 验证 345
        18.2.3　实验 3：配置 CHAP 验证 347
        18.2.4　实验 4：配置 PPP Multilink 348

第 19 章　分支连接 351

    19.1　远程连接概述 351
        19.1.1　公共 WAN 基础设施远程连接 351
        19.1.2　专用 WAN 基础设施远程连接 352
    19.2　PPPoE 概述 352
        19.2.1　PPPoE 简介 352
        19.2.2　PPPoE 数据包类型 353
        19.2.3　PPPoE 会话建立过程 353
    19.3　隧道技术概述 355
        19.3.1　GRE 简介 355
        19.3.2　IPSec VPN 简介 355
        19.3.3　AH 和 ESP 356
        19.3.4　安全关联和 IKE 357
        19.3.5　IPSec 操作步骤 358
    19.4　BGP 概述 359
        19.4.1　BGP 特征 359
        19.4.2　BGP 术语 359
        19.4.3　BGP 属性 359

  19.4.4 BGP 数据包格式 ··· 361

 19.5 配置 PPPoE ·· 363

  19.5.1 实验 1：配置 ADSL ··· 363

  19.5.2 实验 2：配置 PPPoE 服务器和客户端 ··· 366

 19.6 配置隧道 ··· 369

  19.6.1 实验 3：配置 GRE ··· 369

  19.6.2 实验 4：配置 Site to Site VPN ·· 372

 19.7 实验 5：配置 IBGP 和 EBGP ··· 377

第 20 章 网络安全和监控 ·· 385

 20.1 常见 LAN 攻击 ··· 385

  20.1.1 常见 LAN 攻击类型及缓解措施 ·· 385

  20.1.2 交换机安全基本措施 ·· 386

 20.2 AAA 和 IEEE 802.1x 概述 ··· 387

  20.2.1 AAA 简介 ··· 387

  20.2.2 IEEE 802.1x 简介 ··· 388

 20.3 SNMP 和 SPAN 概述 ··· 389

  20.3.1 SNMP 简介 ··· 389

  20.3.2 SPAN 简介 ·· 390

 20.4 关闭不必要的服务和开启 HTTPS 服务 ··· 391

  20.4.1 实验 1：关闭不必要的服务 ·· 391

  20.4.2 实验 2：开启 HTTPS 服务 ·· 392

 20.5 配置 AAA 和 IEEE 802.1x ··· 393

  20.5.1 实验 3：配置本地验证 AAA ·· 393

  20.5.2 实验 4：配置基于 TACACS+服务器的 AAA ·· 395

  20.5.3 实验 5：配置 IEEE 802.1x ·· 400

 20.6 配置 SNMP 和 SPAN ··· 404

  20.6.1 实验 6：配置 SNMPv2c ·· 404

  20.6.2 实验 7：配置 SNMPv3 ·· 408

  20.6.3 实验 8：配置 SPAN 和 RSPAN ·· 411

第 21 章 QoS ··· 415

 21.1 QoS 概述 ··· 415

  21.1.1 网络流量的类型 ··· 415

  21.1.2 网络拥塞的特征 ··· 416

  21.1.3 QoS 模型 ··· 417

 21.2 队列技术 ··· 418

  21.2.1 先进先出（FIFO）队列 ·· 418

  21.2.2 优先级队列（PQ） ··· 418

  21.2.3 加权公平队列（WFQ） ... 419
  21.2.4 基于类的加权公平队列（CBWFQ） ... 419
  21.2.5 低延时队列（LLQ） ... 419
 21.3 QoS 实施技术 ... 420
  21.3.1 分类与标记 ... 420
  21.3.2 拥塞避免 ... 422
  21.3.3 流量监管与流量整形 ... 423
 21.4 配置分类与标记 ... 425
  21.4.1 实验 1：配置分类与标记 ... 425
  21.4.2 实验 2：配置 NBAR ... 429
 21.5 配置队列和 WRED ... 432
  21.5.1 实验 3：配置 PQ ... 432
  21.5.2 实验 4：配置 CBWFQ ... 433
  21.5.3 实验 5：配置 LLQ ... 435
  21.5.4 实验 6：配置 CB-WRED 实现拥塞避免 ... 437
 21.6 配置流量监管和流量整形 ... 440
  21.6.1 实验 7：配置流量整形 ... 440
  21.6.2 实验 8：配置 CAR 实现流量监管 ... 441
  21.6.3 实验 9：配置 CB-Policing 实现流量监管 ... 443

参考文献 ... 445

网络基础篇

- 第1章 实验准备
- 第2章 IP地址
- 第3章 设备访问和IOS配置

第1章 实 验 准 备

要顺利完成本书各个章节的实验，必须具备相应的网络设备（路由器、交换机和服务器等）、软件（IOS 软件和相关工具软件）以及合理的网络连接，避免每次实验都要花费大量的时间来搭建网络拓扑。本章介绍本书使用的网络设备的选型、拓扑搭建以及相关软件的选择，力求完全满足和 Cisco 路由、交换技术相关的 CCNA 和 CCNP 层次的所有实验。当然，本书中涉及的实验可以通过 GNS3 模拟器完成，绝大部分实验也可以通过 Cisco 的 Packet Tracer 模拟器完成，从某种意义上讲，用模拟器搭建实验环境更加方便。

1.1 实验拓扑搭建

为了完成本书中的各项实验，需要构建不同的网络拓扑，如果每次都临时搭建网络拓扑，则会花费大量的时间。为此，我们设计了一个功能强大的网络拓扑，可以满足 CCNA 和 CCNP 课程路由和交换内容的相关实验，实验拓扑可以 1 人使用，也可以满足 1~4 人共同合作完成实验。

本书设计的实验拓扑（以太网连接部分）如图 1-1 所示（图中不包含终端访问服务器和各设备的连接）。该拓扑中的路由器和交换机均通过终端访问服务器登录访问。

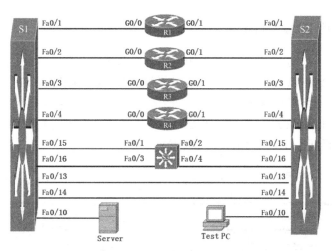

图 1-1 实验拓扑（以太网连接部分）

图 1-1 中包括 4 台 Cisco2911 路由器(R1~R4)（每台路由器安装 1~2 块 HWIC-2T 模块）和 3 台支持以太网供电（Power Over Ethernet，POE）的 3560V2 交换机（S1~S3）（有 24 个百兆位和 2 个千兆位以太网接口）。读者可以根据拥有实验设备的具体情况选择合适的设备。路由器也可以采用 Cisco1921、Cisco1941、Cisco2901、Cisco2921、Cisco2951、Cisco3925、Cisco3945，以及早期的 1800 系列、2800 系列和 3800 系列路由器，不同的路由器支持的

模块数量和模块类型可能不同，当然操作系统也需要匹配。交换机也可以采用 2960 和 3750 等设备。路由器 R1～R4 的 G0/0 以太网接口和交换机 S1 的 Fa0/1～ Fa0/4 相应接口连接；G0/1 以太网接口则和交换机 S2 的 Fa0/1～Fa0/4 相应接口连接。交换机 S1 和 S2 之间通过 Fa0/13 和 Fa0/14 连接；交换机 S3 的 Fa0/1 和 Fa0/3 接口连接到 S1 的 Fa0/15 和 Fa0/16 上，交换机 S3 的 Fa0/2 和 Fa0/4 接口连接到 S2 的 Fa0/15 和 Fa0/16 上。交换机 S1 的 0/10 接口连接到 Server 网卡上，交换机 S2 的 Fa0/10 接口连接到 Test PC 网卡上，读者可以根据实验的实际需要灵活地连接 Test PC 到交换机的相应接口上。

实验拓扑（串行连接部分）如图 1-2 所示。路由器 R1 的 S0/0/0 和 S0/0/1 串行口和路由器 R2 的 S0/0/0 和 S0/1/1 串行口连接，路由器 R2 的 S0/0/1 串行口和路由器 R3 的 S0/0/1 串行口连接，路由器 R2 的 S0/1/0 串行口和路由器 R4 的 S0/0/1 串行口连接，路由器 R3 的 S0/0/0 串行口和路由器 R4 的 0/0/0 串行口连接。

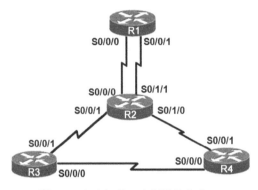

图 1-2 实验拓扑（串行连接部分）

1.1.1 路由器接口命名

以本书实验拓扑中的 2911 路由器为例说明路由器接口命名，如图 1-3 所示。2911 路由器包括 3 个固定的千兆位以太网接口、1 个服务模块（Service Module，SM）插槽——用来替换用于语音/传真的网络模块插槽和扩展模块插槽、4 个增强型高速广域网接口卡（Enhanced High-Speed WAN Interface Card，EHWIC）插槽或者 2 个双宽度 EHWIC 插槽（使用双宽度 EHWIC 插槽将占用两个单宽度 EHWIC 插槽）。

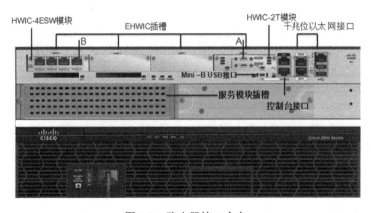

图 1-3 路由器接口命名

① 千兆位以太网接口命名分别为 GigabitEthernet0/0、GigabitEthernet0/1 和 GigabitEthernet0/2，在路由器上对应的具体标识为 G0/0、G0/1 和 G0/2。

② 4 个 EHWIC 模块号从右到左的编号依次为 0～3，在 EHWIC 插槽插入模块的接口编号从 0 开始，按照从下到上、从右到左原则编号。常见的 HWIC 模块包括 HWIC-2T、HWIC-2FE、HWIC-1ADSL、HWIC-16A、HWIC-4ESW、HWIC-4ESG、VWIC3-1MFT-T1/E1 和 HWIC-4G-LTE-G 等。读者应该根据实际网络需求选择相应的模块，而且需要单独购买。根据上述路由器接口命名原则，图 1-3 中 A 接口的名称为 S0/0/1，B 接口的名称为 Fa0/3/0，其中第 1 个数字表示插槽号码，第 2 个数字表示模块号码，第 3 个数字表示模块的端口号码。

③ 服务模块插槽的号码为 1，具体接口的名字要看选择什么模块，例如，购买的是 SM-ES3-16-P 交换模块，那么第一个接口的名称是 G1/0。

1.1.2 交换机接口命名

以本书实验拓扑中的 WS-C3560V2-24PS-S 交换机为例说明交换机接口命名。该交换机是一款固定端口配置的高效节能的三层交换机，包含 24 个百兆位以太网接口和 2 个小型可插拔（Small Form-factor Pluggables，SFP）千兆位以太网扩展接口（需要相应 SFP 模块）。24 个百兆位以太网接口支持以太网供电（PoE）能力。交换机接口命名如图 1-4 所示，图中 A 接口的名称为 Fa0/1，B 接口的名称为 Fa0/14，C 接口的名称为 G0/1。

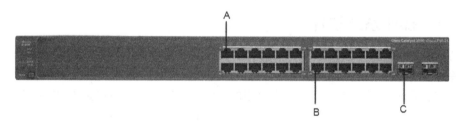

图 1-4　交换机接口命名

1.1.3 终端访问服务器连接

在实验过程中，综合和复杂的实验会用到多台路由器或者交换机，如果通过计算机串行通信接口（COM 口）和网络设备的控制台（Console）端口连接，由于计算机的一个 COM 口只能连接一台网络设备，就需要多台计算机或者经常性拔插连接网路设备的 Console 线缆，非常不方便，而且也可能把网络设备的 Console 端口烧掉，造成设备损坏。终端访问服务器可以解决这个问题。终端访问服务器和网络设备的连接方法如图 1-5 所示。终端访问服务器通常由一台配置了 HWIC-8A 模块或者 HWIC-16A 模块的路由器来充当，从它引出多条连接线到各个被控设备的 Console 端口。使用时，用户首先通过计算机 COM 口或者 Telnet 访问到终端访问服务器，然后再从终端访问服务器访问各个路由器、交换机等被控设备，这样就能在一台计算机上同时控制对多台设备的访问，而不用频繁插拔 Console 线缆。

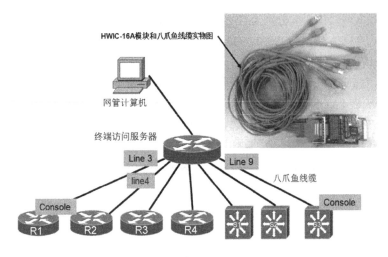

图 1-5　终端访问服务器和网络设备的连接方法

1.2　实验软件准备

完成网络拓扑搭建后,接下来准备本书实验所需要的相关软件,主要包括路由器和交换机操作系统软件(Internetwork Operating System,IOS)和工具软件。

1.2.1　操作系统软件

不同系列和不同型号的路由器和交换机需要的 IOS 软件是不同的,请读者选择适合自己实验设备的 IOS。如果需要较新的 IOS,可以从 Cisco 官网(www.cisco.com)下载,并且对设备进行 IOS 升级。下载 IOS 需要相应权限的 CCO(Cisco Connection Online)账号。下载时请确认自己的网络设备是否满足 IOS 软件运行所需要的内存和 Flash 空间。IOS 升级的相关知识将在第 3 章讲述。

本书实验环境的路由器型号选择 2911,相应的 IOS 选择 c2900-universalk9- mz.SPA.157-3.M.bin。路由器 IOS 下载页面如图 1-6 所示。

图 1-6　路由器 IOS 下载页面

本书实验环境的交换机型号选择为 WS-C3560V2-24PS-S，相应的 IOS 选择 c3560-ipservicesk9-mz.150-2.SE11.bin。交换机 IOS 下载页面如图 1-7 所示。

图 1-7　交换机 IOS 下载页面

1.2.2　工具软件

为了确保实验顺利进行并完成相应的功能，本书中使用了如下工具软件。读者也可以当学习到相应内容时再下载、准备和安装相应软件。

1. Wireshark

Wireshark 是网络数据包协议分析工具，它可以捕获网络数据，并显示数据包的尽可能详细的信息，对于读者深入理解网络技术非常有帮助。下载地址：www.wireshark.org。

2. SecureCRT

SecureCRT 是最常用的终端仿真程序，支持通过串行通信、Telnet 或者 SSH 配置和管理路由器和交换机。下载地址：www.vandyke.com。

3. SNMP 软件

本教材采用 ManageEngine 推出的 SNMP MIB 浏览器软件完成 SNMP 部分的相关实验，该软件是一款能够读取和更改 SNMP 代理的 MIB 信息的免费软件。下载地址：https://www.manageengine.com/products/mibbrowser-free-tool/download.html。

4. TFTPD

请读者根据自己的操作系统是 32 位或 64 位系统选择 TFTPD32 或者 TFTPD64，两者的功能完全一样。TFTPD 是一款集成多种服务的袖珍网络服务器包，包括 SYSLOG 服务器、SNTP 服务器、DHCP 服务器、DNS 服务器、日志查看器以及 TFTP 服务器端和客户端。选择相应的服务完成相应的实验内容，比如当完成 IOS 的升级或者恢复以及配置文件的备份时，需要选择 TFTP 服务器；当模拟 DHCP 服务的时，需要选择 DHCP 服务器。下载地址：tftpd32.jounin.net。

5．Cisco ACS 软件

ACS 是 Cisco 推出的一个 AAA 软件，可以进行验证、授权、计费等操作。下载地址：www.cisco.com。

6．Cisco Console 转 USB 驱动程序

新款的 Cisco 路由器都配置了 Mini-B USB Console 端口，以方便对设备进行网络管理，使用前需要安装此驱动程序。下载地址：www.cisco.com 或者通过搜索引擎选择下载地址。

7．Cisco VPN Client 软件

Cisco VPN Client 软件可以实现远程 VPN 连接。下载地址：www.cisco.com 或者通过搜索引擎选择下载地址。

第 2 章 IP 地址

IP 地址是 Internet 赖以工作的基础。IP 地址被用来在网络中唯一标识一台计算机或者网络设备的接口，是一个逻辑地址，高效的 IP 地址规划能确保网络高效率地运行。目前使用的 IP 地址分为 IPv4 与 IPv6 两大类。由于 IPv4 地址即将耗尽，未来的网络将是以 IPv6 地址为主导。本章主要介绍 IPv4 地址的结构、类型、子网划分和 VLSM，以及 IPv6 特征、IPv6 地址的结构和类型、IPv6 NDP 和 IPv6 过渡技术等内容。本章内容是学习网络技术最应该掌握的基本知识点之一。

2.1 IPv4 地址

2.1.1 IPv4 地址结构

IPv4 地址长度为 32 位二进制数，通常使用点分十进制数表示 IPv4 地址，每个十进制数由 8 位二进制数构成。最初设计互联网时，为了便于寻址和层次化构造网络，IP 地址由网络地址和主机地址两部分组成，对于同一网络中的所有设备，IPv4 地址中网络部分必须完全相同，而 IPv4 地址中主机部分必须唯一。在配置 IPv4 地址时，还要配置子网掩码。与 IPv4 地址一样，子网掩码的长度也是 32 位二进制数。用子网掩码和 IPv4 地址进行逻辑与运算的结果表示网络地址，用 IPv4 地址减去网络地址表示主机地址。IP 地址结构如图 2-1 所示。

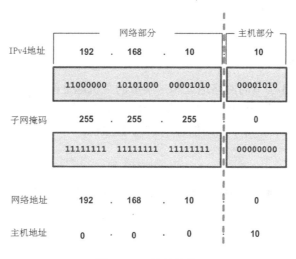

图 2-1 IP 地址结构

IPv4 地址分为 A 类、B 类、C 类、D 类和 E 类地址 5 种类型，如图 2-2 所示。

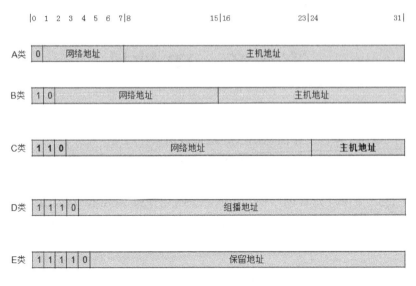

图 2-2 IPv4 地址分类

1．A 类 IPv4 地址

A 类 IPv4 地址由 1 字节的网络地址和 3 字节的主机地址组成，网络地址的最高位必须是"0"，第一个字节范围为 0～127，其中 0 和 127 保留，有效 IPv4 地址范围从 1.0.0.1 到 126.255.255.254，网络掩码为 255.0.0.0，每个网络能容纳 $2^{24}-2$ 台主机。

2．B 类 IPv4 地址

B 类 IPv4 地址由 2 字节的网络地址和 2 字节的主机地址组成，网络地址的最高两位必须是"10"，第一个字节范围为 128～191，有效 IPv4 地址范围从 128.0.0.1 到 191.255.255.254，网络掩码为 255.255.0.0，每个网络能容纳 $2^{16}-2$ 台主机。

3．C 类 IPv4 地址

C 类 IPv4 地址由 3 字节的网络地址和 1 字节的主机地址组成，网络地址的最高三位必须是"110"。第一个字节范围为 192～223，有效 IPv4 地址范围从 192.0.0.1 到 223.255.255.254，网络掩码为 255.255.255.0，每个网络能容纳 $2^{8}-2$ 台主机。

4．D 类 IPv4 地址

D 类 IPv4 地址网络地址的最高四位必须是"1110"，用于组播。第一个字节范围为 224～239，有效 IPv4 地址范围从 224.0.0.1 到 239.255.255.254。

5．E 类 IPv4 地址

E 类 IPv4 地址网络地址的最高五位必须是"11110"，为将来使用保留。其中 255.255.255.255 用于广播地址。

虽然大多数 IPv4 主机地址是公有地址，用于可以通过 Internet 访问的网络中，但也有一些地址块用于需要限制或禁止 Internet 访问的网络中，此类地址称为私有地址。RFC 1918 定义了私有 IPv4 地址，私有地址网络范围如下。
- A 类地址中私有地址块：10.0.0.0～10.255.255.255 (10.0.0.0/8)；
- B 类地址中私有地址块：172.16.0.0～172.31.255.255 (172.16.0.0/12)；
- C 类地址中私有地址块：192.168.0.0～192.168.255.255 (192.168.0.0/16)。

2.1.2　IPv4 包头格式

IPv4 数据包由 IPv4 包头和负载两部分构成，IPv4 数据包包头格式如图 2-3 所示，各个字段含义如下所述。

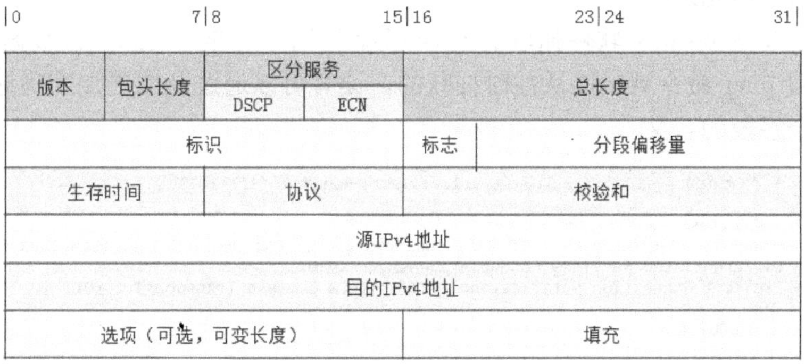

版本	包头长度	区分服务		总长度
		DSCP	ECN	
标识			标志	分段偏移量
生存时间		协议		校验和
源 IPv4 地址				
目的 IPv4 地址				
选项（可选，可变长度）				填充

图 2-3　IPv4 数据包包头格式

① 版本（4 比特）：用于确定 IP 数据包的版本，对于 IPv4 数据包，此字段始终设为 0100。而对于 IPv6 数据包，此字段始终设为 0110。

② 包头长度（4 比特）：用于确定包头的长度，该值乘以 4 就是包头的长度，单位为字节。此字段的最小值为 5（20 字节)，最大值为 15（60 字节)。

③ 区分服务（8 比特）：以前称为服务类型（Type of Service，ToS）字段，用于确定每个数据包 IPv4 优先级，前 6 位用于确定服务质量（Quality of Service，QoS）机制使用的区分服务代码点（Differentiated Services Code Point，DSCP）值，后 2 位用于确定显式拥塞通知（Explicit Congestion Notification，ECN）值，该值可以用于防止网络拥塞时丢弃数据包。

④ 总长度（16 比特）：定义整个数据包大小，包括包头和数据部分长度之和，以字节为单位。

⑤ 标识（16 比特）：唯一标识原始 IPv4 数据包的数据分片。

⑥ 标志（3 比特）：标识数据包的分段方式，它与分段偏移量和标识字段一起，帮助分段数据重组为原始数据包。

⑦ 分段偏移量（13 比特）：标识在原始未分段数据包重组中放置数据包分段的顺序。

⑧ 生存时间（8 比特）：用于限制数据包寿命，数据包发送方设置初始生存时间（Time To Live，TTL）值，数据包每经过一台路由设备 TTL 数值就减少 1。如果 TTL 字段的值减为零，则路由器将丢弃该数据包并向源 IPv4 地址发送 ICMP（Internet Control Message Protocol）超时消息。

⑨ 协议（8 比特）：表示数据包包含的数据负载类型，根据此值，网络层将数据传送到相应的上层协议。常见的值包括 1、6 和 17，分别表示上层协议为 ICMP、TCP 和 UDP。

⑩ 校验和（16 比特）：用于 IPv4 包头错误检查，经过重新计算的值与校验和字段中的值进行对比，如果两者的值不匹配，则丢弃数据包。

⑪ 源 IPv4 地址（32 比特）：表示数据包源 IPv4 地址。

⑫ 目的 IPv4 地址（32 比特）：表示数据包目的 IPv4 地址。

⑬ 选项（可变长度）：主要用于控制和测试等目的，用户可以使用也可以不使用 IPv4 选项，此字段的长度可变，从 1 字节到 40 字节不等。常见的选项包括源路由和时间戳等。

⑭ 填充（可变长度）：在使用选项的过程中，有可能造成数据包包头部分不是 32 比特的整数倍，那么需要填充来补齐。

图 2-4 是通过 Wireshark 软件抓取的 IPv4 数据包包头的详细信息，该数据包是同一链路上的两个节点用 ping 命令测试连通性时捕获的。读者可以通过此图更加准确地了解 IPv4 数据包包头的各个字段的含义。

```
Internet Protocol Version 4, Src: 1.1.1.2 (1.1.1.2), Dst: 1.1.1.1 (1.1.1.1)
    Version: 4
    Header Length: 32 bytes
    Differentiated Services Field: 0x05 (DSCP 0x01: Unknown DSCP; ECN: 0x01: ECT(1) (ECN-Capable Transport))
        0000 01.. = Differentiated Services Codepoint: Unknown (0x01)
        .... ..01 = Explicit Congestion Notification: ECT(1) (ECN-Capable Transport) (0x01)
    Total Length: 100
    Identification: 0x0002 (2)
    Flags: 0x00
        0... .... = Reserved bit: Not set
        .0.. .... = Don't fragment: Not set
        ..0. .... = More fragments: Not set
    Fragment offset: 0
    Time to live: 255
    Protocol: ICMP (1)
    Header checksum: 0x7c9c [validation disabled]
    Source: 1.1.1.2 (1.1.1.2)
    Destination: 1.1.1.1 (1.1.1.1)
    [Source GeoIP: Unknown]
    [Destination GeoIP: Unknown]
    Options: (12 bytes), Time Stamp
        Time Stamp (12 bytes)
```

图 2-4　IPv4 数据包包头的详细信息

从图中可知 IPv4 数据包头信息：版本字段值为 4，包头长度字段值为 32 字节，区分服务字段值为 5，总长度字段值为 100，标识字段值为 2，标志和分段偏移量字段值为 0，TTL 字段值为 255，协议类型字段值为 1，校验和字段值为 0x7c9c，其中 0x 表示十六进制数，源 IPv4 地址字段值为 1.1.1.2，目的 IPv4 地址字段值为 1.1.1.1，选项字段为时间戳选项，长度为 12 字节。

2.1.3　IPv4 地址类型

在 IPv4 网络中，主机可采用的通信方式包括单播（Unicast）、组播（Multicast）和广播（Broadcast）3 种类型。广播分为定向广播和有限广播两类。单播、组播、定向广播（Directed Broadcast）和有限广播（Limited Broadcast）流量抓包信息如图 2-5 所示。

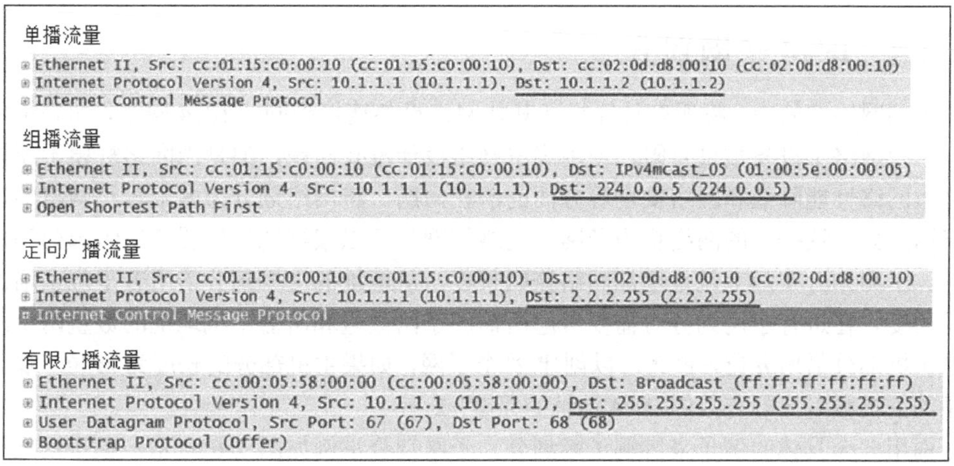

```
单播流量
  ⊞ Ethernet II, Src: cc:01:15:c0:00:10 (cc:01:15:c0:00:10), Dst: cc:02:0d:d8:00:10 (cc:02:0d:d8:00:10)
  ⊞ Internet Protocol Version 4, Src: 10.1.1.1 (10.1.1.1), Dst: 10.1.1.2 (10.1.1.2)
  ⊞ Internet Control Message Protocol
组播流量
  ⊞ Ethernet II, Src: cc:01:15:c0:00:10 (cc:01:15:c0:00:10), Dst: IPv4mcast_05 (01:00:5e:00:00:05)
  ⊞ Internet Protocol Version 4, Src: 10.1.1.1 (10.1.1.1), Dst: 224.0.0.5 (224.0.0.5)
  ⊞ Open Shortest Path First
定向广播流量
  ⊞ Ethernet II, Src: cc:01:15:c0:00:10 (cc:01:15:c0:00:10), Dst: cc:02:0d:d8:00:10 (cc:02:0d:d8:00:10)
  ⊞ Internet Protocol Version 4, Src: 10.1.1.1 (10.1.1.1), Dst: 2.2.2.255 (2.2.2.255)
  ⊞ Internet Control Message Protocol
有限广播流量
  ⊞ Ethernet II, Src: cc:00:05:58:00:00 (cc:00:05:58:00:00), Dst: Broadcast (ff:ff:ff:ff:ff:ff)
  ⊞ Internet Protocol Version 4, Src: 10.1.1.1 (10.1.1.1), Dst: 255.255.255.255 (255.255.255.255)
  ⊞ User Datagram Protocol, Src Port: 67 (67), Dst Port: 68 (68)
  ⊞ Bootstrap Protocol (Offer)
```

图 2-5 单播、组播、定向广播和有限广播流量抓包信息

1. 单播

单播是指从一台主机向另一台主机发送数据包的过程。

2. 组播

组播是指从一台主机向选定的一组主机发送数据包的过程，这些主机可以位于不同网络。它允许主机发送单个数据包到加入组播组中的所有主机，从而节省网络带宽。常见的组播应用包括视频和音频广播、路由协议交换路由信息、软件分发和远程游戏等。

3. 广播

广播是指从一台主机向该网络中的所有主机发送数据包的过程。网络上收到广播数据包的所有主机都处理该数据包，因此广播通信应加以限制，以免对网络或设备的性能造成负面影响。广播分为定向广播和有限广播 2 类。

（1）定向广播

定向广播是将数据包发送给特定网络中的所有主机。此类广播适用于向非本地网络中的所有主机发送广播。例如，192.168.1.0/24 网络外的一台主机与该网络内的所有主机通信，则数据包的目的地址是 192.168.1.255。尽管 Cisco 路由器在默认情况下并不转发定向广播，但可对其进行配置（在路由器接口下执行 **ip directed-broadcast** 命令），使得路由器可以转发该类型的数据包。

（2）有限广播

有限广播只限于将数据包发送给本地网络中的所有主机，数据包目的 IPv4 地址为 255.255.255.255。路由器不会转发有限广播。因此，IPv4 网络的有限广播范围也称为广播域，路由器则是广播域的边界。DHCP 发现（Discover）数据包和 ARP 请求（Request）数据包都是有限广播。

2.1.4　IPv4 子网划分

在早期网络实施中,将所有计算机和其他网络设备连接到同一 IPv4 网络,即扁平网络设计。在小型网络中设备数量有限,使用扁平网络设计没有问题,但是当网络规模不断扩大时就会产生网络性能降低和网络安全等方面的潜在问题。将网络划分为多个较小网络的过程,称为子网划分,这些小的网络称为子网。网络管理员可以根据地理位置和组织部门等信息划分子网。子网划分实际上就是增加网络掩码长度,从地址的主机部分借用若干位来增加网络部分的长度。在进行子网划分时需要考虑所需的子网数量和所需主机地址的数量两个因素。如果从主机部分借用 n 位,那么可以创建 2^n 个子网,如果主机部分的长度为 m 位,那么该子网容纳的主机数量(即有效的 IPv4 地址)是 2^m-2。

下面用一个具体的例子来讲解子网划分。子网划分举例如图 2-6 所示,整个网络拥有一个 192.16.1.0/24 的 C 类地址空间,路由器 R1~R4 连接的每个以太网需要 20~30 台主机,从图中可知需要 7 个子网。

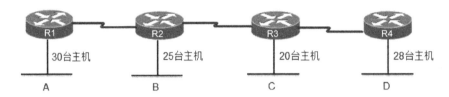

图 2-6　子网划分举例

根据需求,应该借 3 位(即子网掩码长度为 27 位)进行子网划分,可以创建 8 个子网,多余 1 个子网可以为后续网络扩展作为预留。子网掩码长度为 27 位,每个子网可提供 30 个有效的 IPv4 地址供使用,满足每个以太网主机数量的需求,使用 FLSM(固定长度掩码)划分的子网如表 2-1 所示,该表说明了各个子网的网络地址、子网掩码、地址范围和广播地址及分配使用情况。

表 2-1　使用 FLSM(固定长度掩码)划分的子网

子网地址 / 掩码长度	有效 IPv4 地址范围	子网广播地址	分配使用情况
192.16.1.0/27	192.16.1.1~192.16.1.30	192.16.1.31	以太网 A
192.16.1.32/27	192.16.1.33~192.16.1.62	192.16.1.63	以太网 B
192.16.1.64/27	192.16.1.65~192.16.1.94	192.16.1.95	以太网 C
192.16.1.96/27	192.16.1.97~192.16.1.126	192.16.1.127	以太网 D
192.16.1.128/27	192.16.1.129~192.16.1.158	192.16.1.159	R1-R2 串行链路
192.16.1.160/27	192.16.1.161~192.16.1.190	192.16.1.191	R2-R3 串行链路
192.16.1.192/27	192.16.1.193~192.16.1.222	192.16.1.223	R3-R4 串行链路
192.16.1.224/27	192.16.1.225~192.16.1.254	192.16.1.255	预留

2.1.5　VLSM

使用传统子网划分方法,即使用固定长度子网掩码(Fixed Length Subnet Mask,FLSM),

每个子网有效的 IPv4 地址数量也相同。如果所有子网对主机数量的要求差异很大，就可能造成 IPv4 地址的浪费。使用可变长度子网掩码（Variable Length Subnet Mask，VLSM）技术可以解决上述 IPv4 地址浪费的问题，它是一种根据网络实际需求创建相应子网掩码长度的子网划分机制，也就是对子网再划分子网的技术。使用 VLSM 进行子网划分与传统子网划分方法类似，通过从主机位借位来创建子网。用于计算每个子网主机数量和所创建子网数量的公式仍然适用。区别在于使用 VLSM 时，首先对网络划分子网，然后对子网再进行子网划分。

在图 2-6 中，路由器 R1 和 R2、R2 和 R3、R3 和 R4 之间均为点到点的链路，只需要 2 个 IPv4 地址，按照表 2-1 的方案，那就意味着浪费了同一网段的另外 28 个 IPv4 地址。因而可以通过 VLSM 技术按照相应的需求继续进行子网划分。利用 192.16.1.128/27 网络再次进行子网划分，掩码长度为 30 位，使用 VLSM 划分的子网如表 2-2 所示，该表说明了各个子网的网络地址、子网掩码、地址范围和广播地址以及分配使用情况。

表 2-2 使用 VLSM 划分的子网

子网地址 / 子网掩码	有效 IPv4 地址范围	子网广播地址	分配使用
192.16.1.0/27	192.16.1.1～192.16.1.30	192.16.1.31	以太网 A
192.16.1.32/27	192.16.1.33～192.16.1.62	192.16.1.63	以太网 B
192.16.1.64/27	192.16.1.65～192.16.1.94	192.16.1.95	以太网 C
192.16.1.96/27	192.16.1.97～192.16.1.126	192.16.1.127	以太网 D
192.16.1.128/30	192.16.1.129～192.16.1.130	192.16.1.131	R1-R2 串行链路
192.16.1.132/30	192.16.1.133～192.16.1.134	192.16.1.135	R2-R3 串行链路
192.16.1.136/30	192.16.1.137～192.16.1.138	192.16.1.139	R3-R4 串行链路
192.16.1.140/30	192.16.1.141～192.16.1.142	192.16.1.143	预留
192.16.1.144/30	192.16.1.145～192.16.1.146	192.16.1.147	预留
192.16.1.148/30	192.16.1.149～192.16.1.150	192.16.1.151	预留
192.16.1.152/30	192.16.1.153～192.16.1.154	192.16.1.155	预留
192.16.1.156/30	192.16.1.157～192.16.1.158	192.16.1.159	预留
192.16.1.160/27	192.16.1.161～192.16.1.190	192.16.1.191	预留
192.16.1.192/27	192.16.1.193～192.16.1.222	192.16.1.223	预留
192.16.1.224/27	192.16.1.225～192.16.1.254	192.16.1.255	预留

使用 VLSM 技术后，可以看到整个网络有 27 位和 30 位的掩码同时存在，192.16.1.160/27、192.16.1.192/27 和 192.16.1.224/27 地址块被完整预留，同时也节省了 192.16.1.140/30、192.16.1.144/30、192.16.1.148/30、192.16.1.152/30、192.16.1.156/30 地址块，用于将来网络扩展。不难看出，VLSM 技术的使用确实可以有效避免 IPv4 地址的浪费。

2.2 IPv6 地址

2.2.1 IPv6 特征

面对 IPv4 地址的枯竭、越来越庞大的 Internet 路由表和缺乏端到端 QoS 保证等缺点，IPv6

的实施是必然的趋势。IPv6 对 IPv4 进行了大量的改进,其主要特征如下所述。

① 128 比特的地址方案（3.4×10^{38} 个地址）提供足够大的地址空间,充足的地址空间将极大地满足网络智能设备（如个人数字助理、移动电话、家庭网络接入设备、智能游戏终端、安保监控设备和 IPTV 等）对 IP 地址增长的需求。

② 多等级编址层次有助于路由聚合,提高了路由选择的效率和可扩展性。

③ 无须网络地址转换（Network Address Translation,NAT）,实现端到端的通信更加便捷。

④ IPv6 地址自动配置功能支持即插即用,使得在 Internet 上大规模部署新设备成为可能。IPv6 支持有状态和无状态两种地址自动配置方式。

⑤ IPv6 中没有广播地址,它的功能被组播地址所代替,ARP 广播被本地链路组播代替。

⑥ IPv6 对数据包头进行了简化,不需要处理校验和,因此减少了处理器开销并节省网络带宽,有助于提高网络设备性能和转发效率。

⑦ IPv6 中流标签字段使得无须查看传输层信息就可以提供流量区分,可以提供更加可靠的 QoS 保障。

⑧ IPv6 协议内置安全性和移动性。移动性让设备在不中断网络连接的情况下在网络中移动。IPv6 将 IPSec 作为标准配置,使得所有终端的通信安全都能得到保证,实现端到端的安全通信。

⑨ 在 IPv6 中引入了扩展包头的概念,用扩展包头代替了 IPv4 包头中存在的可变长度的选项,进一步提高了路由性能和效率。

2.2.2 IPv6 地址与 IPv6 基本包头格式

IPv4 地址表示为点分十进制格式,而 IPv6 采用冒号分十六进制格式。IPv6 由网络前缀和接口 ID 两部分组成。IPv6 使用 IPv6 地址／前缀长度的格式表示 IPv6 地址的网络部分,前缀长度范围为 0～128。典型 IPv6 前缀长度为／64。IPv6 地址结构如图 2-7 所示。

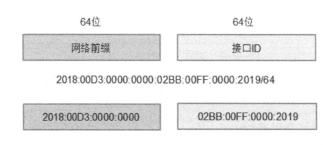

图 2-7　IPv6 地址结构

2018:00D3:0000:0000:02BB:00FF:0000:2019 是一个完整的 IPv6 地址。从上面的例子看到了手工管理 IPv6 地址的难度,也看到了自动配置和 DNS 的必要性。但是如下规则可以简化 IPv6 地址的表示方法。

① IPv6 地址中每个 16 位分组中的前导零位可以去除进行简化表示。

② 可以将冒号分隔的十六进制格式中相邻的连续零位合并,用双冒号"::"表示,但是"::"在一个 IPv6 地址中只能出现一次。通过上述两条规则,上述的 IPv6 地址可以简化为 2018:D3::2BB:FF:0:2019。

IPv6 数据包基本包头长度固定为 40 字节，其格式如图 2-8 所示，各字段的含义如下所述。

```
|0           7|8          15|16                        31|
| 版本  | 流量类型 |        流标签              |
|    有效载荷长度       |   下一包头   |  跳数限制  |
|                                                        |
|                    源IPv6地址                          |
|                                                        |
|                                                        |
|                   目的IPv6地址                         |
|                                                        |
```

图 2-8　IPv6 数据包基本包头格式

① 版本（4 比特）：对于 IPv6，该字段的值为 6。

② 流量类型（8 比特）：该字段以 DSCP（Differentiated Services Code Point，区分服务编码点）标记一个 IPv6 数据包，以此指明数据包应当如何处理，提供 QoS 服务。

③ 流标签（20 比特）：在 IPv6 协议中，该字段是新增加的，用来标记 IPv6 数据的一个流，让路由器或者交换机基于流而不是数据包来处理数据，该字段也可用于 QoS。

④ 有效载荷长度（16 比特）：该字段标识有效载荷的长度。所谓有效载荷指的是紧跟 IPv6 包头的数据包其他部分的长度。

⑤ 下一包头（8 比特）：该字段定义紧跟 IPv6 基本包头的信息类型，信息类型可能是高层协议，如 TCP 或 UDP，也可能是一个新增的可扩展包头。

⑥ 跳数限制（8 比特）：该字段定义了 IPv6 数据包所经过的最大跳数。

⑦ 源 IPv6 地址（128 比特）：该字段标识 IPv6 数据包的源地址。

⑧ 目的 IPv6 地址（128 比特）：该字段标识 IPv6 数据包的目的地址。

图 2-9 是通过 Wireshark 软件抓取的 IPv6 数据包包头详细信息，该数据包是两个节点用 ping 命令测试连通性时捕获的。读者可以通过此图更加准确地了解 IPv6 数据包包头的各个字段的含义。图 2-9 中 IPv6 数据包头信息：版本字段值为 0x6，流量类型字段值为 0x00，流标签字段值为 0x00000，有效载荷长度字段值为 1460（0x05b4），下一个包头字段值为 58（0x3a），跳数限制字段值为 63（0x3f），源 IPv6 地址字段值为 2012::1，目的 IPv6 地址字段值为 2014:4444::4。

```
Internet Protocol Version 6, Src: 2012::1, Dst: 2014:4444::4
  0110 .... = Version: 6
  .... 0000 0000 .... .... .... .... .... = Traffic class: 0x00 (DSCP: CS0, ECN: Not-ECT)
  .... .... .... 0000 0000 0000 0000 0000 = Flowlabel: 0x00000000
  Payload length: 1460
  Next header: ICMPv6 (58)
  Hop limit: 63
  Source: 2012::1
  Destination: 2014:4444::4
  [Source GeoIP: Unknown]
  [Destination GeoIP: Unknown]
```

图 2-9　IPv6 数据包包头详细信息

IPv6 地址可以通过手工静态配置、EUI-64 和无状态自动配置等方式获得。其中，EUI-64 的功能是在接口的 MAC 地址中间插入固定的"FFFE"来生成 64 比特的 IPv6 地址的接口标识符，其工作过程如下所述。

① 在 48 比特的 MAC 地址的 OUI（前 24 比特）和序列号（后 24 比特）之间插入一个固定数值"FFFE"，如 MAC 地址为"0050:3EE4:4C89"，那么插入固定数值后的结果是"0050:3EFF:FEE4:4C89"。

② 将上述结果的第 1 字节的第 7 比特位反转，因为在 MAC 地址中，第 7 位为 1 表示本地唯一，为 0 表示全球唯一，而在 EUI-64 格式中，第 7 位为 1 表示全球唯一，为 0 表示本地唯一。上面的例子第 7 位反转后的结果为"0250:3EFF:FEE4:4C89"。

③ 加上前缀构成一个完整的 IPv6 地址，如 2019:1212::250:3EFF:FEE4:4C89。

2.2.3 IPv6 扩展包头

IPv6 扩展包头实现了 IPv4 包头中选项字段的功能并进行了扩展，每一个扩展包头都有一个下一包头（Next Header）字段，用于指明下一个扩展包头的类型。IPv6 扩展包头如图 2-10 所示。目前，IPv6 定义的扩展包头有逐跳选项包头、路由选择包头、分段包头、目的地选项包头、AH 包头、ESP 包头和上层包头等，具体描述如下。

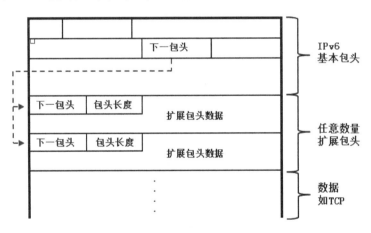

图 2-10 IPv6 扩展包头

① 逐跳选项包头：对应的下一包头值为 0，指数据包在传输过程中，每个路由器都必须检查和处理，如组播侦听发现（Multicast Listener Discover，MLD）和资源预留协议（Resource Reservation Protocol，RSVP）等。其中，MLD 用于支持组播的 IPv6 路由器和网络上的组播组成员之间交换成员状态信息。

② 目的地选项包头：对应的下一包头值为 60，指最终的目的节点和路由选择包头指定的节点都对其进行处理。如果存在路由选择扩展包头，则每一个指定的中间节点都要处理这些选项；如果没有路由选择扩展包头，则只有最终目的节点需要处理这些选项。

③ 路由选择包头：对应的下一包头值为 43，IPv6 的源节点可以利用路由选择扩展包头指定数据包从源到目的需要经过的中间节点的列表。

④ 分段包头：对应的下一包头值为 44，当 IPv6 数据包长度大于链路 MTU 时，源节点

负责对数据包进行分段,并在分段扩展包头中提供数据包重组信息。高层应该尽量避免发送需要分段的数据包。

⑤ AH 包头:对应的下一包头值为 51,提供身份验证、数据完整性检查和防重放保护。

⑥ ESP 包头:对应的下一包头值为 50,提供身份验证及数据机密性、数据完整性检查和防重放保护。

⑦ 上层包头:通常用于传输数据。如 TCP、UDP、OSPF、EIGRP 和 ICMPv6 对应的下一包头值分别为 6、17、89、88 和 58。

2.2.4 IPv6 地址类型

IPv6 地址有 3 种类型:单播、任意播和组播,在每种地址中又有一种或者多种类型的地址,如单播有链路本地地址、可聚合全球地址、环回地址和不确定地址;任意播有链路本地地址和可聚合全球地址;组播有指定地址和请求节点地址。下面主要介绍几个常用的地址类型。

(1)链路本地(Link Local)地址

在一个节点或者接口上启用 IPv6 协议栈,节点的接口自动配置一个链路本地地址,该地址前缀为 FE80::/10,然后通过 EUI-64 扩展来构成。链路本地地址主要用于自动地址配置、邻居发现、路由器发现以及路由更新等。

(2)可聚合全球单播地址

IANA(Internet 地址授权委员会)分配 IPv6 地址空间中的一个 IPv6 地址前缀作为可聚合全球单播地址,通常由 48 比特的全局前缀、16 比特子网 ID 和 64 比特的接口 ID 组成。可聚合全球单播地址组成如图 2-11 所示。当前 IANA 分配的可聚合全球单播地址以二进制"001"开头,地址范围为 2000~3FFF,即 2000::/3,占整个 IPv6 地址空间的 1/8。对 IPv6 地址空间划分子网不是为了节省地址,而是为了支持网络的层次化逻辑设计。IPv6 子网划分是根据路由器的数量及它们所支持的网络来构建寻址分层结构的。

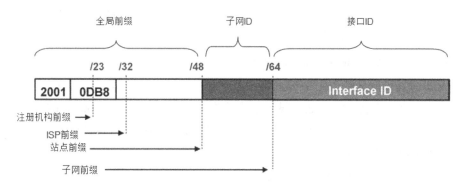

图 2-11 可聚合全球单播地址组成

(3)环回地址

单播地址 0:0:0:0:0:0:0:1 又称为环回地址。节点用它来向自身发送 IPv6 数据包。它不能分配给任何物理接口。

（4）不确定地址

单播地址 0:0:0:0:0:0:0:0 简化为::，称为不确定地址。它不能分配给任何节点，用于特殊用途，如默认路由。

（5）组播地址

组播地址用来标识一组接口，发送给组播地址的数据流同时传输给多个组成员。一个接口可以加入多个组播组。IPv6 组播地址由前缀 FF::/8 定义，IPv6 组播地址结构如图 2-12 所示。IPv6 的组播地址都是以"FF"开头的。

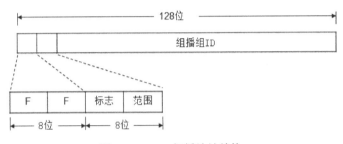

图 2-12 IPv6 组播地址结构

① 标志（4 比特）：表示在组播地址上设置的标志。从 RFC 2373 起，定义的唯一标志是 Transient (T) 标志，T 标志使用"标志"字段的低位比特。当设置为 0 时，表示该组播地址是由 IANA 永久分配的；当设置为 1 时，表示该组播地址是临时的。

② 范围（4 比特）：表示组播流准备在 IPv6 网络中发送的范围。以下是 RFC 2373 中定义该字段的值及对应的作用范围：1 表示节点本地，2 表示链路本地，5 表示站点本地，8 表示组织本地，E 表示全局范围。当 IPv6 数据包在以太网链路上传输时，二层数据帧头的类型字段值为 0x86DD，而在 PPP 链路上传输时，IPv6CP 中的协议字段的值为 0x8057。在以太网中，IPv6 组播地址和对应的链路层地址映射通过如下方式构造：前 16 比特固定为 0x33:33，再加上 IPv6 组播地址的后 32 比特，如表示本地所有节点的组播地址 FF02::1 在以太网中对应的链路层地址为 33:33:00:00:00:01。

（6）请求节点（Solicited-node）组播地址

对于节点或路由器的接口上配置的每个单播和任意播地址，都自动启动一个对应的请求节点组播地址。请求节点组播地址受限于本地链路，由前缀 FF02::1:FF00:0/104 加上单播 IPv6 地址的最后 24 比特构成。请求节点地址可用于重复地址检测（Duplicate address Detection，DAD）和邻居地址解析等。

（7）任意播（AnyCast）地址

任意播地址是分配给多个接口的全球单播地址，发到该接口的数据包被路由到路径最优的目标接口上。目前，任意播地址不能用作源地址，只能作为目的地址，且仅分配给路由器。任意播的出现不仅缩短了服务响应的时间，而且也可以减轻网络承载流量的负担。

2.2.5 IPv6 邻居发现协议

邻居发现协议（Neighbor Discovery Protocol，NDP）是 IPv6 的一个关键协议，它替代在

IPv4 中使用的 ARP、ICMP 和 ICMP 重定向等协议。当然，它还提供了其他功能，如前缀发现、邻居不可达检测、重复地址检测和地址自动配置等，NDP 通过以上功能实现 IPv6 的即插即用的重要特性。

NDP 定义的消息使用 ICMPv6 来承载，在 RFC 2461 中详细说明 5 个新的 ICMPv6 消息，包括路由器请求、路由器通告、邻居请求、邻居通告和重定向。

① 路由器请求（Router Solicitation，RS）：节点（包括主机或者路由器）启动后，通过 RS 消息向路由器发出请求，期望路由器立即发送 RA 消息响应，ICMPv6 类型为 133。

② 路由器通告（Router Advertisement，RA）：路由器周期性地通告 RA 消息，或者以 RA 消息响应 RS，发送的 RA 消息中包括链路前缀、链路 MTU、跳数限制、IPv6 地址使用周期以及一些标志位信息，ICMPv6 类型为 134。

③ 邻居请求（Neighbor Solicitation，NS）：通过 NS 消息可以确定邻居的链路层地址、邻居是否可达、重复地址检测等，ICMPv6 类型为 135。

④ 邻居通告（Neighbor Advertisement，NA）：NA 对 NS 进行响应，同时节点在链路层地址变化时也可以主动发送 NA 消息，以通知相邻节点自己的链路层地址发生改变，ICMPv6 类型为 136。

⑤ 重定向（Redirect）：路由器通过重定向消息通知到目的地有更好的下一跳路由器，ICMPv6 类型为 137。

2.2.6 IPv6 过渡技术

IPv6 技术相比 IPv4 技术而言具有许多优势，然而大面积部署 IPv6 需要一个过程，此期间 IPv6 会与 IPv4 共存。为了确保过渡的平稳性，人们已制订出许多策略，包括双栈技术、隧道技术和协议转换技术等。

1. IPv6/IPv4 双栈技术

双栈技术是 IPv4 向 IPv6 过渡的一种有效的技术。网络中的节点同时支持 IPv4 和 IPv6 协议栈，源节点根据目的节点的不同选用不同的协议栈，而网络设备根据数据包的协议类型选择不同的协议栈进行处理和转发。

2. 隧道技术

隧道（Tunnel）是指一种协议封装到另外一种协议中进行传输的技术。隧道技术只要求隧道两端的设备同时支持 IPv4 和 IPv6 协议栈。IPv4 隧道技术利用现有的 IPv4 网络为互相独立的 IPv6 网络提供连通性，IPv6 数据包被封装在 IPv4 数据包中穿越 IPv4 网络，实现 IPv6 数据包的透明传输。这种技术的优点是只要求网络的边界设备实现 IPv4/IPv6 双栈和隧道功能，其他节点不需要支持双协议栈，可以最大限度保护现有的 IPv4 网络投资。但是隧道技术不能实现 IPv4 主机与 IPv6 主机的直接通信。隧道可以手工配置，也可自动配置，采用哪种方式取决于对扩展性和管理开销等方面的要求，用于 IPv6 穿越 IPv4 网络的主要隧道技术如下所述。

（1）IPv6 手工隧道

IPv6 手工隧道的源和目的地址是手工配置的，并且为隧道接口配置 IPv6 地址，为被 IPv4

网络分隔的 IPv6 网络提供稳定的点到点连接。如果一个边界设备要与多个设备建立手工隧道，就需要在设备上配置多个隧道。手工隧道的工作模式为 **ipv6ip**，对应 IPv4 协议字段的值为 41，可以通过命令 **debug ip packet detail** 得到。

（2）GRE 隧道

GRE 隧道和手工隧道非常相似，GRE 隧道也可以为被 IPv4 网络分隔的 IPv6 网络提供稳定的点到点连接。需要手工配置隧道源和目的地址以及隧道接口 IPv6 地址。在 Cisco 路由器上，隧道默认的工作模式就是 **gre ip**，其对应 IPv4 协议字段的值为 47。

（3）6to4 隧道

6to4 隧道是一种自动隧道，也用于将孤立的 IPv6 网络通过 IPv4 网络连接起来，但是它可以是多点的。边界设备使用内嵌在 IPv6 地址中的 IPv4 地址自动建立隧道。6to4 隧道使用专用的地址范围 **2002::/16**，而一个 6to4 网络可以表示为 **2002:IPv4 地址::/48**，例如，边界设备的 IPv4 地址为 192.168.99.1（十六进制为 c0a86301），则其 IPv6 地址前缀为 2002:c0a8:6301::/48。6to4 隧道的源 IPv4 地址手工指定，隧道的目的地址根据通过隧道转发的数据包决定。如果 IPv6 数据包的目的地址是 6to4 地址，则从数据包的目的地址中提取出 IPv4 地址作为隧道的目的地址。6to4 隧道最大的缺点是只能使用静态路由或 BGP，这是因为其他路由协议都使用链路本地地址来建立邻居关系和交换路由信息，而链路本地地址不符合 6to4 地址的编址要求，因此不能建立 6to4 隧道。

（4）ISATAP 隧道

ISATAP（Intra-Site Automatic Tunnel Addressing Protocol，站点内自动隧道寻址协议）是另外一种 IPv6 自动隧道技术，也用于将孤立的 IPv6 网络通过 IPv4 网络连接起来。与 6to4 地址类似，ISATAP 地址中也内嵌了 IPv4 地址，这可以使得边界设备很容易地获得建立隧道的目的地址，从而自动创建隧道。但是这两种自动隧道的地址格式不同。6to4 使用 IPv4 地址作为网络 ID，而 ISATAP 用 IPv4 地址作为接口 ID。ISATAP 地址的接口 ID 由 **0000:5EFE** 和 IPv4 地址（十六进制）构成，其中 **0000:5EFE** 是一个专用的 OUI，用于标识 IPv6 的 ISATAP 地址，例如，边界设备的 IPv4 地址为 192.168.99.1，则 64 比特的接口 ID 为 0000:5EFE:c0a8:6301。

3．IPv4/IPv6 协议转换技术

NAT-PT（Network Address Translation-Protocol Translation）是一种 IPv4 网络和 IPv6 网络之间直接通信的过渡方式，也就是说，原 IPv4 网络不需要进行升级改造，所有包括地址、协议在内的转换工作都由 NAT-PT 网络设备来完成。NAT-PT 设备要向 IPv6 网络中发布一个"/96"的路由前缀，凡是具有该前缀的 IPv6 包都被送往 NAT-PT 设备。NAT-PT 设备为了支持 NAT-PT 功能，还具有从 IPv6 网络向 IPv4 网络中转发数据包时使用的 IPv4 地址池。此外，通常在 NAT-PT 设备中实现 DNS-ALG（DNS-应用层网关），以帮助提供名称到地址的映射，在 IPv6 网络访问 IPv4 网络的过程中发挥作用。NAT-PT 分为静态 NAT-PT 和动态 NAT-PT。

第 3 章　设备访问和 IOS 配置

要配置网络设备，首先要能连接到相应的设备才能进入配置界面开始配置工作。实际工作中通常是先通过网络设备的控制台（Console）端口进行连接，进行一些初始化的配置，后续的工作就可以远程登录（Telnet 或者 SSH）到网络设备进行配置和管理，然而有些任务，例如，网络设备密码恢复、IOS 被删除后的恢复，只能通过连接到 Console 端口来进行处理。Cisco 网络设备搭载功能强大的 Cisco IOS 操作系统软件，提供了大量的命令，熟悉这些命令才能很好地发挥网络设备的功能。本章首先介绍访问 Cisco 网络设备的方式，然后介绍 IOS 的功能、命名、基本命令及其管理方法。

3.1　访问 Cisco 网络设备方式

路由器或者交换机是一台特殊用途的计算机，然而它们没有键盘、鼠标和显示器，需要借助计算机的相应组件来完成配置。网络设备出厂时通常是没有初始配置的（Cisco 最新的路由器已经有了一些初始配置以便远程登录），要完成初始配置需要把计算机的串口（COM 口）和路由器的控制台（Console）端口进行连接，如果计算机没有 COM 口，需要准备一条 USB 转 COM 口的线缆及其相应的驱动程序。在完成了接口的 IP 地址、密码等初始化配置后，就可以使用其他方法，如 Telnet、SSH、Web 浏览器、网管软件（如 Cisco Works）等方式配置网络设备。

3.1.1　通过 Console 端口访问网络设备

Console 端口是网路设备的一种管理端口，可通过该端口对 Cisco 设备进行带外（Out of Band，OOB）访问。计算机的 COM 口和路由器、交换机的 Console 端口是通过反转（线缆两端的 RJ45 接头上的线序是相反的）线进行连接的，反转线的一端接在路由器的 Console 端口上，另一端接在计算机的 COM 口上，如图 3-1 所示。现在的笔记本电脑大多已经不带串口了，这时需要使用 USB 转串口的适配器。如果通过 Mini-B USB Console 端口（见图 1-3）和设备连接，需要准备 USB 转 Mini-B USB 线缆，同时计算机上需要安装 Cisco 的 Console 转 USB 驱动程序。计算机和网络设备连接好后，就可以使用各种终端软件连接和配置设备了。

【提示】

虽然路由器 ISR G2 有 2 个控制台端口，但一次只能有一个控制台端口处于活动状态。当电缆插入 Mini-B USB 控制台端口时，RJ-45 控制台端口处于非活动状态。当 Mini-B USB 电缆从 USB 端口移除时，RJ-45 控制台端口处于活动状态。

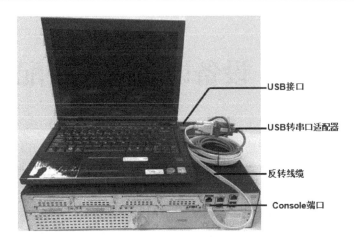

图 3-1 计算机和路由器通过反转线缆进行连接

3.1.2 通过 Telnet 或者 SSH 访问网络设备

如果管理员不在网络设备的现场,可以通过 Telnet 或者 SSH 远程管理网络设备,提高了设备管理的灵活性。当然,这需要在网络设备上预先完成一部分基础配置,并保证管理员的计算机和网络设备之间的 IP 可达性。Cisco 网络设备通常支持多人同时通过 Telnet 或者 SSH 方式访问网络设备,每一个用户称为一个虚拟终端(Virtual Teletype Terminal,VTY)。第一个用户为 VTY 0,第二个用户为 VTY 1,依次类推,通常路由器和交换机都支持 5 个 VTY,即 VTY 0~4。

3.1.3 通过终端访问服务器访问网络设备

为了避免配置多台设备时频繁地插拔 Console 线缆,可以配置终端访问服务器,用户首先通过计算机 COM 口或者远程访问终端访问服务器,然后再从终端访问服务器访问相应网络设备。本书的实验拓扑搭建和设备访问就是通过终端访问服务器访问相应路由器和交换机来实现的,终端服务器和网络设备的连接如图 3-2 所示。

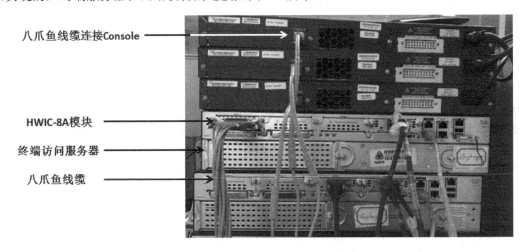

图 3-2 终端服务器和网络设备的连接

3.2 IOS 概述

3.2.1 IOS 简介

Cisco IOS（Internetwork Operating System）是 Cisco 网络设备上使用的网络操作系统。连接到 Internet 的所有终端设备和网络设备需要使用操作系统来实现相应的功能。操作系统代码中直接与计算机硬件交互的部分称为内核，与应用程序和用户连接的部分称为外壳。用户可以使用命令行界面（Command Line Interface，CLI）或图形用户界面（Graphical User Interface，GUI）与外壳交互。使用 CLI 时，用户在命令行提示符下用键盘输入命令，从而在基于文本的环境中与系统直接交互，系统则执行命令，通常提供文本输出。GUI 允许用户在使用图形图像、多媒体和文字的环境中与系统交互。Cisco IOS 会管理路由器、交换机等网络设备的硬件和软件资源，包括存储器分配、进程、安全性和文件系统。Cisco 路由器和交换机实现的主要功能包括路由和交换、网络安全、语音、无线、服务质量和网络管理等。在许多 Cisco 设备中，在启动设备时，IOS 从闪存（Flash）复制到内存（RAM）中；在设备工作时，IOS 在 RAM 中运行。为了便于维护和规划网络，确定每个设备的闪存和 RAM 的容量非常重要。

Cisco 集成多业务路由器第二代（Integrated Services Routers Generation 2，ISR G2）1900、2900 和 3900 系列通过使用软件许可来支持按需服务。按需服务过程可以使客户通过简化软件的订购和管理来节省运营成本。在订购新的 ISR G2 平台时，路由器会配备一个通用 Cisco IOS 软件映像，而且有一个许可证可用于启用特定功能集软件包。在使用 ISR G2 设备时，所有功能都包含在通用映像中，通过购买许可证来激活需要的功能，使用 Cisco 软件许可证激活的技术包包括 IP Base、数据、统一通信（Unified Communications，UC）和安全等。每个许可密钥对特定设备而言都是唯一的，而且是通过提供产品 ID、路由器序列号和产品激活密钥（Product Authorization Key，PAK）从 Cisco 厂商获取的。在购买软件时，Cisco 会提供用户购买的 PAK，默认安装 IP Base 技术包。

3.2.2 IOS 命名

当选择或升级 Cisco IOS 时，选择具有正确功能集和版本的 IOS 映像很重要。Cisco IOS 映像文件有特殊的命名约定，因此了解 Cisco IOS 的名称含义就非常必要。目前，Cisco 的路由器和交换机使用的 IOS 主版本为 15。对路由器而言，IOS 15 的版本编号将确定特定的 IOS 版本，包括漏洞修复和新的软件功能，通常会出现扩展维护（EM）版本和标准维护（T）版本。

1. 扩展维护版本

EM 版本适用于长期维护和在更长时间内保留版本。EM 系列会合并以前 T 版本中交付的功能，同时增加新的增强功能和硬件支持。这使得较新的 EM 版本在发布时可以包含这一系列的全部功能。EM 版本大约每 16~20 个月发布一次。15.0(1)M 版的第一个维护重建（仅包含漏洞修复，没有新的功能或新的硬件支持）编号为 15.0(1)M1。后续维护版本通过递增维护重建编号来定义（如 M2 和 M3 等）。

2．标准维护版本

T 版本是短期部署版本，适合对下一个 EM 版本发布之前的最新功能和硬件支持。T 版本提供常规漏洞修复维护重建，提供对影响网络漏洞的重要修复支持。T 系列的新版本每年大约发布两到三次。T 版本能够在下一个 EM 版本发布之前使用 IOS 最新功能。

下面以本书中路由器和交换机使用的 IOS 来详细解释 IOS 名称各部分的含义。

① Cisco 2911 路由器使用的 IOS **c2900-universalk9-mz.SPA.157-3.M.bin** 文件名称的含义如下所述。

- **c2900**：IOS 运行的硬件平台；
- **universal**：IOS 是通用映像文件，所有功能都包含在通用映像中；
- **k9**：IOS 具有加密功能，并且支持 3DES 和 AES 加密算法；
- **m**：映像文件在 RAM 中运行；
- **z**：IOS 经过压缩；
- **SPA**：IOS 文件由 Cisco 以数字形式签名；
- **157**：主版本号为 15，次版本号为 7；
- **3**：新功能版本；
- **M**：IOS 扩展维护版本和维护重建编号；
- **bin**：IOS 扩展文件名。

② Cisco WS-C3560V2-24PS-S 交换机使用的 IOS **c3560-ipservicesk9-mz.150-2.SE11.bin** 文件名称的含义如下所述。

- **c3560**：IOS 运行的硬件平台；
- **ipservices**：支持的功能集，3560 交换机的 IOS 15 包括 IP BASE 和 IP SERVICES 两类功能集，IP SERVICES 比 IP BASE 功能集提供更加丰富的企业级功能，如组播路由协议和策略路由等；
- **k9**：IOS 具有加密功能，支持 3DES 和 AES 加密算法；
- **m**：映像文件在 RAM 中运行；
- **z**：IOS 经过压缩；
- **150**：主版本号为 15，次版本号为 0；
- **2**：新功能版本；
- **SE11**：该文件是针对 2960、3560、3650、3750 交换机平台的；
- **bin**：扩展文件名，下载交换机 IOS 文件时，通常提供 tar 和 bin 两种后缀供选择，其中 tar 格式的文件可以支持基于 Web 的管理。

3.2.3 CLI 简介

Cisco IOS 提供图形用户界面（GUI）和命令行界面（CLI），CLI 是配置 Cisco 路由器、交换机的最常用方法。CLI 常见的工作模式如下所述。

① 用户模式：仅允许使用数量有限的基本监控命令，通常称为仅查看模式，该模式不允许执行任何可能改变设备配置的命令，级别为 1，提示符为 ">"。

② 特权模式：可以执行所有配置和管理命令，级别为 15，提示符为 "#"。

③ 全局配置模式：从特权模式进入全局配置模式可以配置全局参数或者进入其他配置子模式，如接口模式、路由模式和线性模式等。提示符为"#（config）"。可以通过 **exit** 或者 **end** 命令返回特权模式，不同的是 **exit** 命令逐级返回，而 **end** 命令直接返回到特权模式。

④ 接口模式：用于配置一个网络接口，提示符为"#（config-if）"。

⑤ 线路模式：用于配置一条线路，包括实际线路（如控制台和 AUX）或虚拟线路（如 VTY 等），提示符为"#（config-line）"。

⑥ 路由模式：用于配置路由协议，如 RIP、EIGRP 和 OSPF 等，提示符为"#（config-router）"。

CLI 提供简单但完善的编辑和帮助功能，CLI 常用的编辑组合键如表 3-1 所示，熟悉这些组合键的使用可以提高工作效率。

表 3-1 CLI 常用的编辑组合键

编辑键	命令功能
【Crtl+A】	移动光标到命令行开头
【Crtl+E】	移动光标到命令行末尾
【Crtl+P】（或【↑】）	重用前一条命令
【Crtl+N】（或【↓】）	重用下一条命令
【Esc+F】	光标前移一个词
【Esc+B】	光标后移一个词
【Crtl+F】	光标前移一个字母
【Crtl+B】	光标后移一个字母
【Tab】键	补全 CLI 命令
?	上下文相关帮助

Cisco IOS 设备支持 CLI 命令简写，并且支持语法检查。输入 CLI 命令按回车键提交命令后，命令行解释程序从左向右解析该命令，以确定用户要求执行的操作。如果解释程序可以理解该命令，则用户要求执行的操作将被执行，且 CLI 将返回到相应的提示符。如果解释程序无法理解用户输入的命令，它将反馈错误信息，说明该命令输入中存在的问题。常见的错误反馈信息包括以下 3 种。

① 命令模糊（**% Ambiguous command:**）。

② 命令不完整（**% Incomplete command.**）。

③ 命令无效（**% Invalid input detected at '^' marker.**），"^"标注了出现错误的地方。

Cisco IOS 设备支持许多命令，每个 IOS 命令都有特定的格式或语法，并且只能在相应的模式下执行。常规命令语法为命令后接相应的关键字和参数。命令用于执行操作，关键字则用于确定执行命令的位置或方式。下面以 Switch> ping 192.168.1.1 为例说明 IOS 命令的基本格式，**Switch** 表示主机名，>表示用户模式提示符，**ping** 表示命令，**192.168.1.1** 表示命令参数。注意：命令和参数之间有空格。

Cisco IOS 命令参考是详细介绍 Cisco 设备使用的 IOS 命令的文档集合，是网络工程师用来检查特定 IOS 命令的各种特征的重要资源。

本书中 Cisco2911 路由器使用的 IOS 软件配置指南（Software Configuration Guide）参考链接为

https://www.cisco.com/c/en/us/support/routers/2900-series-integrated-services-routers-isr/products-installation-and-configuration-guides-list.html

本书 Cisco WS-C3560V2-24PS-S 交换机使用的 IOS 软件配置指南（Software Configuration Guide）参考链接为

https://www.cisco.com/c/en/us/td/docs/switches/lan/catalyst3560/software/release/15-0_2_se/configuration/guide/scg3560.html

3.3 访问 Cisco 网络设备

3.3.1 实验1：通过 Console 或者 Mini-B USB Console 端口访问路由器

通过 Console 端口访问路由器和交换机的方式是一样的，只是交换机没有 Mini-B USB Console 端口而已，对于路由器而言，读者选择通过 Console 端口或者 Mini-B USB Console 端口访问都可以，但是不能使用以上 2 个接口同时访问路由器。本实验以访问路由器为例，访问交换机请读者自己练习。

1．实验目的

通过本实验可以掌握：

① 计算机的串口（或者 USB 接口）和路由器或者交换机 Console 端口的连接方法。
② 计算机的 USB 接口和路由器 Mini-B USB Console 端口的连接方法。
③ 计算机的 USB 接口和交换机 Console 端口的连接方法。
④ SecureCRT 终端软件的使用方法。
⑤ 查看路由器和交换机的开机过程。

2．实验拓扑

计算机的 USB 接口和路由器 Mini-B USB Console 端口连接实验拓扑如图 3-3 所示。

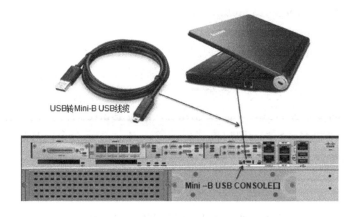

图 3-3　计算机的 USB 接口和路由器 Mini-B USB Console 端口连接实验拓扑

3. 实验步骤

① 如图 3-3 所示,将计算机的 USB 接口和路由器 Mini-B USB Console 端口连接。在计算机上安装 Cisco Console 转 USB 驱动程序。在【计算机管理】>【设备管理器】>【端口(COM 和 LPT)】下可以看到该 USB 端口转换 COM 端口编号,如图 3-4 所示。

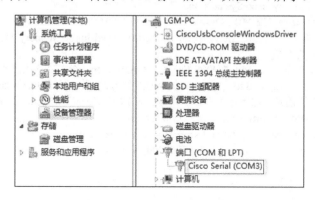

图 3-4　USB 端口转换 COM 端口编号

② 成功安装 SecureCRT 软件后,打开该软件,SecureCRT 终端软件设置如图 3-5 所示。选择菜单栏中的【文件】,在下拉菜单中单击【快速连接】,进入快速连接页面,在【协议】下拉菜单中选择 **Serial**;在【端口】下拉菜单中选择 **COM3**,具体 COM 端口号请读者根据自己计算机的实际情况选择,不一定是 COM3;在【波特率】下拉菜单中选择 **9600**,通常路由器、交换机等网络设备出厂时,Console 端口的通信波特率为 9600 bps,此处一定要选对,否则 Secure CRT 终端软件的窗口可能不显示任何信息或者显示乱码;其他【数据位】、【奇偶校验】和【停止位】保持默认设置即可,然后单击【连接】按钮。

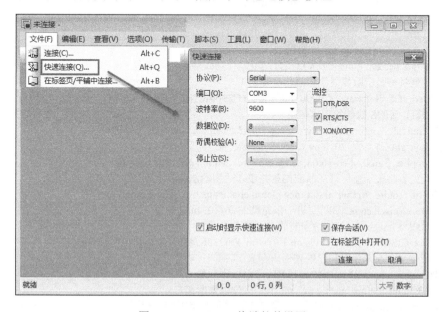

图 3-5　SecureCRT 终端软件设置

③ 连接路由器电源并开机，按【回车】键，看看终端窗口上是否出现路由器启动的信息，如果出现则说明计算机已经连接到路由器，接下来可以详细地观察路由器的开机过程，注意本路由器是刚刚购买的出厂设备。如果把预先配置清除后再启动，登录部分的内容就没有了。

```
System Bootstrap, Version 15.0(1r)M16, RELEASE SOFTWARE (fc1)    // ROM 中引导程序的版本
Technical Support: http://www.cisco.com/techsupport              //技术支持的网址
Copyright (c) 2012 by cisco Systems, Inc.
Total memory size = 512 MB - On-board = 512 MB, DIMM0 = 0 MB
//路由器的内存大小，主板集成为 512 MB，DIMM（Dual-Inline-Memory-Modules）0 表示插槽扩展内存为 0，即没有插扩展内存条
CISCO2911/K9 platform with 524288 Kbytes of main memory        //路由器硬件平台和主内存大小
Main memory is configured to 72/-1(On-board/DIMM0) bit mode with ECC enabled
//主内存（72 位模式）配置在主板上，内存具有 ECC（Error Correcting Code）能力
Readonly ROMMON initialized        //ROMMON 初始化
program load complete, entry point: 0x80803000, size: 0x1b340
program load complete, entry point: 0x80803000, size: 0x1b340
IOS Image Load Test      //IOS 映像加载测试
Digitally Signed Release Software    //数字签名发布软件
program load complete, entry point: 0x81000000, size: 0x67ca6b8
Self decompressing the image :
###################################################################################
##################### [OK]     //IOS 映像自解压
Smart Init is enabled        //开启智能初始化
smart init is sizing iomem   //智能初始化开始分配 IO 内存
             TYPE        MEMORY_REQ    //内存请求
         HWIC Slot 0     0x00200000
         HWIC Slot 1     0x00200000
         PVDM 0          0x00200000
      Onboard devices &
         buffer pools    0x0228F000
      --------------------------------------------
              TOTAL:     0x0288F000
Rounded IOMEM up to: 44 MB.
Using 8 percent iomem. [44 MB/512 MB]    //IO 使用的内存占 8%
（此处省略关于版权限制信息部分输出）
Cisco IOS Software, C2900 Software (C2900-UNIVERSALK9-M), Version 15.7(3)M, RELEASE SOFTWARE (fc1)    //IOS 软件的版本信息
Technical Support: http://www.cisco.com/techsupport    //技术支持网址
Copyright (c) 1986-2016 by Cisco Systems, Inc.    //版权信息
Compiled Sun 07-Feb-16 03:45 by prod_rel_team    //编译时间及编译人
（此处省略关于使用该产品应同意并遵守适用的法律和法规部分输出）
If you require further assistance please contact us by sending email to
export@cisco.com.    //需要进一步帮助的联系 E-mail 地址
Installed image archive    //安装的 IOS 映像归档
Cisco CISCO2911/K9 (revision 1.0) with 479232K/45056K bytes of memory.
//硬件平台及未使用和已经使用内存大小
Processor board ID FGL172213JH    //主板序列号
3 Gigabit Ethernet interfaces    //3 个千兆位以太网接口
4 Serial(sync/async) interfaces    //4 个串行（同步/异步）口
1 terminal line    //1 条终端线路
1 Virtual Private Network (VPN) Module    //1 个 VPN 模块
```

```
        DRAM configuration is 64 bits wide with parity enabled.    //具有奇偶校验功能的 64 位 DRAM
        255K bytes of non-volatile configuration memory.    //255 KB NVRAM（非易失性 RAM）
        250880K bytes of ATA System CompactFlash 0 (Read/Write)    // Flash（闪存）0 的大小
             --- System Configuration Dialog ---    //系统配置对话
        Would you like to enter the initial configuration dialog? [yes/no]:
        % Please answer 'yes' or 'no'.
        Would you like to enter the initial configuration dialog? [yes/no]: no
//以上提示是否进入配置对话模式？回答 no 结束该模式，回答 yes 则进去 setup 模式,【ctrl】+【c】
可以退出 setup 模式
        Press RETURN to get started!    //按回车键开始
        *Jan  2 00:00:04.055: %SMART_LIC-6-AGENT_READY: Smart Agent for Licensing is initialized
//许可证智能代理已经初始化完成
             *Jan   2  00:00:04.179:  %IOS_LICENSE_IMAGE_APPLICATION-6-LICENSE_LEVEL:  Module
name = c2900 Next reboot level = ipbasek9 and License = ipbasek9
             *Jan   2  00:00:04.351:  %IOS_LICENSE_IMAGE_APPLICATION-6-LICENSE_LEVEL:  Module
name = c2900 Next reboot level = securityk9 and License = securityk9
             *Jan   2  00:00:04.539:  %IOS_LICENSE_IMAGE_APPLICATION-6-LICENSE_LEVEL:  Module
name = c2900 Next reboot level = uck9 and License = uck9
             *Jan   2  00:00:04.711:  %IOS_LICENSE_IMAGE_APPLICATION-6-LICENSE_LEVEL:  Module
name = c2900 Next reboot level = datak9 and License = datak9
//以上 8 行显示 C2900 的 Licence，包括 ipbase、security、uc 和 data，相应的 Licence 下次启动级别
        *Jan  2 00:01:01.671: c3600_scp_set_dstaddr2_idb(184)add = 80 name is Embedded-Service-
Engine0/0
        *Jan  2 00:01:25.467: %VOICE_HA-7-STATUS: CUBE HA-supported platform detected.
//Voice HA 的状态，检测到支持 HA 的平台
        *Jan  2 00:01:25.495: %VPN_HW-6-INFO_LOC: Crypto engine: onboard 0  State changed to:
Initialized
        // Crypto 引擎初始化
        *Jan  2 00:01:25.499: %VPN_HW-6-INFO_LOC: Crypto engine: onboard 0  State changed to:
Enabled
        // Crypto 引擎已经开启
        （此处省略关于显示接口的状态和状态变化部分输出）
        Router>
```

④ 查看交换机启动过程。

由于 3560 交换机没有 Mini-B USB Console 端口，所以需要用计算机的 USB 接口或者 COM 口和交换机 Console 端口连接，交换机接通电源后，在终端软件的窗口中看到如下启动信息。

```
        Using driver version 1 for media type 1
        Base ethernet MAC Address: d0:c7:89:c2:6c:80    //交换机基准 MAC 地址
        Xmodem file system is available.    //Xmodem 文件系统可用，可以通过 Xmodem 恢复交换机 IOS
        The password-recovery mechanism is enabled.    //交换机密码恢复机制启用
        Initializing Flash...    //初始化 Flash
        mifs[2]: 0 files, 1 directories
        mifs[2]: Total bytes       :     3870720
        mifs[2]: Bytes used        :        1024
        mifs[2]: Bytes available :     3869696
        mifs[2]: mifs fsck took 0 seconds.
        mifs[3]: 486 files, 11 directories
        mifs[3]: Total bytes       :    27998208
        mifs[3]: Bytes used        :    15776256
```

```
mifs[3]: Bytes available :    12221952
mifs[3]: mifs fsck took 7 seconds.
//以上是文件系统检索情况
...done Initializing Flash.    //初始化完成
done.
Loading
"flash:/c3560-ipservicesk9-mz.150-2.SE11.bin"...@@@@@@@@@@@@@@@@@@@@@@@@@@
@@@@@@@@@@@@@@@@@@@@@@@@@@@@@@@@@@@@@@@@@@@@@@@@@@@@@@@@@@@
@@@@@@@@@@@@@@@@@@@@@@@@@@@@@@@@@@@@@@@@@@@@@@@@@@@@@@@@@@@
@@@@@@@@@@@@@@@@@@File " flash:/c3560-ipservicesk9-mz.150-2.SE11.bin " uncompressed and
installed, entry point: 0x1000000
executing...    //以上是 IOS 解压和装载过程
（此处省略部分输出）
Cisco IOS Software, C3560 Software (C3560-IPSERVICESK9-M), Version 15.0(2)SE11, RELEASE
SOFTWARE (fc1)    //IOS 软件版本信息
（此处省略部分输出）
POST: CPU MIC register Tests : Begin
POST: CPU MIC register Tests : End, Status Passed
POST: PortASIC Memory Tests : Begin
POST: PortASIC Memory Tests : End, Status Passed
POST: CPU MIC interface Loopback Tests : Begin
POST: CPU MIC interface Loopback Tests : End, Status Passed
POST: PortASIC RingLoopback Tests : Begin
POST: PortASIC RingLoopback Tests : End, Status Passed
POST: Inline Power Controller Tests : Begin
POST: Inline Power Controller Tests : End, Status Passed
POST: PortASIC CAM Subsystem Tests : Begin
POST: PortASIC CAM Subsystem Tests : End, Status Passed
POST: PortASIC Port Loopback Tests : Begin
POST: PortASIC Port Loopback Tests : End, Status Passed
//以上 14 行是交换机各组件自检测试情况
cisco WS-C3560V2-24PS (PowerPC405) processor (revision P0) with 131072K bytes of memory.
//CPU 型号和内存信息
Processor board ID FDO1720Y1ZV    //主板序列号
Last reset from power-on    //最近的 reset 通过开机完成
1 Virtual Ethernet interface
24 FastEthernet interfaces    //24 个百兆位以太网接口
2 Gigabit Ethernet interfaces    //2 个千兆位以太网接口
The password-recovery mechanism is enabled.//启用密码恢复机制
512K bytes of flash-simulated non-volatile configuration memory.
//以上显示硬件型号、处理器板序列号、接口数量、密码恢复机制启用和 Flash 中模拟的 NVRAM
大小等信息，交换机不像路由器有单独存储配置文件的 NVRAM，配置文件存储的实际位置在 Flash 中
Base ethernet MAC Address         : D0:C7:89:C2:6C:80
Motherboard assembly number       : 73-12634-01
Power supply part number          : 341-0266-03
Motherboard serial number         : FDO17201JC0
Power supply serial number        : LIT17151CLT
Model revision number             : P0
Motherboard revision number       : D0
Model number                      : WS-C3560V2-24PS-S
System serial number              : FDO1720Y1ZV
```

```
Top Assembly Part Number         : 800-33159-03
Top Assembly Revision Number     : A0
Version ID                       : V08
CLEI Code Number                 : CMMEG00BRB
Hardware Board Revision Number   : 0x02
//以上显示基准 MAC 地址、各部件序列号和交换机型号等信息
Switch   Ports   Model             SW Version         SW Image
------   -----   -----             ----------         --------
*  1      26     WS-C3560V2-24PS   15.0(2)SE11        C3560-IPSERVICESK9-M
//以上显示交换机端口数量、型号、IOS 版本信息和 IOS 特征等信息
Press RETURN to get started!
```

3.3.2 实验 2：CLI 的使用与 IOS 基本命令

由于路由器和交换机 IOS 命令基本相同，所以本实验以路由器为例，交换机部分侧重有差异的部分。

1. 实验目的

通过本实验可以掌握：

① CLI 的各种工作模式和 CLI 各种编辑命令。
② "?" 和【Tab】键使用方法。
③ IOS 基本命令。
④ 网络设备访问限制。
⑤ 查看设备的相关信息。

2. 实验拓扑

CLI 的使用与 IOS 基本命令实验拓扑如图 3-6 所示。

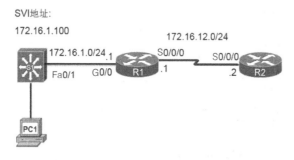

图 3-6 CLI 的使用与 IOS 基本命令实验拓扑

3. 实验步骤

（1）CLI 模式的切换

```
Router>enable    //进入特权模式
Router#
Router#disable   //返回用户模式
Router>
```

（2）"?"和【Tab】键的使用方法

以配置路由器系统时钟为例来说明"?"和【Tab】键的使用。

```
Router>enable
Router#clok        //此处故意输错命令
Translating "clok"...domain server (255.255.255.255)
 (255.255.255.255)
Translating "clok"...domain server (255.255.255.255)
% Unknown command or computer name, or unable to find computer address
//输入了未知的命令或计算机名，或者不能找到计算机地址，也就是DNS解析失败
```

【提示】

如果在特权模式输入了错误的命令，路由器会认为是域名，将会查找DNS服务器试图解析该域名，由于找不到DNS服务器，会等很长时间，此时用【Ctrl】+【Shift】+6组合键可以立即退出。全局配置模式下可以通过 **no ip domain-lookup** 命令禁止路由器进行DNS解析。

```
Router#cl?
clear   clock           //路由器列出了当前模式下可以使用的以cl开头的所有命令
Router#clock
% Incomplete command.   //路由器提示命令输入不完整
Router#clock ?          //列出clock命令的子命令或参数，注意?和clock之间要有空格，否则会列
出以clock字母开头的命令，而不是想列出的clock命令的子命令或参数
  read-calendar     Read the hardware calendar into the clock
  set               Set the time and date
  update-calendar   Update the hardware calendar from the clock
Router#clock set ?
  hh:mm:ss   Current Time
Router#clock set 11:36:00
% Incomplete command.
Router#clock set 11:36:00 ?
  <1-31>   Day of the month
  MONTH    Month of the year
Router#clock set 11:36:00 22 ?
  MONTH   Month of the year
Router#clock set 11:36:00 22 1
                              ^
% Invalid input detected at '^' marker.   //路由器提示输入无效，并用^号指示错误的所在位置
Router#clock set 11:36:00 22 Jan
% Incomplete command.
Router#clock set 11:36:00 21 Jan 2019
Router#show clock        //查看系统时钟
11:36:5.738 UTC Mon Jan 21 2019
Router#disable
Router>en               //CLI支持命令简写，但前提是路由器要能够根据简写区分出该命令的唯一性
Router#dis
% Ambiguous command:  "dis"
Router#dis?
disable   disconnect   //使用dis简写命令不能退出特权模式的原因是路由器无法区分出dis是
disable还是disconnect命令，若再多加一个字母a就可以区分
Router#disa
```

```
Router>en【Tab】
Router>enable        //可以使用【Tab】键补全命令
```

(3) IOS 编辑命令开启、关闭以及历史命令查看和缓存大小修改

```
Router#show history                //查看当前模式下最近执行过的命令，默认显示 10 条命令
Router#terminal editing            //开启 CLI 编辑功能，默认就是开启的
Router#terminal history size 50    //修改缓存的历史命令数量，默认值为 10
Router#terminal no editing         //关闭 CLI 编辑功能，则表 3-1 的组合键失效
```

(4) IOS 基本命令

① 配置路由器 R1。

```
Router>enable                              //进入特权模式
Router#configure terminal                  //进入全局配置模式
Router(config)#hostname R1                 //配置路由器的主机名字，配置立即生效
R1(config)#no ip domain-lookup             //禁止 DNS 解析
R1(config)#interface gigabitEthernet 0/0   //配置以太网接口并进入接口模式
R1(config-if)#ip address 172.16.1.1 255.255.255.0    //配置接口 IP 地址和掩码
R1(config-if)#speed 1000                   //配置以太网接口双工模式，默认配置为自适应即 auto
R1(config-if)#duplex full                  //配置以太网接口双工模式，默认配置为自适应即 auto
R1(config-if)#no shutdown                  //开启接口，默认时路由器的物理接口都是关闭的
R1(config-if)#exit                         //退回到上一级模式
R1(config)#interface Serial0/0/0           //配置串行接口并进入接口模式
R1(config-if)#ip address 172.16.12.1 255.255.255.0   //配置串行接口 IP 地址和掩码
R1(config-if)#no shutdown
R1(config-if)#end（或【Ctrl+Z】）          //使用 end 命令直接回到特权模式
R1#copy running-config startup-config
//把内存中的配置保存到 NVRAM 中，也可以使用 write 命令，两个命令功能相同
Destination filename [startup-config]?
Building configuration...
[OK]
R1#show ip interface brief    //显示各个接口上的 IP 地址、配置方法和状态信息
Interface                  IP-Address      OK?  Method  Status                  Protocol
Embedded-Service-Engine0/0 unassigned      YES  unset   administratively down   down
GigabitEthernet0/0         172.16.1.1      YES  manual  up                      up
GigabitEthernet0/1         unassigned      YES  unset   administratively down   down
GigabitEthernet0/2         unassigned      YES  unset   administratively down   down
Serial0/0/0                172.16.12.1     YES  manual  up                      up
Serial0/0/1                unassigned      YES  unset   administratively down   down
```

以上输出中，Method 字段表示 IP 地址的配置方法，其中 **manual** 表示手工配置接口的 IP 地址，unset 表示没有配置 IP 地址，该字段也可能是 DHCP，表示 IP 地址是通过 DHCP 方式获得的；**Status** 字段表示接口的物理层状态，默认是 **administratively down**，需要通过 **no shutdown** 命令开启接口；Protocol 字段表示数据链路层的状态，只有物理层和数据链路层状态都为 **up**，接口才可用。

【提示】

要过滤命令执行的输出结果，请在 show 命令之后使用 "|"（管道）符号。管道字符之后可使用的参数包括 **section**、**include**、**exclude**、**begin** 等。管道符号的左右都要有空格。例如，在上述接口信息输出中，想排除没有 IP 地址的接口或者只显示有 IP 地址的接口信

息，则执行：

```
R1#show ip interface brief | exclude unassigned
Interface              IP-Address      OK?   Method   Status   Protocol
GigabitEthernet0/0     172.16.1.1      YES   manual   up       up
Serial0/0/0            172.16.12.1     YES   manual   up       up
```

② 配置路由器 R2。

```
Router>enable
Router#configure terminal
Router(config)#hostname R2
R2(config)#interface Serial0/0/0
R2(config-if)#description Connect to R1
//配置接口描述信息，相当于注释，方便阅读配置文件，不影响接口的功能
R2(config-if)#no shutdown
R2(config-if)#ip address 172.16.12.2 255.255.255.0
R2(config-if)#clock rate 128000     //R2 这一端是 DCE，需要配置时钟，默认为 2 Mbps
R2(config-if)#end
R2#copy running-config startup-config
```

【技术要点】

DCE（Data Communication Equipment）表示数据通信设备，**DTE**（Data Terminal Equipment）表示数据终端设备。判断路由器的串口是不是 DCE 端，取决于它所连接的线缆，可以使用 **show controller** 命令来查看接口是 DTE 或 DCE 端，如下所示：

```
R2#show controllers serial0/0/0              R1#show controllers serial0/0/0
    Interface Serial0/0/0                        Interface Serial0/0/0
    Hardware is SCC                              Hardware is SCC
    DCE V.35, clock rate 128000                  DTE V.35
    （此处省略部分输出）                         （此处省略部分输出）
```

```
R1#ping 172.16.12.2    //从 R1 上 ping R2 的串行接口的 IP 地址，检测直连链路的连通性
Type escape sequence to abort.
Sending 5, 100-byte ICMP Echos to 172.16.12.1, timeout is 2 seconds:
!!!!!   //注意：在 ping 的结果输出中，符号 "!" 表示通，符号 "." 表示超时
Success rate is 100 percent (5/5), round-trip min/avg/max = 12/14/16 ms
```

【技术扩展】

可以配置主机名来替代 IP 地址，即添加主机记录，相当于静态 DNS，如下所示：

```
R1(config)#ip host R2 172.16.12.2
```

如果想 ping 172.16.1.2 就可以用 ping R2 命令替代了。如果使用 ping abc 命令，由于没有配置 abc 的主机记录，路由器以广播方式查找 DNS 服务器来解析 abc 的 IP 地址，过程如下：

```
R1#ping abc
Translating "abc"...domain server (255.255.255.255)
% Unrecognized host or address, or protocol not running.
```

由于网络中并没有 DNS 服务器，所以 DNS 解析失败，而且会浪费很长时间。通过如下 2 种方法解决以上问题。

方法一：使用 **no ip domain-lookup** 命令禁止路由器进行 DNS 解析。

```
R1(config)#no ip domain-lookup
```

```
R1#ping abc
Translating "abc"
% Unrecognized host or address or protocol not running.
```
方法二：可以配置 DNS 服务器来解析主机名，命令如下。
```
R1(config)#ip domain-lookup    //开启 DNS 解析
R1(config)#ip name-server 172.16.1.200    //配置 DNS 服务器地址
R1#ping abc
Translating "abc"...domain server (172.16.1.200)
Type escape sequence to abort.
Sending 5, 100-byte ICMP Echos to 172.16.12.2, timeout is 2 seconds:
!!!!!
Success rate is 100 percent (5/5), round-trip min/avg/max = 1/1/3 ms
R1#show hosts    //查看主机记录
Default domain is not set    //没有设置默认域名，可以通过命令 ip domain-name 命令配置
Name/address lookup uses domain service    //使用域名服务解析
Name servers are 172.16.1.200    //DNS 服务器 IP 地址
Codes: UN - unknown, EX - expired, OK - OK, ?? - revalidate
       temp - temporary, perm - permanent
       NA - Not Applicable None - Not defined
Host                Port    Flags       Age  Type   Address(es)
R1                  None    (perm, OK)  0    IP     172.16.12.2
abc                 None    (temp, OK)  0    IP     172.16.12.2
```
//以上 2 条主机记录，一条通过静态配置，显示为 **perm**；一条通过 DNS 服务器解析生成，显示为 **temp**

③ 配置交换机 S1。

交换机的基本配置命令和路由器相同，此处不再重复。
```
S1(config)#interface vlan 1
```
//配置交换机交换虚拟接口（Switch Virtual Interface，SVI），用于交换机远程管理和实现三层交换等目的
```
S1(config-if)#ip address 172.16.1.100 255.255.255.0
S1(config-if)#no shutdown
S1(config-if)#end
S1(config)#ip default-gateway 172.16.1.1    //配置交换机默认网关，方便外网管理
S1#show ip interface brief | include Vlan1
Vlan1              172.16.1.100      YES     manual      up      up

S1#ping 172.16.1.1    //从 S1 上 ping R1 的以太网接口的 IP 地址，检测直连链路的连通性
Type escape sequence to abort.
Sending 5, 100-byte ICMP Echos to 172.16.1.1, timeout is 2 seconds:
.!!!!
Success rate is 80 percent (4/5), round-trip min/avg/max = 0/0/1 ms
```

（5）配置设备访问限制
```
R1(config)#security passwords min-length 6    //配置密码最小长度
R1(config)#enable password cisco123    //配置用户模式进入特权模式的密码，密码为明文
R1(config)#enable secret 123456    //配置从用户模式进入特权模式的密码，密码被加密
R1#show running-config | include enable
enable secret 5 $1$uewR$FxImg0Bns2iRw4ThMmKyf0
enable password cisco123
```
//**enable secret** 命令配置的密码是以密文方式保存的，**enable password** 命令配置的密码是以明文

方式保存的，如果同时使用了 enable password 和 enable secret 命令配置密码，则后者生效。
R1(config)#service password-encryption
//开启密码加密服务，使用 no service password-encryption 命令关闭密码加密功能。但是被加密的密码不能恢复成明文，继续以密文形式存在，取消加密服务后，后续配置的密码将以明文形式存在
R1#show running-config | include enable password
enable password 7 02050D4808095E731F
//打开密码加密服务功能后，enable password 命令设置的密码是以密文方式保存的

可以通过软件（如 SolarWinds 的 Router Password Decryption 软件）或者在线网站（http://www.firewall.cx/cisco-technical-knowledgebase/cisco-routers/358-cisco-type7-password-crack.html）对开启加密服务的密码解密，如图 3-7 所示，而 enable secret 命令配置的密码是不可逆的。

图 3-7　通过软件或者在线网站对开启加密服务的密码解密

R1(config)#login block-for 120 attempts 3 within 30
//在 30 秒内尝试 3 次登录都失败，则 120 秒内禁止登录
R1(config)#line con 0　　//进入控制台线性模式
R1(config-line)#password cisco123　　//配置从控制台登录的密码
R1(config-line)#login　　//启用从控制台登录时进行密码检查，此时只需要输入密码即可，如果后面加上 local 参数，则需要输入和本地数据库中匹配的用户名和密码才能登录
R1(config-line)#logging synchronous　　//防止系统弹出的日志消息影响用户的输入，配置该命令后，当系统弹出日志消息时，会把当前正在输入的命令复制到下一行
R1(config-line)#exec-timeout 5 0　　//配置登录会话的超时时间，超时后自动退出登录，第一个参数单位为分钟，第二个参数单位是秒，如果两个参数都设置为 0，则会话永不超时
R1(config)#line vty 0 4　　//进入虚拟终端线性模式，0 4 表示 5 个虚拟终端
R1(config-line)#password cisco123　　//配置 Telnet 远程登录的密码
R1(config-line)#exec-timeout 5 0
R1(config-line)#login
R1(config-line)#privilege level 15　　//配置远程登录成功后直接获得最高权限（15 级）
R1(config-line)#exit
R1(config)#banner motd　#Activity may be monitored.#
//配置标语消息，系统将向之后访问设备的所有用户显示该标语。注意标语消息前后需要用相同的字符，本配置为"#"开头和"#"结尾，否则不能退出该命令

（6）show 命令

show 命令非常多，比如前面介绍的 show clock、show hosts 和 show controllers 等命令，

本节先介绍几个基本的 show 命令，随着学习的深入，再陆续介绍。

① 查看 IOS 版本信息。

```
R1#show version    //查看 IOS 版本信息
Cisco IOS Software, C2900 Software (C2900-UNIVERSALK9-M), Version 15.7(3)M, RELEASE SOFTWARE (fc2)    //IOS 的版本信息
（此处省略部分输出）
ROM: System Bootstrap, Version 15.0(1r)M16, RELEASE SOFTWARE (fc1)
//ROM 中引导程序的版本信息
yourname uptime is 1 hour, 10 minutes    //路由器开机的时长
System returned to ROM by power-on    //显示路由器是如何启动的，如加电或者热启动（重启）
System image file is "flash0: c2900-universalk9-mz.SPA.157-3.M.bin"
//路由器当前正在使用的 IOS 文件的位置和文件名
Last reload type: Normal Reload    //上次重启动的类型
Last reload reason: power-on    //上次重启动原因
（此处省略部分输出）
Cisco CISCO2911/K9 (revision 1.0) with 479232K/45056K bytes of memory.   //硬件平台及内存信息
Processor board ID FGL172213JE    //主板序列号
3 Gigabit Ethernet interfaces    //3 个千兆位以太网接口
1 terminal line    //1 个虚拟线路
1 Virtual Private Network (VPN) Module    //1 个 VPN 模块
DRAM configuration is 64 bits wide with parity enabled.    //具有奇偶校验功能的 64 位 DRAM
255K bytes of non-volatile configuration memory.    //NVRAM 大小为 255 KB
250880K bytes of ATA System CompactFlash 0 (Read/Write)    //Flash 大小和类型
License Info:    //序列号信息
License UDI:    //序列号 UDI（Unique Device Identifier，设备唯一标识）
---------------------------------------------
Device#    PID                    SN
---------------------------------------------
*0         CISCO2911/K9           FGL172213JE
//以上 2 行显示产品 ID 和序列号
Suite License Information for Module:'c2900'
-----------------------------------------------------------------------
Suite              Suite Current        Type            Suite Next reboot
-----------------------------------------------------------------------
FoundationSuiteK9  None                 None            None
securityk9
datak9
AdvUCSuiteK9       None                 None            None
uck9
cme-srst
cube
//以上 11 行显示路由器的 License 信息，None 表示没有购买相应的 License
Technology Package License Information for Module:'c2900'    //技术包许可证信息
-----------------------------------------------------------------------
Technology    Technology-package         Technology-package
              Current        Type        Next reboot
-----------------------------------------------------------------------
ipbase        ipbasek9       Permanent   ipbasek9
security      securityk9     Permanent   securityk9
uc            uck9           Permanent   uck9
```

```
                    data            datak9              Permanent       datak9
```
//以上 9 行显示路由器 License 激活的情况,因为已经购买了相应的 License 并激活,所以显示 **Permanent**

Configuration register is **0x2102**   //配置寄存器的值,默认值为 0x2102,如果启动时不读取配置文件,可以用命令 R1(config)#**config-register 0x2142** 修改寄存器的值,路由器下次开机时不读取配置文件,当输出信息多于一屏的内容时,按【回车】键显示下一行,【空格】显示下一页,按其他任意键则直接退出

② 查看正在使用或者运行的配置文件。

R1#**show running-config**   //查看正在使用或者运行的配置文件(存放在 RAM 中)
Building configuration...
Current configuration : 1730 bytes   //配置文件大小
! Last configuration change at 09:32:35 UTC Mon Jan 22 2018   //最后一次更改配置的时间
version 15.7   //IOS 版本信息
(此处省略部分输出)

③ 查看保存的配置文件。

R2#**show startup-config**   //查看保存的配置文件(存放在 NVRAM 中)
Using 1730 out of 262136 bytes   //NVRAM 的大小以及使用的空间大小
! Last configuration change at 09:32:35 UTC Mon Jan 22 2018
version 15.7
(此处省略部分输出)

④ 查看串行接口的信息。

R2#**show interface Serial0/0/0**   //查看串行接口的信息
Serial0/0/0 is **up**, line protocol is **up**   //接口的状态
  Hardware is GT96K Serial   //接口硬件是 GT96K 串行接口
  Internet address is **172.16.12.2/24**   //接口的 IP 地址和网络掩码长度
  MTU 1500 bytes, BW 128 Kbit/sec, DLY 20000 usec,
     reliability 255/255, txload 1/255, rxload 1/255
//以上 2 行显示该接口的 MTU、带宽、延时、可靠性、负载大小
  Encapsulation HDLC, loopback not set   //接口的封装类型为 HDLC
  Keepalive set (10 sec)   //路由器发送 Keepalive 包检查是否有端到端的连接,周期为 10 秒
(此处省略部分输出)

⑤ 查看接口和 IPv4 相关的信息。

R1#**show ip interface gigabitEthernet 0/0**   //查看接口和 IPv4 相关的信息
GigabitEthernet0/0 is **up**, line protocol is **up**
  Internet address is **172.16.2.2/24**
  Broadcast address is **255.255.255.255**
(此处省略部分输出)

⑥ 查看 Flash 中的文件。

R1#**show flash0:**   //查看 Flash 中的文件
-#- --length-- -----date/time------ path
1   111045500 Jan 20 2018 11:54:18 +00:00 **c2900-universalk9-mz.SPA.157-3.M.bin**
//显示了 Flash 中存放的 IOS 文件名、文件大小、升级时间和日期
2   3064 Jun 1 2013 18:58:50 +00:00 cpconfig-29xx.cfg
[此处省略部分输出,因为系统预装了 Cisco 配置助手(Cisco Configuration Professional,CCP),所以 Flash 里面有大量的和 CCP 相关的文件]
143253504 bytes **available** (113233920 **bytes used**)   //可用的 Flash 空间及已经使用的空间

⑦ 查看路由器中缓存的 ARP 表。

R1#**show ip arp**   //查看路由器中缓存的 ARP 表
Protocol Address   Age (min) Hardware Addr   Type   Interface
Internet 172.16.1.1   -   f872.eac8.4f98   ARPA   GigabitEthernet0/0

| Internet | 172.16.1.100 | 3 | d0c7.89c2.3140 | ARPA | GigabitEthernet0/0 |
| Internet | 172.16.1.200 | 8 | 402c.f4ea.3554 | ARPA | GigabitEthernet0/0 |

以上输出是路由器 R1 的 ARP 缓存信息，包括 IP 地址和 MAC 地址的对应关系、老化时间、类型和接口信息，可以通过 **clear arp** 命令清除 ARP 缓存。

【提示】

通常 show 命令都在特权模式下执行，如果想要在其他模式下执行 show 命令，只要在 show 命令前面加上关键字"**do**"即可，如 Router(config)#**do show clock** 和 Router#**show clock** 命令运行的结果是一样的。**do show** 命令形式不支持【Tab】键补全命令，但是支持命令简写。

3.3.3 实验 3：通过 Telnet 访问网络设备

要通过 Telnet 访问网络设备，需要先通过 Console 端口对网络设备进行基本配置，例如，IP 地址、子网掩码、用户名和登录密码等。本实验以路由器为例，交换机远程管理只是接口名字不同而已，路由器用物理接口，交换机用 SVI 接口进行管理。

1．实验目的

通过本实验可以掌握：
① 路由器的 CLI 的工作模式。
② 配置路由器以太网接口的 IP 地址及开启接口的方法。
③ 配置 Telnet 访问相关信息及创建用户名和密码的方法。
④ SecureCRT 软件的使用方法。

2．实验拓扑

实验拓扑如图 3-6 所示。

3．实验步骤

① 配置路由器 R1 以太网接口的 IP 地址。
```
R1(config)#interface GigabitEthernet0/0
R1(config-if)#ip address 172.16.1.1 255.255.255.0
R1(config-if)#no shutdown
```
② 配置 Telnet 远程登录的用户名和密码。
```
R1(config)#username guest password abcde123
R1(config)#username R1 privilege 15 secret cisco123
//配置 Telnet 登录的用户名和密码，guest 用户权限为 1 级，R1 用户权限为 15 级
R1(config)#enable secret cisco123
//如果用 guest 用户登录，必须配置 enable 密码，否则不能进入特权模式
R1(config)#line vty 0 4
R1(config-line)#login  local    //用户登录时从本地数据库查找和匹配用户名和密码，进而确认用户的合法性
R1(config-line)#exit
```
③ 在 PC1 上配置正确的 IP 地址和子网掩码，安装 SecureCRT 软件。
④ 通过 SecureCRT 软件以 Telnet 方式远程登录路由器。

开启 SecureCRT 软件后，选择菜单栏中的【文件】，在下拉菜单中单击【快速连接】，进入快速连接页面，Telnet 登录设备时快速连接设置如图 3-8 所示。在【协议】下拉菜单中选择 Telnet；在【主机名】文本框中填写 172.16.1.1；【端口】文本框保持默认的 23；在【防火墙】下拉菜单中保持默认的无，然后单击【连接】按钮。

进入路由器远程登录界面，分别用 guest 和 R1 用户名登录。从计算机 PC1 上 Telnet 路由器 R1 如图 3-9 所示。用 guest 用户登录时，权限级别为 1，通过 enable 命令，并且输入密码才能进入特权模式；而用 R1 用户登录时，权限级别为 15，直接进入特权模式。

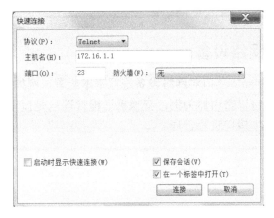
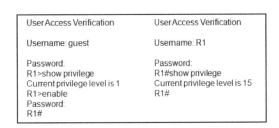

图 3-8　Telnet 登录设备时快速连接设置　　　图 3-9　从计算机 PC1 上 Telnet 路由器 R1

3.3.4　实验 4：配置终端访问服务器

使用终端访问服务器（一般为插有异步模块的路由器）可以避免用户在同时配置多台路由器和交换机时频繁拔插 Console 线缆。为了方便使用终端访问服务器，可以制作一个简单的菜单供用户使用，这样用户可以清楚地知道如何登录到相应的设备。

1．实验目的

通过本实验可以掌握：
① 配置终端访问服务器并制作一个简单菜单的方法。
② 通过终端访问服务器访问路由器和交换机的方法。

2．实验拓扑

实验拓扑如图 3-2 所示。

3．实验步骤

（1）终端服务器的基本配置

```
Router(config)#hostname TS
TS(config)#enable secret Cisco123@szpt
TS(config)#no ip domain-lookup
TS(config)#line vty 0 15
TS(config-line)#no login    //登录时不进行密码检查
```

```
TS(config-line)#logging synchronous
TS(config-line)#exec-timeout 0 0
TS(config-line)#exit
TS(config)#interface gigabitEthernet 0/0
TS(config-if)#ip address 10.3.24.15 255.255.255.0
TS(config-if)#no shutdown
TS(config-if)#exit
TS(config)#no ip routing          //关闭路由功能后终端服务器相当于一台计算机
TS(config)#ip default-gateway 10.3.24.254   //配置网关，允许从外网访问该服务器
```

（2）配置线路，制作简易菜单

```
TS#show line
   Tty Line Typ      Tx/Rx      A Modem  Roty AccO AccI  Uses  Noise Overruns  Int
*    0   0 CTY                    -        -    -    -     0      0    0/0     -
     1   1 AUX     9600/9600      -        -    -    -     0      0    0/0     -
     2   2 TTY     9600/9600      -        -    -    -     0      0    0/0     -
0/0/0  3 TTY     9600/9600      -        -    -    -     0      0    0/0     -
0/0/1  4 TTY     9600/9600      -        -    -    -     0      0    0/0     -
0/0/2  5 TTY     9600/9600      -        -    -    -     0      0    0/0     -
（此处省略部分输出）
```

从以上输出可以看到终端服务器上异步模块的各异步口所在的线路编号，含有 TTY 行的输出显示异步模块接口和所对应的线路编号，该终端访问服务器模块有 16 个接口，线路编号为 3～18，本书实验中只使用了线路 3～9。

```
TS#configure terminal
TS(config)#line 3 9
TS(config-line)#transport input telnet
//默认情况下线路允许所有输入，本实验只允许 Telnet 输入
TS(config-line)#no exec                   //不允许 line 接受 exec 会话
TS(config-line)#exec-timeout 0 0
TS(config-line)#logging synchronous
TS(config-line)#exit
TS(config)#interface loopback0
TS(config-if)#ip address 1.1.1.1 255.255.255.255
//创建一个环回接口，并配置 Loopback0 接口的 IP 地址，
TS(config)#ip host R1 2003 1.1.1.1       //定义主机名及反向 Telnet 的端口号
TS(config)#ip host R2 2004 1.1.1.1
TS(config)#ip host R3 2005 1.1.1.1
TS(config)#ip host R4 2006 1.1.1.1
TS(config)#ip host S1 2007 1.1.1.1
TS(config)#ip host S2 2008 1.1.1.1
TS(config)#ip host S3 2009 1.1.1.1
TS(config)#alias exec cr1 clear line 3    //定义命令别名
TS(config)#alias exec cr2 clear line 4
TS(config)#alias exec cr3 clear line 5
TS(config)#alias exec cr4 clear line 6
TS(config)#alias exec cs1 clear line 7
TS(config)#alias exec cs2 clear line 8
TS(config)#alias exec cs3 clear line 9
TS(config)#privilege exec level 0 clear line   //配置命令授权
TS(config)#privilege exec level 0 clear
```

【技术要点】

① Loopback 接口是一个逻辑上的接口，经常用于测试等目的，路由器上可以任意创建很多 Loopback 接口，环回接口默认就是开启的。

② 从终端访问服务器控制各路由器、交换机是通过反向 Telnet 实现的，此时 Telnet 的端口号为线路编号加上 2000，例如 line 3，其端口号为 2003。如果要控制 line 3 线路上连接的路由器，可以输入 **telnet 1.1.1.1 2003** 命令，然而这样命令很长，为了简化操作，使用 **ip host** 命令定义一系列的主机名，这样就可以直接输入主机名控制线路上连接的设备。

③ 定义命令的别名可以方便操作，例如 **cr1=clear line 3**，**clear line** 命令的作用是清除线路，有时候会由于线路占用等出现无法连接到被控设备的情形，需要把线路清除一下。

④ 通过 **privilege exec** 命令授权，可以允许低级别的用户执行高级别用户的命令。

```
TS(config)#banner motd #
Enter TEXT message.   End with the character '#'.
*******************************************
R1------R1          cr1------clear line 3
R2------R2          cr2------clear line 4
R3------R3          cr3------clear line 5
R4------R4          cr4------clear line 6
S1------S1          cs1------clear line 7
S2------S2          cs2------clear line 8
S3------S3          cs3------clear line 9
*******************************************
#
```

以上是制作一个简易的菜单，提醒用户：要控制路由器 R1 可以使用 **R1** 命令（大小写不敏感）；要清除路由器 R1 所在的线路，可以使用 **cr1** 命令。

```
TS#copy   running-config startup-config
```

4．实验调试

（1）建立多个会话

开启 SecureCRT 软件后，选择菜单栏中的【文件】，在下拉菜单中单击【连接】，进入连接页面，选中【会话】并单击右键，在弹出菜单中选择【新建文件夹】，并将文件夹改名为 CCNA，如图 3-10 所示为在 SecureCRT 中新建文件夹。

图 3-10　在 SecureCRT 中新建文件夹

在图 3-10 中选中 CCNA 并单击右键，在弹出菜单中选择【新建会话】，然后按照【新建会话向导】的提示完成会话建立。重复【新建会话】过程 6 次，为本书实验中用到的 7 台设备分别创建一个会话，这样后续的实验就不用每次都建立新的会话连接了。如图 3-11 所示为在 CCNA 目录中建立多个会话。

图 3-11　在 CCNA 目录中建立多个会话

（2）在 SecureCRT 一个窗口中打开多个会话

在图 3-11(4)中，双击 CCNA 会话下的 **R1**，会看到如下菜单：

```
        （此处省略上面制作的菜单）
   TS>R1    //按照菜单提示输入 R1，进入路由器 R1 的访问界面
   Trying R1 (1.1.1.1, 2003)... Open
        （此处省略上面制作的菜单）
   R1>
```

在 SecureCRT 窗口中按【Alt】+【B】组合键，分别双击其余的设备 R2～S3，这样就可以使用 SecureCRT 软件打开多个路由器或者交换机的访问窗口，如图 3-12 所示。

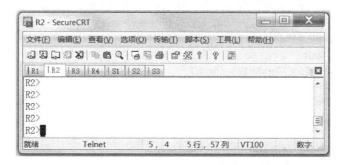

图 3-12　使用 SecureCRT 软件打开多个路由器或者交换机的访问窗口

3.3.5 实验 5: 配置 IPv6 地址

1．实验目的

通过本实验可以掌握：
① 路由器上 IPv6 地址的配置的方法。
② 交换机上 IPv6 地址的配置的方法。
③ 通过 EUI-64 方式获得 IPv6 地址的方法。

2．实验拓扑

配置 IPv6 地址的实验拓扑如图 3-13 所示。

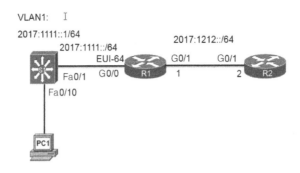

图 3-13　配置 IPv6 地址的实验拓扑

3．实验步骤

路由器接口的 IPv6 地址可以通过手工静态配置、EUI-64 方式和无状态自动配置获得。本实验中路由器 R1 的 G0/0 接口采用 EUI-64 方式配置 IPv6 地址，其他接口通过手工静态方式配置 IPv6 地址。

（1）配置路由器 R1

```
R1(config)#ipv6 unicast-routing    //启用 IPv6 单播路由
R1(config)#interface gigabitEthernet0/0
R1(config-if)#ipv6 address 2017:1111::/64 eui-64
      //接口通过 EUI-64 方式获得 IPv6 地址，当用路由器模拟主机时，在接口下可以通过使用命令 ipv6 address autoconfig 允许接口使用无状态自动配置方式获得 IPv6 地址
R1(config-if)#no shutdown
R1(config-if)#exit
R1(config)#interface GigabitEthernet0/1
R1(config-if)#ipv6 address 2017:1212::1/64
R1(config-if)#no shutdown
```

（2）配置路由器 R2

```
R2(config)#interface GigabitEthernet0/1
R2(config-if)#ipv6 address 2017:1212::2/64
R2(config-if)#ipv6 address fe80::2 link-local
```

//配置接口链路本地地址,默认时路由器会自动生成链路本地地址
R2(config-if)#**no shutdown**

(3)配置交换机 S1

S1(config)#**interface vlan 1**
S1(config-if)#**ipv6 address 2017:1111::1/64**
S1(config-if)#**no shutdown**

【技术要点】

如果在交换机上启用 IPv6 路由功能,首先要进行如下配置:
S1(config)#**sdm prefer dual-ipv4-and-ipv6 routing**   //启用 IPv4 和 IPv6 双栈路由
Changes to the running SDM preferences have been stored, but cannot take effect
until the next reload.   //要生效需要重新启动交换机
Use '**show sdm prefer**' to see what SDM preference is currently active.
S1#**show sdm prefer**
　　The current template is "**desktop default**" template.   //当前支持默认的 IPv4 路由功能
　　The selected template optimizes the resources in the switch to support this level of features for
8 routed interfaces and 1024 VLANs.
　　(此处省略部分输出)
　　On next reload, template will be "desktop IPv4 and IPv6 routing" template.
//交换机重启后,才能支持 IPv4 和 IPv6 双栈路由功能
S1#**reload**
S1(config)#**ipv6 unicast-routing**   //重新启动后才能启动 IPv6 路由
S1#**show sdm prefer**
　　The current template is "**desktop IPv4 and IPv6 routing**" template.
　　The selected template optimizes the resources in the switch to support this level of features for
8 routed interfaces and 1024 VLANs.
　　(此处省略部分输出)
　　number of IPv6 policy based routing aces: 0.25K
　　number of IPv6 qos aces: 0.625k
　　number of IPv6 security aces: 0.5K

4. 实验调试

(1)查看接口的 IPv6 配置信息

　　R1#**show ipv6 interface gigabitEthernet 0/0**   //查看接口的 IPv6 配置信息
GigabitEthernet0/0 is up, line protocol is up
　　IPv6 is enabled, link-local address is FE80:: FA72:EAFF:FEC8:4F98
//本接口启用 IPv6,链路本地地址默认以 FE80::/10 为前缀,通过 EUI-64 格式自动配置,而串行
接口和环回接口会借用第一个以太网接口的 MAC 地址来生成链路本地地址,而且有可能路由器多个接口的
链路本地地址相同,所以当 ping 对方的链路本地地址时,需要指定出接口。也可以通过类似命令 **ipv6 address
fe80::1 link-local** 手工配置接口的链路本地地址,一个接口只能有一个链路本地地址。
　　No Virtual link-local address(es):
　　Global unicast address(es):
　　　2017:1111::FA72:EAFF:FEC8:4F98, subnet is 2017:1111::/64 **[EUI]**
//全球单播地址及子网,一个接口下可以配置多个 IPv6 单播地址,该单播地址通过 EUI 方式配置
　　Joined group address(es):   //接口启用 IPv6 功能后,会自动加入到一些组播组
FF02::1   //表示本地链路上的所有节点
FF02::2   //表示本地链路上的所有路由器

FF02::1:FFC8:4F98   //与本接口链路本地地址和全球单播地址对应的请求节点组播地址
　　MTU is 1500 bytes   //接口的 MTU
　　ICMP error messages limited to one every 100 milliseconds   //ICMPv6 错误消息发送的速率限制
　　ICMP **redirects** are enabled   //接口启用 ICMPv6 重定向功能
　　ICMP unreachables are sent   //接口可以发送 ICMP 不可达消息
　　ND **DAD is enabled**, number of **DAD** attempts: 1   //启用重复地址检测，尝试次数为 1
　　ND reachable time is 30000 milliseconds (using 30000)   //认为邻居的可达时间
　　ND advertised reachable time is 0 (unspecified)
　　ND advertised retransmit interval is 0 (unspecified)
　　ND **router advertisements** are sent every 200 seconds   //RA 发送间隔
　　ND **router advertisements live** for 1800 seconds   //RA 消息的生存期
　　ND advertised default router preference is Medium   //默认路由器优先级
　Hosts use **stateless autoconfig** for addresses.
　//启用无状态自动配置地址，是在网络中没有 DHCPv6 服务器情况下，允许节点自行配置 IPv6 地址的机制

（2）使用 **ping** 命令测试 IPv6 直连链路的连通性

```
R1#ping 2017:1212::2
Type escape sequence to abort.
Sending 5, 100-byte ICMP Echos to 2017:1212::2, timeout is 2 seconds:
!!!!!
Success rate is 100 percent (5/5), round-trip min/avg/max = 1/4/7 ms
R1#ping 2017:1111::1
Type escape sequence to abort.
Sending 5, 100-byte ICMP Echos to 2017:1111::1, timeout is 2 seconds:
!!!!!
Success rate is 100 percent (5/5), round-trip min/avg/max = 0/0/1 ms
```

路由和交换基础篇

- 第 4 章　路由概念
- 第 5 章　静态路由
- 第 6 章　动态路由和 RIP
- 第 7 章　交换网络
- 第 8 章　VLAN、Trunk 和 VLAN 间路由
- 第 9 章　ACL
- 第 10 章　DHCP
- 第 11 章　IPv4 NAT
- 第 12 章　设备发现、维护和管理

第4章 路由概念

网络互联核心的任务是解决路由问题，路由器的作用就是将各个网络彼此连接起来，负责不同网络之间的数据包传送。而路由器工作的核心就是路由表，路由器使用路由表来确定转发数据包的最佳路径。本章介绍路由器组件、路由器启动过程和路由决策过程等内容。

4.1 路由器概述

4.1.1 路由器组件

路由器是一台特殊用途的计算机，它的主要功能是确定发送数据包的最佳路径并将数据包转发到目的地。和常见的 PC 一样，路由器有 CPU、内存、ROM 等组件。路由器没有键盘、鼠标和显示器等组件；然而比起计算机，路由器多了 NVRAM、Flash 以及类型丰富的接口。路由器各个组件及其作用如下所述。

① CPU：中央处理单元，和计算机一样，CPU 执行操作系统指令，如系统初始化、路由功能和交换功能等。

② 内存：内存存储 CPU 所需执行的指令和数据。如路由器配置文件、IP 路由表、ARP 表等都存储在内存中，路由器重新启动或断电，内存中的内容会丢失。

③ Flash：闪存，是非易失性存储器，可以以电子的方式存储和擦除。闪存用来存储 IOS 映像文件。在大多数型号的 Cisco 路由器中，IOS 存储在闪存中，在启动过程中才复制到 RAM 执行。路由器重新启动或断电，闪存中的内容不会丢失。

④ NVRAM：非易失性（Non-volatile）RAM，用来存储启动配置文件（startup-config）。路由器配置的更改信息都存储在 RAM 的配置（running-config）文件中，并由 IOS 立即执行。要保存这些更改信息以防路由器重新启动或断电文件丢失，必须将 running-config 文件保存到 NVRAM 中，存储文件名为 startup-config。路由器重新启动或断电，NVRAM 不会丢失存储在其中的内容。

⑤ ROM：是一种永久性存储器。Cisco 设备使用 ROM 来存储引导程序（Bootstrap）、基本诊断软件和有限功能 IOS 等。ROM 使用的是固件，即内嵌于集成电路中的软件。固件包含一般不需要修改或升级的软件，如启动指令。路由器断电或重新启动，ROM 中的内容不会丢失。升级一般需要更换芯片。

⑥ 管理端口：管理端口主要有控制台（Console）端口、Mini-B USB 控制台端口和辅助（AUX）端口。控制台端口用以连接终端（即运行终端模拟器软件的计算机）。对路由器进行初始配置时，必须使用控制台端口。辅助端口的使用方式与控制台端口类似，此端口通常用以连接调制解调器。

⑦ 网络接口：路由器可以用多个接口连接不同的网络，不同路由器提供的可使用接口也

可能不同。路由器上常见的接口是以太网接口和串行接口。比如 Cisco 2911 路由器提供 3 个千兆位以太网接口，4 个 EHWIC 插槽（可以插入 HWIC-2T、HWIC-4ESW、HWIC-8A、HWIC-1ADSL 和 HWIC-1T1/E1 等模块）以及一个服务模块（Service Module）插槽（可以插入 SM-D-72FXS、SM-D-ES3G-48-P 和 SM-32A 等模块）。大多数网络接口在模块旁配有一个或两个 LED 链路指示灯。通常，绿色 LED 表示连接正常，而呈绿色闪烁的 LED 表示链路处于活动状态。如 2911 路由器的千兆位以太网接口的 L（Link）指示灯表示链路是否处于活动状态，S（Speed）指示灯表示接口的运行速率，其闪烁和暂停的频率代表运行速率。又比如当控制台旁边的 EN 指示灯为绿色的时候，表示连接正常。

随着网络的不断扩大，选择合适的路由器来满足其业务要求很重要。根据应用场合，路由器分为以下三类。

① 分支机构路由器：分支机构路由器可优化单一平台上的分支机构服务，同时在分支机构和 WAN 基础架构上提供最佳应用体验。要最大限度地提高分支机构的服务可用性，网络需要能够全天候正常运行。高度可用的分支网络必须确保能够从网络故障中快速恢复，同时尽量减少或消除对服务的影响，并提供简单的网络配置和管理。

② 网络边缘路由器：网络边缘路由器使网络边缘能够提供高性能、高安全性和可靠的服务，用于连接园区、数据中心及分支机构网络。为了满足客户期望的互动性、个性化、移动性和安全性的要求，网络边缘路由器必须提供更好的服务质量、无中断视频和移动等功能。

③ 服务提供商路由器：服务提供商路由器通过提供端到端的可扩展解决方案及用户感知服务来增加收入。运营商必须优化运营、降低费用、提高可扩展性和灵活性，以便在所有的设备和位置上提供下一代互联网体验。

4.1.2 路由器启动过程

路由器启动过程主要分为以下 3 个阶段，如图 4-1 所示。

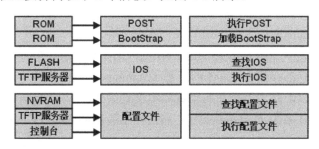

图 4-1 路由器启动过程

1. 执行开机自检和加载引导（Bootstrap）程序

POST（Power-On Self Test，POST）过程用于检测路由器硬件。当路由器加电时，ROM 芯片上的软件便会执行 POST 进行诊断，主要针对 CPU、RAM 和 NVRAM 等在内的硬件组件。POST 完成后，路由器将执行引导（Bootstrap）程序。Bootstrap 程序将 IOS 映像文件从 ROM 复制到 RAM 中，然后 CPU 会执行 Bootstrap 程序中的指令。Bootstrap 程序的主要任务是查找 IOS 映像文件并将其加载到 RAM 中。

2. 查找并加载 IOS

IOS 映像文件通常存储在闪存中，也可能存储在 TFTP 服务器中等其他位置上。找到 IOS 映像文件后，开始加载 IOS，在映像文件解压缩过程中会看到一串#号。路由器寻找 IOS 映像的顺序，还取决于配置寄存器（Configuration Register）的启动域以及其他的设置（如用 boot system 命令可以指定查找 IOS 的顺序）。配置寄存器是一个 2 字节的寄存器，低 4 位就是启动域，不同的值代表从不同的位置查找 IOS，默认时寄存器值为 0x2102，即启动域的值为 2。默认情况下路由器首先从 Flash 查找 IOS，然后查找 TFTP 服务器。如果不能找到 IOS 映像文件，路由器会进入监控（Rommon）模式。

3. 查找并加载配置文件

IOS 加载成功后，引导程序会搜索 NVRAM 中的启动配置文件。此文件含有已经保存的配置命令和参数。如果启动配置文件位于 NVRAM 中，路由器会将其复制到 RAM 中作为运行配置文件并执行。如果 NVRAM 中不存在启动配置文件，或者在寄存器值为 0x2142 情况下路由器会提示是否进入设置（setup）模式。设置模式包含一系列交互式问题，提示用户输入一些基本的配置信息。设置模式不适合复杂的路由器配置，网络管理员一般不会使用该模式，通过【CTRL】+【C】组合键可以退出 setup 模式。

4.1.3 路由器转发数据包机制

路由器支持以下 3 种数据包转发机制。

1. 进程交换

进程交换是一种较早版本的数据包转发机制，当数据包到达路由器某个接口时，将其转发到控制平面，在控制平面上 CPU 将目的地址与其路由表中的条目进行匹配，然后确定送出接口并转发数据包。路由器会对每个数据包执行此操作，也就是说每个数据包都必须由 CPU 单独处理，即使数据流的源 IP 地址和目 IP 地址地是相同的。这种进程交换机制效率低下，在现代网络中很少使用。

2. 快速交换

快速交换也称为基于流（Flow-Based）的交换，这是一种常见的数据包转发机制，使用快速交换缓存来存储下一跳信息。当数据包到达路由器某个接口时，将被转发到控制平面，在控制平面上 CPU 将在快速交换缓存中搜索匹配项。如果不存在匹配项，则对数据包采用进程交换并将其转发到送出接口，整个数据流信息同时会被存储到快速交换缓存中。如果去往同一目的地的另一个数据包到达路由器接口，则缓存中的下一跳信息可以重复使用，无须 CPU 的干预。但有一点需要注意，IP 路由表的改变会使快速交换缓存无效，在路由不断变化的网络环境中，快速交换的优点将受到很大抑制。

3. Cisco 快速转发

Cisco 快速转发（Cisco Express Forwarding，CEF）也称为基于拓扑（Topology-Based）的

交换,是 Cisco 路由器首选使用的数据包转发机制。CEF 将构建转发信息库(Forwarding Information Base,FIB)和邻接表(Adjacency Table)。FIB 和路由表是同步的,是 CPU 根据路由表进行递归查找而生成的,当网络中路由或拓扑结构发生变化时,IP 路由表就被更新,而这些变化也将反映在 FIB 中,尤为关键的是 FIB 的查询由硬件执行,查询速度快得多。邻接表和 ARP 表有些类似,主要放置了二层重写时需要的封装信息。FIB 和邻接表在数据转发之前就已经准备好了,这样一有数据要转发,路由器就能直接利用它们进行数据转发和封装,不需要查询路由表和发送 ARP 请求,所以路由效率大大提高。

4.2 路由决策

4.2.1 IP 路由原理

路由是指把数据包从源发送到目的的行为和动作,而路由器是执行这种行为和动作的设备。当路由器从某个接口收到 IP 数据包时,它会确定使用哪个接口将该数据包转发到目的地。因此路由器转发数据包的行为包括确定数据包的最佳路径和将数据包转发到目的地。路由器使用路由表来确定转发数据包的最佳路径。当路由器收到数据包时,它会检查其目的 IP 地址,并在路由表中搜索最佳匹配网络地址,一旦找到匹配条目,路由器就会将 IP 数据包封装到出接口相应的数据链路帧中进行转发。数据链路帧可以是以太帧、PPP 帧或 HDLC 帧等,数据链路封装取决于路由器接口的类型及其连接的介质类型。

路由器路由数据包过程如图 4-2 所示。数据包从计算机 A 到达服务器 B 过程如下:当主机 A 要发送 IP 数据包给服务器 B 时,将 IP 数据包先按照以太网帧格式进行封装,然后送到默认网关,即路由器 R1,R1 从 G0/0 接口收到该以太网帧后,将数据包解封(删除二层帧头和帧尾),R1 使用数据包的目的 IP 地址搜索路由表,查找匹配的网络地址。在路由表中找到目的网络地址后,确定出接口为 S0/0/0,R1 将数据包重新封装(二层重写)到 PPP 帧中,然后将数据包转发到 R2。R2 接着执行和上述类似的过程,数据包最后到达服务器 B。在整个数据包传递过程中,二层信息会被重写,但是三层 IP 信息保持不变。

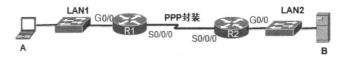

图 4-2 路由器路由数据包过程

4.2.2 管理距离和度量值

1. 管理距离(Administrative Distance,AD)

管理距离用来定义路由来源的可信程度,范围是 0~255 的整数值,值越低表示路由来源的优先级别越高,0 表示优先级别最高。默认情况下,只有直连网络的管理距离为 0,而且这个值不能更改。静态路由和动态路由协议的管理距离是可以修改的。表 4-1 列出了直连、静态路由以及常见动态路由协议的默认管理距离。

表 4-1 默认管理距离

路由类别	管理距离（AD）	路由类别	管理距离（AD）
直连路由	0	OSPF	110
静态路由	1	IS-IS	115
EIGRP 汇总路由	5	RIP	120
外部 BGP（EBGP）	20	外部 EIGRP	170
内部 EIGRP	90	内部 BGP（IBGP）	200

2．度量值（Metric）

度量值是路由协议用来分配到达远程网络的路由开销的值。对于同一种路由协议，当有多条路径通往同一目的网络时，路由协议使用度量值来确定最佳路径。度量值越低，路径越优先。每一种路由协议都有自己的度量方法，所以不同的路由协议决策出的最佳路径可能不同。IP 路由协议中经常使用的度量标准如下所述。

① 跳数：数据包经过的路由器个数。
② 带宽：链路的数据承载能。
③ 负载：链路的通信使用率。
④ 延时：数据包从源到达目的需要的时间。
⑤ 可靠性：通过接口错误计数或以往链路故障次数来估计出现链路故障的可能性。
⑥ 开销：链路上的费用，OSPF 中的开销值是根据接口带宽计算的。

4.2.3 路由表

路由表是保存在 RAM 中的数据文件，存储了与直连网络以及远程网络相关的信息。路由表包含网络与下一跳的关联信息。这些关联信息告知路由器：要以最佳方式到达某一目的地，可以将数据包发送到特定路由器（即在到达最终目的地的途中的下一跳）。下一跳也可以关联到通向最终目的地的送出接口。路由器在查找路由表的过程中通常采用递归查询。路由器通常用以下 3 种途径构建路由表。

① 直连网络：就是直连到路由器某一接口的网络，当然，该接口要处于活动状态，路由器自动将和自己直接连接的网络添加到路由表中。
② 静态路由：通过网络管理员手工配置添加到路由器表中。
③ 动态路由：由路由协议（如 RIP、EIGRP、OSPF、IS-IS 和 BGP 等）通过自动学习来构建路由表。

可以通过 **show ip route** 命令来查看路由器的路由表，下面是路由表的一个例子。

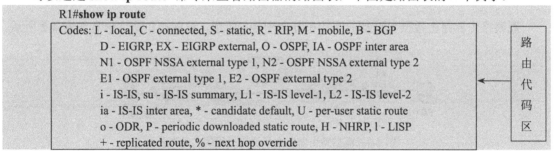

```
Gateway of last resort is not set
     10.0.0.0/8 is variably subnetted, 3 subnets, 2 masks
D       10.1.1.0/24 [90/2297856] via 10.1.23.3, 00:00:09, Serial0/0/1
C       10.1.23.0/24 is directly connected, Serial0/0/1
L       10.1.23.2/32 is directly connected, Serial0/0/1
     172.16.0.0/16 is variably subnetted, 3 subnets, 2 masks
R       172.16.1.0/24 [120/1] via 172.16.12.1, 00:00:08, Serial0/0/0
C       172.16.12.0/24 is directly connected, Serial0/0/0
L       172.16.12.2/32 is directly connected, Serial0/0/0
     192.168.1.0/32 is subnetted, 1 subnets
O       192.168.1.1 [110/65] via 192.168.24.4, 00:00:56, Serial0/1/0
     192.168.24.0/24 is variably subnetted, 2 subnets, 2 masks
C       192.168.24.0/24 is directly connected, Serial0/1/0
L       192.168.24.2/32 is directly connected, Serial0/1/0
```

路由表的具体查找过程将在第 6 章中详细介绍。当路由器添加路由条目到路由表中时，遵循如下原则：

① 有效的下一跳地址。

② 如果下一跳地址有效，路由器通过不同的路由协议学到多条去往同一目的网络的路由，路由器会将管理距离最小的路由条目放入路由表中。

③ 如果下一跳地址有效，路由器通过同一种路由协议学到多条去往同一目的网络的路由，路由器会将度量值最小的路由条目放入路由表中。

路由表的工作原理如下如下所述。

① 每台路由器根据其自身路由表中的信息独立做出转发决定。

② 一台路由器的路由表中包含某些信息并不表示其他路由器也包含相同的信息。

③ 从一个网络能够到达另一个网络并不意味着数据包一定可以返回，也就是说路由信息必须双向可达，才能确保网络可以双向通信。

4.2.4 理解路由器路由数据包过程

1. 实验目的

通过本实验可以掌握：
① 了解 IP 路由原理。
② 了解数据包封装和解封装的概念。
③ 了解路由器路由和交换过程。

2. 实验拓扑

观察路由器路由数据包过程的实验拓扑如图 4-3 所示，设备接口地址信息如表 4-2 所示。

图 4-3 观察路由器路由数据包过程的实验拓扑

表 4-2　图 4-3 设备接口地址信息

设备名称	接口名称	二层地址	三层地址	网关
路由器 R1	G0/0	0090.0c42.7b01	172.16.1.1	—
	S0/0/0		172.16.12.1	
路由器 R2	G0/0	00d0.ba97.d101	172.16.2.2	—
	S0/0/0		172.16.12.2	
PC1	网卡	0060.3E37.BC77	172.16.1.100	172.16.1.1
Server1	网卡	0060.702B.C127	172.16.2.100	172.16.2.2

本实验强烈建议利用 Cisco Packet Tracer 软件完成，可以清晰查看数据包的结构。本实验的配置在后续章节中介绍，此处只注重路由器对数据包封装、解封装和转发过程。本实验就是在 Cisco Packet Tracer7.1 环境下完成的，假设所有计算机和路由器的 ARP 表为空。提示：计算机可以使用 **arp –d** 命令清空 ARP 缓存表项，路由器可以使用 **clear arp** 命令清空 ARP 缓存表项。

3. 实验步骤

数据包从计算机 PC1 到达服务器 Server1 的工作过程如下所述。

① 在计算机 PC1 上执行 ping 172.16.2.100 命令，此时 PC1 首先判断目的 IP 地址和本机 IP 地址不在同一个网段，于是向网关（172.16.1.1）发送 ARP 请求，此数据包为二层广播包，二层地址信息如下：

源 MAC 地址	目的 MAC 地址	类型
0060.3E37.BC77	FFFF.FFFF.FFFF	0x0806

路由器 R1 收到 ARP 请求包后，以单播方式回复 ARP 应答包，二层地址信息如下：

源 MAC 地址	目的 MAC 地址	类型
0090.0c42.7b01	0060.3E37.BC77	0x0806

计算机 PC1 收到路由器 R1 回复的 ARP 应答后，更新自己的 ARP 表，此时 PC1 的 ARP 表如下：

```
C:\>arp -a
Internet Address      Physical Address      Type
172.16.1.1            0090.0c42.7b01        dynamic
```

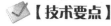【技术要点】

实际应用环境中，当路由器的 G0/0 接口启动后，会主动发送 Gratuitous ARP（免费 ARP），处在同一网段的计算机收到该数据包后，就会更新自己的 ARP 缓存表；当计算机网卡启动时，会主动周期性发送 ARP 请求，以便获得网关的 MAC 地址，因此上述①的过程实际是自动完成的，不需要用户发送数据包来触发。

② 计算机 PC1 收到路由器 R1 的 ARP 应答包后，可以进行以太网封装，地址信息如下：

源 MAC 地址	目的 MAC 地址	类型	源 IP 地址	目的 IP 地址	协议
0060.3E37.BC77	0090.0c42.7b01	0x0800	172.16.1.100	172.16.2.100	0x01

③ 计算机 PC1 将该数据包送到默认网关，即路由器 R1，R1 从 G0/0 接口收到该以太帧后，将数据包解封装（删除二层帧头和帧尾），然后路由器 R1 使用数据包的目的 IP 地址 172.16.2.100 搜索路由表，查找匹配的路由条目。在路由表中找到匹配的目的网络地址后，确定出接口为 S0/0/0，R1 将数据包重新封装（二层重写）到 PPP 帧中，然后将数据包转发到路由器 R2，地址信息如下：

PPP 地址	类型	源 IP 地址	目的 IP 地址	协议
0xFF	0x0021	172.16.1.100	172.16.2.100	0x01

④ 路由器 R2 收到 R1 发送的数据包后，将数据包解封装（删除二层帧头和帧尾），路由器 R2 使用数据包的目的 IP 地址 172.16.2.100 搜索路由表，查找匹配的路由条目。在路由表中找到目的网络地址后，发现目的主机位置和自己直连的 G0/0 接口网络相同，此时如果路由器 R2 的 ARP 表中没有 172.16.2.100 对应的 ARP 缓存，就发送 ARP 请求，以便获得 Server1 网卡的 MAC 地址信息，地址信息如下：

源 MAC 地址	目的 MAC 地址	类型
00d0.ba97.d101	FFFF.FFFF.FFFF	0x0806

⑤ Server1 收到路由器 R2 发送的 ARP 请求后，更新自己的 ARP 表，此时 Server1 的 ARP 表如下：

```
C:\>arp -a
Internet Address     Physical Address      Type
172.16.2.2           00d0.ba97.d101        dynamic
```

⑥ Server1 收到路由器 R2 发送的 ARP 请求后会以单播方式回复 ARP 应答包，地址信息如下：

源 MAC 地址	目的 MAC 地址	类型
0060.702B.C127	00d0.ba97.d101	0x0806

⑦ 路由器 R2 收到 Server1 回复的 ARP 应答后，更新自己的 ARP 表，此时路由器 R2 可以对数据包进行重新封装（二层重写），然后将数据包转发到服务器 Server1，地址信息如下：

源 MAC 地址	目的 MAC 地址	类型	源 IP 地址	目的 IP 地址	协议
00d0.ba97.d101	0060.702B.C127	0x0800	172.16.1.100	172.16.2.100	0x01

⑧ 路由器 R2 收到数据包后，继续执行和上述类似的过程，数据包最后到达 PC1，完成一次 ping 的过程。

以上过程表明，在数据包从计算机 PC1 到达服务器 Server1 的整个传递过程中，二层地址信息会被重写，但是三层 IP 地址信息保持不变。

第 5 章 静 态 路 由

路由器主要功能是确定发送数据包的最佳路径以及将数据包从一个网络传送到另一个网络。路由是所有数据网络的核心所在,它通过搜索存储在路由表中的路由信息将数据包从源传送到目的地,所以说路由表是路由器工作的核心。路由器构建路由表的方式通常有 3 种:直连路由、静态路由和动态路由协议。静态路由通过网络管理员手工配置路由信息来填充路由表。在许多情况下,动态路由协议和静态路由结合使用。本章主要介绍静态路由的特点、用途、分类及配置。

5.1 静态路由概述

5.1.1 静态路由特征

路由器在转发数据包时,要先在路由表中查找相应的路由条目及其对应的出接口,才能知道数据包应该从哪个接口转发出去。作为构建路由表最简单的方式,静态路由的优点、缺点和使用场合如下所述。

1. 静态路由的用途

① 在不会显著增长的小型网络中,使用静态路由便于维护路由表。在这种情况下,使用动态路由协议可能会增加额外的管理负担。

② 对末节网络进行路由。末节网络是只能通过单条路由访问的网络,因此路由器只有一个邻居,所以没必要在此链路间使用动态路由协议。

③ 使用单一默认路由。如果某个网络在路由表中找不到更匹配的路由条目,则可使用默认路由作为通往该网络的路径。

2. 静态路由的优点

① 占用的 CPU 和内存资源较少。
② 可控性强,也便于管理员了解整个网络路由信息。
③ 不需要动态更新路由,可以减少对带宽的占用,提高网络安全性。
④ 简单和易于配置。

3. 静态路由的缺点

① 初始配置和维护耗费管理员大量时间。
② 配置时容易出错,尤其对于大型网络。
③ 当网络拓扑发生变化时,需要管理员手动维护变化的路由信息。

④ 随着网络规模的增长和配置的扩展，维护越来越麻烦。
⑤ 需要管理员对整个网络的情况完全了解后才能进行恰当的操作和配置。

5.1.2 默认路由

所谓默认路由是指路由器在路由表中，当找不到到达目的网络的明细路由或者总结路由时最后会采用的路由，默认路由与所有数据包都匹配。通常连接到 ISP 网络的边缘路由器上往往会配置默认静态路由。需要注意的是路由器是否使用默认路由转发数据包，还取决于无类路由行为（**IP Classless**）是否开启。

5.1.3 静态路由分类

静态路由最常用于连接特定网络，或为末节网络提供最后选用网关。只有一个出口的网络被称为末节网络（Stub Network）。静态路由类型如下所述。
① 标准静态路由：用于连接到特定远程网络的静态路由。
② 默认静态路由：是将 0.0.0.0/0 作为目的 IPv4 地址或者将::/0 作为目的 IPv6 地址的静态路由。需要注意的是明细路由优先于默认路由。
③ 总结静态路由：为了节省内存空间、有效保护内部网络、提高路由表查找效率，将多条静态路由可以总结成一条静态路由来减少路由表条目的数量。
④ 浮动静态路由：是为主静态路由或动态路由提供备份路径的静态路由。浮动静态路由仅在主路由不可用时使用。实现方法是配置浮动静态路由的管理距离大于主路由的管理距离。

5.2 配置静态路由

5.2.1 实验1：配置 IPv4 静态路由

1. 实验目的

通过本实验可以掌握：
① 配置带下一跳地址的 IPv4 静态路由的方法。
② 配置带送出接口的 IPv4 静态路由的方法。
③ 配置总结 IPv4 静态路由的方法。
④ 配置浮动 IPv4 静态路由的方法。
⑤ 代理 ARP 的作用。
⑥ 路由表的含义。
⑦ 扩展 ping 命令的使用方法。

2. 实验拓扑

配置 IPv4 静态路由的实验拓扑如图 5-1 所示。

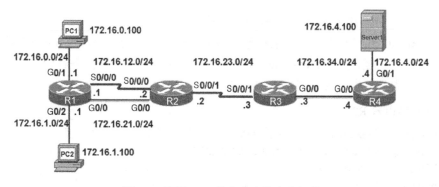

图 5-1 配置 IPv4 静态路由的实验拓扑

3．实验步骤

（1）配置路由器 R1

```
R1(config)#interface GigabitEthernet0/0
R1(config-if)#ip address 172.16.21.1 255.255.255.0
R1(config-if)#no shutdown
R1(config-if)#exit
R1(config)#interface GigabitEthernet0/1
R1(config-if)#ip address 172.16.0.1 255.255.255.0
R1(config-if)#no shutdown
R1(config-if)#exit
R1(config)#interface GigabitEthernet0/2
R1(config-if)#ip address 172.16.1.1 255.255.255.0
R1(config-if)#no shutdown
R1(config-if)#exit
R1(config)#interface Serial0/0/0
R1(config-if)#ip address 172.16.12.1 255.255.255.0
R1(config-if)#no shutdown
R1(config-if)#exit
R1(config)#ip route 0.0.0.0 0.0.0.0 Serial0/0/0 100
//配置带送出接口的静态默认路由，管理距离设置为 100，默认为 1，由于串行链路速率比以太网慢得多，所以，该路由作为备份路由，即浮动静态路由
R1(config)#ip route 0.0.0.0 0.0.0.0 172.16.21.2
//配置带下一跳地址的静态默认路由，该路由作为主路由
```

【技术要点】

配置静态路由的命令是：
　　Router(config)#**ip route** *prefix mask* {*address* | *interface* [*address*]} [*distance*] [**permanent**]
命令参数含义如下所述。

① *prefix*：目的网络地址。

② *mask*：目标网络的子网掩码，可对此子网掩码进行修改，以使汇总一组网络。

③ *address*：将数据包转发到目的网络时使用的下一跳 IP 地址。

④ *interface*：将数据包转发到目的网络时使用的本地送出接口。

⑤ *distance*：静态路由条目的管理距离，默认为 1。
⑥ permanent：正常情况下，如果和静态路由条目相关联的接口进入 **down** 状态，该静态路由会被从路由表中删除。**permanent** 参数的含义是即使和静态路由条目相关联的接口进入 **down** 状态，路由条目也不会从路由表中消失。

（2）配置路由器 R2

```
R2(config)#interface GigabitEthernet0/0
R2(config-if)#ip address 172.16.21.2 255.255.255.0
R2(config-if)#no shutdown
R2(config-if)#exit
R2(config)#interface Serial0/0/0
R2(config-if)#ip address 172.16.12.2 255.255.255.0
R2(config-if)#no shutdown
R2(config-if)#exit
R2(config)#interface Serial0/0/1
R2(config-if)#ip address 172.16.23.2 255.255.255.0
R2(config-if)#no shutdown
R2(config-if)#exit
R2(config)#ip route 172.16.0.0 255.255.255.0 172.16.21.1
R2(config)#ip route 172.16.1.0 255.255.255.0 172.16.21.1
R2(config)#ip route 172.16.0.0 255.255.255.0 Serial0/0/0 100
R2(config)#ip route 172.16.1.0 255.255.255.0 Serial0/0/0 100
R2(config)#ip route 172.16.4.0 255.255.255.0 Serial0/0/1
R2(config)#ip route 172.16.34.0 255.255.255.0 Serial0/0/1
```

（3）配置路由器 R3

```
R3(config)#interface GigabitEthernet0/0
R3(config-if)#ip address 172.16.34.3 255.255.255.0
R3(config-if)#no shutdown
R3(config-if)#exit
R3(config)#interface Serial0/0/1
R3(config-if)#ip address 172.16.23.3 255.255.255.0
R3(config-if)#no shutdown
R3(config-if)#exit
R3(config)#ip route 172.16.0.0 255.255.254.0 Serial0/0/1
//将到 172.16.0.0/24 和 172.16.1.0/24 的静态路由手工总结为 1 条，掩码为/23
R3(config)#ip route 172.16.12.0 255.255.255.0 Serial0/0/1
R3(config)#ip route 172.16.21.0 255.255.255.0 Serial0/0/1
R3(config)#ip route 172.16.4.0 255.255.255.0 172.16.34.4
```

（4）配置路由器 R4

```
R4(config)#interface GigabitEthernet0/0
R4(config-if)#ip address 172.16.34.4 255.255.255.0
R4(config-if)#no shutdown
R4(config-if)#exit
R4(config)#interface GigabitEthernet0/1
R4(config-if)#ip address 172.16.4.4 255.255.255.0
R4(config-if)#exit
R4(config)#ip route 0.0.0.0 0.0.0.0 172.16.34.3
//由于 R4 到外部网络只有一个出口，配置默认静态路由比较适合
```

4. 实验调试

（1）查看接口 IP 地址和状态，确保直连链路的连通性

```
R1#show ip interface brief | exclude unassigned
Interface              IP-Address        OK?  Method   Status    Protocol
GigabitEthernet0/0     172.16.21.1       YES  manual   up        up
GigabitEthernet0/1     172.16.0.1        YES  manual   up        up
GigabitEthernet0/2     172.16.1.1        YES  manual   up        up
Serial0/0/0            172.16.12.1       YES  manual   up        up
```

（2）查看路由

① 查看路由器 R1 的路由表。

```
R1#show ip route
Codes: L - local, C - connected, S - static, R - RIP, M - mobile, B - BGP
       D - EIGRP, EX - EIGRP external, O - OSPF, IA - OSPF inter area
       N1 - OSPF NSSA external type 1, N2 - OSPF NSSA external type 2
       E1 - OSPF external type 1, E2 - OSPF external type 2
       i - IS-IS, su - IS-IS summary, L1 - IS-IS level-1, L2 - IS-IS level-2
       ia - IS-IS inter area, * - candidate default, U - per-user static route
       o - ODR, P - periodic downloaded static route, H - NHRP, l - LISP
       a - application route
       + - replicated route, % - next hop override, p - overrides from PfR
Gateway of last resort is 172.16.21.2 to network 0.0.0.0  //默认路由的下一跳地址
S*     0.0.0.0/0 [1/0] via 172.16.21.2
//*表示默认，/0 掩码表明只需要有零位匹配（即无须匹配）。只要不存在更加精确的匹配，则默
认静态路由将与所有数据包匹配，此路由管理距离为 1，度量值为 0
       172.16.0.0/16 is variably subnetted, 8 subnets, 2 masks
C      172.16.0.0/24 is directly connected, GigabitEthernet0/1
//直连网络路由，管理距离为 0，度量值为 0
L      172.16.0.1/32 is directly connected, GigabitEthernet0/1
//本地路由，管理距离为 0，度量值为 0，IOS 版本 15 以后路由表中会出现以路由器本地活动的接
口地址为目标网络的/32 主机路由
C      172.16.1.0/24 is directly connected, GigabitEthernet0/2
L      172.16.1.1/32 is directly connected, GigabitEthernet0/2
C      172.16.12.0/24 is directly connected, Serial0/0/0
L      172.16.12.1/32 is directly connected, Serial0/0/0
C      172.16.21.0/24 is directly connected, GigabitEthernet0/0
L      172.16.21.1/32 is directly connected, GigabitEthernet0/0
```

以上输出表明，路由器 R1 的路由表中包含 4 条直连路由、4 条本地路由和 1 条静态默认路由条目。输出表明路由表中并没有出现出接口为 S0/0/0 的静态默认路由，因为其管理距离为 100，大于采用下一跳地址为 172.16.21.2 的静态默认路由的管理距离 1，对于同一条路由，路由器会把管理距离小的路由条目填充到路由表中。而出接口为 S0/0/0 的静态默认路由是浮动静态路由，起到备份作用。接下来看一下浮动静态路由是如何工作的？

首先模拟网络故障（在路由器 R1 的 G0/0 接口上执行 **shutdown** 命令，关闭接口），主链路中断，此时浮动静态路由会出现在 R1 路由表中，如下所示：

```
R1#show ip route static | include 0.0.0.0/0
S*     0.0.0.0/0 is directly connected, Serial0/0/0
```

```
//路由器 R1 选择出接口为 S0/0/0 的静态默认路由，以下命令可以查看路由条目的详细信息
R1#show ip route 0.0.0.0
Routing entry for 0.0.0.0/0, supernet
  Known via "static", distance 100, metric 0 (connected), candidate default path
//路由条目管理距离为 100
  Routing Descriptor Blocks:
  * directly connected, via Serial0/0/0    //路由条目送出接口
      Route metric is 0, traffic share count is 1
```

接着模拟网络故障恢复（在路由器 R1 的 G0/0 接口上执行 **no shutdown** 命令，开启接口），此时查看 R1 路由表：

```
R1#show ip route static | include 0.0.0.0/0
S*      0.0.0.0/0 [1/0] via 172.16.21.2
//路由器 R1 重新选择下一跳地址为 172.16.21.2 的静态默认路由，而出接口为 S0/0/0 的静态默认
路由继续起到备份作用
```

② 查看路由器 R2 的路由表。

```
R2#show ip route
(此处路由代码部分省略)
     172.16.0.0/16 is variably subnetted, 8 subnets, 2 masks
C       172.16.12.0/24 is directly connected, Serial0/0/0
L       172.16.12.2/32 is directly connected, Serial0/0/0
C       172.16.21.0/24 is directly connected, GigabitEthernet0/0
L       172.16.21.2/32 is directly connected, GigabitEthernet0/0
C       172.16.23.0/24 is directly connected, Serial0/0/1
L       172.16.23.2/32 is directly connected, Serial0/0/1
S       172.16.0.0/24 [1/0] via 172.16.21.1
S       172.16.1.0/24 [1/0] via 172.16.21.1
S       172.16.4.0/24 is directly connected, Serial0/0/1
S       172.16.34.0/24 is directly connected, Serial0/0/1
```

【技术要点】

在路由器 R2 上，当有去往 PC2（172.16.1.100）的数据包到达时，它是怎样查找路由表的呢？首先 R2 通过路由条目 **S 172.16.1.0/24 [1/0] via 172.16.21.1** 确定到达目的地的下一跳的 IP 地址是 **172.16.21.1**，这只是第一步查找，然后它将第二次搜索路由表，以查找与 172.16.21.1 匹配的路由对应的出接口，IP 地址 172.16.21.1 与直连网络 172.16.21.0/24 的路由条目（**C 172.16.21.0 is directly connected, GigabitEthernet0/0**）相匹配，送出接口为 **G0/0**，第二次查找获知数据包将从该接口转发出去，上述查找过程称为递归查找。

请注意虽然带送出接口的静态路由显示为直连（**directly connected**），但是管理距离默认情况下是 1，可以通过如下命令来验证：

```
R1#show ip route 172.16.4.0
Routing entry for 172.16.4.0/24
  Known via "static", distance 1, metric 0 (connected)   //静态路由条目管理距离为 1
  Routing Descriptor Blocks:
  * directly connected, via Serial0/0/1    //送出接口
      Route metric is 0, traffic share count is 1
```

③ 查看路由器 R3 的路由表。

```
R3#show ip route static    //参数 static 表示只查看路由表中的静态路由条目
```

```
(此处路由代码部分省略)
          172.16.0.0/16 is variably subnetted, 5 subnets, 3 masks
S         172.16.0.0/23 is directly connected, Serial0/0/1        //总结静态路由
S         172.16.12.0/24 is directly connected, Serial0/0/1
S         172.16.21.0/24 is directly connected, Serial0/0/1
```

【技术要点】

将多条静态路由可以总结成一条静态路由必须同时满足下面的条件：
- 目的网络地址可以总结成一个网络地址，最好精确总结，避免路由黑洞；
- 多条静态路由都使用相同的送出接口或下一跳 IP 地址。

④ 查看路由器 R4 的路由表。

```
R4#show ip route static
(此处路由代码部分省略)
     Gateway of last resort is 172.16.34.3 to network 0.0.0.0
S*       0.0.0.0/0 [1/0] via 172.16.34.3
```

【技术要点】

带送出接口的静态路由条目后面直接跟着送出接口，路由器只需要查找路由表一次，便能将数据包转发到送出接口。从这点来讲，查找路由表效率比查找带下一跳地址路由条目要高。因此使用送出接口配置的静态路由是大多数串行点对点网络（如 HDLC 和 PPP 封装）的理想选择。

修改路由器 R4 的静态默认路由的配置为送出接口方式配置，说明为什么以太网中配置静态路由条目要选择下一跳地址方式，配置如下：

```
R4(config)#no ip route 0.0.0.0 0.0.0.0 172.16.34.3
R4(config)#ip route 0.0.0.0 0.0.0.0 GigabitEthernet0/0
%Default route without gateway, if not a point-to-point interface, may impact performance
//告警信息的意思是静态默认路由没有网关，如果不是点到点接口，可能会影响性能
```

对于以太网，如果要成功封装以太网帧，必须通过 ARP 协议完成二层的 MAC 地址和三层的 IP 地址的映射。如果采用带下一跳地址配置静态路由，ARP 请求广播数据包的内容是询问下一跳地址的 MAC 地址，因此下一跳路由器会用自己以太网接口的 MAC 地址应答 ARP。但是在以太网中，如果采用的是带送出接口的静态路由的配置，如果在 R4 的 ARP 表中没有相应的 ARP 条目，而发出的 ARP 广播数据包没有设备回复，则将不能成功封装以太网帧。但是在默认情况下，路由器的以太网接口都启用了 ARP 的代理功能，所以当 R4 发出 ARP 查询时，R3 收到 ARP 查询后，会查看自己的路由表，如果路由表中有目的地址的路由条目，则用自己的以太网接口 G0/0 的 MAC 地址进行响应，使得 R4 可以成功封装以太网帧。假如关闭路由器 R3 的以太网接口 G0/0 的 ARP 代理功能，并打开 **debug**，将看到封装失败的信息，操作如下：

```
R3(config)#interface GigabitEthernet0/0
R3(config-if)#no ip proxy-arp        //关闭 ARP 代理功能
R4#debug ip packet                   //打开 debug 功能
R4#clear arp                         //清空 ARP 表
R4#ping 172.16.1.1
Type escape sequence to abort.
```

Sending 5, 100-byte ICMP Echos to 172.16.1.1, timeout is 2 seconds:
　　　*Apr 24 07:52:58.990: IP: tableid=0, s=172.16.34.4 (local), d=172.16.1.1 (GigabitEthernet0/0), routed via RIB
　　　*Apr 24 07:52:58.990: IP: s=172.16.34.4 (local), d=172.16.1.1 (GigabitEthernet0/0), len 100, sending
　　　*Apr 24 07:52:58.990: IP: s=172.16.34.4 (local), d=172.16.1.1 (GigabitEthernet0/0), len 100, **encapsulation failed.**　//数据包封装失败

【提示】

对于带送出接口的静态路由配置，如果出接口为以太网接口，建议同时使用下一跳地址和送出接口来配置，如下所示：
　　　R4(config)#**ip route 0.0.0.0 0.0.0.0 GigabitEthernet0/0 172.16.34.3**

（3）动态查看路由表的添加或删除过程

以下是通过在路由器 R1 上将 G0/0 接口关闭，然后再开启，查看路由器 R1 路由表的动态添加和删除过程。

　　　R1#**debug ip routing**　　//开启 debug 命令

① 关闭接口，查看路由删除过程。

　　　R1(config)#**interface gigabitEthernet0/0**
　　　R1(config-if)#**shutdown**
　　　*Apr 24 08:32:20.262: is_up: GigabitEthernet0/0 0 state: 6 sub state: 1 line: 0
　　　*Apr 24 08:32:20.262: RT: interface GigabitEthernet0/0 **removed from routing table**
　　　*Apr 24 08:32:20.262: RT: del 172.16.21.0 via 0.0.0.0, connected metric [0/0]
　　　*Apr 24 08:32:20.262: RT: **delete subnet route to 172.16.21.0/24**　　//删除直连路由条目
　　　*Apr 24 08:32:20.262: RT: del 172.16.21.1 via 0.0.0.0, connected metric [0/0]
　　　*Apr 24 08:32:20.262: RT: **delete subnet route to 172.16.21.1/32**　　//删除本地路由条目
　　　*Apr 24 08:32:20.266: RT: del 0.0.0.0 via 172.16.21.2, static metric [1/0]
　　　*Apr 24 08:32:20.266: RT: **delete network route to 0.0.0.0/0**　　//删除默认路由
　　　*Apr 24 08:32:20.266: RT: default path has been cleared　　//默认路由信息被清除
　　　*Apr 24 08:32:22.262: is_up: GigabitEthernet0/0 0 state: 6 sub state: 1 line: 0
　　　*Apr 24 08:32:23.262: is_up: GigabitEthernet0/0 0 state: 6 sub state: 1 line: 0

② 开启接口，查看路由添加过程。

　　　R1(config)#**interface gigabitEthernet0/0**
　　　R1(config-if)#**no shutdown**
　　　*Apr 24 08:37:10.934: is_up: GigabitEthernet0/0 1 state: 4 sub state: 1 line: 1
　　　*Apr 24 08:37:10.934: RT: **updating connected** 172.16.21.0/24 (0x0)　:　//更新直连路由
　　　　　via 0.0.0.0 Gi0/0　0 1048578
　　　*Apr 24 08:37:10.934: RT: **add 172.16.21.0/24 via 0.0.0.0, connected metric [0/0]**
　　　//直连路由被添加到路由表中，同时也可以看到该路由条目的管理距离和度量值都为 0
　　　*Apr 24 08:37:10.934: RT: **interface GigabitEthernet0/0 added to routing table**
　　　*Apr 24 08:37:10.934: RT: **updating connected** 172.16.21.1/32 (0x0)　:　//更新直连路由
　　　　　via 0.0.0.0 Gi0/0　0 1048578
　　　*Apr 24 08:37:10.934: RT: **add 172.16.21.1/32 via 0.0.0.0, connected metric [0/0]**
　　　//本地路由被添加到路由表中，同时也可以看到该路由条目的管理距离和度量值都为 0
　　　*Apr 24 08:37:10.934: RT: **updating static** 0.0.0.0/0 (0x0)　:　//更新静态路由
　　　　　via 172.16.21.2　0 1048578
　　　*Apr 24 08:37:10.934: RT: **add 0.0.0.0/0 via 172.16.21.2, static metric [1/0]**
　　　//默认路由被添加到路由表中，同时也可以看到该路由条目的管理距离为 1，度量值为 0
　　　R1#**undebug all**　　//关闭 debug

All possible debugging has been turned off

（4）使用扩展 **ping** 命令测试连通性

标准 **ping** 命令使用的都是默认参数，而扩展 ping 命令允许设置具体的参数，功能更加强大。注意在命令执行过程中，[]内的值即为 ping 命令的默认值，如果选择默认值，直接回车即可。

```
R1#ping         //不带任何参数的 ping 命令，允许输入更多的参数
Protocol [ip]:                              //协议
Target IP address: 172.16.4.100             //目标 IP 地址
Repeat count [5]:                           //重复 ping 操作的次数
Datagram size [100]:                        //ping 数据包的大小
Timeout in seconds [2]:                     //超时时间
Extended commands [n]: y                    //确定是否进一步使用扩展命令
Ingress ping [n]:                           //ping 入口，如果回答 y，则需要指定入口名字
Source address or interface: 172.16.1.1     //源 IP 地址或者接口名字全称
Type of service [0]:                        //服务类型，和 QoS 相关
Set DF bit in IP header? [no]:              //设置 DF 位，确认数据包是否分段
Validate reply data? [no]:                  //验证应答数据
Data pattern [0xABCD]:                      //数据的格式，Cisco 的 ping 命令数据部分填充模式为 ABCD
Loose, Strict, Record, Timestamp, Verbose[none]:
    //以上几个参数都是 IP 数据包头的属性。一般使用 Record 和 Verbose 属性，其他属性很少使用。
Record 属性可以用来记录数据包每一跳的地址，Verbose 属性给出每一个应答的响应时间，Timestamp、Loose
和 Strict 都是 IP 数据包头的选项
Sweep range of sizes [n]:       //用于测试大数据包被丢失、处理速度过慢或者分段失败等故障，可
以指定最小和最大数据包以及每次的增量
Type escape sequence to abort.
Sending 5, 100-byte ICMP Echos to 172.16.4.100, timeout is 2 seconds:
Packet sent with a source address of 172.16.1.1
!!!!!
Success rate is 100 percent (5/5), round-trip min/avg/max = 12/14/16 ms
```

5.2.2　实验 2：配置 IPv6 静态路由

1. 实验目的

通过本实验可以掌握：
① 启用 IPv6 路由的方法。
② 配置 IPv6 地址的方法。
③ 配置 IPv6 静态路由和总结路由的方法。
④ 配置 IPv6 默认路由的方法。
⑤ 配置计算机网卡 IPv6 地址的方法。
⑥ 查看 IPv6 接口和路由表的方法。

2. 实验拓扑

配置 IPv6 静态路由的实验拓扑如图 5-2 所示。

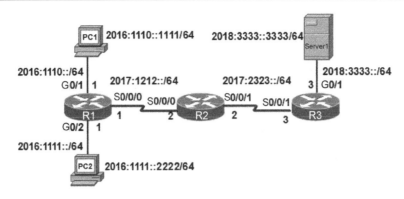

图 5-2 配置 IPv6 静态路由的实验拓扑

3. 实验步骤

（1）配置路由器 R1

```
R1(config)#ipv6 unicast-routing            //启用 IPv6 单播路由
R1(config)#interface GigabitEthernet0/1
R1(config-if)#ipv6 address 2016:1110::1/64 //配置 IPv6 单播地址
R1(config-if)#no shutdown
R1(config-if)#exit
R1(config)#interface GigabitEthernet0/2
R1(config-if)#ipv6 address 2016:1111::1/64
R1(config-if)#no shutdown
R1(config-if)#exit
R1(config)#interface Serial0/0/0
R1(config-if)#ipv6 address 2017:1212::1/64
R1(config-if)#no shutdown
R1(config-if)#exit
R1(config)#ipv6 route 2017:2323::/64 Serial0/0/0
//配置带送出接口 IPv6 静态路由
R1(config)#ipv6 route 2018:3333::/64 Serial0/0/0
```

（2）配置路由器 R2

```
R2(config)#ipv6 unicast-routing
R2(config)#interface Serial0/0/0
R2(config-if)#ipv6 address 2017:1212::2/64
R2(config-if)#no shutdown
R2(config-if)#exit
R2(config)#interface Serial0/0/1
R2(config-if)#ipv6 address 2017:2323::2/64
R2(config-if)#no shutdown
R2(config-if)#exit
R2(config)#ipv6 route 2016:1110::/31 Serial0/0/0   //配置 IPv6 总结静态路由
R2(config)#ipv6 route 2018:3333::/64 Serial0/0/1
```

【技术要点】

在配置 IPv6 静态路由时，可以使用送出接口方式，也可以使用下一跳地址方式，或者二者结合方式,比如在路由器 R2 上,对于到达前缀 2018:3333::/64 的静态路由也可以采用如下 3 种配置之一:

R2(config)#**ipv6 route 2018:3333::/64 2017:2323::3**
//配置带下一跳 IPv6 静态路由
R2(config)#**ipv6 route 2018:3333::/64 serial 0/0/1 2017:2323::3**
//配置带下一跳和全球单播地址结合的 IPv6 静态路由
R2(config)#**ipv6 route 2018:3333::/64 serial 0/0/1 FE80::FA72:EAFF:FEDB:EA78**
//配置带下一跳和链路本地地址结合的 IPv6 静态路由

(3)配置路由器 R3

R3(config)#**ipv6 unicast-routing**
R3(config)#**interface GigabitEthernet0/1**
R3(config-if)#**ipv6 address 2018:3333::3/64**
R3(config-if)#**no shutdown**
R3(config-if)#**exit**
R3(config)#**interface Serial0/0/1**
R3(config-if)#**ipv6 address 2017:2323::3/64**
R3(config-if)#**no shutdown**
R3(config-if)#**exit**
R3(config)#**ipv6 route ::/0 serial0/0/1   100**
//配置 IPv6 默认静态路由,管理距离为 100

(4)配置计算机 PC1、PC2 和 Server1 的 IPv6 地址

在 Windows7 环境下配置 IPv6 地址。

在【控制面板】→【网络和共享中心】→【更改适配器设置】→【网络连接】页面,选中接入 IPv6 网络的网卡,单击右键,在菜单中单击【属性】,在本地连接属性页面【网络】选项卡中选中【Internet 协议版本 6(TCP/IPv6)】,然后单击【属性】按钮,在接下来的【Internet 协议版本 6(TCP/IPv6)】页面中,单击【使用以下 IPv6 地址(S)】单选框,填写【IPv6 地址】、【子网前缀长度】和【默认网关】文本框,本节仅以填写 PC1 的 IPv6 地址为例,如图 5-3 所示配置计算机 IPv6 地址、前缀长度和网关地址。需要注意的是网关填写的是 R1 的 G0/1 接口的链路本地地址,当然,此处填写 R1 的 G0/1 接口的全球单播地址也可以,一般都填写链路本地地址。

图 5-3   配置计算机 IPv6 地址、前缀长度和网关地址

4. 实验调试

（1）查看接口的 IPv6 地址和状态

```
R1#show ipv6 interface brief
GigabitEthernet0/1          [up/up]
    FE80::FA72:EAFF:FEC8:4F99     //链路本地地址，由前缀 FE80::/10 经 EUI-64 生成
    2016:1110::1                  //全球单播地址
GigabitEthernet0/2          [up/up]
    FE80::FA72:EAFF:FEC8:4F9A
    2016:1111::1
Serial0/0/0                 [up/up]
    FE80::FA72:EAFF:FEC8:4F98
    2017:1212::1
```

（2）查看 IPv6 路由表

① 查看路由器 R1 的 IPv6 路由表。

```
R1#show ipv6 route
IPv6 Routing Table - default - 9 entries
（此处省略 IPv6 路由代码部分）
C   2016:1110::/64 [0/0]
    via GigabitEthernet0/1, directly connected   //直连 IPv6 路由
L   2016:1110::1/128 [0/0]
    via GigabitEthernet0/1, receive              //本地 IPv6 路由，也就是接口的 IPv6 地址
C   2016:1111::/64 [0/0]
    via GigabitEthernet0/2, directly connected
L   2016:1111::1/128 [0/0]
    via GigabitEthernet0/2, receive
C   2017:1212::/64 [0/0]
    via Serial0/0/0, directly connected
L   2017:1212::1/128 [0/0]
    via Serial0/0/0, receive
S   2017:2323::/64 [1/0]
    via Serial0/0/0, directly connected
S   2018:3333::/64 [1/0]
    via Serial0/0/0, directly connected
//以上 2 条为静态 IPv6 路由，虽然显示为直连，但是从路由条目中清楚看到管理距离为 1，度量值为 0
L   FF00::/8 [0/0]                //该路由是所有 IPv6 组播路由的汇总路由
    via Null0, receive            //指向 Null0 接口的路由主要是为了防止路由环路
```

② 查看路由器 R2 的 IPv6 路由表。

```
R2#show ipv6 route static
（此处省略路由代码部分）
S   2016:1110::/31 [1/0]          //IPv6 总结静态路由
    via Serial0/0/0, directly connected
S   2018:3333::/64 [1/0]
    via Serial0/0/1, directly connected
```

③ 查看路由器 R3 的 IPv6 路由表。

```
R3#show ipv6 route static
（此处省略路由代码部分）
```

S   ::/0 [100/0]   //管理距离为100，IPv6静态默认路由代码S后面没有*
       via Serial0/0/1, directly connected   //送出接口

（3）用ping命令测试网络连通性

```
R1#ping 2018:3333::3333 source 2016:1111::1
Type escape sequence to abort.
Sending 5, 100-byte ICMP Echos to 2018:3333::3333, timeout is 2 seconds:
Packet sent with a source address of 2016:1111::1
!!!!!
Success rate is 100 percent (5/5), round-trip min/avg/max = 1/2/4 ms
R1#ping 2018:3333::3333 source 2016:1110::1
Type escape sequence to abort.
Sending 5, 100-byte ICMP Echos to 2018:3333::3333, timeout is 2 seconds:
Packet sent with a source address of 2016:1110::1
!!!!!
Success rate is 100 percent (5/5), round-trip min/avg/max = 1/2/4 ms
```

第 6 章 动态路由和 RIP

路由器构建路由表的方式包括静态路由和动态路由协议。随着网络复杂性和网络规模的扩大，动态路由的优势就会明显表现出来。动态路由协议包括 RIP、OSPF、IS-IS、EIGRP 和 BGP 等。RIP 是典型的距离矢量路由协议，是为小型网络环境设计的。尽管 RIP 在现代网路中很少使用，并且缺少其他路由协议所具备的更为高级的功能，但正是其实现原理和配置的简单性而非常有助于理解路由的基础知识。本章着重介绍动态路由协议的功能、分类、RIP 的特征、RIP 版本 1 和版本 2 的区别、RIPv2 和 RIPng 配置以及对路由表的深入理解等内容。

6.1 动态路由概述

6.1.1 动态路由协议特征

动态路由表是路由器之间通过路由协议（如 RIP、EIGRP、OSPF、IS-IS 和 BGP 等）动态交换路由信息构建的路由表。使用动态路由协议最大的好处是，当网络拓扑结构发生变化时，路由器会自动地相互交换路由信息。因此路由器不仅能够自动获知新增加的网络，还可以在当前网络连接失败时找出备用路径。动态路由协议的主要组件如下所述。

① 数据结构：路由协议通常使用保存在内存中的路由表来完成数据包的路由过程。

② 路由协议消息：路由协议使用各种消息发现邻居路由器、交换和维护路由信息。

③ 算法：路由协议使用算法来路由信息并确定最佳路径，比如 RIP 采用贝尔曼-福特算法，OSPF 使用最短路径优先算法，EIGRP 使用扩散更新算法。

1．动态路由协议的功能

① 发现远程网络信息。
② 动态维护最新路由信息。
③ 自动计算并选择通往目的网络的最佳路径。
④ 在当前路径无法使用时找出新的最佳路径。

2．动态路由协议的优点

① 当增加或删除网络时，管理员维护路由配置的工作量较少。
② 当网络拓扑结构发生变化时，路由协议可以自动做出调整来更新路由表。
③ 配置不容易出错。
④ 扩展性好，网络规模越大，越能体现出动态路由的优势。

3. 动态路由协议的缺点

① 需要占用额外的资源，如路由器 CPU 时间和内存以及链路带宽等。

② 需要掌握更多的网络知识才能进行配置、验证和故障排除等工作，特别是一些复杂的动态路由协议对管理员的要求相对较高。

4. 常见动态路由协议

路由 IP 数据包时常用的动态路由协议如下。

① RIP（Routing Information Protocol）：路由信息协议。

② EIGRP（Enhanced Interior Gateway Routing Protocol）：增强内部网关路由协议。

③ OSPF（Open Shortest Path First）：开放最短路径优先。

④ IS-IS（Intermediate System-Intermediate System）：中间系统-中间系统。

⑤ BGP（Border Gateway Protocol）：边界网关协议。

5. 动态路由协议比较

常见动态路由协议的比较如表 6-1 所示。

表 6-1 动态路由协议的比较

特征	协议				
	距离矢量路由协议			链路状态路由协议	
	RIPv1	RIPv2	EIGRP	OSPF	IS-IS
收敛速度	慢	慢	快	快	快
可扩展性	弱	弱	强	强	强
支持 VLSM	否	是	是	是	是
资源利用率	低	低	中	高	高
实施和维护	简单	简单	复杂	复杂	复杂
度量标准	跳数	跳数	带宽、延时、可靠性、负载	开销	开销

6.1.2 动态路由协议分类

1. IGP 和 BGP

动态路由协议按照作用的 AS（Autonomous System，自治系统）来划分，分为内部网关协议（Interior Gateway Protocols，IGP）和外部网关协议（Exterior Gateway Protocols，EGP）。IGP 用于自治系统内部路由，同时也用于独立网络内部路由。适用 IP 协议的 IGP 包括 RIP、EIGRP、OSPF 和 IS-IS。而 EGP 用于不同机构管控下的不同自治系统之间的路由，BGP 是目前唯一使用的一种 EGP 协议，也是 Internet 上所使用的路由协议。

2. 距离矢量路由协议和链路状态路由协议

根据路由协议的工作原理，IGP 又可以分为距离矢量（Distance Vector）路由协议和链路状态（Link State）路由协议。距离矢量路由协议主要有 RIP 和 EIGRP，链路状态路由协议主要有 OSPF 和 IS-IS。距离矢量路由协议和链路状态路由协议的区别如表 6-2 所示。

表 6-2 距离矢量路由协议和链路状态路由协议的区别

距离矢量（Distance Vector）	链路状态（Link State）
从网络邻居的角度了解网络拓扑	有整个网络的拓扑信息
频繁、定期发送路由信息，数据包多，收敛慢，EIGRP 也支持触发更新	事件触发发送路由信息，数据包少，收敛快
复制完整路由表发送给邻居路由器	仅将链路状态的变化部分传送到其他路由器
简单、占用较少的 CPU 和内存资源	复杂、占用较多的 CPU 和内存资源

距离矢量路由协议和链路状态路由协议应用的场合不尽相同。

（1）距离向量协议适用的场合

① 网络结构简单、扁平，不需要特殊的分层设计。
② 管理员没有足够的知识来配置链路状态协议和排查其故障。
③ 特定类型的网络拓扑结构，如集中星形 (Hub-and-Spoke) 网络。
④ 无须关注网络最差情况下的收敛时间。

（2）链路状态协议适用的场合

① 网络进行了分层设计，大型网络通常如此。
② 管理员对于网络中采用的链路状态路由协议非常熟悉。
③ 网络对收敛速度的要求极高。

3. 有类路由协议和无类路由协议

路由协议按照所支持的 IP 地址类别又划分为有类（Classful）路由协议和无类（Classless）路由协议。有类路由协议在路由信息更新过程中不发送子网掩码信息，RIPv1 属于有类路由协议。而无类路由协议在路由信息更新中发送网络地址和子网掩码，并且支持 VLSM 和 CIDR 等，RIPv2、EIGRP、OSPF、IS-IS 和 BGP 属于无类路由协议。

6.1.3 动态路由协议运行过程

所有路由协议的用途都是获知远程网络，在拓扑发生变化时快速完成调整。所用的方式由该协议所使用的算法及其运行特点决定。一般来说，动态路由协议的运行过程如下：
① 路由器通过其接口发送和接收路由消息。
② 路由器与使用同一路由协议的其他路由器共享路由消息和路由信息。
③ 路由器通过交换路由信息来了解远程网络。
④ 如果路由器检测到拓扑变化，路由协议可以将这一变化告知其他路由器。

6.2 RIP 概述

6.2.1 RIP 特征

RIP（Routing Information Protocols，路由信息协议）是由 Xerox 在 20 世纪 70 年代开发

的协议，最初在 RFC 1058 中定义。每台具有 RIP 功能的路由器默认情况下每隔 30 秒利用 UDP 520 端口向与它直连的网络邻居广播（RIPv1）或组播（RIPv2）路由更新信息。

RIP 协议分为版本 1 和版本 2。不论是版本 1 或版本 2，都具备下面共同的特征。

① 是最早出现的距离矢量路由协议。

② 使用跳数（Hop Count）作为度量值，度量值的最大跳数为 15 跳。

③ 默认时路由更新周期为 30 秒。

④ 管理距离（AD）为 120。

⑤ 支持触发更新，支持等价路径。

⑥ RIP 数据包源端口和目的端口都使用 UDP 520 端口进行操作，在没有验证的情况下，一个 RIP 更新数据包最大可以包含 25 个路由条目，数据包最大为 512 字节（UDP 包头 8 字节+RIP 包头 4 字节+路由条目 25×20 字节）。

由于运行 RIP 的路由器不知道网络的全局情况，因此路由器必须依靠相邻的路由器来获得网络的可达信息。由于周期性路由更新信息在网络上传播较慢，这将会导致网络收敛速度较慢，而且可能造成路由环路（Routing Loop），RIP 通过下面 5 个机制来避免路由环路。

① 水平分割（Split Horizon）：水平分割保证路由器记住每一条路由信息的来源，并且不在收到这条信息的接口上再次发送它。这是保证不产生路由环路的最基本措施。

② 毒性逆转（Poison Reverse）：从一个接口学习的路由会发送回该接口，但是已经被毒化了，即跳数被设置为 16 跳，可以消除对方路由表中的无用路由信息的影响。

③ 定义最大跳数（Defining a Maximum Count）：RIP 的度量值是基于跳数（Hop）的，每经过一台路由器，路径的跳数加一。如此一来，跳数越多，路径就越长，RIP 算法会优先选择跳数少的路径。RIP 支持的最大跳数是 15，跳数为 16 的网络被认为不可达。

④ 触发更新（Triggered Update）：当路由表发生变化时，更新信息立即发送给相邻的所有路由器，而不是等待 30 秒的更新周期。因而确保网络拓扑的变化会最快地在网络上传播开，减少了路由环路产生的可能性。

⑤ 抑制计时（Holddown Timer）：一条路由不可达之后，一段时间内这条路由都处于抑制状态，即在一定时间内不再接收关于同一目的地址的路由更新信息，除非有更好的路径。因为路由器从一个网段上得知一条路径失效，然后立即在另一个网段上得知这个路由有效，这个有效的信息往往是不正确的，抑制计时避免了这个问题，而且当一条链路频繁变化时，抑制计时减少了路由的翻动，增加了网络的稳定性。

6.2.2 RIPv1 和 RIPv2 比较

RIPv1 是有类路由协议，RIPv2 是无类路由协议，RIPv1 和 RIPv2 的区别如表 6-3 所示。

表 6-3 RIPv1 和 RIPv2 的区别

RIPv1	RIPv2
在路由更新的过程中不携带子网信息	在路由更新的过程中携带子网信息
不提供验证	提供明文和 MD5 验证
不支持 VLSM 和 CIDR	支持 VLSM 和 CIDR
采用广播方式更新路由信息	采用组播（224.0.0.9）方式更新路由信息
有类（Classful）路由协议	无类（Classless）路由协议

RIPv1 与 RIPv2 的数据包格式如图 6-1 所示。RIPv2 与 RIPv1 的基本数据包格式相同，但 RIPv2 添加了 3 项重要扩展，分别为子网掩码、路由标记和下一跳，各个字段含义如下所述。

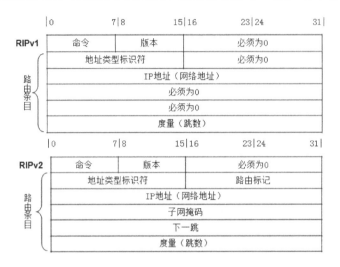

图 6-1　RIPv1 和 RIPv2 数据包格式

① 命令：取值为 1 或 2，1 表示请求信息，2 表示响应消息。
② 版本：对于 RIPv1，该字段值为 1，对于 RIPv2，该字段值为 2。
③ 地址类型标识符：对于 IP 地址该项设置为 2。当数据包是对路由器（或主机）整个路由选择表的请求时，这个字段将被设置为 0。
④ 路由标记：提供这个字段来标记外部路由或重分配到 RIPv2 协议中的路由。
⑤ IP 地址：路由条目的目的地址，可以是主类网络地址、子网地址或主机路由。
⑥ 子网掩码：是一个确认 IP 地址的网络或子网部分的 32 位的掩码。
⑦ 下一跳：如果存在的话，它标识一个比通告路由器的地址更好的一下地址。也就是说，它指出的下一跳地址，其度量值比同一个子网上的通告路由器更靠近目的地。如果这个字段设置为全 0（0.0.0.0），说明通告路由器的地址就是最好的下一跳地址。
⑧ 度量：跳数，取值范围为 1~16。

6.2.3　RIPng 简介

RIPng（RIP next generation）是 RIP 的 IPv6 版本，基于 IPv4 的 RIPv2，与其有很多相似的特征，比如更新周期为 30 秒，管理距离为 120，采用跳数作为度量值，最大跳数为 15 等，但是数据包源端口和目的端口都使用 UDP 521 端口进行操作，路由更新采用组播地址 FF02::9。与 IPv4 RIP 一样，RIPng 很少用于现代网络，但是有助于理解 IPv6 网络路由知识。

6.3　IPv4 路由查找过程

6.3.1　路由表相关术语

要深入理解 IPv4 路由查找过程，首先要熟悉以下相关术语。

① 1级路由：指子网掩码长度等于或小于网络地址有类（A、B和C类）掩码长度的路由。例如，192.168.1.0/24 属于一级网络路由，因为它的子网掩码长度等于网络有类（C类）掩码长度。一级路由可以是：
- 默认路由——指地址为 0.0.0.0/0 的路由，或者路由代码后紧跟*的路由条目。
- 超网路由——指掩码长度小于有类掩码长度的网络地址。
- 网络路由——指子网掩码长度等于有类掩码长度的路由。网络路由也可以是父路由。

② 最终路由：指路由条目中包含下一跳 IP 地址或送出接口的路由。

③ 一级父路由：指路由条目中不包含网络的下一跳 IP 地址或送出接口的网络路由。父路由实际上是表示存在二级路由的一个标题，二级路由也称为子路由。只要向路由表中添加一个子网，路由器就会在路由表中自动创建一级父路由。

④ 二级路由：指有类网络地址的子网路由，二级路由也称为子路由，二级路由的来源可以是直连网络、静态路由或动态路由协议。二级子路由也属于最终路由，因为二级路由包含下一跳 IP 地址或送出接口。

路由查找过程遵循最长匹配原则，即最精确匹配。假设路由表中有以下两条静态路由条目：

```
S 172.16.1.0/24 is directly connected, Serial0/0/0
S 172.16.0.0/16 is directly connected, Serial0/0/1
```

当有去往目的 IP 地址为 172.16.1.85 的数据包到达路由器时，IP 地址同时与这两条路由条目匹配，但是与 172.16.1.0/24 路由条目匹配位数更多，所以路由器将使用有 24 位匹配的静态路由转发数据包，即最长匹配。

6.3.2 IPv4 路由查找过程

路由表填充后，接下来就是对收到的数据包基于最长匹配原则执行路由查找过程，具体过程如下。

① 路由器会检查一级路由（包括网络路由和超网路由），查找与 IP 数据包的目的地址最匹配的路由。

② 如果最佳匹配的路由是一级最终路由则会使用该路由转发数据包。

③ 如果最佳匹配的路由是一级父路由，则路由器检查该父路由的子路由，以找到最佳匹配的路由。

④ 如果在二级路由中存在匹配的路由，则会使用该子路由转发数据包。

⑤ 如果所有的二级子路由都不符合匹配条件，则判断路由器当前执行的是有类路由行为还是无类路由行为？通过全局命令 **ip classless** 来配置无类路由行为，或者通过全局命令 **no ip classless** 来配置有类路由行为，路由器默认是无类路由行为。

⑥ 如果执行的是有类路由行为，则会终止查找过程并丢弃数据包。

⑦ 如果执行的是无类路由行为,则继续在路由表中搜索一级超网路由或默认路由以寻找匹配条目。

⑧ 如果此时存在匹配位数相对较少的一级超网路由或默认路由，那么路由器会使用该路由转发数据包。

⑨ 如果路由表中没有匹配的路由，则路由器会丢弃数据包。

【提示】

① 如果路由条目中仅有下一跳 IP 地址而没有送出接口，那么必须将其解析为具有送出接口的路由，为此会对下一跳 IP 地址执行递归查找，直到将该路由解析为某个送出接口。
② 有类和无类路由行为不同于有类和无类路由协议。有类和无类路由协议影响路由表的填充方式，而有类和无类路由行为则确定在填充路由表后如何搜索路由表。Cisco 路由器默认路由行为为无类路由行为。

6.4 配置 RIP

6.4.1 实验 1：配置 RIPv2

1. 实验目的

通过本实验可以掌握：
① 启动 RIPv2 路由进程的方法。
② 激活参与 RIPv2 路由协议的接口，使之可发送和接收 RIPv2 更新信息的方法。
③ 被动接口的含义、配置和应用场合。
④ 开启和关闭 RIPv2 路由自动总结（auto-summary）的方法。
⑤ 配置 RIPv2 路由手工总结和触发更新的方法。
⑥ 配置 RIPv2 明文验证和 MD5 验证的方法。
⑦ 配置向 RIP 网络中注入默认路由的方法。
⑧ 查看 RIP 路由表的含义和 RIPv2 路由协议相关信息的方法。

2. 实验拓扑

配置 RIPv2 的实验拓扑如图 6-2 所示。

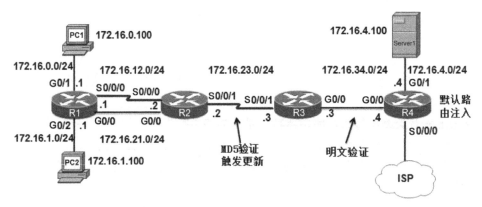

图 6-2 配置 RIPv2 的实验拓扑

3. 实验步骤

（1）配置路由器 R1

```
R1(config)#router rip                        //启动 RIP 路由进程
R1(config-router)#version 2
//配置 RIP 版本 2，确定接口下可以接收和发送的 RIP 路由更新的版本信息
R1(config-router)#network 172.16.0.0
//配置参与 RIPv2 路由协议的接口的范围，使之能够发送和接收 RIPv2 更新信息
```

【技术要点】

network 命令的作用如下：
① 属于指定主类网络的所有接口上启用 RIP，相关接口将开始发送和接收 RIP 更新信息。
② 路由器通告运行 RIP 协议的接口上所有 IP 网络。
③ 在使用 network 命令时，如果后面跟的是子网信息，如 172.16.1.0，IOS 将把该配置改正为有类网络配置 172.16.0.0，通过 show running-config 命令可以查看。
④ 如果接口地址为 CIDR 地址，比如 192.168.0.1/16，用命令 network 192.168.0.0 配置，其他路由器上可以收到 CIDR 路由，证明在 RIPv2 中是可以发布 CIDR 路由的。

```
R1(config-router)#no auto-summary    //关闭路由自动总结功能，默认时自动总结功能是开启的，
为了避免出现不连续子网不能通信的问题，建议关闭自动汇总功能
R1(config-router)#passive-interface gigabitEthernet 0/1
R1(config-router)#passive-interface gigabitEthernet 0/2    //配置被动接口
R1(config-router)#exit
```

【技术要点】

向局域网上发送不必要的路由更新信息会在以下 3 个方面对网络造成影响：
① 带宽浪费在传输不必要的路由更新信息上，因为交换机将向所有端口转发 RIPv2 更新信息。
② 局域网上的所有设备都必须处理路由更新信息，直到传输层后接收设备才会丢弃更新信息。
③ 在广播网络上通告路由更新信息会带来严重的风险。RIPv2 更新信息可能会被数据包嗅探软件中途截取。路由更新信息可能会被修改并重新发回该路由器，从而导致路由表根据错误路由信息转发流量。

为了避免运行 RIPv2 的以太网接口向局域网发送不必要的路由更新信息，可以将该接口设置为被动接口。对于 RIP 协议而言，被动接口只能接收路由更新信息，不能以广播或组播方式发送路由更新信息，但是可以以单播的方式发送更新信息，配置单播更新方式的命令如下：

```
R1(config-router)#neighbor A.B.C.D

R1(config)#interface Serial0/0/0
R1(config-if)#ip summary-address rip 172.16.0.0 255.255.254.0
//配置 RIPv2 手工进行路由总结
R1(config-if)#exit
R1(config)#gigabitEthernet0/0
R1(config-if)#ip summary-address rip 172.16.0.0 255.255.254.0
R1(config-if)#exit
```

【技术扩展】

如果路由器 R1 的 G0/1 和 G0/2 接口所在网络分别为 192.168.0.0/24 和 192.168.1.0/24，那么能不能在接口下对这 2 条路由进行手工总结呢？当配置手工总结命令时，提示信息如下：

```
R1(config-if)#ip summary-address rip 192.168.0.0 255.255.254.0
Summary mask must be greater or equal to major net
```
//显示的提示信息表明总结后的掩码长度必须要大于或等于主类网络的掩码程度，因为 23<24，所以不能实现路由总结，也说明 RIPv2 不支持接口下 CIDR 手工路由总结

（2）配置路由器 R2

```
R2(config)#key chain ccna            //配置钥匙链
R2(config-keychain)#key 1            //配置 Key ID
R2(config-keychain-key)#key-string cisco   //配置 Key ID 的密钥
R2(config-keychain-key)#exit
R2(config-keychain)#exit
R2(config)#router rip
R2(config-router)#version 2
R2(config-router)#no auto-summary
R2(config-router)#network 172.16.0.0
R2(config-router)#exit
R2(config)#interface Serial0/0/1
R2(config-if)#ip rip triggered       //配置触发更新
```

【技术要点】

① 在以太网接口下，不支持触发更新配置。
② 触发更新需要协商，同一链路的两端都需要配置。

```
R2(config-if)#ip rip authentication mode MD5
```
//启用 MD5 验证模式，默认验证模式是明文（text）
```
R2(config-if)#ip rip authentication key-chain ccna   //在接口上调用钥匙链
R2(config-if)#exit
```

（3）配置路由器 R3

```
R3(config)#key chain ccna      //钥匙链为 RIPv2，MD5 验证使用
R3(config-keychain)#key 1
R3(config-keychain-key)#key-string cisco
R3(config-keychain-key)#exit
R3(config-keychain)#exit
R3(config)#key chain ccnp      //钥匙链为 RIPv2，明文验证使用
R3(config-keychain)#key 2
R3(config-keychain-key)#key-string cisco123
R3(config-keychain-key)#exit
R3(config-keychain)#exit
R3(config)#router rip
R3(config-router)#version 2
R3(config-router)#no auto-summary
R3(config-router)#network 172.16.0.0
R3(config-router)#exit
R3(config)#interface Serial0/0/1
```

```
R3(config-if)#ip rip triggered
R3(config-if)#ip rip authentication mode md5
R3(config-if)#ip rip authentication key-chain ccna
R3(config-if)#exit
R3(config)#interface gigabitEthernet0/0
R3(config-if)#ip rip authentication mode text
//启用明文验证模式，默认验证模式就是明文，所以也可以不用配置
R3(config-if)#ip rip authentication key-chain ccnp
R3(config-if)#exit
```

（4）配置路由器 R4

```
R4(config)#key chain ccnp
R4(config-keychain)#key 2
R4(config-keychain-key)#key-string cisco123
R4(config-keychain-key)#exit
R4(config-keychain)#exit
R4(config)#ip route 0.0.0.0 0.0.0.0 serial0/0/0   //指向 ISP 的静态默认路由
R4(config)#router rip
R4(config-router)#version 2
R4(config-router)#no auto-summary
R4(config-router)#network 172.16.0.0
R4(config-router)#passive-interface gigabitEthernet 0/1
R4(config-router)#default-information originate
//向 RIPv2 网络注入默认路由，此处也可以通过 redistribute static 命令达到相同的目的
R4(config-router)#exit
R4(config)#interface gigabitEthernet 0/0
R4(config-if)#ip rip authentication mode text
R4(config-if)#ip rip authentication key-chain ccnp
R4(config-if)#exit
```

4．实验调试

（1）查看路由表

① 查看路由器 R1 的路由表。

```
R1#show ip route rip
（路由代码部分省略）
Gateway of last resort is 172.16.21.2 to network 0.0.0.0   //当前默认路由下一跳地址
R*     0.0.0.0/0 [120/3] via 172.16.21.2, 00:00:10, GigabitEthernet0/0
               [120/3] via 172.16.12.2, 00:00:03, Serial0/0/0
//R4 向 RIP 网络中注入一条 R*的默认路由
       172.16.0.0/16 is variably subnetted, 11 subnets, 2 masks
//可变长度子网掩码，2 种掩码长度，11 个子网，此处部分直连和本地路由并没有列出来
R      172.16.4.0/24 [120/3] via 172.16.21.2, 00:00:10, GigabitEthernet0/0
                   [120/3] via 172.16.12.2, 00:00:03, Serial0/0/0
//从路由器 R2 到达 172.16.4.0 网络有 2 条路径，而且度量值都是 1 跳，这样的路由称为等价路径
```

【技术扩展】

有了等价路径，路由器在转发数据包时就可以实现负载均衡。负载均衡既可以基于数据包（Per-packet）交换，也可以基于目的（Per-destination）交换。至于路由器在等价路径间如

何对数据包进行负载均衡，这由交换过程来控制。默认配置是 CEF 基于目的交换。如果要实现 CEF 基于数据包交换，接口下配置命令为 **ip load-sharing per-packet**。可以通过下面命令查看是基于数据包还是基于目的网络转发：

```
R1#show ip cef 172.16.4.0 detail
172.16.4.0/24, epoch 0, per-destination sharing
  nexthop 172.16.12.2 Serial0/0/0
  nexthop 172.16.21.2 GigabitEthernet0/0
```

快速交换和过程交换过程已经过时，此处不深入讨论负载均衡下这 2 种交换模式的数据包转发过程。

```
R       172.16.23.0/24 [120/1] via 172.16.21.2, 00:00:10, GigabitEthernet0/0
                       [120/1] via 172.16.12.2, 00:00:03, Serial0/0/0
R       172.16.34.0/24 [120/2] via 172.16.21.2, 00:00:10, GigabitEthernet0/0
                       [120/2] via 172.16.12.2, 00:00:03, Serial0/0/0
```

以上输出表明路由器 R1 学到了 4 条等价 RIP 路由，包括 3 条明细路由和 1 条默认路由。以路由条目 **R 172.16.34.0/24 [120/2] via 172.16.21.2, 00:00:10, GigabitEthernet0/0** 为例解释 RIPv2 路由表的含义。

- **R**：路由条目是通过 RIP 路由协议学习来的；
- **172.16.34.0/24**：目的网络及其网络掩码长度；
- **120**：RIP 路由协议的默认管理距离；
- **2**：度量值，从路由器 R1 到达网络 **172.16.34.0/24** 的度量值为 2 跳；
- **172.16.21.2**：通告该路由条目的下一跳 IP 地址；
- **00:00:10**：自上次更新以来已经过了 10 秒；
- **GigabitEthernet0/0**：接收该路由条目的本路由器的接口（G0/0）；

② 查看路由器 R2 的路由表。

```
R2#show ip route rip
（路由代码部分省略）
Gateway of last resort is 172.16.23.3 to network 0.0.0.0    //默认路由下一跳地址
R*      0.0.0.0/0 [120/2] via 172.16.23.3, 01:17:52, Serial0/0/1
        172.16.0.0/16 is variably subnetted, 9 subnets, 3 masks
R       172.16.4.0/24 [120/2] via 172.16.23.3, 01:18:10, Serial0/0/1
R       172.16.34.0/24 [120/1] via 172.16.23.3, 01:28:36, Serial0/0/1
R       172.16.0.0/23 [120/1] via 172.16.21.1, 00:00:01, GigabitEthernet0/0
                      [120/1] via 172.16.12.1, 00:00:11, Serial0/0/0
```

以上输出表明 R2 的路由表包含了 4 条 RIP 路由，其中包括 R1 发送的 1 条**/23** 位手工总结路由和 R3 发送的 1 条默认路由和 2 条明细路由。

【提示】

默认情况下，RIP 最多只能自动在 4 条开销相同的路径上实施负载均衡。不同的 IOS 版本，RIP 能够支持的最大等价路径的条数可能也不同。可以通过下面的命令来修改 RIP 路由协议支持等价路径的条数：

```
R1(config-router)#maximum-paths number-paths
```

③ 查看路由器 R3 的路由表。

```
R3#show ip route rip
```

（路由代码部分省略）
```
R*       0.0.0.0/0 [120/1] via 172.16.34.4, 00:00:11, GigabitEthernet0/0   //一级路由
         172.16.0.0/16 is variably subnetted, 8 subnets, 3 masks   //一级父路由
R        172.16.0.0/23 [120/2] via 172.16.23.2, 00:01:13, Serial0/0/1   //二级子路由
R        172.16.4.0/24 [120/1] via 172.16.34.4, 00:00:11, GigabitEthernet0/0
R        172.16.12.0/24 [120/1] via 172.16.23.2, 00:01:13, Serial0/0/1
R        172.16.21.0/24 [120/1] via 172.16.23.2, 00:01:13, Serial0/0/1
```

以上输出表明 R3 的路由表包含了 5 条 RIP 路由，其中包括 R2 发送的 **/23** 位手工总结路由和 2 条明细路由以及 R4 发送的 1 条默认路由和 1 条明细路由。

④ 查看路由器 R4 的路由表。

R4#show ip route rip

以下输出是路由器 R4 路由表的路由条目，以此为例分析路由表的结构。

```
         172.16.0.0/16 is variably subnetted, 8 subnets, 3 masks
```
//一级父路由，该路由条目的各部分含义如下所述

- **172.16.0.0/16**：有类网络地址，因为子路由使用了可变长子网掩码（VLSM），因此子网掩码不包含在父路由中，而是包含在各条子路由中。如果子路由没有使用 VLSM，则子路由的子网掩码包含在父路由中。

- **is variably subnetted, 8 subnets, 3 masks**：路由条目的这一部分指明该路由条目是父路由，包含 8 个子网，3 种掩码长度，因为 RIPv2 支持 VLSM。

```
R        172.16.0.0/23 [120/3] via 172.16.34.3, 00:00:14, GigabitEthernet0/0
R        172.16.12.0/24 [120/2] via 172.16.34.3, 00:00:14, GigabitEthernet0/0
R        172.16.21.0/24 [120/2] via 172.16.34.3, 00:00:14, GigabitEthernet0/0
R        172.16.23.0/24 [120/1] via 172.16.34.3, 00:00:14, GigabitEthernet0/0
```
//以上 4 条路由是二级路由，也是最终路由，因为它们包含送出接口和下一跳地址

以上输出表明 R4 的路由表包含了从 R3 发送过来的 4 条 RIP 路由。

（2）查看 IP 路由协议配置和统计信息

R3#show ip protocols   //查看 IP 路由协议配置和统计信息
*** IP Routing is NSF aware ***
// IP 路由的 NSF 感知（NSF-aware）能力，帮助有 NSF 能力的路由器执行 NFS（NonStop Forwarding，不间断转发），主要用于配置了 2 个引擎的高端路由器，使其在切换时不中断用户的数据业务，很大限度上提高了网络的可靠性和稳定性

```
Routing Protocol is "application"
  Sending updates every 0 seconds
  Invalid after 0 seconds, hold down 0, flushed after 0
  Outgoing update filter list for all interfaces is not set
  Incoming update filter list for all interfaces is not set
  Maximum path: 32
  Routing for Networks:
  Routing Information Sources:
    Gateway         Distance        Last Update
  Distance: (default is 4)
```
//以上称为应用的路由协议是为 Cisco 软件定义网络（Software Defined Network，SDN）服务的，路由是通过控制器和应用程序安装进路由表的

```
Routing Protocol is "rip"    //路由器上运行的路由协议是 RIP
  Outgoing update filter list for all interfaces is not set
```
//在出方向上没有配置分布列表（distribute-list）
```
  Incoming update filter list for all interfaces is not set
```

```
       //在入方向上没有配置分布列表（distribute-list）
       Sending updates every 30 seconds, next due in 20 seconds
       //更新周期是 30 秒，距离下次更新还有 20 秒
       Invalid after 180 seconds, hold down 180, flushed after 240
//计时器相关的几个参数，其中 invalid 计时器表示路由器针对某条路由条目如果在 180 秒还没有收
到更新信息，则被标记为无效；hold down 计时器表示路由条目抑制计时器的时间为 180 秒，用来防止路由环
路；flushed 计时器表示路由器针对某条路由条目如果在 240 秒还没有收到更新信息，则从路由表中删除该路
由条目
       Redistributing: rip    //只运行 RIP 协议，没有其他的协议重分布进来
       Default version control: send version 2, receive version 2
//运行 RIP 的接口默认发送版本 2 的路由更新信息，接收本版 2 的路由更新信息
       Interface           Send    Recv    Triggered RIP    Key-chain
       GigabitEthernet0/0    2       2                      ccnp
       Serial0/0/1           2       2       Yes            ccna
//以上 3 行显示了运行 RIP 协议的接口以及可以接收和发送 RIP 路由更新信息的版本，同时在接
口 S0/0/1 配置了触发更新，还显示接口 S0/0/0 和 G0/0 配置 RIPv2 验证调用的钥匙链的名称
```

【提示】

① 如果对 RIP 发送和接收路由更新信息的版本有特殊需求，可以通过接口上使用命令 **ip rip send version** 和 **ip rip receive version** 来控制在路由器接口上接收或发送的 RIP 版本，例如，在 S0/0/1 接口上接收 RIP 版本 1 和 2 的路由更新信息，但是只发送 RIP 版本 2 的路由更新信息，配置如下：

    R3(config-if)#**ip rip send version 2**
    R3(config-if)#**ip rip receive version 1 2**

② 接口特性是优于进程特性的，对于本实验，虽然在 RIP 进程中配置了 **version 2** 命令，但是如果在 S0/0/1 接口上配置了 **ip rip receive version 1 2**，则该接口可以接收 RIP 版本 1 和 2 的路由更新信息。

```
       Automatic network summarization is not in effect    //RIP 路由协议自动总结功能关闭
       Maximum path: 4    //RIP 路由协议默认可以支持 4 条等价路径，最大为 32 条（IOS 版本为 15.7）
       Routing for Networks:
         172.16.0.0
//以上 2 行表明在 RIP 路由模式下配置的有类网络地址
       Routing Information Sources:
         Gateway          Distance         Last Update
         172.16.34.4        120            00:00:09
         172.16.23.2        120            00:00:09
//以上 4 行表明路由信息源，即从哪些 RIP 邻居接收路由更新信息，其中 gateway 表示学到路由
信息的邻居路由器的接口地址，也就是下一跳地址；distance 表示接收邻居所发送的路由更新信息使用的管
理距离；last update 表示距离上次路由更新经过的时间
       Distance: (default is 120)    //RIP 路由协议默认管理距离是 120
```

（3）查看 RIP 路由协议的动态更新过程

```
       R4#debug ip rip    //查看 RIP 路由协议的动态更新过程
       *Apr 26 06:31:30.918: RIP: received packet with text authentication cisco123
       //收到明文验证密码为 cisco123 的更新信息
       *Apr 26 06:31:30.918: RIP: received v2 update from 172.16.34.3 on GigabitEthernet0/0
       *Apr 26 06:31:30.918:      172.16.0.0/23 via 0.0.0.0 in 3 hops
       *Apr 26 06:31:30.918:      172.16.12.0/24 via 0.0.0.0 in 2 hops
       *Apr 26 06:31:30.918:      172.16.21.0/24 via 0.0.0.0 in 2 hops
```

　　　　*Apr 26 06:31:30.922:　　　　172.16.23.0/24 via 0.0.0.0 in 1 hops
　　//以上 5 行表明路由器 R4 从 172.16.34.3（即路由器 R3）收到 4 条 RIPv2 的路由更新信息，每条
路由条目都包括掩码长度和度量值
　　　　*Apr 26 06:31:32.350: RIP: **sending v2 update** to **224.0.0.9** via GigabitEthernet0/0 (172.16.34.4)
　　　　*Apr 26 06:31:32.350: RIP: build update entries
　　　　*Apr 26 06:31:32.350:　　 0.0.0.0/0 via 0.0.0.0, metric 1, tag 0
　　　　*Apr 26 06:31:32.350:　　 172.16.4.0/24 via 0.0.0.0, metric 1, tag 0
　　//以上 4 行表明从接口 G0/0 以组播方式（**224.0.0.9**）发送 2 条 RIPv2 的更新信息，该更新信息包
括目标网络、子网掩码、度量值和路由标记信息，**0.0.0.0** 表示本路由器接口地址就是对方收到该路由的下一
跳地址，同时也表明 RIPv2 路由更新信息中携带子网信息。由于配置了被动接口，所以没有看到路由器向接
口 G0/1 发送 RIP 更新信息

（4）查看 RIP 数据库

　　R1#**show ip rip database**　　　　　　　//查看 RIP 数据库
　　0.0.0.0/0　　　**auto-summary**　　　　 //自动总结路由
　　0.0.0.0/0
　　　　　[3] via 172.16.12.2, 00:00:04, Serial0/0/0
　　　　　[3] via 172.16.21.2, 00:00:06, GigabitEthernet0/0
　　//以上 3 行表明学到默认路由的下一跳地址、时间和接口，2 条表示 0.0.0.0 路由条目为等价路径，
[3]表示到达目的网络度量值
　　172.16.0.0/16　　　auto-summary　　　//自动总结路由
　　172.16.0.0/23　　　**int**-summary　　　　//接口下手工总结路由
　　172.16.0.0/24　　　directly connected, GigabitEthernet0/1　　//直连接口名字和网络地址
　　172.16.1.0/24　　　directly connected, GigabitEthernet0/2
　　172.16.4.0/24
　　　　　[3] via 172.16.12.2, 00:00:04, Serial0/0/0
　　　　　[3] via 172.16.21.2, 00:00:06, GigabitEthernet0/0
　　172.16.12.0/24　　　directly connected, Serial0/0/0
　　172.16.21.0/24　　　directly connected, GigabitEthernet0/0
　　172.16.23.0/24
　　　　　[1] via 172.16.12.2, 00:00:04, Serial0/0/0
　　　　　[1] via 172.16.21.2, 00:00:06, GigabitEthernet0/0
　　172.16.34.0/24
　　　　　[2] via 172.16.12.2, 00:00:04, Serial0/0/0
　　　　　[2] via 172.16.21.2, 00:00:06, GigabitEthernet0/0

6.4.2　实验 2：配置 IPv6 RIP（RIPng）

1．实验目的

通过本实验可以掌握：
① 配置 IPv6 地址和启用 IPv6 路由的方法。
② 配置 IPv6 静态默认路由的方法。
③ 配置 RIPng 和向 RIPng 网络注入默认路由的方法。
④ 查看 RIPng 路由表的含义和 RIPng 路由协议相关信息的方法。

2．实验拓扑

配置 RIPng 的实验拓扑如图 6-3 所示。

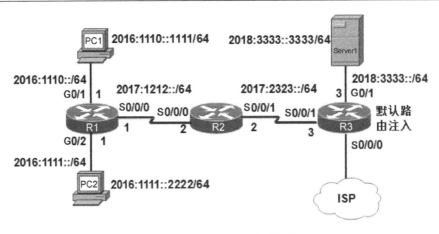

图 6-3 配置 RIPng 的实验拓扑

3. 实验步骤

（1）配置路由器 R1

```
R1(config)#ipv6 unicast-routing          //启用 IPv6 单播路由
R1(config)#ipv6 router rip cisco         //启动 IPv6 RIPng 进程
R1(config-rtr)#split-horizon             //启用 RIP 水平分割
R1(config-rtr)#poison-reverse            //启用 RIP 毒化反转
R1(config-rtr)#exit
R1(config)#interface GigabitEthernet0/1
R1(config-if)#ipv6 address 2016:1110::1/64
R1(config-if)#no shutdown
R1(config-if)#ipv6 rip cisco enable
//在接口上启用 RIPng，进程名字为 cisco，进程名字只有本地含义，如果没有该进程，该命令将自动创建 RIPng 进程
R1(config-if)#exit
R1(config)#interface GigabitEthernet0/2
R1(config-if)#ipv6 address 2016:1111::1/64
R1(config-if)#ipv6 rip cisco enable
R1(config-if)#no shutdown
R1(config-if)#exit
R1(config)#interface Serial0/0/0
R1(config-if)#ipv6 address 2017:1212::1/64
R1(config-if)#ipv6 rip cisco enable
R1(config-if)#no shutdown
R1(config-if)#exit
```

（2）配置路由器 R2

```
R2(config)#ipv6 unicast-routing
R2(config)#ipv6 router rip cisco
R2(config-rtr)#split-horizon
R2(config-rtr)#poison-reverse
R2(config-rtr)#exit
R2(config)#interface Serial0/0/0
R2(config-if)#ipv6 address 2017:1212::2/64
```

```
R2(config-if)#ipv6 rip cisco enable
R2(config-if)#no shutdown
R2(config-if)#exit
R2(config)#interface Serial0/0/1
R2(config-if)#ipv6 address 2017:2323::2/64
R2(config-if)#ipv6 rip cisco enable
R2(config-if)#no shutdown
R2(config-if)#exit
```

（3）配置路由器 R3

```
R3(config)#ipv6 unicast-routing
R3(config)#ipv6 router rip cisco
R3(config-rtr)#split-horizon
R3(config-rtr)#poison-reverse
R3(config-rtr)#exit
R3(config)#interface GigabitEthernet0/1
R3(config-if)#ipv6 address 2018:3333::3/64
R3(config-if)#ipv6 rip cisco enable
R3(config-if)#no shutdown
R3(config-if)#exit
R3(config)#interface Serial0/0/1
R3(config-if)#ipv6 address 2017:2323::3/64
R3(config-if)#ipv6 rip cisco enable
R3(config-if)#no shutdown
R3(config-if)#ipv6 rip cisco default-information originate
//向 IPv6 RIPng 网络注入一条默认路由（::/0）
R3(config-if)#exit
R3(config)#ipv6 route ::/0 serial0/0/0    //配置指向 IPv6 的默认静态路由
```

（4）配置计算机 PC1、PC2 和 Server1 的 IPv6 地址、前缀长度和默认网关

4．实验调试

（1）使用命令 show ipv6 route 显示 IPv6 路由表

① 显示器 R1 的 IPv6 路由表。

```
R1#show ipv6 route rip
（此处省略路由代码部分）
 R   ::/0 [120/3]
        via FE80::FA72:EAFF:FE69:1C78, Serial0/0/0
```
//RIPng 与 RIPv2 计算度量值的方法是不同的。RIPng 在发送本路由器产生的路由信息给邻居路由器时，起始度量值为 1，邻居路由器会将路由的度量值再增加 1，后续传递给其他路由器时，度量值依次加 1。而 RIPv2 在发送本路由器产生的路由信息给邻居路由器时，起始度量值为 0，邻居路由器会将路由的度量值增加 1，后续传递给其他路由器时，度量值依次加 1。所以此处看到，到达 R3 的默认路由虽然只有 2 跳，但是度量值为 3
```
 R   2017:2323::/64 [120/2]
        via FE80::FA72:EAFF:FE69:1C78, Serial0/0/0
 R   2018:3333::/64 [120/3]
        via FE80::FA72:EAFF:FE69:1C78, Serial0/0/0
```

以上输出表明路由器 R3 确实向 RIPng 网络注入 1 条 IPv6 的默认路由，同时路由器 R1

收到管理距离为 120 的 3 条 RIPng 路由条目，2 条明细路由和 1 条默认路由。再次强调，在 RIPng 中，每台路由器在其入方向增加路由的度量值，而始发路由的路由器会在发送路由更新信息时将度量值加 1 跳。以上所有 RIPng 路由条目的下一跳地址均为邻居路由器接口的 IPv6 链路本地地址。可以通过 **show ipv6 rip next-hops** 命令查看发送 RIPng 更新信息的下一跳地址，如下所示：

```
R1#show ipv6 rip next-hops
RIP process "cisco", Next Hops    //RIPng 进程为 cisco 的下一跳
   FE80::FA72:EAFF:FE69:1C78/Serial0/0/0 [4 paths]
```

② 显示器 R2 的 IPv6 路由表。

```
R2#show ipv6 route rip
（此处省略路由代码部分）
R    ::/0 [120/2]
       via FE80::FA72:EAFF:FEDB:EA78, Serial0/0/1
R    2016:1110::/64 [120/2]
       via FE80::FA72:EAFF:FEC8:4F98, Serial0/0/0
R    2016:1111::/64 [120/2]
       via FE80::FA72:EAFF:FEC8:4F98, Serial0/0/0
R    2018:3333::/64 [120/2]
       via FE80::FA72:EAFF:FEDB:EA78, Serial0/0/1
```

③ 显示器 R3 的 IPv6 路由表。

```
R3#show ipv6 route | include R|::/0
（此处省略路由代码部分）
S    ::/0 [1/0]
R    2016:1110::/64 [120/3]
R    2016:1111::/64 [120/3]
R    2017:1212::/64 [120/2]
```

（2）使用 R3#**show ipv6 protocols** 显示和 IPv6 路由协议相关的信息

```
R3#show ipv6 protocols             //显示和 IPv6 路由协议相关的信息
IPv6 Routing Protocol is "connected"   //直连路由
IPv6 Routing Protocol is "application" //应用路由
IPv6 Routing Protocol is "ND"          //邻居发现路由
IPv6 Routing Protocol is "rip cisco"   //RIPng 路由
  Interfaces:
    GigabitEthernet0/1
    Serial0/0/1
  Redistribution:
    None
//以上 6 行输出表明启动的 RIPng 进程名称为 cisco，同时在 S0/0/1 和 G0/1 接口上启用 RIPng。没有其他路由被重分布到该进程中
IPv6 Routing Protocol is "static"      //静态路由
```

第7章 交换网络

交换机是局域网中最重要的设备，用于将同一网络中的多个设备连接起来。交换机基于 MAC 地址进行工作。本章主要介绍交换原理、转发方法、交换网络层次结构、交换机管理（SSH）和交换机安全等内容。

7.1 交换网络概述

7.1.1 交换机工作原理

从传统概念来讲，交换机是二层（数据链路层）设备，基于收到的数据帧中的源 MAC（Media Access Control）地址和目的 MAC 地址来进行工作，具有每个端口享用专用的带宽、隔离冲突域、实现全双工操作等优点。当然现在三层交换机使用也非常普及。交换机的作用主要有两个：一是维护内容地址表（Context Address Memory，CAM）表，该表是 MAC 地址、交换机端口以及端口所属 VLAN 的映射表；二是根据 CAM 表来进行数据帧的转发。对于收到的每个数据帧，交换机都会将数据帧头中的目的 MAC 地址与 MAC 表中的地址列表进行比对，如果找到匹配项，表中与 MAC 地址配对的端口号将被用作帧的转发出端口。交换机采用以下 5 种基本操作来完成交换功能。

① 学习：当交换机从某个接口收到数据帧时，交换机会读取帧的源 MAC 地址，并在 MAC 表中填入 MAC 地址及其对应的端口。

② 过期：通过学习获取的 MAC 表条目具有时间戳，此时间戳用于从 MAC 表中删除旧的条目。当某个条目在 MAC 表中创建之后，就会使用其时间戳作为起始值开始递减计数。计数值到 0 后，条目被删除，也称为老化。交换机如果从相同端口接收同一源 MAC 地址的帧时，将会刷新 MAC 表中的该条目，即重新计时。Cisco 交换机 MAC 表条目的老化时间默认为 300 秒。

③ 泛洪：如果目的 MAC 地址不在 MAC 表中，交换机不知道向哪个端口发送帧，此时它会将帧发送到除接收端口以外的处于同一 VLAN 的所有其他端口，这个过程称为未知单播帧泛洪。泛洪还用于发送目的地址为广播或者组播 MAC 地址的帧。

④ 转发：转发是指当计算机发送数据帧到交换机时，交换机检查帧的目的 MAC 地址，当 MAC 地址表中有相应的表项时，将收到的数据帧从对应的端口转发出去。

⑤ 过滤：在某些情况下，帧不会被转发，此过程称为帧过滤。前面已经描述了过滤的使用条件：交换机不会将收到的数据帧转发到接收帧的端口。另外，交换机还会丢弃损坏的帧，例如，帧没有通过循环冗余码校验（Cyclic Redundancy Check，CRC）检查，就会被丢弃。

7.1.2 交换机转发方法

以太网交换机转发数据帧的方法有如下 3 种。

1. 存储（Store-and-Forward）转发

存储转发方式是先接收后转发的方式。它把从交换机端口接收的数据帧先全部接收并缓存，然后进行 CRC 检查，把错误帧丢弃（例如，如果它太短，小于 64 字节；或者太长，大于 1 518 字节；或者数据传输过程中出现了错误，都将被丢弃），最后才取出数据帧的源地址和目的地址，查找 MAC 地址表后进行过滤和转发。存储转发方式的延时与数据帧的长度成正比，数据帧越长，接收整个数据帧所花费的时间越多，因此延时越大，这是它的不足。但是它可以对进入交换机的数据包进行高级别的错误检测。这种方式可以支持不同速度的端口间的转换，保持高速端口与低速端口间的协同工作。

2. 直通（Cut-Through）转发

交换机在输入端口检测到一个数据帧时，检查该帧的帧头，只要获取了数据帧的目的 MAC 地址，就开始转发帧数据。它的优点是开始转发前不需要读取整个完整的数据帧，延时非常小，交换过程非常快。它的缺点是因为数据帧的内容没有被交换机缓存下来，所以无法检查所传送的数据帧是否有误，不能提供错误检测能力。

3. 无碎片（Fragment-Free）转发

这是改进后的直接转发，是介于前两者之间的一种转发方法。由于在正常运行的网络中，冲突大多发生在 64 字节之前，所以无碎片方法在读取数据帧的前 64 字节后，就开始转发该数据帧。这种方式也不提供数据校验，它的数据处理速度虽然比直接转发方式慢，但比存储转发方式快许多。

从 3 种交换方法可以看出，交换机的数据转发延时和错误率取决于采用何种交换方法。存储转发方式的延时最大，无碎片转发方式次之、直通转发方式最小；然而存储转发方式的帧错误率最小，无碎片转发方式次之、直通转发方式最大。在采用何种交换方法上，需要折中考虑。现在，许多交换机可以做到在正常情况下采用直通转发方式，而当数据的错误率达到一定程度时，自动转换到存储转发方式。

7.1.3 冲突域和广播域

1. 冲突域

在基于集线器的以太网段上，网络设备会竞争介质，在设备之间共享同一带宽的网段被称为冲突域，因为当该网段中两个或更多设备尝试同时通信时可能会出现冲突，而解决冲突的方法是载波侦听多路访问／冲突检测（Carrier Sense Multiple Access with Collision Detection，CSMA/CD）。交换机可以将网络划分为网段以减少竞争带宽的设备数量。交换机每个端口就是一个单独的冲突域。

2. 广播域

当交换机收到广播帧时，它将向和自己处于同一 VLAN 的每一个端口转发该帧（接收该广播帧的端口除外），因此交换机不能过滤广播帧，相连交换机的集合构成了一个广播域。网络上太多的广播帧可能导致网络拥塞，造成交换机网络性能降低，甚至发生广播风暴。路由器可以用于分割冲突域和广播域。

7.1.4 交换网络层次结构

在企业园区网中采用分层网络设计更容易管理和扩展网络，排除故障也更迅速。典型的分层设计模型可分为接入层、分布层和核心层。在中小型网络中，通常采用紧缩型设计，即分布层和核心层合二为一，各层描述如下。

1．接入（Access）层

接入（Access）层负责连接终端设备（如 PC、打印机、无线接入点和 IP 电话等）以提供对网络中其他部分的访问。接入层的主要目的是提供一种将设备连接到网络中并控制允许网络上的哪些设备间进行通信的方法。接入层设备通常是二层交换机，如 Cisco 的 29 系列交换机。

2．分布层（Distribution）

分布层（Distribution）先汇聚接入层交换机发送的数据，再将其传输到核心层，最后发送到最终目的地。分布层使用策略控制网络的通信流量并通过在接入层定义的虚拟 LAN（VLAN）之间执行路由功能来划定广播域。利用 VLAN，可以将交换机上的流量分成不同的网段，置于互相独立的子网内。分布层设备通常是三层交换机，如 Cisco 的 35、37 和 38 等系列交换机。

3．核心（Core）层：

核心层汇聚所有分布层设备发送的流量，保持高可用性和高冗余性非常重要，因为它必须能够快速转发大量的数据。核心层设备通常也是三层交换机，如 Cisco 的 65 等系列交换机。

三层交换机通常部署在交换网络的核心层和分布层，它的特点是能够构建路由表，支持一些路由协议并转发 IP 数据包，其转发速率接近二层转发速率。三层交换机支持专用硬件，如专用集成电路（Application Specific Integrated Circuit，ASIC）。ASIC 与专用软件数据结构配合使用可简化与 CPU 无关的 IP 数据包的转发。

7.1.5 交换机选型

根据交换机端口的带宽，交换机可分为对称交换和非对称交换两类。对称交换中，交换机端口的带宽相同；非对称交换中，交换机端口的带宽不相同。非对称交换使更多带宽能专用于连接服务器或者上行链路交换机的端口，以防止产生带宽瓶颈。

在选择交换机设备时企业需要考虑的一些常见因素包括成本、端口密度、冗余电源和 POE 功能、可靠性、端口速度、帧缓冲区和可扩展性等。同时，在选择交换机类型时，网络设计人员必须选择使用固定配置或模块化配置以及堆叠式或非堆叠式交换机。

① 固定配置交换机：不支持除交换机出厂配置以外的功能或选件，具体的型号决定了可用的功能和选件。

② 模块化配置交换机：模块化配置交换机配置较灵活，通常有不同尺寸的机箱，允许安装不同数目的模块化板卡。

③ 可堆叠配置交换机：可以使用专用电缆进行互连，电缆可在交换机之间提供高带宽的吞吐能力。

在企业网络中存在以下 5 种类型的交换机。

① 园区 LAN 交换机：在企业 LAN 中扩展网络性能，包括核心层、分布层、接入层和紧凑型交换机，这些交换机平台各不相同。园区 LAN 交换机平台包括 Cisco 2960、3560、3650、3850、4500、6500 和 6800 系列。

② 云管理型交换机：Cisco Meraki 云管理接入交换机支持交换机的虚拟堆叠，它们通过 Web 监控和配置数千个交换机端口，而不需要 IT 人员的现场干预。

③ 数据中心交换机：数据中心交换机可以提高基础架构的可扩展性、操作连续性和传输灵活性。数据中心交换机平台包括 Cisco Nexus 系列交换机等。

④ 运营商交换机：运营商交换机分为汇聚交换机和以太网接入交换机两类。汇聚交换机是运营商级以太网交换机，它能够在网络边缘汇聚流量。运营商以太网接入交换机具备应用层智能、统一服务、虚拟化、集成安全性和简化管理功能。

⑤ 虚拟网络交换机：网络正变得越来越虚拟化，Cisco Nexus 虚拟网络交换机平台通过将虚拟化智能技术添加到数据中心网络来提供安全的多用户服务。

7.1.6 交换机启动顺序

Cisco 交换机加电之后，启动顺序如下。

① 执行低级 CPU 初始化：启动加载器初始化 CPU 寄存器，寄存器控制物理内存的映射位置、内存量以及内存速度。

② 执行 CPU 子系统的加电自检（POST）：启动加载器测试 CPU、内存以及 Flash。

③ 初始化系统主板上的 Flash 文件系统。

④ 加载 IOS 映像文件：交换机将 IOS 映像文件加载到内存中并启动交换机。首先交换机尝试使用 BOOT 环境变量中的信息自动启动。如果没有设置此变量，启动加载器先在与 Flash 中 Cisco IOS 映像文件同名的目录中查找交换机上的映像文件，如果在该目录中未找到，则启动加载器软件搜索每一个子目录，然后继续搜索原始目录。如果没有找到 IOS 文件，则进入 switch:模式。比如误删除 IOS 文件等原因，此时需要通过 XMODEM 方式恢复 IOS。

⑤ 加载配置文件。交换机在 Flash 中查找配置文件 config.text 并加载。如果没有找到配置文件，则提示是否进入设置（setup）模式。

Cisco 交换机前面板的左侧有 Mode 按钮和几个状态 LED 指示灯。不同型号和功能集的交换机将具有不同的 LED，而且在交换机前面板上的位置也可能不同。其中 Mode 按钮用于在端口状态、端口双工、端口速度和端口 PoE 状态之间进行切换。 常见的指示灯如下。

① 系统（SYST）LED：显示系统是否通电以及是否正常工作。

② 冗余电源系统（Redundant Power System，RPS）LED：显示冗余电源系统状态。

③ 端口状态（STAT）LED：当端口状态 LED 为绿色时，表示选择了端口状态模式。此模式为默认模式。

④ 端口双工（DUPLEX）LED：当端口双工 LED 为绿色时，表示选择了端口双工模式。

⑤ 端口速度（SPEED）LED：表示选择了端口速度模式。

⑥ 以太网供电（PoE）模式 LED：如果交换机支持 PoE 功能，则存在 PoE 模式 LED。

7.2 SSH 和交换机端口安全概述

交换机的安全是一个很重要的问题，因为它可能会遭受到一些恶意的攻击，例如 MAC 泛洪攻击、DHCP 欺骗和耗竭攻击、中间人攻击、CDP 攻击和 Telnet DoS 攻击等，为了防止交换机被攻击者探测或者控制，必须采取相应的措施来确保交换机的安全性，常见的安全措施包括：配置访问密码、配置标语消息、远程管理使用 SSHv2 替代 Telnet、禁用不需要的服务和应用、禁用未使用的端口、关闭 SNMP 或者使用 SNMPv3、启用系统日志和及时安装最新的 IOS 软件等。部分安全措施如配置访问密码和配置标语消息等在第 3 章已经讨论过。

7.2.1 SSH 简介

采用 Telnet 远程管理设备时对登录身份验证和通信设备之间传输的数据都采用不安全的明文传输，不能有效防止远程管理过程中的信息泄露问题。SSH 是 Secure Shell（安全外壳）的简称，当用户通过一个不能保证安全的网络环境远程登录到设备时，SSH 可以利用加密和验证功能提供安全保障，保护设备不受诸如 IP 地址欺诈、明文密码截取等攻击。SSH 工作端口为 TCP 22 端口。SSH 目前包括 SSH1 和 SSH2 两个版本，而且两个版本不兼容，通信双方通过协商确定使用的版本。为实现 SSH 的安全连接，在整个通信过程中服务器端与客户端要经历版本号、密钥和算法、验证阶段协商以及会话请求和会话交互 5 个阶段，由于 SSH 版本 2 在数据加密和完整性验证方面更加强大，建议使用。

7.2.2 交换机端口安全简介

交换机依赖 CAM 表转发数据帧，当数据帧到达交换机端口时，交换机可以获得其源 MAC 地址并将其记录在 CAM 表中。如果 CAM 表中存在目的 MAC 地址条目，交换机将把帧转发到 CAM 表中指定的 MAC 地址所对应的端口。如果 MAC 地址在 CAM 表中不存在，则交换机将帧转发到除收到该帧端口外的每一个端口（即未知单播帧泛洪）。然而 CAM 表的大小是有限的，MAC 泛洪攻击正是利用这一限制，使用攻击工具以大量无效的源 MAC 地址发送给交换机，直到交换机 CAM 表被填满，这种使得交换机 CAM 表溢出的攻击称为 MAC 泛洪攻击。当 CAM 表被填满时，交换机将接收到的流量泛洪到所有端口，因为它在自己的 CAM 表中找不到对应目的 MAC 地址的端口号，交换机实际上是起到类似于集线器的作用。

配置交换机端口安全特性可以防止 MAC 泛洪攻击。端口安全限制交换机端口上所允许的有效 MAC 地址的数量或者特定的 MAC 地址。端口安全工作方式主要有如下 3 种。

① 静态：只允许具有特定 MAC 地址的终端设备从该端口接入交换机。如果配置静态端口安全，那么当数据包的源 MAC 地址不是静态指定的 MAC 地址时，交换机将按照惩罚模式进行惩罚，并且端口不会转发这些数据包。

② 动态：通过限制交换机端口接入 MAC 地址的数量来实现端口安全。默认情况下，交换机每个端口只允许一个 MAC 地址接入该端口。

③ 粘滞：这是一种将动态和静态端口安全结合在一起的方式。交换机端口通过动态学习获得终端设备的 MAC 地址，然后将信息保存到运行配置文件中，结果就像静态方式，只不过 MAC 地址不是管理员静态配置的，而是交换机自动学习的。当学到的 MAC 地址的数量达

到端口限制的数量时,交换机就不会自动学习了。

无论采用以上哪种方式配置端口安全,当尝试访问该端口的终端设备违规时,都可以通过如下三种模式之一进行惩罚。

① 保护(Protect):当新的终端设备接入交换机时,如果该端口的 MAC 地址条目超过最大数目或者与静态配置的 MAC 地址不同,则这个新的终端设备将无法接入,而原有的设备不受影响,交换机不发送警告信息。

② 限制(Restrict):当新的终端设备接入交换机时,如果该端口的 MAC 地址条目超过最大数目或者与静态配置的 MAC 地址不同,则这个新的终端设备将无法接入,而原有的设备不受影响,交换机会发送警告信息,同时会增加违规计数器的计数。

③ 关闭(Shutdown):当新的终端设备接入交换机时,如果该端口的 MAC 地址条目超过最大数目或者与静态配置的 MAC 地址不同,交换机该端口将会被关闭,并立即变为错误禁用(error-disabled)状态,这个端口下的所有设备都无法接入交换机,交换机会发送警告信息,同时会增加违规计数器的计数。当交换机端口处于 error-disabled 状态时,在端口先输入 **shutdown** 命令,然后再输入 **no shutdown** 命令可重新开启端口,如果仍有违规终端设备接入,则继续进入 error-disabled 状态。这种惩罚模式是交换机端口安全的默认惩罚模式。3 种交换机端口安全惩罚模式比较如表 7-1 所示。

表 7-1　3 种交换机接口安全惩罚模式比较

惩罚模式	转发违规设备流量	发出警告	增加违规计数	关闭接口
Protect	否	否	否	否
Restrict	否	是	是	否
Shutdown	否	是	是	是

7.3　配置交换机 SSH 管理和端口安全

7.3.1　实验 1:配置交换机基本安全和 SSH 管理

1. 实验目的

通过本实验可以掌握:
① 交换机基本安全配置。
② SSH 的工作原理和 SSH 服务端和客户端的配置。

2. 实验拓扑

交换机基本安全和 SSH 管理实验拓扑如图 7-1 所示。

图 7-1　交换机基本安全和 SSH 管理实验拓扑

3. 实验步骤

（1）配置交换机 S1

```
S1#clock set 15:30:00 25 DEC 2018        //配置系统时间
S1(config)# clock timezone GMT +8         //配置时区
S1(config)#interface vlan 1               //配置交换机 SVI
S1(config-if)#ip address 172.16.1.100 255.255.255.0
S1(config-if)#no shutdown
S1(config-if)#exit
S1(config)#ip default-gateway 172.16.1.1  //配置交换机默认网关
S1(config)#enable secret cisco123         //配置 enable 密码
S1(config)#service password-encryption    //启用密码加密服务，提高安全性
S1(config)#service tcp-keepalives-in
//交换机没有收到远程系统的响应，会自动关闭连接，减少被 DOS 攻击的机会
S1(config)#login block-for 120 attempts 3 within 30
//在 30 秒内尝试 3 次登录都失败，则 120 秒内禁止登录
S1(config)#login quiet-mode access-class 10
//前面配置当用户 3 次登录失败后，交换机将进入 120 秒的安静期，禁止登录。通过执行该命令安静期内 ACL 10 指定的主机仍然可以登录，目的是防止出现黑客登录不了网管主机也不可以登录的情况
S1(config)#login delay 10                 //配置用户登录成功后，10 秒后才能再次登录
S1(config)#login on-failure log           //配置登录失败会在日志中记录
S1(config)#login on-success log           //配置登录成功会在日志中记录
S1(config)# username ccie privilege 15 secret cisco123
//创建 SSH 登录的用户名和密码，用户 ccie 权限级别为 15
S1(config)#line vty 0 4
S1(config-line)#login local               //用户登录时，从本地数据库匹配用户名和密码
S1(config-line)#transport input ssh
//只允许用户通过 SSH 远程登录到交换机进行管理。默认是 transport input all
S1(config-line)#exec-timeout 5 30
//配置超时时间，当用户在 5 分 30 秒内没有任何输入时，将被自动注销，这样可以减少因离开等因素带来的安全隐患
S1(config)#ip domain-name cisco.com       //配置域名，配置 SSH 时必须配置
S1(config)#crypto key generate rsa general-keys modulus 1024
//产生长度为 1 024 比特的 RSA 密钥
The name for the keys will be: S1.cisco.com   //key 的名字，由主机名和域名构成
% The key modulus size is 1024 bits
//密钥长度为 1 024 比特，如果配置 SSH 版本 2，密钥长度至少为 768 比特，可选密钥长度包括 768 比特、1 024 比特、1 536 比特、2 048 比特等
% Generating 1024 bit RSA keys, keys will be non-exportable...[OK]
R1(config)#ip ssh version 2               //配置 SSHv2 版本
R1(config)#ip ssh time-out 120
//配置 SSH 登录超时时间，如果超时，TCP 连接被切断
R1(config)#ip ssh authentication-retries 3
//配置 SSH 用户登录重验证最大次数，超过 3 次，TCP 连接被切断
```

（2）从 SSH Client 通过 SSH 登录到交换机 S1

开启 SecureCRT 软件后，选择菜单栏中的【文件】，在下拉菜单中单击【快速连接】，进入【快速连接】页面，如图 7-2 所示为新建 SSH 连接。在【协议】下拉菜单中选择为 SSH2，

在【主机名】文本框中输入交换机 S1 的 VLAN 1 的管理 IP 地址 **172.16.1.100**,在【端口号】文本框中输入 **22**,这是 SSH 服务默认端口,在【用户名】文本框输入登录的用户名 **ccie**,其他保持默认值,然后单击【连接】按钮。在弹出的【新建主机密钥】窗口中单击【接收并保存】按钮,接收和保存路由器发送的 key,如图 7-3 所示。在图 7-4 所示的【输入安全外壳口令】窗口中输入用户名和密码,单击【确定】按钮。图 7-5 显示用户 ccie 通过 SSHS1 登录成功。

图 7-2 新建 SSH 连接

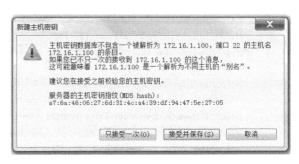

图 7-3 接收和保存路由器发送的 key

图 7-4 输入用户名和密码

图 7-5 用户 ccie 通过 SSHS1 登录成功

此时在交换机 S1 上看到登录成功的日志信息如下:

　　DEC 24 15:40:22.047: **%SEC_LOGIN-5-LOGIN_SUCCESS**: Login Success [user: **ccie**] [Source: **172.16.1.200**] [localport: **22**] at 15:40:22 GMT Mon Dec 24 2018

4．实验调试

（1）使用命令 S1#show ip ssh 查看 SSH 基本信息

```
S1#show ip ssh         //查看 SSH 基本信息
SSH Enabled - version 2.0    //SSH 运行版本
Authentication timeout: 120 secs; Authentication retries: 3
//验证超时时间和用户登录重验证最大次数
Minimum expected Diffie Hellman key size : 1024 bits    // DH 密钥最小长度为 1 024 比特
IOS Keys in SECSH format(ssh-rsa, base64 encoded):     //IOS 密钥
ssh-rsa AAAAB3NzaC1yc2EAAAADAQABAAAAgQDEFysACeUQhxMa4tQ6+hftUZgZ8wzYuh3N+vVln63E
dvoXkWmR1mhMsw69crH2a70fd96lvFqIAvj0v327b1sdw4dltaShu5lYOE9BcFlQeccYt50DLl0lHhb2
d/pJq8JNuixNbIoRRfaHdCFfE2HyTlKXttI0vCj9YhuW4/qKNw==
```

（2）使用命令 S1#show ssh 查看 SSH 会话信息

```
S1#show ssh    //查看 SSH 会话信息
Connection Version    Mode    Encryption    Hmac         State              Username
0         2.0         IN      aes256-cbc    hmac-sha1    Session started    ccie
0         2.0         OUT     aes256-cbc    hmac-sha1    Session started    ccie
%No SSHv1 server connections running
```

以上输出显示了 SSH 登录的用户名、状态、加密算法、验证算法以及 SSH 版本等信息。

（3）使用命令 S1#show users 查看登录到交换机上的用户及位置信息

```
S1#show users   //查看登录到交换机上的用户及位置信息
       Line       User       Host(s)       Idle          Location
*      0 con 0               idle          00:00:00
       1 vty 0    ccie       idle          00:00:06      172.16.1.200
```

以上输出显示用户名为 **ccie** 的用户从 IP 地址为 **172.16.1.200** 处登录，其中 **1** 为 VTY 线路编号。以路由器或者交换机作为 SSH 客户端执行 SSH 命令登录时，可以使用如下命令：

```
R1#ssh –l ccie 172.16.1.100    //-l 参数后面接用户名
```

7.3.2　实验 2：配置交换机端口安全

1．实验目的

通过本实验可以掌握：

① 交换机管理地址配置及接口配置。
② 查看交换机的 MAC 地址表。
③ 配置静态端口安全、动态端口安全和粘滞端口安全的方法。

2．实验拓扑

配置交换机端口安全的实验拓扑如图 7-6 所示。

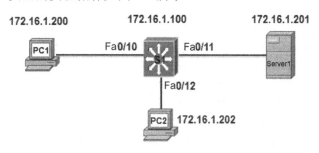

图 7-6　配置交换机端口安全的实验拓扑

3．实验步骤

（1）交换机基本配置

```
S1(config)#interface vlan 1
//配置交换机交换虚拟接口，用于交换机远程管理
```

```
S1(config-if)#ip address 172.16.1.100 255.255.255.0
S1(config-if)#no shutdown
S1(config-if)#exit
S1(config)#ip default-gateway 172.16.1.1     //配置交换机默认网关
S1(config)#interface    fastEthernet 0/11
S1(config-if)#duplex auto     //配置以太网接口双工模式，默认时双工状态是 auto
S1(config-if)#speed auto      //配置以太网接口的速率，默认时速率是自适应即 auto
S1(config-if)#mdix auto       //配置 auto-MDIX
S1(config)#interface range f0/5-9,f0/13-24,g0/1,g0/2
S1(config-if-range)#shutdown
//以上 2 行批量禁用未使用的端口
```

【技术要点】

在以太网接口上使用 auto-MDIX（自动介质相关接口交叉）功能可以解决直通和交叉线缆的自适应问题。该功能默认启用，但是接口的速率和双工模式必须是 **auto**，否则该功能不生效。可以通过如下命令查看 auto-MDIX 功能是否开启：

```
S1#show controllers ethernet-controller fastEthernet 0/11 phy | include Auto-MDIX
Auto-MDIX                                  :   On      [AdminState=1    Flags=0x00052248]
```

（2）查看交换机的 MAC 地址表

首先在计算机 PC1、PC2 和 Server1 上配置正确的 IP 地址，并且用 **ipconfig /all** 命令查看各台计算机网卡的 MAC 地址，记下来，然后在计算机 PC1 上分别 **ping** PC2 和 Server1，进行连通性测试，接下来查看交换机 MAC 地址表。

```
S1#show mac-address-table
          Mac Address Table
-------------------------------------------
Vlan    Mac Address        Type        Ports
----    -----------        ----        -----
 All    0100.0ccc.cccc     STATIC      CPU
(此处省略部分输出)
 All    ffff.ffff.ffff     STATIC      CPU
  1     0009.b7a4.b2c1     DYNAMIC     Fa0/10     //计算机 PC1 网卡的 MAC 地址
  1     0009.298a.20f1     DYNAMIC     Fa0/11     //计算机 Server1 网卡的 MAC 地址
  1     0050.56e9.114d     DYNAMIC     Fa0/12     //计算机 PC2 网卡的 MAC 地址
Total Mac Addresses for this criterion: 23
```

以上显示了交换机 S1 上的 MAC 地址表，其中 **vlan** 字段表示交换机端口所在的 VLAN；**Mac Address** 字段表示与端口相连的设备的 MAC 地址；**Type** 字段表示填充 MAC 地址记录的类型，**DYNAMIC** 表示 MAC 记录是交换机动态学习的，**STATIC** 表示 MAC 记录是静态配置或系统保留的；**Ports** 字段表示设备连接的交换机端口。

① 可以通过下面命令查看交换机动态学习的 MAC 地址表的超时时间或老化时间，默认为 300 秒。

```
S1#show mac-address-table aging-time
Vlan    Aging Time
----    ----------
 1       300
```

② 可以通过下面命令修改 VLAN 1 的 MAC 地址表的超时时间为 120 秒。

```
S1(config)#mac-address-table aging-time 120 vlan 1
```

③ 可以通过下面命令配置静态填充交换机 MAC 地址表。

```
S1(config)#mac-address-table static 0023.3364.2238 vlan 1 interface fastEthernet0/1
```

（3）配置交换机静态端口安全

在交换机 S1 上配置端口安全，Fa0/10 配置动态端口安全；Fa0/11 配置静态端口安全；Fa0/12 配置粘滞端口安全。因为交换机 Fa0/11 端口连接 Server1 服务器，服务器不会轻易更换，适合配置静态端口安全。

```
S1(config)#interface fastEthernet0/11
S1(config-if)#switchport mode access
//端口配置为接入模式，配置端口安全的端口不能是动态协商模式
S1(config-if)#switchport port-securitiy          //打开交换机的端口安全功能
S1(config-if)#switchport port-securitiy maximum 1
//配置端口允许接入设备的 MAC 地址最大数目，默认是 1，即只允许一个设备接入
S1(config-if)#switchport port-security mac-address 0009.298a.20f1
//配置端口允许接入计算机的 MAC 地址
S1(config-if)# switchport port-securitiy violation shutdown
//配置端口安全违规惩罚模式，这也是默认的惩罚行为
S1(config-if)#exit
S1(config)#errdisable recovery cause psecure-violation
//允许交换机自动恢复因端口安全而关闭的端口
S1(config)#errdisable recovery interval 30    //配置交换机自动恢复端口的周期，时间间隔单位为秒
```

此时，从 Server1 上 ping 交换机的管理地址，可以 ping 通。

（4）验证交换机静态端口安全

① S1#show mac-address-table | include Fa0/11
   1   0009.298a.20f1   STATIC   Fa0/11 //Server1 的网卡 MAC 地址静态加入 MAC 地址表

在 S1 端口 Fa0/11 接入另一台计算机，模拟非法服务器接入，交换机显示的信息如下：

```
*Dec  25 17:11:09.905: %LINK-3-UPDOWN: Interface FastEthernet0/11, changed state to up
*Dec  25 17:11:10.912: %LINEPROTO-5-UPDOWN: Line protocol on Interface FastEthernet0/11,
changed state to up
*Dec  25 17:11:26.146: %PM-4-ERR_DISABLE: psecure-violation error detected on Fa0/11,
putting Fa0/11 in err-disable state    //接入计算机因端口安全违规，将端口置为 err-disable 状态
*Dec  25 17:11:26.154: %PORT_SECURITY-2-PSECURE_VIOLATION: Security violation
occurred, caused by MAC address f872.ea69.1c7a on port FastEthernet0/11.
```

//发生端口安全惩罚的原因是由 MAC 地址为 f872.ea69.1c7a，主机试图接入交换机 Fa/11 端口引起的

```
S1#show port-security    //查看交换机端口安全信息
Secure Port   MaxSecureAddr   CurrentAddr   SecurityViolation   Security Action
              (Count)         (Count)       (Count)
---------------------------------------------------------------------------
Fa0/11        1               1             1                   Shutdown
---------------------------------------------------------------------------
Total Addresses in System (excluding one mac per port)     : 0
Max Addresses limit in System (excluding one mac per port) : 6144
```

以上输出显示了交换机启用端口安全的端口、允许连接最大 MAC 地址的数量、目前连接 MAC 地址的数量、惩罚计数和惩罚模式。

② S1#show port-security interface fa0/11   //查看交换机的端口安全信息
   Port Security   : Enabled   //启用端口安全

```
    Port Status              : Secure-shutdown    //端口状态为安全关闭
    Violation Mode           : Shutdown           //端口安全惩罚模式
    Aging Time               : 0 mins             //由于是静态配置，所以老化时间为 0，表示不会老化
    Aging Type               : Absolute           //老化时间类型
    SecureStatic Address Aging : Disabled         //默认静态端口安全的 MAC 地址不支持老化过程
    Maximum MAC Addresses    : 1                  //最大 MAC 地址数量，默认就是 1
    Total MAC Addresses      : 1                  //端口上总的 MAC 地址数量
    Configured MAC Addresses : 1                  //静态配置 1 个 MAC 地址
    Sticky MAC Addresses     : 0                  //没有配置粘滞 MAC 地址
    Last Source Address:Vlan : f872.ea69.1c7a:1   //最近接入该端口的 MAC 地址及端口所在 VLAN
    Security Violation Count : 1                  //端口安全惩罚计数
S1#show interface fastEthernet0/11                //查看交换机端口信息
    FastEthernet0/11 is down, line protocol is down (err-disabled)
    //端口物理状态为 down，端口线性协议由于 err-disabled 而被置为 down 状态
        Hardware is Fast Ethernet, address is 0023.ac9d.f003 (bia 0023.ac9d.f003)
        (此处省略部分输出)
```

移除非法设备后，重新连接 Server1 到该接口，由于已经配置了端口 **errdisable** 自动恢复，所以交换机显示自动恢复的消息如下：

```
        *Dec  25 17:21:56.139: %PM-4-ERR_RECOVER: Attempting to recover from psecure-violation
err-disable state on Fa0/11    //端口尝试从 err-disable 状态恢复
        *Dec  25 17:21:59.813: %LINK-3-UPDOWN: Interface FastEthernet0/11, changed state to up
        *Dec  25 17:22:00.819: %LINEPROTO-5-UPDOWN: Line protocol on Interface FastEthernet0/11,
changed state to up   //端口恢复 up
```

【提示】

如果没有配置由于端口安全惩罚而关闭的端口自动恢复，则需要管理员在交换机的 Fa0/11 端口下执行 **shutdown** 和 **no shutdown** 命令来重新开启该端口。如果还是非法主机尝试连接，则继续惩罚，端口再次变为 err-disable 状态。

(5) 配置交换机动态端口安全

很多公司员工使用笔记本电脑办公，而且位置不固定（如会议室），因此适合配置动态端口安全，限制每个端口只能连接 1 台计算机，避免用户私自连接 AP 或者其他的交换机而带来安全隐患。交换机 Fa0/10 端口连接计算机不固定，适合配置动态端口安全，安全惩罚模式为 restrict。

```
    S1(config)#interface fastEthernet0/10
    S1(config-if)#switchport mode access
    S1(config-if)#switchport port-securitiy
    S1(config-if)#switchport port-securitiy maximum 1
    S1(config-if)#switchport port-securitiy violation restrict
```

(6) 验证动态端口安全

```
    S3#show port-security interface fastEthernet 0/10
    Port Security            : Enabled
    Port Status              : Secure-up
    Violation Mode           : Restrict
    Aging Time               : 5 mins      //老化时间
    Aging Type               : Absolute
```

```
SecureStatic Address Aging  : Disabled
Maximum MAC Addresses      : 1
Total MAC Addresses        : 1
Configured MAC Addresses   : 0
Sticky MAC Addresses       : 0
Last Source Address:Vlan   : 0009.b7a4.b2c1:1
Security Violation Count   : 0
```

（7）配置粘滞端口安全

很多公司员工使用台式电脑办公，位置固定，如果配置静态端口安全，需要网管员到员工的计算机上查看 MAC 地址，工作量巨大。为了减轻工作量，适合配置粘滞端口安全，限制每个端口只能连接 1 台计算机，避免其他用户的计算机使用交换机端口而带来安全隐患。交换机 Fa0/12 端口连接计算机位置固定，适合配置粘滞端口安全，安全惩罚模式为 restrict。

```
S1(config)#interface fastEthernet0/12
S1(config-if)#switchport mode access
S1(config-if)#switchport port-securitiy
S1(config-if)#switchport port-securitiy maximum 1
S1(config-if)# switchport port-securitiy violation restrict
S1(config-if)#switchport port-security mac-address sticky
//配置交换机端口自动粘滞访问该端口计算机的 MAC 地址
```

（8）验证粘滞端口安全

从 PC2 上 ping 交换机 172.16.1.100，然后验证。

```
S1#show port-security interface fastEthernet 0/12
Port Security              : Enabled
Port Status                : Secure-up
Violation Mode             : Restrict
Aging Time                 : 0 mins
Aging Type                 : Absolute
SecureStatic Address Aging : Disabled
Maximum MAC Addresses      : 1
Total MAC Addresses        : 1
Configured MAC Addresses   : 0
Sticky MAC Addresses       : 1     //端口粘滞 1 个 MAC 地址
Last Source Address:Vlan   : 0050.56e9.114d:1
Security Violation Count   : 0
S1#show running-config interface fastEthernet 0/12
    interface FastEthernet0/12
     switchport mode access
     switchport port-security
     switchport port-security violation restrict
     switchport port-security mac-address sticky
     switchport port-security mac-address sticky 0050.56e9.114d
```

//可以发现，交换机 S1 自动把计算机 PC2 的 MAC 地址粘滞在该端口下了，相当于执行 **switchport port-security mac-address 0050.56e9.114d** 命令，以后该端口只能接入 MAC 地址为 **0050.56e9.114d** 的计算机，可以执行 **write** 命令保存配置文件

第 8 章 VLAN、Trunk 和 VLAN 间路由

VLAN 和 Trunk 是企业局域网最基本和最核心的网络技术，在部署和实施局域网时应用广泛。VLAN 技术可以很容易地控制广播域的大小。有了 VLAN，交换机之间的级联链路就需要 Trunk 技术来保证该链路可以同时传输多个 VLAN 的数据。管理员可以手动配置交换机之间链路上的 Trunk，也可以让交换机自动协商。一个 VLAN 就是一个广播域或者单独的子网，因此要通过路由功能实现不同 VLAN 间主机的通信。本章主要介绍 VLAN 和 Trunk 技术的概念、原理、配置与实现，然后介绍用单臂路由实现 VLAN 间路由。

8.1 VLAN 概述

8.1.1 VLAN 简介

交换机能够隔离冲突域，然而不能隔离广播域，通过多个交换机连接在一起的所有计算机都在一个广播域中，任何一台计算机发送广播包，其他计算机都会收到，广播信息不仅消耗了大量的网络带宽而且收到广播信息的计算机还要消耗一部分 CPU 时间来对其进行处理。

虚拟局域网（Virtual Local Area Network，VLAN）是通过软件功能将物理交换机端口划分成一组逻辑上的设备或用户，这些设备和用户并不受物理网段的限制，可以根据功能、部门及应用等因素将它们组织起来，从而实现虚拟工作组的技术。VLAN 工作在 OSI 的第二层，是交换机端口的逻辑组合，可以把在同一交换上的端口组合成一个 VLAN，也可以把在不同交换上的端口组合成一个 VLAN。一个 VLAN 就是一个广播域，VLAN 之间的通信必须通过第三层路由功能来实现，与传统的局域网技术相比较，VLAN 技术更加灵活和高效，具有增强网络安全、降低成本、提高网络性能、减小广播域大小、提高管理效率和简化项目管理和应用管理等优点。

Cisco 交换机上 VLAN 分为普通 VLAN 和扩展 VLAN，VLAN ID 范围为 1~4094。普通 VLAN 用于中小型商业网络和企业网络，VLAN ID 的范围为 1~1005，其中 1002~1005 保留给令牌环 VLAN 和 FDDI VLAN 使用。VLAN1 和 VLAN1002~1005 是自动创建的，不能删除。普通 VLAN 信息存储在名为 vlan.dat 的 VLAN 数据库文件中，该文件位于交换机的 Flash 中。VTP（VLAN Trunk Protocol）只能识别普通范围 VLAN。扩展 VLAN 可让服务提供商扩展自己的基础架构以适应更多的客户。某些企业的规模很大，从而需要使用扩展范围的 VLAN ID，VLAN ID 的范围为 1006~4094。扩展 VLAN 支持的 VLAN 功能比普通 VLAN 少。扩展 VLAN 信息保存在运行配置文件中。VTP（版本 1 和 2）无法识别扩展 VLAN。

8.1.2 VLAN 类型

VLAN 类型可以按流量类别或者特定功能进行定义，常见的 VLAN 类型如下所述。

① 数据 VLAN：用于传送用户的数据流量。

② 默认 VLAN：交换机加载默认配置进行初始启动后，所有交换机端口都成为默认 VLAN 的成员。Cisco 交换机的默认 VLAN 是 VLAN1，它不能重命名或删除。

③ 本征 VLAN：本征 VLAN 分配给 IEEE 802.1q Trunk 端口。Trunk 端口是交换机之间互联的端口，支持单一物理链路传输多个 VLAN 的流量，在这些流量中，其中有一个 VLAN 的流量可以不携带 VLAN 标记，这个 VLAN 就是本征（Native）VLAN。Cisco 交换机的默认本征 VLAN 是 VLAN1。

④ 管理 VLAN：用于访问交换机管理功能的 VLAN。Cisco 交换机的默认管理 VLAN 是 VLAN1。要创建管理 VLAN，需要为该 VLAN 的交换机虚拟接口（SVI）分配 IP 地址和子网掩码，用户就可以通过 HTTP、Telnet、SSH 或 SNMP 管理交换机。IOS 15 版本可以有多个活动 SVI。

⑤ Voice VLAN：用于单独传送 IP 语音（VoIP）的 VLAN。VoIP 流量要求网络中有足够的带宽来保证语音质量。一般通过 QoS 为其分配较高的 IP 优先级（通常为 5），并且应该绕过网络中的拥塞区域进行路由，传输延时要求小于 150 毫秒。

8.1.3 VLAN 划分

VLAN 的划分方法通常包括基于端口划分 VLAN 和基于 MAC 地址划分 VLAN 两种。

1．基于端口划分 VLAN

基于端口的 VLAN 划分是最简单、有效的 VLAN 划分方法。管理员以手动方式把交换机某一端口指定为某一 VLAN 的成员。基于端口划分 VLAN 的缺点是当用户从一个端口移动到另一个端口时，网络管理员必须对交换机端口所属 VLAN 成员进行重新配置。

2．基于 MAC 地址划分 VLAN

该方法使用 VLAN 成员策略服务器（VLAN Membership Policy Server，VMPS）根据连接到交换机端口的设备的源 MAC 地址，动态地将端口分配给 VLAN。当设备移动时，交换机能够自动识别其 MAC 地址并将其所连端口配置到相应的 VLAN。这种 VLAN 属于动态 VLAN。基于 MAC 地址划分 VLAN 可以允许网络设备从一个物理位置移动到另一个物理位置，并且自动保留其所属 VLAN 的成员身份。

8.2 Trunk 概述

8.2.1 Trunk 简介

当一个 VLAN 跨过不同的交换机时，连接在不同交换机端口的同一 VLAN 的计算机如何实现通信？可以在交换机之间为每一个 VLAN 都增加连线。然而这样在有多个 VLAN 时会占用交换机太多的端口，而且扩展性很差。主流的方案是采用 Trunk 技术实现跨交换机的 VLAN 内主机通信。Trunk 技术使得在一条物理线路上可以传送多个 VLAN 的信息，交换机从属于某一 VLAN 的端口接收到数据，在 Trunk 链路上进行传输前，会加上一个标记，标识该数据所属的 VLAN，数据到了对方交换机，交换机会把该标记去掉，只发送到属于对应 VLAN 端口的主机。

有 2 种常见的 Trunk 帧标记技术：ISL（Inter-Switch Link）和 IEEE 802.1q。

ISL 技术为 Cisco 私有，对原有的帧进行重新封装，新添加一个 26 字节帧头和 4 字节的帧校验序列（FCS），即 ISL 封装增加了 30 字节。由于 ISL 的私有性，实际中很少使用，Cisco 的低端交换机如 2960 也不支持。

IEEE 802.1q 技术是国际标准，得到所有厂家的支持。该技术在原有以太帧的源 MAC 地址字段后插入 4 字节的标记（Tag）字段，同时用新的 FCS 字段替代了原有的 FCS 字段，IEEE 802.1q 帧格式如图 8-1 所示，插入 4 字节标记的各个字段的含义如下所述。

① 标记协议 ID（Tag Protocol Identifier，TPID）：16 位，该字段为固定值 0x8100。
② 优先级（Priority，PRI）：3 位，IEEE 802.1p 优先级。
③ 规范格式标识符（Canonical Format Indicator，CFI）：1 位，对于以太网，该位为 0。
④ VLAN ID（VID）：12 位，标识帧的所属 VLAN ID。

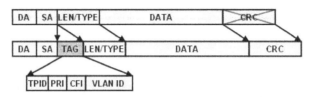

图 8-1　IEEE 802.1q 帧格式

Trunk 链路上无论是 ISL 的重新封装，还是 IEEE 802.1q 的插入标记，都将直接导致帧头变大，从而影响链路传输效率，可以在 Trunk 链路上指定一个本征 VLAN（Native VLAN），来自 Native VLAN 的数据帧通过 Trunk 链路时将不重新封装，以原有的帧格式传输。显然 Trunk 链路的两端指定的本征 VLAN 要一致，否则将有可能导致数据帧从一个 VLAN 传播到另一个 VLAN 上，还可能导致 CDP 信息报错以及交换环路等问题。但是本征 VLAN 有可能导致 VLAN 跳跃攻击，因此在实际应用中，通常把本征 VLAN 配置为一个不存在的 VLAN，即所有经过 Trunk 链路的 VLAN 数据帧都插入标记。

8.2.2　Voice VLAN

现代网络中 IP 电话普遍使用。IP 电话可以被想象为内置了一台 3 个端口的交换机。为了保证 IP 语音质量，通常用单独的 VLAN 来承载 IP 语音流量，这样 IP 电话和交换机之间的链路上存在语音 VLAN 和数据 VLAN（计算机发送的）的流量，这个链路似乎应该配置为 Trunk 链路才对。然而为了安全等原因，交换机上的端口通常配置为 Access 模式。然而 Access 模式端口是不会接收进行了 Trunk 封装的数据帧的。Voice VLAN 可以解决这个矛盾。在交换机端口上配置了 Voice VLAN 后，IP 电话把语音数据进行 Trunk 封装（标签为 Voice VLAN 的 ID）发给交换机，交换机端口虽然为 Access 模式端口，但是会正常接收该数据帧；对于计算机发送的数据流量则保持原有的帧格式，经过 IP 电话后发送到交换机。

8.3 VLAN 间路由概述

在交换机上划分 VLAN 后，VLAN 间的计算机就无法通信了。VLAN 间的通信需要借助第三层路由功能来实现。实现路由功能的设备可以是路由器，也可以是三层交换机。在实际应用中，VLAN 间的路由大多是通过三层交换机实现的，因为采用硬件转发，其数据处理能力比路由器要强。三层交换实现 VLAN 间路由将在第 13 章中介绍。

8.3.1 传统 VLAN 间路由

传统 VLAN 间路由的实现方法是通过将不同的物理路由器接口连接至不同的物理交换机端口来执行 VLAN 间路由。传统 VLAN 间路由如图 8-2 所示，图中两台 PC 虽然在同一交换机上，但是处于不同 VLAN 中，所以它们之间的通信也必须使用路由器。要实现它们之间的通信，可以在每个 VLAN 上都有一个以太网接口和路由器连接。在路由器的以太网接口上配置 IP 地址，PC 上的默认网关指向同一 VLAN 中的路由器以太网接口地址即可。采用这种方法，如果要实现 N 个 VLAN 间通信，则路由器需要 N 个以太网接口，同时也会占用交换机 N 个端口，扩展性很差，在实际应用中并不可行。

8.3.2 单臂路由

单臂路由通过单个物理接口实现网络中多个 VLAN 之间数据流量的传递，单臂路由实现 VLAN 间通信如图 8-3 所示。路由器只需要一个以太网接口和交换机连接，交换机的这个端口被设置为 Trunk 端口。在路由器上创建多个子接口作为不同的 VLAN 主机的默认网关。子接口是基于软件的虚拟接口，与单个物理接口相关联。路由器的软件中配置了子接口，并且每个子接口上都分别配置了 IP 地址和 IEEE 802.1q 封装的 VLAN，实现子接口和 VLAN 的对应关系。根据各自的 VLAN 分配，子接口被配置到不同的子网中。可使用路由器物理接口和子接口实现 VLAN 间路由，路由器物理接口和子接口对比如表 8-1 所示。

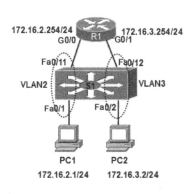

图 8-2 传统 VLAN 间路由

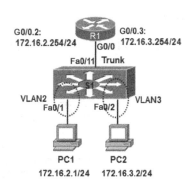

图 8-3 单臂路由实现 VLAN 间通信

表 8-1　路由器物理接口和子接口对比

物理接口	子接口
每个 VLAN 流量占用一个物理接口	多个 VLAN 流量占用同一个物理接口
无带宽争用	带宽争用
连接到 Access 模式交换机端口	连接到 Trunk 模式交换机端口
成本高	成本低
连接配置较复杂	连接配置较简单

单臂路由的工作原理如图 8-4 所示,当交换机收到 VLAN2 的计算机发送的数据帧后,从 Trunk 端口发送数据给路由器,由于该链路是 Trunk 链路,帧中带有 VLAN2 的标签,数据帧到达路由器后,路由器对其进行解封装并查找路由表,如果数据要转发到 VLAN3,路由器将把数据帧重新用 VLAN3 的标签进行封装,通过 Trunk 链路发送到交换机上的 Trunk 端口,交换机收到该帧后去掉 VLAN3 标签,发送给 VLAN3 上的计算机,从而实现了 VLAN 间通信。

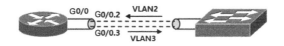

图 8-4　单臂路由的工作原理

8.4　配置 VLAN、Trunk、VLAN 间路由和 VoIP

8.4.1　实验 1: 创建 VLAN 和划分端口

1. 实验目的

通过本实验可以掌握:
① VLAN 概念。
② 创建 VLAN 的方法。
③ 把交换机端口划分到 VLAN 中的方法。

2. 实验拓扑

创建 VLAN 和划分端口的实验拓扑如图 8-5 所示。

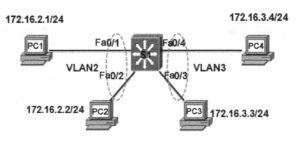

图 8-5　创建 VLAN 和划分端口的实验拓扑

第 8 章　VLAN、Trunk 和 VLAN 间路由

3．实验步骤

（1）实验准备

```
S1#erase startup-config   //删除存储在 Flash 中的配置文件
S1#delete vlan.dat   //删除 VLAN 数据库文件
S1#reload
```

（2）创建 VLAN

```
S1(config)#vlan 2   //创建 VLAN
S1(config-vlan)#name VLAN2   //命名 VLAN，如果不配置，默认名字为 VLAN0002
S1(config-vlan)#mtu 1500
//配置最大传输单元（Maximum Transmission Unit，MTU），默认值就是 1 500 字节
S1(config-vlan)#state active   //配置 VLAN 状态，创建 VLAN 后，默认状态就是 active
S1(config-vlan)#no shutdown   //开启 VLAN，默认就是开启的，shutdown 命令可关闭 VLAN
S1(config-vlan)#exit   //执行该命令后，创建的 VLAN 才会生效
S1(config)#vlan 3
S1(config-vlan)#name VLAN3
S1(config-vlan)#exit
```

（3）把交换机端口划分到 VLAN 中

```
S1(config)#interface fastEthernet0/1
S1(config-if)#switchport mode access   //配置交换机端口模式为 access
S1(config-if)#switchport access vlan 2   //把该端口划分到 VLAN2 中
S1(config-if)#exit
S1(config)#interface fastEthernet0/2
S1(config-if)#switchport mode access
S1(config-if)#switchport access vlan 2
S1(config-if)#exit
S1(config)#interface range fastEthernet0/3-4   //批量配置端口，减少配置工作量
S1(config-if-range)#switchport mode access
S1(config-if-range)#switchport access vlan 3
```

【技术要点】

① 当创建的 VLAN 是普通 VLAN 时，配置的命令不会出现在 running-config 文件中，VLAN 信息保存在 **vlan.dat** 数据库文件中。如果要创建扩展 VLAN，首先要把交换机的 VTP 工作模式配置为透明模式，此时创建 VLAN 的全部命令（包括普通 VLAN 和扩展 VLAN）都会出现在 running-config 文件中。

② 如果要删除 VLAN，使用 **no vlan** *vlan_id* 命令即可。删除某一 VLAN 后，分配给此 VLAN 的任何端口都将处于非活动状态，因此要记着把该 VLAN 上的端口重新划分到相应的 VLAN 中，否则将导致端口处于非活动状态，不能转发数据包，执行 **show vlan** 命令时也看不到属于被删除 VLAN 的端口。

③ 如果交换机上不存在 VLAN，**switchport access vlan** *vlan-id* 命令会强制创建一个 VLAN，VLAN 的名字为默认名，即 VLANXXXX，其中 XXXX 为 VLAN ID，例如，VLAN2 的默认名字就是 VLAN0002。例如，在未作任何配置的接口上输入 **switchport access vlan 10** 命令，则交换机将显示以下消息：% Access VLAN does not exist.Creating vlan 10。

④ 可以使用 **vlan 100,200,301-307** 命令一次性创建多个 VLAN。

4．实验调试

（1）查看 VLAN 的信息

```
S1#show  vlan                          //查看 VLAN 的信息
VLAN Name                        Status    Ports
---- -------------------------- --------- -------------------------------
1    default                     active    Fa0/5, Fa0/6, Fa0/7, Fa0/8
                                           Fa0/9, Fa0/10, Fa0/11, Fa0/12
                                           Fa0/13, Fa0/14, Fa0/15, Fa0/16
                                           Fa0/17, Fa0/18, Fa0/19, Fa0/20
                                           Fa0/21, Fa0/22, Fa0/23, Fa0/24
                                           Gi0/1, Gi0/2
2    VLAN2                       active    Fa0/1, Fa0/2
3    VLAN3                       active    Fa0/3, Fa0/4
1002 fddi-default                act/unsup
1003 token-ring-default          act/unsup
1004 fddinet-default             act/unsup
1005 trnet-default               act/unsup
```
//以上输出的第一列是 VLAN ID；第二列是 VLAN 名字，第三列 VLAN 的状态，active 或 act 为激活，unsup 为非挂起；第四列列出了本交换机上属于该 VLAN 的端口，默认情况下，交换机所有端口属于 VLAN1，当前各有 2 个端口被划分到 VLAN2 和 VLAN3 中。交换机默认存在 5 个 VLAN，包括 VLAN1 和 VLAN1002～VLAN1005，而 VLAN1002～VLAN1005 是淘汰的技术使用的 VLAN ID，这里只关注类型为以太网（enet）的 VLAN 即可

```
VLAN Type  SAID      MTU   Parent RingNo BridgeNo Stp  BrdgMode Trans1 Trans2
---- ----- --------- ----- ------ ------ -------- ---- -------- ------ ------
1    enet  100001    1500    -      -       -      -      -        0      0
2    enet  100002    1500    -      -       -      -      -        0      0
3    enet  100003    1500    -      -       -      -      -        0      0
```
//以上输出显示各个 VLAN 的类型、SAID（Security Association Identifier）和最大传输单元等信息，其中 SAID 等于 100000+VLAN ID；其他列的信息较少用到。
```
Remote SPAN VLANs         //没有配置用于交换机端口分析（Switched Port Analyzer，SPAN）的 VLAN
-------------------------------------------------------------------------
Primary Secondary Type           Ports        //没有配置私有 VLAN
------- --------- -------------- -------------
```

（2）查看 VLAN 的汇总信息

```
S1#show vlan summary                    //查看 VLAN 的汇总信息
Number of existing VLANs         : 7    //全部 VLAN 数量
 Number of existing VTP VLANs    : 7    //普通 VLAN 数量
 Number of existing extended VLANs : 0  //扩展 VLAN 数量
```

（3）查看交换端口的信息

```
S1#show interfaces   fastEthernet0/1 switchport   //查看交换端口的信息
Name: Fa0/1                            //端口的名字
Switchport: Enabled                    //端口是交换端口，如果在端口执行 no switchport 命令，即把该端口配置为三层端口，此处显示的是 Disabled
Administrative Mode: static access     //管理员已经配置端口为 access 模式
Operational Mode: static access
```

```
//端口当前的操作模式为静态access模式，有可能管理员配置的是自动协商，而最终结果为access
Administrative Trunking Encapsulation: negotiate   //端口默认的Trunk封装方式为negotiate模式
Operational Trunking Encapsulation: native
//端口的Trunk封装方式为native方式，即：不对帧进行重新封装，也就是不插入TAG
Negotiation of Trunking: Off       //已经关闭Trunk的自动协商
Access Mode VLAN: 2 (VLAN2)        //端口属于VLAN2
Trunking Native Mode VLAN: 1 (default)
//端口的本征VLAN是1，VLAN1为默认的Native VLAN，由于接口模式为access，所以此项没
什么意义
Administrative Native VLAN tagging: enabled   //管理的本征VLAN启用标记功能
Voice VLAN: none                   //本端口没有配置Voice VLAN
（此处省略部分输出）
```

（4）测试VLAN内主机之间的通信状态

① PC1 ping PC2 可以通信。
② PC3 ping PC4 可以通信。

8.4.2 实验2：配置Trunk

1．实验目的

通过本实验可以掌握：
① Native VLAN的含义和配置。
② IEEE 802.1q封装。
③ Trunk配置和调试方法。

2．实验拓扑

配置Trunk的实验拓扑如图8-6所示。

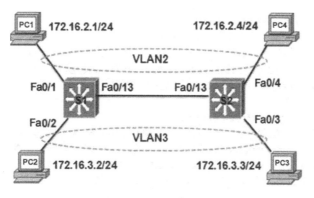

图8-6 配置Trunk的实验拓扑

3．实验步骤

（1）在交换机S1、S2上创建VLAN并把端口划分到相应的VLAN中
① 配置交换机S1。

```
S1(config)#vlan 2
S1(config-vlan)#name VLAN2
S1(config-vlan)#exit
S1(config)#vlan 3
S1(config-vlan)#name VLAN3
S1(config-vlan)#exit
S1(config)#interface fastEthernet0/1
S1(config-if)#switchport mode access
S1(config-if)#switchport access vlan 2
S1(config-if)#exit
S1(config)#interface fastEthernet0/2
S1(config-if)#switchport mode access
S1(config-if)#switchport access vlan 3
S1(config-if)#exit
```

② 配置交换机 S2。

```
S2(config)#vlan 2
S2(config-vlan)#name VLAN2
S2(config-vlan)#exit
S2(config)#vlan 3
S2(config-vlan)#name VLAN3
S2(config-vlan)#exit
S2(config)#interface fastEthernet0/3
S2(config-if)#switchport mode access
S2(config-if)#switchport access vlan 3
S2(config-if)#exit
S2(config-if)#interface fastEthernet0/4
S2(config-if)#switchport mode access
S2(config-if)#switchport access vlan 2
```

（2）配置 Trunk

1）配置交换机 S1。

```
S1(config)#interface fastEthernet0/13
S1(config-if)#switchport trunk encanpsulation dot1q
```
//配置 Trunk 链路的封装类型，有的交换机，例如，Cisco 2960 的 IOS 只支持 dot1q 封装，因此无须执行该命令。由于 ISL 封装是 Cisco 私有技术，实际应用中很少使用
```
S1(config-if)#switchport mode trunk    //配置端口模式为 Trunk。被配置为 Trunk 的端口，执行命
```
令 show vlan 时将看不到该端口
```
S1(config-if)#switchport trunk native vlan 199
```
// 在 Trunk 链路上配置 Native VLAN，默认 Native VLAN 为 VLAN1
```
S1(config-if-range)#switchport nonegotiate    //关闭链路 DTP 自动协商功能
S1(config-if-range)#switchport trunk allowed vlan 1-3
```
//配置 Trunk 链路只允许 VLAN1~VLAN3 的数据包通过

【技术要点】

switchport trunk allowed vlan 命令有以下选项。

① **VLAN ID**：VLAN 列表，可以采用 2,3,4~100 这种形式，其含义为 Trunk 链路上允许列表中指明的 VLAN 的数据流量通过。

② **add**：在原有的列表中允许新增加的 VLAN 数据通过 Trunk 链路。

③ **all**：允许所有的 VLAN 数据通过 Trunk 链路，这是默认配置。
④ **except**：除指定 VLAN 以外的 VLAN 的数据都允许通过 Trunk 链路。
⑤ **none**：不允许任何 VLAN 的数据通过 Trunk 链路。
⑥ **remove**：在原有的列表中禁止指定的 VLAN 数据通过 Trunk 链路。

需要注意的是，如果 Trunk 链路上允许的 VLAN 列表配置不正确，可能造成网络连通性出现问题。

2）配置交换机 S2。

```
S2(config)#interface fastEthernet0/13
S2(config-if)#switchport trunk encapsulation dot1q
S2(config-if)#switchport mode trunk
S2(config-if)#switchport trunk native vlan 199
S2(config-if)#switchport nonegotiate
S2(config-if)#switchport trunk allowed vlan 1-3
```

【技术要点】

① 配置 Trunk 时，同一链路的两端封装要相同，不能一端是 ISL，另一端是 dot1q。
② 配置 Native VLAN 为不存在的 VLAN，目的是避免 VLAN 跳跃攻击，提升网络安全。
③ 如果 Trunk 链路两端的 Native VLAN 不相同，CDP 会检测到 Native VLAN 不匹配，交换机 S2 提示如下信息：

*Dec 8 01:50:20.775: %CDP-4-NATIVE_VLAN_MISMATCH: **Native VLAN mismatch** discovered on FastEthernet0/13 (1), with S1 FastEthernet0/13 (199).

④ 从网络安全角度考虑，关闭 Trunk 的自动协商，直接把端口配置为 Trunk 模式。

4．实验调试

（1）查看端口 Trunk 信息

```
S1#show interfaces trunk     //查看端口 Trunk 信息
Port        Mode           Encapsulation    Status        Native vlan
Fa0/13      on             IEEE 802.1q      trunking      199
```

//以上显示了交换机 S1 配置为 Trunk 的端口、模式、封装类型、状态和本征 VLAN。由于已经将端口手工配置为 Trunk，并且关闭了自动协商，所以状态一列总是显示为 **trunking**，即使对方配置为 access 模式，或者封装为 ISL，所以不要被这种假象迷惑，一定要确认对方的 Trunk 配置也正确。如果是端口自动协商为 Trunk，封装一列显示信息为 **n-802.1q**，其中 n 表示 Trunk 是经过 DTP 协商形成的

```
Port        Vlans allowed on trunk
Fa0/13      1-3
```

//以上显示管理员在 Trunk 链路允许 VLAN1～VLAN3 的数据流量通过。默认允许所有的 VLAN（VLAN1～VLAN4094）的数据在 Trunk 链路上通过

```
Port        Vlans allowed and active in management domain
Fa0/13      1-3
```

//以上显示 Trunk 链路实际允许状态为活跃（active）的 VLAN1～VLAN3 的数据通过。假设把 VLAN3 的状态设置为 suspend 或者关闭（shutdown），则这里会显示 1-2

```
Port        Vlans in spanning tree forwarding state and not pruned
Fa0/13      1-3
```

//以上显示 Trunk 链路的接口没有被修剪掉的 VLAN。如果显示 none，可能是因为交换机默认启用 STP 功能阻塞该端口

（2）查看交换端口信息

```
S1#show interfaces fastEthernet 0/13 switchport    //查看交换端口信息
Name: Fa0/13
Switchport: Enabled
Administrative Mode: trunk    //管理员已经配置端口为 Trunk 模式
Operational Mode: trunk    //当前端口的操作模式为 Trunk 模式
Administrative Trunking Encapsulation: dot1q    //管理员配置的 Trunk 封装方式为 dot1q
Operational Trunking Encapsulation: dot1q    //当前端口的 Trunk 封装方式为 dot1q
Negotiation of Trunking: Off    //Trunk 自动协商关闭
Access Mode VLAN: 1 (default)
Trunking Native Mode VLAN: 199 (Inactive)
//Trunk 链路的本征 VLAN，Inactive 表明该 VLAN 不存在；如果本征 VLAN 被挂起，则显示 Suspended
Administrative Native VLAN tagging: enabled
（此处省略部分输出）
```

（3）测试 VLAN 内主机之间的通信状态

① PC1 ping PC4 可以通信。
② PC2 ping PC3 可以通信。
①和②的测试结果说明同一个 VLAN 中的主机是可以跨越 Trunk 链路进行通信的。

8.4.3 实验 3: 配置单臂路由实现 VLAN 间路由

1．实验目的

通过本实验可以掌握:
① 路由器以太网接口上的子接口配置和调试方法。
② 单臂路由实现 VLAN 间路由的配置和调试方法。

2．实验拓扑

实验拓扑如图 8-3 所示。

3．实验步骤

S1 实际上是三层交换机，这里并不使用它的三层交换功能。

（1）配置交换机 S1

```
S1(config)#vlan 2
S1(config-vlan)#exit
S1(config)#vlan 3
S1(config-vlan)#exit
S1(config)#interface fastethernet0/1
S1(config-if)#switchport mode access
S1(config-if)#switchport access vlan 2
S1(config-if)#exit
S1(config)#interface fastethernet0/2
S1(config-if)#switchport mode access
```

```
S1(config-if)#switchport access vlan 3
S1(config-if)#exit
S1(config)#interface fastethernet0/11
S1(config-if)#switchport trunk encapsulation dot1q
S1(config-if)#switchport mode trunk    //与路由器相连的接口被配置成 Trunk 接口
```

（2）配置路由器 R1

```
R1(config)#interface gigabitEthernet0/0
R1(config-if)#no shutdown
R1(config-if)#exit
R1(config)#interface gigabitEthernet0/0.2
//创建子接口，子接口的编号一般建议和 VLAN 号码对应
R1(config-subif)# encapsulation dot1q 2    //定义子接口承载哪个 VLAN 流量
R1(config-subif)#ip address 172.16.2.254 255.255.255.0
//在子接口上配置 IP 地址，这个地址就是 VLAN2 主机的默认网关
R1(config-subif)#exit
R1(config)#interface gigabitEthernet0/0.3
R1(config-subif)# encapsulation dot1q 3
R1(config-subif)#ip address 172.16.3.254 255.255.255.0
```

4．实验调试

（1）查看路由表

```
R1#show ip route
（此处省略路由代码部分）
Gateway of last resort is not set
     172.16.0.0/16 is variably subnetted, 4 subnets, 2 masks
C        172.16.2.0/24 is directly connected, GigabitEthernet0/0.2
L        172.16.2.254/32 is directly connected, GigabitEthernet0/0.2
C        172.16.3.0/24 is directly connected, GigabitEthernet0/0.3
L        172.16.3.254/32 is directly connected, GigabitEthernet0/0.3
```

以上输出表明，R1 的路由表中存在两条直连路由，其出接口为相应子接口。

（2）从 PC1 上 ping PC2

PC1 ping PC2 可以通信，表明 VLAN 2 和 VLAN 3 两个 VLAN 间的主机已经可以通过单臂路由进行通信了。

第 9 章 ACL

随着大规模开放式网络的开发，网络面临的威胁也就越来越多。网络安全问题成为网络管理员必须面对的问题。一方面，为了业务的发展，必须允许对网络资源的开放访问权限；另一方面，又必须确保数据和资源的尽可能安全。网络安全采用的技术很多，而通过 ACL 可以对数据流进行过滤，是实现基本的网络安全手段之一。本章只讨论基于 IPv4 和 IPv6 的 ACL 功能、工作原理、使用原则、标准 ACL 和扩展 ACL 以及 IPv4 ACL 和 IPv6 ACL 的配置。

9.1 ACL 概述

9.1.1 ACL 功能

访问控制列表（Access Control List，ACL）是控制网络访问的一种有利的工具。所谓 ACL 就是一种路由器配置脚本，它根据从数据包包头中发现的信息（源地址、目的地址、源端口、目的端口和协议等）来控制路由器应该允许还是拒绝数据包通过，从而达到访问控制的目的。ACL 是 Cisco IOS 软件中最常用的功能之一，其应用非常广泛，可以实现如下典型的功能。

① 限制网络流量以提高网络性能。
② 提供基本的网络访问安全。
③ 控制路由更新的内容。
④ 在 QoS 实施中对数据包进行分类。
⑤ 定义 IPSec VPN 的感兴趣流量。
⑥ 定义策略路由的匹配策略。

9.1.2 ACL 工作原理

ACL 定义了一组规则，用于对进入入站接口的数据包、通过路由器中继的数据包，以及从路由器出站接口发送的数据包实施网络安全。ACL 可以应用到数据包入站方向，也可以应用在出站方向。需要注意的是 ACL 对路由器自身产生的数据包不起作用。ACL 工作原理如图 9-1 所示。

1. 入站 ACL

入站 ACL 的工作过程如图 9-1（a）所示。在 ACL 中各个描述语句的放置顺序是非常重要的。一旦数据包包头与某条 ACL 语句匹配，就结束匹配过程，由匹配的语句决定是允许还是拒绝该数据包。如果数据包包头与 ACL 语句不匹配，那么将使用列表中的下一条语句匹配数据包，此匹配过程会一直继续，直到抵达 ACL 末尾。最后一条隐含的语句适用于不满足之前任何条件的所有数据包，该条语句拒绝所有流量。由于该语句的存在，所以 ACL 中应该至少包含一条 Permit（允许）语句，否则 ACL 将阻止所有流量。

2. 出站 ACL

出站 ACL 的工作过程如图 9-1（b）所示，在数据包转发到出站接口之前，路由器检查路由表以查看是否可以路由该数据包。如果该数据包不可路由，则丢弃它。如果数据包可路由，路由器检查出站接口是否配置有 ACL。如果出站接口没有配置 ACL，那么数据包可以直接发送到出站接口。如果出站接口配置有 ACL，那么只有在经过出站接口所关联的 ACL 语句的匹配之后，数据包才有可能被发送到出站接口。根据 ACL 匹配的结果，决定数据包被允许还是拒绝。

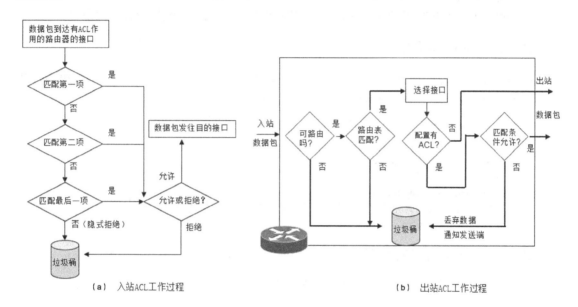

图 9-1　ACL 工作原理

9.1.3　标准 IPv4 ACL 和扩展 IPv4 ACL

按照 IPv4 ACL 检查数据包参数的不同，可以将其分成标准 IPv4 ACL 和扩展 IPv4 ACL。

1. 标准 IPv4 ACL

标准 IPv4 ACL 相对简单，根据源 IPv4 地址允许或拒绝流量，编号范围为 1～99 或 1300～1999，总共 799 个。

2. 扩展 IPv4 ACL

扩展 IPv4 ACL 比标准 IPv4 ACL 具有更多的匹配选项，功能更加强大和细化，可以针对 IPv4 数据包的协议类型、源地址、目的地址、源端口、目的端口、TCP 连接建立等进行过滤，编号范围为 100～199 或 2000～2699，总共 800 个。

除了使用数字定义编号 IPv4 ACL，也可以使用命名的方法定义 IPv4 ACL，即命名 IPv4 ACL。当然命名 IPv4 ACL 方法也包括标准命名 IPv4 ACL 和扩展命名 IPv4 ACL 2 种。

9.1.4 IPv4 通配符掩码

IPv4 通配符掩码是一个 32 比特的数字字符串，它被用点号分成 4 个 8 位组，每个 8 位组包含 8 比特。在通配符掩码位中，0 表示检查相应的位，而 1 表示不检查（忽略）相应的位。尽管都是 32 比特的数字字符串，IPv4 ACL 通配符掩码和 IPv4 子网掩码的工作原理是不同的。在 IPv4 子网掩码中数字 1 和 0 用来决定网络地址和主机地址，而在 IPv4 ACL 通配符掩码中掩码位 1 或者 0 用来决定相应的 IPv4 地址位被忽略，还是被检查。

在 IPv4 ACL 通配符掩码中，有 2 种比较特殊的通配符掩码，分别是 **any** 和 **host**。

① **any** 表示任何 IPv4 地址，其等同于 0.0.0.0 255.255.255.255。

② **host** 等同于 0.0.0.0 通配符掩码，表明仅匹配唯一的一个地址或者路由条目。

9.1.5 IPv6 ACL

IPv6 ACL 在操作和配置方面类似于扩展 IPv4 ACL。但是 IPv6 只有命名的 ACL，IPv6 ACL 使用前缀长度来表示应匹配的 IPv6 源地址或目的地址。在 ACL 最后隐含语句方面，标准 IPv4 ACL 末尾隐含 **deny any** 语句，扩展 IPv4 ACL 末尾隐含 **deny ip any any** 语句，而每个 IPv6 ACL 的末尾包含 3 个隐含语句，分别为

```
permit icmp any any nd-na
//IPv6 ACL 需要隐式允许在接口上发送和接收 ND 的 NA（邻居通告）数据包
permit icmp any any nd-ns
//IPv6 ACL 需要隐式允许在接口上发送和接收 ND 的 NS（邻居请求）数据包
deny ipv6 any any
```

9.1.6 ACL 使用原则

ACL 具有强大的功能，在使用时应该遵守如下原则。

1．自上而下的处理方式

ACL 表项的检查按自上而下的顺序进行，并且从第一个表项开始，最后默认拒绝所有。一旦匹配某一条件，就停止检查后续的表项，所以必须考虑在 ACL 中语句配置的先后次序。

2．遵循尾部添加表项原则

新的表项在不指定序号的情况下，默认被添加到 ACL 的末尾。

3．ACL 放置

尽量考虑将扩展 IPv4 ACL 和 IPv6 ACL 放在靠近源的位置上，保证被拒绝的数据包尽早被过滤掉，避免浪费网络带宽。另外，尽量使标准 IPv4 ACL 靠近目的地，由于标准 IPv4 ACL 只关注源 IPv4 地址，如果使其靠近源，将会阻止数据包流向其他端口。

4．3P 原则

对于每种协议（Per Protocol）的每个接口（Per Interface）的每个方向（Per Direction）只能配置和应用一个 ACL。

5. 方向

当在接口上应用 ACL 时，用户要指明 ACL 是应用于流入数据还是流出数据。入站 ACL 在数据包被允许后，路由器才会处理路由工作。如果数据包被丢弃，则节省了执行路由查找的开销。出站 ACL 在传入数据包被路由到出站接口后，才由出站 ACL 进行处理。相比之下，入站 ACL 比出站 ACL 更加高效。

9.2 配置 ACL

9.2.1 实验 1：配置标准 IPv4 ACL

1. 实验目的

通过本实验可以掌握：
① IPv4 ACL 工作方式和工作过程。
② 定义编号和命名的标准 IPv4 ACL 的方法。
③ 接口和 VTY 下应用标准 IPv4 ACL 的方法。

2. 实验拓扑

配置 IPv4 ACL 的实验拓扑如图 9-2 所示。

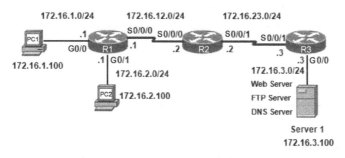

图 9-2　配置 IPv4 ACL 的实验拓扑

本实验通过配置标准 IPv4 ACL 实现拒绝 PC2 所在网段访问 Server1（172.16.3.100），同时只允许主机 PC1 访问路由器 R1、R2 和 R3 的 Telnet 服务，实现对路由器进行远程管理。整个网络配置 RIPv2 保证 IP 的连通性。

3. 实验步骤

（1）配置路由器 R1

```
R1(config)#router rip
R1(config-router)#version 2
R1(config-router)#no auto-summary
R1(config-router)#network 172.16.0.0
R1(config-router)#passive-interface GigabitEthernet0/0
```

```
R1(config-router)#passive-interface GigabitEthernet0/1
R1(config-router)#exit
R1(config)#access-list 2 remark ONLY HOST PC1 CAN TELNET
//添加备注，增强列表的可读性
R1(config)#access-list 2 permit host 172.16.1.100    //定义标准 IPv4 ACL
R1(config-if)#line vty 0 4
R1(config-line)#access-class 2 in        //在 VTY 下应用 IPv4 ACL
R1(config-line)#password cisco123
R1(config-line)#privilege level 15
R1(config-line)#login
```

【技术要点】

① 在全局配置模式下使用命令 **access-list** *access-list-number* { **remark** | **permit** | **deny** } *source source-wildcard* [**log**] 创建标准 IPv4 ACL，标准 IPv4 ACL access-list 命令参数如表 9-1 所示。

② 定义 ACL 以后，可以在很多地方应用，接口上应用只是其中之一，其他的常用应用包括在 **route map** 中的 **match** 命令调用和在 VTY 下用 **access-class** 命令调用等。

③ 标准 IPv4 ACL 最后一条语句隐含拒绝所有（**deny any**），所以在 ACL 中应该至少有一条 **permit** 语句。

表 9-1 标准 IPv4 ACL access-list 命令参数

参数	参数说明
access-list-number	标准 IPv4 ACL 编号
remark	在 IPv4 ACL 中添加备注，增强其可读性
permit	匹配条件时准许访问
deny	匹配条件时拒绝访问
source	发送数据包的网络地址或者主机地址
source-wildcard	通配符掩码，和源地址相对应
log	对匹配条目的数据包生成日志消息，并发送到控制台

（2）配置路由器 R2

```
R2(config)#router rip
R2(config-router)#version 2
R2(config-router)#no auto-summary
R2(config-router)#network 172.16.0.0
R2(config-router)#exit
R2(config)#access-list 2 remark ONLY HOST PC1 CAN TELNET
R2(config)#access-list 2 permit host 172.16.1.100
R2(config-if)#line vty 0 4
R2(config-line)#access-class 2 in
R2(config-line)#password cisco
R2(config-line)#privilege level 15
R2(config-line)#login
```

（3）配置路由器 R3

```
R3(config)#router rip
R3(config-router)#version 2
```

```
R3(config-router)#no auto-summary
R3(config-router)#network 172.16.0.0
R3(config-router)#passive-interface GigabitEthernet0/0
R3(config-router)#exit
R3(config)#access-list 2 remark ONLY HOST PC1 CAN TELNET
R3(config)#access-list 2 permit host 172.16.1.100
R3(config)#access-list 1 remark DENY NETWORK 172.16.2.0 FROM R1
R3(config)#access-list 1 deny     172.16.2.0 0.0.0.255 log
R3(config)#access-list 1 permit any
//根据标准 IPv4 ACL 应该靠近目的地的原则，在 R3 上定义 IPv4 ACL
R3(config)#interface gigabitEthernet0/0
R3(config-if)#ip access-group 1 out
//在接口下应用 IPv4 ACL，如果没有定义 IPv4 ACL，则不起任何过滤作用
R3(config-if)#line vty 0 4
R3(config-line)#access-class 2 in
R3(config-line)#password cisco
R3(config-line)#privilege level 15
R3(config-line)#login
```

4．实验调试

（1）Telnet 测试

除在 PC1 主机上 Telnet 路由器的各个接口地址可以成功外，以其他地址为源 Telnet 各个路由器都不能成功，显示信息如下：

```
% Connection refused by remote host
```

（2）ping 测试

在路由器 R1 上 ping 主机 172.16.3.100，结果如下：

```
R1#ping 172.16.3.100
Type escape sequence to abort.
Sending 5, 100-byte ICMP Echos to 172.16.3.100, timeout is 2 seconds:
!!!!!
Success rate is 100 percent (5/5), round-trip min/avg/max = 28/29/32 ms
```

以上输出表明使用标准 ping 命令，可以 ping 通，因为标准 ping 命令是以路由器 S0/0/0 接口的地址发起的，没有被 R3 上的 IPv4 ACL 拒绝。

```
R1#ping 172.16.3.100 source 172.16.2.1
Type escape sequence to abort.
Sending 5, 100-byte ICMP Echos to 172.16.3.100, timeout is 2 seconds:
Packet sent with a source address of 172.16.2.1
U.U.U
Success rate is 0 percent (0/5)
```

以上输出表明，当指定了源地址后，就不能 ping 通了，因为数据包被 R3 上的 IPv4 ACL 拒绝，由于配置了 log 参数，所以在 R3 上会有如下的输出信息：

```
*DEC   30 08:22:36.786: %SEC-6-IPACCESSLOGNP: list 1 denied 0 172.16.2.1 -> 172.16.3.100, 4 packet
```

（3）查看定义的 IPv4 ACL 及流量匹配情况

```
R3#show ip access-lists        //查看定义的 IPv4 ACL 及流量匹配情况
Standard IP access list 1      //标准 IPv4 ACL
```

```
            10 deny       172.16.2.0, wildcard bits 0.0.0.255 log (17 matches)    //匹配的数据包的数量
            20 permit any (16 matches)
      Standard IP access list 2
            10 permit 172.16.1.100 (2 matches)
```

以上输出表明路由器 R3 上定义了编号为 1 和 2 的标准 IPv4 ACL，括号中的数字表示匹配条件的数据包的个数，可以用命令 **clear access-list counters** 将 IPv4 ACL 计数器清零。

（4）查看 IPv4 ACL 应用情况

```
R3#show ip interface gigabitEthernet0/0
GigabitEthernet0/0 is up, line protocol is up (connected)
Internet address is 172.16.3.3/24
（此处省略部分输出）
  Outgoing access list is 1
 Inbound access list is not set
（此处省略部分输出）
```

以上输出表明在接口 G0/0 的出方向应用了 IPv4 ACL 1，入方向则没有应用 ACL。

（5）配置命名标准 IPv4 ACL

把路由器 R3 上的 IPv4 ACL1 用命名标准 IPv4 ACL 来实现功能是一样的，配置如下：

```
R3(config)#ip access-list standard ACL1    //定义命名标准 IPv4 ACL, 名字为 ACL1，名字大小写敏感
R3(config-std-nacl)#remark DENY NETWORK 172.16.2.0 FROM R1
R3(config-std-nacl)#deny 172.16.2.0 0.0.0.255
R3(config-std-nacl)#permit any
R3(config)#interface gigabitEthernet0/0
R3(config-if)#ip access-group ACL1 out    //应用命名标准 IPv4 ACL
```

9.2.2 实验 2：配置扩展 IPv4 ACL

1．实验目的

通过本实验可以掌握：
① 编号扩展 IPv4 ACL 定义和应用的方法。
② 命名扩展 IPv4 ACL 定义和应用的方法。

2．实验拓扑

实验拓扑如图 9-2 所示。首先删除实验 1 中定义的标准 IPv4 ACL，保留 RIPv2 的配置。使用扩展 IPv4 ACL 实现如下访问控制：
① 拒绝 PC1 所在网段访问 Server1 的 Web 服务。
② 拒绝 PC2 所在网段访问 Server1 的 FTP 服务。
③ 拒绝 PC1 所在网段访问 Server1 的 DNS 服务。
④ 拒绝 PC1 所在网段访问路由器 R3 的 Telnet 服务。
⑤ 拒绝 PC2 所在网段访问路由器 R2 的 Web 服务。
⑥ 拒绝 PC1 和 PC2 所在网段 ping Server1。
⑦ 只允许 R3 以接口 S0/0/1 为源 ping R2 的接口 S0/0/1 地址，不允许 R2 以接口 S0/0/1 为源 ping R3 的接口 S0/0/1 地址，即单向 ping。

3．实验步骤

（1）配置路由器 R1

```
R1(config)#access-list 110 remark This is an example for IPv4 extended ACL
//添加备注，增加可读性
R1(config)#access-list 110 deny tcp 172.16.1.0 0.0.0.255 host 172.16.3.100 eq 80
//拒绝 PC1 所在网段访问 Server1 的 Web 服务
R1(config)#access-list 110 deny tcp 172.16.2.0 0.0.0.255 host 172.16.3.100 eq 21
R1(config)#access-list 110 deny tcp 172.16.2.0 0.0.0.255 host 172.16.3.100 eq 20
//以上 2 行命令拒绝 PC2 所在网段访问 Server1 的 FTP 服务
R1(config)#access-list 110 deny udp 172.16.1.0 0.0.0.255 host 172.16.3.100 eq 53
//拒绝 PC1 所在网段访问 Server1 的 DNS 服务
R1(config)#access-list 110 deny tcp 172.16.1.0 0.0.0.255 host 172.16.23.3 eq 23
R1(config)#access-list 110 deny tcp 172.16.1.0 0.0.0.255 host 172.16.3.3   eq 23
//以上 2 行命令拒绝 PC1 所在网段访问路由器 R3 的 Telnet 服务
R1(config)#access-list 110 deny tcp 172.16.2.0 0.0.0.255 host 172.16.12.2 eq 80
R1(config)#access-list 110 deny tcp 172.16.2.0 0.0.0.255 host 172.16.23.2 eq 80
//以上 2 行命令拒绝 PC2 所在网段访问路由器 R2 的 Web 服务
R1(config)#access-list 110 deny icmp 172.16.1.0 0.0.0.255 host 172.16.3.100 log
R1(config)#access-list 110 deny icmp 172.16.2.0 0.0.0.255 host 172.16.3.100 log
//以上 2 行命令拒绝 PC1 和 PC2 所在网段 ping Server1
R1(config)#access-list 110 permit ip any any
R1(config)#interface serial0/0/0
R1(config-if)#ip access-group 110 out   //应用扩展 IPv4 ACL
```

【技术要点】

在全局配置模式下使用 **access-list** *access-list-number* { **remark** | **permit** | **deny** } *protocol source* [*source-mask*] [**operator** *port-number*] *destination* [*destination-mask*] [**operator** *port-number*] [**established**] [**log**]命令创建一个扩展 IPv4 ACL，扩展 IPv4 ACL access-list 命令参数如表 9-2 所示。

表 9-2　扩展 IPv4 ACL access-list 命令参数

参　　数	参　数　描　述
access-list-number	扩展 IPv4 ACL 编号
remark	在 IPv4 ACL 中添加备注，增强其可读性
permit	匹配条件时准许访问
deny	匹配条件时拒绝访问
protocol	用来指定协议类型，如 IP、TCP、UDP、ICMP、OSPF 等
source	发送数据包的网络地址或者主机地址
source-mask	通配符掩码，和源地址相对应
destination	接收数据包的网络地址或者主机地址
destination-mask	通配符掩码，和目的地址相对应
operator	lt,gt,eq,neq（小于，大于，等于，不等于）
port-number	源或目的端口号
established	仅用于 TCP 协议，指示已建立的连接
log	对匹配条目的数据包生成日志消息并发送到控制台

（2）配置路由器 R2

```
R2(config)#username cisco privilege 15 secret cisco    //定义 HTTP 验证的用户
R2(config)#ip http server    //开启路由器 HTTP 服务
R2(config)#ip http authentication local    //配置 HTTP 采用本地验证
```

（3）配置路由器 R3

```
R3(config)#access-list 120 deny   icmp   host 172.16.23.2   host 172.16.23.3 echo log
//拒绝从 R2 发送 ping 请求（echo request）包
R3(config)#access-list 120 permit ip any any
R3(config)#interface Serial0/0/1
R3(config-if)#ip access-group 120 in
```

4．实验调试

（1）查看 IPv4 ACL 及流量匹配情况

分别在相关设备上发起扩展 IPv4 ACL 110 拒绝的数据包,在路由器 R1 上查看定义的 IPv4 ACL 及流量匹配情况。

```
R1#show ip access-lists 110
Extended IP access list 110    //扩展 IPv4 ACL 及编号
    10 deny tcp 172.16.1.0 0.0.0.255 host 172.16.3.100 eq www (12 matches)
    20 deny tcp 172.16.2.0 0.0.0.255 host 172.16.3.100 eq ftp (6 matches)
    30 deny tcp 172.16.2.0 0.0.0.255 host 172.16.3.100 eq ftp-data (6 matches)
    40 deny udp 172.16.1.0 0.0.0.255 host 172.16.3.100 eq domain (4matches)
    50 deny tcp 172.16.1.0 0.0.0.255 host 172.16.23.3 eq telnet (4 matches)
    60 deny tcp 172.16.1.0 0.0.0.255 host 172.16.3.3 eq telnet (8 matches)
    70 deny tcp 172.16.2.0 0.0.0.255 host 172.16.12.2 eq www (8 matches)
    80 deny tcp 172.16.2.0 0.0.0.255 host 172.16.23.2 eq www (8 matches)
    90 deny icmp 172.16.1.0 0.0.0.255 host 172.16.3.100 (4 matches)
    100 deny icmp 172.16.2.0 0.0.0.255 host 172.16.3.100 (4 matches)
    110 permit ip any any (4 matches)
```

以上输出表明了在路由器 R1 上定义的编号为 **110** 的扩展 IPv4 ACL 各个条件语句,括号中的数字表示匹配条件的数据包的个数,可以用 **clear access-list counters** 命令将 ACL 计数器清零。

（2）查看日志信息

在路由器 R3 上可以通 **ping 172.16.23.2**,但是从路由器 R2 上不能通 **ping 172.16.23.3**。由于配置了 log 参数,在路由器 R3 上会出现如下的日志信息:

```
*Dec 30 04:21:25.895: %SEC-6-IPACCESSLOGDP: list 120 denied icmp 172.16.23.2 -> 172.16.23.3
(8/0), 4 packets
```

（3）在路由器 R3 查看扩展 IPv4 ACL 120

```
R3#show ip access-lists 120
Extended IP access list 120    //扩展 IPv4 ACL 及编号
    10 deny icmp host 172.16.23.2 host 172.16.23.3 echo log (5 matches)
    20 permit ip any any (142 matches)
```

（4）配置命名扩展 ACL

把路由器 R3 上的编号为 120 的扩展 IPv4 ACL 用命名扩展 IPv4 ACL 来实现,配置如下:

第 9 章 ACL

```
R3(config)#ip access-list extended ACL120    //定义命名扩展 ACL，名字为 ACL120
R3(config-ext-nacl)#deny icmp host 172.16.23.2 host 172.16.23.3 echo log
R3(config-ext-nacl)#permit ip any any
R3(config-ext-nacl)#exit
R3(config)#interface serial0/0/1
R3(config-if)#ip access-group ACL120 in
```

此时在路由器上 R3 上查看定义的命名扩展 IPv4 ACL：

```
R3#show ip access-lists ACL120
Extended IP access list ACL120    //命名扩展 IPv4 ACL 及名字
    10 deny icmp host 172.16.23.2 host 172.16.23.3 echo log (10 matches)
    20 permit ip any any (18 matches)
```

以上输出每行前面都有编号，默认每添加一条，编号自动加 10。在命名 IPv4 ACL 中，可以方便地通过编号插入和删除操作，比如上例中，想插入一条编号为 15 的记录，配置如下：

```
R3(config)#ip access-list extended ACL120
R3(config-ext-nacl)# 15 deny tcp 172.16.1.0 0.0.0.255 host 172.16.23.3 eq 23
```

再次查看该命名扩展 IPv4 ACL：

```
R3#show ip access-lists ACL120
Extended IP access list ACL120
    10 deny icmp host 172.16.23.2 host 172.16.23.3 echo log (10 matches)
    15 deny tcp 172.16.1.0 0.0.0.255 host 172.16.23.3 eq telnet
    20 permit ip any any (173 matches)
```

以上输出表明编号为 15 的记录被插入到编号 10 和 20 之间，由此可见，采用命名 ACL 编辑时会方便很多。

9.2.3 实验 3：配置基于时间的 IPv4 ACL

1．实验目的

通过本实验可以掌握：
① 定义 time-range 的方法。
② 基于时间 IPv4 ACL 的配置和调试方法。

2．实验拓扑

实验拓扑如图 9-2 所示。本实验要求只允许主机 PC1 在周一到周五的每天的 8:00-17:00 访问路由器 R3 的 Telnet 服务，其他流量不受影响。删除实验 2 中定义的扩展 IPv4 ACL，保留 RIPv2 的配置。

3．实验步骤

```
R1(config)#time-range TIME       //定义时间范围
R1(config-time-range)#periodic weekdays 8:00 to 17:00
```

【技术要点】

在时间范围配置模式中，用 **periodic** 命令、**absolute** 命令或者它们的某种组合来定义时间范围。**periodic** 为时间范围指定一个重复发生的开始和结束时间，它接受下列参数：Monday，

Tuesday、Wednesday、Thursday、Friday、Saturday、Sunday，其他可能的参数值有 daily（从 Monday 到 Sunday）、weekdays（从 Monday 到 Friday），以及 weekend（包括 Saturday 和 Sunday）。**absolute** 为时间范围指定一个绝对的开始和结束时间，命令如下：

```
Router(config-time-range)#periodic days-of-the-week hh:mm to
[days-of-the-week] hh:mm
Router(config-time-range)#absolute [start time date] [end time date]
```

下面是一个用 **absolute** 命令定义 time-range 的例子：

```
R1(config)#time-range CCNA
R1(config-time-range)#absolute start 8:00 1 may 2018 end 12:00 1 july 2019
```

上面 2 条命令的意思是定义了一个时间段，名称为 **CCNA**，并且设置了这个时间段的起始时间为 2018 年 5 月 1 日 8 点，结束时间为 2019 年 7 月 1 日中午 12 点。

```
R1(config)#access-list 100 permit tcp host 172.16.1.100 host 172.16.23.3 eq telnet time-range TIME log     //在 ACL 中调用 time-range
R1(config)#access-list 100 permit tcp host 172.16.1.100 host 172.16.3.3 eq telnet time-range TIME log
R1(config)#access-list 100 permit ip any any
R1(config)#interface gigabitEthernet0/0
R1(config-if)#ip access-group 100 in
```

4．实验调试

① 用 **clock** 命令将系统时间调整到周一至周五的 8:00-17:00 范围内，然后在 PC1 上 Telnet 路由器 R3，此时可以成功，然后查看 IPv4 ACL。

```
R1#show ip access-lists
Extended IP access list 100
    10 permit tcp host 172.16.1.100 host 172.16.3.3 eq telnet time-range TIME (active) log (19 matches)
    20 permit tcp host 172.16.1.100 host 172.16.23.3 eq telnet time-range TIME (active) log (25 matches)
    30 permit ip any any (15 matches)
```

以上输出表明 IPv4 ACL 100 的 2 条表项时间范围均处于 **active** 状态，所以能够 Telnet 成功，显示的日志消息如下：

```
*May  1 04:35:25.895: %SEC-6-IPACCESSLOGP: list 100 permitted tcp 172.16.1.100(2391) -> 172.16.23.3(23), 1 packet
*May  1 04:35:25.895: %SEC-6-IPACCESSLOGP: list 100 permitted tcp 172.16.1.100(2592) -> 172.16.3.3(23), 1 packet
```

② 用 **clock** 命令将系统时间调整到 8:00—17:00 范围之外，然后在 PC1 上 Telnet 路由器 R3，此时不成功，然后查看访问控制列表。

```
R1#show ip access-lists 100
Extended IP access list 100
    10 permit tcp host 172.16.1.100 host 172.16.3.3 eq telnet time-range TIME (inactive) log (19 matches)
    20 permit tcp host 172.16.1.100 host 172.16.23.3 eq telnet time-range TIME (inactive) log (25 matches)
    30 permit ip any any (30 matches)
```

以上输出表明 IPv4 ACL 100 的 2 条表项时间范围均处于 **inactive** 状态，所以不能够 Telnet 成功。

③ 查看定义的时间范围。

```
R1#show time-range     //查看定义的时间范围
time-range entry: TIME (active)
    periodic weekdays 8:00 to 17:00     //时间范围
    used in: IP ACL entry
```

used in: **IP ACL entry**

以上输出表示在 2 条 IPv4 ACL 语句中调用了该 **time-range**，该 **time-range** 处于 **active** 状态。

9.2.4 实验 4：配置动态 IPv4 ACL

1. 实验目的

通过本实验可以掌握：
① 动态 IPv4 ACL 的工作原理。
② 配置 VTY 本地登录的方法。
③ 动态 IPv4 ACL 的配置和调试方法。

2. 实验拓扑

实验拓扑如图 9-2 所示。本实验要求如果 PC1 所在网段想要访问路由器 R3（IP 地址为 172.16.23.3），必须先 Telnet 路由器 R2 成功后才能访问。删除实验 2 和实验 3 中定义的 ACL，保留 RIPv2 的配置。

3. 实验步骤

（1）配置路由器 R2

```
R2(config)#username cisco privilege 15 password    cisco    //建立本地验证数据库
R2(config)#access-list 120 permit tcp 172.16.1.0 0.0.0.255 host 172.16.12.2 eq telnet
//允许到 R2 的 Telnet 访问
R2(config)#access-list 120 permit tcp 172.16.1.0 0.0.0.255 host 172.16.23.2 eq telnet
//允许到 R2 的 Telnet 访问
R2(config)#access-list 120 permit udp any any eq 520    //允许使用 RIPv2 路由协议
R2(config)#access-list 120 dynamic CCNA timeout 60 permit ip 172.16.1.0 0.0.0.255 host 172.16.23.3    //dynamic 定义动态了 IPv4 ACL，名字为 CCNA，timeout 定义动态 ACL 的绝对超时时间，单位为分钟，注意：每个 ACL 只能配置一条动态 IPv4 ACL 条目，否则会提示% Only one dynamic entry can be configured per ACL
```

【技术要点】

动态 IPv4 ACL 是 Cisco IOS 的一种安全特性，它使用户能在防火墙中临时打开一个缺口，而不会破坏其他已配置的安全限制。动态 IPv4 ACL 依赖于 Telnet 连接、身份验证和扩展 IPv4 ACL 来实现，在安全方面具有以下优点：
① 使用 Telnet 方式对每个用户进行身份验证。
② 简化大型网络的管理。
③ 通过防火墙动态创建用户访问而不会影响其他所配置的安全限制，有效阻止黑客闯入内部网络的机会。

```
R2(config)#interface serial0/0/0
R2(config-if)#ip access-group 120 in
R2(config-if)#exit
R2(config)#line vty 0 4
R2(config-line)#login local    //VTY 使用本地验证
```

R2(config-line)#**autocommand   access-enable host timeout 10**
//在一个动态 IPv4 ACL 中创建一个临时性的访问控制列表条目，**timeout** 定义了空闲超时值，空闲超时值必须小于绝对超时值，单位为分钟。注意：**autocommand** 命令后的所有信息不能按【Tab】补全，只能手工输入

【技术要点】

在命令 **autocommand   access-enable host timeout 10** 中，如果使用参数 **host**，那么临时性条目将只为用户所用的单个 IP 地址创建；如果不使用参数 host，则用户所在的整个网络中的主机都将被该临时性条目允许访问网络。

（2）配置路由器 R3

R3(config)#**ip http server**
R3(config)#**username ccie privilege 15 secret cisco**
R3(config)#**ip http server**
R3(config)#**ip http authentication local**   //HTTP 本地验证

4．实验调试

① PC1 没有成功 Telnet 路由器 R2，在 PC1 上直接访问路由器 R3 的 Web 服务或者 **ping 172.16.23.3**，不成功，查看路由器 R2 的 IPv4 ACL：

R2#**show ip access-lists**
Extended IP access list **120**
    10 permit tcp 172.16.1.0 0.0.0.255 host 172.16.12.2 eq telnet
    20 permit tcp 172.16.1.0 0.0.0.255 host 172.16.23.2 eq telnet
    30 permit udp any any eq 520 (10 matches)
    40 Dynamic CCNA permit ip 172.16.1.0 0.0.0.255 host 172.16.23.3

② 在 PC1 上 Telent 路由器 R2 成功之后，在 PC1 上访问路由器 R3 的 Web 服务或者 **ping 172.16.23.3**，成功，此时查看路由器 R2 的 IPv4 ACL：

R2#**show ip access-lists**
Extended IP access list **120**
    10 permit tcp 172.16.1.0 0.0.0.255 host 172.16.12.2 eq telnet (20 matches)
    20 permit tcp 172.16.1.0 0.0.0.255 host 172.16.23.2 eq telnet
    30 permit udp any any eq 520 (20 matches)
    40 Dynamic CCNA permit ip 172.16.1.0 0.0.0.255 host 172.16.23.3
        permit ip host 172.16.1.100 host 172.16.23.3 (9 matches) (time left 565)
//动态建立一条临时条目

从①和②的输出结果可以看到，从主机 172.16.1.100 Telnet R2，如果通过验证，该 Telnet 会话立即会被切断，IOS 软件将在 IPv4 ACL 中动态建立一临时条目 **permit ip host 172.16.1.100 host 172.16.23.3**。由于在 **autocommand** 命令中使用了 **host** 参数，所以此动态条目中只允许通过验证的主机 **172.16.1.100** 访问网络，此时在主机 172.16.1.100 上访问 172.16.23.3 的 Web 服务或者 ping 该地址，成功。临时条目会从相对时间 10 分钟（600 秒）开始倒计时。

9.2.5 实验 5：配置自反 IPv4 ACL

1．实验目的

通过本实验可以掌握：

① 自反 IPv4 ACL 工作原理。
② 自反 IPv4 ACL 的配置和调试方法。

2. 实验拓扑

配置自反 IPv4 ACL 的实验拓扑如图 9-3 所示。本实验要求内网主机可以主动访问外网，但是外网主机不能主动访问内网，从而有效地保护内网，通过 RIPv2 实现网络的连通性。

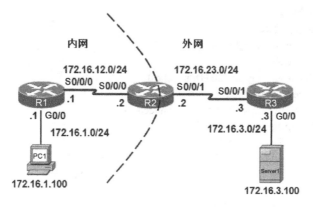

图 9-3 配置自反 IPv4 ACL 的实验拓扑

3. 实验步骤

在路由器 R2 上配置自反 IPv4 ACL

```
R2(config)#ip reflexive-list timeout 100
//配置临时性访问条目的生存期，默认为 300 秒，范围为 1～2 147 483 秒
R2(config)#ip access-list extended ACLOUT
R2(config-ext-nacl)#permit tcp any any reflect REF
//创建自反 IPv4 ACL 表项，自反 IPv4 ACL 的名字为 REF
R2(config-ext-nacl)#permit udp any any reflect REF
R2(config-ext-nacl)#permit icmp any any reflect REF
R2(config)#ip access-list extended ACLIN
R2(config-ext-nacl)#permit udp any any eq 520    //放行 RIP 路由协议流量
R2(config-ext-nacl)#evaluate REF    //评估反射列表
R2(config)#interface Serial0/0/1
R2(config-if)#ip access-group ACLOUT out
R2(config-if)#ip access-group ACLIN in
```

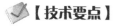【技术要点】

① 尽管在概念上自反 IPv4 ACL 与扩展 IPv4 ACL 的 **established** 参数相似，但自反 IPv4 ACL 还可用于不含 ACK 或 RST 位的 UDP 和 ICMP 协议。

② 自反 IPv4 ACL 仅可在命名扩展 IPv4 ACL 中定义，不能使用编号 IPv4 ACL 定义。

③ 利用自反 IPv4 ACL 允许出去的流量返回，但是阻止从外部网络主动产生的流量（除非用 permit 语句允许特殊的流量，如本实验中的 RIP 流量）访问内部网络，从而可以更好地保护内部网络。

④ 自反 IPv4 ACL 是在有流量产生时（如出方向的流量）临时自动产生的，并且当 Session 结束临时条目删除。

⑤ 自反 IPv4 ACL 不是直接被应用到某个接口下的，而是嵌套在一个命名扩展 IPv4 ACL 下的。

4．实验调试

① 在路由器 R3 上开启 Telnet 服务，在 R1 上 ping 和 Telnet 路由器 R3 都能成功，在路由器 R2 上查看 IPv4 ACL。

```
R2#show ip access-lists
Extended IP access list ACLIN
    20 evaluate REF
    30 permit udp any any eq 520 (18 matches)
Extended IP access list ACLOUT
    10 permit tcp any any reflect REF (19 matches)
    20 permit udp any any reflect REF
    30 permit icmp any any reflect REF (5 matches)
Reflexive IP access list REF   //IPv4 ACL 反射列表，包含了如下的两条表项
    permit tcp host 172.16.3.3 eq telnet host 172.16.12.1 eq 43996 (17 matches) (time left 95)
    permit icmp host 172.16.3.3 host 172.16.12.1    (10 matches) (time left 72)
```

以上输出说明，自反列表在有内部到外部 Telnet 流量和 ping 流量经过时，临时自动产生 IPv4 ACL 表项。

② 在路由器 R1 上开启 Telnet 服务，在路由器 R3 上 Telnet 和 ping 路由器 R1 都不能成功，在路由器 R2 上查看 IPv4 ACL。

```
R2#show ip access-lists
Extended IP access list ACLIN
    20 evaluate REF
    30 permit udp any any eq 520 (25 matches)
Extended IP access list ACLOUT
    10 permit tcp any any reflect REF (36 matches)
    20 permit udp any any reflect REF
    30 permit icmp any any reflect REF (10 matches)
Reflexive IP access list REF   //IP 反射列表，没有产生任何表项
```

以上输出说明自反 IPv4 ACL 在有流量从外部发起时，不会临时自动产生 IPv4 ACL 表项，所以访问不成功。

9.2.6 实验 6：配置 IPv6 ACL

1．实验目的

通过本实验可以掌握：
① IPv6 ACL 工作方式和工作过程。
② 定义 IPv6 ACL 的方法。
③ 接口下应用 IPv6 ACL 的方法。

2．实验拓扑

配置 IPv6 ACL 的实验拓扑如图 9-4 所示。本实验整个网络配置 RIPng 保证 IPv6 的连通

性，通过在路由器 R2 上配置 IPv6 ACL 实现如下访问控制：
① 拒绝 PC1 所在网段主机访问 Server1 的 Web 服务。
② 拒绝 PC2 所在网段主机 ping 路由器 R2。
③ 拒绝 PC2 所在网段主机访问路由器 R2 的 Telnet 服务。

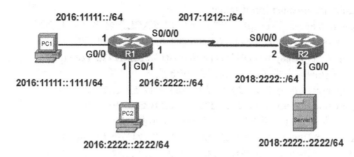

图 9-4　配置 IPv6 ACL 的实验拓扑

3. 实验步骤

（1）配置路由器 R1

```
R1(config)#ipv6 unicast-routing
R1(config)#ipv6 router rip cisco
R1(config)#interface GigabitEthernet0/0
R1(config-if)#ipv6 address 2016:1111::1/64
R1(config-if)#ipv6 rip cisco enable
R1(config-if)#no shutdown
R1(config-if)#exit
R1(config)#interface GigabitEthernet0/1
R1(config-if)#ipv6 address 2016:2222::1/64
R1(config-if)#ipv6 rip cisco enable
R1(config-if)#no shutdown
R1(config-if)#exit
R1(config)#interface Serial0/0/0
R1(config-if)#ipv6 address 2017:1212::1/64
R1(config-if)#ipv6 rip cisco enable
R1(config-if)#no shutdown
R1(config-if)#exit
```

（2）配置路由器 R2

```
R2(config)#ipv6 unicast-routing
R2(config)#ipv6 router rip cisco
R2(config)#interface GigabitEthernet0/0
R2(config-if)#ipv6 address 2018:2222::2/64
R2(config-if)#ipv6 rip cisco enable
R2(config-if)#no shutdown
R2(config-if)#exit
R2(config)#interface Serial0/0/0
R2(config-if)#ipv6 address 2017:1212::2/64
R2(config-if)#ipv6 rip cisco enable
```

```
R2(config-if)#no shutdown
R2(config-if)#exit
R2(config)#line vty 0 4
R2(config-line)#privilege level 15
R2(config-line)#no login
R2(config-line)#transport input telnet
R2(config)#ipv6 access-list szpt    //创建一个 IPv6 ACL，名字区分大小写
R2(config-ipv6-acl)#remark IPv6 ACL   //添加备注，增加可读性
R2(config-ipv6-acl)#deny tcp 2016:1111::/64 2018:2222::2222/128 eq 80
//拒绝 PC1 所在网段主机访问 Server1 的 Web 服务
R2(config-ipv6-acl)#deny icmp 2016:2222::/64 2017:1212::2/128
R2(config-ipv6-acl)#deny icmp 2016:2222::/64 2018:2222::2/128
//以上 2 行命令拒绝 PC2 所在网段主机 ping 路由器 R2
R2(config-ipv6-acl)#deny tcp 2016:2222::/64 2017:1212::2/128 eq 23 log
R2(config-ipv6-acl)#deny tcp 2016:2222::/64 2018:2222::2/128 eq 23 log
//以上 2 行命令拒绝 PC2 所在网段主机访问路由器 R2 的 Telnet 服务
R2(config-ipv6-acl)#permit ipv6 any any   //允许其他所有 IPv6 流量
R2(config-ipv6-acl)#exit
R2(config)#interface serial0/0/0
R2(config-if)#ipv6 traffic-filter szpt in    //接口下应用 IPv6 ACL
R2(config-if)#exit
```

【技术要点】

在 IPv6 ACL 子模式下创建 IPv6 ACL 的详细语法如下所述，IPv6 ACL 命令参数如表 9-3 所示。

Router(config-ipv6-acl)#{**remark**|**permit**|**deny**}*protocol*
{*source-ipv6-prefix/prefix-length*|**any**|**host**}[**operator***port-number*]
{*destination-ipv6-prefix/prefix-length*|**any**|**host**}[**operator***port-number*] [**established**] [**log**]

表 9-3　IPv6 ACL 命令参数

参　　数	参　数　说　明
remark	在 IPv6 ACL 中添加备注，增强其可读性
permit	匹配条件时准许访问
deny	匹配条件时拒绝访问
protocol	用来指定协议类型，如 IPv6、TCP、UDP、ICMP、OSPF 等
source-ipv6-prefix /prefix-length	发送数据包的网络地址或者主机地址 / 前缀长度
destination-ipv6-prefix /prefix-length	接收数据包的网络地址或者主机地址 / 前缀长度
any	匹配所有 IPv6 地址，等同于::/0
host	匹配某主机地址，前缀长度为 128 位
operator	lt,gt,eq,neq（小于，大于，等于，不等于）
port-number	源或目的端口号
established	仅用于 TCP 协议，指示已建立的连接
log	对匹配条目的数据包生成日志消息，并发送到控制台

4．实验调试

（1）模拟被拒绝的流量

在 PC1 所在网段主机访问 Server1 的 Web 服务以及在 PC2 所在网段主机上 ping 路由器 R2 或者 Telnet 路由器 R2 都不能成功。同时在实现拒绝 PC2 所在网段主机 ping 路由器 R2 时，由于配置了 **log** 参数，所以在 R2 上会有如下的输出信息：

　　　*May　1 07:39:42.358: %**IPV6_ACL**-6-ACCESSLOGP: list **szpt/40** denied **tcp 2016:2222::1(59850) -> 2017:1212::2(23)**, 1 packet　　//匹配 IPv6 ACL szpt 的编号为 40 的条目产生的 log
　　　*May　1 07:39:52.682: %**IPV6_ACL**-6-ACCESSLOGP: list **szpt/50** denied **tcp 2016:2222::1(33650) -> 2018:2222::2(23)**, 1 packet　　//匹配 IPv6 ACL szpt 的编号为 50 的条目产生的 log

（2）查看定义的 IPv6 ACL 及流量匹配情况

```
R2#show ipv6 access-lists
IPv6 access list szpt
    deny tcp 2016:1111::/64 host 2018:2222::2222 eq www (12 matches)sequence 10
    //和该语句匹配的数据包的数量及语句在 IPv6 ACL szpt 中的编号
    deny icmp 2016:2222::/64 host 2017:1212::2 (5 matches) sequence 20
    deny icmp 2016:2222::/64 host 2018:2222::2 (5 matches) sequence 30
    deny tcp 2016:2222::/64 host 2017:1212::2 eq telnet log (1 match) sequence 40
    deny tcp 2016:2222::/64 host 2018:2222::2 eq telnet log (1 match) sequence 50
    permit ipv6 any any (77 matches) sequence 60
```

以上输出表明路由器 R2 上定义的名称为 **szpt** 的 IPv6 ACL 各个条件语句的描述，括号中的数字表示匹配条件的数据包的个数，每行后面的数字是条件语句的编号，默认时编号间隔为 10。

（3）查看接口状况

```
R2#show ipv6 interface serial0/0/0
Serial0/0/0 is up, line protocol is up
  IPv6 is enabled, link-local address is FE80::FA72:EAFF:FE69:1C78
  No Virtual link-local address(es):
  Global unicast address(es):
    2017:1212::2, subnet is 2017:1212::/64
    （此处省略部分输出）
  Input features: Access List    //接口输入特征：应用了 ACL
  Inbound access list szpt       //接口入向应用 ACL 的名字
    （此处省略部分输出）
```

以上输出表明在接口 **S0/0/0** 的入方向应用了 IPv6 ACL **szpt**。

第 10 章 DHCP

每一台联网设备（路由器、交换机、计算机、服务器、打印机等）均需要唯一的 IP 地址。网络管理员通过静态或者 DHCP 方式给网络设备分配 IP 地址。在大规模的网络中，手动方式分配 IP 地址会给网络管理员带来很大的负担，而 DHCP 动态分配 IP 地址方式可以减少管理员的工作量，确保 IP 地址分配的连续性和一致性，并且可以提高工作的灵活性。在 IPv4 和 IPv6 网络中均可使用 DHCP 为网络设备分配 IP 地址等信息。DHCP Snooping 技术可以实现 DHCP 的安全性。本章主要讨论 DHCPv4 和 DHCPv6 的工作过程、中继代理、DHCP Snooping 以及相关配置。

10.1 DHCPv4 概述

10.1.1 DHCPv4 工作过程

员工计算机的位置如果经常变化，相应的 IP 地址也必须经常更新，从而导致网络配置越来越复杂。DHCP（Dynamic Host Configuration Protocol，动态主机配置协议）就是为满足这些需求而发展起来的。DHCP 基于 UDP（服务器工作端口号为 67，客户端工作端口为 68）以客户端/服务器模式工作。DHCPv4 提供了为客户端动态分配 IPv4 地址的方法，服务器能够从预先设置的 IPv4 地址池里自动给主机分配 IPv4 地址，它不仅能够保证 IPv4 地址不重复分配，也能及时回收 IPv4 地址以提高 IPv4 地址的利用率。DHCPv4 包括三种不同的地址分配机制，以便灵活地分配 IPv4 地址：

① 手动分配：网络管理员为客户端指定预分配的 IPv4 地址，DHCP 只将该 IPv4 地址传送给设备。

② 自动分配：DHCP 从可用地址池中选择静态 IPv4 地址，自动将它永久性地分配给设备。不存在租期问题，地址永久性地分配给设备。

③ 动态分配：DHCP 自动动态地从地址池中分配或出租 IPv4 地址，使用期限为服务器选择的租借期限，或者直到客户端告知 DHCP 服务器其不再需要该地址为止。绝大多数客户端得到的都是这种动态分配的 IP 地址。

DHCPv4 的工作过程如下所述。

1. 动态获取 IP 地址过程

DHCPv4 客户端从 DHCPv4 服务器动态获取 IPv4 地址主要分 4 个阶段，图 10-1 所示为客户端动态获取 IPv4 地址过程。

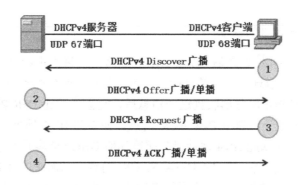

图 10-1 客户端动态获取 IPv4 地址过程

（1）发现（Discover）阶段

发现（Discover）阶段，即 DHCPv4 客户端寻找 DHCPv4 服务器的阶段。DHCPv4 客户端以广播（目的 IPv4 地址为 255.255.255.255）方式（因为 DHCP 服务器的 IPv4 地址对于客户端来说是未知的）发送 DHCPv4 Discover 消息来寻找 DHCPv4 服务器。同一网络上每一台安装了 TCP/IPv4 协议的主机都会接收到这种广播消息，但只有 DHCPv4 服务器才会做出响应。

（2）提供（Offer）阶段

提供（Offer）阶段，即 DHCPv4 服务器提供 IPv4 地址的阶段。在网络中接收到 DHCPv4 Discover 消息的 DHCPv4 服务器都会做出响应，它从地址池尚未分配的 IPv4 地址中挑选一个分配给 DHCPv4 客户端，向 DHCPv4 客户端发送一个包含分配的 IPv4 地址、掩码和其他可选参数的 DHCPv4 Offer 消息。该消息可以是广播消息，也可以是单播消息，取决于客户端发送 DHCPv4 Discover 消息的标志字段的 Broadcast Flag 的值。如果该值为 0x8000，则 DHCPv4 Offer 以广播消息发送；如果该值为 0x0000，则 DHCPv4 Offer 以单播消息发送。一般情况下，计算机发送 DHCPv4 Discover 消息时，Broadcast Flag 的值为 0x0000。

（3）请求（Request）阶段

请求（Request）阶段，即 DHCPv4 客户端选择某台 DHCPv4 服务器提供的 IPv4 地址并向该服务器发送请求消息的阶段。如果有多台 DHCPv4 服务器向 DHCPv4 客户端发送 DHCPv4 Offer 消息的话，则 DHCP 客户端只选择接收到的第一个 DHCPv4 Offer 消息，然后就以广播方式回答一个 DHCPv4 Request 消息，该消息中包含向它所选定的 DHCPv4 服务器请求 IPv4 地址的内容。之所以要以广播方式回答，是为了捎带通知其他的 DHCPv4 服务器，它将选择哪个 DHCPv4 服务器所提供的 IPv4 地址。

（4）确认（ACK）阶段

确认（ACK）阶段，即 DHCPv4 服务器确认所提供的 IPv4 地址的阶段。当 DHCPv4 服务器收到 DHCPv4 客户端发送的 DHCPv4 Request 消息之后，它便向 DHCPv4 客户端发送一个包含它所提供的 IPv4 地址、掩码和其他选项的 DHCPv4 ACK 消息，告诉 DHCPv4 客户端可以使用它所提供的 IPv4 地址，然后 DHCPv4 客户端便将其 TCP/IPv4 协议与网卡绑定。另外，除 DHCPv4 客户端选中的服务器外，其他的 DHCPv4 服务器都将收回曾经为该 DHCPv4 客户端提供的 IPv4 地址。

2. 重新登录时 IP 地址的获取

第一次申请获得 IPv4 地址之后，以后 DHCPv4 客户端每次重新登录网络时，就不需要再发送 DHCPv4 Discover 消息了，而是直接发送包含前一次所分配到的 IPv4 地址的 DHCPv4 Request 消息。当 DHCPv4 服务器收到这一消息后，它会尝试让 DHCPv4 客户端继续使用原来的 IPv4 地址，并回答一个 DHCPv4 ACK 消息。如果此 IPv4 地址已无法再分配给原来的 DHCPv4 客户端使用（比如此 IPv4 地址已分配给其他 DHCPv4 客户端使用），则 DHCPv4 服务器给 DHCPv4 客户端回答一个 DHCPv4 NACK 消息。当原来的 DHCPv4 客户端收到此 DHCPv4 NACK 消息后，它就必须重新发送 DHCPv4 Discover 消息来请求新的 IPv4 地址。

3. IP 地址的租约更新

如果采用动态地址分配策略，则 DHCPv4 服务器分配给客户端的 IPv4 地址有一定的租借期限，当租借期满后服务器会收回该 IPv4 地址。如果 DHCPv4 客户端希望继续使用该地址，需要更新 IPv4 地址租约。DHCPv4 客户端在启动时间为租约期限 50%时，DHCPv4 客户端会自动向 DHCPv4 服务器发送更新其 IPv4 租约的消息。如果 DHCPv4 服务器应答则租用延期。如果 DHCPv4 服务器始终没有应答（如 DHCPv4 服务器故障），在启动时间为有效租借期的 87.5%时，客户端会与任何一个其他的 DHCPv4 服务器通信，并请求更新它的配置信息。如果客户端不能和所有的 DHCPv4 服务器取得联系，租借时间到后，它必须放弃当前的 IPv4 地址并重新发送一个 DHCPv4 Discover 消息，开始按照上述的 4 个过程重新获取 IPv4 地址。当然，客户端可以主动向服务器发出 DHCPv4 Release 消息，释放当前的 IPv4 地址。DHCPv4 服务器收到该消息后，收回分配的 IPv4 地址。

10.1.2 DHCPv4 数据包格式

DHCP 数据包格式如图 10-2 所示，各个字段的含义如下所述。

代码 （1字节）	硬件类型 （1字节）	硬件地址长度 （1字节）	跳数 （1字节）
事务ID（4字节）			
秒数（2字节）		标志（2字节）	
客户端IP地址（4字节）			
你的IP地址（4字节）			
服务器IP地址（4字节）			
网关IP地址（4字节）			
客户端硬件地址（6字节）			
服务器名称（64字节）			
启动文件名（128字节）			
DHCP选项（长度可变）			

图 10-2　DHCPv4 数据包格式

① 代码：1 表示 DHCPv4 客户端的请求，2 表示 DHCPv4 服务器的应答。
② 硬件类型：网络中使用的硬件类型，1 表示以太网，15 表示帧中继，20 表示串行线路等。
③ 硬件地址长度：指硬件地址的长度，如果是以太网，该字段值为 6，表示 MAC 地址长度为 6 字节。
④ 跳数：当前 DHCPv4 数据包经过的 DHCPV4 Relay（中继）的数目，每经过一个 DHCPv4 中继，此字段就会加 1。此字段的作用是控制 DHCPv4 消息的转发，使其不要经过太多的延时。DHCPv4 客户端在传输请求前将其设置为 0。
⑤ 事务 ID：由客户端产生的 32 位标识符，用来将请求与从 DHCPv4 服务器收到的应答进行匹配。通过 DHCPv4 申请 IPv4 地址消息中的该字段值是相同的，用于标识一个完整申请过程。
⑥ 秒数：从客户端开始尝试获取或更新租用以来经过的时间。当有多个客户端请求未得到处理时，繁忙的 DHCPv4 服务器使用此数值来排定回复的优先顺序。
⑦ 标志：只使用 16 位中的左边的最高位，代表广播标志，称为 Broadcast Flag。Broadcast Flag 置 1 时通知接收 Discover 或者 Request 消息的 DHCPv4 服务器或中继代理以广播方式发送 Offer 或者 ACK 消息。如果该值为 0x000，则 DHCPv4 服务器或中继代理以单播方式发送 Offer 或者 ACK 消息。
⑧ 客户端 IP 地址：当且仅当客户端有一个有效的 IPv4 地址且处在绑定状态时，客户端才将自己的 IPv4 地址放在这个字段中，否则客户端设置此字段为 0。
⑨ 你的 IP 地址：服务器分配给客户端的 IPv4 地址。
⑩ 服务器 IP 地址：服务器使用该地址确定在 DHCPv4 过程的下一步骤中客户端应当使用的服务器地址，它既可能是也可能不是发送该应答消息的服务器。发送服务器始终会把自己的 IPv4 地址放在称作服务器标识符的 DHCPv4 选项字段中。
⑪ 网关 IP 地址：当涉及 DHCPv4 中继代理时，路由 DHCPv4 消息的 IPv4 地址也称为中继代理（Relay Agent）地址。网关地址可以帮助位于不同子网或网络的客户端与服务器之间传输 DHCPv4 请求和 DHCPv4 应答消息。
⑫ 客户端硬件地址：客户端的物理层地址。
⑬ 服务器名称：发送 DHCPv4 Offer 或 DHCPv4 ACK 消息的服务器可以选择性地将其名称放在此字段中。
⑭ 启动文件名：客户端选择性地在 DHCPv4 Discover 消息中使用它来请求特定类型的启动文件。服务器在 DHCPv4 Offer 中使用它来完整指定启动文件目录和文件名。
⑮ DHCP 选项：容纳 DHCPv4 选项，包括基本 DHCPv4 运作所需的几个参数，此字段的长度不定。客户端与服务器均可以使用此字段。如 Option53 表示 DHCPv4 消息类型，Option150 表示 TFTP 服务器的地址等。

10.1.3 DHCPv4 中继代理

在大型的网络中，可能会存在多个子网。DHCPv4 客户端通过网络广播消息获得 DHCPv4 服务器的响应后得到 IPv4 地址。但广播消息是不能跨越子网的，在图 10-3 中，DHCPv4 客户端 PC1 和 DHCPv4 服务器 Server1 位于不同子网，PC1 如何向 Server1 申请 IPv4 地址呢？

上述情况解决方案之一就是管理员在所有子网上均增加 DHCPv4 服务器。但是，这样会带来成本和管理上的额外开销。另外一种解决方案就是使用 DHCPv4 中继代理，如图 10-3 所示。在中间路由器或者交换机上配置 IOS 帮助地址（Helper Address）功能，该方案使路由器能够将客户端的 DHCPv4 广播消息转发给 DHCPv4 服务器。当路由器转发 DHCPv4 请求消息时，它充当的就是 DHCPv4 中继代理的角色。如果要将路由器 R1 配置成 DHCPv4 中继代理，需要在离客户端最近的接口（本例中是 R1 的 G0/1 接口）使用命令 **ip helper-address** *address* 配置帮助地址。假设路由器 R1 现已配置成 DHCPv4 中继代理，那么它会接收来自 PC1 的 DHCPv4 广播信息并将其转为源地址为 172.16.2.1，目的地址为 172.16.1.100（源端口和目的端口都是 UDP 67）的单播消息转发给 DHCPv4 服务器。

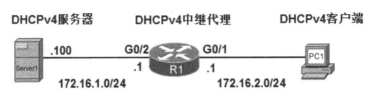

图 10-3　DHCPv4 中继代理

10.2　DHCPv6 概述

DHCPv6 是一个基于客户端/服务器模式用来为工作在 IPv6 网络上的 IPv6 主机分配所需的 IPv6 地址/前缀和其他网络参数的协议。IPv6 主机可以使用无状态地址自动配置（Stateless Address Auto Configuration，SLAAC）或 DHCPv6 来获得 IPv6 地址。

10.2.1　SLAAC

SLAAC 是一种可以在没有 DHCPv6 服务器服务的情况下获取 IPv6 全局单播地址的方法。SLAAC 的核心是 ICMPv6，其使用 ICMPv6 的 RS（路由器请求，ICMPv6 类型为 133）消息和 RA（路由器通告，ICMPv6 类型为 134）消息来工作，其工作过程如下所述。

① 客户端计算机在 TCP/IPv6 属性中配置为自动获取 IPv6 地址，IPv6 客户端生成链路本地地址并且 DAD（Duplicate Address Detection，重复地址检测）通过后，以自己网卡的链路本地地址为源，以 FF02::2 组播地址为目的发送 RS 消息来通知本地 IPv6 路由器它需要 RA。

② 开启单播路由功能的路由器收到 RS 消息后，会立刻以自己发送接口的链路本地地址为源，以 FF02::1 组播地址为目的发送 RA 消息来响应，消息中包含 IPv6 前缀、前缀长度、MTU 和生存期等信息。

③ 客户端收到 RA 消息后，通过 EUI-64 或者随机方式生成接口 ID，然后用收到的 RA 消息的 IPv6 前缀和前缀长度创建 IPv6 地址。

④ 客户端以全 0 为源地址，以创建的 IPv6 地址的节点请求地址为目的地址发送 NS（邻居请求，ICMPv6 类型为 135），进行 DAD，如果没有收到 NA（邻居通告，ICMPv6 类型为 136），则说明链路上没有客户端使用相同的地址，此时客户端可以使用该 IPv6 地址。

在 ICMPv6 的 RA 消息中的 Flag 字段中，前两比特位非常重要，分别为管理地址配置（Managed Address Configuration）位（简称 M 位）和其他配置（Other Configuration）位（简

称 O 位）。当 M 位为 1 时，表示链路上的 IPv6 主机采用 DHCPv6 方式获取 IPv6 地址/前缀；当 O 位为 1 时，表示链路上的 IPv6 主机采用 DHCPv6 方式获取除 IPv6 地址/前缀以外的其他网络配置参数。默认情况下，M 位和 O 位都是 0。M 位和 O 位的不同组合代表客户端获取 IPv6 地址的方式，RA 消息 Flag 字段 M 位和 O 位组合及含义如表 10-1 所示。

表 10-1 RA 消息 Flag 字段 M 位和 O 位组合及含义

M 位	O 位	含义说明
0	0	应用于没有 DHCPv6 服务器的环境。主机使用 RA 消息中的前缀创建 IPv6 单播地址，同时使用手工配置的方法设置 DNS 等其他信息，这种应用称为无状态的地址自动配置（SLAAC）
0	1	主机使用 RA 消息获得的 IPv6 前缀创建 IPv6 地址，同时使用 DHCPv6 来获取除 IPv6 地址/前缀之外的其他网络配置参数，这种应用被称为无状态 DHCPv6
1	0	主机仅使用 DHCPv6 来获取 IPv6 地址/前缀，其他网络配置参数则并不通过 DHCPv6 获得，这种组合没有实际意义，不建议使用
1	1	主机使用 DHCPv6 来配置 IPv6 单播地址/前缀及其他网络配置参数，如 DNS、域名等，这种应用称为有状态 DHCPv6

10.2.2 无状态 DHCPv6

SLAAC 方式只能使得客户端获得 IPv6 地址/前缀和网关信息，其他如 DNS、域名等信息无法获得，但是可以通过 DHCPv6 服务器提供这些网络配置参数，这个过程称为无状态 DHCPv6，在这种方式中，RA 消息中的 Flag 字段的 M 位为 0，O 位为 1。无状态 DHCPv6 工作过程如下所述。

① 在 IPv6 地址分配前，DHCPv6 客户端生成链路本地地址并且 DAD 通过后，以自己网卡的链路本地地址为源，以 FF02::2 组播地址为目的发送 RS 消息来通知本地 IPv6 路由器它需要 RA。

② 开启单播路由功能的路由器收到 RS 消息后，会立刻以自己接口的链路本地地址为源，以 FF02::1 组播地址为目的发送 RA（M=0，O=1）消息来响应。

③ DHCPv6 客户端收到的 RA 消息中 M=0，O=1，则表示 DHCPv6 客户端通过 DHCPv6 无状态方式获取网络配置参数。DHCPv6 客户端使用 RA 消息中的前缀和前缀长度，以及使用 EUI-64 方式或随机生成的接口 ID 创建其 IPv6 全局单播地址并通过发送 NS 进行 DAD。

④ DAD 通过后，IPv6 客户端以自己的链路本地地址为源，以 FF02::1:2 组播地址为目的，向 DHCPv6 服务器发送 Information-Request 消息，该消息中携带的 Option Request 选项指定了 DHCPv6 客户端需要从 DHCPv6 服务器获取的配置参数。DHCPv6 消息通过 UDP 承载，客户端监听 UDP 546 端口，服务器监听 UDP 547 端口。

⑤ DHCPv6 服务器收到 Information-Request 消息后，为 DHCPv6 客户端分配网络配置参数，并以自己发送接口的链路本地地址为源，以客户端发送 Information-Request 消息的源地址为目的单播发送 Reply 消息，将网络配置参数发送给 DHCPv6 客户端。

⑥ DHCPv6 客户端根据收到 Reply 消息提供的参数，完成无状态 DHCPv6 配置。

10.2.3 有状态 DHCPv6

在有状态 DHCPv6 方式下，RA 消息会通知 DHCPv6 客户端不使用 RA 消息中的地址信息，所有地址信息和网络配置参数信息必须从 DHCPv6 服务器获取。在这种方式中，RA 消息中的 Flag 字段的 M 位为 1，O 位为 1。有状态 DHCPv6 工作过程如下所述。

① 在 IPv6 地址分配前，DHCPv6 客户端生成链路本地地址并且在 DAD 通过后，以自己网卡的链路本地地址为源，以 FF02::2 组播地址为目的发送 RS 消息来通知本地 IPv6 路由器它需要 RA。

② 开启单播路由功能的路由器收到 RS 消息后，会立刻以自己接口的链路本地地址为源，以 FF02::1 组播地址为目的发送 RA（M=1，O=1）消息来响应。

③ DHCPv6 客户端收到的 RA 消息中 M=1，O=1，表示 DHCPv6 客户端通过 DHCPv6 有状态方式获取 IPv6 地址和网络配置参数。

④ DHCPv6 客户端以自己网卡的链路本地地址为源，以 FF02::1:2 组播地址为目的发送 Solicit 组播消息，请求 DHCPv6 服务器为其分配 IPv6 地址和网络配置参数。

⑤ 如果 Solicit 消息中没有携带 Rapid Commit 选项，或 Solicit 消息中携带 Rapid Commit 选项，但 DHCPv6 服务器不支持快速分配过程，则 DHCPv6 服务器以自己发送接口的链路本地地址为源，以客户端发送 Solicit 消息的源地址为目的回复单播 Advertise 消息，通知客户端可以为其分配的 IPv6 地址 / 前缀和网络配置参数。如果 Solicit 消息中携带 Rapid Commit 选项，并且 DHCPv6 服务器支持快速分配过程，则进入第 7 步，直接回复 Reply 消息，这个快速分配过程称为 DHCPv6 两步交互地址分配。

⑥ 如果 DHCPv6 客户端接收到多个服务器回复的 Advertise 消息，则根据 Advertise 消息中的服务器优先级等参数，选择优先级最高的一台服务器，并向所有的服务器以自己网卡的链路本地地址为源，以 FF02::1:2 组播地址为目的发送 Request 组播消息，消息中携带已选择的 DHCPv6 服务器的 DUID（DHCP Unique Identifier）。

⑦ DHCPv6 服务器以自己发送接口的链路本地地址为源，以客户端发送 Advertise 消息的源地址为目的回复单播 Reply 消息，确认将地址 / 前缀和网络配置参数分配给客户端使用。

⑧ DHCPv6 客户端根据收到 Reply 消息提供的参数完成有状态 DHCPv6 配置。

值得注意的是 DHCPv6 两步交互过程常用于网络中只有一个 DHCPv6 服务器的情况，而 DHCPv6 四步交互过程常用于网络中有多个 DHCPv6 服务器的情况。

如果 DHCPv6 服务器和 DHCPV6 客户端位于不同的网络，那么可以将 IPv6 路由器配置为 DHCPv6 中继代理。配置 DHCPv6 中继代理的操作类似于将 IPv4 路由器配置为 DHCPv4 中继的操作。IPv6 路由器或中继代理转发 DHCPv6 消息的过程与 DHCPv4 中继的过程略有不同。请读者自己查找 DHCPv6 中继代理的工作原理，本书不再深入讨论。

10.3 DHCP Snooping 概述

10.3.1 DHCP 攻击类型

在局域网内，经常使用 DHCP 服务器为用户分配 IP 地址，DHCP 服务是一个没有验证的服务，即客户端和服务器无法互相进行合法性验证。根据 DHCP 工作原理，客户端以广播的方式来寻找服务器，并且只采用第一个响应的服务器提供的网络配置参数。如果在网络中存在多台 DHCP 服务器（其中有一台或更多台是非授权的），客户端就采用第一个应答的 DHCP 服务器供给的网络配置参数。假如非授权的 DHCP 服务器先应答，这样客户端最后获得的网络参数即是非授权的或者是恶意的，客户端可能获取不正确的 IP 地址、网关、DNS 等信息，使得黑客可以顺利地实施中间人（Man-in-the-Middle）攻击。另外，攻击者还很可能恶意从授权的 DHCP 服务器上反复申请 IP 地址，导致授权的 DHCP 服务器消耗了地址池中的全部 IP 地址，而合法的主机无法申请 IP 地址，这就是 DHCP 耗竭攻击。以上两种攻击通常一起使用，首先消耗尽授权 DHCP 服务器地址池中的 IP 地址，然后让客户端从非授权的 DHCP 服务器申请到 IP 地址，实施 DHCP 欺骗攻击。

10.3.2　DHCP Snooping 工作原理

DHCP Snooping（侦听）可以防止 DHCP 耗竭攻击和 DHCP 欺骗攻击。DHCP Snooping 可以截获交换机端口的 DHCP 响应数据包，建立一张包含有客户端主机 MAC 地址、IP 地址、租用期、VLAN ID 和交换机端口等信息的表，并且 DHCP Snooping 还将交换机的端口分为可信任端口和不可信任端口，当交换机从一个不可信任端口收到 DHCP 服务器响应的数据包（如 DHCP Offer、DHCP ACK 或者 DHCP NAK）时，交换机会直接将该数据包丢弃；而对从信任端口收到的 DHCP 服务器响应的数据包，交换机不会丢弃而直接转发。一般将与客户端计算机相连的交换机端口定义为不可信任端口，而将与 DHCP 服务器或者其他交换机相连的端口定义为可信任端口。也就是说，当在一个不可信任端口连接有 DHCP 服务器时，该服务器发出的 DHCP 响应数据包将不能通过交换机的端口。因此只要将用户端口设置为不可信任端口，就可以有效地防止非授权用户私自设置 DHCP 服务而引起的 DHCP 欺骗攻击。

10.4　配置 DHCP 服务

10.4.1　实验 1：配置 DHCPv4 服务

1. 实验目的

通过本实验可以掌握：
① DHCPv4 的工作原理和工作过程。
② 配置 DHCPv4 服务器的方法。
③ 配置 DHCPv4 中继的方法。
④ 配置 DHCPv4 客户端的方法。

2. 实验拓扑

配置 DHCPv4 服务的实验拓扑如图 10-4 所示。

本实验中，R1 是 DHCPv4 服务器，负责向 PC11 所在网络和 PC21 所在网络的主机动态分配 IPv4 地址，所以 R1 上需要定义两个地址池。同时需要为 Web Server 分配固定地址 172.16.1.200，为 FTP Server 分配固定地址 172.16.2.200，整个网络运行 RIPv2 协议，确保整个网络 IP 的连通性。

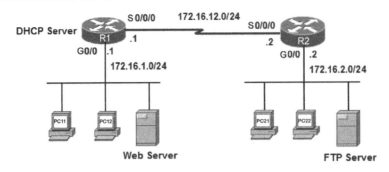

图 10-4　配置 DHCPv4 服务的实验拓扑

3．实验步骤

（1）配置路由器 R1

```
R1(config)#interface gigabitEthernet0/0
R1(config-if)#ip address 172.16.1.1 255.255.255.0
R1(config-if)#no shutdown
R1(config-if)#exit
R1(config)#interface serial0/0/0
R1(config-if)#ip address 172.16.12.1 255.255.255.0
R1(config-if)#no shutdown
R1(config-if)#exit
R1(config)#router rip
R1(config-router)#version 2
R1(config-router)#no auto-summary
R1(config-router)#network 172.16.0.0
R1(config-router)# exit
R1(config)#service dhcp            //开启 DHCPv4 服务，路由器默认开启
R1(config)#no ip dhcp conflict logging    //取消地址冲突记录日志
R1(config)#ip dhcp pool POOL_1            //定义第一个地址池
R1(dhcp-config)#network 172.16.1.0 /24    //地址池的网络和掩码长度
R1(dhcp-config)#default-router 172.16.1.1
//默认网关，这个地址要和相应网络所连接的路由器的以太网接口地址相同，可以配置多个
R1(dhcp-config)#domain-name cisco.com     //域名
R1(dhcp-config)#netbios-name-server 172.16.1.2     //WINS 服务器，可以配置多个
R1(dhcp-config)#dns-server 172.16.1.3     //DNS 服务器，可以配置多个
R1(dhcp-config)#option 150 ip 172.16.1.4  //TFTP 服务器
R1(dhcp-config)#lease infinite            //租期无限长，默认为 86 400 秒
R1(dhcp-config)#exit
R1(config)#ip dhcp excluded-address 172.16.1.1 172.16.1.4  //排除已经使用地址
R1(config)#ip dhcp pool POOL_2            //定义第二个地址池
R1(dhcp-config)#network 172.16.2.0 255.255.255.0
R1(dhcp-config)#default-router 172.16.2.2
R1(dhcp-config)#domain-name szpt.net
R1(dhcp-config)#netbios-name-server 172.16.1.2
R1(dhcp-config)#dns-server 172.16.1.3
R1(dhcp-config)#option 150 ip 172.16.1.4
R1(dhcp-config)#lease infinite
```

```
R1(dhcp-config)#exit
R1(config)#ip dhcp excluded-address 172.16.2.2
R1(config)#ip dhcp pool webserver
R1(dhcp-config)#host 172.16.1.200 255.255.255.0    //配置要分配的 IPv4 地址
R1(dhcp-config)#client-identifier 016C.E873.C1AB.04    //配置客户端的标识符
R1(dhcp-config)#exit
R1(config)#ip dhcp pool ftpserver
R1(dhcp-config)#host 172.16.2.200 255.255.255.0
R1(dhcp-config)#client-identifier 0100.5056.C000.01
R1(dhcp-config)#exit
R1(config)#ip dhcp relay information trust-all
//配置基于 IOS 的 DHCPv4 Server 能够接收 option 82 选项的 DHCPv4 数据包
```

（2）配置路由器 R2

```
R2(config)#interface gigabitEthernet0/0
R2(config-if)#ip address 172.16.2.2 255.255.255.0
R2(config-if)#ip helper-address 172.16.12.1    //配置帮助地址，完成 DHCPv4 中继
R2(config-if)#no shutdown
R2(config-if)#exit
R1(config)#interface serial0/0/0
R1(config-if)#ip address 172.16.12.2 255.255.255.0
R1(config-if)#no shutdown
R1(config-if)#exit
R2(config)#router rip
R2(config-router)#version 2
R2(config-router)#no auto-summary
R2(config-router)#network 172.16.0.0
```

（3）设置 Windows 客户端

首先在 Windows 下把 TCP/IPv4 地址设置为自动获得，如果 DHCPv4 服务器还提供 DNS、WINS 等，也把它们设置为自动获得。

4．实验调试

（1）Windows 客户端测试

```
C:\>ipconfig /release        //释放 IP 地址
    Ethernet adapter  本地连接:
    Connection-specific DNS Suffix  . :
    IP Address. . . . . . . . . . . : 0.0.0.0
    Subnet Mask . . . . . . . . . . : 0.0.0.0
    Default Gateway . . . . . . . . :
C:\>ipconfig /renew          //动态获取 IP 地址
    Windows IP Configuration
    Ethernet adapter  本地连接:
        Connection-specific DNS Suffix  . : cisco.com
        IP Address. . . . . . . . . . . : 172.16.1.5
        Subnet Mask . . . . . . . . . . : 255.255.255.0
        Default Gateway . . . . . . . . : 172.16.1.1
C:\>ipconfig /all            //主机通过 DHCPv4 获得的更为详细的信息
    Windows IP Configuration
```

```
Ethernet adapter 本地连接:
    Connection-specific DNS Suffix  . : cisco.com
    Description . . . . . . . . . . . : Intel(R) PRO/1000 EB Network Connection with
I/O Acceleration
    Physical Address. . . . . . . . . : 00-15-17-2F-95-E0
    DHCP Enabled. . . . . . . . . . . : Yes
    Autoconfiguration Enabled . . . . : Yes
    IP Address. . . . . . . . . . . . : 172.16.1.5
    Subnet Mask . . . . . . . . . . . : 255.255.255.0
    Default Gateway . . . . . . . . . : 172.16.1.1
    DHCP Server . . . . . . . . . . . : 172.16.1.1
    DNS Servers . . . . . . . . . . . : 172.16.1.3
    Primary WINS Server . . . . . . . : 172.16.1.2
    Lease Obtained. . . . . . . . . . : 2017 年 12 月 10 日 17:31:20
    Lease Expires . . . . . . . . . . : 2038 年 1 月 19 日 11:14:07
```

（2）查看 DHCPv4 地址池信息

```
R1#show ip dhcp pool                           //查看 DHCPv4 地址池的信息
Pool POOL_1 :
    Utilization mark (high/low)      : 100 / 0
//地址池使用的下限和上限阈值，可以通过命令 utilization mark 修改阈值
    Subnet size (first/next)         : 0 / 0
    Total addresses                  : 254           //地址池中共计 254 个 IP 地址
    Leased addresses                 : 2             //已经分配出去 2 个 IP 地址
    Pending event                    : none
    1 subnet is currently in the pool :             //当前地址池中有一个子网
    Current index        IP address range                    Leased addresses
    172.16.1.7           172.16.1.1      - 172.16.1.254       2
//下一个将要分配的地址、地址池的范围以及分配出去的地址的个数
Pool POOL_2 :
    Utilization mark (high/low)      : 100 / 0
    Subnet size (first/next)         : 0 / 0
    Total addresses                  : 254
    Leased addresses                 : 2
    Pending event                    : none
    1 subnet is currently in the pool :
    Current index        IP address range                    Leased addresses
    172.16.2.4           172.16.2.1      - 172.16.2.254       2
Pool POOL_WebServer :   //该地址池只有一个地址，用于固定分配给 Web 服务器
    Utilization mark (high/low)      : 100 / 0
    Subnet size (first/next)         : 0 / 0
    Total addresses                  : 1
    Leased addresses                 : 1
    Pending event                    : none
    0 subnet is currently in the pool :
    Current index        IP address range                    Leased addresses
    172.16.1.200         172.16.1.200    - 172.16.1.200       1
Pool POOL_FTPServer :  //该地址池只有一个地址，用于固定分配给 FTP 服务器
    Utilization mark (high/low)      : 100 / 0
    Subnet size (first/next)         : 0 / 0
```

```
    Total addresses                            : 1
    Leased addresses                           : 1
    Pending event                              : none
    0 subnet is currently in the pool :
     Current index         IP address range                      Leased addresses
     172.16.2.200          172.16.2.200      - 172.16.2.200       1
```

（3）查看 DHCPv4 的 IP 地址绑定情况

```
    R1#show ip dhcp binding    //查看 DHCPv4 的 IP 地址绑定情况
    Bindings from all pools not associated with VRF:
    IP address        Client-ID/              Lease expiration       Type
                      Hardware address/
                      User name
    172.16.1.200      016C.E873.C1AB.04       Infinite               Manual       //固定分配
    172.16.2.200      0100.5056.C000.01       Infinite               Manual
    172.16.1.5        0100.1517.2f95.e0       Infinite               Automatic    //自动分配
    172.16.1.6        0100.0c29.8a20.f1       Infinite               Automatic
    172.16.2.1        0100.1517.2f99.e0       Infinite               Automatic
    172.16.2.3        0100.0c29.8a4e.f1       Infinite               Automatic
```

以上输出表明 DHCP 服务器手工和自动分配给客户端的 IP 地址以及所对应的客户端的标识符（Client-identifier）。其中 Client-identifier 是 DHCP 客户端发给服务器的标识符，由硬件类型代码加上主机的 MAC 地址组成。在上面输出中，可以看到以太网的硬件类型代码为 0x01，对于更多的硬件类型代码请参考 RFC 3232 中的 Number Hardware Type 部分。

（4）查看 DHCP 中继地址

```
    R2#show ip interface gigabitEthernet0/0    //查看 DHCP 中继地址
        GigabitEthernet0/0 is up, line protocol is up
        Internet address is 172.16.2.2/24
        Broadcast address is 255.255.255.255
        Address determined by setup command
        MTU is 1500 bytes
        Helper address is 172.16.12.1
        （此处省略部分输出）
```

从以上输出看到路由器 R2 的 G0/0 接口配置了帮助地址 172.16.12.1。

（5）查看 DHCPv4 服务器的统计信息

```
    R1#show ip dhcp server statistics            //查看 DHCPv4 服务器的统计信息
      Memory usage         155853               //使用内存
      Address pools        4                    //地址池数量
      Database agents      0
      Automatic bindings   4                    //自动绑定的数量
      Manual bindings      2                    //手工绑定的数量
      Expired bindings     0                    //过期绑定的数量
      Malformed messages   0
      Secure arp entries   0
      Message              Received             //收到信息
      BOOTREQUEST          0
      DHCPDISCOVER         93                   //收到 93 个 DHCPv4DISCOVER 信息
      DHCPREQUEST          27                   //收到 27 个 DHCPv4REQUEST 信息
```

DHCPDECLINE	0	//收到 0 个 DHCPv4DECLINE（DHCP 拒绝，当发现地址冲突时）信息
DHCPRELEASE	21	//收到 21 个 DHCPv4RELEASE（地址释放请求）信息
DHCPINFORM	0	//收到 0 个 DHCPv4INFORM（DHCP 通知信息）
Message	Sent	//发送信息
BOOTREPLY	0	
DHCPOFFER	80	//发送 80 个 DHCPv4OFFER 信息
DHCPACK	27	//发送 27 个 DHCPv4ACK 信息
DHCPNAK	0	

10.4.2 实验 2：配置通过 SLAAC 获得 IPv6 地址

1．实验目的

通过本实验可以掌握：
① SLAAC 的工作原理和工作过程。
② 路由器和计算机通过 SLAAC 获得 IPv6 地址的方法。

2．实验拓扑

通过 SLAAC 获得 IPv6 地址的实验拓扑如图 10-5 所示。本实验中计算机 PC1 和路由器 R2 的 G0/0 接口的 IPv6 地址通过 SLAAC 方式获得。

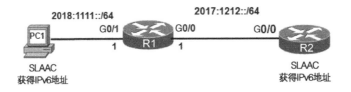

图 10-5　通过 SLAAC 获得 IPv6 地址的实验拓扑

3．实验步骤

（1）配置路由器 R1

```
R1(config)#ipv6 unicast-routing
R1(config)#interface gigabitEthernet0/1
R1(config-if)#ipv6 address 2018:1111::1/64
R1(config-if)#ipv6 address fe80::1 link-local    //配置链路本地地址
R1(config-if)#exit
R1(config)#interface gigabitEthernet0/0
R1(config-if)#ipv6 address 2017:1212::1/64
R1(config-if)#exit
```

（2）计算机 PC1 启用 TCP/IPv6 协议栈

以 Windows 7 为例说明计算机 PC1 启用 TCP/IPv6 协议栈的步骤，如下所述。

选择桌面上的【网络】图标→右键单击【属性】选项→单击左侧【更改适配器设置】→选择需要启用 TCP/IPv6 协议栈的网卡→右键单击【属性】，在复选框选项选中【Internet 协议版本 6（TCP/IPv6）】→单击【属性】按钮→在【Internet 协议版本 6（TCP/IPv6）】页面中单击【自动获取 IPv6 地址】单选框→单击【确定】按钮。

（3）查看计算机 PC1 获得 IPv6 地址

```
C:\>ipconfig /all
以太网适配器 本地连接：
    （此处省略部分输出）
    IPv6 地址 . . . . . . . . . . . . : 2018:1111::c10f:8ab2:cb65:bafd（首选）
    //IPv6 地址，通过收到的前缀 2018:1111/64+本地网卡 MAC 地址使用 EUI-64 方式扩展生成，如
果路由器接口有多个 IPv6 地址，此处就会以相应的前缀自动生成多个 IPv6 地址
    临时 IPv6 地址 . . . . . . . . . : 2018:1111::20b9:869c:be61:bb2b（首选）
    //临时 IPv6 地址是 Windows 通过收到的前缀 2018:1111+随机接口 ID 自动生成的，可以在 CMD
下以管理员身份执行 netsh interface ipv6 set privacy state=disable 命令，然后将网卡重启，就不会看到临时
IPv6 地址了
    本地链接 IPv6 地址 . . . . . . . : fe80::c10f:8ab2:cb65:bafd%5（首选）
    //该网卡的链路本地地址，其中%后面跟的 5 是该网卡的接口标识
    IPv4 地址 . . . . . . . . . . . . : 10.3.24.1(首选)
    子网掩码 . . . . . . . . . . . . : 255.255.255.0
    默认网关 . . . . . . . . . . . . : fe80::1%5
    //IPv6 默认网关，即路由器 R1 以太网接口 G0/1 的链路本地地址，即使路由器的接口有多个 IPv6
地址，网关都是这个链路本地地址
```

（4）配置路由器 R2

```
R2(config)#interface gigabitEthernet 0/0
R2(config-if)#ipv6 address autoconfig
//使用 SLAAC 方式配置接口 IPv6 地址、前缀长度和默认网关
```

4．实验调试

（1）查看用 RS 和 RA 实现 IPv6 地址自动配置过程

首先在路由器 R1 上开启调试命令 **debug ipv6 nd**，在计算机 PC1 上启用 TCP/IPv6 协议栈后，路由器 R1 会收到 PC1 发送的 RS 消息，然后马上回应 RA，过程如下：

```
R1#debug ipv6 nd
*May  3 10:02:40.310: ICMPv6-ND: Received RS on GigabitEthernet0/1 from FE80:: C10F:
8AB2:CB65:BAFD  //路由器 R1 从 G0/1 接口收到 RS
*May  3 10:02:40.310: ICMPv6-ND: Sending solicited RA on GigabitEthernet0/1
//从 G0/1 接口发送 RA
*May  3 10:02:40.310: ICMPv6-ND: Request to send RA for FE80::1
*May  3 10:02:40.310: ICMPv6-ND: Setup RA from FE80::1 to FF02::1 on GigabitEthernet0/1
//以上 2 行命令说明 R1 发送以 G0/1 接口链路本地地址为源，以组播地址 FF02::1 为目的 RA 数据包
*May  3 10:02:40.310: ICMPv6-ND:     MTU = 1500 //MTU 值
*May  3 10:02:44.310: ICMPv6-ND:     prefix = 2018:1111::/64 onlink autoconfig
//实现 SLAAC 的 IPv6 地址前缀，如果接口有多个 IPv6 地址，则发送多个前缀
*May  3 10:02:44.310: ICMPv6-ND:              2592000/604800 (valid/preferred)
//有效生存期和首选生存期
*May  3 10:02:44.314: IPV6: source FE80::1 (local)    //发送 RA 的源地址
*May  3 10:02:44.314:        dest FF02::1 (GigabitEthernet0/1)
//发送 RA 的目的地址，即链路上所有节点
*May  3 10:02:44.314:        traffic class 224, flow 0x0, len 104+0, prot 58, hops 255, originating
//发送 RA 的 IPv6 数据包包头的部分信息，其中 prot 58 表示数据包类型为 ICMPv6
```

（2）查看 R2 G0/0 接口通过 SLAAC 获得的 IPv6 地址和路由条目

```
R2#show ipv6 interface brief |   section GigabitEthernet0/0
    GigabitEthernet0/0       [up/up]
        FE80::C802:EFF:FEF8:8
        2017:1212::C802:EFF:FEF8:8  //通过收到的前缀 2017:1212/64+接口 MAC 地址使用
EUI-64 方式扩展生成
R2#show ipv6 route
    (此处省略路由代码部分)
    ND  ::/0 [2/0]
        via FE80::C801:1AFF:FE84:8, GigabitEthernet0/0
    NDp 2017:1212::/64 [2/0]
        via GigabitEthernet0/0, directly connected
    L  2017:1212::C802:EFF:FEF8:8/128 [0/0]
        via GigabitEthernet0/0, receive
```

以上输出表明 R2 的 G0/0 接口在通过 SLAAC 获得 IPv6 地址时，会在路由表中生成 3 条路由条目，第 1 条是管理距离为 2 的 **ND** 默认路由，第 2 条是 R1 的 G0/0 接口发送 RA 前缀的管理距离为 2 的 **NDp** 路由，第 3 条是该接口 IPv6 地址的本地路由。

```
R2#show ipv6 routers   //显示邻居路由器通告 RA 的详细信息
    Router FE80::C801:1AFF:FE84:8  on GigabitEthernet0/0, last update 1 min
    Hops 64, Lifetime 1800 sec, AddrFlag=0, OtherFlag=0, MTU=1500
    HomeAgentFlag=0, Preference=Medium
    Reachable time 0 (unspecified), Retransmit time 0 (unspecified)
    Prefix 2017:1212::/64 onlink autoconfig
        Valid lifetime 2592000, preferred lifetime 604800
```

以上输出是路由器 R1 通告的 RA 的详细信息，包括 M 位=0，O 位=0 以及 MTU 值、优先级、前缀/长度、有效生存期和首选生存期等信息。

（3）查看 DAD 工作过程

① 在路由器 R1 的 G0/0 接口配置 IPv6 地址 2017:1212::1 后，显示的 DAD 过程如下：

```
*May  3 10:09:44.598: IPv6-Addrmgr-ND: DAD request for 2017:1212::1 on GigabitEthernet0/0
//需要对地址 2017:1212::1 做 DAD
*May  3 10:09:44.598: ICMPv6-ND: Sending NS for 2017:1212::1 on GigabitEthernet0/0
//从接口 G0/0 发送 NS，源地址为全 0，目的地址为 2017:1212::1 的节点请求地址
*May  3 10:09:45.598: IPv6-Addrmgr-ND: DAD: 2017:1212::1 is unique.
//由于没有收到 NA 信息，由此判断地址唯一
```

② 在路由器 R2 的 G0/0 接口上配置相同的 IPv6 地址，R2 开启调试命令 **debug ipv6 nd**，显示信息如下：

```
*May  3 10:10:42.374: IPv6-Addrmgr-ND: DAD request for 2017:1212::1 on GigabitEthernet0/0
//需要对地址 2017:1212::1 做 DAD
*May  3 10:10:42.374: ICMPv6-ND: Sending NS for 2017:1212::1 on GigabitEthernet0/0
//从接口 G0/0 发送 NS，源地址为全 0，目的地址为 2017:1212::1 的节点请求地址
*May  3 10:10:43.378: ICMPv6-ND: Received NA for  2017:1212::1 on GigabitEthernet0/0 from
2017:1212::1   //收到 NA，表明链路上其他接口配置了相同的 IPv6 地址
*May  3 10:10:43.378: %IPV6_ND-4-DUPLICATE: Duplicate address 2017:1212::1 on
GigabitEthernet0/0   //判断 2017:1212::1 地址重复
```

第 10 章 DHCP

（4）链路地址解析过程

① 查看链路地址解析过程。

在路由器 R1 上 ping 2017:1212::2（路由器 R2 的 0/0 接口的 IPv6 地址），显示链路层地址解析过程如下：

```
R1#ping 2017:1212::2
Type escape sequence to abort.
Sending 5, 100-byte ICMP Echos to 2017:1212::2, timeout is 2 seconds:
!!!!
Success rate is 100 percent (5/5), round-trip min/avg/max = 1/1/4 ms
*May  3 11:10:02.634: ICMPv6-ND: DELETE -> INCMP: 2017:1212::2
//IPv6 邻居表中，2017:1212::2 表项状态从 DELETE→INCMP（Incomplete），该状态表明正在进行链路层地址解析
*May  3 11:10:02.634: ICMPv6-ND: Sending NS for 2017:1212::2 on GigabitEthernet0/0
//发送 NS 消息到目标地址相关联的节点请求地址
*May  3 11:10:02.634: ICMPv6-ND: Resolving next hop 2017:1212::2 on interface GigabitEthernet0/0  //解析链路层地址
*May  3 11:10:02.638: ICMPv6-ND: Received NA for 2017:1212::2 on GigabitEthernet0/0 from 2017:1212::2  //收到对方发送的 NA
*May  3 11:10:02.638: ICMPv6-ND: Neighbour 2017:1212::2 on GigabitEthernet0/0 : LLA ca02.0ef8.0008  //获得了对方的 MAC 地址
*May  3 11:10:02.638: ICMPv6-ND: INCMP -> REACH: 2017:1212::2
//IPv6 地址 2017:1212::2 对应的链路层地址解析成功，状态变为可达
```

② 查看 IPv6 的邻居表。

```
R1#show ipv6 neighbors    //查看 IPv6 的邻居表
IPv6 Address              Age      Link-layer Addr      State       Interface
2017:1212::2              0        ca02.0ef8.0008       REACH       Gi0/0
FE80::C802:EFF:FEF8:8     0        ca02.0ef8.0008       REACH       Gi0/0
```

以上显示的内容类似 IPv4 的 ARP 表，显示了邻居的 IPv6 地址、链路层地址和状态等信息。可以通过命令 **clear ipv6 neighbors** 清除该表项动态产生的条目，也可以通过下面命令添加静态表项，该表项会一直存在邻居表中。

```
R1(config)#ipv6 neighbor 2014:1313::3 GigabitEthernet 0/0 0023.3364.4fca
```

 【技术要点】

IPv6 邻居节点的状态包括如下几种：

① Incomplete（未完成）：邻居请求（NS）已经发送，在等待邻居发送的邻居通告（NA），该状态表示正在解析地址，但邻居链路层地址尚未确定。

② Reachable（可达）：已经收到邻居的 NA，邻居可达。该状态表示地址解析成功，获得了邻居链路层地址。

③ Stale（陈旧）：从收到上一次可达性确认后链路闲置了 30 秒（默认），表示可达时间（ReachableTime）到达，现在不能确定邻居是否可达。

④ Delay（延时）：对处于 Stale 状态的邻居发送 1 个数据包，邻居的状态切换至 Delay，默认 5 秒内，若有 NA 应答或者来自对方应用层的提示信息，则从 Delay 状态切换为 Reachable 状态；否则由 Delay 状态切换为 Probe 状态。

⑤ Probe（探测）：该状态下每隔 1 秒（默认）发送一次 NS，连续发送 3 次，有应答则

切换至 Reachable 状态，无应答则切换至 Empty 状态，即删除条目。
⑥ Empty（空闲）：没有邻居节点的缓存表项。

10.4.3 实验 3：配置无状态 DHCPv6 服务

1．实验目的

通过本实验可以掌握：
① 无状态 DHCPv6 的工作原理和工作过程。
② 配置无状态 DHCPv6 服务器和客户端的方法。

2．实验拓扑

配置无状态 DHCPv6 服务的实验拓扑如图 10-6 所示。本实验中路由器 R1 作为 DHCPv6 服务器，R2 作为 DHCPv6 客户端，G0/0 接口通过 RA 获得 IPv6 地址 / 前缀，通过 DHCPv6 服务器获得 DNS 和域名信息，实现无状态 DHCPv6 配置。

图 10-6 配置无状态 DHCPv6 服务的实验拓

3．实验步骤

（1）配置路由器 R1

```
R1(config)#ipv6 unicast-routing        //启用 IPv6 路由
R1(config)#ipv6 dhcp pool DHCPv6_Stateless    //配置 DHCPv6 地址池
R1(config-dhcpv6)#dns-server 2017:1212::1111  //配置 DNS 服务器地址
R1(config-dhcpv6)#domain-name cisco.com       //配置域名
R1(config-dhcpv6)#exit
R1(config)#interface GigabitEthernet0/0
R1(config-if)#ipv6 address 2017:1212::1/64
R1(config-if)#ipv6 dhcp server DHCPv6_Stateless
//在接口上启用 DHCPv6 功能，并将 DHCPv6 池绑定在接口上
R1(config-if)#ipv6 nd other-config-flag
//将 ICMPv6 的 RA 消息中的 Flag 字段中 O（Other Configuration）位置 1，此接口发送的 RA 消息声明无状态 DHCPv6 服务器提供其他信息
```

（2）配置路由器 R2

```
R2(config)#interface gigabitEthernet0/0
R2(config-if)#ipv6 enable    //在接口上启用 IPv6 会自动创建链路本地地址，作为发送 RS 消息并参与 DHCPv6 的源地址
R2(config-if)#ipv6 address autoconfig
//使用 SLAAC 方式配置接口 IPv6 地址、前缀长度和默认网关，随后使用接收到的 RA 消息通知客户端路由器使用无状态 DHCPv6 配置其他网络参数
```

4. 实验调试

（1）查看 DHCPv6 地址池及其参数

```
R1#show ipv6 dhcp pool       //查看 DHCPv6 地址池及其参数
 DHCPv6 pool: DHCPv6_Stateless
   DNS server: 2017:1212::1111
   Domain name: cisco.com
   Active clients: 0
```

以上输出显示 DHCPv6 地址池的名字及相关参数，因为客户端 IPv6 地址是通过 SLAAC 方式获得的，DHCPv6 服务器没有从该地址池中分配地址给客户端，所以 Active clients 是 0。

（2）查看 IPv6 接口信息

```
R2#show ipv6 interface gigabitEthernet0/0    //查看 IPv6 接口信息
GigabitEthernet0/0 is up, line protocol is up
  IPv6 is enabled, link-local address is FE80::C802:39FF:FEA8:8
  //接口启用 IPv6 以及自动生成的链路本地地址
  No Virtual link-local address(es):
  Stateless address autoconfig enabled    //启用无状态地址自动配置
  Global unicast address(es):
    2017:1212::C802:39FF:FEA8:8, subnet is 2017:1212::/64 [EUI/CAL/PRE]
  //全局单播地址、前缀/长度和生成方式，其中 EUI、CAL 和 PRE 的含义如下：
  ① EUI：IPv6 地址是通过 EUI-64 方式生成的
  ② CAL：是单词 Calendar 的前三个字母，表示该地址具有有效生存期和首选生存期
  ③ PRE：是单词 Preferred 的前三个字母，表示该地址处于首选生存期内
      valid lifetime 2591948 preferred lifetime 604748    //有效生存期和首选生存期
  （此处省略部分输出）
  Default router is FE80::C801:43FF:FED4:8 on GigabitEthernet0/0    //默认网关
```

【技术要点】

① 有效生存期：用无状态自动配置获得的 IPv6 地址保持有效状态的时间，单位为秒，默认为 30 天，即 2 592 000 秒，超过该时间，IPv6 地址被认为无效。

② 首选生存期：必须小于或等于有效生存期，单位为秒，默认为 7 天，即 604 800 秒。该生存期到期后，IPv6 地址不能主动去建立新的连接，但可以在有效生存期没过期之前接受别的连接。通常用于前缀重新编址。

（3）查看客户端与服务器之间交换的 DHCPv6 详细消息

```
R1#debug ipv6 dhcp detail    //在客户端和服务器之间交换的 DHCPv6 详细消息
   IPv6 DHCP debugging is on (detailed)
      *May  3 23:59:15.251: IPv6 DHCP: Received INFORMATION-REQUEST from
FE80::C802:39FF:FEA8:8 on GigabitEthernet0/0    //收到来自 DHCPv6 客户端的 Information-Request 消息
      *May  3 23:59:15.255: IPv6 DHCP: detailed packet contents
      *May  3 23:59:15.255:   src FE80::C802:39FF:FEA8:8 (GigabitEthernet0/0)
      *May  3 23:59:15.259:   dst FF02::1:2
   //该组播地址是给所有的 DHCPv6 中继代理和服务器使用的
      *May  3 23:59:15.259:   type INFORMATION-REQUEST(11), xid 5759746
      *May  3 23:59:15.259:   option ELAPSED-TIME(8), len 2
```

```
            *May  3 23:59:15.263:        elapsed-time 0
            *May  3 23:59:15.263:        option CLIENTID(1), len 10
            *May  3 23:59:15.267:          00030001CA0239A80006
            *May  3 23:59:15.267:        option ORO(6), len 6
            *May  3 23:59:15.267:          DNS-SERVERS,DOMAIN-LIST,INFO-REFRESH
```
//以上 10 行是 Information-Request 消息的内容，包括源和目的地址、消息类型以及 3 个选项的 TLV（类型、长度和值）
```
            *May  3 23:59:15.279: IPv6 DHCP: Using interface pool DHCPv6_Stateless   //使用地址池的名字
            *May  3 23:59:15.283: IPv6 DHCP: Sending REPLY to FE80::C802:39FF:FEA8:8 on GigabitEthernet0/0   //单播发送 REPLY 包
            *May  3 23:59:15.283: IPv6 DHCP: detailed packet contents
            *May  3 23:59:15.283:   src FE80::C801:43FF:FED4:8
            *May  3 23:59:15.287:   dst FE80::C802:39FF:FEA8:8 (GigabitEthernet0/0)
            *May  3 23:59:15.287:   type REPLY(7), xid 5759746
            *May  3 23:59:15.291:   option SERVERID(2), len 10
            *May  3 23:59:15.291:      00030001CA0143D40006
            *May  3 23:59:15.295:   option CLIENTID(1), len 10
            *May  3 23:59:15.295:      00030001CA0239A80006
            *May  3 23:59:15.295:   option DNS-SERVERS(23), len 16
            *May  3 23:59:15.299:      2017:1212::1111
            *May  3 23:59:15.299:   option DOMAIN-LIST(24), len 11
            *May  3 23:59:15.299:      cisco.com
```
//以上 12 行是 REPLY 消息的内容，包括源和目的地址、消息类型及 4 个选项的 TLV（类型、长度和值）

（4）查看 IPv6 路由

```
R2#show ipv6 route   （此处省略路由代码部分）
ND   ::/0 [2/0]
       via FE80::C801:1AFF:FE84:8, GigabitEthernet0/0
NDp  2017:1212::/64 [2/0]
       via GigabitEthernet0/0, directly connected
L    2017:1212::C802:EFF:FEF8:8/128 [0/0]
       via GigabitEthernet0/0, receive
```

以上输出表明 R2 的 G0/0 接口在通过 SLAAC 获得 IPv6 地址时，会在路由表中生成 3 条路由条目，第 1 条是管理距离为 2 的 **ND** 默认路由，第 2 条是 R1 的 G0/0 接口发送 RA 前缀的管理距离为 2 的 **NDp** 路由，第 3 条是该接口 IPv6 地址的本地路由。

（5）查看主机的 IPv6 地址和网络参数

```
R1#show ipv6 interface gigabitEthernet0/0 | begin Host
  Hosts use stateless autoconfig for addresses.        //主机使用 SLAAC 方式获得 IPv6 地址
  Hosts use DHCP to obtain other configuration.        //主机使用 DHCPv6 配置其他网络参数
```

（6）查看 DHCPv6 相关信息

```
R2#show ipv6 dhcp interface GigabitEthernet0/0
  GigabitEthernet0/0 is in client mode      //接口是 DHCPv6 客户端模式
    Prefix State is IDLE (0)   //前缀状态为 IDLE，说明没有通过 DHCPv6 服务器获得前缀
    Information refresh timer expires in 23:14:11
    Address State is IDLE      //地址状态为 IDLE，说明没有通过 DHCPv6 服务器获得 IPv6 地址
    List of known servers:     //列出知晓的 DHCPv6 服务器
      Reachable via address: FE80::C801:43FF:FED4:8
```

```
            DUID: 00030001CA0143D40006      //DHCPv6 服务器标识符
            Preference: 0                    //优先级默认为 0
            Configuration parameters:        //通过 DHCPv6 服务器配置的网络参数
              DNS server: 2017:1212::1111
              Domain name: cisco.com
              Information refresh time: 0
            Prefix Rapid-Commit: disabled   //未启用前缀快速交换
            Address Rapid-Commit: disabled  //未启用地址快速交换
```

10.4.4 实验 4：配置有状态 DHCPv6 服务

1. 实验目的

通过本实验可以掌握：
① 有状态 DHCPv6 的工作原理和工作过程。
② 配置有状态 DHCPv6 服务器和客户端的方法。
③ 配置 DHCPv6 中继代理的方法。

2. 实验拓扑

配置有状态 DHCPv6 服务的实验拓扑如图 10-7 所示。本实验中路由器 R1 作为 DHCPv6 服务器，R2 作为 DHCPv6 中继代理，R3 作为 DHCPv6 客户端。R3 的 G0/1 接口通过 DHCPv6 服务器获得地址 / 前缀、DNS 和域名信息，实现有状态 DHCPv6 配置。整个网络配置 RIPng 保证 IPv6 的连通性。

图 10-7 配置有状态 DHCPv6 服务的实验拓扑

3. 实验步骤

（1）配置路由器 R1

```
R1(config)#ipv6 unicast-routing              //启用 IPv6 路由
R1(config)#ipv6 dhcp pool DHCPv6_Stateful    //配置 DHCPv6 地址池
R1(config-dhcpv6)#address prefix 2017:2323::/64 lifetime infinite infinite
//配置 DHCPv6 服务器 IPv6 地址池、有效时间和首选时间（单位为秒）
R1(config-dhcpv6)#dns-server 2017:1212::1111  //配置 DNS 服务器地址
R1(config-dhcpv6)#domain-name cisco.com       //配置域名
R1(config-dhcpv6)#exit
R1(config)#ipv6 router rip cisco
R1(config)#interface GigabitEthernet0/0
R1(config-if)#ipv6 address 2017:1212::1/64
R1(config-if)#ipv6 rip cisco enable
R1(config-if)#ipv6 dhcp server DHCPv6_Stateful preference 100
//接口上启用 DHCPv6 功能，并将 DHCPv6 池绑定在接口上，参数 preference 指定服务器优先级，
```

范围为 0~255，默认 0，还可以通过 **rapid-commit** 启动快速分配过程
　　　　R1(config-if)#**ipv6 nd managed-config-flag**
　　　　//将 ICMPv6 的 RA 消息中 Flag 字段的 M（Managed Address Configuration）位置 1，此接口发送的 RA 消息声明 DHCPv6 客户端不使用 SLAAC，而要从有状态 DHCPv6 服务器获取 IPv6 地址／前缀和所有网络配置参数
　　　　R1(config-if)#**no shutdown**

（2）配置路由器 R2

```
R2(config)#ipv6 unicast-routing
R2(config)#ipv6 router rip cisco
R2(config)#interface GigabitEthernet0/0
R2(config-if)#ipv6 address 2017:1212::2/64
R2(config-if)#ipv6 rip cisco enable
R2(config-if)#no shutdown
R2(config-if)#exit
R2(config)#interface GigabitEthernet0/1
R2(config-if)#ipv6 address 2017:2323::2/64
R2(config-if)#ipv6 rip cisco enable
R2(config-if)#ipv6 dhcp relay destination 2017:1212::1
```
//配置 DHCPv6 中继代理，转发来自 DHCPv6 客户端或 DHCPv6 服务器的 DHCPv6 数据包

（3）配置路由器 R3

```
R3(config)#interface gigabitEthernet0/1
R3(config-if)#ipv6 enable
```
//接口上启用 IPv6，会自动创建链路本地地址，作为发送 DHCPv6 消息的源地址
　　　　R3(config-if)#**ipv6 address dhcp**
　　　　//使路由器该接口等同于 DHCPv6 客户端，使用有状态 DHCPv6 配置 IPv6 地址和其他网络参数，还可以通过 **rapid-commit** 参数启动快速分配过程

4．实验调试

（1）查看 DHCPv6 地址池及其参数

```
R1#show ipv6 dhcp pool                //查看 DHCPv6 地址池及其参数
    DHCPv6 pool: DHCPv6_Stateful
      Address allocation prefix: 2017:2323::/64 valid 4294967295 preferred 4294967295 (1 in use, 0 conflicts)
//已经从地址池中被分配出去的一个地址及租用时间
      DNS server: 2017:1212::1111    //DNS 服务器
      Domain name: cisco.com         //域名
      Active clients: 1              //活动的客户端
R1#show ipv6 interface gigabitEthernet0/0 | begin Hosts
  Hosts use DHCP to obtain routable addresses.    //主机使用 DHCPv6 获得可路由的地址
R3#show ipv6 route
(此处省略路由代码部分)
   ND  ::/0 [2/0]
        via FE80::C802:39FF:FEA8:1C, GigabitEthernet0/1
   LC  2017:2323::3D21:3D2F:4DAC:136D/128 [0/0]
        via GigabitEthernet0/1, receive
```

以上输出表明，R3 的 G0/1 接口在通过 DHCPv6 获得 IPv6 地址时会在路由表中生成 2 条路由条目，第 1 条是管理距离为 2 的 **ND** 默认路由，第 2 条是该接口 IPv6 地址的本地直链路由。

（2）查看 DHCPv6 的 IPv6 地址绑定情况

```
R1#show ipv6 dhcp binding              //查看 DHCPv6 的 IPv6 地址绑定情况
Client: FE80::C803:2FFF:FEAC:1C        //DHCPv6 客户端链路本地地址
  DUID: 00030001CA032FAC0006           // DHCPv6 服务器的 DUID
  Username : unassigned
  VRF : default
  IA NA: IA ID 0x00050001, T1 43200, T2 69120
//身份管理标识符（Identity Association Identifier）和地址／前缀租约的 T1 和 T2 时间
    Address: 2017:2323::3D21:3D2F:4DAC:136D    //分配出去的地址
            preferred lifetime INFINITY, valid lifetime INFINITY,//租用时间
```

（3）查看 DHCPv6 接口信息

```
show ipv6 dhcp interface                //查看 DHCPv6 接口信息
  R1#show ipv6 dhcp interface
  GigabitEthernet0/0 is in server mode  //接口是 DHCPv6 服务器模式
    Using pool: DHCPv6_Stateful         //DHCPv6 使用的地址池
    Preference value: 100               // DHCPv6 服务器优先级
    Hint from client: ignored
    Rapid-Commit: disabled              //没有启用快速交换过程
  R2#show ipv6 dhcp interface
  GigabitEthernet0/1 is in relay mode   //接口是 DHCPv6 中继模式
    Relay destinations:                 // DHCPv6 中继目的地址
      2017:1212::1
  R3#show ipv6 dhcp interface
  GigabitEthernet0/1 is in client mode  //接口是 DHCPv6 客户端模式
    Prefix State is IDLE                //前缀状态为 IDLE
    Address State is OPEN               //地址状态为 OPEN，说明通过 DHCPv6 服务器获得 IPv6 地址
    Renew for address will be sent in 11:34:20   //IPv6 地址 Renew 数据包发送时间
    List of known servers:              //列出知晓的 DHCPv6 服务器
      Reachable via address: FE80::C802:39FF:FEA8:1C
//经过路由器 R2 的 G0/1 的链路本地地址到达 DHCPv6 服务器
      DUID: 00030001CA0143D40006        //DHCPv6 客户端的 DUID
      Preference: 100                   //DHCPv6 服务器的优先级
      Configuration parameters:         //配置参数
        IA NA: IA ID 0x00050001, T1 43200, T2 69120
          Address: 2017:2323::3D21:3D2F:4DAC:136D/128
                preferred lifetime INFINITY, valid lifetime INFINITY
        DNS server: 2017:1212::1111
        Domain name: cisco.com
        Information refresh time: 0
    Prefix Rapid-Commit: disabled       //没启用前缀快速交换过程
    Address Rapid-Commit: disabled      //没启用地址快速交换过程
```

10.4.5 实验 5：配置 DHCP Snooping

1. 实验目的

通过本实验可以掌握：

① DHCP 欺骗攻击和耗竭攻击的原理。

② DHCP Snooping 的工作原理。
③ DHCP Snooping 配置和调试方法。

2．实验拓扑

配置 DHCP Snooping 的实验拓扑如图 10-8 所示，图中有 2 台 DHCP 服务器，1 台是合法的，1 台是非授权的。通过配置 DHCP Snooping 实现 PC1 只从合法的服务器获得地址，防止 DHCP 欺骗攻击，同时对非信任端口限速，防止 DHCP 耗竭攻击。

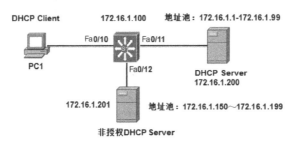

图 10-8 配置 DHCP Snooping 的实验拓扑

3．实验步骤

配置 DHCP Snooping：

```
S1(config)#ip dhcp snooping    //开启 S1 的 DHCP 监听功能
S1(config)#ip dhcp snooping vlan 1    //配置 S1 监听 VLAN1 上的 DHCP 数据包
S1(config)#ip dhcp snooping information option
//开启交换机 option 82 功能，开启 DHCP 监听后，该功能默认开启
S1(config)#ip dhcp snooping database flash:dhcp_snooping_s1.db
//将 DHCP 监听绑定表保存在 Flash 中，文件名为 dhcp_snooping_s1.db，目的是防止断电后记录丢失。如果记录很多，可以把文件保存到 TFTP 或者 FTP 服务器上
S1(config)#ip dhcp snooping database write-delay 15
//DHCP 监听绑定表发生更新后，等待 15 秒，再写入文件，默认为 300 秒，可选范围为 15～86 400 秒
S1(config)#ip dhcp snooping database timeout 15
//DHCP 监听绑定表尝试写入操作失败后，重新尝试写入操作，直到 15 秒后停止尝试。默认为 300 秒，可选范围为 0～86 400 秒
S1(config)#ip dhcp snooping information option allow-untrusted
//配置交换机 S1 如果从非信任接口接收到的 DHCP 数据包中带有 option 82 选项,也接收该 DHCP 数据包，默认是不接收的
S1(config)#interface fastEthernet0/11
S1(config-if)#ip dhcp snooping trust
//配置信任端口，默认交换机所有端口都是非信任端口
S1(config)#interface range fastEthernet 0/1-10，fastEthernet 0/12-24
S1(config-if-range)#ip dhcp snooping limit rate 5
//限制接口每秒能接收的 DHCP 数据包数量为 5 个
```

4．实验调试

首先在 PC1 上通过 DHCP 获得 IP 地址，发现会从 DHCP Server 获得 IP 地址，不会从非授权 DHCP Server 获得 IP 地址，即使 DHCP Server 关闭。

（1）查看 DHCP 监听的信息

```
S1#show ip dhcp snooping    //查看 DHCP 监听的信息
    Switch DHCP snooping is enabled                     //启用了 DHCP 监听
    DHCP snooping is configured on following VLANs:     //配置 DHCP 监听的 VLAN
    1
    DHCP snooping is operational on following VLANs:    //实际 DHCP 监听的 VLAN
    1
    Smartlog is configured on following VLANs:
    None    //没有配置 Smartlog，可以通过命令 ip dhcp snooping vlan vlan-id smartlog 配置
    Smartlog is operational on following VLANs:
    none
    DHCP snooping is configured on the following L3 Interfaces:
        //配置监听三层端口，S1 上没有配置
    Insertion of option 82 is enabled         //启用 DHCP option 82 插入功能
        circuit-id default format: vlan-mod-port    //option82 中的电路 id 默认格式
        remote-id: d0c7.89ab.1100 (MAC)        //远程 ID 是本交换机的基准 MAC 地址
    Option 82 on untrusted port is not allowed
        //不允许从非信任端口接收带 option 82 的 DHCP 数据包
    Verification of hwaddr field is enabled    //检查 DHCP 数据包中的 MAC 地址
    Verification of giaddr field is enabled    //检查 DHCP 数据包中的网关地址
    DHCP snooping trust/rate is configured on the following Interfaces:
    //以下是运行 DHCP Snooping 的端口以及端口的 DHCP 数据包发送数量限制
    Interface              Trusted    Allow option    Rate limit (pps)
    --------------------   -------    ------------    ----------------
    FastEthernet0/1        no         no              5
        Custom circuit-ids:
    Interface              Trusted    Allow option    Rate limit (pps)
    --------------------   -------    ------------    ----------------
    FastEthernet0/2        no         no              5
        Custom circuit-ids:
    （此处省略 FastEthernet0/3 - FastEthernet0/10 的信息）
    FastEthernet0/11       yes        yes             unlimited
    //信任端口的 DHCP 数据包发送数量没有限制，pps 表示每秒钟多少个包
        Custom circuit-ids:
    （此处省略 FastEthernet0/12 - FastEthernet0/24 的信息）
```

（2）查看 DHCP 监听绑定表

```
S1#show ip dhcp snooping binding    //查看 DHCP 监听绑定表
    MacAddress          IpAddress       Lease(sec)   Type            VLAN   Interface
    -----------------   -------------   ----------   -------------   ----   ---------------
    F8:72:EA:69:1C:7A   172.16.11.1     infinite     dhcp-snooping   1      FastEthernet0/10
    Total number of bindings: 1
```

以上显示了交换机 S1 的 DHCP 侦听绑定表的信息，各列含义如下所述。

- **MacAddress**：DHCP Client 的 MAC 地址；
- **IpAddress**：DHCP Client 的 IP 地址；
- **Lease(sec)**：IP 地址的租约时间（秒）；
- **Type**：记录的类型，dhcp-snooping 表明是动态生成的记录；
- **VLAN**：接口所在 VLAN ID；

- **Interface**：连接 Client 的交换机的端口。

（3）查看 DHCP 监听数据库信息

```
S1#show ip dhcp snooping database                              //查看 DHCP 监听数据库信息
      Agent URL : flash: dhcp_snooping_s3.db                   //DHCP 侦听绑定表数据库的 URL
      Write delay Timer : 15 seconds                           //写入数据库的延时时间
      Abort Timer : 15 seconds                                 //写入数据库的超时时间
      Agent Running : No
      Delay Timer Expiry : Not Running
      Abort Timer Expiry : Not Running
      Last Succeded Time : 08:34:36 UTC Mon Mar 1 2018         //上次成功写入的时间
      Last Failed Time : None                                  //上次写入失败的时间
      Last Failed Reason : No failure recorded.                //写入失败的原因
      Total Attempts         :        7    Startup Failures   :        0
      Successful Transfers   :        7    Failed Transfers   :        0
      Successful Reads       :        0    Failed Reads       :        0
      Successful Writes      :        7    Failed Writes      :        0
      Media Failures         :        0
```

第 11 章 IPv4 NAT

Internet 技术的飞速发展，使越来越多的用户加入到互联网中，因此 IPv4 地址短缺已成为一个十分突出的问题。IPv4 NAT 是有效缓解 IPv4 地址短缺的重要手段，NAT-PT 技术是保证 IPv4 向 IPv6 平稳过渡的有效手段之一。本章重点介绍 NAT 的特征、分类、工作原理和配置实现。

11.1 NAT 概述

11.1.1 IPv4 NAT 特征

网络技术的快速发展造成公有 IPv4 地址的严重短缺，目前正面临 IPv4 公有地址即将耗尽的局面，而 IANA（The Internet Assigned Numbers Authority，互联网数字分配机构）不能为每台网络设备分配一个唯一的公有 IPv4 地址来进行 Internet 连接，因此在实际应用中通常使用 RFC 1918 中定义的私有 IPv4 地址来进行内部网络编址。但是私有 IPv4 地址不能被 Internet 上的网络设备路由，为了实现具有私有 IPv4 地址的网络设备能够访问 Internet 的设备和资源，必须首先将私有地址转换为公有地址。NAT（Network Address Translation，网络地址转换）技术使得一个私有网络可以通过 Internet 注册的 IPv4 地址连接到外部公共网络，位于网络边界的 NAT 路由器在发送数据包之前，负责把内部 IPv4 地址翻译成外部公有 IPv4 地址。NAT 是一个 IETF 标准，允许一个机构以一个公有地址出现在 Internet 上。NAT 有很多作用，但其主要作用是节省公有 IPv4 地址，允许网络在内部使用私有 IPv4 地址，只在需要访问外网时提供到公有地址的转换。NAT 还能在一定程度上增加网络的私密性和安全性，因为它对外部网络隐藏了内部 IPv4 地址。

1. NAT 的主要优点

① NAT 允许对内部网络实行私有编址，从而维护合法注册的公有编址方案，节省公有 IPv4 地址。

② NAT 增强了与公有网络连接的灵活性。

③ NAT 为内部网络编址方案提供了一致性。

④ NAT 提供了网络安全性。由于私有网络在实施 NAT 时不会通告其地址或内部拓扑，因此有效确保了内部网络的安全。不过，NAT 不能完全取代防火墙。

2. NAT 的主要缺点

① 参与 NAT 功能的设备的性能被降低，NAT 会增加数据传输的延时。

② 端到端功能减弱，因为 NAT 会更改端到端地址，导致一些安全应用程序（例如数字签名）会因为源 IPv4 地址在到达目的地之前发生改变而运行失败。

③ 经过多次 NAT 地址转换后，数据包地址已改变很多次，因此跟踪数据包将更加困难，排除故障也更具挑战性。

④ 使用 NAT 也会使隧道协议（例如 IPSec）更加复杂，因为 NAT 会修改 IPv4 数据包头部，从而干扰 IPSec 和其他隧道协议执行的完整性检查。

⑤ 需要外部网络发起 TCP 连接的一些服务，或者无状态协议（诸如使用 UDP 的无状态协议），可能会中断。

11.1.2 IPv4 NAT 分类

NAT 有三种类型：静态 NAT、动态 NAT 和 NAT 过载。

（1）静态 NAT

静态 NAT 中，内部网络中的每个主机都被永久映射成外部网络中的某个合法的地址。静态地址转换将内部本地地址与内部全局地址进行一对一转换。如果内部网络有 E-mail 服务器或 FTP 服务器等可以为外部用户提供的服务，这些服务器的 IPv4 地址必须采用静态地址转换，以便外部用户可以访问这些服务。

（2）动态 NAT

动态 NAT 首先要定义合法地址池，然后采用动态分配的方法映射到内部网络。动态 NAT 是动态一对一的映射，通过采用动态 NAT 的方法节省 IPv4 地址的作用是非常有限的。

（3）PAT（NAT 过载）

NAT 过载（也称为端口地址转换，PAT）则是把内部地址映射到外部网络 IP 地址的不同端口上，从而可以实现多对一的映射。NAT 过载对于节省 IPv4 地址是最为有效的方法。

11.1.3 NAT-PT 技术

NAT-PT 是一种 IPv4 网络和 IPv6 网络之间直接通信的过渡方式，也就是说，原 IPv4 网络不需要进行升级改造，所有包括地址、协议在内的转换工作都由 NAT-PT 网络设备来完成。NAT-PT 设备要向 IPv6 网络中发布一个"/96"的路由前缀，凡是具有该前缀的 IPv6 包都被送往 NAT-PT 设备。NAT-PT 设备为了支持 NAT-PT 功能，还具有从 IPv6 网络向 IPv4 网络中转发数据包时使用的 IPv4 地址池。此外，通常在 NAT-PT 设备中实现 DNS-ALG（DNS-应用层网关），以帮助提供名称到地址的映射，在 IPv6 网络访问 IPv4 网络的过程中发挥作用。NAT-PT 分为静态 NAT-PT 和动态 NAT-PT 两种。

11.2 配置 NAT

11.2.1 实验 1：配置 IPv4 NAT

1. 实验目的

通过本实验可以掌握：

① IPv4 NAT 的特征和应用场合。
② IPv4 静态 NAT 配置和调试方法。
③ IPv4 动态 NAT 配置和调试方法。
④ IPv4 PAT 配置和调试方法。

2. 实验拓扑

配置 IPv4 NAT 的实验拓扑如图 11-1 所示。R1 是为内网提供 NAT 服务的路由器，外网运行 RIPv2 协议，确保 IPv4 的连通性。

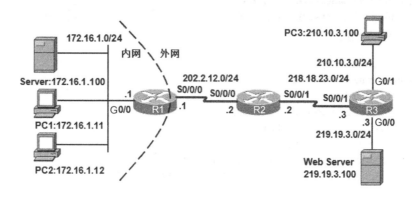

图 11-1　配置 IPv4 NAT 的实验拓扑

3. 实验步骤

（1）配置路由器 R1

```
R1(config)#router rip
R1(config-router)#version 2
R1(config-router)#no auto-summary
R1(config-router)#network 202.2.12.0
R1(config-router)#exit
R1(config)#ip nat inside source static 172.16.1.100 202.2.12.3
//配置内部本地地址与内部全局地址之间的 IPv4 静态 NAT，确保外网主机可以访问内网的服务器 Server
```

【技术要点】

如果只想让外网的主机访问 Server 的某些服务，如 Web 服务，可以通过配置端口转发实现。本实验中如果只想让外网主机访问内网服务器 Server 主机的 Web 服务，配置命令为

```
R1(config)#ip nat inside source static tcp 172.16.1.100 80 202.2.12.3 80

R1(config)#ip nat pool NATPOOL 202.2.12.4 202.2.12.10 netmask 255.255.255.0
//配置 IPv4 动态 NAT 的地址池
R1(config)#access-list 1 permit 172.16.1.0 0.0.0.255
//配置允许执行 IPv4 动态 NAT 的内部地址
R1(config)#ip nat inside source list 1 NATPOOL overload
//配置 IPv4 动态 NAT 映射，将 IPv4 NAT 地址池与 ACL 绑定，此处的关键字 overload 可以
```

实现 PAT。如果不配置该参数，则为 IPv4 动态 NAT
```
R1(config)#interface GigabitEthernet0/0
R1(config-if)#ip nat inside              //配置 IPv4 NAT 内部接口
R1(config)#interface Serial0/0/0
R1(config-if)#ip nat outside             //配置 IPv4 NAT 外部接口
```

（2）配置路由器 R2

```
R2(config)#router rip
R2(config-router)#version 2
R2(config-router)#no auto-summary
R2(config-router)#network 202.2.12.0
R2(config-router)#network 218.18.23.0
```

（3）配置路由器 R3

```
R3(config)#router rip
R3(config-router)#version 2
R3(config-router)#no auto-summary
R3(config-router)#network 218.18.23.0
R3(config-router)#network 210.10.3.0
R3(config-router)#network 219.19.3.0
R3(config-router)#passive-interface GigabitEthernet0/0
R3(config-router)#passive-interface GigabitEthernet0/1
```

4．实验调试

（1）查看 IPv4 NAT 的过程

```
R1#debug ip nat                //查看 IPv4 NAT 的过程
```
在 PC1 上 ping 地址 **219.19.3.100**，此时应该能 ping 通，路由器 R1 的输出信息如下：
```
*May   8 02:34:02.859: NAT*: s=172.16.1.11->202.2.12.4, d=219.19.3.100 [1105]
*May   8 02:34:02.859: NAT*: s=219.19.3.100, d=202.2.12.4->172.16.1.11 [1105]
*May   8 02:34:03.851: NAT*: s=172.16.1.11->202.2.12.4, d=219.19.3.100 [1106]
*May   8 02:34:03.851: NAT*: s=219.19.3.100, d=202.2.12.4->172.16.1.11 [1106]
```

以上输出表明了 IPv4 NAT 的转换过程。首先把私有地址 172.16.1.11 转换成公有地址 202.2.12.4 去访问地址 219.19.3.100，然后返回的时候把公网地址 202.2.12.4 转换成私有地址 172.16.1.11。下面详细解释 **NAT*: s=172.16.1.11->202.2.12.4, d=219.19.3.100 [1105]** 的含义。

① **NAT**：表示执行 NAT 功能。

② *****：表示转换采用快速交换方式。

③ **s=172.16.1.11**：表示源 IP 地址。

④ **172.16.1.11->202.2.12.4**：表示源地址 172.16.1.11 被转换为 202.2.12.4。

⑤ **d=219.19.3.100**：表示目的 IP 地址。

⑥ **[1105]**：表示 IP 标识号。此信息可能对调试有用，因为它与协议分析器的其他数据包跟踪相关联

（2）查看 NAT 表

```
R1#show ip nat translations    //查看 NAT 表
```
在 PC1、PC2 上 ping 地址 219.19.3.100，在 PC3 和 Webserver 上访问 Server（202.2.12.3）

的 Web 服务相关的条目后，路由器 R1 的 IPv4 NAT 表如下：

Pro	Inside global	Inside local	Outside local	Outside global
icmp	**202.2.12.4:768**	172.16.1.11:768	219.19.3.100:768	219.19.3.100:768
icmp	**202.2.12.4:1**	172.16.1.12:1	219.19.3.100:1	219.19.3.100:1

//以上 2 行说明从 PC1、PC2 上 ping 219.19.3.100 时生成的动态扩展条目，转换采用的是相同外网地址 202.2.12.4 的不同端口，即 PAT

	tcp 202.2.12.3:80	172.16.1.100:80	210.10.3.100:60875	210.10.3.100:60875
	tcp 202.2.12.3:80	172.16.1.100:80	219.19.3.100:56364	219.19.3.100:56364

//以上 2 行是从 PC3 和 Webserver 上访问 Server（202.2.12.3）的 Web 服务根据下一行的静态 NAT 表项动态创建的动态扩展条目，即活动的 IPv4 静态 NAT 表项

	--- 202.2.12.3	172.16.1.100	---	---

//内部全局地址和内部本地地址的静态 NAT 映射，该静态表项一直存在 IPv4 NAT 表中，相应的流量会生成类似以上倒数第 6、7 行的动态扩展条目

【术语】

① 内部本地（Inside Local）地址：通常是 RFC 1918 私有地址。

② 内部全局（Inside Global）地址：当内部主机流量流出 NAT 路由器时分配给内部主机的有效公有地址。

③ 外部本地（Outside Local）地址：分配给外部网络上主机的本地 IP 地址。大多数情况下，此地址与外部设备的外部全局地址相同。

④ 外部全局（Outside Global）地址：分配给 Internet 上主机的可达 IP 地址。

【技术要点】

① 使用 **clear ip nat translation *** 命令可以清除 IPv4 动态创建的 NAT 表项，静态配置的 NAT 表项一直存在于 NAT 表中。

② 在配置 IPv4 动态 NAT（没有 overload 关键字）时，如果 IPv4 动态 NAT 地址池中没有足够的地址进行动态映射，则会出现类似下面的信息，提示 NAT 转换失败并丢弃数据包。

*May 8 04:34:05.851: NAT: **translation failed** (A), **dropping packet** s=172.16.1.12 d=219.19.3.100

③ IPv4 NAT 表项中的动态条目是有超时时间的，过了该时间，IPv4 动态 NAT 条目自动删除。默认情况下，IPv4 动态 NAT 条目的超时时间为 24 小时，IPv4 PAT 条目的超时时间为 1 分钟，可以通过下面的命令来修改 IPv4 NAT 表项的超时时间：

R1(config)#**ip nat translation timeout** *timeout*，*timeout* 范围是 0～2 147 483 秒

④ 在 Cisco 路由器上，IPv4 PAT 将首先复用地址池中的第一个地址，直到达到能力极限，然后再移至第二个地址，并且依次类推。

⑤ 如果需要 NAT 转换的内部主机数量不是很多，可以直接使用 outside 接口地址配置 NAT 过载，不必定义地址池，可以节省更多的公有地址，命令如下：

R1(config)#**ip nat inside source list 1 interface Serial0/0/0 overload**

⑥ 将路由器接口配置为 IPv4 NAT Inside 接口后，系统会自动产生 NVI（NAT Virtual Interface）0 接口，该接口是逻辑接口，并且借用 Inside 接口的 IP 地址。可以用下面命令查看 NVI0 接口信息：

R1#**show ip interface | begin NVI0**
NVI0 is up, line protocol is up
  Interface is unnumbered. **Using address of GigabitEthernet0/0 (172.16.1.1)**

```
                Broadcast address is 255.255.255.255
                MTU is 1514 bytes
                （此处省略部分输出）
```

（3）查看 IPv4 NAT 的统计信息

```
    R1#show ip nat statistics                       //查看 IPv4 NAT 的统计信息
        Total active translations: 5 (1 static, 4 dynamic; 4 extended)
        //处于活动转换条目的总数，其中，1 条静态，4 条动态（4 条动态条目均为动态扩展条目）
        Peak translations:5, occurred 00:37:31 ago  //最高峰转换数为 5，发生在 37 分 31 秒以前
        Outside interfaces:                         //NAT 外部接口
            Serial0/0/0
        Inside interfaces:                          //NAT 内部接口
            FastEthernet0/0
        Hits: 493    Misses: 0                      //共计转换 493 个数据包，没有数据包转换失败
        CEF Translated packets: 493, CEF Punted packets: 0 //493 个数据包全部是 CEF（Cisco 特快转发）
        Expired translations: 20                    //超时的转换条目是 20 条。动态转换的默认超时时间为 24 小时，扩展条目默认超时时间为 1 分钟
        Dynamic mappings:                           //动态映射情况
        -- Inside Source                            //Inside Source 转换
        [Id: 1] access-list 1 pool NATPOOL refcount 2
        // IPV4 NAT 地址池 NAT POOL 与 ACL 1 绑定，使用计数为 2
        pool NATPOOL: netmask 255.255.255.0         // IPV4 NAT 地址池的名字和掩码
            start 202.2.12.4 end 202.2.12.10        //IPV4 NAT 地址池的起始和终止地址
            type generic, total addresses 7, allocated 1 (14%), misses 0
        //地址池的使用情况，总计 7 个地址可以供 PAT 使用，已经使用 1 个地址进行 PAT 转换
        Appl doors: 0
        Normal doors: 0
        Queued Packets: 0
```

11.2.2 实验 2：配置 NAT-PT

1．实验目的

通过本实验可以掌握：
① NAT-PT 的工作原理和特征。
② NAT-PT 的使用场合。
③ 静态 NAT-PT 的配置和调试方法。

2．实验拓扑

配置 NAT-PT 的实验拓扑如图 11-2 所示。本实验只演示静态 NAT-PT 的配置，动态 NAT-PT 的配置请读者查找相关资料作为扩展学习。当在路由器 R1 访问 172.31.12.1 时，路由器 R2 进行协议和地址转换，把 IPv4 地址转换为 IPv6 地址 2017:2323::3。当在路由器 R3 访问 2018::1 时，路由器 R2 进行协议和地址转换，把 IPv6 地址转换为 IPv4 地址 172.16.12.1。只要被转换的地址可达，同时，在路由器 R1 或 R3 有相应的路由条目，就可以通信，尽管实验设计的 IPv4 地址 172.31.12.1 和 IPv6 地址 2018::1 是虚拟的，但是转换后的地址是可达的。

第 11 章　IPv4 NAT

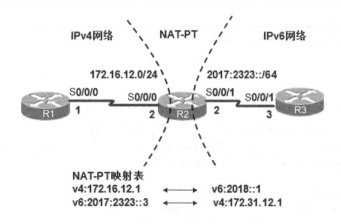

图 11-2　配置 NAT-PT 的实验拓扑

3．实验步骤

（1）配置路由器 R1

```
R1(config)#interface Serial0/0/0
R1(config-if)#ip address 172.16.12.1 255.255.255.0
R1(config-if)#no shutdown
R1(config-if)#exit
R1(config)#ip route 0.0.0.0 0.0.0.0 Serial0/0/0
```

（2）配置路由器 R2

```
R2(config)#ipv6 unicast-routing
R2(config)#interface Serial0/0/0
R2(config-if)#ip address 172.16.12.2 255.255.255.0
R2(config-if)#ipv6 nat                    //接口启用 NAT-PT 功能
R2(config-if)#no shutdown
R2(config-if)#exit
R2(config)#interface Serial0/0/1
R2(config-if)#ipv6 address 2017:2323::2/64
R2(config-if)#ipv6 nat
R2(config-if)#no shutdown
R2(config-if)#exit
R2(config)#ipv6 nat v4v6 source 172.16.12.1 2018::1
//配置 IPv4 到 IPv6 的静态转换条目
R2(config)#ipv6 nat v6v4 source 2017:2323::3 172.31.12.1
//配置 IPv6 到 IPv4 的静态转换条目
R2(config)#ipv6 nat prefix 2018::/96
//配置用于 NAT-PT 转换的 IPv6 前缀，对匹配该前缀的数据包执行转换。前缀长度必须为 96，因
为 32 比特的 IPv4 地址被转换成 128 比特的 IPv6 地址，两者长度相差 96
```

（3）配置路由器 R3

```
R3(config)#ipv6 unicast-routing
R3(config)#interface Serial0/0/1
R3(config-if)#ipv6 address 2017:2323::3/64
R3(config-if)#no shutdown
```

```
R3(config-if)#exit
R3(config)#ipv6 route::/0 Serial0/0/1
```

4．实验调试

（1）查看 NAT-PT 表

```
R2#show ipv6 nat translations          //查看 NAT-PT 表
Prot   IPv4 source                IPv6 source
       IPv4 destination           IPv6 destination
---    ---                        ---
       172.16.12.1                2018::1
---    172.31.12.1                2017:2323::3
```

以上输出表明 NAT-PT 表中包含两条静态转换条目。

（2）查看 NAT-PT 的转换过程

```
R2#debug ipv6 nat                     //查看 NAT-PT 的转换过程
R1#ping 172.31.12.1 repeat 1
00:52:00: IPv6 NAT:    src (172.16.12.1) -> (2018::1), dst (172.31.12.1) -> (2017:2323::3)
//IPv4 到 IPv6 协议和地址的转换过程
00:52:01: IPv6 NAT: icmp src (2017:2323::3) -> (172.31.12.1), dst (2018::1) -> (172.16.12.1)
//IPv6 到 IPv4 协议和地址的转换过程
```

此时，再次查看 NAT-PT 表，内容如下：

```
R2#show ipv6 nat translations
Prot   IPv4 source                IPv6 source
       IPv4 destination           IPv6 destination
---    ---                        ---
       172.16.12.1                2018::1
---    172.31.12.1                2017:2323::3
       172.16.12.1                2018::1
---    172.31.12.1                2017:2323::3
```

以上输出表明 NAT-PT 表中包含 2 条静态转换条目和 ping 操作创建的转换条目（可以通过命令 **clear ipv6 nat translation *** 清除该条目）。

（3）查看 IPv6 直连路由

```
show ipv6 route connected           //查看 IPv6 直连路由
R2#show ipv6 route connected
（此处省略路由代码部分）
C   2017:2323::/64 [0/0]
    via::, Serial0/0/1
C   2018::/96 [0/0]                 //该路由是命令 ipv6 nat prefix 在路由表中创建的
    via::, NVI0                     //NVI0 是 NAT 虚拟接口，R2 收到去往该前缀的数据包后就
```
执行 NAT 功能。

第 12 章 设备发现、维护和管理

网络设备发现、维护和管理是网络管理员的重要工作之一。本章介绍设备发现协议 CDP 和 LLDP、NTP 和日志维护、路由器和交换机文件系统、IOS 维护、路由器和交换机密码恢复等内容。

12.1 CDP 和 LLDP 概述

12.1.1 CDP 简介

CDP（Cisco Discovery Protocol，Cisco 发现协议）是 Cisco 专有协议，是使 Cisco 网络设备能够发现相邻的、直连的其他 Cisco 设备的协议。CDP 是数据链路层的协议，CDP 消息是以太网 IEEE 802.3 SNAP 帧（协议 ID 字段值为 0x2000），以组播（组播的目的 MAC 地址为 01-00-0c-cc-cc-cc）方式发送，因此使用不同网络层协议的 Cisco 设备也可以获得对方的信息。Cisco 设备的 CDP 功能默认是启动的，每 60 秒发送一次 CDP 通告，通告中包含了自身的基本信息，包括主机名、硬件型号、软件版本、CDP 通告的维持时间（默认为 180 秒）以及相关接口标识等，邻居设备收到后会保存在自己的 CDP 邻居表中。

12.1.2 LLDP 简介

LLDP（Link Layer Discovery Protocol，链路层发现协议）是在 IEEE 802.1ab 中定义的二层协议，它提供了一种标准的链路层发现方式，LLDP 消息以太网 II 帧（类型字段值为 0x88CC）或者以太网 IEEE 802.3 SNAP 帧（协议 ID 字段值为 0x88CC）以组播（组播的目的 MAC 地址为 0180.c200.000e）方式发送，可以将本设备的主要能力、管理地址、设备标识、接口标识等信息组织成不同的 TLV（Type/Length/Value，类型／长度／值），并封装在 LLDPDU（Link Layer Discovery Protocol Data Unit，链路层发现协议数据单元）中发送给与自己直连的邻居，邻居收到这些信息后将其以标准 MIB（Management Information Base，管理信息库）的形式保存起来，以供网络管理系统查询及判断链路的通信状况。Cisco 设备的 LLDP 功能默认是关闭的，启用该功能后 Cisco 设备默认每 30 秒发送一次 LLDP 通告，LLDP 通告的维持时间默认为 120 秒。

12.2 NTP 和系统日志概述

12.2.1 NTP 简介

在网络设备上使用精确的时间可以使得管理员能够使用正确时间戳来精确跟踪如安全违

规等网络事件，正确解读系统日志数据中的事件和数字证书，及时准确地排除网络故障。NTP（Network Time Protocol，网络时间协议）是一种用于同步计算机系统时钟的协议。NTP 工作端口为 UDP 123 端口。NTP 使网络设备将其时间设置与 NTP 服务器同步，确保从单一来源获取时间和日期信息的 NTP 客户端的时间设置具有更高的一致性。

NTP 可以从内部或外部时间来源获得正确的时间，包括本地主时钟、网络上的主时钟和 GPS 或原子钟。为防止对时间服务器的恶意破坏，NTP 使用了验证机制来确保时间来源的可靠性。时间按 NTP 服务器的等级传播。NTP 服务器位于不同的层（Stratum）中。层一在顶层，而层二则从层一获取时间，层三从层二获取时间，以此类推。

12.2.2 系统日志简介

当网络上发生某些事件时，网络设备根据网络事件所导致的结果生成日志消息，网络设备具有向管理员通知详细系统消息的机制，这些消息可能并不重要，也可能事关重大。网络管理员可以采用多种方式来存储、解释和显示这些消息，并接收可能会对网络基础设施具有最大影响的消息警报。系统日志（Syslog）消息可以发送到设备内部缓冲区，但是只能通过设备的 CLI 进行查看。系统日志消息也可以通过网络发送到外部系统日志服务器。访问系统消息的最常用方法是使用系统日志协议。系统日志使用 UDP 514 端口将系统日志消息通过 IP 网络发送到系统日志服务器，使得网络管理员能够利用日志记录信息来进行网络监控和故障排除。大多数网络设备支持系统日志，包括路由器、交换机、应用服务器、防火墙和其他网络设备。

每个系统日志消息中包含一个严重级别，严重级别可以用数字表示（0～7），表 12-1 所示为系统日志安全级别。数字级别越小，系统日志警报越严重。默认情况下，Cisco 路由器和交换机会向控制台发送所有严重级别的日志消息。

表 12-1　系统日志安全级别

严 重 级 别	含　义	说　明
0	Emergencies（紧急）	系统不可用（最高级别）
1	Alerts（警报）	需要立即采取操作
2	Critical（严重）	关键条件
3	Errors（错误）	错误条件
4	Warnings（警告）	警告条件
5	Notifications（通知）	正常但是比较重要
6	Informational（信息）	信息性消息
7	Debugging（调试）	调试消息

系统日志消息格式如图 12-1 所示，各字段的含义如下所述。

① seq no：日志消息序号，仅当配置 **service sequence-numbers** 命令才会显示此字段。

② timeStamp：消息或事件发生的时间戳，仅在配置了 **service timestamps log datetime msec** 命令才会显示此字段，使用 **no service timestamps log** 命令关闭显示此字段。

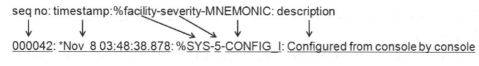

图 12-1　系统日志消息格式

③ **facility**：表示硬件设备或者协议等，如 IP、OSPF 协议、SYS 和 LINK 等。
④ **serverity**：表示事件严重程度或者严重级别。
⑤ **MNEMONIC**：唯一标识日志消息的代码。
⑥ **description**：消息体，表示已报告事件的详细信息。

12.3　路由器 IOS 许可证

12.3.1　路由器 IOS 许可证简介

Cisco 每台 ISR G2 路由器（如 19、29、39 系列）设备出厂时都安装了通用的 IOS 映像（Universal IOS），集成了全部路由功能技术包和功能集，包括基本的 IP Base 技术包和高级的技术包如安全及特性技术包。每个技术包包含一组特定技术的功能，除了基本的 IP Base 技术包，使用每个高级技术包和功能集都需要单独购买对应的许可证，并激活安装许可证。最为常用的技术包许可包括 IP Base、数据、统一通信和安全 4 种。

ISR G2 IOS 中支持 2 种类型的通用映像：一种是映像名称中带有"**universalk9**"标识的通用映像，此通用映像可提供所有 IOS 功能；另一种是映像名称中带有"**universalk9_npe**"标识的通用映像，"**npe (No Payload Encryption)**"表示通用映像不支持任何强负载加密，适用于具有加密限制的国家／地区。

12.3.2　路由器 IOS 许可证申请和安装步骤

新路由器在发货时将预装软件映像以及客户所指定技术包或功能相应的永久许可证。如果后续再申请购买某一功能相应技术包或功能的许可证，通常分为以下 3 个步骤。

1．购买要安装到路由器上的技术包或功能

软件激活的许可证需要提供许可证的产品激活密钥（Product Authorization Key，PAK）以及有关 Cisco 最终用户许可协议（End User License Agreement，EULA）的重要信息。PAK 是由 Cisco 制造商创建的 11 位含有字母和数字的密钥。它定义了与 PAK 相关的功能集。在创建许可证后，PAK 才会与特定设备相关联。可以购买 PAK 以生成任何指定数量的许可证。在大多数情况下，Cisco 或 Cisco 渠道合作伙伴已经激活了在购买时订购的许可证，而不提供任何软件激活密钥。

2．获取许可证

可以使用以下 2 种方式获取许可证或许可文件，这 2 个过程都需要使用 PAK 编号和唯一设备标识符（Unique Device Identifier，UDI）。UDI 是产品 ID（PID）、序列号（SN）和硬件版本的组合。SN 是唯一标识设备的 11 位数字，网址 PID 将标识设备的类型。只有 PID 和 SN 用于许可证的创建。

① 从 https://www.cisco.com/go/clm 网址获取 Cisco 授权管理程序（Cisco License Manager，CLM），CLM 是一个免费的应用软件，可以发现网络设备，查看其许可证信息并帮助网络管理员在其网络中快速部署多个 Cisco 软件许可证。

② 从 https://www.cisco.com/go/license 网址获取并注册个人软件授权码，这是 Cisco 授权注册的门户网站。

在输入相应信息后，客户将收到一份包含用于安装许可文件的许可信息的电子邮件。许可文件是带有".lic"扩展名的 XML 文本文件。

3．安装许可证

安装永久许可证需要以下 2 个步骤。
① 使用 license install 命令安装许可文件。
② 使用 reload 命令重新加载路由器。

【提示】

如果没有购买许可证，又要体验一下相应技术包或功能集的特性，可以免费试用评估许可证。评估许可证将在 60 天后替换为评估使用权许可证。评估许可证在 60 天的评估期内有效。在 60 天后，此许可证将自动过渡为 RTU（Right-To-Use）许可证。

12.4 配置 CDP 和 LLDP

12.4.1 实验 1：配置 CDP

1．实验目的

通过本实验可以掌握：
① CDP 特征。
② CDP 配置和调试方法。
③ 通过 CDP 查看设备直连邻居信息的方法。

2．实验拓扑

配置 CDP 的实验拓扑如图 12-2 所示。

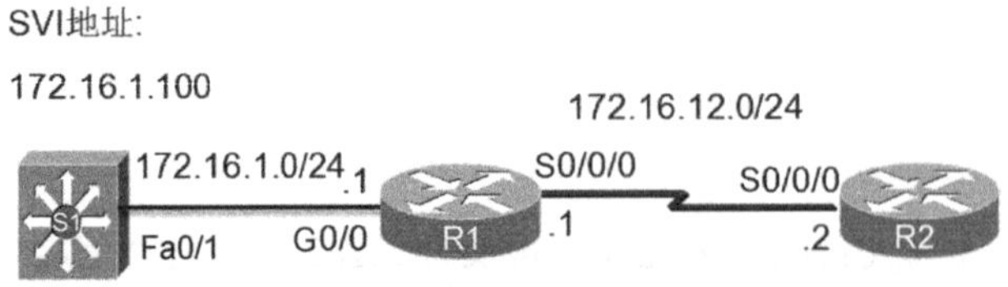

图 12-2　配置 CDP 的实验拓扑

3. 实验步骤

（1）配置路由器 R1

```
R1(config)#interface Serial0/0/0
R1(config-if)#ip address 172.16.12.1 255.255.255.0
R1(config-if)#no shutdown
R1(config-if)#exit
R1(config)#interface GigabitEthernet0/0
R1(config-if)#ip address 172.16.1.1 255.255.255.0
R1(config-if)#no shutdown
R1(config-if)#exit
```

（2）配置路由器 R2

```
R2(config)#interface Serial0/0/0
R2(config-if)#ip address 172.16.12.2 255.255.255.0
R2(config-if)#no shutdown
R2(config-if)#exit
```

（3）配置交换机 S1

```
S1(config)#interface Vlan1
S1(config-if)#ip address 172.16.1.100 255.255.255.0
S1(config-if)#no shutdown
S1(config-if)#exit
```

4. 实验调试

（1）查看 CDP 运行的信息

```
R1#show cdp                              //查看 CDP 运行的信息
    Global CDP information:
        Sending CDP packets every 60 seconds
        Sending a holdtime value of 180 seconds
        Sending CDPv2 advertisements is  enabled
```

以上输出表明默认时 CDP 是运行的，每 60 秒从接口发送 CDP 消息，以太网中该消息是 IEEE 802.3 帧，目的 MAC 地址为 0100.0ccc.cccc 组播地址。邻居收到 CDP 消息后会放入自己的 CDP 表中，并保存 180 秒，当前使用 CDP 版本 2。

（2）查看接口 CDP 的运行情况

```
R1#show cdp interface gigabitEthernet0/0    //查看接口 CDP 的运行情况
GigabitEthernet0/0 is up, line protocol is up
    Encapsulation ARPA
    Sending CDP packets every 60 seconds    //CDP 发送间隔
    Holdtime is 180 seconds                 //CDP 维持时间
```

（3）查看设备直连邻居 CDP 的信息

```
R1#show cdp neighbors                       //查看设备直连邻居 CDP 的信息
Capability Codes: R - Router, T - Trans Bridge, B - Source Route Bridge
                  S - Switch, H - Host, I - IGMP, r - Repeater, P - Phone,
                  D - Remote, C - CVTA, M - Two-port Mac Relay
```

Device ID	Local Interface	Holdtme	Capability	Platform	Port ID
R2	Ser 0/0/0	172	R B S	CISCO2911	Ser 0/0/0
S1	Gig 0/0	138	S I	WS-C3560V	Fas 0/1
Total cdp entries displayed: 2					

以上输出表明路由器 R1 有 2 个 CDP 邻居：R2 和 S1，各字段的含义如下所述。

① **Device ID**：表示 CDP 邻居的主机名。

② **Local Interface**：本地接口，表示 R1 通过自己哪个接口和 CDP 邻居连接。

③ **Holdtme**：指收到邻居发送的 CDP 消息以来的有效时间，采用从 180 秒倒计时。

④ **Capability**：表示邻居的设备类型及其功能，输出的前三行 Capability Codes 对各代码进行了说明。

⑤ **Platform**：表示邻居设备的硬件型号。

⑥ **Port ID**：端口 ID，表示 R1 是连接对方设备的哪个接口上。

（4）查看设备直连 CDP 邻居的详细信息

```
R2#show cdp neighbors detail            //查看设备直连 CDP 邻居的详细信息
-------------------------
Device ID: R1                           //邻居的主机名
Entry address(es):                      //接口 IP 地址
   IP address: 172.16.12.1
Platform: Cisco CISCO2911/K9,  Capabilities: Router Source-Route-Bridge Switch
//硬件平台和设备类型
Interface: Serial0/0/0,  Port ID (outgoing port): Serial0/0/0   //本地接口和对端的邻居接口
Holdtime: 150 sec                       //维持 CDP 邻居的时间
Version:
Cisco IOS Software, C2900 Software (C2900-UNIVERSALK9-M), Version 15.7(3)M, RELEASE SOFTWARE (fc1)
Technical Support: http://www.cisco.com/techsupport
Copyright (c) 1986-2017 by Cisco Systems, Inc.
Compiled Thu 27-Jul-17 02:37 by prod_rel_team
//以上 6 行显示路由器 R1 的 IOS 信息
advertisement version: 2                //CDP 通告的版本
VTP Management Domain: "                //VTP 域名信息
Management address(es):                 //管理 IP 地址
   IP address: 172.16.12.1
-------------------------
Total cdp entries displayed: 1
```

【提示】

show cdp neighbors detail 命令和 **show cdp entry** *命令功能一样，后者的*可以是设备具体的名字。**clear cdp table** 命令可以清除 CDP 表项。

（5）关闭与开启 CDP 以及 CDP 参数调整

```
R1(config)#interface gigabitEthernet 0/0
R1(config-if)#no cdp enable             //关闭本接口的 CDP 功能，其他接口还运行 CDP
R1(config-if)#exit
R1(config)#no cdp run                   //路由器全局关闭 CDP
R1(config)#cdp run                      //路由器全局开启 CDP
```

```
R1(config)#cdp timer 10              //调整 CDP 消息发送时间间隔为 10 秒
R1(config)#cdp holdtime 30           //调整 CDP 消息的 holdtime 为 30 秒
R1#show cdp
Global CDP information:
        Sending CDP packets every 10 seconds
        Sending a holdtime value of 30 seconds
        Sending CDPv2 advertisements is  enabled
// CDP 发送时间间隔、保存时间已经被修改
```

（6）查看 CDP 流量情况

```
R1#show cdp traffic                  //查看 CDP 流量情况
    CDP counters:
            Total packets output: 429, Input: 394
            Hdr syntax: 0, Chksum error: 0, Encaps failed: 0
            No memory: 0, Invalid packet: 0,
            CDP version 1 advertisements output: 0, Input: 0
            CDP version 2 advertisements output: 429, Input: 394
//路由器 R1 收到和发送的 CDP 数据包的数量
```

12.4.2　实验 2：配置 LLDP

1．实验目的

通过本实验可以掌握：
① LLDP 特征。
② LLDP 配置和调试方法。
③ 通过 LLDP 查看设备直连邻居信息的方法。

2．实验拓扑

配置 LLDP 的实验拓扑如图 12-3 所示。

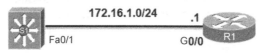

图 12-3　配置 LLDP 的实验拓扑

3．实验步骤

（1）配置路由器 R1

```
R1(config)#lldp run                  //全局启用 LLDP 功能，默认是关闭的
R1(config)#interface GigabitEthernet0/0
R1(config-if)#ip address 172.16.1.1 255.255.255.0
R1(config-if)#lldp receive           //配置接口发送 LLDP 数据包，这是默认配置
R1(config-if)#lldp transmit          //配置接收 LLDP 数据包，这是默认配置
```

（2）配置交换机 S1

```
S1(config)#lldp run
S1(config)#interface Vlan1
S1(config-if)#ip address 172.16.1.100 255.255.255.0
S1(config-if)#no shutdown
S1(config-if)#exit
```

4．实验调试

（1）查看 LLDP 运行的信息

```
R1#show lldp    //查看 LLDP 运行的信息
  Global LLDP Information:
    Status: ACTIVE    //LLDP 为活跃状态
    LLDP advertisements are sent every 30 seconds
    LLDP hold time advertised is 120 seconds
    LLDP interface reinitialisation delay is 2 seconds
```

以上输出表明 LLDP 状态是活跃的，每 30 秒从接口发送 LLDP 消息。邻居收到 LLDP 消息后会放入自己的 LLDP 表中，并保存 120 秒。LLDP 接口重新初始化延时为 2 秒，可以避免因接口工作模式频繁改变而导致接口不断执行初始化操作。

（2）查看接口 LLDP 的运行情况

```
R1#show lldp interface gigabitEthernet 0/0    //查看接口 LLDP 的运行情况
GigabitEthernet0/0:
  Tx: enabled                                 //启用 LLDP 发送能力
  Rx: enabled                                 //启用 LLDP 接收能力
  Tx state: IDLE                              //发送状态
  Rx state: WAIT FOR FRAME                    //接收状态
```

（3）查看直连设备 LLDP 邻居的信息

```
R1#show lldp neighbors                        //查看直连设备 LLDP 邻居的信息
Capability codes:
    (R) Router, (B) Bridge, (T) Telephone, (C) DOCSIS Cable Device
    (W) WLAN Access Point, (P) Repeater, (S) Station, (O) Other
Device ID           Local Intf      Hold-time   Capability    Port ID
S1                  Gi0/0           120         B             Fa0/1
Total entries displayed: 1
```

以上输出表明路由器 R1 有 1 个 LLDP 邻居 S1，各字段的含义如下所述。

① **Device ID**：表示 LLDP 邻居的主机名。

② **Local Intf**：本地接口，表示 R1 通过自己哪个接口和 LLDP 邻居连接。

③ **Hold-time**：维持时间。

④ **Capability**：表示邻居的设备类型和功能，前两行 **Capability Codes** 对各符号进行了说明。

⑤ **Port ID**：端口 ID，表示 R1 与对方设备 S1 的哪个端口连接。

（4）查看直连设备 LLDP 邻居的详细信息

```
R1#show lldp neighbors detail                 //查看直连设备 LLDP 邻居的详细信息
```

第 12 章 设备发现、维护和管理

```
------------------------------------------
Local Intf: Gi0/0                         //路由器 R1 和交换机 S1 相连的本地端口
Chassis id: d0c7.89ab.1180                //交换机基准 MAC 地址
Port id: Fa0/1                            //交换机 S1 和路由器 R1 相连的端口
Port Description: FastEthernet0/1         //端口描述
System Name: S1                           //LLDP 邻居的主机名
System Description:                       //LLDP 邻居的系统描述
Cisco IOS Software, C3560 Software (C3560-IPSERVICESK9-M), Version 15.0(2)SE11, RELEASE
SOFTWARE (fc3)
Technical Support: http://www.cisco.com/techsupport
Copyright (c) 1986-2017 by Cisco Systems, Inc.
Compiled Sat 19-Aug-17 09:21 by prod_rel_team
//以上 5 行显示交换机 S1 的 IOS 信息
Time remaining: 91 seconds                //hold-time 时间,从 120 秒倒计时
System Capabilities: B,R                  //设备能力
Enabled Capabilities: B    //启用能力,如果在 S1 上用 ip routing 命令开启路由功能,此处显示 B,R
Management Addresses:      //交换机 S1 管理地址
    IP: 172.16.1.100
Auto Negotiation - supported, enabled     //支持并启用自动协商
Physical media capabilities:              //物理介质能力
    100base-TX(FD)
    100base-TX(HD)
    10base-T(FD)
    10base-T(HD)
Media Attachment Unit type: 16            //介质连接单元类型
Vlan ID: 1    //与路由器 R1 相连的交换机 S1 端口所在 VLAN
Total entries displayed: 1
```

（5）关闭与开启 LLDP 以及 LLDP 参数调整

```
R1(config)#interface gigabitEthernet 0/0
R1(config-if)#no lldp receive
//关闭本接口的 LLDP 数据包接收功能,当 hold-time 时间为 0 时,LLDP 邻居消失,当从接口收
到 LLDP 数据包时,显示丢弃 LLDP 信息如下
    *Nov  8 10:50:44.929: LLDP pkt drop on intf GigabitEthernet0/0
R1(config-if)#no lldp transmit       //关闭本接口的 LLDP 数据包发送功能
R1(config-if)#exit
R1(config)#no lldp run               //路由器全局关闭 LLDP 功能
R1(config)#lldp run                  //路由器全局开启 LLDP
R1(config)#lldp timer 15             //调整 LLDP 消息发送时间间隔为 15 秒
R1(config)#lldp holdtime 60          //调整 LLDP 消息的 holdtime 为 60 秒
```

12.5 配置 NTP 和系统日志

12.5.1 实验 3：配置 NTP

1. 实验目的

通过本实验可以掌握：

① NTP 的工作原理。
② NTP 配置和调试方法。

2．实验拓扑

配置 NTP 的实验拓扑如图 12-4 所示。

图 12-4　配置 NTP 的实验拓扑

3．实验步骤

（1）配置路由器 R1 和交换机 S1 地址信息

① 配置路由器 R1 地址信息。

```
R1(config)#interface gigabitEthernet 0/0
R1(config-if)#ip address 172.16.1.1 255.255.255.0
R1(config-if)#no shutdown
```

② 配置交换机 S1 地址信息。

```
S1(config)#interface vlan 1
S1(config-if)#ip address 172.16.1.100 255.255.255.0
S1(config-if)#no shutdown
```

（2）配置路由器 R1 为 NTP 服务器

```
R1#clock set 10:30:00 8 jan 2018              //修改系统时间
R1(config)#clock timezone GMT +8              //配置时区
R1(config)#ntp master 3                       //配置路由器为 NTP 主时钟源，层级为 3
R1(config)#ntp authentication-key 1 md5 cisco123  //配置 NTP 验证的 Key ID 和 Key
R1(config)#ntp trusted-key 1                  //配置 NTP 信任的 Key ID
R1(config)#ntp source gigabitEthernet 0/0
  //配置发送 NTP 数据包使用 G0/0 接口的地址作为源 IP 地址
```

（3）配置交换机 S1 为 NTP 客户端

```
S1(config)#ntp server 172.16.1.1 key 1 source vlan1
//配置 NTP 服务器的地址和发送 NTP 数据包使用 VLAN1 的地址作为源 IP 地址
S1(config)#ntp authentication-key 1 md5 cisco123
S1(config)#ntp authenticate                   //启用 NTP 验证
S1(config)#ntp trusted-key 1
```

4．实验调试

（1）查看 NTP 状态

```
S1#show ntp status      //查看 NTP 状态
```

Clock is **synchronized, stratum** 4**, reference** is 172.16.1.1   //时钟已经同步，该时钟层数，参考时钟源的 IP 地址
nominal freq is 119.2092 Hz, actual freq is 119.2092 Hz, precision is 2**17
//标称频率、实际频率和精度
reference time is DDFDCB1D.985C80C0 (10:49:01.595 UTC Mon Jan 8 2018)   //参考时间
clock offset is 1.0610 msec, root delay is 1.37 msec   //时钟偏移，根延时
root dispersion is 7939.43 msec, peer dispersion is 7937.50 msec
loopfilter state is 'CTRL' (Normal Controlled Loop), drift is 0.000000000 s/s
system poll interval is 64, last update was 29 sec ago.
//系统轮询间隔和距离最后一次更新的时间
```

（2）查看系统时钟

```
S1#**show clock**
\*12:02:32.115 UTC Mon Mar 1 1993   //交换机 S1 系统时钟未同步的时间
S1#**show clock**
10:59:28.174 UTC Mon Jan 8 2018   //交换机 S1 通过 NTP 时钟同步的时间
```

12.5.2　实验 4：配置系统日志

1．实验目的

通过本实验可以掌握：
① TFTP 软件的安装方法。
② 系统日志配置和调试方法。

2．实验拓扑

配置系统日志的实验拓扑如图 12-5 所示。

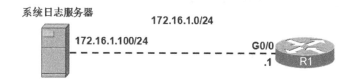

图 12-5　配置系统日志的实验拓扑

3．实验步骤

本实验日志服务器安装的是 TFTPD32 软件。
配置路由器 R1：

```
R1(config)#**interface gigabitEthernet 0/0**
R1(config-if)#**ip address 172.16.1.1 255.255.255.0**
R1(config-if)#**exit**
R1(config)#**logging on**              //开启日志功能，默认就是开启的
R1(config)#**logging console debugging**  //把日志信息在控制台上显示出来，也是默认行为，debugging 等级是 7，这就意味着级别为 0～7 的日志都会显示出来
R1(config)#**logging buffered debugging**
```
```

//把日志存储在内存中，使用 show logging 命令可以看到日志信息，当缓存达到最大容量时，先存储的日志信息将被丢弃，以便存储最新的日志信息

R1(config)#**logging host 172.16.1.100**　　　//配置将日志发送到日志服务器的地址
R1(config)#**logging trap debugging**　　　　//配置发送到日志服务器的日志严重等级
R1(config)#logging origin-id ip
//配置发送日志时使用 IP 地址作为 ID，默认用主机名
R1(config)#logging facility local7　　　　　　//将记录事件类型定义为 local7
R1(config)#service timestamps log　　　　　　//日志中要加上日志发生的时间戳
R1(config)#service timestamps log datetime msec　//日志发生时间采用绝对时间
R1(config)#service sequence-numbers　　　　　//日志中要加入序号

4．实验调试

在路由器上执行一些操作，日志服务器显示的日志信息如图 12-6 所示。

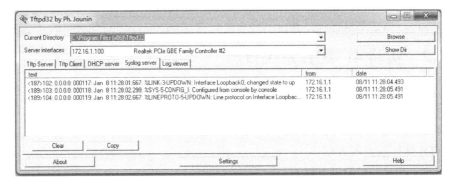

图 12-6　日志服务器显示的日志信息

12.6　IOS 恢复和 IOS 许可证获取、安装和管理

12.6.1　实验 5：IOS 恢复

1．实验目的

通过本实验可以掌握：
① COPY 方式恢复 IOS 的步骤。
② TFTPDNLD 方式恢复 IOS 的步骤。
③ Xmodem 方式恢复 IOS 的步骤。

2．实验拓扑

路由器 IOS 恢复的实验拓扑如图 12-7 所示。

3．实验步骤

如果工作中不慎误删路由器 IOS，或者升级了错误版本的 IOS，导致路由器不能正常启

动,可以通过 COPY 方式恢复 IOS,也可以通过 TFTPDNLD 恢复 IOS,还可以用 Xmodem 方式通过 Console 端口恢复 IOS,然而由于 Console 端口的速率很慢,除非万不得已,否则很少有人采用。需要注意的是,如果误删除了 IOS,请不要将路由器关机或者重启,这样可以直接使用 COPY 方式从 TFTP 服务器恢复 IOS,这比起上述其他 2 种方法都简单。注意,也可以通过命令 **tftp-server   flash0:c2900-universalk9-mz.SPA.157-3.M.bin** 把路由器配置成 TFTP 服务器,这样就不需要单独的 TFTP 服务器了。

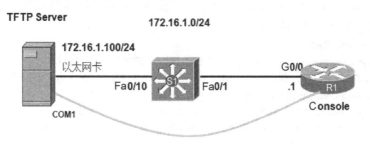

图 12-7　路由器 IOS 恢复的实验拓扑

(1) 通过 COPY 方式恢复 IOS

① 查看 IOS 文件系统。

```
R1#show file systems              //查看 IOS 文件系统
File Systems:
        Size(b)      Free(b)       Type     Flags    Prefixes
             -            -       opaque      rw      archive:
             -            -       opaque      rw      system:
             -            -       opaque      rw      tmpsys:
             -            -       opaque      rw      null:
             -            -       network     rw      tftp:
*     256487424    143253504       disk       rw      flash0: flash:#
             -            -         disk       rw      flash1:
        262136       254916        nvram      rw      nvram:
             -            -       opaque      wo      syslog:
             -            -       opaque      rw      xmodem:
             -            -       opaque      rw      ymodem:
             -            -       network     rw      rcp:
             -            -       network     rw      pram:
             -            -       network     rw      http:
             -            -       network     rw      ftp:
             -            -       network     rw      scp:
             -            -       opaque      ro      tar:
             -            -       network     rw      https:
             -            -       opaque      ro      cns:
             -            -       opaque      rw      security:
      2014314496   1379631104      usbflash    rw      usbflash0:
```

以上输出列出了 Flash、NVRAM 和 USBFlash 的总的可用空间和空闲空间的大小、文件系统的类型及其权限和文件系统的前缀名称。在命令输出的 Flags 字段中显示权限包括只读

（ro）、只写（wo）和读写（rw）。值得注意的是 **usbflash0**：只有在插入 Flash 后才会显示。Cisco 交换机和路由器上支持许多基本 UNIX 命令，如用于更改文件系统或目录的 **cd** 命令、用于显示文件系统目录的 **dir** 命令和用于显示当前工作目录的 **pwd** 命令等。

② 删除 IOS 文件，模拟误删除。

```
R1#delete flash0:c2900-universalk9-mz.SPA.157-3.M.bin
Delete filename [c2900-universalk9-mz.SPA.157-3.M.bin]?
Delete flash0:/c2900-universalk9-mz.SPA.157-3.M.bin? [confirm]    //回车确认
```

③ 从 TFTP 服务器上复制 IOS

```
R1#copy tftp flash
Address or name of remote host []? 172.16.1.100    //TFTP 服务器地址
Source filename []? c2900-universalk9-mz.SPA.157-3.M.bin    //恢复的 IOS 文件名
Destination filename [c2900-universalk9-mz.SPA.157-3.M.bin]?
Accessing tftp://172.16.1.100/c2900-universalk9-mz.SPA.157-3.M.bin...
Loading c2900-universalk9-mz.SPA.157-3.M.bin from 172.16.1.100 (via GigabitEthernet 0/0):
!!!!!!!!!!!!!!!!!!!!!!!!!!!!!!!!!!!!!!!!!!!!!!!!!!!!!!!!!!!!!!!!!
[OK - 111045500 bytes]
111045500 bytes copied in 239.564 secs (463532 bytes/sec)
R1#show flash0: | include c2900
1      111045500  Jan 8 2018 20:21:52 +08:00  c2900-universalk9-mz.SPA.157-3.M.bin
//从 TFTP 服务器上恢复 IOS 成功
```

（2）通过 TFTPDNLD 恢复 IOS

IOS 丢失或者毁坏后，掉电或者重启，路由器加载 IOS 文件失败后，开机将进入 rommon（ROM 监控）模式。恢复 IOS 之前请确保服务器上启动 TFTP 服务，并将 IOS 放置到正确的目录中。路由器配置步骤如下所述。

```
rommon 2 > IP_ADDRESS=172.16.1.1           //配置路由器第一个以太网接口 IP 地址
rommon 3 > IP_SUBNET_MASK=255.255.255.0    //配置网络掩码
rommon 4 > DEFAULT_GATEWAY=172.16.1.100
//默认网关地址，由于路由器和 TFTP 服务器在同一网段，是不需要网关的，但是必须配置该参数，所以把默认网关指向了 TFTP 服务器 IP 地址
rommon 5 > TFTP_SERVER=172.16.1.100        //TFTP 服务器 IP 地址
rommon 6 > TFTP_FILE= c2900-universalk9-mz.SPA.157-3.M.bin    //IOS 文件名
//以上 5 个参数必须配置
rommon 8 > tftpdnld                        //从 TFTP 服务器上恢复 IOS
         IP_ADDRESS: 172.16.1.1
     IP_SUBNET_MASK: 255.255.255.0
    DEFAULT_GATEWAY: 172.16.1.100
        TFTP_SERVER: 172.16.1.100
          TFTP_FILE: c2900-universalk9-mz.SPA.157-3.M.bin
//以上 5 行显示配置的 5 个参数
       TFTP_VERBOSE: Progress
   TFTP_RETRY_COUNT: 18
       TFTP_TIMEOUT: 7200
      TFTP_CHECKSUM: Yes
       TFTP_MACADDR: 00:23:04:e5:b2:20
            FE_PORT: Fast Ethernet 0
      FE_SPEED_MODE: Auto
```

```
              //以上 7 行是可选参数，可以使用默认配置
Invoke this command for disaster recovery only.                    //此命令用于灾难恢复
WARNING: all existing data in all partitions on flash will be lost!
Do you wish to continue? y/n:    [n]:    y
//回答"y"开始从 TFTP 服务器上恢复 IOS，根据 IOS 的大小，时间不同
Receiving c2900-universalk9-mz.SPA.157-3.M.bin from 172.16.1.100
 !!!!!!!!!!!!!!!!!!!!!!!!!!!!!!!!!!!!!!!!!!!!!!!!!!!!!!!!!!!
File reception completed.
Validating checksum.               //从 TFTP 服务器成功接收了 IOS 后会进行校验
Copying file c2900-universalk9-mz.SPA.157-3.M.bin to flash.
Eeeeeeeeeeeeeeeeeeeeeeeeeeeeeeeeeeeeeeeeeeeee
rommon 9 > reset                   //重启路由器
```

（3）通过 Xmodem 方式利用 Console 端口恢复 IOS

在 SecureCRT 窗口中，选择【传输】下拉菜单，然后单击【发送 XModem[N]...】，传输菜单如图 12-8 所示。打开如图 12-9 所示窗口，选择 IOS 文件，单击【发送】按钮发送文件。如图 12-10 所示开始传输 IOS 文件。由于速度很慢，通常需要几个小时，请耐心等待，通信速率为 9 600 bps，传送完毕后执行 boot 命令启动路由器。

图 12-8 传输菜单

图 12-9 选择 IOS 文件

图 12-10 开始传输 IOS 文件

12.6.2 实验 6：IOS 许可证获取、安装和管理

1．实验目的

通过本实验可以掌握：
① 注册 CCO 账号的方法。
② 查看路由器产品 PID 和 SN 的方法。
③ 下载和安装评估许可证的方法。
④ 许可证管理的方法。

2．实验步骤

（1）注册账号

在 www.cisco.com 注册 CCO（Cisco Connection Online）账号。

（2）下载许可证文件

① 访问 https://www.cisco.com/go/license 网站，用刚刚注册的 CCO 账号登录，单击绿色

背景按钮【Continue to Product License Registration】，在【Product License Registration】页面，输入购买的 PAK 后，单击【Fulfill】按钮查找到已经购买的技术包，如果已经执行过，会提示类似"3901J60E978 is completely fulfilled."的信息，接下来输入 PID 和 SN 信息并确认，开始授权，完成后，生成一个后缀为".lic"许可证文件，会发送到你的邮箱里，也可以直接从页面单击【Download】按钮下载许可证文件。

② 由于本实验室设备在购买时，已经买了数据、安全和 UC 的许可证，Cisco 渠道合作伙伴在供货时已经激活了订购的许可证，因此没有提供产品 PAK。本实验仅仅通过申请安全评估许可证来演示许可证申请和安装。在【Product License Registration】页面单击【Get Other Licenses】菜单，然后单击【Demo and Evaluation】，如图 12-11 所示，完成 Demo and Evaluation 许可证申请。

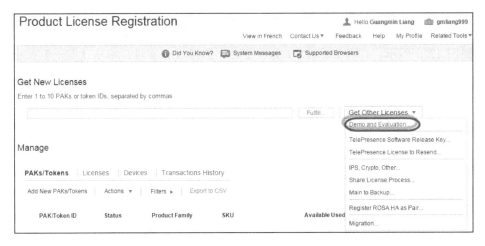

图 12-11　Demo and Evaluation 许可证申请

③ 在【Get Demo and Evaluation Licenses】页面中的【Select Product】选项卡左侧【Product Family】一栏中单击【Routers&Switches】，在右侧【Product】一栏中单击【Security Feature License for 1900/2900/3900 Series】，单击【Next】按钮，如图 12-12 所示选择 Security Feature License。

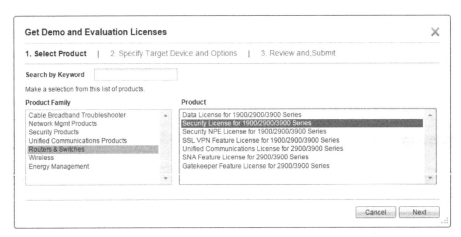

图 12-12　选择 Security Feature License

④ 在【Get Demo and Evaluation Licenses】页面中的【Specify Target Device and Options】选项卡的【ISR G2 Temporary Licenses】下的【Select Type of Series】单选框中单击【**60 Day Security License for 2900 Series**】，在文本框【Product ID】中输入路由器 PID，在文本框【Serial Number】中输入路由器 SN，单击【Next】按钮，如图 12-13 所示，选定设备并输入 PID 和 SN。Product ID 和 Serial Number 在路由器包装箱上面的产品信息中可以看到，也可以通过命令 **show license udi** 或者 **show version** 查看。

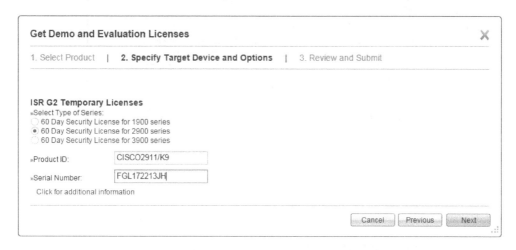

图 12-13　选定设备并输入 PID 和 SN

⑤ 在【Get Demo and Evaluation Licenses】页面中的【Review and Submit】选项卡会显示接收许可证文件的收件人 E-mail 地址和接收人的姓名以及需求的许可证名称和数量，选中下方的【I Agree with the Terms of the License Agreement】复选框，单击【Submit】按钮，确认许可证信息如图 12-14 所示。

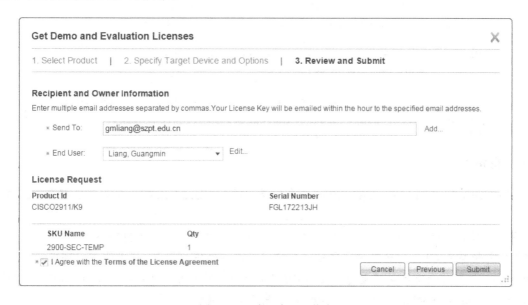

图 12-14　确认许可证信息

⑥ 在【License Request Status】页面得知许可证文件已经发送到邮箱，许可证请求状态如图 12-15 所示。当然直接单击【Download】按钮可以直接下载该许可证文件，下载后的文件是一个 ZIP 文件，解压后是后缀为 ".lic" 的文件。

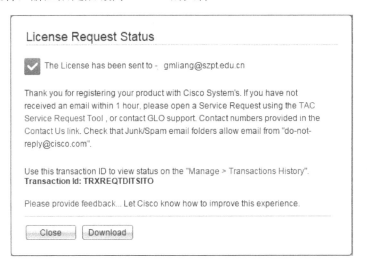

图 12-15　许可证请求状态

（3）将许可证文件复制到 Flash 中

```
R1#copy usbflash1:FGL172213JH_201604230021581110.lic flash0:
Destination filename [FGL172213JH_201604230021581110.lic]?
Copy in progress...C
1239 bytes copied in 0.524 secs (2365 bytes/sec)
```

（4）安装许可证文件并重启路由器

```
R1#license install flash0:FGL172213JH_201604230021581110.lic
Installing licenses from "flash0:FGL172213JH_201604230021581110.lic"
Expiring licenses are being installed in the device with
UDI "CISCO2911/K9:FGL172213JH" for the following features:
        Feature Name: securityk9
（此处省略部分信息）
your acceptance of this agreement.ACCEPT? [yes/no]: yes    //接受最终用户许可协议
Installing...Feature:securityk9...Successful:Supported
1/1 licenses were successfully installed
```

【提示】

　　license accept end user agreement 命令用于为所有 Cisco IOS 技术包和功能配置 EULA。执行此命令并接受最终用户许可协议（End User License Agreement，EULA）后，EULA 会自动应用于所有 Cisco IOS 许可证，而且在许可证安装过程中，系统不再提示用户接受 EULA。评估许可证将在 60 天后替换为评估使用权许可证。评估许可证在 60 天的评估期内有效。在 60 天后，此许可证将自动过渡为 RTU（Right To Use）许可证。**license boot module** *module-name* **technology-package** *package-name* 命令用来激活 RTU 许可证。

3. 实验调试

（1）查看设备 UDI 信息

R1#**show license udi**　//查看设备 UDI 信息			
Device#	PID	SN	UDI
*1	CISCO2911/K9	FGL172213JH	CISCO2911/K9:FGL172213JH

（2）查看许可证状态

R1#**show version | begin Technology Package License**		
Technology Package License Information for Module:'c2900'		
Technology	Technology-package Current　　　　　Type	Technology-package Next reboot
ipbase	ipbasek9　　　　　**Permanent**	ipbasek9
security	securityk9　　　　**Permanent**	securityk9
uc	uck9　　　　　　**Permanent**	uck9
data	datak9　　　　　**Permanent**	datak9
Configuration register is 0x2102		

以上输出表明本路由器当前技术包许可证激活的情况，因为已经购买了相应的许可证并激活，所以显示 **Permanent**。

（3）查看许可证使用情况

R1#**show license feature**					
Feature name	Enforcement	Evaluation	Subscription	Enabled	RightToUse
ipbasek9	**no**	**no**	**no**	**yes**	**no**
securityk9	**yes**	**yes**	**no**	**yes**	**yes**
uck9	**yes**	**yes**	**no**	**yes**	**yes**
datak9	**yes**	**yes**	**no**	**yes**	**yes**
FoundationSuiteK9	**yes**	**yes**	**no**	**no**	**yes**
AdvUCSuiteK9	yes	yes	no	no	yes
（此处省略部分输出）					

以上输出显示了每个技术包是否强制使用许可证、是否有评估许可证、是否订阅、启用的许可证以及具有使用权的许可证，从输出看出，除了 **ipbasek9** 技术包不需要购买许可证，其他技术包都需要购买相应的许可证。

（4）查看许可证信息

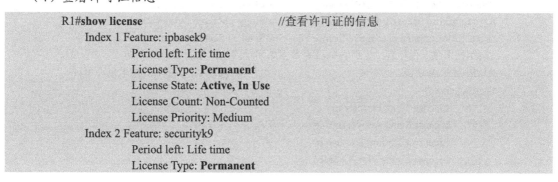

```
                License State: Active, In Use
                License Count: Non-Counted
                License Priority: Medium
        Index 3 Feature: uck9
                Period left: Life time
                License Type: Permanent
                License State: Active, In Use
                License Count: Non-Counted
                License Priority: Medium
        Index 4 Feature: datak9
                Period left: Life time
                License Type: Permanent
                License State: Active, In Use
                License Count: Non-Counted
                License Priority: Medium
        Index 5 Feature: FoundationSuiteK9
                Period left: Not Activated
                Period Used: 0  minute  0  second
                License Type: EvalRightToUse
                License State: Active, Not in Use, EULA not accepted
                License Count: Non-Counted
                License Priority: None
（此处省略部分输出）
```

以上输出显示每个许可证的详细信息，包括：

① 功能（Feature）——许可证的名称。

② 剩余时间（Period left）——无限期或者没有激活等。

③ 许可证类型（License Type）——永久或评估。

④ 许可证状态（License State）——激活、使用中或者没有使用等。

⑤ 许可证计数（License Count）——可用且正在使用的许可证的数量，如果表明非计数，则许可证不受限制。

⑥ 许可证优先级（License Priority）——高、中或低。

（5）许可证管理

```
R1#license save usbflash1:R1.lic                    //备份许可证
license lines saved ..... to usbflash1:R1.lic
R1(config)#license boot module c2900 technology-package datak9 disable
% use 'write' command to make license boot config take effect on next boot
//禁用技术包，保存后，使用 reload 命令重新启动路由器才能禁用技术包
R1(config)#no license boot module c2900 technology-package datak9 disable
% use 'write' command to make license boot config take effect on next boot
//启用技术包，保存后，使用 reload 命令重新启动路由器才能启用技术包
R1#license clear datak9                             //清除许可证存储中的技术包许可证
Feature: datak9
    1   License Type: Permanent
        License State: Active, In Use
        License Addition: Exclusive
        License Count: Non-Counted
```

```
Comment:
Store Index: 0
Store Name: Primary License Storage
Are you sure you want to clear? (yes/[no]): yes
```
有些许可证不能清除，例如内置许可证和评估许可证。只能移除通过使用 **license install** 命令添加的许可证。

12.7 实施密码恢复

12.7.1 实验 7：实施路由器密码恢复

1．实验目的

通过本实验可以掌握：
① 路由器密码恢复原理。
② 路由器密码恢复步骤。
③ 修改配置寄存器值的方法。

2．实验步骤

路由器密码恢复的过程如下所述。

① 路由器冷启动，1 分钟内按【**Ctrl+Break**】键进入 ROM 监控（ROM Monitor）rommon 模式，如下所示：

```
System Bootstrap, Version 15.0(1r)M16, RELEASE SOFTWARE (fc1)
Technical Support: http://www.cisco.com/techsupport
Copyright (c) 2012 by cisco Systems, Inc.
Total memory size = 512 MB - On-board = 512 MB, DIMM0 = 0 MB
CISCO2911/K9 platform with 524288 Kbytes of main memory
rommon 1 >
```

② 改变配置寄存器的值，使得路由器开机时不读取 NVRAM 中的配置文件。

```
    rommon 1 > confreg 0x2142
```

③ 重启路由器。

```
    rommon 2 > reset
    //路由器重启后会询问是否进入到 setup 配置模式，用【Ctrl+C】或回答 "n"，退出 setup 模式
```

④ 把配置文件从 NVRAM 拷贝到内存中，以便保留原有配置文件。

```
    Router>enable
    Router#copy startup-config running-config
```

⑤ 修改 enable 密码。

```
    R1(config)#enable secret cisco123@              //控制台和 VTY 密码也可以一起修改
```

⑥ 把寄存器的值恢复为正常值 0x2102。

```
    R1(config)#config-register 0x2102
    R1#copy running-config startup-config           //保存配置
```

⑦ 完成密码恢复，重启路由器。

```
    R1#reload
```

12.7.2 实验 8：实施交换机密码恢复

1. 实验目的

通过本实验可以掌握：
① 交换机密码恢复原理。
② 交换机密码恢复步骤。

2. 实验步骤

① 拔掉交换机电源，然后再加电，执行交换机冷启动，此时按住交换机前面板的 **Mode** 键，看到如下提示后进入监控模式。

```
Using driver version 1 for media type 1
Base ethernet MAC Address: d0:c7:89:c2:6c:80
Xmodem file system is available.
The password-recovery mechanism is enabled.
The system has been interrupted prior to initializing the
flash filesystem.  The following commands will initialize
the flash filesystem, and finish loading the operating
system software:
flash_init            //初始化 Flash
boot                  //重启系统
switch:
```

② 输入 **flash_init** 命令。

```
switch: flash_init                     //初始化 Flash
Initializing Flash...
  mifs[2]: 0 files, 1 directories
  mifs[2]: Total bytes     :    3870720
  mifs[2]: Bytes used      :       1024
  mifs[2]: Bytes available:    3869696
  mifs[2]: mifs fsck took 0 seconds.
  mifs[3]: 488 files, 11 directories
  mifs[3]: Total bytes     :   27998208
  mifs[3]: Bytes used      :   15779840
  mifs[3]: Bytes available:   12218368
  mifs[3]: mifs fsck took 8 seconds.
...done Initializing Flash.
```

以上信息显示交换机 Flash 初始化完成。

③ 查看 Flash 中的文件。

```
switch: dir flash:
Directory of flash:/
    2  -rwx    17637120   Mar 1 1993 00:41:24 +00:00   3560-ipservicesk9-mz.150-2.SE11.bin
    3  -rwx         616   Mar 1 1993 11:25:09 +00:00   vlan.dat      //VLAN 数据库文件
    4  -rwx        1543   Jan 8 2018 14:20:31 +00:00   config.text   //交换机的启动配置文件
    6  -rwx           5   Jan 8 2018 14:20:31 +00:00   private-config.text
    7  -rwx        2072   Jan 8 2018 14:20:31 +00:00   multiple-fs
27998208 bytes total (10209280 bytes free)
```

④ 更改配置文件名。

> switch: **rename flash:config.text flash:backup.old**
> //配置文件改名后，这样在交换机启动时就找不到配置文件，会提示是否进入 setup 模式

⑤ 输入 **boot** 命令重启交换机。

⑥ 当出现如下提示时，输入 n。

> Would you like to terminate autoinstall? [yes]:n

⑦ 用 **enable** 命令进入特权模式，并将文件 backup.old 改回 config.text。

> Switch#**rename flash:backup.old flash:config.text**

⑧ 将原配置文件复制到内存。

> Switch#**copy flash:config.text running-config**

⑨ 修改 enable 密码。

> S1(config)#**enable secret cisco123@**

⑩ 保存配置文件。

> S1#**copy running-config startup-config**

⑪ 完成交换机密码恢复操作。

扩展网络篇

- 第13章 扩展 VLAN
- 第14章 STP 和交换机堆叠
- 第15章 EtherChannel 和 FHRP
- 第16章 EIGRP
- 第17章 OSPF

第 13 章 扩展 VLAN

随着中小型企业网络中交换机数量的增加,全局统筹管理网络中的多个 VLAN 和中继成为一个难题。VTP 可简化交换网络中的管理。DTP 让端口能够自动协商交换机之间的中继。三层交换可以更高效地实施 VLAN 间路由。本章将介绍可用于管理 VLAN 和中继的一些策略和协议,包括 VTP、DTP、端口隔离、私有 VLAN 和三层交换的原理和配置。

13.1 VTP 和 DTP 概述

13.1.1 VTP 作用

假设网络中有 M 台交换机,网络中划分 N 个 VLAN。则为保证网络正常工作,需要在每台交换机上都创建 N 个 VLAN,共需要创建 $M×N$ 个 VLAN,随着 M 和 N 的增大,这将是一个枯燥繁重的任务。VTP(VLAN Trunk Protocol,VLAN 中继协议)可以帮助管理员减少这些枯燥繁重的工作。管理员在网络中设置一个或者多个 VTP Server,然后在 Server 上创建、修改 VLAN,VTP 协议会将这些变化的 VLAN 信息通告其他交换机上,这些交换机将同步 VLAN 的信息(包括 VLAN ID、VLAN 的名字和 VLAN 状态等),因此 VTP 可以最大限度地减少因配置错误和配置不一致而导致的问题,使得 VLAN 的管理更加方便和高效。VTP 是 Cisco 专有协议,分为版本 1、2 和 3,交换机默认运行的 VTP 版本是版本 1。VTP 版本 1 或 2 仅能同步普通范围的 VLAN(VLAN ID 为 1~1005)的信息,不支持扩展范围的 VLAN(VLAN ID 为 1006~4094)信息的同步。VTP 版本 3 支持扩展的 VLAN 信息的同步。

13.1.2 VTP 域与 VTP 角色

VTP 域(VTP Domain)由需要共享相同 VLAN 信息的交换机组成,只有在同一 VTP 域(即 VTP 域的名字相同)的所有交换机才能同步 VLAN 配置的详细信息。一台交换机只能属于一个 VTP 域,路由器或者三层交换机定义了域的边界。根据交换机在 VTP 域中的作用不同,VTP 可以分为 3 种模式,表 13-1 是 3 种 VTP 模式比较。

表 13-1 VTP 模式比较

VTP 模式	能创建、修改、删除 VLAN	转发 VTP 信息	根据收到 VTP 包更改 VLAN 信息	保存 VLAN 信息	会影响其他交换机上的 VLAN
服务器	是	是	是	是	是
客户机	否	是	是	否	是
透明	是	是	否	是	否

1. 服务器模式（server 模式）

在 VTP 服务器上能创建、修改、删除 VLAN，同时这些信息会通告给域中的其他交换机；VTP 服务器收到其他交换机的 VTP 通告后会更新自己的 VLAN 信息并进行转发。VTP 服务器会把 VLAN 信息保存在 NVRAM 中，即 Flash:vlan.dat 文件。默认情况下，交换机是服务器模式。每个 VTP 域必须至少有一台服务器，当然也可以有多台。

2. 客户机模式（client 模式）

VTP 客户机上不允许创建、修改、删除 VLAN，但它会监听来自其他交换机的 VTP 通告并更新自己的 VLAN 信息，接收到的 VTP 信息也会在 Trunk 链路上向其他交换机转发，因此这种交换机还能充当 VTP 中继；VTP Client 把 VLAN 信息保存在 RAM 和 Flash 中，重新启动后这些信息不会丢失。

3. 透明模式（transparent 模式）

这种模式的交换机不完全参与 VTP。可以在这种模式的交换机上创建、修改、删除 VLAN，但是这些 VLAN 信息并不会通告给其他交换机，它也不接收其他交换机的 VTP 通告而更新自己的 VLAN 信息。在相同的 VTP 域中，它会通过 Trunk 链路转发接收到的 VTP 通告从而充当了 VTP 中继的角色，因此完全可以把该交换机看成透明的。VTP transparent 模式仅会把本交换机上 VLAN 信息保存在 NVRAM 中。

13.1.3　VTP 通告

VLAN 信息的同步是通过 VTP 通告来实现的，VTP 通告只能在 Trunk 链路上传输（因此交换机之间的链路必须成功配置或者协商成 Trunk）。VTP 是数据链路层的协议，VTP 通告是以太网 IEEE 802.3 SNAP 帧（协议 ID 字段为 0x2003），以组播（目的 MAC 地址为 01-00-0c-cc-cc-cc）的方式发送的，VTP 通告中有一个字段称为修订号（Revision），代表 VTP 帧的修订级别，它是一个 32 位的数字。交换机的默认修订号为零。每次添加、删除或者更改 VLAN 信息时，修订号都会递增。修订号用于确定从另一台交换机收到的 VLAN 信息是否比储存在本交换机上的信息更新。如果收到的 VTP 通告修订号比自己的更大，则本交换机将根据此通告更新自身的 VLAN 信息。如果交换机收到修订号比自己的更小的 VTP 通告，会用自己的 VLAN 信息反向覆盖。需要注意的是修订号大的 VTP 通告会覆盖修订号小的交换机的 VLAN 信息，和交换机自己处于哪种 VTP 模式（服务器模式或者客户机模式）无关。

VTP 通告有总结通告、子集通告、请求通告 3 种类型。

总结通告包含 VTP 域名、当前修订号和其他 VTP 配置详细信息，以下情况下会发送总结通告。

① VTP 服务器或客户端每 5 分钟发送一次总结通告给邻居交换机，通告当前 VTP 修订号。

② 通过配置操作添加、删除或者更改 VLAN 信息后，修订号增加，也会立即发送总结通告。

当交换机接收到总结通告数据包时，它会将通告中的 VTP 域名与自身的 VTP 域名进行比较。如果域名不同，交换机将忽略该数据包。如果域名相同，交换机会继续比较通告中的修订号和自身的修订号。如果自己的配置修订号大于收到的修订号或二者相等，则忽略该数据包；如果自己的配置修订号小于收到的修订版本号，则会发送通告请求，询问子集通告消息。VTP 总结通告数据包格式如图 13-1 所示，各字段含义如下所述。

版本	代码	后续通告数	管理域名长度
管理域名（32 字节）			
配置修订号（4 字节）			
更新者标识（4 字节）			
更新时间戳（12 字节）			
MD5 摘要（16 字节）			

图 13-1　VTP 总结通告数据包格式

① 版本（1 字节）：Version 1/2/3。
② 代码（1 字节）：表示 VTP 的消息类型，总结通告为 1，子集通告为 2，请求通告为 3。
③ 后续通告数（1 字节）：随后有多少个子集通告消息（0～255，0 为没有）。
④ 管理域名长度（1 字节）：VTP 域名的长度。
⑤ 管理域名（32 字节）：VTP 域名。
⑥ 配置修定号（4 字节）：VTP 帧的修订号。
⑦ 更新者标识（4 字节）：最近对修订号进行增加的交换机的 IP 地址。
⑧ 更新时间戳（12 字节）：最近的更改时间和日期。
⑨ MD5 摘要（16 字节）：包含了消息的哈希值。

子集通告包含 VLAN 详细信息。触发子集通告的更改包括：创建或删除 VLAN、暂停或激活 VLAN、更改 VLAN 名称、更改 VLAN 的 MTU。可能需要多个子集通告才能完全 VLAN 信息更新。子集通告列出了每个 VLAN 的信息，包括默认 VLAN。VTP 子集通告数据包格式如图 13-2 所示，其中序列号表示在汇总通告后的一系列的子集通告中的序列号。

0　　　　　7	8　　　　　15	16　　　　　23	24　　　　　31
版本	代码	序列号	管理域名长度
管理域名（32 字节）			
配置修订号（4 字节）			
VLAN 信息字段 1			
……			
VLAN 信息字段 N			

图 13-2　VTP 子集通告数据包格式

VTP 子集通告数据包中 VLAN 信息字段格式如图 13-3 所示。

图 13-3　VTP 子集通告数据包中 VLAN 信息字段格式

当向相同 VTP 域中的交换机发送请求通告时,交换机的响应方式为先发送总结通告,接着发送子集通告。当发生以下情况时,将发送请求通告:VTP 域名变动、交换机收到的总结通告包含比自身更大的修订号、子集通告消息由于某些原因丢失、交换机被重置。VTP 请求通告数据包格式如图 13-4 所示,其中起始值是要请求的第 $N+1$ 个子集通告。

图 13-4　VTP 请求通告数据包格式

13.1.4　VTP 修剪

VTP 没有进行修剪的情况如图 13-5 所示,当 Switch1 的 VLAN1 中的计算机 A 发送广播包时,广播包将在所有交换机的 Trunk 链路上传输,然而图中 Switch3、Switch5、Switch6 交换机上根本没有该 VLAN 的计算机,这样浪费了 Trunk 链路上的带宽。可以在交换机上启用 VTP 修剪功能,VTP 进行修剪后的情况如图 13-6 所示,Switch2 和 Switch3、Switch4 和 Switch5 以及 Switch5 和 Switch6 交换机上的 Trunk 链路上不再有 VLAN1 的广播包了。VTP 修剪功能会自动计算哪些链路应该修剪哪些 VLAN 的数据包,管理员只需要启用该功能即可。

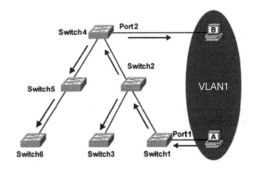

图 13-5　VTP 没有进行修剪的情况

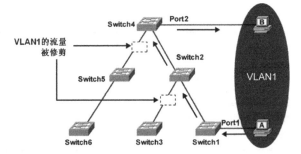

图 13-6　VTP 进行修剪后的情况

13.1.5　DTP 简介

管理员可以手动指定交换机之间的链路形成 Trunk,也可以让交换机自动协商链路是否形成 Trunk 链路，实现该协商的协议称为 DTP（Dynamic Trunk Protocol，动态中继协议），DTP 还可以协商 Trunk 链路的封装类型（ISL 或者 IEEE 802.1q）。DTP 是数据链路层的协议，是 Cisco 私有协议，DTP 消息组成以太网 IEEE 802.3 SNAP 帧（协议 ID 字段为 0x2004），以组播（目的 MAC 地址为 01-00-0c-cc-cc-cc）的方式发送。配置了 DTP 的交换机会发送 DTP 协商包，或者对对方发送来的 DTP 包进行响应，双方最终决定它们之间的链路是否形成 Trunk，以及采用什么样的封装方式。交换机之间链路两端是否形成 Trunk，通过 DTP 进行 Trunk 协商结果如表 13-2 所示。

表 13-2　通过 DTP 进行 Trunk 协商结果

	negotiate（协商）	desirable（期望）	auto（自动）	nonegotiate（非协商）
negotiate（协商）	√	√	√	√
desirable（期望）	√	√	√	×
auto（自动）	√	√	×	×
nonegotiate（非协商）	√	×	×	√

在以上模式中，negotiate 模式把端口强制置于 trunk 模式，并会主动发送协商包或者响应对方的协商包；desirable 模式期望把端口置于 trunk 模式，并会主动发送协商包或者响应对方的协商包，只要对方能响应协商包，则会成功协商成 trunk 模式；auto 模式不会主动发送协商包，但是会响应对方的协商包，如果对方主动发送了协商包，则会成功协商成 trunk 模式；nonegotiate 模式把端口强制置成 trunk 模式，并且不主动发送协商包，也不响应对方的协商包，除非对方也已经把端口强制置成 trunk 模式，否则无法形成 trunk 链路。在实际应用环境中，为了防止交换机遭受 VLAN 跳跃攻击等问题，通常都会把 trunk 自动协商功能关闭，管理员强制把交换机之间链路的端口置成 trunk 模式。

13.2　三层交换概述

13.2.1　三层交换简介

单臂路由实现 VLAN 间路由时转发速率较慢，而且需要昂贵的路由器设备。实际应用中多采用三层交换机的路由功能来实现 VLAN 间路由。三层交换机通常采用硬件来实现数据转发，其路由数据包的效率非常高。

从使用者的角度可以把三层交换机看成二层交换机和路由器的组合，这个虚拟的路由器和每个 VLAN 都有一个端口进行连接，不过这个端口是交换虚拟端口（SVI）。目前 Cisco 主要采用 CEF 技术实现三层交换。只要在 VLAN 端口上配置 IP 地址，PC 上的网关指向对应 SVI 地址即可。Cisco 三层交换机均支持路由端口和 SVI 两种类型三层端口，路由端口类似于 Cisco IOS 路由器物理端口。端口配置命令 **switchport** 或 **no switchport** 可以将三层交换机配置成交换端口或路由端口，不同的三层交换机端口默认配置不一样，例如 3560 或者 3750 交换机端口默认是交换端口，而 65 系列交换机端口默认是路由端口，SVI 就是虚拟路由 VLAN

端口。要实现三层交换,需要在交换机上开启路由功能。三层交换实现 VLAN 间路由如图 13-7 所示。

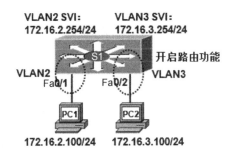

图 13-7　三层交换实现 VLAN 间路由

13.2.2　SVI 实现 VLAN 间路由的优点

在三层交换机上使用 SVI 实现 VLAN 间路由的优点如下所述。
① 由硬件完成交换和路由功能,所以转发效率比单臂路由器要快很多。
② 不需要外部链路,避免单点故障。
③ 可在交换机之间使用二层以太网通道(EtherChannel)技术以获得更大带宽。
④ 数据包不需要离开交换机,即在交换机内部处理,所以延时非常小。

13.3　端口隔离和私有 VLAN 概述

13.3.1　端口隔离简介

随着网络的迅速发展,用户对于网络的安全性提出了更高的要求,传统的解决方法是给每个用户分配一个 VLAN 和相关的 IP 子网,通过使用 VLAN 可以基于二层隔离用户主机,然而,这种分配给每个用户一个 VLAN 和 IP 子网的解决方案在可扩展性方面有很大的局限,不仅会浪费 IP 地址而且也会带来管理上的麻烦。在图 13-8 中,要求 PC1、PC2 都能和 Server 进行通信,然而 PC1 和 PC2 之间不能通信。对于这样的场景需求,可以通过端口隔离来实现,如图 13-8 所示。配置端口隔离的端口之间的主机不能通信,尽管它们属于相同的 VLAN。配置端口隔离和没有配置端口隔离的端口之间的主机是可以通信的。

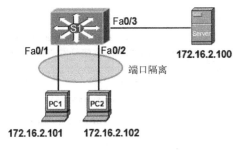

图 13-8　端口隔离

13.3.2 私有 VLAN 简介

私有 VLAN（Private VLAN，PVLAN）技术通常用于企业内部网络，用来控制连接到交换机不同端口的主机或网络设备之间的通信。每个 PVLAN 包含主 VLAN（Primary VLAN）和辅助 VLAN（Secondary VLAN）2 种类型。辅助 VLAN 包含隔离 VLAN（Isolated VLAN）和团体 VLAN（Community VLAN）2 种类型。与 PVLAN 类型相对应，交换机端口分为以下 3 种类型。

（1）Isolated Port（隔离端口）

划分到隔离 VLAN 中的端口，属于辅助 VLAN，不可以和处于相同隔离 VLAN 内的其他隔离端口所连接的主机通信，也不可以和连接到其他团体 VLAN 的主机通信，只可以与混杂端口所连接的主机通信。每个 PVLAN 中只能有一个隔离 VLAN。

（2）Community Port（团体端口）

划分到团体 VLAN 中的端口，属于辅助 VLAN，可以和属于相同团体 VLAN 内的端口所连接的主机通信，也可以和混杂端口所连接的主机通信。每个 PVLAN 可以有多个团体 VLAN。

（3）Promiscuous Port（混杂端口）

划分到主 VLAN 中的端口，属于主 VLAN，可以和所有他所关联的隔离 VLAN 和团体 VLAN 的主机通信。混杂端口通常与路由器或三层交换机端口相连，用于实现 VLAN 间路由。

PVLAN 对于保证接入网络主机的数据通信安全是非常有效的，用户只需与自己的默认网关连接，一个 PVLAN 不需要多个 VLAN 和 IP 子网就能提供具备二层数据通信安全性的连接，所有的用户都接入 PVLAN，从而实现了所有用户与默认网关的连接，而与 PVLAN 内的其他用户通信可以通过辅助 VLAN 进行控制。

13.4 配置 VTP、DTP 和三层交换

13.4.1 实验 1：配置 VTP

1. 实验目的

通过本实验可以掌握：
① VTP 三种模式的区别。
② VTP 工作原理。
③ VTP 的配置和调试方法。

2. 实验拓扑

配置 VTP 的实验拓扑如图 13-9 所示。

图 13-9 配置 VTP 的实验拓扑

3. 实验步骤

(1) 实验准备

通过命令 **delete flash:vlan.dat** 和 **erase startup-config** 把 3 台交换机的配置清除干净,重启交换机,最好是冷启动交换机。要注意的是重启 3 台交换机的时间不能相差太大,要保证任何交换机重启之前另一交换机没有启动完毕,避免重新启动的交换机从未重新启动的交换机学到旧 VTP 信息。配置交换机的管理地址,关闭不必要的端口以免影响实验结果,配置交换机 S1 和 S3 之间、S3 和 S2 之间链路的 Trunk 链路。

① 配置交换机 S1。

```
S1(config-if)#interface fastEthernet0/15
S1(config-if)#switchport trunk encapsulation dot1q
S1(config-if)#switchport mode trunk
S1(config-if)#switchport nonegotiate
```

② 配置交换机 S2。

```
S2(config-if)#interface fastEthernet0/15
S2(config-if)#switchport trunk encapsulation dot1q
S2(config-if)#switchport mode trunk
S2(config-if)#switchport nonegotiate
```

③ 配置交换机 S3。

```
S3(config)#interface range f0/1-2
S3(config-if-range)#switchport trunk encapsulation dot1q
S3(config-if-range)#switchport mode trunk
S3(config-if-range)#switchport nonegotiate
```

④ 查看 Trunk 链路是否正常工作。

```
S3#show interfaces trunk                    //查看 Trunk 链路是否正常工作。
Port       Mode        Encapsulation  Status      Native vlan
Fa0/1      on          802.1q         trunking    1
Fa0/2      on          802.1q         trunking    1
(此处省略部分输出)
```

(2) 检查交换机默认的 VTP 配置

```
S1#show vtp status                                  //查看 VTP 状态信息
VTP Version capable         : 1 to 3               //VTP 支持版本 1~3
VTP version running         : 1                    //正在运行的 VTP 版本,默认为 1
VTP Domain Name             :                      //默认 VTP 域名为空
VTP Pruning Mode            : Disabled             //没有启用 VTP 修剪
VTP Traps Generation        : Disabled
//关闭向 SNMP 服务器发送 VTP Trap,命令 snmp-server enable traps vtp 可以开启
Device ID                   : d0c7.89c2.3100       //设备 ID,即交换机基准 MAC 地址
```

第13章 扩展VLAN

```
Configuration last modified by 0.0.0.0 at 1-18-18 01:03:54        //上次修改 VTP 配置的日期和时间
Local updater ID is 0.0.0.0 (no valid interface found)
```
//引起 VALN 数据库配置更改的交换机 IP 地址，此处显示 0.0.0.0 是因为交换机没有有效的 IP 地址，可以在交换机上创建 SVI，并且配置 IP 地址，本实验接下来会将 S1 上 VLAN1 地址配置为 1.1.1.1

```
Feature VLAN:
--------------
VTP Operating Mode              : Server       //VTP 操作模式，默认处于 VTP 服务器模式
Maximum VLANs supported locally : 1005         //支持的最大 VLAN 数量
```
//VTP 支持的最大 VLAN 数量，在不同的交换机平台上，支持的 VLAN 数量不同

```
Number of existing VLANs        : 5
```
//当前交换机上 VLAN 数量，包括默认 VLAN 和已配置 VLAN 的数量

```
Configuration Revision          : 0            //交换机上的当前 VTP 配置修订号
MD5 digest                      : 0x6A 0xA6 0x37 0xCB 0x1E 0x4A 0xC5 0x6E
                                  0x31 0xA2 0x82 0x10 0x82 0xEF 0x42 0x62
```
//VTP 配置的 MD5 值

【提示】

可以通过以下 2 种方式将 VTP 修订号重置为零：
① 将交换机 VTP 域更改为一个不存在的 VTP 域，然后再将域名改回原名称。
② 将交换机 VTP 模式更改为透明模式，然后再改回原 VTP 模式。

（3）配置交换机 S1 并验证其配置

配置 S1 为 VTP Server，配置 VTP 域名，配置 VTP 版本为 2，创建 VLAN2 并验证。

① 配置交换机 S1

```
S1(config)#vtp mode server        //配置 S1 为 VTP Server，实际上这是默认值
Device mode already VTP SERVER.
S1(config)#vtp version 2          //只能在服务器和透明模式中配置 VTP 版本 2，只需要在任一 VTP
Server 上启用，其他交换机通过 VTP 信息自动启用
S1(config)#vtp domain   cisco     //配置 VTP 域名，默认为空
Changing VTP domain name from NULL to cisco
S1(config)#vlan 2
S1(config-vlan)#name VLAN2        //创建 VLAN2，说明 server 模式可以创建 VLAN
```

② 验证交换机 S1 的 VTP 配置。

```
S1#show vtp status
VTP Version capable             : 1 to 3
VTP version running             : 2            //正在运行的 VTP 版本为 2
VTP Domain Name                 : cisco        //配置的 VTP 域名
VTP Pruning Mode                : Disabled
VTP Traps Generation            : Disabled
Device ID                       : d0c7.89ab.1180
Configuration last modified by 1.1.1.1 at 1-18-18 10:48:36
Local updater ID is 1.1.1.1 on interface Vl1 (lowest numbered VLAN interface found)
```
//本地更新 VTP 信息的地址和端口

```
Feature VLAN:
--------------
VTP Operating Mode              : Server       //VTP 模式
Maximum VLANs supported locally : 1005
Number of existing VLANs        : 6            //当前 VLAN 的数量，默认的 5 个加上 VLAN2
```

```
Configuration Revision          : 2          //修订版本号，配置 VLAN2 加 1，配置名字加 1
MD5 digest                      : 0xAB 0xFC 0x72 0x17 0xEA 0x51 0xDE 0x88
                                  0xB5 0x9F 0xCD 0x4C 0x7D 0x6B 0x85 0x97
```

③ 验证交换机 S3 学到的 VTP 信息和 VLAN 信息。

```
S3#show vtp status
VTP Version capable             : 1 to 3
VTP version running             : 2
VTP Domain Name                 : cisco      //学到 VTP 的域名，只有域名为空时才会学习
VTP Pruning Mode                : Disabled
VTP Traps Generation            : Enabled
Device ID                       : d0c7.89c2.8380
Configuration last modified by 1.1.1.1 at 1-18-18 10:48:36
//最近一次学到 VTP 通告的 IP 地址及时间
Local updater ID is 1.1.1.3 on interface Vl1 (lowest numbered VLAN interface found)
Feature VLAN:
--------------
VTP Operating Mode              : Server     //交换机默认 VTP 模式
Maximum VLANs supported locally : 1005
Number of existing VLANs        : 6
Configuration Revision          : 2          //修订号变为 2
MD5 digest                      : 0x93 0x8D 0x35 0x94 0x71 0x20 0x7F 0xB0
                                  0x12 0x53 0xBB 0x15 0x63 0xE7 0x6A 0xD3

S3#show vlan brief
VLAN  Name                              Status     Ports
---- -------------------------------- --------- -------------------------------
（此处省略 VLAN1 的信息）
2     VLAN2                             active     //自动学习到了在交换机 S1 上创建的 VLAN
```

④ 验证交换机 S2 学到的 VTP 信息和 VLAN 信息。

```
S2#show vtp status
VTP Version capable             : 1 to 3
VTP version running             : 2
VTP Domain Name                 : cisco
VTP Pruning Mode                : Disabled
VTP Traps Generation            : Disabled
Device ID                       : d0c7.89c2.3100
Configuration last modified by 1.1.1.1 at 1-18-18 10:48:36
Local updater ID is 1.1.1.2 on interface Vl1 (lowest numbered VLAN interface found)
Feature VLAN:
--------------
VTP Operating Mode              : Server
Maximum VLANs supported locally : 1005
Number of existing VLANs        : 6
Configuration Revision          : 2
MD5 digest                      : 0x92 0x47 0x4E 0x90 0x8D 0xBF 0x70 0x59
                                  0x62 0x98 0xBD 0xA2 0x5C 0xA4 0x09 0x71

S2#show vlan brief
VLAN  Name                              Status     Ports
---- -------------------------------- --------- -------------------------------
（此处省略 VLAN1 的信息）
2     VLAN2                             active     //自动学习到了在交换机 S1 上创建的 VLAN2
```

以上③和④输出表明交换机 S3 和 S2 自动学到 S1 上 VTP 的域名、版本、VLAN 和配置修订号信息，同时会显示修改本机 VTP 信息的 IP 地址以及本地更新 VTP 的 IP 地址和更新端口。需要注意的是 VTP 同步的只是 VLAN 信息，管理员还需要手工将相应端口划分到相应 VLAN。

【技术要点】

在以上配置中，只在 S1 上配置了 VTP 域名，而在 S3 和 S2 上并没有进行任何 VTP 配置。当交换机的 VTP 域名为空时，如果它收到的 VTP 通告中带有域名，该交换机将把 VTP 域名自动更改为 VTP 通告中的域名，所以没有 VTP 域名的交换机能从邻居自动学习到 VTP 域名。以上实验中，在 S1 上配置 VTP 域名并创建 VLAN，S1 发送 VTP 通告，S3 和 S2 交换机就自动学习到 VTP 域名。一旦 VTP 域名不为空，交换机就不会学习域名了。

（4）配置交换机 S3 为 VTP transparent 模式并调试

① 配置交换机 S3 为 VTP transparent 模式。

```
S3(config)#vtp mode transparent
Setting device to VTP TRANSPARENT mode.
```

② 查看 VTP 的工作模式。

```
S3#show vtp status
VTP Version capable              : 1 to 3
VTP version running              : 2
VTP Domain Name                  : cisco      //配置为透明模式并没有更改原来的 VTP 域名
VTP Pruning Mode                 : Disabled
VTP Traps Generation             : Enabled
Device ID                        : d0c7.89c2.8380
Configuration last modified by 1.1.1.1 at 1-18-18 10:48:36

Feature VLAN:
--------------
VTP Operating Mode               : Transparent       //VTP 操作模式
Maximum VLANs supported locally  : 1005
Number of existing VLANs         : 6
Configuration Revision           : 0                 //当 VTP 模式为透明模式时，修订号始终为 0
MD5 digest                       : 0x92 0x47 0x4E 0x90 0x8D 0xBF 0x70 0x59
                                   0x62 0x98 0xBD 0xA2 0x5C 0xA4 0x09 0x71
```

③ 在 S3 交换机上创建 VLAN3，查看 S1、S2 和 S3 上的 VLAN 信息。

```
S3(config)#vlan 3
S3(config-vlan)#name VLAN3
S3(config-vlan)#exit
S3#show vlan brief
VLAN Name                          Status    Ports
---- ------------------------------ --------- -------------------------------
（此处省略 VLAN1 的信息）
2    VLAN2                          active              //通过 VTP 学到的 VLAN2 仍然存在
3    VLAN3                          active              //新创建的 VLAN3
S1#show vlan id 3
VLAN id 3 not found in current VLAN database
```

```
S2#show vlan id 3
VLAN id 3 not found in current VLAN database
```

以上输出表明在 S1 和 S2 上并没有学习到 VLAN3，说明在 VTP transparent 模式下交换机上可以创建 VLAN，然而这些 VLAN 信息并不会通告出去，仅仅本地有效。

（5）在 S2 交换机创建 VLAN4，查看 S1、S2 和 S3 上的 VLAN 信息

```
① S2(config)#vlan 4
S2(config-vlan)#name VLAN4
S2(config-vlan)#exit
② S2#show vlan brief
VLAN Name                             Status     Ports
---- -------------------------------- ---------- -------------------------------
（此处省略 VLAN1 的信息）
2    VLAN2                            active
4    VLAN4                            active     //新创建的 VLAN4
③ S1#show vlan brief
VLAN Name                             Status     Ports
---- -------------------------------- ---------- -------------------------------
（此处省略 VLAN1 的信息）
2    VLAN2                            active
4    VLAN4                            active     //S1 自动学习到在 S2 上新创建的 VLAN4
④ S3#show vlan brief
VLAN Name                             Status     Ports
---- -------------------------------- ---------- -------------------------------
（此处省略 VLAN1 的信息）
2    VLAN2                            active
3    VLAN3                            active     //S3 并没有学到 VLAN4
```

以上②、③和④输出表明在一个 VTP 域中可以有多个 VTP Server，在任何一个 VTP Server 上都可以对 VLAN 进行创建、修改和删除等操作并同步到其他交换机上。VTP transparent 模式交换机会转发 VTP 通告，但是并不会根据 VTP 通告更新自己的 VLAN 信息，同时转发 VTP 通告的条件是该交换机也处于相同的 VTP 域中，上述实验中，如果将交换机 S3 的 VTP 域名更改为不同，则 S3 不能将 VLAN4 的信息同步给交换机 S1。同时如果 VTP 域名不同，还会导致交换机之间 Trunk 链路不能自动协商，交换机会提示如下信息：

```
*Mar  1 01:55:37.345: %DTP-5-DOMAINMISMATCH: Unable to perform trunk negotiation on
port Fa0/2 because of VTP domain mismatch.       //因为 VTP 域名不同，不能进行 Trunk 协商
```

（6）配置 S2 和 S3 为 VTP client 模式并尝试创建 VLAN5 和删除 VLAN2

```
① S3(config)#vtp mode client
Setting device to VTP CLIENT mode.
② S2(config)#vtp mode client
Setting device to VTP CLIENT mode.
③ S2(config)#vlan 5
VTP VLAN configuration not allowed when device is in CLIENT mode.
④ S3(config)#no vlan 2
VTP VLAN configuration not allowed when device is in CLIENT mode.
//以上输出表明在 VTP client 模式交换机上不能创建、删除和修改 VLAN 信息
```

在 S1 交换机上创建 VLAN6，检查 S2 和 S3 上的 VLAN 信息：

```
S1(config)#vlan 6
```

第 13 章 扩展 VLAN

```
S1(config-vlan)#name VLAN6
S1(config-vlan)#exit
S2#show vlan brief
（此处省略 VLAN1 的信息）
2       VLAN2                           active
4       VLAN4                           active
6       VLAN6                           active    //自动学习到 VLAN6
S3#show vlan brief
VLAN Name                               Status    Ports
---- -------------------------------    --------- -------------------------------
（此处省略 VLAN1 的信息）
2       VLAN2                           active
4       VLAN4                           active
6       VLAN6                           active    //自动学习到 VLAN6，同时原来的 VLAN3 没有了
```

以上输出表明，VTP client 模式的交换机不仅会转发 VTP 通告，还会根据 VTP 通告更新自己的 VLAN 信息。

（7）配置 VTP 密码

```
S1(config)#vtp password cisco
S2(config)#vtp password cisco
S3(config)#vtp password cisco
//配置 VTP 的密码可以防止不明身份的交换机加入到 VTP 域中，特别是 VTP 配置修订号大的交换机
S1#show vtp password         //显示 VTP 的密码
VTP Password: cisco
```

（8）配置扩展 VLAN

在交换机 S1 上创建 VLAN2000。

```
S1(config)#vlan 2000
S1(config-vlan)#exit
% Failed to create VLANs 2000                              //创建 VLAN2000 失败
Extended VLAN(s) not allowed in current VTP mode.          //当前模式下不允许创建扩展 VLAN
%Failed to commit extended VLAN(s) changes.                //提交扩展 VLAN 变化失败信息
```

可以在交换机上更改 VTP 模式为透明模式，然后创建扩展 VLAN。

```
S1(config)#vtp mode transparent
S1(config)#vlan 2000
S1(config-vlan)#name VLAN2000
S1(config-vlan)#exit
```

注意，在透明模式下配置扩展 VLAN 后，包括普通 VLAN 在内的 VLAN 信息会存储在配置文件中。

【技术要点】

常见的 VTP 故障问题及解决方案如下：

① VTP 版本不兼容：确保所有交换机能够支持所需 VTP 版本。

② VTP 密码问题：如果 VTP 身份验证已启用，所有交换机必须配置相同的密码才能参与 VTP。请确保在 VTP 域中的所有交换机上手动配置密码。

③ VTP 域名不正确：VTP 域配置不正确会影响交换机之间的 VLAN 信息的同步。为避

免错误配置 VTP 域名，请仅在一台 VTP 服务器交换机上设置 VTP 域名。相同 VTP 域中所有其他交换机将在接收到第一个 VTP 总结通告时接受并自动配置其 VTP 域名。

④ 所有交换机设置为 VTP 客户端模式：如果 VTP 域中的所有交换机设置为客户端模式，将无法创建、删除和管理 VLAN。为避免丢失 VTP 域中的所有 VLAN 配置，请将两台交换机配置为 VTP 服务器模式。

⑤ 配置修订版本号不正确：如果将拥有相同 VTP 域名但修订版本号更高的交换机添加到域中，则可能造成修订版本号更高的交换机向 VTP 域中传播无效 VLAN 和／或删除有效 VLAN。因此在将交换机添加到启用 VTP 的网络中之前，将交换机修订版本号分配给另一个错误的 VTP 域，然后重新将其分配给正确的 VTP 域名，从而将交换机的修订版本号重置为 0。

13.4.2　实验 2：配置 VTP 修剪

1．实验目的

通过本实验可以掌握：
① VTP 修剪的工作原理。
② VTP 修剪的配置和调试方法。

2．实验拓扑

配置 VLAN 修剪的实验拓扑如图 13-10 所示。

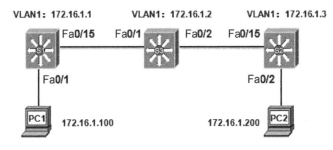

图 13-10　配置 VLAN 修剪的实验拓扑

3．实验步骤

准备在 VTP 域中创建 VLAN2、VLAN3 和 VLAN4，PC1 和 PC2 均属于默认的 VLAN1，在 VTP 中启用 VTP 修剪。

（1）实验准备

按照实验 13.4.1 实验准备完成初始配置，同时在 3 台交换机上配置 VLAN1 IP 地址分别为 172.16.1.1、172.16.1.2 和 172.16.1.3。

（2）配置 VTP

① 配置交换机 S1。

```
S1(config)#vtp mode server
```

第13章 扩展 VLAN

```
S1(config)#vtp domain cisco
S1(config)#vtp version 2
S1(config)#vtp password cisco
```

② 配置交换机 S2。

```
S2(config)#vtp mode server
S2(config)#vtp domain cisco
S2(config)#vtp version 2
S2(config)#vtp password cisco
```

③ 配置交换机 S3。

```
S3(config)#vtp mode server
S3(config)#vtp domain cisco
S3(config)#vtp version 2
S3(config)#vtp password cisco
```

（3）在交换机 S1 上创建 VLAN

```
S1(config)#vlan 2
S1(config-vlan)#name VLAN2
S1(config-vlan)#exit
S1(config)#vlan 3
S1(config-vlan)#name VLAN3
S1(config-vlan)#exit
S1(config)#vlan 4
S1(config-vlan)#name VLAN4
S1(config-vlan)#exit
```

（4）配置 VTP 修剪

用 **show vtp status** 命令查看显示 VTP 的修剪状态为 **VTP Pruning Mode: disabled**，说明默认交换机没有启用 VTP 修剪。

```
S3#show interfaces trunk
Port      Mode        Encapsulation   Status      Native vlan
Fa0/1     on          802.1q          trunking    1
Fa0/2     on          802.1q          trunking    1
（此处省略部分输出）
Port      Vlans in spanning tree forwarding state and not pruned
Fa0/1     1-4
Fa0/2     1-4
//以上输出说明虽然交换机上只有 VLAN1 的端口，然而 Trunk 链路上并没有把其他 VLAN 修剪掉
S1(config)#vtp pruning              //开启 VTP 修剪
Pruning switched on
//VTP 修剪在 VTP 域中的其中一台 Server 上配置即可，其他交换机会自动启用 VTP 修剪
```

4. 实验调试

（1）查看 VTP 状态

```
S3#show vtp status
VTP Version capable                  : 1 to 3
```

```
VTP version running              : 2
VTP Domain Name                  : cisco
VTP Pruning Mode                 : Enabled              //VTP 修剪已经启用
VTP Traps Generation             : Enabled
Device ID                        : d0c7.89c2.8380
Configuration last modified by 172.16.1.1 at 3-1-93 00:06:36
Local updater ID is 172.16.1.3 on interface Vl1 (lowest numbered VLAN interface found)
Feature VLAN:
--------------
VTP Operating Mode               : Server
Maximum VLANs supported locally  : 1005
Number of existing VLANs         : 8
Configuration Revision           : 5
MD5 digest                       : 0xA3 0xC2 0x2C 0xEE 0x50 0x07 0xF4 0xA4
                                   0xB6 0x8C 0xB5 0xE8 0x78 0x4C 0x0C 0x9B
```

（2）查看 Trunk 链路

```
S3#show interfaces trunk
Port        Mode         Encapsulation    Status        Native vlan
Fa0/1       on           802.1q           trunking      1
Fa0/2       on           802.1q           trunking      1
(此处省略部分输出)
Port        Vlans in spanning tree forwarding state and not pruned
Fa0/1       1
Fa0/2       1
```
//以上输出说明 Trunk 链路上已经把其他 VLAN 修剪掉，只剩下 VLAN1 了

（3）配置交换机，查看 VTP 修剪情况

把端口划分到 VLAN2 中，VTP 将自动取消对该 VLAN 的修剪。

① 配置交换机 S1。

```
S1(config)#interface fastEthernet0/1
S1(config-if)#switchport mode access
S1(config-if)#switchport access vlan 2
```

② 配置交换机 S2。

```
S2(config)#interface fastEthernet0/2
S2(config-if)#switchport mode access
S2(config-if)#switchport access vlan 2
```

③ 查看 Trunk 链路状态。

```
S3#show interfaces trunk。
Port        Mode         Encapsulation    Status        Native vlan
Fa0/1       on           802.1q           trunking      1
Fa0/2       on           802.1q           trunking      1
(此处省略部分输出)
Port        Vlans in spanning tree forwarding state and not pruned
Fa0/1       1-2
Fa0/2       1-2
```
//以上输出显示由于 S1 和 S2 上有 VLAN2 的主机，因此 Trunk 链路上不再修剪 VLAN2。VTP 修剪是动态的，会自动判断什么样的 VLAN 应该修剪或者不修剪，注意 VLAN1 不会被修剪

13.4.3 实验3：配置DTP

1．实验目的

通过本实验可以掌握：
① DTP 的特征。
② DTP 的协商规律。
③ DTP 的配置和调试方法。

2．实验拓扑

配置 DTP 的实验拓扑图如图 13-11 所示。

图 13-11　配置 DTP 的实验拓扑

3．实验步骤

① 把 S1 的 Fa0/13 端口的 Trunk 配置为 desirable 模式，把 S2 的 Fa0/13 端口的 Trunk 配置为 auto 模式。

```
S1(config)#interface fastEthernet0/13
S1(config-if)#switchport mode dynamic desirable
S1(config-if)#switchport trunk encapsulation negotiate
```

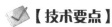【技术要点】

和 DTP 配置有关的命令如下所述。
　　switchport trunk encapsulation { negotiate | isl | dot1q }
配置 Trunk 链路上的封装类型，可以是双方协商确定，也可以是指定的 isl 或者 dot1q。
　　switchport nonegotiate
在 Trunk 链路上关闭自动协商，即不发送协商包，默认是发送的。
switch mode { trunk | dynamic desirable | dynamic auto }，参数含义如下所述。
- trunk：这个设置将端口设置为永久 trunk 模式，封装类型由 switchport trunk encapsulation 命令决定；
- dynamic desirable：端口主动发送 DTP 协商包，如果另一端为 negotiate、dynamic desirable、dynamic auto 模式将协商成功；
- dynamic auto：端口被动等待 DTP 协商包，如果另一端为 negotiate、dynamic desirable 模式将协商成功。

```
S2(config)#interface fastEthernet0/13
S2(config-if)#switchport mode dynamic auto        //Cisco3560 交换机默认配置
```

```
S2(config-if)#switchport trunk encapsulation negotiate

S1#show interfaces fastEthernet0/13 trunk
Port          Mode              Encapsulation   Status        Native vlan
Fa0/13        desirable         n-isl           trunking      1
```
//可以看到 Trunk 已经协商成功，工作模式为动态期望（desirable）模式，封装为 n-isl，这里的 n 表示封装类型也是自动协商的。需要在两端都进行检查，确认两端都形成 Trunk 才行
（此处省略部分输出）

② S1 的 Fa0/13 端口的 Trunk 配置不变，把 S2 的 Fa0/13 端口的 Trunk 配置为 nonegotiate 模式。

```
S2(config)#default interface fastEthernet0/13         //端口恢复出厂配置
S2(config)#interface fastEthernet0/13
S2(config-if)#switchport trunk encapsulation dot1q
S2(config-if)#switchport mode trunk
S2(config-if)#switchport nonegotiate

S1#show interfaces fastEthernet0/13 trunk
Port          Mode              Encapsulation   Status          Native vlan
Fa0/13        desirable         negotiate       not-trunking    1
```
//由于 S2 关闭自动协商，所以并没有形成 Trunk 链路
（此处省略部分输出）

13.4.4　实验 4：配置三层交换实现 VLAN 间路由

1．实验目的

通过本实验可以掌握：
① 三层交换的概念。
② 三层交换实现 VLAN 间路由的配置和调试方法。
③ CEF 的 FIB 表和邻接表的含义。

2．实验拓扑

实验拓扑如图 13-7 所示。

3．实验步骤

配置交换机 S1：

```
S1(config)#vlan 2
S1(config-vlan)#exit
S1(config)#vlan 3
S1(config-vlan)#exit
S1(config)#interface fastethernet0/1
S1(config-if)#switchport mode access
S1(config-if)#switchport access vlan 2
S1(config-if)#exit
S1(config)#interface fastethernet0/2
S1(config-if)#switchport mode access
```

```
S1(config-if)#switchport access vlan 3
S1(config-if)#exit
S1(config)#ip routing                       //开启 S1 的路由功能
S1(config)#interface vlan 2                 //创建 VLAN2 端口
S1(config-if)#ip address 172.16.2.254 255.255.255.0
//在 VLAN 端口上配置 IP 地址即可，VLAN2 端口上的 IP 地址就是 PC1 的默认网关
S1(config-if)#exit
S1(config)#int vlan 3
S1(config-if)#ip address 172.16.3.254 255.255.255.0
//在 VLAN 端口上配置 IP 地址，VLAN3 端口上的 IP 地址就是 PC2 的网关
```

【技术要点】

① 要在三层交换机上启用路由功能，还需要启用 CEF（配置命令为 **ip cef**），Cisco 交换机默认已经启用。和路由器一样，三层交换机上同样可以运行路由协议。在三层交换机上，可以有多个 SVI 处于 up 状态，任何一个激活 SVI 都可以作为管理端口（即作为 Telnet 或者 SSH 的目标地址）。

② 默认情况下，在管理员创建 SVI 后，如果满足下列条件，SVI 的线路协议（Line Protocol）就会自动处于 up 状态。
- 相应 VLAN 存在，即通过 **vlan** *vlan-id* 命令创建的 VLAN，或者通过 VTP 学到状态为活动（active）的 VLAN。
- 存在相应 SVI，并且它的状态不是管理关闭（Administratively Down），或管理员已经对该 SVI 执行了 **shutdown** 命令。
- 交换机上至少有一个端口被划分到相应 VLAN，而且该端口线路协议处于 up 状态。或者交换机上有 Trunk 端口，且该 VLAN 在 Trunk 链路的 VLAN 列表中被允许。如果启用了 STP，该端口要处于转发状态。

③ 在三层交换机端口下执行 **no switchport** 命令，可以将该端口配置为路由端口，该端口下可以配置 IP 地址，功能类似路由器的以太网端口，配置如下：

```
S1(config)#interface fastethernet0/1
S1(config-if)#no switchport
S1(config-if)#ip address 172.16.2.254 255.255.255.0
```

如果对 S1 上的全部端口都这样配置，S1 实际上成了具有 24 个以太网端口的路由器了。实际应用中不建议这样做，因为这样太浪费端口，最多可以为 24 个 VLAN 提供网关，不具有扩展性。

4．实验调试

（1）查看 SVI 的 IP 地址

```
S1#show ip interface brief | exclude unassigned      //查看 SVI 的 IP 地址
Interface        IP-Address       OK?    Method    Status    Protocol
Vlan2            172.16.2.254     YES    manual    up        up
Vlan3            172.16.3.254     YES    manual    up        up
```

（2）查看 S1 的路由表

```
S1#show ip route                       //查看 S1 的路由表
```

```
（此处省略路由代码部分）
     172.16.0.0/16 is variably subnetted, 4 subnets, 2 masks
C       172.16.2.0/24 is directly connected, Vlan2
L       172.16.2.254/32 is directly connected, Vlan2
C       172.16.3.0/24 is directly connected, Vlan3
L       172.16.3.254/32 is directly connected, Vlan3
```

以上输出表明在 S1 的路由表中可以看到存在 2 条直连路由，并且出端口为 SVI。

（3）查看 CEF 表

```
S1#show ip cef              //查看 CEF 表
Prefix              Next Hop            Interface
0.0.0.0/0           no route
0.0.0.0/8           drop
0.0.0.0/32          receive
127.0.0.0/8         drop
172.16.2.0/24       attached            Vlan2
172.16.2.0/32       receive             Vlan2
172.16.2.100/32     attached            Vlan2
172.16.2.254/32     receive             Vlan2
172.16.2.255/32     receive             Vlan2
172.16.3.0/24       attached            Vlan3
172.16.3.0/32       receive             Vlan3
172.16.3.100/32     attached            Vlan3
172.16.3.254/32     receive             Vlan3
172.16.3.255/32     receive             Vlan3
224.0.0.0/4         drop
224.0.0.0/24        receive
240.0.0.0/4         drop
255.255.255.255/32  receive
```

以上输出显示了交换机 S1 的 CEF 表的内容，CEF 表也就是转发信息库（Forwarding Information Base，FIB）的内容，FIB 的条目是 IP 路由表条目递归后的结果。由于 FIB 包含了所有必需的路由信息，当网络拓扑或路由发生变化时，IP 路由表被更新，FIB 的内容随之发生变化。

（4）查看 CEF 邻接表的封装信息

```
S1#show adjacency encapsulation         //查看 CEF 邻接表的封装信息
Protocol Interface                      Address
IP       Vlan2                          172.16.2.100(8)
         Encap length 14                //以太网帧头部的长度，6B（目的 MAC 地址）+6B（源 MAC 地址）+2B（类型）
         F872EAD6F4C8D0C789AB11C10800
         //以太网二层重写的信息，包括目的 MAC 地址、源 MAC 地址和类型字段的值
                                        L2 destination address byte offset 0
                                        L2 destination address byte length 6
                                        Link-type after encap: ip
                                        //以太网帧类型字段的值
         Provider: ARPA
IP       Vlan3                          172.16.3.100(8)
         Encap length 14
```

```
F872EA691C78D0C789AB11C20800
                                    L2 destination address byte offset 0
                                    L2 destination address byte length 6
                                    Link-type after encap: ip
    Provider: ARPA
```

以上输出显示了交换机 S1 的 CEF 邻接表的信息，CEF 利用邻接表提供数据包二层重写所需的信息。FIB 中的每一项都指向邻接表里的某个下一跳。若相邻节点间能通过数据链路层实现相互转发，则这些节点被列入邻接表中。

（5）检查连通性

PC1 可以 ping 通 PC2，表明 VLAN2 和 VLAN3 之间的主机通过三层交换已经可以通信了。

13.5 配置端口隔离和私有 VLAN

13.5.1 实验 5：配置端口隔离

1．实验目的

通过本实验可以掌握：
① 端口隔离的作用和端口隔离的通信规则。
② 端口隔离的配置和调试方法。

2．实验拓扑

实验拓扑如图 13-8 所示。

3．实验步骤

（1）划分 VLAN

```
S1(config)#interface range fa0/1-3
S1(config-if-range)#switchport mode access
S1(config-if-range)#switchport access vlan 2
```

此时 PC1、PC2 和 Server 处于同一个 VLAN，应该可以相互 ping 通。

（2）配置端口隔离

```
S1(config)#interface range fastEthernet0/1-2
S1(config-if-range)#switchport protected              //配置端口隔离
```

4．实验调试

（1）查看交换端口信息

```
S1#show interfaces fastEthernet0/1 switchport         //查看交换端口信息
Name: Fa0/1
Switchport: Enabled
```

（此处省略部分输出）
Protected: true　　　　　　　　//端口保护状态为 **true**，如果没有配置端口隔离，此处显示为 **false**
Unknown unicast blocked: disabled
Unknown multicast blocked: disabled
Appliance trust: none

（2）完成 ping 测试

本实验用路由器替代计算机，测试结果如下：

① PC1#**ping 172.16.2.102**
Type escape sequence to abort.
Sending 5, 100-byte ICMP Echos to 172.16.2.102, timeout is 2 seconds:
.....
Success rate is 0 percent (0/5)

② PC1#**ping 172.16.2.100**
Type escape sequence to abort.
Sending 5, 100-byte ICMP Echos to 172.16.2.100, timeout is 2 seconds:
.!!!!
Success rate is 80 percent (4/5), round-trip min/avg/max = 1/1/1 ms

③ PC2#**ping 172.16.2.100**
Type escape sequence to abort.
Sending 5, 100-byte ICMP Echos to 172.16.2.100, timeout is 2 seconds:
.!!!!
Success rate is 80 percent (4/5), round-trip min/avg/max = 1/1/1 ms

以上①、②和③输出表明启用端口隔离的端口之间所连接的主机是不能通信的，而启用端口隔离的端口和没启用端口隔离的端口所连接的主机是可以通信的。

13.5.2　实验 6：配置私有 VLAN

1．实验目的

通过本实验可以掌握：
① PVLAN 的类型。
② PVLAN 的端口类型。
③ PVLAN 的通信规则。
④ PVLAN 的配置和调试方法。

2．实验拓扑

配置私有 VLAN 的实验拓扑如图 13-12 所示。

3．实验步骤

配置 PVLAN：

```
S1(config)#vtp mode transparent          //当 VTP 模式为透明模式时才能配置 PVLAN
S1(config)#vlan 101                      //创建辅助 VLAN
S1(config-vlan)#private-vlan community   //配置辅助 VLAN 是团体 VLAN
S1(config)#vlan 102                      //创建辅助 VLAN
S1(config-vlan)#private-vlan isolated    //配置辅助 VLAN 是隔离 VLAN
```

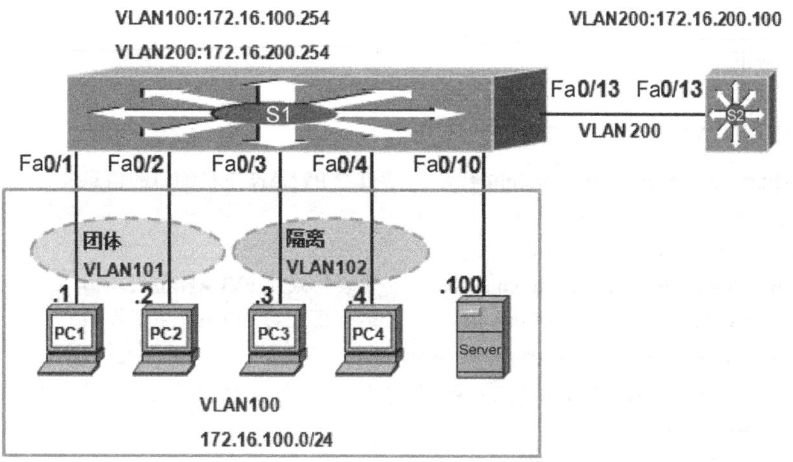

第13章 扩展 VLAN

```
                VLAN100:172.16.100.254              VLAN200:172.16.200.100
              VLAN200:172.16.200.254
                                              Fa0/13  Fa0/13
                          S1                                    S2
                                                    VLAN 200
          Fa0/1   Fa0/2   Fa0/3   Fa0/4   Fa0/10

              团体                  隔离
             VLAN101              VLAN102
                                                     .100
              .1      .2      .3      .4

             PC1     PC2     PC3     PC4
                                                   Server

                         VLAN100
                      172.16.100.0/24
```

图 13-12 配置私有 VLAN 的实验拓扑

```
S1(config)#vlan 100                                    //创建主 VLAN
S1(config-vlan)#private-vlan primary                   //配置 PVLAN 的主 VLAN
S1(config-vlan)#private-vlan association 101-102       //将主 VLAN 和辅助进行关联
S1(config)#vlan 200                                    //创建普通 VLAN，实现 PVLAN 和普通 VLAN 间通信
S1(config-vlan)#exit
S1(config)# interface range fastEthernet0/1-2
S1(config-if-range)#switchport private-vlan host-association 100 101
//将端口划入主 VLAN100 的辅助 VLAN101 中
S1(config-if-range)#switchport mode private-vlan host     //配置端口的模式
S1(config-if-range)#exit
S1(config)# interface range fastEthernet0/3-4
S1(config-if-range)#switchport private-vlan host-association 100 102
//将端口划入主 VLAN100 的辅助 VLAN102 中
S1(config-if-range)#switchport mode private-vlan host     //配置端口的模式
S1(config-if-range)#exit
S1(config)#interface FastEthernet0/10
S1(config-if)#switchport mode private-vlan promiscuous    //端口配置为混杂端口
S1(config-if)#switchport private-vlan mapping 100 101-102
//配置主 VLAN 和辅助 VLAN 间的映射关系
S1(config)#interface FastEthernet0/13
S1(config-if)#switchport mode access
S1(config-if)#switchport access vlan 200
//把端口划分在普通 VLAN200 中，用于和交换机 S2 的接入
S1(config)#ip routing                                  //开启路由功能，用于实现 VLAN 间路由
S1(config)#interface Vlan200
S1(config-if)#ip address 172.16.200.254 255.255.255.0
S1(config-if)#exit
S1(config)#interface Vlan100
S1(config-if)#ip address 172.16.100.254 255.255.255.0
S1(config-if)#private-vlan mapping 101-102
//设置辅助 VLAN 的权限，允许这些辅助 VLAN 下的端口连接的主机访问外部的 VLAN
```

4. 实验调试

(1) 查看 PVLAN 主机端口的信息

```
S1#show interfaces fa0/1 switchport        //查看 PVLAN 主机端口的信息
Name: Fa0/1
Switchport: Enabled
Administrative Mode: private-vlan host      //管理模式为 PVLAN 主机端口
Operational Mode: private-vlan host         //运行模式为 PVLAN 主机端口
Administrative Trunking Encapsulation: negotiate
Operational Trunking Encapsulation: native
Negotiation of Trunking: Off
Access Mode VLAN: 1 (default)
Trunking Native Mode VLAN: 1 (default)
Administrative Native VLAN tagging: enabled
Voice VLAN: none
Administrative private-vlan host-association: 100 (VLAN0100) 101 (VLAN0101)
//在管理上将 PVLAN 的主 VLAN 和辅助 VLAN 的主机关联
（此处省略部分输出）
Operational private-vlan:
    100 (VLAN0100) 101 (VLAN0101)    //将运行的 PVLAN 的主 VLAN 和辅助 VLAN 的主机关联
Trunking VLANs Enabled: ALL
Pruning VLANs Enabled: 2-1001
Capture Mode Disabled
Capture VLANs Allowed: ALL
```

(2) 查看 PVLAN 混杂端口的信息

```
S1#show interfaces fa0/10 switchport       //查看 PVLAN 混杂端口的信息
Name: Fa0/10
Switchport: Enabled
Administrative Mode: private-vlan promiscuous    //管理模式为 PVLAN 混杂端口
Operational Mode: private-vlan promiscuous       //运行模式为 PVLAN 混杂端口
（此处省略部分输出）
Administrative private-vlan mapping: 100 (VLAN0100) 101 (VLAN0101) 102 (VLAN0102)
//管理上 PVLAN 的主 VLAN 和辅助 VLAN 的映射
（此处省略部分输出）
Operational private-vlan:
    100 (VLAN0100) 101 (VLAN0101) 102 (VLAN0102)    //运行上 PVLAN 的主 VLAN 和辅助 VLAN 的映射
（此处省略部分输出）
```

(3) 查看 PVLAN 的映射

```
S1#show interfaces private-vlan mapping    //查看 PVLAN 的映射
Interface Secondary VLAN Type
--------- -------------- -----------------
vlan100   101            community
vlan100   102            isolated
```

//以上输出显示了主 VLAN 端口下允许访问外部 VLAN 的辅助 VLAN 以及辅助 VLAN 的类型

（4）查看私有 VLAN 的信息

```
S1#show vlan private-vlan              //查看私有 VLAN 的信息
Primary  Secondary  Type              Ports
-------  ---------  ----------------  -------------------------------
100      101        community         Fa0/1, Fa0/2, Fa0/10
100      102        isolated          Fa0/3, Fa0/4, Fa0/10
```
//以上输出显示了 PVLAN 的主 VLAN、辅助 VLAN、辅助 VLAN 类型以及属于辅助 VLAN 的相应端口，可以看到混杂端口同时属于辅助 VLAN

（5）查看 PVLAN 的类型

```
S1#show vlan private-vlan type         //查看 PVLAN 的类型
Vlan  Type
----  -----------------
100   primary           //主 VLAN
101   community         //团体 VLAN
102   isolated          //隔离 VLAN
```

（6）PVLAN 连通性测试

以上配置如果正确无误，测试的结果应该符合 13-3 所示的 PVLAN 连通性测试结果，√表示通，×表示不通，从而很好地验证了 PVLAN 的通信规则。

表 13-3　PVLAN 连通性测试结果

	PC1	PC2	PC3	PC4	Server	S2（VLAN200）
PC1	√	√	×	×	√	√
PC2	√	√	×	×	√	√
PC3	×	×	√	×	√	√
PC4	×	×	×	√	√	√
Server	√	√	√	√	√	√
S2（VLAN200）	√	√	√	√	√	√

第 14 章　STP 和交换机堆叠

为了减少网络的故障时间，网络设计中经常会采用冗余拓扑，冗余是保持网络可靠性的关键设计。设备之间的多条物理链路能够提供冗余路径，当单个链路或端口发生故障时，网络可以继续运行，同时冗余链路可以增加网络容量，提供流量负载分担。为避免产生二层交换环路，可以通过 STP 来管理二层冗余，STP 可以让具有冗余拓扑的网络在故障发生时自动调整网络的数据转发路径。Cisco 的 PVST+可以解决 STP 不能实现负载分担的问题。STP 重新收敛时间较长，通常需要 30～50 秒，RSTP 和 MSTP 可以解决该问题。本章主要介绍交换机上用于防止二层交换环路的 STP、STP 防护 RSTP 和 MSTP 技术的工作原理和配置，同时还讨论了交换机堆叠的问题。

14.1　STP 概述

14.1.1　STP 简介

为了增加局域网的冗余性，网络设计中常常会引入冗余链路，然而这样却会引起交换环路。交换环路会带来广播风暴、同一帧的多个拷贝、交换机 CAM 表不稳定等问题，对网络性能有着极为严重的影响。STP（Spanning Tree Protocol，生成树协议）可以解决这些问题。STP（IEEE 802.1d）会阻塞可能导致环路的冗余路径，以确保网络中所有目的地之间只有一条逻辑路径。当一个端口阻止流量进入或离开时，称该端口处于阻塞（Block）状态。阻塞冗余路径对于防止交换环路非常关键。为了提供冗余功能，这些物理路径实际上依然存在，只是被禁用以免产生环路。一旦网络发生故障，需要启用处于阻塞状态的端口，STP 就会重新计算路径，将必要的端口解除阻塞，使阻塞端口进入转发状态。

BPDU（Bridge Protocol Data Unit，网桥协议数据单元）是运行 STP 功能的交换机之间交换的数据帧，包含有 2 种类型：一种是配置 BPDU（Configuration BPDU），用于生成树计算；另一种是拓扑变化通知（Topology Change Notification，TCN）BPDU，用于通知网络拓扑的变化。BPDU 字段及含义如表 14-1 所示。

表 14-1　BPDU 字段及含义

字 节 数	字　　段	描　　述
2	协议 ID	该字段值总为 0
1	版本	STP 的版本（采用 IEEE 802.1d 时值为 0）
1	BPDU 类型	BPDU 类型（配置 BPDU=00，TCN BPDU=80）

续表

字节数	字段	描述
1	标志	IEEE 802.1d 只使用 8 比特中的最高位和最低位，其中最低位置 1 是 TC 标志，最高位置 1 是 TCA 标志
8	根桥 ID	根桥的 ID
4	路径开销	到达根桥的路径开销值
8	网桥 ID	发送 BPDU 的网桥 ID
2	端口 ID	发送 BPDU 的网桥端口 ID
2	消息老化时间	根桥发送 BPDU 后的秒数，每经过一个网桥都会递减 1，本质上它是到达根桥的跳数的计数
2	最大老化时间	交换机端口保存配置 BPDU 的最长时间
2	Hello 时间	根桥连续发送 BPDU 的时间间隔
2	转发延时	交换机处于侦听和学习状态的时间

理解 BPDU 各个字段含义对于掌握 STP 的工作原理至关重要，这里重点介绍网桥 ID、路径开销、端口 ID 和 BPDU 计时器字段。

1. 网桥 ID

网桥 ID (Bridge ID，BID)：用于确定网络中的根桥，包含网桥优先级、扩展系统 ID 和 MAC 地址三部分。根桥选举时会用到网桥 ID，网桥 ID 最小的交换机成为根桥。

① 网桥优先级：一个可自定义的值，用来影响根桥选举。交换机的优先级越低成为根桥的可能性越大。Cisco 交换机 STP 的默认优先级值是 32768。

② 扩展系统 ID：早期的 STP 用于不使用 VLAN 的网络中，BPDU 帧中不含扩展系统 ID，所有交换机构成一棵简单的生成树。随着 VLAN 技术出现，Cisco 对 STP 进行了改进，加入了对 VLAN 的支持，即在优先级字段中分出低 12 比特作为扩展系统 ID，它的值就是 VLAN 的 ID，这就是 Cisco 的 STP 版本，称为 PVST+ (Per VLAN STP，每个 VLAN 生成树)。PVST+的好处是可以灵活地基于每个 VLAN 控制哪些接口要转发数据或者被阻塞，从而实现负载均衡。使用扩展系统 ID 后，用于表示网桥优先级的 16 位只剩下高位 4 比特，所以网桥优先级的值只能是 4096（2^{12}）的倍数，范围为 0~61440，即优先级步长为 4096。在 Cisco 的交换机上，网桥的优先级要加上 VLAN 的 ID。

③ MAC 地址：交换机的基准 MAC 地址，用 **show version** 命令可以查看到。

2. 路径开销

选举出根桥后，生成树算法会确定其他交换机到达根桥的最佳路径。路径开销是指到根桥的路径上所有端口开销（Cost）的总和。STP 使用的端口开销值由 IEEE 定义，万兆位以太网端口的端口开销为 2，千兆位以太网端口的端口开销为 4，百兆位以太网端口的端口开销为 19，10 兆位以太网端口的端口开销为 100。

3. 端口 ID

端口 ID 由交换机端口的优先级和端口 ID 构成。Cisco 交换机端口优先级默认值为 128，范围为 0～240（步长为 16）。端口 ID 不一定就是端口的号码，比如如果交换机有 2 个千兆位端口，24 个百兆位端口，Fa0/2 的端口 ID 应该是 4，因为 1 和 2 已经分配给千兆位口了，默认时该端口的端口 ID 为 128.4。

4. BPDU 计时器

BPDU 计时器决定了 STP 的性能和状态转换的时间，具体介绍如下。

① Hello Time：交换机发送 BPDU 的时间间隔。默认值为 2 秒，取值范围为 1～10 秒。

② Forward Delay（转发延时）：交换机处于侦听和学习状态的时间。这个计时器实际上决定了 2 个时间，即交换机端口从监听状态进入学习状态以及从学习状态进入转发状态的时间间隔。默认值为 15 秒，即交换直径为 7 时的取值，范围为 4～30 秒。该值和交换直径有关系，修改交换直径，该值自动调整。

③ Max Age（最大老化时间）：交换机端口保存配置 BPDU 的最长时间。当交换机收到 BPDU 时，会保存 BPDU，同时还会启动计时器开始倒计时，如果在 Max Age 时间内还没有收到新的 BPDU，那么交换机将认为邻居交换机无法联系，网络拓扑发生了变化，从而开始新的 STP 计算。默认为 20 秒，即交换直径为 7 时的取值，范围为 6～40 秒。修改交换直径，该值自动调整，例如，当交换直径配置为 5 时，最大老化时间调整为 16 秒，转发延时时间调整为 12 秒。

考虑到交换机系统优化问题，不建议单独调整 STP 转发延时和最大老化时间的值，如果有必要，直接通过 **spanning-tree vlan** *vlan-id* **root primary diameter** *diameter* 命令调整交换直径的值，然后由系统自动计算转发延时和最大老化时间。

14.1.2 STP 端口角色和端口状态

1. 端口角色

STP 工作中首先会选出根桥，而根桥在网络拓扑中的位置决定了如何计算端口角色。在交换机工作过程中，端口会被自动配置为以下 4 种不同的端口角色。

① 根端口（Root Port）：是非根桥上的端口，该端口具有到根桥的最佳路径。根端口从根桥接收 BPDU 并向下转发。一个网桥只能有一个根端口。根端口可以使用所接收帧的源 MAC 地址填充 CAM 表。

② 指定端口（Designated Port）：是根桥和非根桥上的端口。通常根桥上的交换机所有端口都是指定端口。而对于非根桥，指定端口是指根据需要接收 BPDU 帧或向根桥转发 BPDU 帧的交换机端口。一个网段只能有一个指定端口。指定端口也可以使用所接收帧的源 MAC 地址填充 CAM 表。

③ 非指定端口（Non-designated Port）：是被阻塞的交换机端口，此端口不会转发数据帧，也不会使用接收帧的源地址填充 CAM 表，但是可以转发 BPDU 帧。

④ 禁用端口（Disabled Port）：是处于管理性关闭状态的交换机端口。禁用端口不参与生成树计算过程。

2. 端口状态

当网络的拓扑发生变化时,交换机端口会从一个状态向另一个状态过渡,这些状态与 STP 的运行以及交换机的工作原理有着重要的关系。STP 端口状态及行为如表 14-2 所示。

表 14-2 STP 端口状态及行为

行　为	端　口　状　态				
	阻塞 Blocking	监听 Listening	学习 Learning	转发 Forwarding	禁用 Disabled
接收并处理 BPDU	能	能	能	能	不能
学习 MAC 地址	不能	不能	能	能	不能
转发收到的数据帧	不能	不能	不能	能	不能

端口处于各种端口状态的时间长短取决于 BPDU 计时器的设置。默认情况下,交换机 STP 端口状态过渡和停留时间如图 14-1 所示。

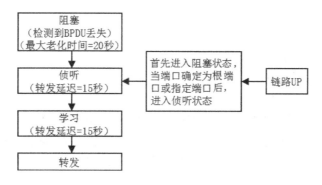

图 14-1 STP 端口状态过渡和停留时间

STP 的收敛时间通常需要 30~50 秒。如果端口上连接的只是计算机或者其他不运行 STP 的设备,也就意味着端口开启后要等 2 个转发延时的时间后端口才能正常工作,假如接入交换机端口的是 IP 电话,默认要等 30 秒才能使用,这显然无法忍受。为了减少收敛时间,可以使用 PortFast 技术。该技术使得交换机端口一旦有设备接入,端口就立即进入转发状态,而不必等待生成树收敛。端口设置了 PortFast(端口下配置命令 **spanning-tree portfast**)后,端口开启或者关闭,交换机将不再发送 TCN 消息。

14.1.3 STP 收敛

收敛是指网络在一段时间内确定作为根桥的交换机、经过所有不同的端口状态并且将所有交换机端口设置为其最终的生成树端口角色,而所有潜在的交换环路都被消除的过程。STP 收敛过程分为以下 3 个步骤。

1. 选举根桥

为了在网络中形成一个没有环路的拓扑,在 STP 运行时,网络中的交换机首先要选举根桥。每个交换机都具有唯一的网桥 ID。交换机开机时，假设自己就是根桥，然后开始发送 BPDU 帧，在 BPDU 帧中，根桥 ID 等于自己的网桥 ID。每台交换机在从邻居交换机收到 BPDU 帧时，都会将所收到的 BPDU 帧内的根 ID 与自己的根 ID 进行比较。如果收到的 BPDU 帧的根 ID 比其目前自己的根 ID 更小，那么根 ID 字段会更新以指示竞选根桥角色的新的最佳候选者。如何比较桥 ID 大小呢？首先比较优先级，如果优先级相同，就比较 MAC 地址。交换机上的根 ID 字段更新后，交换机随后将在所有后续 BPDU 帧中包含新的根 ID，这样就可确保最小的根 ID 最终能传递给网络中的所有其他邻接交换机。根桥的选举过程最终是会收敛的，也就是说网络中的交换机最终会一致认可某一交换机是根桥，根桥选举便完成。STP 收敛过程举例如图 14-2 所示，3 台交换机 VLAN1 的 STP 优先级都相同（默认值 32768+1= 32769），然而交换机 S1 的 MAC 地址为 AA-AA-AA-AA-AA-AA，比其他交换机的 MAC 地址小，所以它被选举为根桥，根桥 S1 上的所有端口为指定端口。

2．选举根端口

选举了根桥后，交换机开始为每一个交换机端口配置端口角色。需要确定的第一个角色是根端口。根端口是到达根桥的路径开销最小的交换机端口。确定根端口竞选获胜的原则按以下顺序进行，一旦比较出大小，就不再往下比较。

① 到达根桥的最小的开销值。
② 发送者最小的网桥 ID。
③ 发送者最小的端口 ID。
④ 接收者最小的端口 ID。

在图 14-2 中，交换机 S3 从 Fa0/21 端口到达根桥的 Cost 为 19，从 Fa0/22 端口到达根桥的 Cost 为 19+19=38，因此交换机 S3 上 Fa0/21 端口就是根端口。同样交换机 S2 从 Fa0/23 端口到达根桥的 Cost 为 19，从 Fa0/21 端口到达根桥的 Cost 为 19+19=38，因此交换机 S2 上的 Fa0/23 端口就是根端口。

有时候通过比较到达根桥的开销值并不能确定根端口。确定根端口举例如图 14-3 所示，图中，S1 为根桥，此时 S2 的 2 条链路到达根桥的开销值都是 19，所以继续比较发送者谁的网桥 ID 最小，因为 BPDU 都是 S1 发送的，所以也相同，继续比较发送者谁的端口 ID 最小，假设 S1 的 Fa0/2 端口 ID 为 128.2，Fa0/1 的端口 ID 为 128.1，比较到这里最终分出胜负，交换机 S2 的端口 Fa0/2 为根端口，相应的 Fa0/1 端口被阻塞。

图 14-2　STP 收敛过程举例　　　　图 14-3　确定根端口举例

3．选举指定端口和非指定端口

当交换机确定了根端口后，还必须将剩余端口确定为指定端口或非指定端口，以完成逻辑无环生成树的创建。交换网络中的每个网段只能有一个指定端口。当 2 个非根端口的交换机端口连接到同一个网段时，会发生竞选端口角色的情况。这 2 台交换机会交换 BPDU 帧，以确定哪个交换机端口是指定端口，哪一个是非指定端口，竞选的原则和根端口竞选原则的比较顺序相同。

在图 14-2 中，在交换机 S2 和 S3 之间的链路上，两个端口不能同时处于转发数据的状态，否则将导致环路的产生，必须在该链路上选举一个指定端口。由于 S2 和 S3 到达根桥的开销值都为 19，所以要进一步比较发送者谁的网桥 ID 最小。S2 具有较小的网桥 ID，因此 S2 上的 Fa0/21 成为指定端口，而 S3 上的 Fa0/22 成为了非指定端口，处于阻断状态。

14.1.4　STP 拓扑变更

当交换机检测到拓扑更改（如端口被阻塞或者手工将端口关闭）时，会通知生成树的根桥，然后根桥将该拓扑更改信息泛洪到整个网络。在 IEEE 802.1d 的 STP 运行中，交换机会一直通过根端口从根桥接收配置 BPDU 帧，它不会向根桥发送 BPDU。为了将拓扑更改信息通知根桥，引入了一种特殊的 BPDU，称为拓扑更改通知（TCN）BPDU。当交换机检测到拓扑更改时，它便开始通过根端口沿着去往根桥的方向发送 TCN。TCN 是一种非常简单的 BPDU，只包含表 14-1 中的前 3 个字段，它按 BPDU 间隔发送。交换机收到 TCN 后，立即发回拓扑更改确认（TCA）位置位的配置 BPDU，以确认收到 TCN。此交换过程会持续到根桥作出响应为止。TCN 与 TCA 的发送如图 14-4 所示，在该图中，交换机 E 检测到拓扑更改，它向交换机 B 发出 TCN，交换机 B 收到该 TCN 后使用 TCA 向交换机 E 予以确认。交换机 B 继续发送 TCN 给根桥 A，A 同样也使用 TCA 向交换机 B 予以确认，此时根桥获知网络中发生了拓扑更改，如图 14-5 所示为根桥发送 TC 信息。根桥发送的拓扑更改（TC）位置位的配置 BPDU 将传播到网络中的每台交换机，所有的交换机都知道到网络中发生了拓扑更改，都将自己的 MAC 地址表老化时间缩短为转发延时时间。

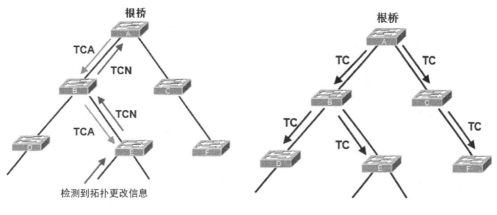

图 14-4　TCN 与 TCA 的发送　　　　图 14-5　根桥发送 TC 信息

14.1.5　STP 防护

STP 协议并没有措施对交换机的身份进行认证。在稳定的网络中，如果接入非法交换机将可能给网络中的 STP 运行带来灾难性的破坏，因此需要特定的技术保护 STP。最常使用的就是 BPDU Guard 和 Root Guard 技术。

1. PortFast 和 BPDU Guard

STP 的收敛时间通常需要 30～50 秒。而 PortFast 技术使得交换机端口一旦有设备接入，端口就立即进入转发状态，而不必等待生成树收敛的 2 个转发延时。BPDU Guard 主要和 PortFast 特性配合使用。启用的 PortFast 端口一旦接入的是交换机很可能造成交换环路。BPDU Guard 可以使得 PortFast 端口一旦接收到 BPDU，就关闭该端口。

2. Root Guard

端口启用 Root Guard（根防护），能够将端口强制设为指定端口，进而防止对端交换机成为根桥。设置了根防护的端口如果收到了一个优于原 BPDU 的新的 BPDU，它将把本端口设为 Blocking（禁止）状态，过了一段时间，如果再收到更差的 BPDU，它会恢复该端口原状态，这一点不同于 BPDU Guard。

14.2 RSTP 和 MSTP 概述

14.2.1 RSTP 简介

RSTP（IEEE 802.1w）是 IEEE 802.1d 标准的一种发展。RSTP 的术语大部分都与 IEEE 802.1d STP 术语一致。绝大多数参数都没有变动，所以熟练掌握 STP 知识后，学习 RSTP 非常容易。RSTP 能够达到相当快的收敛速度，有时甚至只需几百毫秒。RSTP 的特征如下所述。

① 集成了 Cisco 的 IEEE 802.1d 的很多增强技术，如 PortFast、UplinkFast、BackboneFast，这些增强功能不需要额外配置。

② RSTP 使用与 IEEE IEEE 802.1d 相同的 BPDU 格式。不过其版本字段被设置为 2 以代表是 RSTP，并且标志字段用完所有的 8 位。RSTP BPDU 格式如图 14-6 所示。

2字节	协议ID=0x0000		位	含义
1字节	协议版本ID=x02		0	TC标志
1字节	BPDU类型=0x02		1	提议
1字节	标志	→		
8字节	根ID		2~3	00 未知端口
4字节	根路径开销			01 替代/备份端口
8字节	网桥ID			10 根端口
2字节	端口ID			11 指定端口
2字节	消息老化时间		4	学习
2字节	最大老化时间		5	转发
2字节	Hello时间		6	同意
2字节	转发延迟		7	TCA标志

图 14-6 RSTP BPDU 格式

③ RSTP 能够主动确认端口是否能安全转换到转发状态，而不需要依靠任何计时器来作出判断。

④ RSTP 定义了边缘端口。边缘端口是指永远不会用于连接到其他交换机设备的交换机端口。当启用时，此类端口会立即转换到转发状态，端口下执行 **spanning-tree portfast** 命令就将该交换机端口配置为边缘端口。

⑤ 非边缘端口分为点对点（Point-to-Point）和共享（Shared）2 种链路类型。链路类型是 RSTP 自动确定的（全双工链路就是点对点类型，半双工就是共享类型），但可以使用配置命令进行更改。RSTP 在点对点类型的链路上才能实现快速收敛。

RSTP 能够向下与 IEEE 802.1d 兼容，RSTP 发送 BPDU 和填充标志字节的方式与 IEEE 802.1d 略有差异。由于 BPDU 被用作保持活动（Keepalive）的检测机制，连续 3 次未收到 BPDU 就表示网桥与其相邻的根桥或指定网桥失去连接。快速老化意味着故障能够被快速检测到。

RSTP 端口只有丢弃、学习和转发 3 种状态。

① 丢弃（Discarding）：稳定的活动拓扑以及拓扑同步和更改期间都会出现此状态。丢弃状态禁止转发数据帧，因而可以阻止二层环路。

② 学习（Learning）：稳定的活动拓扑以及拓扑同步和更改期间都会出现此状态。学习状态会接收数据帧来填充 MAC 表，以限制未知单播帧泛洪。

③ 转发（Forwarding）：仅在稳定的活动拓扑中出现此状态。转发状态的交换机端口决定了拓扑。发生拓扑变化后或在同步期间，只有当提议和同意过程完成后才会转发数据帧。

14.2.2 RSTP 提议 / 同意机制

RSTP 端口角色中的根端口和指定端口的确定方法和 STP 一致。而对于非指定口则进一步分为替代（Alternate）端口和备份（Backup）端口，如图 14-7 所示。Alternate 端口是由于收到其他网桥更优的 BPDU 而被阻塞的端口，Backup 端口是由于收到本交换机其他端口发出的更优的 BPDU 而被阻塞的端口。在图 14-7 中，S3 的 Fa0/1 端口是该网段的指定端口，S2 将从 Fa0/1 端口接收到 S3 发送的更优的 BPDU，所以 S2 的 Fa0/1 端口为 Alternate 端口；S3 的 Fa0/2 端口将接收到 S3 自己的 Fa0/1 端口发出的更优的 BPDU，所以为 Backup 端口。当 S2 的根端口出现故障时，S2 的替代端口将立即进入转发状态；而当 S3 指定端口出现故障时，S2 备份端口将立即进入转发状态，从而大大减少收敛时间。

RSTP 使用提议（Proposal）/同意（Agreement）握手机制（见图 14-8）来完成快速收敛。在图 14-8 中，假设 S2 有一条新的链路连接到根桥，当链路 up 时，S1 的 p0 端口和 S2 的 p1 端口同时进入指定阻断状态，然后 S1 从 p0 端口发送提议 BPDU。由于 S2 从 p1 端口收到更优的 BPDU，S2 开始同步新的消息给其他的端口，p2 端口为替代端口，同步中保持不变；p3 端口为指定端口，同步中必须阻断；p4 端口为边缘端口，同步中保持不变，S2 通过 p1 端口给根桥 S1 发送同意 BPDU，p0 端口和 p1 端口握手成功，p1 端口成为 S2 新的根端口，p0 端口和 p1 端口直接进入转发状态。这时 p3 端口为指定端口，还处于阻断状态。同样，对于 p0 端口和 p1 端口，按照提议 / 同意握手机制，p3 端口也会在其链路上完成快速收敛。提议 / 同意握手机制收敛很快，端口状态转变中无须依赖任何定时器。

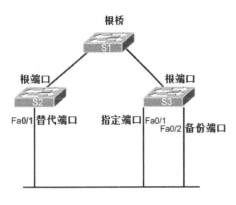
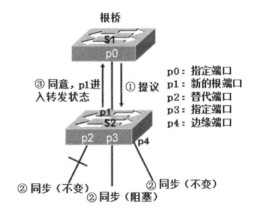

图 14-7　替代端口和备份端口　　　　图 14-8　RSTP 使用提议 / 同意握手机制

14.2.3　MSTP 简介

在 PVST 中，交换机为每个 VLAN 都构建一棵 STP 树，不仅会为 CPU 带来很大负载（特别是低端的交换），也会占用大量的带宽。MSTP（Multiple Spanning Tree Protocol）则可把多个 VLAN 映射到一个 STP 实例上，每个实例都运行 RSTP，从而减少了资源的浪费。

MSTP 中引入了实例（Instance）和域（Region）的概念。实例就是多个 VLAN 的一个集合，这种通过将多个 VLAN 捆绑到一个实例中的方法可以节省通信开销和资源占用率。MSTP 各个实例拓扑的计算是独立的，通过控制这些实例上 STP 选举，就可以实现负载均衡。域由域名（Configuration Name）、修订级别（Revision Level）、格式选择器（Configuration Identifier Format Selector）、VLAN 与实例的映射关系组成，其中域名、格式选择器和修订级别在 BPDU 数据包中都有相关字段，而 VLAN 与实例的映射关系在 BPDU 数据包中以 MD5 摘要信息（Configuration Digest）的形式表现，该摘要信息是根据映射关系计算得到的一个 16 字节签名。只有上述 4 者都一样且相互连接的交换机才认为在同一个 MSTP 域内。默认时，所有的 VLAN 都映射到实例 0 上。MSTP 的实例 0 具有特殊的作用，称为 CIST（Common Internal and Spanning Tree），即公共和内部生成树，其他的实例称为 MSTI（Multiple Spanning Tree Instance），即多生成树实例。

14.2.4　STP 运行方式

在 STP 的运行方式上，IEEE 标准和 Cisco 标准采用不同的方案，几种主要的 STP 运行方式比较如表 14-3 所示。Cisco 交换机可以支持的运行方式是 PVST+、PVRST+和 MSTP，默认是 PVST+。

表 14-3　STP 运行方式比较

	标准制定者	资源占用	收敛	作用对象	负载均衡支持
CST	IEEE	低	慢	所有 VLAN	否
PVST+	Cisco	高	慢	每 VLAN	是

续表

	标准制定者	资源占用	收敛	作用对象	负载均衡支持
RSTP	IEEE	中等	快	所有 VLAN	否
PVRST+	Cisco	非常高	快	每 VLAN	是
MST	IEEE、Cisco	中等或高	快	VLAN 列表	是

1. PVST 的特点

① 使用 Cisco 专有的 ISL 中继协议。
② 每个 VLAN 拥有一个生成树实例。
③ 能够在二层对流量执行负载均衡。
④ 采用对 STP 扩展和增强的 BackboneFast、UplinkFast 和 PortFast 技术。

2. PVST+的特点

① 支持 ISL 和 IEEE 802.1q 中继。
② 支持 Cisco 专有的 STP 扩展。
③ 添加 BPDU 防护和根防护等增强功能。

3. 快速 PVST+（PVRST+）的特点

① 基于 IEEE 802.1w 标准。
② 比 IEEE 802.1d 的收敛速度快。
③ 能够在二层对流量执行负载均衡。

4. MSTP（多生成树协议）的特点

① 多个 VLAN 可映射到相同的生成树实例。
② 受 Cisco 多实例生成树协议（MISTP）的启发。

14.3 交换机堆叠概述

14.3.1 交换机堆叠简介

Cisco StackWise 技术可以为统一地利用一组交换机的功能提供一种创新的方法。单个交换机可以智能化地结合到一起创建一个单一的交换单元，这种技术称为堆叠。可堆叠配置的交换机可以使用专用电缆进行互连，电缆可在交换机之间提供大带宽的吞吐能力，而堆叠的交换机可以作为一台更大的交换机有效地运行。例如，Cisco Catalyst 3750 系列使用 StackWise 技术，采用背板堆叠的方式提供了一个 32 Gbps 的堆叠互连；Cisco 新型号的交换机 3650 可以提供 160 Gbps 的堆叠互连，连接多达 9 台交换机。交换机堆叠连接如图 14-9 所示，图中以菊花链方式连接交换机的堆叠电缆将一台交换机堆叠到另一台交换机上。交换机堆叠后从逻辑上来说，它们属于同一台设备。如果想对这几台交换机进行设置，只要连接到任何一台设备上，就可看到堆叠中的其他交换机。

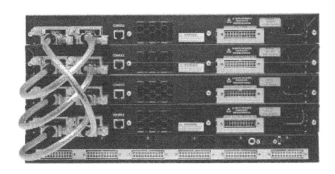

图 14-9 交换机堆叠连接

交换机堆叠时最好能够使用相同型号的硬件设备和相同版本的 IOS。如果硬件型号不同，则务必保证交换机上的 IOS 中使用的堆叠协议的主版本号是相同的。如果使用的堆叠协议的主版本号相同，但小数点后的版本号不同，仍然可以堆叠，不过可能会导致部分功能不兼容。

14.3.2 交换机堆叠选举

堆叠的交换机会选举一个 Master 设备，高优先级的设备是 Master，如果优先级相同，则会根据复杂的因素选举 Master（例如，IOS 的功能、版本、硬件版本、MAC 地址等）。其他交换机则是 Member（成员），如果堆叠中的 Master 交换机发生故障，则重新选举 Master 交换机。交换机堆叠可帮助减小交换直径，降低 STP 重新收敛的影响，因为在交换机堆叠中，所有交换机为特定生成树实例使用相同的网桥 ID。

14.4 配置 STP 和 STP 防护

14.4.1 实验 1：配置 STP

1. 实验目的

通过本实验可以掌握：
① STP 作用和工作原理。
② STP 端口角色和端口状态。
③ STP 配置和收敛过程。
④ 利用 PVST+实现负载分担的方法。

2. 实验拓扑

配置 STP 的实验拓扑如图 14-10 所示，S1 和 S2 模拟核心层的交换机，S3 模拟接入层交换机。Cisco 交换机默认运行 PVST+，因此每个 VLAN 有一棵 STP 树。

第 14 章 STP 和交换机堆叠

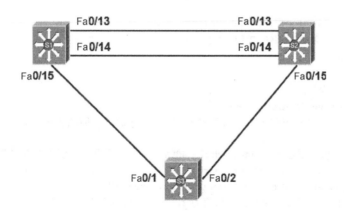

图 14-10 配置 STP 的实验拓扑

3．实验步骤

在 3 台交换机上分别配置 VLAN2，通过配置 STP 实现不同 VLAN（VLAN1 和 VLAN2）的 STP 具有不同的根桥，实现负载分担。交换机 S1 是 VLAN1 的根桥（优先级 4096），是 VLAN2 的次根桥（优先级 8192）；交换机 S2 是 VLAN1 的次根桥（优先级 8192），是 VLAN2 的根桥（优先级 4096）；

（1）在交换机上创建 VLAN2，将 S1、S2 和 S3 之间的链路配置成 Trunk 模式

① 配置交换机 S1。

```
S1(config)#vlan 2
S1(config-vlan)#name VLAN2
S1(config-vlan)#exit
S1(config)#interface range FastEthernet0/13-15
S1(config-if-range)#switchport trunk encapsulation dot1q
S1(config-if-range)#switchport trunk native vlan 99
S1(config-if-range)#switchport mode trunk
S1(config-if-range)#switchport nonegotiate
```

② 配置交换机 S2。

```
S2(config)#vlan 2
S2(config-vlan)#name VLAN2
S2(config-vlan)#exit
S2(config)#interface range FastEthernet0/13-15
S2(config-if-range)#switchport trunk encapsulation dot1q
S2(config-if-range)#switchport trunk native vlan 99
S2(config-if-range)#switchport mode trunk
S2(config-if-range)#switchport nonegotiate
```

③ 配置交换机 S3。

```
S3(config)#vlan 2
S3(config-vlan)#name VLAN2
S3(config-vlan)#exit
S3(config)#interface range FastEthernet0/1-2
S3(config-if-range)#switchport trunk encapsulation dot1q
S3(config-if-range)#switchport trunk native vlan 99
```

```
S3(config-if-range)#switchport mode trunk
S3(config-if-range)#switchport nonegotiate
```

（2）配置 STP

① 配置交换机 S1。

```
S1(config)#spanning-tree mode pvst
//配置 STP 模式为 PVST+，Cisco 交换机 STP（PVST+）功能默认是开启的，可以通过命令 show spanning-tree 查看
S1(config)#spanning-tree vlan 1 priority 4096        //配置 VLAN1 的 STP 网桥优先级
S1(config)#spanning-tree vlan 2 priority 8192        //配置 VLAN2 的 STP 网桥优先级
S1(config)#spanning-tree vlan 1 root primary diameter 7
//配置交换直径，Cisco 交换机默认值为 7，可以调整的范围为 2～7
```

【技术扩展】

命令 **spanning-tree vlan** *vlan-id* **root primary** 也可以对 STP 的根桥选举进行控制，它实际上是宏命令，执行该命令时交换机会先取出当前根桥的优先级，然后通常是把根交换机的优先级减去 2×4096 作为本交换机 STP 新的优先级。该命令是一次性命令，使用 **show running-config** 命令在配置文件中是看不到该命令的，而是看到修改后的 STP 优先级，同时该命令也不能保证交换机一直是根桥，假如其他交换机通过命令 **spanning-tree vlan** *vlan-id* **priority** *priority* 配置更低的优先级数值，该交换机就会失去根桥的位置。**spanning-tree vlan** *vlan-id* **root primary** 命令通常和 **spanning-tree vlan** *vlan-id* **root secondary** 命令同时使用，执行 **spanning-tree vlan** *vlan-id* **root secondary** 命令时交换机会先取出当前根桥的优先级，在确保本交换机成为 STP 的次根桥的前提下，然后通常是把根交换机 STP 的优先级减去相应数值作为本交换机 STP 新的优先级。以上两条命令都有局限性，一是管理员不能明确地控制优先级的大小；二是有时可能达不到控制根桥选举效果，比如优先级是 0 的交换机已经是根桥，再执行以上命令可能不妥。所以建议管理员手工指定根桥优先级。**spanning-tree vlan** *vlan-id* **root primary** 命令更多时候是通过它后面的 **diameter** 参数来修改交换网络直径的，即使用 **spanning-tree vlan** *vlan-id* **root primary diameter** *number* 命令修改该值后，STP 的计时器的最大老化时间和转发延时都会改变，除非管理员有绝对的把握，否则建议不要修改，该值默认为 7。

```
S1(config)#interface range fastEthernet 0/1-4
S1(config-if-range)#spanning-tree portfast       //配置边缘端口
%Warning: portfast should only be enabled on ports connected to a single
  host. Connecting hubs, concentrators, switches, bridges, etc... to this
  interface   when portfast is enabled, can cause temporary bridging loops.
  Use with CAUTION。
%Portfast will be configured in 20 interfaces due to the range command
  but will only have effect when the interfaces are in a non-trunking mode.
//以上告警信息提示这些端口只能用于接入计算机，不要接入集线器、集中器、交换机和网桥等其他设备，边缘端口启动时，可能会引起暂时的环路。同时提示该命令只对非 Trunk 端口有效。如果在 Trunk 端口上配置边缘端口的话，相应的命令是 spanning-tree portfast trunk，比如该端口连接的是用单臂路由实现 VLAN 间通信的路由器接口。计算机接入配置边缘端口的交换机，该端口就立即进入转发状态，而不必等待生成树收敛。但是被配置为边缘端口的端口上如果收到 BPDU，则立刻失去边缘端口的特性，参与正常的 STP 运算
```

② 配置交换机 S2。

```
S2(config)#spanning-tree mode pvst
S2(config)#spanning-tree vlan 1 priority 8192
S2(config)#spanning-tree vlan 2 priority 4096
```
③ 配置交换机 S3
```
S3(config)#spanning-tree mode pvst
S3(config)#interface range fastEthernet0/1-2
S3(config-if-range)#spanning-tree port-priority 64
//配置 STP 端口优先级，默认为 128，值越小，优先级越高，端口优先级步长为 16
```

4．实验调试

（1）查看交换机 STP 信息

```
show spanning-tree   //查看交换机 STP 信息
① S1#show spanning-tree
VLAN0001
  Spanning tree enabled protocol ieee     //交换机运行的 STP 协议是 IEEE 的 802.1d，默认
时 Cisco 交换机会为每个 VLAN 都生成一个单独的 STP 树实例，即 PVST+
  Root ID    Priority    4097
//根桥 Root ID 的优先级，默认为 32768，因为是 VLAN1 的 STP，所以优先级为 4096+1=4097
             Address     d0c7.89ab.1180   //根桥的基准 MAC 地址，可用 show version 命令查看
             This bridge is the root      //本交换机是 VLAN1 的根桥
             Hello Time   2 sec  Max Age 20 sec  Forward Delay 15 sec
             // Hello 时间、最大老化时间和转发延时
  Bridge ID  Priority    4097    (priority 4096 sys-id-ext 1)
//本交换机桥 ID 的优先级为 4096+1=4097，因为是 VLAN1，系统扩展 ID 为 1
             Address     d0c7.89ab.1180
//本交换机的基准 MAC 地址，和根桥相同，也说明本交换机就是根桥
             Hello Time   2 sec  Max Age 20 sec  Forward Delay 15 sec
             Aging Time   300 sec
//交换机 MAC 地址表老化时间，默认为 300 秒，如果收到拓扑变更（TC），则将其值改为转发延
时的时间

Interface         Role Sts Cost       Prio.Nbr Type
----------------- ---- --- ---------  --------------------------------
Fa0/13            Desg FWD 19          128.15   P2p
//该端口角色是指定端口，端口状态是转发状态，端口开销值为 19，端口 ID 是 128.15，端口类型
为点到点
Fa0/14            Desg FWD 19          128.16   P2p
Fa0/15            Desg FWD 19          128.17   P2p
```
//以上 3 行显示端口的 STP 的角色、状态、开销值、端口 ID 和端口类型，由于该交换机是 VLAN1 的根桥，所以所有端口都处于转发状态（FWD），以上输出的各列含义如下。
- Role：表示 STP 端口角色，Desg 是指定端口，Altn 是替换端口，Root 是根端口
- Sts：表示 STP 端口状态，FWD 表示转发，BLK 表示阻塞，LIS 表示监听，LRN 表示学习
- Cost：表示 STP 端口开销
- Prio.Nbr：表示 STP 端口 ID，格式为优先级.端口号
- Type：表示 STP 端口类型，P2p 表示点对点类型，Shr 表示共享类型

//以上是 VLAN1 的 STP 树情况，VLAN2 的 STP 树和 VLAN1 的类似。默认时，Cisco 交换机会为每个 VLAN 都生成一个单独的 STP 树实例，称为 PVST（Per VLAN Spanning Tree）
```
VLAN0002
  Spanning tree enabled protocol ieee
  Root ID    Priority    4098  //根桥 Root ID 的优先级，因为是 VLAN2，所以优先级为
4096+2=4098
```

                    Address   d0c7.89c2.3100   //根桥的基准 MAC 地址
                    Cost   19   //从本交换机到达根桥的 Cost 值
                    Port   15 (FastEthernet0/13) //根端口，端口 ID 为 15。因为本交换机有 2
个千兆位以太网接口，占用了 1 和 2，所以 Fa0/13 的端口 ID 为 13+2=15
                    Hello Time 2 sec   Max Age 20 sec   Forward Delay 15 sec
         Bridge ID Priority   8194   (priority 8192 sys-id-ext 2)
                    Address   d0c7.89ab.1180
                    Hello Time 2 sec   Max Age 20 sec   Forward Delay 15 sec
                    Aging Time 300 sec

Interface   Role Sts Cost   Prio.Nbr Type
------------------- ---- --- --------- --------------------------------
Fa0/13   **Root** FWD 19   128.15   P2p   //该端口是 VLAN2 的根端口
Fa0/14   **Altn BLK** 19   128.16   P2p
//由于交换机 S1 和 S2 是双链路，端口角色为了和 RSTP 兼容，显示为替换端口（**Altn**），在 VLAN2
中，该端口状态为阻塞（**BLK**）
Fa0/15   Desg FWD 19   128.17   P2p

② S2#**show spanning-tree**
VLAN0001
  Spanning tree enabled protocol ieee
  Root ID   Priority   4097
             Address   d0c7.89ab.1180
             Cost   19
             Port   15 (FastEthernet0/13)
             Hello Time 2 sec   Max Age 20 sec   Forward Delay 15 sec
  Bridge ID Priority   8193   (priority 8192 sys-id-ext 1)
             Address   d0c7.89c2.3100
             Hello Time 2 sec   Max Age 20 sec   Forward Delay 15 sec
             Aging Time 300 sec

Interface   Role Sts Cost   Prio.Nbr Type
------------------- ---- --- --------- --------------------------------
Fa0/13   **Root** FWD 19   128.15   P2p   //该端口是 VLAN1 的根端口
Fa0/14   **Altn BLK** 19   128.16   P2p   //在 VLAN1 的 STP 中，该端口被阻塞
Fa0/15   Desg FWD 19   128.17   P2p

VLAN0002
  Spanning tree enabled protocol **ieee**
  Root ID   Priority   4098
             Address   d0c7.89c2.3100
             This bridge is the root   //本交换机是 VLAN2 的根桥
             Hello Time 2 sec   Max Age 20 sec   Forward Delay 15 sec
  Bridge ID Priority   4098   (priority 4096 sys-id-ext 2)
             Address   d0c7.89c2.3100
             Hello Time 2 sec   Max Age 20 sec   Forward Delay 15 sec
             Aging Time 300 sec

Interface   Role Sts Cost   Prio.Nbr Type
------------------- ---- --- --------- --------------------------------
Fa0/13   Desg FWD 19   128.15   P2p
Fa0/14   Desg FWD 19   128.16   P2p
Fa0/15   Desg FWD 19   128.17   P2p

③ S3#**show spanning-tree**
VLAN0001
  Spanning tree enabled protocol **ieee**

```
Root ID    Priority    4097
           Address     d0c7.89ab.1180
           Cost        19
           Port        3 (FastEthernet0/1)    //VLAN1 的根端口
           Hello Time  2 sec   Max Age 20 sec   Forward Delay 15 sec
Bridge ID  Priority    32769   (priority 32768 sys-id-ext 1)    //优先级为默认 32768+1
           Address     d0c7.89c2.8380
           Hello Time  2 sec   Max Age 20 sec   Forward Delay 15 sec
           Aging Time  300 sec

Interface        Role Sts Cost      Prio.Nbr Type
---------------- ---- --- --------- --------------------------------
Fa0/1            Root FWD 19        64.3     P2p    //在 VLAN1 的 STP 中，该端口为根端口

Fa0/2            Altn BLK  19       64.4     P2p    //在 VLAN1 的 STP 中，该端口为替换端口

VLAN0002
  Spanning tree enabled protocol ieee
  Root ID    Priority    4098
             Address     d0c7.89c2.3100
             Cost        19
             Port        4 (FastEthernet0/2)    //VLAN2 的根端口
             Hello Time  2 sec   Max Age 20 sec   Forward Delay 15 sec
  Bridge ID  Priority    32770   (priority 32768 sys-id-ext 2)    //优先级默认为 32768+2
             Address     d0c7.89c2.8380
             Hello Time  2 sec   Max Age 20 sec   Forward Delay 15 sec
             Aging Time  300 sec

Interface        Role Sts Cost      Prio.Nbr Type
---------------- ---- --- --------- --------------------------------
Fa0/1            Altn BLK  19       64.3     P2p    //在 VLAN2 的 STP 中，该端口为替换端口

Fa0/2            Root FWD 19        64.4     P2p    //在 VLAN2 的 STP 中，该端口为根端口
```

以上①、②和③输出信息表明在 VLAN1 的 STP 中，交换机 S3 的 Fa0/1 端口和交换机 S2 的 Fa0/13 是根端口，交换机 S3 的 Fa0/2 和交换机 S2 的 Fa0/14 是阻塞端口；在 VLAN2 的 STP 中，交换机 S3 的 Fa0/2 和交换机 S1 的 Fa0/13 是根端口，交换机 S3 的 Fa0/1 和交换机 S1 的 Fa0/14 是阻塞端口。不同的 VLAN 阻塞不同的端口，从而可以很好地实现不同 VLAN 流量的负载分担。

【技术扩展】

① 在以上实验中用 PVST 控制不同的 VLAN 阻塞不同的端口来实现 S1 和 S2 之间两条链路的负载均衡，实际上把 Fa0/13 和 Fa0/14 捆绑形成 EtherChannel 应该会效率更高，EtherChannel 不仅有冗余功能，也能实现负载分担。EtherChannel 内容将在 15 章介绍。

② 在实际工程中要显式控制根桥时，建议通过优先级来控制根桥选举，不要利用交换机的 MAC 地址来控制根桥选举，如果更换交换机或者网络中加入新的交换机，由于这些交换机的 MAC 地址并不能事先知道，可能导致 STP 选举结果和预想的不一致。另外可以使用 **no spanning-tree vlan** *vlan-id* 命令关闭某个 VLAN 的 STP 功能，必须确保该 VLAN 中不存在交换环路。强烈建议不要进行此操作，因为 STP 对交换机的资源占用通常是可以忍受的。

(2) 调试跟踪 STP 接收 BPDU 的信息

```
S1#debug spanning-tree bpdu     //调试跟踪 STP 接收 BPDU 的信息
*Mar  1 02:12:45.754: STP: VLAN0002 rx BPDU: config protocol = ieee, packet from
FastEthernet0/13 , linktype SSTP, enctype 3, encsize 22
```
//在 VLAN2 的 STP 实例中,从端口 Fa0/13 收到 BPDU 的信息包括配置协议、链路类型、封装类型和以太网头部(包括 IEEE 802.3 和 802.2 两部分)的长度

```
*Mar  1 02:12:45.754: STP: enc 01 00 0C CC CC CD 00 23 AC 7D 6C 8F 00 32 AA AA 03 00 00 0C
01 0B
```
//STP 数据包帧头的具体信息,包括目的 MAC 地址(01 00 0C CC CC CD)、源 MAC 地址(00 23 AC 7D 6C 8F)、长度(00 32)、DSAP(AA)、SSAP(AA)、控制域(03)、厂商代码(00 00 0C)、协议 ID(01 0B)

```
*Mar  1 02:12:45.763: STP: VLAN0002 Fa0/13:0000 00 00 00 60020023AC7D6C80 00000000
60020023AC7D6C80 800F 0000 1400 0200 0F00
```
//BPDU 数据包的详细内容,对应表 14-1 各个字段

(3) 调试跟踪 STP 的事件

```
S1#debug spanning-tree events                //调试跟踪 STP 的事件
Spanning Tree event debugging is on          //开启跟踪 STP 的事件
S1(config)#interface fastEthernet0/15
S1(config-if)#shutdown                       //把 S1 的 Fa0/15 端口关闭,观察 STP 的运行情况
*Mar  1 02:38:31.162: STP: VLAN0001 we are the spanning tree root     //S1 是 VLAN1 的根桥
*Mar  1 02:38:31.162: STP[1]: Generating TC trap for port FastEthernet0/15  //产生 TC Trap
*Mar  1 02:38:31.162: STP: VLAN0002 sent Topology Change Notice on Fa0/13
```
//从 Fa0/13 端口向 VLAN2 的根桥发出 TCN

```
*Mar  1 02:38:31.162: STP[2]: Generating TC trap for port FastEthernet0/15
*Mar  1 02:38:33.184: STP: VLAN0001 Topology Change rcvd on Fa0/13
```
//从 Fa0/13 端口收到 VLAN1 的 TC,老化自己 MAC 地址表项

```
*Mar  1 02:39:01.194: STP: VLAN0001 Topology Change rcvd on Fa0/13
S1(config-if)#no shutdown    //把 Fa0/15 端口开启,观察 STP 的运行情况
*Mar  1 02:39:31.586: set portid: VLAN0001 Fa0/15: new port id 8011
```
//设置端口 ID,8011 是 16 进制数,80 表示端口优先级为 128,11 表示端口编号为 15

```
*Mar  1 02:39:31.586: STP: VLAN0001 Fa0/15 -> listening           //端口进入监听状态
*Mar  1 02:39:31.586: set portid: VLAN0002 Fa0/15: new port id 8011
*Mar  1 02:39:32.735: STP: VLAN0001 Topology Change rcvd on Fa0/15    //收到 TC
*Mar  1 02:39:46.593: STP: VLAN0001 Fa0/15 -> learning
```
//端口进入学习状态,从 listening 状态到 learning 状态时间为 15 秒

```
*Mar  1 02:40:01.600: STP: VLAN0001 Topology Change rcvd on Fa0/15
```
//从 Fa0/15 端口收到 VLAN1 的 TC

```
*Mar  1 02:40:01.600: STP[1]: Generating TC trap for port FastEthernet0/15   //产生 TC Trap
*Mar  1 02:40:01.600: STP: VLAN0001 Fa0/15 -> forwarding
*Mar  1 02:40:01.600: STP[2]: Generating TC trap for port FastEthernet0/15
*Mar  1 02:40:01.600: STP: VLAN0002 sent Topology Change Notice on Fa0/13
```

(4) 查看各个 VLAN 的根信息

```
S1#show spanning-tree root        //查看各个 VLAN 的根信息
                                     Root    Hello Max Fwd
Vlan             Root ID             Cost    Time  Age Dly  Root Port
---------------- ------------------- ------- ----- --- ---  -----------
VLAN0001         4097 d0c7.89ab.1180   0      2    20  15
VLAN0002         4098 d0c7.89c2.3100   19     2    20  15   Fa0/13
```

以上输出显示交换机 S1 各个 VLAN 的 STP 的根 ID、到达根的开销、BPDU 的各个计时器和根端口。

（5）查看 STP 阻塞端口

```
S3#show spanning-tree blockedports              //查看 STP 阻塞端口
Name                    Blocked Interfaces List
-------------------- ------------------------------------
VLAN0001                Fa0/2
VLAN0002                Fa0/1
Number of blocked ports (segments) in the system: 2
```

以上输出显示了交换机 S3 各个 VLAN 的 STP 阻塞端口列表和系统中阻塞端口的总数。不同的 VLAN，STP 阻塞不同的端口，从而可以实现流量的负载分担。

（6）查看 STP 的摘要信息

```
S1#show spanning-tree summary                    //查看 STP 的摘要信息
Switch is in pvst mode                           //当前 STP 的运行模式
Root bridge for: VLAN0001                        //本交换机是 VLAN1 的根桥
Extended system ID           is enabled          //启用扩展系统 ID
Portfast Default             is disabled         //没有全局启用 PortFast
PortFast BPDU Guard Default  is disabled         //没有全局启用 BPDU Guard
Portfast BPDU Filter Default is disabled         //没有全局启用 BPDU Filter
Loopguard Default            is disabled         //没有全局启用环路防护
EtherChannel misconfig guard is enabled          //启用以太通道错误配置防护
UplinkFast                   is disabled         //没有启用 UplinkFast
BackboneFast                 is disabled         //没有启用 BackboneFast
Configured Pathcost method used is short         //配置的开销计算方法是短整型
Name            Blocking Listening Learning Forwarding STP Active
---------------- -------- --------- -------- ---------- ----------
VLAN0001            0        0         0         3          3
VLAN0002            1        0         0         2          3
---------------- -------- --------- -------- ---------- ----------
2 vlans             1        0         0         5          6
//以上 6 行显示了每个 VLAN 中 STP 端口状态的数量以及汇总数量
```

【技术扩展】

STP（IEEE 802.1d）的收敛时间通常需要 30～50 秒。除了 PortFast 特性，通过 UplinkFast 和 BackboneFast 技术也可以减少 STP 收敛时间。

① UplinkFast 经常用在接入层交换机上，当它连接的核心交换机上的主链路发生故障时，能立即切换到备份链路上，而不需要经过 30 秒或者 50 秒。UplinkFast 只需要在接入层交换机上配置即可。配置命令为全局模式下的 **spanning-tree uplinkfast**。

② BackboneFast 则主要用在主干交换机之间，当主干交换机之间的链路上发生故障时，可以比原有的 50 秒少 20 秒就切换到备份链路上。BackboneFast 需要在全部交换机上配置。配置命令为全局模式下的 **spanning-tree backbonefast**。

14.4.2 实验 2：配置 STP 防护

1. 实验目的

通过本实验可以掌握：

① 掌握 Root Guard 的原理、配置和调试方法。
② 掌握 BPDU Guard 的原理、配置和调试方法。

2．实验拓扑

配置 STP 防护的实验拓扑如图 14-11 所示。

图 14-11　配置 STP 防护的实验拓扑

3．实验步骤

（1）清空实验 1 的交换机配置，然后配置 S1、S2 和 S3 之间的 Trunk

① 配置交换机 S1。
```
S1(config)#interface fastEthernet0/13
S1(config-if)#switchport trunk encapsulation dot1q
S1(config-if)#switchport mode trunk
```
② 配置交换机 S2。
```
S2(config)#interface range fastEthernet0/13，fastEthernet0/15
S2(config-if-range)#switchport trunk encapsulation dot1q
S2(config-if-range)#switchport mode trunk
```
③ 配置交换机 S3。
```
S3(config)#interface fastEthernet0/2
S3(config-if)#switchport trunk encapsulation dot1q
S3(config-if)#switchport mode trunk
```

（2）配置交换机 S1 成为根桥
```
S1(config)#spanning-tree vlan 1 priority 8192
```
（3）在交换机 S2 的 Fa0/15 端口上配置 Root Guard
```
S2(config)#interface fastEthernet0/15
S2(config-if)#spanning-tree guard root
```
（4）修改交换机的 STP 优先级，模拟非法交换机接入到网络中

把交换机 S3 的 STP 优先级改为 4096，模拟非法交换机接入到网络中并想成为新的根桥，观察交换机 S2 的处理行为。
```
S3(config)#spanning-tree vlan 1 priority 4096
```
交换机 S2 上弹出的 Log 信息如下：
```
   *Mar   1 04:02:46.557: %SPANTREE-2-ROOTGUARD_BLOCK: Root guard blocking port Fast
Ethernet 0/15 on VLAN0001.
//在 VLAN1 上收到比自己的根桥优先级高的 BPDU，Root guard 阻塞该端口
① S2#show spanning-tree vlan 1 interface fastEthernet 0/15 detail
//查看启用 Root Guard 功能端口
 Port 17 (FastEthernet0/15) of VLAN0001 is broken    (Root Inconsistent)
```

```
//端口由于根不一致导致阻断
    Port path cost 19, Port priority 128, Port Identifier   128.17.
//端口开销、端口优先级和端口 ID
    Designated root has priority 8193, address d0c7.89ab.1180
//由于该端口被阻断，根桥仍然为 S1，优先级仍为 8193（8192+1），而不是 4097
    Designated bridge has priority 32769, address d0c7.89c2.3100
    Designated port id is 128.17, designated path cost 0
    Timers: message age 0, forward delay 0, hold 0
    Number of transitions to forwarding state: 1
    Link type is point-to-point by default        //链路类型，默认为点到点类型
    Root guard is enabled on the port             //端口启用 Root Guard 功能
    BPDU: sent 108, received 61                   //端口接收和发送的 BPDU 数据包数量
② S2#show spanning-tree inconsistentports         //查看 STP 不一致端口
Name                    Interface                 Inconsistency
---------------------- ------------------------ ------------------
VLAN0001                FastEthernet0/15          Root Inconsistent
Number of inconsistent ports (segments) in the system: 1
//S2 从 Fa0/15 端口收到 S3 发送的更优的 BPDU，然而由于该端口上配置了 Root Guard，S2 的端
口进入根不一致（Root Inconsistent）状态
③ S2#show spanning-tree vlan 1
VLAN0001
（此处省略部分输出）
Interface          Role Sts Cost     Prio.Nbr    Type
---------------- ---- --- --------- --------- --------------------------------
Fa0/13             Root FWD 19       128.15     P2p
Fa0/15             Desg BKN*19       128.17     P2p *ROOT_Inc
    //端口因为根不一致而阻塞，端口角色依然保持指定端口，而没有变为根端口
④ 在交换机 S3 上将 STP VLAN1 的优先级改为默认的 32768，S2 上收到信息如下：
    *Mar  1 04:11:25.761: %SPANTREE-2-ROOTGUARD_UNBLOCK: Root guard unblocking port
FastEthernet0/15 on VLAN0001.
    //从该端口收到比自己根优先级低的 BPDU，Root Guard 解除根不一致状态，端口正常工作
```

（5）配置 BPDU Guard

```
① 配置交换机 S3。
S3(config)#default interface fastEthernet0/2
S3(config)#interface fastEthernet0/2
S3(config-if)#switchport mode access             //端口改为 access 模式
② 配置交换机 S2。
S2(config)#default interface fastEthernet0/15
S2(config)#interface fastEthernet0/15
S2(config-if)#switchport mode access             //端口改为 access 模式
S2(config-if)#spanning-tree portfast             //配置边缘端口
S2(config-if)#spanning-tree bpduguard enable     //配置 BPDU Guard
S2(config-if)#exit
S2(config)#errdisable recovery cause bpduguard
    //允许因为 BPDU Guard 而关闭的端口发生故障后自动恢复
S2(config)#errdisable recovery interval 30
//配置故障端口自动恢复的间隔为 30 秒
```

（6）BPDU Guard 调试

```
① 交换机 S2 上弹出的 log 信息如下：
```

```
*Mar    1 04:15:46.587: %SPANTREE-2-BLOCK_BPDUGUARD: Received BPDU on port Fast
Ethernet0/15 with BPDU Guard enabled. Disabling port.
//交换机从启用了 BPDU Guard 的 Fa0/15 端口收到 S3 发送的 BPDU，关闭该端口
*Mar    1 04:15:46.587: %PM-4-ERR_DISABLE: bpduguard error detected on Fa0/15, putting
Fa0/15 in err-disable state
//在交换机的 Fa0/15 端口检测到 bpduguard 错误，把 Fa0/15 端口置为 err-disable 状态
② S2#show interfaces FastEthernet0/15     //查看接口信息
FastEthernet0/15 is down, line protocol is down (err-disabled)
//可以看到 Fa0/15 端口因为 err-disabled 而关闭。要重新开启，请先移除 BPDU 源，在端口下按顺
序执行 shutdown 和 no shutdown 命令，或者等待交换机自动恢复
（此处省略部分输出）
③ 由于已经配置 bpduguard 的 err-disable 状态的端口自动恢复能力，所以每隔 30 秒，端口 Fa0/15
会尝试自动恢复启用，如果还能够收到 BPDU，端口再次进入 err-disable 状态，信息如下：
*Mar    1 03:31:25.235: %PM-4-ERR_RECOVER: Attempting to recover from bpduguard
err-disable state on Fa0/15             //尝试从 err-disable 状态恢复
*Mar    1 03:31:27.081: %SPANTREE-2-BLOCK_BPDUGUARD: Received BPDU on port Fa0/15
with BPDU Guard enabled. Disabling port.     //端口又收到 BPDU
*Mar    1 03:31:27.081: %PM-4-ERR_DISABLE: bpduguard error detected on Fa0/15, putting
Fa0/15 in err-disable state             //再次将端口置为 err-disable 状态
④ 当该端口接入合法主机后，可以从 err-disable 状态自动恢复启用，信息如下：
*Mar    1 03:31:57.087: %PM-4-ERR_RECOVER: Attempting to recover from bpduguard
err-disable state on Fa0/15             //过了 30 秒，再尝试从 err-disable 状态恢复
*Mar    1 03:32:00.753: %LINK-3-UPDOWN: Interface FastEthernet0/15, changed state to up
*Mar    1 03:32:01.759: %LINEPROTO-5-UPDOWN: Line protocol on Interface FastEthernet0/15,
changed state to up      //没有再收到 BPDU，端口被开启，物理层和数据链路层状态都为 up，端口正常工作
⑤ S3#show spanning-tree interface fastEthernet 0/15 detail
//查看端口 STP 详细信息
 Port 17 (FastEthernet0/15) of VLAN0001 is designated forwarding
//端口编号、所在 VLAN 及 STP 端口状态
   Port path cost 19, Port priority 128, Port Identifier 128.17.
//端口开销值、端口优先级和端口 ID
   Designated root has priority 4097, address d0c7.89ab.1180
//根桥优先级和基准 MAC 地址
   Designated bridge has priority 32769, address d0c7.89c2.3100
//自身 STP 优先级和基准 MAC 地址
   Designated port id is 128.4, designated path cost 19    //指定端口的 ID 和开销值
   Timers: message age 0, forward delay 0, hold 0          //由于启用了边缘端口，STP 计时器都为 0
   Number of transitions to forwarding state: 1            //进入转发状态的转换数
   The port is in the portfast mode                        //端口为边缘端口
   Link type is point-to-point by default                  //端口链路类型，默认值为点到点类型
   Bpdu guard is enabled                                   //端口启用 BPDU Guard 功能
      BPDU: sent 11, received 0                            //发送和接收 BPDU 的数量
```

【技术要点】

① 配置 Root Guard 功能，是防止用户擅自在网络中接入交换机并成为新的根桥，从而破坏了原有的 STP 树。该功能通常在接入层交换机上对外开放的端口下配置，这些端口将拒绝接收比现有根桥更优的 BPDU。

② 如果配置 PortFast 命令的端口上收到 BPDU，则失去边缘端口特性，端口参与正常的 STP 运算。配置 BPDU Guard 功能，是防止在那些已经配置 PortFast 命令的端口上接入交换

机,从而导致交换环路的产生。因为 PortFast 端口一激活就立即进入转发状态,这些端口通常用于接入计算机。BPDU Guard 功能可以防止这些端口收到 BPDU。

14.5 配置 RSTP 和 MSTP

14.5.1 实验 3:配置 RSTP

1. 实验目的

通过本实验可以掌握:
① RSTP 作用和工作原理。
② RSTP 端口角色和端口状态。
③ RSTP 收敛过程。
④ 利用 Rapid PVST+实现负载分担的方法。

2. 实验拓扑

实验拓扑图如图 14-10 所示。

3. 实验步骤

在 3 台交换机上分别配置 VLAN2,通过配置 RSTP 实现不同 VLAN(VLAN1 和 VLAN2)的 RSTP 具有不同的根桥,实现负载分担和快速收敛。交换机 S1 是 VLAN1 的根桥(优先级为 4096),是 VLAN2 的次根桥(优先级为 8192);交换机 S2 是 VLAN1 的次根桥(优先级为 8192),是 VLAN2 的根桥(优先级为 4096)。

(1)实验准备

在交换机上创建 VLAN2,将 S1、S2 和 S3 之间的链路配置成 Trunk 模式。此部分配置命令与实验 1 相同,此处不再给出。

(2)配置 RSTP

① 配置交换机 S1。

```
S1(config)#spanning-tree mode rapid-pvst
//配置 STP 模式为 Rapid PVST+,对应 IEEE 的 RSTP
S1(config)#spanning-tree vlan 1 priority 4096          //配置网桥优先级
S1(config)#spanning-tree vlan 2 priority 8192
S1(config)#interface range fastEthernet 0/1-4
S1(config-if-range)#spanning-tree portfast             //配置边缘端口
```

② 配置交换机 S2。

```
S2(config)#spanning-tree mode rapid-pvst
S2(config)#spanning-tree vlan 1 priority 8192
S2(config)#spanning-tree vlan 2 priority 4096
S2(config)#interface range FastEthernet0/13-15
S2(config-if-range)#spanning-tree link-type point-to-point
//RSTP 自动检测端口为全双工模式,链路类型为点到点类型,此处可以不用配置
```

【技术要点】

RSTP 中端口分为边缘（Edge）端口、点到点（Point-to-Point）端口、共享（Shared）端口。如果端口上配置了 **spanning-tree portfast** 命令，端口就为边缘端口；如果端口是半双工模式，RSTP 自动检测为共享端口；如果端口是全双工模式，RSTP 自动检测为点到点端口。只有点到点类型的链路才能实现 RSTP 的快速收敛，如果是共享类型的链路，则不能实现 RSTP 的快速收敛。

③ 配置交换机 S3。

```
S3(config)#spanning-tree mode rapid-pvst
S3(config)#interface range fastEthernet0/1-2
S3(config-if-range)#spanning-tree port-priority 64     //配置 STP 端口优先级
```

4．实验调试

（1）查看交换机 STP 信息

```
show spanning-tree    //查看交换机 STP 信息
① S1#show spanning-tree
VLAN0001
  Spanning tree enabled protocol rstp              //交换机运行的 STP 协议是 RSTP
  Root ID    Priority    4097                      //VLAN1 根桥 Root ID 的优先级
             Address     d0c7.89ab.1180            //根桥的基准 MAC 地址
             This bridge is the root               //本交换机是 VLAN1 的根桥
             Hello Time  2 sec  Max Age 20 sec  Forward Delay 15 sec

  Bridge ID  Priority    4097   (priority 4096 sys-id-ext 1)
             Address     d0c7.89ab.1180
             Hello Time  2 sec  Max Age 20 sec  Forward Delay 15 sec
             Aging Time  300 sec

Interface         Role Sts Cost      Prio.Nbr Type
----------------- ---- --- --------- --------------------------
Fa0/13                 Desg FWD 19       128.15   P2p
Fa0/14                 Desg FWD 19       128.16   P2p
Fa0/15                 Desg FWD 19       128.17   P2p
```
//以上 3 行显示 RSTP 端口的角色、状态、开销值、端口优先级和端口类型，由于该交换机是 VLAN1 的根桥，所以所有端口都处于转发状态（FWD），端口角色为指定端口

```
VLAN0002
  Spanning tree enabled protocol rstp
  Root ID    Priority    4098                      //VLAN2 根桥 Root ID 的优先级
             Address     d0c7.89c2.3100
             Cost        19                        //从本交换机到达根桥的 Cost 值
             Port        15 (Fa0/13)    //根端口，端口 ID 为 15
             Hello Time  2 sec  Max Age 20 sec Forward Delay 15 sec

  Bridge ID  Priority    8194   (priority 8192 sys-id-ext 2)
             Address     d0c7.89ab.1180
             Hello Time  2 sec  Max Age 20 sec  Forward Delay 15 sec
             Aging Time  300 sec

Interface         Role Sts Cost      Prio.Nbr  Type
----------------- ---- --- --------- --------------------------
Fa0/13                 Root FWD 19       128.15    P2p
```

```
    Fa0/14              Altn BLK 19            128.16    P2p
```
//由于交换机 S1 和 S2 是双链路，在 VLAN2 中该端口角色为替换端口（Altn），端口状态显示阻塞（BLK）
```
    Fa0/15              Desg FWD 19            128.17    P2p
```
② S2#**show spanning-tree**
VLAN0001
　　Spanning tree enabled protocol **rstp**
　　Root ID   Priority   4097
　　　　　　 Address   d0c7.89ab.1180
　　　　　　 Cost   19
　　　　　　 Port   15 (Fa0/13)   //VLAN1 的根端口
　　　　　　 Hello Time   2 sec   Max Age 20 sec   Forward Delay 15 sec
　　Bridge ID Priority   8193   (priority 8192 sys-id-ext 1)
　　　　　　 Address   d0c7.89c2.3100
　　　　　　 Hello Time   2 sec   Max Age 20 sec   Forward Delay 15 sec
　　　　　　 Aging Time   300 sec

Interface   Role Sts   Cost   Prio.Nbr Type
------------------- ---- --- --------- -------- --------------------------------
Fa0/13   **Root** FWD 19   128.15   P2p   //VLAN1 的根端口
Fa0/14   **Altn** BLK 19   128.16   P2p   //在 VLAN1 中，端口状态为替换端口
Fa0/15   Desg FWD   19   128.17   P2p

VLAN0002
　　Spanning tree enabled protocol **rstp**
　　Root ID   Priority   4098
　　　　　　 Address   d0c7.89c2.3100
　　　　　　 This bridge is **the root**   //本交换机是 VLAN2 的根桥
　　　　　　 Hello Time   2 sec   Max Age 20 sec   Forward Delay 15 sec
　　Bridge ID Priority   4098   (priority 4096 sys-id-ext 2)
　　　　　　 Address   d0c7.89c2.3100
　　　　　　 Hello Time   2 sec   Max Age 20 sec   Forward Delay 15 sec
　　　　　　 Aging Time   300 sec

Interface   Role Sts   Cost   Prio.Nbr Type
------------------- ---- --- --------- -------- --------------------------------
Fa0/13   **Desg FWD**   19   128.15   P2p
Fa0/14   **Desg FWD**   19   128.16   P2p
Fa0/15   **Desg FWD**   19   128.17   P2p

//以上 3 行显示 RSTP 端口的角色、状态、开销值、端口优先级和端口类型，由于该交换机是 VLAN2 的根桥，所以所有端口都处于转发状态（FWD），端口角色为指定端口

③ S3#**show spanning-tree**
VLAN0001
　　Spanning tree enabled protocol rstp
　　Root ID   Priority   4097
　　　　　　 Address   d0c7.89ab.1180
　　　　　　 Cost   19
　　　　　　 Port   3 (FastEthernet0/1)
　　　　　　 Hello Time   2 sec   Max Age 20 sec   Forward Delay 15 sec
　　Bridge ID Priority   32769   (priority 32768 sys-id-ext 1)
　　　　　　 Address   d0c7.89c2.8380
　　　　　　 Hello Time   2 sec   Max Age 20 sec   Forward Delay 15 sec
　　　　　　 Aging Time   300 sec
Interface   Role Sts Cost   Prio.Nbr Type

```
                    ---------------- ---- --- --------- -------- --------------------------------
                    Fa0/1              Root FWD 19      64.3     P2p    //在 VLAN1 的 RSTP 中，该端口
为根端口
                    Fa0/2              Altn BLK 19      64.4     P2p    //在 VLAN1 的 RSTP 中，该端口
被阻塞
                    VLAN0002
                      Spanning tree enabled protocol rstp
                      Root ID    Priority    4098
                                 Address     d0c7.89c2.3100
                                 Cost        19
                                 Port        4 (FastEthernet0/2)
                                 Hello Time  2 sec   Max Age 20 sec   Forward Delay 15 sec
                      Bridge ID  Priority    32770  (priority 32768 sys-id-ext 2)
                                 Address     d0c7.89c2.8380
                                 Hello Time  2 sec   Max Age 20 sec   Forward Delay 15 sec
                                 Aging Time  300 sec

                    Interface          Role Sts  Cost      Prio.Nbr  Type
                    ---------------- ---- --- --------- -------- --------------------------------
                    Fa0/1              Altn BLK 19      64.3     P2p    //在 VLAN2 的 RSTP 中，该端口
被阻塞
                    Fa0/2              Root FWD 19      64.4     P2p    //在 VLAN2 的 RSTP 中，该端口
为根端口
```

以上①、②和③输出信息表明在 VLAN1 的 RSTP 中，交换机 S3 的 Fa0/1 端口和 S2 的 Fa0/13 是根端口，S3 的 Fa0/2 端口和 S2 的 Fa0/14 端口是替换端口，处于阻塞状态；在 VLAN2 的 RSTP 中，交换机 S3 的 Fa0/2 端口和 S1 的 Fa0/13 端口是根端口，S3 的 Fa0/1 端口和 S1 的 Fa0/14 端口是替换端口，处于阻塞状态。由此可见，对于不同的 VLAN，RSTP 阻塞不同的端口，从而可以很好地实现不同 VLAN 流量的负载均衡。

（2）查看 RSTP 中各个 VLAN 的根信息

```
S1#show spanning-tree root                    //查看 RSTP 中各个 VLAN 的根信息
                                        Root    Hello Max Fwd
Vlan              Root ID               Cost    Time  Age Dly  Root Port
---------------- -------------------- ------- ----- --- ---  ------------
VLAN0001          4097 d0c7.89ab.1180    0      2    20   15
VLAN0002          4098 d0c7.89c2.3100   19      2    20   15   Fa0/13
```

以上输出显示交换机 S1 各个 VLAN 的 RSTP 的根 ID、到达根的开销、BPDU 的各个计时器和根端口。

（3）查看 RSTP 阻塞端口

```
S3#show spanning-tree blockedports           //查看 RSTP 阻塞端口
Name                 Blocked Interfaces List
------------------ ------------------------------------
VLAN0001             Fa0/2
VLAN0002             Fa0/1
Number of blocked ports (segments) in the system: 2
```

以上输出显示了交换机 S3 各个 VLAN 的 RSTP 的阻塞端口列表和系统中阻塞端口的总数。不同的 VLAN，RSTP 阻塞交换机 S3 的不同的端口，从而可以实现流量的负载分担。

（4）查看 RSTP 的摘要信息

```
S1#show spanning-tree summary                        //查看 RSTP 的摘要信息
Switch is in rapid-pvst mode                         //当前 STP 运行的模式
Root bridge for: VLAN0001                            //本交换机是 VLAN1 的根桥
Extended system ID           is enabled              //扩展系统 ID 启用
Portfast Default             is disabled             //没有全局启用 PortFast
PortFast BPDU Guard Default  is disabled             //没有全局启用 BPDU Guard
Portfast BPDU Filter Default is disabled             //没有全局启用 BPDU Filter
Loopguard Default            is disabled             //没有全局启用环路防护
EtherChannel misconfig guard is enabled              //启用以太通道错误配置防护
UplinkFast                   is disabled             //没有启用 UplinkFast
BackboneFast                 is disabled             //没有启用 BackboneFast
Configured Pathcost method used is short
```
//配置的开销计算方法是短整型，通过命令 **spanning-tree pathcost method long** 可以修改开销计算方法为长整型

```
Name                    Blocking Listening Learning Forwarding STP Active
---------------------- -------- --------- -------- ---------- ----------
VLAN0001                   0        0        0         3          3
VLAN0002                   1        0        0         2          3
---------------------- -------- --------- -------- ---------- ----------
2 vlans                    1        0        0         5          6
```
//以上 6 行显示了每个 VLAN 中 RSTP 端口状态的数量以及汇总数量

（5）观察 RSTP 的 P/A 工作过程

首先把交换机 S3 的 Fa0/2 端口关闭，在交换机 S2 和 S3 上执行 **debug spanning-tree events** 命令，然后把交换机 S3 的 Fa0/2 端口开启，交换机 S2 和 S3 利用 P/A 协商快速收敛的信息如下：

```
S3(config)#interface fastEthernet0/2
S3(config-if)#no shutdown
```

① 交换机 S2 输出信息如下：

```
*Mar  1 03:36:22.502: RSTP(2): initializing port Fa0/15                    //初始化端口
*Mar  1 03:36:22.502: RSTP(2): Fa0/15 is now designated                    //Fa0/15 现在是指定端口
*Mar  1 03:36:22.511: RSTP(2): transmitting a proposal on Fa0/15           //发送提议
*Mar  1 03:36:22.528: RSTP(2): received an agreement on Fa0/15             //收到同意
*Mar  1 03:36:22.528: STP[2]: Generating TC trap for port FastEthernet0/15  //发送 TC
```

② 交换机 S3 输出信息如下：

```
*Mar  1 03:36:10.440: RSTP(2): initializing port Fa0/2                     //初始化端口
*Mar  1 03:36:10.440: RSTP(2): Fa0/2 is now designated                     //Fa0/2 现在是指定端口
*Mar  1 03:36:10.448: RSTP(2): transmitting a proposal on Fa0/2            //发送提议
*Mar  1 03:36:10.456: RSTP(2): updt roles, received superior bpdu on Fa0/2
```
//端口从 S3 收到更优的 BPDU
```
*Mar  1 03:36:10.456: RSTP(2): Fa0/2 is now root port                      // Fa0/2 现在是根端口
*Mar  1 03:36:10.456: RSTP(2): Fa0/1 blocked by re-root                    //通过 RSTP 计算，阻塞 Fa0/1 端口
*Mar  1 03:36:10.456: RSTP(2): synced Fa0/2                                //同步端口
*Mar  1 03:36:10.465: RSTP(2): Fa0/1 is now alternate                      //Fa0/1 现在是替换端口
*Mar  1 03:36:10.465: STP[2]: Generating TC trap for port FastEthernet0/2  //发送 TC
*Mar  1 03:36:10.473: RSTP(2): transmitting an agreement on Fa0/2 as a response to a proposal
```
//从 Fa0/2 端口发送对提议响应的同意信息

14.5.2 实验 4：配置 MSTP

1. 实验目的

通过本实验可以掌握：
① MSTP 作用和工作原理。
② MSTP 配置和调试方法。

2. 实验拓扑

配置 MSTP 的实验拓扑图如图 14-12 所示。

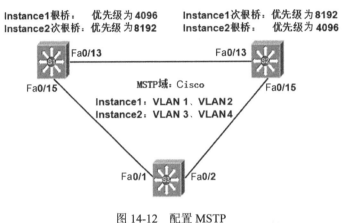

图 14-12　配置 MSTP

3. 实验步骤

MSTP 实例 1 的 VLAN 列表为 VLAN1 和 VLAN2，实例 2 的 VLAN 列表为 VLAN3 和 VLAN4。通过配置 MSTP 实现实例 1 和实例 2 的 MSTP 具有不同的根桥，实现负载分担和快速收敛。交换机 S1 是实例 1 的根桥（优先级为 4096），是实例 2 的次根桥（优先级为 8192）；交换机 S2 是实例 1 的次根桥（优先级为 8192），是实例 2 的根桥（优先级为 4096）。

（1）实验准备

在交换机上创建 VLAN2～VLAN4，将 S1、S2 和 S3 之间的链路配置为 Trunk 模式。此部分配置命令和实验 1 相同，此处不再给出。

（2）配置 MSTP

① 配置交换机 S1。

```
S1(config)#spanning-tree mode mst                    //配置生成树的模式为 MSTP，默认时是 PVST+
S1(config)#spanning-tree mst configuration           //进入 MSTP 的配置模式
S1(config-mst)#name cisco                            //命名 MSTP 的域名
S1(config-mst)#revision 1                            //配置 MST 的 revision 号
S1(config-mst)#instance 1 vlan 1-2
//把 VLAN1 和 VLAN2 映射到实例 1
S1(config-mst)#instance 2 vlan 3-4
```

```
//把 VLAN3 和 VLAN4 映射到实例 2，此时这里一共有 3 个 MSTP 实例，实例 0 是默认的实例，
默认时所有的 VLAN 都映射到该实例上
    S1(config-mst)#exit                                     //要退出配置才能生效
    S1(config)#spanning-tree mst 0 priority 4096            //配置 S1 为 MSTP 实例 0 的根桥
    S1(config)#spanning-tree mst 1 priority 4096            //配置 S1 为 MSTP 实例 1 的根桥
    S1(config)#spanning-tree mst 2 priority 8192            //配置 S1 为 MSTP 实例 2 的次根桥
② 配置交换机 S2。
    S2(config)#spanning-tree mode mst
    S2(config)#spanning-tree mst configuration
    S2(config-mst)#name cisco
    S2(config-mst)#revision 1
    S2(config-mst)#instance 1 vlan 1-2
    S2(config-mst)#instance 2 vlan 3-4
    S2(config-mst)#exit
    S2(config)#spanning-tree mst 1 priority 8192            //配置 S2 为 MSTP 实例 1 的次根桥
    S2(config)#spanning-tree mst 2 priority 4096            //配置 S2 为 MSTP 实例 2 的根桥
③ 配置交换机 S3。
    S3(config)#spanning-tree mode mst
    S3(config)#spanning-tree mst configuration
    S3(config-mst)#name cisco
    S3(config-mst)#revision 1
    S3(config-mst)#instance 1 vlan 1-2
    S3(config-mst)#instance 2 vlan 3-4
    S3(config-mst)#exit
```

4．实验调试

（1）查看 MSTP 的配置

```
S1#show spanning-tree mst configuration    //查看 MSTP 的配置
Name        [cisco]      //MSTP 的域名
Revision   1         Instances configured 3    //MSTP 修订级别和实例数量
Instance    Vlans mapped    //实例和 VLAN 映射关系
--------    ------------------------------------------------
0           5-4094
1           1-2
2           3-4
--------    ------------------------------------------------
//以上 6 行显示各 MSTP 实例对应的 VLAN，一共有 3 个 MSTP 实例，实例 0 是默认的实例，默
认时所有的 VLAN 都映射到该实例上
```

（2）查看 MSTP 的信息

```
show spanning-tree mst                      //查看 MSTP 的信息
① S1#show spanning-tree mst
##### MST0      vlans mapped:   5-4094      //实例 0 和 VLAN 的映射关系
Bridge          address d0c7.89ab.1180   priority    4096   (4096 sysid 0)
//交换机 MSTP 实例 0 的 BID 的优先级和 MAC 地址
Root            this switch for the CIST            //该交换机是 CIST 的根
Operational     hello time 2 , forward delay 15, max age 20, txholdcount 6
Configured      hello time 2 , forward delay 15, max age 20, max hops    20
//以上 2 行显示配置和实际运行的计时器的值、最大跳数
```

```
Interface           Role Sts Cost      Prio.Nbr Type
------------------- ---- --- --------- -------- --------------------------------
Fa0/13              Desg FWD 200000    128.15   P2p
Fa0/15              Desg FWD 200000    128.17   P2p
```
//以上 2 行显示端口的角色、状态、开销值、端口 ID 和端口类型，由于该交换机是 CIST 的根桥，所以所有端口都处于转发状态（FWD），端口角色为指定端口，同时 MSTP 中端口开销值的计算采用长整型
```
##### MST1      vlans mapped:    1-2          //实例 1 和 VLAN 的映射关系
Bridge          address d0c7.89ab.1180  priority    4096   (4096 sysid 1)
Root            this switch for MST1              //该交换机是 MSTP 实例 1 的根桥
Interface           Role Sts Cost      Prio.Nbr  Type
------------------- ---- --- --------- --------- --------------------------------
Fa0/13              Desg FWD 200000    128.15    P2p
Fa0/15              Desg FWD 200000    128.17    P2p
```
//以上 2 行输出表明该交换机是 MSTP 实例 1 的根桥，所以所有端口都处于转发状态（FWD），端口角色为指定端口，端口类型为 P2P
```
##### MST2      vlans mapped:    3-4          //实例 2 和 VLAN 的映射关系
Bridge          address d0c7.89ab.1180  priority    8194   (8192 sysid 2)
Root            address d0c7.89c2.3100  priority    4098   (4096 sysid 2)   //实例 2 根桥
                port    Fa0/13          cost        200000   rem hops 19
```
//实例 2 的根端口、从本交换机到达根桥的 Cost 值以及剩余跳数，剩余跳数默认为 20
```
Interface           Role Sts Cost      Prio.Nbr  Type
------------------- ---- --- --------- --------- --------------------------------
Fa0/13              Root FWD 200000    128.15    P2p      //实例 2 的根端口
Fa0/15              Desg FWD 200000    128.17    P2p
② S2#show spanning-tree mst
##### MST0      vlans mapped:    5-4094
Bridge          address d0c7.89c2.3100  priority    8192   (8192 sysid 0)
Root            address d0c7.89ab.1180  priority    4096   (4096 sysid 0)
                port    Fa0/13          path cost   0
Regional Root address d0c7.89ab.1180    priority    4096   (4096 sysid 0)
                                        internal cost 200000    rem hops 19
Operational     hello time 2 , forward delay 15, max age 20, txholdcount 6
Configured      hello time 2 , forward delay 15, max age 20, max hops     20
Interface           Role Sts Cost      Prio.Nbr  Type
------------------- ---- --- --------- --------- --------------------------------
Fa0/13              Root FWD 200000    128.15    P2p
Fa0/15              Desg FWD 200000    128.17    P2p
##### MST1      vlans mapped:    1-2
Bridge          address d0c7.89c2.3100  priority    8193   (8192 sysid 1)
Root            address d0c7.89ab.1180  priority    4097   (4096 sysid 1)
                port    Fa0/13          cost        200000   rem hops 19
Interface           Role Sts Cost      Prio.Nbr  Type
------------------- ---- --- --------- --------- --------------------------------
Fa0/13              Root FWD 200000    128.15    P2p
Fa0/15              Desg FWD 200000    128.17    P2p      //实例 1 的根端口

##### MST2      vlans mapped:    3-4
Bridge          address d0c7.89c2.3100  priority    4098   (4096 sysid 2)
Root            this switch for MST2              //本交换机是 MSTP 实例 2 的根桥
Interface           Role Sts Cost      Prio.Nbr  Type
------------------- ---- --- --------- --------- --------------------------------
```

```
Fa0/13           Desg FWD 200000      128.15    P2p
Fa0/15           Desg FWD 200000      128.17    P2p
③ S3#show spanning-tree mst
##### MST0    vlans mapped:    5-4094
Bridge        address d0c7.89c2.8380  priority    32768 (32768 sysid 0)
Root          address d0c7.89ab.1180  priority     4096 (4096 sysid 0)
              port    Fa0/1           path cost          0
Regional Root address d0c7.89ab.1180  priority     4096 (4096 sysid 0)
                                      internal cost 200000   rem hops 19
Operational   hello time 2 , forward delay 15, max age 20, txholdcount 6
Configured    hello time 2 , forward delay 15, max age 20, max hops    20
Interface        Role Sts Cost       Prio.Nbr Type
---------------- ---- --- --------- -------- --------------------------------

Fa0/1            Root FWD 200000      64.3     P2p   //MSTP 实例 0 的根端口
Fa0/2            Altn BLK 200000      64.4     P2p   //在 MSTP 实例 0 中，端口状态为替换端口
##### MST1    vlans mapped:    1-2
Bridge        address d0c7.89c2.8380  priority    32769 (32768 sysid 1)
Root          address d0c7.89ab.1180  priority     4097 (4096 sysid 1)
              port    Fa0/1           cost         200000    rem hops 19
Interface        Role Sts Cost       Prio.Nbr Type
---------------- ---- --- --------- -------- --------------------------------

Fa0/1            Root FWD 200000      64.3     P2p   //MSTP 实例 1 的根端口
Fa0/2            Altn BLK 200000      64.4     P2p   //在 MSTP 实例 1 中，端口状态为替换端口
##### MST2    vlans mapped:    3-4
Bridge        address d0c7.89c2.8380  priority    32770 (32768 sysid 2)
Root          address d0c7.89c2.3100  priority     4098 (4096 sysid 2)
              port    Fa0/2           cost         200000    rem hops 19
Interface        Role Sts Cost       Prio.Nbr Type
---------------- ---- --- --------- -------- --------------------------------

Fa0/1            Altn BLK 200000      64.3     P2p           //在 MSTP 实例 2 中，端口状态为替换端口
Fa0/2            Root FWD 200000      64.4     P2p           //MSTP 实例 2 的根端口
```

以上①、②和③输出信息表明在 MSTP 实例 0 和实例 1 中，交换机 S3 的 Fa0/1 是根端口，S3 的 Fa0/2 是替换端口，处于阻塞状态；在 MSTP 实例 2 中，交换机 S3 的 Fa0/2 是根端口，S3 的 Fa0/1 是替换端口，处于阻塞状态。由此可见，不同的实例阻塞不同的端口，从而可以很好地实现不同实例流量的负载均衡。

（3）查看 MSTP 的摘要信息

```
S1#show spanning-tree summary                    //查看 MSTP 的摘要信息
Switch is in mst mode (IEEE Standard)            //当前 STP 运行的模式
Root bridge for: MST0-MST1                       //本交换机是 MSTP 实例 0 和 1 的根桥
Extended system ID             is enabled        //扩展系统 ID 启用
Portfast Default               is disabled       //没有全局启用 PortFast
PortFast BPDU Guard Default    is disabled       //没有全局启用 BPDU Guard
Portfast BPDU Filter Default   is disabled       //没有全局启用 BPDU Filter
Loopguard Default              is disabled       //没有全局启用环路防护
EtherChannel misconfig guard   is enabled        //启用以太通道错误配置防护
UplinkFast                     is disabled       //没有启用 UplinkFast
BackboneFast                   is disabled       //没有启用 BackboneFast
Configured Pathcost method used is short (Operational value is long)
```

//配置的开销计算方法是短整型，实际运行的是长整型

Name	Blocking	Listening	Learning	Forwarding	STP Active
MST0	0	0	0	2	2
MST1	0	0	0	2	2
MST2	0	0	0	2	2
3 msts	0	0	0	6	6

//以上 7 行显示每个实例中 MSTP 端口状态的数量以及各个状态汇总的数量

14.5.3　实验 5：配置交换机堆叠

1．实验目的

通过本实验可以掌握：
① 掌握堆叠工作原理。
② 掌握堆叠的配置和调试方法。

2．实验拓扑

配置交换机堆叠实验拓扑如图 14-13 所示。本实验中使用的 2 台交换机 S1 和 S2 并不是贯穿本书的图 1-1 中的 Catalyst 3560 交换机，而是 Catalyst 3750 交换机，型号是 ws-c3750-24p。

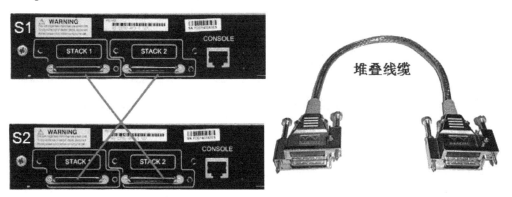

图 14-13　配置交换机堆叠的实验拓扑

3．实验步骤

（1）实验准备

① 先把 2 台交换机之间的堆叠线拆除，把 2 台交换机的 IOS 更新为相同的 IOS。本书使用的 IOS 版本信息：**c3750-advipservicesk9-mz.122-44.SE.bin**。

② 确认 2 台交换机上堆叠协议的版本号是相同的，如下所示：

```
Switch #show platform stack-manager all
(此处省略部分输出)
                Stack State Machine View
```

Switch Number	Master/ Member	Mac Address	Version (maj.min)	Current State
1	Master	001a.6ccf.bb80	1.37	Ready

//以上输出显示交换机在堆叠中的编号、堆叠的身份、基准 MAC 地址、堆叠协议版本以及当前状态

(此处省略部分输出)

③ 修改堆叠交换机的优先级。

本实验中交换机 S1 是 Master，交换机 S2 是 Member，首先使用 **show running-config** 命令确定交换机当前的编号。

```
S1#show running-config | include switch
switch 1 provision ws-c3750-24p          //1 就是当前交换机的编号，默认编号都为 1
S1(config)#switch 1 priority 12
Changing the Switch Priority of Switch Number 1 to 12
//将编号为 1 的交换机堆叠优先级改为 12，优先级高的交换机堆叠选举时会成为 Master，Master
选举不具有抢占性
Do you want to continue?[confirm]
New Priority has been set successfully    //成功设置设备新的堆叠优先级
```

用同样方式把交换机 S2 的堆叠优先级改为 10。

```
S2(config)#switch 1 priority 10
Changing the Switch Priority of Switch Number 1 to 10
Do you want to continue?[confirm]
New Priority has been set successfully
```

【技术要点】

默认时交换机的编号都是为 1。堆叠后交换机开机，如果有编号相同的交换机存在，则交换机将使用最小的、空闲的编号，编号会发生变化。一旦编号确定，即使把交换机从堆叠中脱离出来，编号也不会发生变化，因此如果使用过某交换机做过堆叠，使用 **show running-config** 可能看到交换机编号的不是 1。可以使用类似命令 **switch 2 renumber 1** 修改交换机的编号。

（2）实施交换机堆叠

如图 14-13 所示，关闭交换机电源后，连接好堆叠线缆，然后开机。交换机开机后，检测到有堆叠会等待一段时间让其他交换机也完成开机过程，等待完毕，选举出 Master，一旦 Master 选出，Master 不会被其他后开机的高优先级交换机抢占，过程如下所述。

```
(此处省略部分输出)
OST: PortASIC RingLoopback Tests: Begin
POST: PortASIC RingLoopback Tests: End, Status Passed
SM: Detected stack cables at PORT1 PORT2      //在端口 1 和 2 检测到有堆叠线缆连接
Waiting for Stack Master Election...          //等待堆叠 Master 选举
SM: Waiting for other switches in stack to boot...  //等待堆叠中的其他交换机开机
###
SM: All possible switches in stack are booted up    //堆叠中所有可能的交换机启动
POST: Inline Power Controller Tests: Begin
POST: Inline Power Controller Tests: End, Status Passed
```

```
POST: PortASIC CAM Subsystem Tests: Begin
POST: PortASIC CAM Subsystem Tests: End, Status Passed
POST: PortASIC Stack Port Loopback Tests: Begin          //堆叠端口环回测试
POST: PortASIC Stack Port Loopback Tests: End, Status Passed
//堆叠环回端口测试结束，状态为通过
POST: PortASIC Port Loopback Tests: Begin
POST: PortASIC Port Loopback Tests: End, Status Passed
Election Complete                                        //选举完毕
Switch 1 booting as Master                               //S1 的优先级高，成为 Master
Waiting for Port download...Complete
(此处省略部分输出)
Switch Ports Model            SW Version        SW Image
------ ----- -----            ----------        ----------
*    1 26    WS-C3750-24P     12.2(44)SE        C3750-ADVIPSERVICESK9-M
     2 26    WS-C3750-24TS    12.2(44)SE        C3750-ADVIPSERVICESK9-M
//从以上 4 行输出可以看到交换机 S1 的编号为 1，交换机 S2 的编号为 2，同时还可以看到每台交
换机端口数、型号、IOS 版本信息以及 IOS 影响的特性
Switch 02               //在 Master（S1 交换机）上，可以看到另一台交换机的信息
---------
Switch Uptime                     : Unknown
Base ethernet MAC Address         : 00:16:C7:62:E9:80   //交换机 S2 的基准 MAC 地址
Motherboard assembly number       : 73-9677-09
Power supply part number          : 341-0034-01
Motherboard serial number         : CAT10010B8P
Power supply serial number        : DAB09510RFC
Model revision number             : L0
Motherboard revision number       : A0
Model number                      : WS-C3750-24TS-E
System serial number              : CAT0910N247
Top assembly part number          : 800-25857-02
Top assembly revision number      : C0
Version ID                        : V05
CLEI Code Number                  : CNMV100CRE
Press RETURN to get started!
//以下是堆叠的启动情况
*Mar  1 00:00:40.835: %STACKMGR-4-SWITCH_ADDED: Switch 1 has been ADDED to the stack
//交换机 1 加入堆叠
*Mar  1 00:00:40.835: %STACKMGR-4-SWITCH_ADDED: Switch 2 has been ADDED to the stack
//交换机 2 加入堆叠
*Mar  1 00:01:01.220: %STACKMGR-5-SWITCH_READY: Switch 1 is READY   //交换机 1 就绪
*Mar  1 00:01:01.220: %STACKMGR-4-STACK_LINK_CHANGE: Stack Port 1 Switch 1 has
changed to state UP           //交换机 1 堆叠端口 1 up
*Mar  1 00:01:01.220: %STACKMGR-4-STACK_LINK_CHANGE: Stack Port 2 Switch 1 has
changed to state UP           //交换机 1 堆叠端口 2 up
*Mar  1 00:01:01.555: %STACKMGR-5-MASTER_READY: Master Switch 1 is READY
//Master 交换机就绪
*Mar  1 00:01:01.949: %SYS-5-RESTART: System restarted --            //系统重启动
Cisco IOS Software, C3750 Software (C3750-ADVIPSERVICESK9-M), Version 12.2(44)SE,
RELEASE SOFTWARE (fc1)
Copyright (c) 1986-2008 by Cisco Systems, Inc.
Compiled Sat 05-Jan-08 00:29 by weiliu
```

```
    *Mar  1 00:01:06.991: %STACKMGR-5-SWITCH_READY: Switch 2 is READY      //交换机 2 就绪
    *Mar  1 00:01:06.991: %STACKMGR-4-STACK_LINK_CHANGE: Stack Port 1 Switch 2 has
changed to state UP              //交换机 2 堆叠端口 1 up
    *Mar  1 00:01:06.991: %STACKMGR-4-STACK_LINK_CHANGE: Stack Port 2 Switch 2 has
changed to state UP              //交换机 2 堆叠端口 2 up
    *Mar  1 00:00:35.408: %STACKMGR-4-SWITCH_ADDED: Switch 1 has been ADDED to the stack
(Switch-2)                       //交换机 1 加入堆叠
    *Mar  1 00:00:35.408: %STACKMGR-4-SWITCH_ADDED: Switch 2 has been ADDED to the stack
(Switch-2)                       //交换机 2 加入堆叠
    *Mar  1 00:01:06.924: %STACKMGR-5-SWITCH_READY: Switch 1 is READY (Switch-2)
    *Mar  1 00:01:07.511: %STACKMGR-5-MASTER_READY: Master Switch 1 is READY (Switch-2)
    *Mar  1 00:01:07.654: %SYS-5-RESTART: System restarted -- (Switch-2)
    Cisco IOS Software, C3750 Software (C3750-ADVIPSERVICESK9-M), Version 12.2(44)SE,
RELEASE SOFTWARE (fc1) (Switch-2)
    Copyright (c) 1986-2008 by Cisco Systems, Inc. (Switch-2)
    Compiled Sat 05-Jan-08 00:29 by weiliu (Switch-2)
    *Mar  1 00:01:07.662: %STACKMGR-5-SWITCH_READY: Switch 2 is READY (Switch-2)
```

4．实验调试

完成堆叠后，2 台交换机形成一台逻辑上的交换机，可以在任何一台交换机上执行命令，效果是一样的。交换机的端口编号将统一编号，编号为 1 的交换机端口编号形式为 Fa1/0/1，而编号为 2 的交换机接口编号形式为 Fa2/0/1。

（1）显示堆叠交换机的汇总信息

```
Switch#show switch                              //显示堆叠交换机的汇总信息
Switch/Stack Mac Address: 001a.6ccf.bb80        //堆叠后的交换机的基准 MAC 地址
                                        H/W    Current
Switch#    Role      Mac Address    Priority  Version   State
---------------------------------------------------------------
*1         Master    001a.6ccf.bb80    12      0       Ready
 2         Member    0016.c762.e980    10      0       Ready
```

以上输出各字段含义如下所述。

① Switch#：交换机编号。

② Role：交换机在堆叠中的角色，Master 或者 Member。

③ Mac Address：交换机的基准 MAC 地址。

④ Priority：交换机在堆叠中的优先级。

⑤ H/W Version：硬件版本。

⑥ Current State：当前状态，如果不是 Ready，则大多原因是堆叠交换机的硬件型号或者 IOS 不匹配。

（2）查看堆叠交换机的邻居

```
Switch#show switch neighbors   //查看堆叠交换机的邻居
  Switch #     Port 1      Port 2
  --------     ------      ------
     1           2           2
     2           1           1
```

以上输出表明编号为 1 的交换机的 Port 1 和 Port 2 都接到编号为 2 的交换机上。

（3）查看交换机上堆叠端口的状态

```
Switch#show switch stack-ports              //查看交换机上堆叠端口的状态
  Switch #     Port 1      Port 2
  --------     ------      ------
     1          Ok           Ok
     2          Ok           Ok
```

以上输出表明编号为 1 和 2 的交换机的堆叠端口运行正常。

（4）查看堆叠环的速度

```
Switch#show switch stack-ring speed         //查看堆叠环的速度
Stack Ring Speed          : 32G             //32 Gbps 的堆叠环速度
Stack Ring Configuration: Full              //堆叠环配置为全带宽功能
Stack Ring Protocol       : StackWise       //堆叠环协议
```

（5）查看堆叠环已传送帧的数量

```
Switch#show switch stack-ring activity      //查看堆叠环已传送帧的数量
Sw   Frames sent to stack ring (approximate)
--------------------------------------------
1         54610      //编号为 1 交换机发送的帧数量
2         56823      //编号为 2 交换机发送的帧数量
Total frames sent to stack ring: 111433
Note: these counts do not include frames sent to the ring by certain output features, such as output SPAN and output ACLs.
//以上 3 行表示堆叠环发送帧总数，不包括某些特殊的帧的数量，比如 SPAN 和 ACL 的数量
```

（6）查看交换机的配置

```
Switch#show running-config | include switch
//配置文件中显示了堆叠后交换机的配置
switch 1 provision ws-c3750-24p             //可以看到交换机 1 的编号和硬件型号
switch 2 provision ws-c3750-24ts            //可以看到交换机 2 的编号和硬件型号
```

（7）拆除堆叠

关闭电源，拆除堆叠线缆。即使交换机已经脱离堆叠，交换机的编号不会改变，因此交换机 S2 的编号仍为 2，它的端口编号形式仍为 Fa2/0/1。在交换机 S2 上可以使用如下命令把编号恢复为 1。

```
Switch(config)#switch 2 renumber 1
WARNING: Changing the switch number may result in a configuration change for that switch.
The interface configuration associated with the old switch number will remain as a provisioned configuration.
Do you want to continue?[confirm]
Changing Switch Number 2 to Switch Number 1        //交换机编号从 2 改变为 1
New Switch Number will be effective after next reboot
//新的交换机编号需要重启才能生效
```

第 15 章 EtherChannel 和 FHRP

实际应用中可以在交换机之间连接多条级联链路来增加带宽，但是 STP 会阻塞一条或多条链路，因此并不能增加交换机之间主干链路的带宽。EtherChannel 技术可以解决这种问题，EtherChannel 能够使用两台设备之间的多条物理链路创建一条逻辑链路。FHRP 用于管理如何为客户端分配默认网关，HSRP 和 VRRP 是最常用的 FHRP。本章主要介绍 EtherChannel 技术以及第一跳冗余协议（HSRP 和 VRRP）技术的工作原理和配置。

15.1 EtherChannel 概述

15.1.1 EtherChannel 简介

EtherChannel（以太通道）是由 Cisco 公司开发的，应用于交换机之间的多链路捆绑技术。它的基本原理是将两个设备间多条以太物理链路捆绑在一起组成一条逻辑链路，形成一个端口通道（PortChannel），从而达到带宽倍增的目的。除了增加带宽，EtherChannel 还可以在多条链路上实现负载分担。在一条或多条链路发生故障时，只要还有链路正常工作，流量将转移到其他链路上，整个切换过程在几毫秒内完成，从而起到冗余的作用，增强了网络的稳定性和可靠性。配置 EtherChannel 的链路被视为一个端口参与 STP 运算，因此当 STP 阻塞一条 EtherChannel 链路时，它就阻塞了整个 EtherChannel 下的所有物理端口。在 EtherChannel 中，流量在各个链路上的负载分担可以根据源 IP 地址、目的 IP 地址、源 MAC 地址、目的 MAC 地址、源 IP 地址和目的 IP 地址组合、源 MAC 地址和目的 MAC 地址组合等来进行配置。

EtherChannel 可以捆绑 Access 端口，也可以捆绑 Trunk 端口以及三层端口。一条 EtherChannel 最多可以捆绑 16 个端口，其中最多可以有 8 个端口是活动的。不同类型的交换机支持的以太通道数量也不相同。在配置 EtherChannel 时，同一组中的全部端口的配置（如 Trunk 封装、速率和双工模式等）必须相同，因此 Trunk 端口和 Access 端口是不能捆绑在一起的。

15.1.2 PAgP 和 LACP 协商规律

EtherChannel 可以手工配置，也可以自动协商。目前有 2 个 EtherChannel 协商协议：端口聚合协议（Port Aggregation Protocol，PAgP）和链路聚合控制协议（Link Aggregation Control Protocol，LACP），PAgP 是 Cisco 私有的协议，而 LACP 是国际标准。这 2 个协议各自有不同的工作模式，不同模式组合会有不同的协商结果。PAgP 协商规律如表 15-1 所示，LACP 协商规律如表 15-2 所示，两个表中的 ON 表示管理员手工配置了 EtherChannel。

表 15-1　PAgP 协商规律

	ON	Desirable（期望）	Auto（自动）
ON	√	×	×
Desirable（期望）	×	√	√
Auto（自动）	×	√	×

表 15-2　LACP 协商规律

	ON	Active（主动）	Passive（被动）
ON	√	×	×
Active（主动）	×	√	√
Passive（被动）	×	√	×

15.2　FHRP 概述

15.2.1　HSRP 简介

HSRP（Hot Standby Router Protocol，热备份路由器协议）是 FHRP（First Hop Redundancy Protocol，第一跳冗余协议）的一种，主要用来解决计算机默认网关问题，可以提高网关冗余性，实现负载分担。实现 HSRP 的条件是系统中有多台路由器组成一个热备份组，这个组形成一台虚拟路由器，在任一时刻，一个组内只有一台路由器是活动的并由它来响应 ARP 请求及转发数据包，如果活动路由器发生了故障，将选择备份路由器来替代活动路由器，但是在本网络内的主机看来，虚拟路由器没有改变，所以主机仍然保持与网关的连接，没有受到故障的影响。在实际应用中，局域网中可能有多个热备份组，例如为每个 VLAN 创建一个热备份组，每个热备份组都是一台虚拟路由器，通过把 VLAN 分布到不同的热备份组，而不同的热备份组选择不同的活动路由器可以实现负载分担。

下面的术语对于理解 HSRP 技术非常重要。

（1）虚拟路由器（Virtual Router）

虚拟路由器（Virtual Router）是由一组路由器组成的，这组路由器称为热备份组，虚拟路由器有自己的虚拟 IP 地址和虚拟 MAC 地址。在 HSRP 版本 1 中，虚拟 MAC 地址格式为 0000.0c07.acXX，其中 XX 表示组号，意味着 HSRP 版本 1 最多支持 255 个组；而在 HSRP 版本 2 中，虚拟 MAC 地址格式为 0000.0c9f.fYYY，其中 YYY 表示组号，意味着 HSRP 版本 2 最多支持 4 095 个组。

（2）活动路由器（Active Router）

在一个 HSRP 组中，只有一台路由器被选为活动路由器，负责响应组内主机发送的 ARP 请求并转发发送到虚拟路由器 MAC 地址的数据包。

第15章 EtherChannel 和 FHRP

（3）备份路由器（Standby Router）

备份路由器（Standby Router）会监听周期性的 Hello（默认发送周期为 3 秒）消息，如果活动路由器发生了故障，其他 HSRP 路由器在维持时间（默认为 10 秒）无法接收到其发送的 Hello 消息，这时备份路由器就会接替活动路由器的角色。一个 HSRP 组只有一台备份路由器。

（4）其他路由器（Other Routers）

一个 HSRP 组可以有多台路由器，但是只有一台活动路由器和一台备份路由器，其他路由器均保持监听状态。如果配置了抢占功能，当活动路由器或备份路由器失效后，其他路由器都会参与抢占，通过竞争成为活动路由器或备份路由器。

（5）HSRP 版本

目前 HSRP 包括版本 1 和版本 2（在端口下使用命令 **standby version 2** 配置 HSRP 版本 2），但是 2 个版本不兼容。路由器上运行的 HSRP 的默认版本是版本 1。两个版本都基于 UDP 工作，源端口和目的端口均为 1985。但是版本 1 使用组播地址 224.0.0.2 发送 HSRP 数据包，而版本 2 使用组播地址 224.0.0.102 发送 HSRP 数据包。

（6）HSRP 消息类型

HSRP 路由器发送的消息包括以下 3 种类型。

① Hello：Hello 消息通知其他路由器发送 Hello 消息的路由器的 HSRP 优先级和状态信息，HSRP 路由器默认每 3 秒钟发送一个 Hello 消息。

② 政变（Coup）：当一个备份路由器变为一个活动路由器时发送一个 Coup 消息。

③ 告辞（Resign）：当活动路由器要宕机或者当有优先级更高的路由器发送 Hello 消息时，活动路由器主动发送一个 Resign 消息。

（7）HSRP 优先级（Priority）和抢占（Preempt）功能

开启 HSRP 抢占功能的主要目的是为了实现网关冗余，当活动路由器出现故障时，备份路由就会抢占成为活动路由器。HSRP 协议利用优先级决定哪个路由器成为活动路由器。如果一台路由器的优先级比其他路由器的优先级高，则该路由器成为活动路由器。如果优先级相同，端口 IP 地址大的路由器成为活动路由器，默认优先级是 100，范围为 0~255。默认情况下抢占功能是没有开启的。配置 HSRP 抢占功能能够确保任何时候优先级高的路由器成为活动路由器。

（8）HSRP 端口跟踪

端口跟踪特性能够使路由器根据端口状态调整 HSRP 组的优先级。当被跟踪的关键对象变为不可用时，活动路由器 HSRP 优先级会降低，这可能使其放弃活动路由器的角色。被跟踪的关键对象故障恢复后，HSRP 的优先级会自动恢复原值，因此又可以通过抢占成为活动路由器。

（9）HSRP 状态

HSRP 状态转换过程中会经历以下 6 种状态。

① 初始（Initial）状态：HSRP 启动时的状态，HSRP 还没有运行，一般是在改变配置或端口刚刚启动时进入该状态。

② 学习（Learn）状态：在该状态下，路由器还没有得到虚拟 IP 地址，也没有看到验证的、来自活动路由器的 Hello 数据包。路由器仍在等待活动路由器发来的 Hello 数据包。

③ 监听（Listen）状态：路由器已经得到了虚拟 IP 地址，它一直监听从活动路由器和备份路由器发来的 Hello 数据包，如果一段时间内没有收到 Hello 数据包，则进入 Speak 状态，开始竞选。

④ 宣告（Speak）状态：在该状态下，路由器定期发送 Hello 数据包，并且积极参加活动路由器或备份路由器的竞选。如果已经选出活动路由器和备份路由器则返回监听状态，此时只有活动路由和备份路由处于宣告状态。

⑤ 备份（Standby）状态：处于该状态的路由器是下一个候选的活动路由器，它定时发送 Hello 数据包。

⑥ 活动（Active）状态：处于活动状态的路由器承担转发数据包的任务，这些数据包是发到该组的虚拟 MAC 地址的。它定时发出 Hello 数据包。

15.2.2　VRRP 简介

VRRP（Virtual Router Redundancy Protocol，虚拟路由器冗余协议）的工作原理和 HSRP 非常类似，不过 VRRP 是国际标准，HSRP 和 VRRP 比较如表 15-3 所示。

表 15-3　HSRP 和 VRRP 比较

HSRP	VRRP
Cisco 私有协议	IEEE 标准协议
版本 1 最多支持 255 个组 版本 2 最多支持 4 096 个组	最多支持 256 个组
1 个活动路由器，1 个备份路由器，其他是候选路由器	一个 Master 路由器，其他是 Backup 路由器
虚拟 IP 地址不能和路由器物理端口的 IP 地址相同	虚拟 IP 地址可以和路由器物理端口的 IP 地址相同
版本 1 使用 224.0.0.2 组播地址发送消息 版本 2 使用 224.0.0.102 组播地址发送消息	使用 224.0.0.18 组播地址发送消息
默认计时器：Hello 为 3 秒，Holdtime 为 10 秒	默认计时器：Advertisement 为 1 秒，Down Interval 为 3 秒
可以跟踪端口或者对象	只能跟踪对象
支持明文和 MD5 验证	支持明文和 MD5 验证
基于 UDP（端口号 1985）工作	基于 IP（协议号 112）工作

和 HSRP 一样，VRRP 根据优先级来确定备份组中每台路由器的角色（Master 路由器或 Backup 路由器）。优先级越高，则越有可能成为 Master 路由器，VRRP 中虚拟 IP 地址可以和路由器端口上的 IP 地址相同。VRRP 优先级的取值范围为 0～255（数值越大表明优先级越高），可配置的范围是 1～254，优先级 0 被系统保留给特殊用途使用，255 被系统保留给虚拟 IP 地址和真实 IP 地址相同的时候使用。当路由器虚拟 IP 地址就是物理端口真实 IP 地址时，其优

先级始终为 255。因此，当备份组内的物理端口 IP 地址作为虚拟 IP 地址时，只要其工作正常，则为 Master 路由器。

VRRP 定时器有三个：通告间隔定时器、时滞时间定时器和主用失效时间间隔定时器。

① 通告间隔定时器（Advertisement interval）：VRRP 备份组中的 Master 路由器会定时发送 VRRP 通告消息，通知备份组内的路由器自己工作正常。用户可以通过设置 VRRP 定时器来调整 Master 路由器发送 VRRP 通告消息的时间间隔，默认为 1 秒。

② 时滞时间定时器（Skew Time）：该值的计算方式为（256−优先级 / 256），单位秒。

③ 主用失效时间间隔定时器（Master Down interval）：如果 Backup 路由器在等待了 3 个通告间隔时间后，依然没有收到 VRRP 通告消息，则认为自己是 Master 路由器，并对外发送 VRRP 通告数据包，重新进行 Master 路由器的选举。Backup 路由器并不会立即抢占成为 Master，而是等待一定时间（时滞时间）后，才会对外发送 VRRP 通告消息取代原来的 Master 路由器，因此该定时器值=3×通告时间间隔+(256−优先级/256) 秒。

15.3 配置 EtherChannel 和 FHRP

15.3.1 实验 1：配置 EtherChannel

1. 实验目的

通过本实验可以掌握：
① EtherChannel 的工作原理。
② PAgP 和 LACP 的特征。
③ 二层 EtherChannel 的配置和调试方法。
④ 三层 EtherChannel 的配置和调试方法。

2. 实验拓扑

配置 EtherChannel 的实验拓扑如图 15-1 所示。

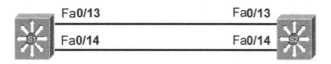

图 15-1　配置 EtherChannel 的实验拓扑

3. 实验步骤

构成 EtherChannel 的端口必须具有相同的特性，包括 Trunk 的状态和 Trunk 的封装方式等。配置 EtherChannel 有手工配置和自动协商（协商协议为 PAgP 或 LAGP）2 种方法。手工配置就是管理员指明哪些端口形成 EtherChannel；自动协商就是让链路自动协商 EtherChannel 的建立。

(1)手工配置 EtherChannel

① 配置交换机 S1。

```
S1(config)#interface port-channel 1
//创建端口通道，要指定一个唯一的通道组号，组号的范围是 1～6，组号只有本地含义。当取消 EtherChannel 时用 no interface port-channel 1 命令
S1(config-if)#exit
S1(config)#interface range fastEthernet0/13 -14
S1(config-if-range)#channel-group 1 mode on
//划分物理端口到端口通道并指明端口通道通过手工配置
S1(config-if-range)#switchport trunk encapsulation dot1q
S1(config-if-range)#switchport mode trunk
S1(config-if-range)#exit
//物理端口的 Trunk 配置会被自动继承到端口通道 port-channel 1 上
S1(config)#port-channel load-balance dst-ip
//配置端口通道的负载均衡方式，负载均衡的方式有 dst-ip、dst-mac、src-dst-ip、src-dst-mac、src-ip、src-mac，默认情况下采用基于源 MAC 地址的负载均衡方式
```

② 配置交换机 S2。

```
S2(config)#interface port-channel 1                //链路两端的端口通道组号可以不一样
S2(config-if)#exit
S2(config)#interface range fastEthernet0/13 -14
S2(config-if-range)#channel-group 1 mode on
S2(config-if-range)#switchport trunk encapsulation dot1q
S2(config-if-range)#switchport mode trunk
S2(config)#port-channel load-balance dst-ip
```

(2)验证手工配置 EtherChannel

```
S1#show etherchannel summary                //查看 EtherChannel 汇总信息
Flags:  D - down         P - bundled in port-channel
        I - stand-alone s - suspended
        H - Hot-standby (LACP only)
        R - Layer3       S - Layer2
        U - in use       f - failed to allocate aggregator
        M - not in use, minimum links not met
        u - unsuitable for bundling
        w - waiting to be aggregated
        d - default port
Number of channel-groups in use: 1          //使用的 channel-groups 数目
Number of aggregators:           1          //聚合的数目
Group  Port-channel  Protocol   Ports
------+-------------+----------+-----------------------------------------------
1      Po1(SU)         -        Fa0/13(P)   Fa0/14(P)
```

以上输出表明组号为 1 的端口通道已经形成，端口通道 Po1 的标志为 SU，其中 S 表示该端口为二层端口，U 表示正在使用，SU 表示 EtherChannel 正常工作。在协商协议部分显示为"-"，表示端口通道是手工配置的。交换机的 Fa0/13 和 Fa0/14 端口是该端口通道的成员端口，P 表示相应物理端口已经聚合到端口通道，物理端口一开始是 w 状态，表示等待被聚合，聚合成功为 P 状态，假如参与聚合的物理端口的特性不一致，比如 Trunk 封装等原因，状态显示为 s，表示被挂起。

第 15 章　EtherChannel 和 FHRP

```
S1#show etherchannel load-balance                    //查看以太通道负载均衡的方式
EtherChannel Load-Balancing Operational State (dst-ip):    // EtherChannel 负载均衡方式
  Non-IP: Destination MAC address
   IPv4: Destination IP address
   IPv6: Destination IP address
```

以上输出表明 EtherChannel 的负载均衡方式，IPv4 和 IPv6 数据包均基于目的 IP 地址进行负载均衡，而对于非 IP 数据包则基于目的 MAC 进行负载均衡。

【提示】

选择正确的负载均衡方式可以使得负载均衡效率更高，假设图 15-1 中的交换机 S2 上连接的是服务器，多台客户端计算机连接在交换机 S1 上，这时在交换机 S1 上应该配置基于源 IP 的负载均衡方式，而在交换机 S2 上应该配置基于目的 IP 的负载均衡方式，从而可以提升物理链路的利用率。

（3）配置 PAgP 协商 EtherChannel

① 配置交换机 S1。

```
S1(config)#default interface range fastEthernet0/13 -14
//将端口恢复为出厂配置
S1(config)#interface range fastEthernet0/13 -14
S1(config-if-range)#channel-protocol pagp
//配置采用 PAgP 协议协商 EtherChannel，PAgP 是默认协议，可以不配置
S1(config-if-range)#channel-group 1 mode desirable
//配置 PAgP 协商模式，PAgP 协商包每 30 秒发送一次
S1(config-if-range)#switchport trunk encapsulation dot1q
S1(config-if-range)#switchport mode trunk
```

② 配置交换机 S2。

```
S2(config)#default interface range fastEthernet0/13 -14
S2(config)#interface range fastEthernet0/13 -14
S2(config-if-range)#channel-protocol pagp
S2(config-if-range)#channel-group 1 mode auto
S2(config-if-range)#switchport trunk encapsulation dot1q
S2(config-if-range)#switchport mode trunk
```

（4）验证 PAgP 协商 EtherChannel

```
S1#show etherchannel summary
（此处省略 Flags 的部分输出）
Group   Port-channel   Protocol   Ports
------+-------------+-----------+-----------------------------------------------
 1       Po1(SU)       PAgP       Fa0/13(P)   Fa0/14(P)
```

以上输出表明 EtherChannel 协商成功，协商协议为 PAgP。注意应在链路的两端都进行检查，确认两端都形成端口通道才行，SU 表示 EtherChannel 正常工作。

```
S1#show etherchannel port-channel             //查看指定的 EtherChannel 包含的端口
               Channel-group listing:
               ----------------------
Group: 1 /组号
----------
               Port-channels in the group:
```

```
                         --------------------
            Port-channel: Po1                                //端口通道名称
            ------------
            Age of the Port-channel   = 0d:00h:11m:05s       //端口通道形成的时长
            Logical slot/port    = 2/1         Number of ports = 2   //加入端口通道中的物理端口数目
            GC                   = 0x00010001  HotStandBy port = null
            //热备份端口为空，表示物理端口全部处于使用状态
            Port state           = Port-channel Ag-Inuse     //端口的状态
            Protocol             =     PAgP                  //使用的协商协议
            Ports in the Port-channel:                       //加入端口通道的端口
             Index   Load   Port        EC state        No of bits
             ------+------+------+------------------+-----------
               0     00    Fa0/13      Desirable-Sl       0
               0     00    Fa0/14      Desirable-Sl       0
            //以上列 4 行给出了该端口通道包含的端口信息，包括索引、负载、物理端口、EtherChannel
            状态等

            Time since last port bundled:      0d:00h:03m:41s    Fa0/14   //最后一个端口被聚合以来的时间
            Time since last port Un-bundled: 0d:00h:04m:04s      Fa0/14   //最后一个端口非被聚合以来的时间
            S1#show etherchannel protocol                       //查看 EtherChannel 协商使用的协议
                        Channel-group listing:
                        ----------------------
            Group: 1
            ----------
            Protocol:   PAgP    //EtherChannel 协商协议
```

（5）配置 LACP 协商 EtherChannel

① 配置交换机 S1。

```
S1(config)#default interface range fastEthernet0/13 -14
S1(config)#lacp system-priority 100              //配置 LACP 系统优先级，默认为 32768
S1(config)#interface fastEthernet0/13
S1(config-if)#channel-protocol lacp              //配置采用 LACP 协议协商 EtherChannel
S1(config-if)#channel-group 1 mode active        //配置 LACP 协商模式
S1(config-if)#lacp port-priority 1313            //配置 LACP 端口优先级，默认为 32768
S1(config-if)#switchport trunk encapsulation dot1q
S1(config-if)#switchport mode trunk
S1(config-if)#exit
S1(config)#interface fastEthernet0/14
S1(config-if)#channel-protocol lacp              //配置采用 LACP 协议协商 EtherChannel
S1(config-if)#channel-group 1 mode active
S1(config-if)#lacp port-priority 1414
S1(config-if)#switchport trunk encapsulation dot1q
S1(config-if)#switchport mode trunk
```

② 配置交换机 S2。

```
S2(config)#default interface range fastEthernet0/13 -14
S2(config)#lacp system-priority 200
S2(config)#interface range fastEthernet0/13 -14
S2(config-if-range)#channel-protocol lacp
S2(config-if-range)#channel-group 1 mode passive        //配置 LACP 协商模式
S2(config-if-range)#switchport trunk encapsulation dot1q
S2(config-if-range)#switchport mode trunk
```

【技术要点】

① 交换机激活某端口的 LACP 协议后，该端口将通过发送 LACPDU 向对端通告自己的系统优先级、系统 MAC 地址、端口优先级和端口号。对端接收到这些信息后，将这些信息与自己的属性比较，选择能够聚合的端口，从而双方可以对端口加入或退出某个动态聚合组达成一致。

② 由于交换机每个 EtherChannel 组所能支持的最大端口数有限制，如果当前的成员端口数量超过了可聚合的最大端口数的限制，则本端系统和对端系统会进行协商，根据交换机 LACP 系统 ID 来决定端口的状态，LACP 系统 ID 小的一方为主动端。在主动端首先比较 LACP 端口优先级，端口优先级小的端口被选中，如果 LACP 端口优先级相同，则比较端口号，端口号小的被选中并加入 EtherChannel 组。

（6）验证 LACP 协商 EtherChannel

```
S1#show etherchannel summary
（此处省略部分输出）
Group   Port-channel   Protocol     Ports
------+-------------+-----------+----------
1       Po1(SU)        LACP         Fa0/13(P)   Fa0/14(P)
```

以上输出表明 EtherChannel 协商成功，协商协议为 **LACP**。注意应在链路的两端都进行检查，确认两端都形成端口通道才行，**SU** 表示 EtherChannel 正常工作。

```
S1#show etherchannel protocol
              Channel-group listing:
                  ----------------------
Group: 1
----------
Protocol:   LACP                    //EtherChannel 协商协议
S1#show lacp sys-id                 //查看 LACP 系统 ID
100, d0c7.89ab.1180                 //系统 ID 由系统优先级+交换机基准 MAC 地址构成
S2#show lacp neighbor               //查看 LACP 邻居信息
Flags:   S - Device is requesting Slow LACPDUs
         F - Device is requesting Fast LACPDUs
         A - Device is in Active mode        P - Device is in Passive mode
Channel group 1 neighbors
Partner's information:
                   LACP port                        Admin  Oper  Port     Port
Port     Flags     Priority   Dev ID          Age    key   Key   Number   State
Fa0/13   SA        1313       d0c7.89ab.1180  15s   0x0   0x1   0x110    0x3D
Fa0/14   SA        1414       d0c7.89ab.1180  5s    0x0   0x1   0x111    0x3D
```

以上输出显示了交换机 S2 的 LACP 邻居 S1 的信息，其中，在 Flags 字段中，**SA** 中的 **S** 表示设备采用慢速（Slow）发送 LACP 数据包，**A** 表示 LACP 的模式为 Active。LACP 发送消息的频率可以配置为每隔 1 秒钟或者 30 秒钟发送一个 LACP 数据包，这两种发送频率都是由 IEEE 802.3ad 标准所规定的。配置为 Fast，对端发送 LACP 消息的周期为 1 秒；配置为 Slow，对端发送 LACP 消息的周期为 30 秒。本实验平台的 3560 交换机不支持 Fast 方式（65 系列交换机支持），端口下配置的命令为 **lacp rate fast**。LACP 协议消息的超时时间为 LACP 消息发送周期的 3 倍。两端配置的超时时间可以不一致。但为了便于

维护，建议用户配置一致的 LCAP 协议消息超时时间。以上输出还显示了通过本交换机端口连接的邻居端口的 LACP 端口优先级、设备 ID、老化时间、管理 Key、操作 Key、端口号和端口状态。

```
S2#show lacp internal                           //查看本地 LACP 信息
Flags:  S - Device is requesting Slow LACPDUs
        F - Device is requesting Fast LACPDUs
        A - Device is in Active mode      P - Device is in Passive mode
Channel group 1
                            LACP port  Admin  Oper   Port    Port
Port    Flags   State       Priority   Key    Key    Number  State
Fa0/13  SP      bndl        32768      0x1    0x1    0x110   0x3C
Fa0/14  SP      bndl        32768      0x1    0x1    0x111   0x3C
```

以上输出显示交换机 S2 自己的 LACP 信息，其中在 Flags 字段中，**SP** 中的 **S** 表示设备采用慢速（Slow）发送 LACP 数据包，**P** 表示 LACP 的模式为 Passive，状态字段显示交换机端口的聚合情况，**bndl** 表示链路聚合成功。同时以上输出还显示了本交换机端口的 LACP 端口优先级、管理 Key、操作 Key、端口号和端口状态。

（7）配置三层 EtherChannel

① 配置交换机 S1。

```
S1(config)#no interface port-channel 1
S1(config)#interface port-channel 1
S1(config-if)#no switchport                     //配置端口为三层接口
S1(config-if)#ip address 172.16.12.1 255.255.255.0
S1(config-if)#exit
S1(config)#default interface range fastEthernet0/13 -14
S1(config)#interface range fastEthernet0/13 -14
S1(config-if-range)#no switchport
S1(config-if-range)#channel-protocol lacp
S1(config-if-range)#channel-group 1 mode active
```

② 配置交换机 S2。

```
S2(config)#no interface port-channel 1
S2(config)#interface port-channel 1
S2(config-if)#no switchport
S2(config-if)#ip address 172.16.12.2 255.255.255.0
S2(config-if)#exit
S2(config)#default interface range fastEthernet0/13 -14
S2(config)#interface range fastEthernet0/13 -14
S2(config-if-range)#no switchport
S2(config-if-range)#channel-protocol lacp
S2(config-if-range)#channel-group 1 mode passive
```

（8）验证三层 EtherChannel

```
S1#show etherchannel summary
（此处省略部分输出）
Group  Port-channel  Protocol   Ports
------+-------------+----------+-----------------------------------
1      Po1(RU)       LACP       Fa0/13(P)  Fa0/14(P)
```

以上输出表明组号为 1 的 EtherChannel 已经形成，端口通道 Po1 的标志为 **RU**，其中 **R**

表示该端口为三层端口即路由端口，**U** 表示正在使用，**RU** 表示 EtherChannel 正常工作。

> S1#**ping 172.16.12.2**
> Type escape sequence to abort.
> Sending 5, 100-byte ICMP Echos to 172.16.12.2, timeout is 2 seconds:
> !!!!!
> Success rate is 100 percent (5/5), round-trip min/avg/max = 1/3/8 ms

以上输出表明三层 EtherChannel 可以正常通信。

15.3.2 实验 2：配置 HSRP

1．实验目的

通过本实验可以掌握：
① HSRP 的工作原理。
② HSRP 的基本配置。
③ HSRP 优先级和 HSRP 抢占配置。
④ HSRP 验证配置。
⑤ HSRP 端口跟踪配置。

2．实验拓扑

配置 HSRP 的实验拓扑如图 15-2 所示。

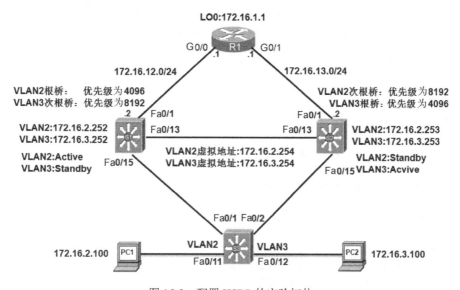

图 15-2　配置 HSRP 的实验拓扑

3．实验步骤

本实验在 2 台核心交换机 S1 和 S2 上通过 HSRP 技术为 VLAN2 和 VLAN3 的主机提供冗余网关，实现各 VLAN 主机的网关冗余和负载均衡。本实验设计如下：S1 作为 VLAN2 的 RSTP 根桥和 HSRP 组 2 的 Active 路由器，作为 VLAN3 的 RSTP 的次根桥和 HSRP 组 3 的

Standby 路由器；S2 作为 VLAN3 的 RSTP 的根桥和 HSRP 组 3 的 Active 路由器，作为 VLAN2 的 RSTP 的次根桥和 HSRP 组 2 的 Standby 路由器，保证 RSTP 根桥和 HSRP 的 Active 路由器位于同一台设备，从而可以避免次优路径，整个网络运行 RIPv2 路由协议实现连通性。实验中设计 2 个 HSRP 组的目的是实现负载均衡。本实验综合性很强，需要前期学过的知识，包括 VLAN、Trunk、RSTP 和路由协议等，本实验只给出具体配置，具体的解释和验证请参考前面章节的内容。

（1）实验准备

① 采用 3 台交换机创建 VLAN2 和 VLAN3，并将相应端口加入相应的 VLAN 中。

```
S3(config)#vlan 2
S3(config-vlan)#exit
S3(config)#vlan 3
S3(config-vlan)#exit
S3(config)#interface FastEthernet0/11
S3(config-if)#switchport mode access
S3(config-if)#switchport access vlan 2
S3(config-if)#exit
S3(config)#interface FastEthernet0/12
S3(config-if)#switchport mode access
S3(config-if)#switchport access vlan 3
```

交换机 S1 和 S2 创建 VLAN 配置类似，不再给出。

② 配置交换机 S1、S2 和 S3 之间的 Trunk 链路。

```
S1(config)#interface range fastEthernet0/13，fastEthernet0/15
S1(config-if-range)#switchport trunk encapsulation dot1q
S1(config-if-range)#switchport mode trunk
S1(config-if-range)#switchport nonegotiate
```

交换机 S2 和 S3 配置类似，不再给出。

③ 配置交换机 S1、S2 和 S3 上的 RSTP。

```
S1(config)#spanning-tree mode rapid-pvst
S1(config)#spanning-tree vlan 2 priority 4096
S1(config)#spanning-tree vlan 3 priority 8192


S2(config)#spanning-tree mode rapid-pvst
S2(config)#spanning-tree vlan 2 priority 8192
S2(config)#spanning-tree vlan 3 priority 4096


S3(config)#spanning-tree mode rapid-pvst
S3(config)#interface range fastEthernet0/11-12
S3(config-if-range)#spanning-tree portfast
```

④ 创建三层端口、SVI 并配置 RIPv2 路由协议。

```
S1(config)#interface FastEthernet0/1
S1(config-if)#no switchport              //将三层交换机端口配置为路由端口
S1(config-if)#ip address 172.16.12.2 255.255.255.0
S1(config-if)#exit
S1(config)#interface Vlan2
S1(config-if)#ip address 172.16.2.252 255.255.255.0
S1(config-if)#exit
```

```
S1(config)#interface Vlan3
S1(config-if)#ip address 172.16.3.252 255.255.255.0
S1(config-if)#exit
S1(config)#ip routing                    //开启交换机路由功能
S1(config)#router rip
S1(config-router)#version 2
S1(config-router)#network 172.16.0.0
S1(config-router)#no auto-summary

S2(config)#interface FastEthernet0/1
S2(config-if)#no switchport
S2(config-if)#ip address 172.16.13.2 255.255.255.0
S2(config-if)#exit
S2(config)#interface Vlan2
S2(config-if)#ip address 172.16.2.253 255.255.255.0
S2(config-if)#exit
S2(config)#interface Vlan3
S2(config-if)#ip address 172.16.3.253 255.255.255.0
S2(config-if)#exit
S2(config)#ip routing
S2(config)#router rip
S2(config-router)#version 2
S2(config-router)#network 172.16.0.0
S2(config-router)#no auto-summary

R1(config)#interface gigabitEthernet 0/0
R1(config-if)#ip address 172.16.12.1 255.255.255.0
R1(config-if)#no shutdown
R1(config-if)#exit
R1(config)#interface gigabitEthernet 0/1
R1(config-if)#ip address 172.16.13.1 255.255.255.0
R1(config-if)#no shutdown
R1(config-if)#exit
R1(config)#interface loopback0
R1(config-if)#ip address 172.16.1.1 255.255.255.0
R1(config-if)#exit
R1(config)#router rip
R1(config-router)#version 2
R1(config-router)#no auto-summary
R1(config-router)#network 172.16.0.0
```

（2）配置 HSRP

① 配置交换机 S1。

```
S1(config)#interface Vlan2
S1(config-if)#standby version 2          //配置 HSRP 版本，默认为版本 1
S1(config-if)#standby 2 ip 172.16.2.254
//启用 HSRP 功能，并设置 HSRP 组虚拟 IP 地址，2 为 HSRP 的组号
S1(config-if)#standby 2 priority 110
```
//配置 HSRP 组的优先级，默认优先级为 100，优先级大的路由器会抢占成为活动路由器。此处配置确保 S1 是 VLAN2 的活动路由器和 VLAN2 的 RSTP 根桥一致

S1(config-if)#**standby 2 preempt**
//允许在优先级是最高时通过抢占成为活动路由器。如果不设置，即使该优先级被改为最高，如果已经选举出活动路由器，也不会通过抢占成为活动路由器，除非重新选举。如果配置 **standby 2 preempt delay minimum 1000** 命令，则 HSRP 会延时 1 000 毫秒才进行抢占
S1(config-if)#**standby 2 authentication md5 key-string cisco123**
//配置 HSRP 组使用 MD5 验证，增加网络安全性，默认使用明文验证，密码是 cisco
S1(config-if)#**standby 2 track fastEthernet0/1 20**
//配置 HSRP 组 2 跟踪 Fa0/1 端口，如果该端口发生故障，优先级降低 20，变为 110-20=90，这时 S2 的优先级为 100（默认值），因此 S2 会通过抢占成为组 2 活动路由器
S1(config-if)#**standby 2 timers 6 20**   //配置 HSRP 组的 Hello 周期和 Hold 时间，如果在活动路由器上修改该值，备份路由器会自动学到
S1(config)#**interface Vlan3**
S1(config-if)#**standby version 2**
S1(config-if)#**standby 3 ip 172.16.3.254**
S1(config-if)#**standby 3 preempt**
S1(config-if)#**standby 3 authentication md5 key-string cisco123**

② 配置交换机 S2。

S2(config)#**interface Vlan2**
S2(config-if)#**standby version 2**
S2(config-if)#**standby 2 ip 172.16.2.254**
S2(config-if)#**standby 2 timers 6 20**
S2(config-if)#**standby 2 preempt**
S2(config-if)#**standby 2 authentication md5 key-string cisco123**
S2(config-if)#**exit**
S2(config)#**interface Vlan3**
S2(config-if)#**standby version 2**
S2(config-if)#**standby 3 ip 172.16.3.254**
S2(config-if)#**standby 3 priority 110**
//配置确保 S2 是 VLAN3 的活动路由器，和 VLAN3 的 RSTP 根桥一致
S2(config-if)#**standby 3 preempt**
S2(config-if)#**standby 3 authentication md5 key-string cisco123**
S2(config-if)#**standby 3 track fastEthernet0/1 20**
//配置 HSRP 组 3 跟踪 Fa0/1 端口，如果该端口发生故障，优先级降低 20，变为 90，这时 S1 的优先级为 100（默认值），因此 S1 会通过抢占成为组 3 活动路由器

4. 实验调试

（1）查看 HSRP 摘要信息

show standby brief   //查看 HSRP 摘要信息
① S1#**show standby brief**
                    P indicates configured to preempt.
                    |

Interface	Grp	Pri P State	Active	Standby	Virtual IP
Vl2	2	110 P **Active**	local	172.16.2.253	172.16.2.254
Vl3	3	100 P **Standby**	172.16.3.253	local	172.16.3.254

② S2#**show standby brief**
                    P indicates configured to preempt.
                    |

Interface	Grp	Pri P State	Active	Standby	Virtual IP
Vl2	2	100 P **Standby**	172.16.2.252	local	172.16.2.254

Vl3		3	110 P **Active**	local		172.16.3.252	172.16.3.254

以上①和②输出表明交换机 S1 和 S2 的 HSRP 各个组的信息，可以清楚地看到 S1 是组 2 的活动路由器，S2 是组 3 的活动路由器，各列的含义如下所述。

- Interface：启用 HSRP 的端口；
- Grp：HSRP 的组号；
- Pri：HSRP 组的优先级；
- P：表示启用 HSRP 抢占功能；
- State：本设备的 HSRP 的角色；
- Active：HSRP 组活动路由器；
- Standby：HSRP 组备份路由器；
- Virtual IP：HSRP 组虚拟 IP 地址。

（2）查看 VLAN 端口的 HSRP 详细信息

```
S1#show standby vlan 2                    //查看 VLAN 端口的 HSRP 详细信息
Vlan2 - Group 2 (version 2)               //启用 HSRP 的端口、组号和 HSRP 版本信息
  State is Active                         //是组 2 的活动路由器
    10 state changes, last state change 00:36:56
          //HSRP 状态变化次数及距最近一次状态变化的时间
  Virtual IP address is 172.16.12.254     //HSRP 组的虚拟 IP 地址
  Active virtual MAC address is 0000.0c9f.f002
//虚拟网关的 MAC 地址，对于 HSRP 版本 2，默认是 0000.0c09f.fYYY，YYY 是 HSRP 的组号
  Local virtual MAC address is 0000.0c9f.f002 (v2 default)
  //HSRP 版本 2 产生的本地虚拟 MAC 地址
  Hello time 6 sec, hold time 20 sec      //HSRP 组的 Hello 周期和 Hold 时间
    Next hello sent in 4.656 secs         //距下一次发送 HSRP Hello 包的时间
  Authentication MD5, key-string          //HSRP 验证采用 MD5 的字符串方式
  Preemption enabled                      //启用 HSRP 抢占功能
  Active router is local                  //本地路由器就是活动路由器
  Standby router is 172.16.2.253, priority 100 (expires in 18.160 sec)
  //HSRP 备份路由器的 IP 地址、HSRP 组优先级以及 Hold 计时器从 20 秒倒计时的时间
  Priority 110 (configured 110)           //将 HSRP 端口优先级配置为 110
    Track interface FastEthernet0/1 state Up decrement 20     //HSRP 端口跟踪情况，跟踪的端
口目前状态为 up，如果端口发生故障，优先级会减去 20
  Group name is "hsrp-Vl2-2" (default)
//HSRP 组名，可以使用命令 standby 2 name 配置，如果没有配置，则系统会按照 hsrp-端口名字
缩写-组号格式自动生成
```

（3）观看 HSRP 状态切换

① 在交换机 S1 上将端口 Fa0/1 关闭，S1 上显示信息如下：

```
*Mar   1 01:01:52.361: %TRACKING-5-STATE: 1 interface Fa0/1 line-protocol Up->Down
//HSRP 跟踪端口状态由 Up 变为 Down
*Mar   1 01:01:56.396: %HSRP-5-STATECHANGE: Vlan2 Grp 2 state Active -> Speak
*Mar   1 01:02:20.262: %HSRP-5-STATECHANGE: Vlan2 Grp 2 state Speak -> Standby
```

以上输出信息显示组 2 中 HSRP 跟踪的端口关闭后，由于 HSRP 优先级被降为 20，即变成 90（110-20），VLAN2 的 HSRP 组的路由器从活动路由器变成备份路由器的过程。可以通过以下命进一步查看：

```
S1#show standby vlan 2 | include Priority 90
```

　　　　Priority 90 (**configured** 110)　　　　　　//HSRP 端口优先级配置为 110，当前为 90
② 在交换机 S1 上将端口 Fa0/1 开启，S1 上显示信息如下：
*Mar　　1 01:05:50.641: %TRACKING-5-STATE: 1 interface Fa0/1 line-protocol **Down->Up**
//HSRP 跟踪端口状态由 Down 变为 Up
*Mar　　01:05:51.973: %HSRP-5-STATECHANGE: Vlan2 Grp 2 state Standby -> Active
//VLAN2 的 HSRP 组的路由器从备份路由器抢占成为活动路由器

（4）测试

① 在 PC1 上 ping 172.16.1.1，结果如下：
```
C:\>ping 172.16.1.1
正在 ping 具有 32 字节的数据:
来自 172.16.1.1 的回复: 字节=32 时间<1ms TTL=254
来自 172.16.1.1 的回复: 字节=32 时间=1ms TTL=254
来自 172.16.1.1 的回复: 字节=32 时间<1ms TTL=254
来自 172.16.1.1 的回复: 字节=32 时间<1ms TTL=254
172.16.1.1 的 Ping 统计信息:
    数据包: 已发送 = 4，已接收 = 4，丢失 = 0 (0% 丢失),
    往返行程的估计时间（以毫秒为单位）:
        最短 = 0ms, 最长 = 1ms, 平均 = 0ms
```

② 查看 PC1 的 ARP 表，结果如下：
```
C:\>arp –a   //查看 ARP 表项
端口: 172.16.2.100 --- 0x12
  Internet 地址          物理地址              类型
  172.16.2.254          00-00-0c-9f-f0-02     动态
```
//以上 ARP 表项的内容表明活动交换机 S1 是用组 2 的虚拟 MAC 地址响应 PC1 的 ARP 请求的

15.3.3　实验 3：配置 VRRP

1．实验目的

通过本实验可以掌握：
① VRRP 的工作原理。
② VRRP 的基本配置。
③ VRRP 优先级和 VRRP 抢占配置。
④ VRRP 验证配置。
⑤ VRRP 端口跟踪配置。

2．实验拓扑

配置 VRRP 的实验拓扑如图 15-3 所示。

3．实验步骤

　　本实验在 2 台核心交换机 S1 和 S2 上通过 VRRP 技术为 VLAN2 和 VLAN3 的主机提供冗余网关，实现各 VLAN 主机的网关冗余和负载均衡。本实验设计如下：S1 作为 VLAN2 的根桥和 VRRP 组 2 的 Master 路由器，作为 VLAN3 的次根桥和 VRRP 组 3 的 Backup 路由器；S2 作为 VLAN3 的根桥和 VRRP 组 3 的 Master 路由器，作为 VLAN2 的次根桥和 VRRP 组 2

的 Backup 路由器，保证 RSTP 根桥和 VRRP 组的 Master 路由器位于同一台设备，从而可以避免次优路径，整个网络运行 RIPv2 路由协议实现连通性。本实验设计 2 个 VRRP 组的目的是实现负载均衡。本实验 VLAN、Trunk、RSTP 和路由协议配置和本章实验 2 相同，这里不再给出。

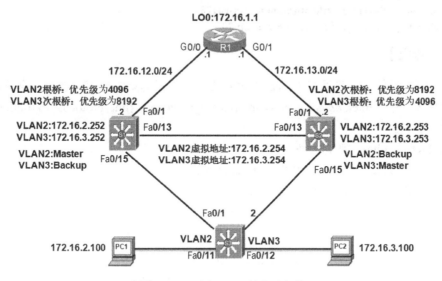

图 15-3　配置 VRRP 的实验拓扑

（1）配置交换机 S1

```
S1(config)#track 100 interface fastEthernet 0/1 line-protocol
//配置跟踪对象
S1(config-track)#exit
S1(config)#interface Vlan2
S1(config-if)#vrrp 2 ip 172.16.2.254
//启用 VRRP 功能并设置 VRRP 组虚拟 IP 地址，2 为 VRRP 的组号，如果使用端口的真实地址作
为 VRRP 组虚拟地址，则该路由器就是该 VRRP 组的 Master 路由器
S1(config-if)#vrrp 2 priority 110
//配置 VRRP 组的优先级，如果不设置该项，默认优先级为 100，该值大的路由器会抢占成为 Master
路由器。此处确保 S1 是 VLAN2 的 Master 路由器和 VLAN2 的 RSTP 根桥一致
S1(config-if)#vrrp 2 preempt                //配置 VRRP 抢占功能，默认是开启的
S1(config-if)#vrrp 2 authentication text cisco123    //配置 VRRP 组 2 验证
S1(config-if)#vrrp 2 track 100 decrement 20
//配置 VRRP 组 2 跟踪，跟踪号码 100。如果跟踪状态为 Down，优先级降低 20，变为 90，这时
S2 的 VRRP 优先级为 100（默认值），因此 S2 通过抢占成为组 2 的 Master 路由器
S1(config-if)#exit
S1(config)#interface Vlan3
S1(config-if)#vrrp 3 ip 172.16.3.254
S1(config-if)#vrrp 3 authentication text cisco123
```

（2）配置交换机 S2

```
S2(config)#track 100 interface fastEthernet 0/1 line-protocol
S2(config-track)#exit
S2(config)#interface Vlan2
S2(config-if)#vrrp 2 ip 172.16.2.254
```

```
S2(config-if)#vrrp 2 authentication text cisco123
S2(config-if)#exit
S2(config)#interface Vlan3
S2(config-if)#vrrp 3 ip 172.16.3.254
S2(config-if)#vrrp 3 priority 110
S2(config-if)#vrrp 3 authentication text cisco123
S2(config-if)#vrrp 3 track 100 decrement 20
```

【技术要点】

Cisco IOS 提供了一种跟踪（Track）的特性，可以跟踪端口不同的状态，全局模式下配置命令的格式如下：track *object-number* interface *type number* {line-protocol | ip routing}，各参数含义如下所述。

① **object-number**：跟踪对象号码，范围为 1～500。
② **line-protocol**：跟踪端口的 line-protocol 状态。
③ **ip routing**：跟踪端口的 IP 路由状态。

可以通过下面 2 条命令验证跟踪的配置和引用的情况：

```
① S1#show track 100                              //查看跟踪对象信息
Track 100                                         //跟踪对象号码
  Interface FastEthernet0/1 line-protocol         //跟踪对象和参数
  Line protocol is Up                             //Line protocol 状态
    1 change, last change 00:12:15                //距离上次状态改变的时间
  Tracked by:
    VRRP Vlan2 2                                  //跟踪结果被端口 VLAN2 下的 VRRP 组 2 引用
② S1#show track brief                            //查看跟踪信息摘要
Track    Object                       Parameter       Value
100      interface FastEthernet0/1    line-protocol   Up
```

以上输出显示跟踪对象的号码、对象、参数和值。

4. 实验调试

（1）查看 VRRP 摘要信息

```
show vrrp brief                                          //查看 VRRP 摘要信息
① S1#show vrrp brief
Interface    Grp  Pri   Time   Own Pre   State     Master addr      Group addr
Vl2          2    110   3570       Y     Master    172.16.2.252     172.16.2.254
Vl3          3    100   3609       Y     Backup    172.16.3.253     172.16.3.254
② S2#show vrrp brief
Interface    Grp  Pri   Time   Own Pre   State     Master addr      Group addr
Vl2          2    100   3609       Y     Backup    172.16.2.252     172.16.2.254
Vl3          3    110   3570       Y     Master    172.16.3.253     172.16.3.254
```

以上①和②输出表明交换机 S1 和 S2 的 VRRP 各个组的信息，可以清楚地看到 S1 是组 2 的 Mater 路由器，S2 是组 3 的 Master 路由器，各列的含义如下所述。

- Interface：启用 VRRP 的端口；
- Grp：VRRP 的组号；
- Pri：VRRP 组的优先级；

- Time：时间，单位为秒；
- Own：自己，如果 VRRP 组虚拟 IP 地址就是端口真实 IP 地址，此处显示 Y；
- Pre：表示启用 VRRP 抢占功能；
- State：本设备的 VRRP 的角色；
- Master addr：VRRP 组 Master 路由器端口地址；
- Group addr：VRRP 组虚拟 IP 地址。

（2）查看 VLAN 端口的 VRRP 详细信息

```
S2#show vrrp interface vlan 2                    //查看 VLAN 端口的 VRRP 详细信息
Vlan2 - Group 2
  State is Master                                //当前路由器是 VRRP 组 2 的 Master
  Virtual IP address is 172.16.2.254             //VRRP 组 2 虚拟 IP 地址
  Virtual MAC address is 0000.5e00.0102          //VRRP 组 2 虚拟 MAC 地址
  Advertisement interval is 1.000 sec            //通告时间间隔，默认为 1 秒
  Preemption enabled                             //启用 VRRP 抢占功能，默认就是启用的
  Priority is 110                                //VRRP 端口优先级配置为 110
    Track object 100 state Up decrement 20       //该组跟踪对象的跟踪号为 100，当对象发生故障
时优先级减 20
  Authentication is enabled                      //启用 VRRP 验证功能
  Master Router is 172.16.2.252 (local), priority is 110
  //显示 Master 路由器就是本设备，因为优先级是 110 而选举获胜
  Master Advertisement interval is 1.000 sec     //Master 路由器通告时间间隔，默认为 1 秒
  Master Down interval is 3.570 sec              //检测 Master 路由器 Down 的时间间隔
```

（3）观看 VRRP 状态切换

在交换机 S1 上将端口 Fa0/1 关闭，S1 上显示信息如下：

```
*Mar   1 04:34:33.975: %TRACKING-5-STATE: 100 interface Fa0/1 line-protocol Up->Down
//跟踪号为 100 的对象的 line-protocol 状态由 Up 变为 Down
*Mar   1 04:34:36.936: %VRRP-6-STATECHANGE: Vl2 Grp 2 state Master -> Backup
//VLAN2 的 VRRP 组的路由器从 Master 路由器变成 Backup 路由器
```

以上输出信息显示了 VRRP 组 2 中 VRRP 跟踪状态为 Down 后，由于 VRRP 优先级被减 20，即变成 90，VLAN2 的 VRRP 组的路由器从 Master 路由器变成 Backup 路由器的过程。可以通过以下命进一步查看：

```
S1#show vrrp interface vlan 2 | include 90
  Priority is 90    (cfgd 110)                   //VRRP 端口优先级配置为 110，当前为 90
```

（4）测试

① 在 PC1 上 ping 172.16.1.1，可以通信。

② 查看 PC1 的 ARP 表，结果如下：

```
C:\>arp -a
端口: 172.16.2.100 --- 0x12
  Internet  地址          物理地址              类型
  172.16.2.254            00-00-5e-00-01-02     动态
//以上 ARP 表项的内容表明 Master 路由器 S1 是用组 2 的虚拟 MAC 地址响应 PC1 的 ARP 请求的
```

第 16 章 EIGRP

EIGRP 是 Cisco 公司于 1992 年开发的一个无类别距离向量路由协议，它融合了距离向量和链路状态两种路由协议的优点。EIGRP 是 Cisco 的专有路由协议，是 Cisco 的 IGRP 协议的增强版。由于 TCP/IP 是当今网络中最常用的协议，因此本章只讨论 IPv4 和 IPv6 网络环境中的 EIGRP。本章主要介绍 EIGRP 的特征、DUAL 的工作原理、EIGRP 数据包类型和格式以及 IPv4 EIGRP 和 IPv6 EIGRP 比较与配置。本章中提及的 EIGRP 如果没有特殊说明均代表 IPv4 EIGRP。

16.1 EIGRP 概述

16.1.1 IPv4 EIGRP 特征

EIGRP（Enhanced Interior Gateway Routing Protocol，增强型内部网关路由协议）是一个高效的路由协议，IPv4 EIGRP 的特征如下：

① 通过发送和接收 Hello 包来建立和维持邻居关系。
② 采用组播（224.0.0.10）或单播进行路由更新，仅支持 MD5 验证。
③ EIGRP 的默认管理距离为 5、90 或 170。
④ 采用触发更新和部分更新，减少带宽消耗。
⑤ 是无类别的路由协议，支持 VLSM 和不连续子网，IOS 15 开始默认关闭路由自动总结功能，支持在任意运行 EIGRP 协议的接口上手工路由总结。
⑥ 使用协议相关模块（Protocol Dependent Module，PDM）来支持 IPv4 和 IPv6 等多种网络层协议。对每一种网络协议，EIGRP 都维持独立的邻居表、拓扑表和路由表，并且存储整个网络拓扑结构的信息，以便快速适应网络变化。
⑦ 采用带宽、延时、可靠性和负载计算度量值，度量值的颗粒度精细（32 位），范围为 1～4 294 967 296。
⑧ EIGRP 使用扩散更新算法（Diffusing Update Algorithm，DUAL）来实现快速收敛，并确保没有路由环路。
⑨ EIGRP 是支持多种网络层协议的路由协议，无法使用 UDP 或 TCP 承载，使用可靠传输协议（Reliable Transport Protocol，RTP）发送和接收 EIGRP 数据包，保证路由信息传输的可靠性和有序性，它支持组播和单播的混合传输。
⑩ 支持等价（Equal-Cost）和非等价（Unequal-Cost）的负载均衡（Load Balancing）。
⑪ 与数据链路层协议无缝连接，EIGRP 不要求针对二层协议进行特殊的配置。
⑫ 支持不中断转发（Non-Stop Forwarding，NSF），允许发生故障的路由器的 EIGRP 邻居设备保留它所通告的路由信息，并继续使用此信息直到故障路由器恢复正常操作并可以交

换路由信息。

16.1.2 DUAL 算法

DUAL 作为驱动 EIGRP 的计算引擎，是 EIGRP 路由协议的核心，它能够确保整个路由域内的无环路径和无环备用路径正常使用。通过使用 DUAL，EIGRP 会保存所有能够到达目的地的可用路由，在主路由失效时迅速切换到替代路由。学习 DUAL 需要掌握以下术语。

① 后继（Successor）：是一个直接连接的邻居路由器，通过它到达目的网络的度量值最小。后继是提供主要路由的路由器，该路由被放入 EIGRP 拓扑表和路由表中。对于同一目的网络，可存在多个后继。

② 可行后继（Feasible Successor）：是一个直接连接的邻居路由器，但是通过它到达目的网络的度量值比通过后继路由器的大，而且它的通告距离小于通过后继路由器到达目的网络的可行距离。可行后继是提供备份路由的路由器，该路由仅被放入 EIGRP 拓扑表中。对于同一目的网络，可存在多个可行后继。

③ 可行距离（Feasible Distance，FD）：到达目的网络的最小度量值。

④ 通告距离（Reported Distance，RD）：邻居路由器所通告的它自己到达目的网络的最小的度量值，也有的资料把 RD 称为 AD（Advertised Distance）。

⑤ 可行性条件（Feasible Condition，FC）：是 EIGRP 路由器更新路由表和拓扑表的依据。可行性条件可以有效地阻止路由环路，实现路由的快速收敛。可行性条件的公式为 RD<FD。

EIGRP 有限状态机（Finite State Machine，FSM）：包含用于在 EIGRP 网络中计算和比较路由的所有逻辑，EIGRP FSM 逻辑如图 16-1 所示。

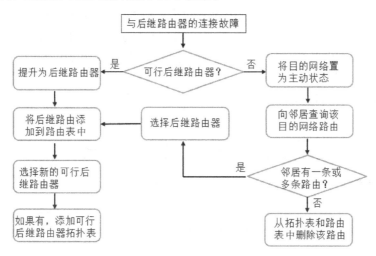

图 16-1　EIGRP FSM 逻辑

16.1.3 IPv4 EIGRP 数据包类型

IPv4 EIGRP 数据包类型包括 5 种，某些类型（如查询和应答）数据包会成对使用。IPv4 EIGRP 数据包根据具体情况可以采用单播或者组播方式发送。

① Hello 数据包：以组播的方式定期发送，用于建立和维持 EIGRP 邻居关系。Hello 数

据包的确认号始终为 0，因此不需要确认。默认情况下，在点到点链路或者带宽大于 T1 的多点链路上，EIGRP Hello 数据包每 5 秒发送一次。在带宽小于 T1 的低速链路上，EIGRP Hello 数据包每 60 秒发送一次。保持时间是收到此数据包的 EIGRP 邻居在认为发出通告的路由器发生故障之前应该等待的最长时间。默认情况下，保持时间是 Hello 数据包发送间隔的 3 倍。到达保持时间后，EIGRP 将删除邻居以及从邻居学到的所有拓扑表中的条目。

② 更新（Update）数据包：当路由器收到某个邻居路由器的第一个 Hello 数据包时，邻居关系协商建立成功后，以单播传送方式发送包含它所知道的路由信息的更新数据包。当路由信息发生变化时，以组播的方式发送只包含变化路由信息的更新数据包。EIGRP 在路由更新中使用部分更新和限定更新。部分更新是指路由更新仅包含与路由变化相关的信息。限定更新是指部分更新信息仅发送给受变化影响的路由器。限定更新可帮助 EIGRP 最大限度地减少发送 EIGRP 更新信息所需的带宽。更新数据包以可靠的方式传递，因此需要邻居发送确认数据包进行确认。

③ 查询（Query）数据包：当一条链路失效并且在拓扑表中没有可行后继路由时，路由器需要重新进行路由计算，路由器就以组播的方式向它的邻居发送一个查询数据包，以询问它们是否有到目的网络的路由。查询数据包通常是组播数据包。

④ 应答（Reply）数据包：以单播的方式响应邻居的查询，应答数据包都是单播数据包。

⑤ 确认（ACK）数据包：以单播的方式发送的没有任何数据的 Hello 数据包，包含一个不为 0 的确认号，用来确认更新、查询和应答数据包。确认数据包不需要确认。

16.1.4　IPv4 EIGRP 数据包格式

每个 IPv4 EIGRP 数据包都由 EIGRP 数据包头部和 T/L/V[Type（类型）/ Length（长度）/ Value（值）]构成。IPv4 EIGRP 数据包头部和 TLV 被封装到一个 IP 数据包中，该 IP 数据包中的协议字段为 88，代表 EIGRP。如果 IPv4 EIGRP 数据包为组播数据包，则目的地址为组播地址 224.0.0.10，如果 EIGRP 数据包被封装在以太网帧内，则组播目的 MAC 地址为 01-00-5E-00-00-0A。IPv4 EIGRP 数据包格式如图 16-2 所示。

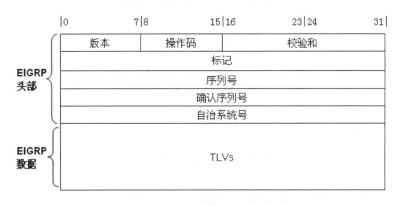

图 16-2　IPv4 EIGRP 数据包格式

每个 IPv4 EIGRP 数据包都包含数据包头部，它是每个 IPv4 EIGRP 数据包的开始部分，各字段的含义如下所述。

① 版本：始发 IPv4 EIGRP 进程处理的版本

② 操作码：IPv4 EIGRP 数据包的类型
③ 校验和：基于除了 IPv4 头部的整个 EIGRP 数据包来计算的校验和
④ 标记：通常设置为 0x00000001
⑤ 序列号：用在 RTP 中的 32 位序列号
⑥ 确认序列号：是本地路由器从邻居路由器那里收到的最新的一个 32 位序列号
⑦ 自治系统号：IPv4 EIGRP 路由进程的 ID

1. 带 EIGRP 参数的 TLV

IPv4 EIGRP 头部的后面就是多种类型的 TLV 字段，带 IPv4 EIGRP 参数的 TLV 如图 16-3 所示，它用于传递度量值计算的权重和保持时间。具体的 EIGRP 度量值计算方法稍后介绍。

```
|0        7|8       15|16      23|24       31|
|    类型=0x0001      |       长度           |
|    K1    |    K2    |    K3    |    K4    |
|    K5    |    保留  |       保持时间       |
```

图 16-3　带 IPv4 EIGRP 参数的 TLV

2. IPv4 内部路由的 TLV

IPv4 EIGRP 内部路由的 TLV 如图 16-4 所示，各个字段的含义如下所述。

图 16-4　IPv4 EIGRP 内部路由的 TLV

① 下一跳：路由条目的下一跳 IP 地址。
② 延时：从源到达目的地的延时总和，单位为 μs。
③ 带宽：链路上所有接口的最小带宽，单位为 kbps。
④ 最大传输单元：路由传递方向的所有链路中最小的最大传输单元，某些 EIGRP 文档可能介绍 MTU（最大传输单元）是计算 EIGRP 路由度量值的参数之一，但这是错误的。MTU 并不是 EIGRP 所用的度量标准参数。MTU 虽然包括在路由更新信息中，但不用于计算路由度量值。
⑤ 跳数：到达目的地路由器的个数，范围为 1～255。
⑥ 可靠性：表示根据 keepalive 数据包而定的源网络和目的网络间的最低可靠性。
⑦ 负载：表示根据数据包速率和接口上配置的带宽而计算出的源网络和目的网络间的最

小负载。

⑧ 保留：保留位，总是设置为 0x0000。
⑨ 前缀长度：子网掩码的长度。
⑩ 目的地：路由的目的地址，即目标网络地址。

3．IPv4 外部路由的 TLV。

当向 IPv4 EIGRP 路由进程中重分布外部路由时，就会使用 EIGRP 的 IPv4 外部路由的 TLV。Pv4 EIGRP 外部路由的 TLV 如图 16-5 所示，各字段的含义如下所述（这里只是解释比 IPv4 内部路由 TLV 增加的字段）。

图 16-5　IPv4 EIGRP 外部路由的 TLV

① 源路由器：重分布外部路由到 EIGRP 自治系统的路由器，表现为该路由器的路由器 ID。
② 源自治系统号：始发路由的路由器所在的自治系统号。
③ 任意标记：用来携带路由映射图的标记。
④ 外部协议度量：外部协议的度量，是 EIGRP 协议在 IGRP 协议之间重分布时，用该字段跟踪 IGRP 协议的度量值。
⑤ 外部协议 ID：表示外部路由是从哪种协议学到的。
⑥ 标志：目前仅定义了两个标志，0x01 表示外部路由，0x02 表示该路由是候选的默认路由。

16.1.5　EIGRP 的 SIA 及查询范围的限定

作为一种高级距离向量协议，EIGRP 依靠邻居提供路由信息，当丢失路由后，EIGRP 路由器将在拓扑表中查找可行后继，如果找到，将不把原来的路由切换到主动状态，而是将可行后继提升为后继，并把路由放到路由表中，无须使用 DUAL 算法重新计算路由。如果拓扑表中没有可行后继，则该路由被置为主动状态，EIGRP 路由器向所有邻居路由器发送查询信息（除了到达后继的那个接口，水平分割限制），以便寻找一条可以替代的路由。如果被查询的路由器知道替代路由的话，它就把这条替代路由放进应答数据包中发送给发出查询的源路由器。如果接收到查询的路由器没有替代路由的信息，它将继续发送给自己的其他邻居，直到找到可以替代的路由为止。因为 EIGRP 使用可靠组播方式来寻找替代路由，路由器必须在收到被查询的所有路由器的应答数据包后才能重新计算路由。如果有一个路由器的应答数据包还没有收到，发出查询的源路由器就必须等待，默认如果在 3 分钟内某些路由器没有对查询做出响应，这条路由就进入 SIA（Stuck in Active）状态，然后路由器将重置和这个没有做出应答的路由器的邻居关系。为了避免 SIA 情形的发生或者降低 SIA 的发生频率，必须限制查询的范围，通常有 2 种方法，一是在路由器的出接口配置路由总结，二是把远程路由器配置为 EIGRP 的 Stub 路由器，EIGRP Stub 路由器内容已经超出本书讨论范围。

16.1.6 IPv6 EIGRP 简介

IPv6 的 EIGRP 类似于 IPv4 的 EIGRP，通过交换路由信息来填充 IPv6 路由表。IPv6 的 EIGRP 也使用 DUAL 作为计算引擎，以保证整个路由域中的无环路径和无环备用路径正常使用。IPv6 的 EIGRP 具有与 IPv4 不同的进程，进程和操作基本上与 IPv4 路由协议相同，但是它们独立运行。IPv4 的 EIGRP 和 IPv6 的 EIGRP 主要功能比较如表 16-1 所示。

表 16-1 IPv4 的 EIGRP 和 IPv6 的 EIGRP 主要功能比较

	IPv4 的 EIGRP	IPv6 的 EIGRP
通告路由	IPv4 网络	IPv6 前缀
距离矢量	是	是
收敛算法	DUAL	DUAL
度量标准	带宽、延时、可靠性、负载	带宽、延时、可靠性、负载
传输协议	RTP	RTP
更新方式	增量、部分和限定更新	增量、部分和限定更新
邻居发现维持	Hello 数据包	Hello 数据包
使用组播地址	224.0.0.10	FF02::A
身份验证	MD5、SHA256 (命名 EIGRP 支持)	MD5、SHA256 (命名 EIGRP 支持)
路由器 ID	同 IP 地址格式相同的 32 位 ID（可选）	同 IP 地址格式相同的 32 位 ID（必选）

16.2 配置 EIGRP

16.2.1 实验 1：配置基本 IPv4 EIGRP

1. 实验目的

通过本实验可以掌握：

① 在路由器上启动 IPv4 EIGRP 路由进程。

② 激活参与 IPv4 EIGRP 路由协议接口的方法。
③ EIGRP 度量值的计算方法。
④ 可行距离（FD）、通告距离（RD）和可行性条件（FC）概念。
⑤ 邻居表、拓扑表和路由表的含义。
⑥ 被动接口的含义。
⑦ IPv4 EIGRP 路由自动总结的条件。
⑧ 查看和调试 IPv4 EIGRP 路由协议相关信息的方法。

2．实验拓扑

配置基本的 IPv4 EIGRP 的实验拓扑如图 16-6 所示。

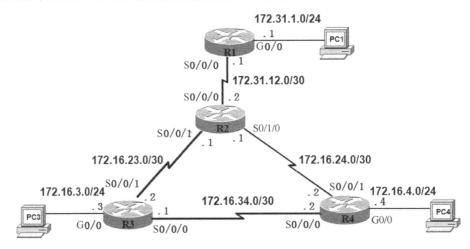

图 16-6　配置基本的 IPv4 EIGRP 的实验拓扑

3．实验步骤

（1）配置路由器 R1

```
R1(config)#router eigrp 1              //启动 IPv4 EIGRP 进程，进程号为 1
R1(config-router)#auto-summary
//开启 EIGRP 有类网络边界自动总结功能，但是只对本地产生的路由进行自动总结，对于穿越
本路由器的路由条目，EIGRP 是不能自动总结的，这一点和 RIP 不同，IOS 15 版本以后自动总结功能默
认关闭
R1(config-router)#eigrp router-id 1.1.1.1    //配置 EIGRP 路由器 ID
R1(config-router)#network 172.31.0.0
//匹配网络地址的接口都将被启用 IPv4 EIGRP，可以发送和接收 IPv4 EIGRP 更新信息
R1(config-router)#passive-interface gigabitEthernet0/0    //配置被动接口
```

✓【技术要点】

全局配置命令 **router eigrp** *autonomous-system* 启动 IPv4 EIGRP 的路由进程。**autonomous-system** 参数由网络管理员选择，取值范围在 1~65535 之间。尽管 EIGRP 将进程 ID 称为自治系统 ID，它实际上起进程 ID 的作用，与 BGP 路由协议的自治系统号码无关。EIGRP 路由

域内的所有路由器都必须使用相同的进程 ID 号。值得注意的是一台路由器可以启动多个 IPv4 EIGRP 进程，必要的话，可以通过重分布实现路由信息共享。

EIGRP 确定路由器 ID 遵循如下顺序：

① 在 EIGRP 进程中用命令 **eigrp router-id** 指定的路由器 ID 优先。

② 如果没有在 EIGRP 进程中指定路由器 ID，那么选择 IP 地址最大的环回接口的 IP 地址作为 EIGRP 路由器 ID。

③ 如果没有配置环回接口，就选择最大的活动的物理接口的 IP 地址作为 EIGRP 路由器 ID。

④ 建议用命令 **eigrp router-id** 来指定路由器 ID，这样可控性比较好。其次建议采用环回接口的 IP 地址作为 EIGRP 路由器 ID，因为环回接口比较稳定。

默认情况下，当在 **network** 命令中使用诸如 172.31.0.0 等有类网络地址时，该路由器上属于该有类网络地址的所有接口都将启用 IPv4 EIGRP。然而，有时网络管理员并不想让所有接口启用 IPv4 EIGRP。如果要配置 IPv4 EIGRP 仅仅在某些特定的接口启用，请将 **wildcard-mask**（通配符掩码）选项与 **network** 命令一起使用。

wildcard-mask（通配符掩码）是由广播地址（255.255.255.255）减去子网掩码得到的。例如，子网掩码是 255.255.248.0，则通配符掩码是 0.0.7.255。在高版本的 IOS 中，配置 IPv4 EIGRP 时也支持网络掩码的写法，但是系统会自动转换成通配符掩码，可以通过 **show running-config** 命令来验证。

对于 IPv4 EIGRP，被动接口含义如下：

① 将接口配置为被动接口后，就不能建立 IPv4 EIGRP 邻接关系。

② 不能通过被动接口接收或者发送路由更新信息。

③ IPv4 EIGRP 进程可以通告被动接口所在的网络或子网。

（2）配置路由器 R2

```
R2(config)#router eigrp 1
R2(config-router)#eigrp router-id 2.2.2.2
R2(config-router)#auto-summary
R2(config-router)#network 172.31.0.0
R2(config-router)#network 172.16.0.0
```

（3）配置路由器 R3

```
R3(config)#router eigrp 1
R3(config-router)#eigrp router-id 3.3.3.3
R3(config-router)#auto-summary
R3(config-router)#network 172.16.0.0
R3(config-router)#passive-interface gigabitEthernet0/0
```

（4）配置路由器 R4

```
R4(config)#router eigrp 1
R4(config-router)#auto-summary
R4(config-router)#network 172.16.0.0
R4(config-router)#passive-interface gigabitEthernet0/0
```

4．实验调试

（1）查看 IPv4 的 EIGRP 路由表

```
show ip route eigrp                         //查看 IPv4 的 EIGRP 路由表
```

以下各命令的输出全部省略路由代码部分。

```
R1#show ip route eigrp
     D      172.16.0.0/16 [90/2681856] via 172.31.12.2, 00:41:04, Serial0/0/0
```

以上输出表明路由器 R1 通过 EIGRP 学到了 1 条路由，管理距离是 90。注意 EIGRP 协议路由代码用字母 **D**（DUAL 算法）表示，如果通过重分布方式进入 EIGRP 网络的路由条目，则默认管理距离为 170，路由代码用 **D EX** 表示，也说明 EIGRP 路由协议能够区分内部路由和外部路由。

```
R2#show ip route eigrp
        172.16.0.0/16 is variably subnetted, 8 subnets, 4 masks
     D     172.16.0.0/16 is a summary, 00:45:34, Null0
     D     172.16.34.0/30 [90/2681856] via 172.16.24.2, 00:00:28, Serial0/1/0
                          [90/2681856] via 172.16.23.2, 00:00:28, Serial0/0/1
//以上 2 行表明到达 172.16.34.0/30 目的网络有两条等价路径
     D     172.16.4.0/24 [90/2172416] via 172.16.24.2, 00:00:28, Serial0/1/0
     D     172.16.3.0/24 [90/2172416] via 172.16.23.2, 00:00:29, Serial0/0/1
        172.31.0.0/16 is variably subnetted, 4 subnets, 4 masks
     D     172.31.1.0/24 [90/2172416] via 172.31.12.1, 00:45:34, Serial0/0/0
     D     172.31.0.0/16 is a summary, 00:45:35, Null0
```

以上输出包含 2 条指向 **Null0**（软件意义上的直连接口）接口的总结路由（称为系统路由），该路由条目管理距离为 **5**。默认情况下，EIGRP 使用 Null0 接口来丢弃与主类网络路由条目匹配但与该主类所有子网路由都不匹配的数据包，从而可以有效避免路由环路。

【技术要点】

IPv4 EIGRP 向路由表中自动加入一条 Null0 总结路由的条件必须同时满足下面三点：
① IPv4 EIGRP 进程中至少有两个不同主类网络。
② 每个主类网络通过 IPv4 EIGRP 至少发现了一个子网。
③ IPv4 EIGRP 进程中启用了自动总结，如果关闭了自动总结，则指向 Null0 接口的总结路由将被删除，除非在接口下执行手工路由总结。

```
R3#show ip route eigrp
        172.16.0.0/16 is variably subnetted, 8 subnets, 3 masks
     D     172.16.24.0/30 [90/2681856] via 172.16.34.2, 00:01:05, Serial0/0/0
                          [90/2681856] via 172.16.23.1, 00:01:05, Serial0/0/1
     D     172.16.4.0/24 [90/2172416] via 172.16.34.2, 00:01:05, Serial0/0/0
     D     172.31.0.0/16 [90/2681856] via 172.16.23.1, 00:01:06, Serial0/0/1
```

以上输出中并没有看到指向 **Null0** 接口的主类总结路由，这是因为本路由器上所有运行 IPv4 EIGRP 的接口都位于相同的主类网络（172.16.0.0/16）中，因此不会执行路由自动总结，即使开启了路由自动总结功能，这也是为什么会学到 **172.16.24.0/30** 和 **172.16.4.0/24** 明细路由的原因。EIGRP 度量值的计算采用比较复杂的度量方法，接下来以路由器 R3 路由表中的 **D 172.16.4.0/24 [90/2172416] via 172.16.34.2, 00:01:05, Serial0/0/0** 路由条目为例来说明。

第 16 章 EIGRP

EIGRP 度量值的计算公式 = [$K1 \times$ Bandwidth + ($K2 \times$ Bandwidth)/(256−Load) + $K3 \times$Delay] × [$K5$/(Reliability + $K4$)] × 256

默认情况下，$K1 = K3 = 1$，$K2 = K4 = K5 = 0$。

Bandwidth = [10^7/传递路由条目所经由链路中入接口带宽（单位为 kbps）的最小值] ×256

Delay = [传递路由条目所经由链路中入接口的延时之和（单位为 μs）/10] ×256

接下来看一下在路由器 R3 中的 **172.16.4.0/24** 路由条目的度量值是如何计算的？

首先带宽应该是从路由器 R4 的 G0/0 到路由器 R3 经过的所有接口最小带宽(学习到路由方向的接口)，所以应该是 R3 的 S0/0/0 接口的带宽，即 1 544 kbps，而延时是路由器 R4 的 G0/0 接口的延时（100 μs）和路由器 R3 的 S0/0/0 接口的延时（20 000 μs）之和，所以最后的度量值应该是[10^7/1 544+(100+20 000)/10]×256=**2 172 416**，这和路由器计算的结果是一致的。

【提示】

接口的带宽和延时可以通过 **show interface** 命令来查看。可以通过下面的命令修改接口的带宽和延时：

R3(config-if)#**bandwidth** *bandwidth*

R3(config-if)#**delay** *delay*

需要注意的是 **Bandwidth** 命令并不能更改链路的物理带宽，只会影响 EIGRP 或 OSPF 等路由协议选择路由。有时，网络管理员可能会出于加强传出接口控制的目的而更改带宽值。默认情况下，EIGRP 会使用不超过 50%的接口带宽来传输 EIGRP 数据。这可避免因 EIGRP 进程过度占用链路带宽而使得路由正常数据流量所需的带宽不足。配置接口上可供 EIGRP 使用的带宽百分比的命令为 **ip bandwidth-percent eigrp** *as-number percent*。

```
R4#show ip route eigrp
     172.16.0.0/16 is variably subnetted, 8 subnets, 3 masks
D       172.16.23.0/30 [90/2681856] via 172.16.34.1, 00:01:35, Serial0/0/0
                       [90/2681856] via 172.16.24.1, 00:01:35, Serial0/0/1
D       172.16.3.0/24  [90/2172416] via 172.16.34.1, 00:01:35, Serial0/0/0
D    172.31.0.0/16 [90/2681856] via 172.16.24.1, 00:01:36, Serial0/0/1
```

（2）查看 IPv4 路由协议配置和统计信息

```
R2#show ip protocols | begin Routing Protocol is "eigrp 1"
//查看 IPv4 路由协议配置和统计信息
Routing Protocol is "eigrp 1"                              //EIGRP AS 号码为 1
  Outgoing update filter list for all interfaces is not set
  Incoming update filter list for all interfaces is not set
//以上 2 行表明入方向和出方向都没有配置分布列表（distribute-list）
  Default networks flagged in outgoing updates
//允许出方向发送默认路由信息，通过路由模式下的 default-information out 命令配置
  Default networks accepted from incoming updates
//允许入方向接收默认路由信息，通过路由模式下的 default-information in 命令配置
  EIGRP-IPv4 Protocol for AS(1)                            //IPv4 EIGRP 进程 1 的信息
    EIGRP metric weight K1=1, K2=0, K3=1, K4=0, K5=0       //显示计算度量值所用的 K 值
    Soft SIA disabled                                      //软 SIA 功能关闭
  EIGRP NSF-aware route hold timer is 240s                 //不间断转发的持续时间
  Router-ID: 2.2.2.2                                       //EIGRP 路由器 ID
```

```
        Topology: 0 (base)                          //拓扑 0 的信息
        Active Timer: 3 min                         //默认 SIA 计时器为 3 分钟
        Distance: internal 90 external 170          //EIGRP 管理距离,内部为 90,外部为 170
        Maximum path: 4    //默认支持负载均衡路径的条数,可以通过 maximum-paths number-paths
命令修改 EIGRP 支持等价路径的条数。EIGRP 只是将路由添加到本地路由表中,至于负载均衡,是路由器
的交换硬件或者软件的功能,跟 EIGRP 本身没有必然的联系,本书实验环境 IOS 15.7 的最大值为 32
        Maximum hopcount 100                        //EIGRP 支持的最大跳数,默认为 100,最大为 255
        Maximum metric variance 1                   //variance 值默认为 1,即默认时只支持等价路径的负载均衡
        Automatic Summarization: enabled            //自动总结已经开启,默认自动总结是关闭的
          172.31.0.0/16 for Se0/0/1, Se0/1/0
            Summarizing 2 components with metric 2169856     //自动总结 2 个子网
//以上 2 行表明自动总结成 172.31.0.0/16 网络,并从接口 S0/0/1 和 S0/1/0 以初始度量值 2169856
发送出去
          172.16.0.0/16 for Se0/0/0
            Summarizing 5 components with metric 2169856     //自动总结 5 个子网
//以上 2 行表明自动总结成 172.16.0.0/16 网络,并从接口 S0/0/0 以初始度量值 2169856 发送出去
        Maximum path: 4
        Routing for Networks:                       //EIGRP 进程中 network 命令后的参数配置
          172.16.0.0
          172.31.0.0
        Routing Information Sources:  //路由信息源,即收到 EIGRP 路由更新信息的 EIGRP 邻居的接
口地址
          Gateway           Distance        Last Update
          172.16.24.2       90              00:07:07
          172.16.23.2       90              00:07:07
          172.31.12.1       90              00:07:07
        Distance: internal 90 external 170          //EIGRP 管理距离
```

(3)查看 IPv4 EIGRP 邻居信息

```
R2#show ip eigrp neighbors              //查看 IPv4 EIGRP 邻居信息
IP-EIGRP neighbors for process 1        //进程 1 中关于 IP 的 EIGRP 的邻居
H   Address         Interface       Hold Uptime     SRTT    RTO     Q       Seq
                                    (sec)           (ms)            Cnt     Num
2   172.16.24.2     Se0/1/0         12 01:45:34     15      1140    0       12
1   172.16.23.2     Se0/0/1         12 02:23:27     10      1140    0       19
0   172.31.12.1     Se0/0/0         12 02:30:39     10      1140    0       8
```

以上输出表明路由器 R2 有 3 个 IPv4 EIGRP 邻居,各字段的含义如下所述。

① **H**:用来跟踪邻居的编号。

② **Address**:邻居路由器的接口地址。

③ **Interface**:本路由器到邻居路由器的接口。

④ **Hold**:认为邻居关系不存在所能等待的最长时间,单位为秒。

⑤ **Uptime**:从邻居关系建立到目前的时间,以小时、分、秒计。

⑥ **SRTT**:向邻居路由器发送一个数据包到本路由器收到确认包的时间,单位为 ms,用来确定重传间隔。

⑦ **RTO**:路由器将重传队列中的数据包重传给邻居之前等待的时间,单位为 ms。

⑧ **Q Cnt**:队列中等待发送的数据包数量,如果该值经常大于 0,则可能存在链路拥塞问题。

⑨ **Seq Num**：从邻居收到的最新的 EIGRP 数据包的序列号。

【提示】

① IPv4 EIGRP 的 Hello 间隔可以在接口下通过命令 **ip hello-interval eigrp** *as-number seconds* 来修改。

② IPv4 EIGRP 的 Hold 时间可以在接口下通过命令 **ip hold-time eigrp** *as-number seconds* 来修改。

③ Hello 间隔被修改后，Hold 时间并不会自动调整，需要手工配置。邻居之间 Hello 间隔和 Hold 时间的不同，并不影响 IPv4 EIGRP 邻居关系的建立，这点和 OSPF 是不同的。

④ Hold 时间到期或者更新重传 16 次都会使 IPv4 EIGRP 重置邻居关系。

【技术要点】

运行 EIGRP 路由协议的路由器不能建立 EIGRP 邻居关系的可能原因：

① EIGRP 进程的 AS 号码不同

② 计算度量值的 K 值不同，可以通过命令 metric weights {*tos k1 k2 k3 k4 k5*} 修改 K 值，例如，R1(config-router)#metric weights 0 1 0 1 0 0

③ EIGRP 验证失败。

（4）查看 IPv4 EIGRP 拓扑表信息

```
R2#show ip eigrp topology                              //查看 IPv4 EIGRP 拓扑表信息
IP-EIGRP Topology Table for AS(1)/ID(2.2.2.2)          //EIGRP 进程 1（ID 为 2.2.2.2）的拓扑表
Codes: P - Passive, A - Active, U - Update, Q - Query, R - Reply,
       r - reply Status, s - sia Status
P 172.16.34.0/30, 2 successors, FD is 2681856          //因为是等价路径，所以有 2 个后继路由器
        via 172.16.23.2 (2681856/2169856), Serial0/0/1
        via 172.16.24.2 (2681856/2169856), Serial0/1/0
P 172.16.24.0/30, 1 successors, FD is  2169856
        via Connected, Serial0/1/0
P 172.16.23.0/30, 1 successors, FD is  2169856
        via Connected, Serial0/0/1
P 172.31.1.0/24, 1 successors, FD is 2172416
        via 172.31.12.1 (2172416/28160), Serial0/0/0
P 172.31.0.0/16, 1 successors, FD is 2169856
        via Summary (2169856/0), Null0
P 172.16.4.0/24, 1 successors, FD is 2172416
        via 172.16.24.2 (2172416/28160), Serial0/1/0
P 172.16.0.0/16, 1 successors, FD is  2169856          //EIGRP 自动总结路由
        via Summary (2169856/0), Null0
P 172.16.3.0/24, 1 successors, FD is 2172416
        via 172.16.23.2 (2172416/28160), Serial0/0/1
P 172.31.12.0/30, 1 successors, FD is 2169856
        via Connected, Serial0/0/0
```

以上输出表明 IPv4 EIGRP 拓扑表中每条路由条目的信息，包括路由条目的状态、后继路由器、可行距离、所有可行后继路由器及其通告距离等。以上输出信息的状态代码的含义如下所述。

① P：代表 Passive，表示稳定状态，路由条目可用，可被加入到路由表中。
② A：代表 Active，当前路由条目不可用，正处于发送查询状态，不能加入到路由表中。
③ U：代表 Update，路由条目正在更新或者等待更新包确认状态。
④ Q：代表 Query，路由条目未被应答或者处于等待查询包确认的状态。
⑤ R：代表 Reply，路由器正在生成对该路由条目的应答或处于等待应答包确认的状态。
⑥ r：代表 reply Status，发送查询，并等待应答时设置的标记。
⑦ S：代表 sia Status，默认经过 3 分钟，如果被查询的路由没有收到邻居的应答，该路由就被置为 **stuck in active** 状态，说明 EIGRP 网络的收敛发生了问题。在路由模式下，可以通过命令 **timers active-time [*time-limit* | disabled]** 修改 sia 时间，其中 **time-limit** 的单位是分钟。

拓扑表中路由条目中 P 172.16.4.0/24, 1 successors, FD is 2172416 1 via 172.16.24.2 (2172416/28160), Serial0/1/0 的具体含义是：路由条目 172.16.4.0/24 处于被动状态，该条目有 1 个后继路由器，可行距离为 2172416，通告距离为 28160，下一跳地址为 172.16.24.2，本地出口为 S0/1/0。

（5）查看运行 IPv4 EIGRP 路由协议的接口的信息

R2#show ip eigrp interfaces							//查看运行 IPv4 EIGRP 路由协议的接口的信息
IP-EIGRP interfaces for **process 1**							//参与运行 EIGRP 进程 1 的接口
Interface	Peers	Xmit Queue Un/Reliable	Mean SRTT	Pacing Time Un/Reliable	Multicast Flow Timer	Pending Routes	
Se0/0/0	1	0/0	10	5/190	230	0	
Se0/0/1	1	0/0	10	5/190	234	0	
Se0/1/0	1	0/0	15	5/190	242	0	

以上输出表明路由器 R2 有 3 个接口运行 IPv4 EIGRP，需要注意的是此命令的输出结果不包含配置的被动接口，各字段的含义如下所述。

① Interface：运行 IPv4 EIGRP 协议的接口。
② Peers：接口的邻居的个数。
③ Xmit Queue Un/Reliable：在不可靠 / 可靠队列中存留的数据包的数量。
④ Mean SRTT：平均的往返时间，单位是毫秒。
⑤ Pacing Time Un/Reliable：用来确定不可靠 / 可靠队列中数据包被送出接口的时间间隔。
⑥ Multicast Flow Timer：组播数据包被发送前最长的等待时间，达到最长时间后，将从组播切换到单播。
⑦ Pending Routes：在传送队列中等待被发送的数据包携带的路由条目的数量。

（6）查看 IPv4 EIGRP 发送和接收到的数据包的统计情况

```
R2#show ip eigrp traffic
//查看 IPv4 EIGRP 发送和接收到的数据包的统计情况
IP-EIGRP Traffic Statistics for AS 1        //IPv4 EIGRP 进程 1 的数据包统计
    Hellos sent/received: 6179/6148         //发送和接收的 Hello 数据包的数量
    Updates sent/received: 15/15            //发送和接收的 Update 数据包的数量
    Queries sent/received: 4/1              //发送和接收的 Query 数据包的数量
    Replies sent/received: 1/4              //发送和接收的 Reply 数据包的数量
```

```
    Acks sent/received: 10/10                            //发送和接收的 ACK 数据包的数量
    SIA-Queries sent/received: 0/0                       //发送和接收的 SIA 查询数据包的数量
    SIA-Replies sent/received: 0/0                       //发送和接收的 SIA 应答数据包的数量
    Hello Process ID: 125                                //Hello 进程 ID
    PDM Process ID: 64                                   //PDM（协议独立模块）进程 ID
    Socket Queue:    0/10000/2/0 (current/max/highest/drops)      // IP Socket 队列情况
    Input Queue:     0/10000/2/0 (current/max/highest/drops)      // IPv4 EIGRP 输入队列情况
```

16.2.2　实验 2：配置高级 IPv4 EIGRP

1．实验目的

通过本实验可以掌握：

① IPv4 EIGRP 等价负载均衡的实现方法。
② IPv4 EIGRP 非等价负载均衡的实现方法。
③ 修改 IPv4 EIGRP 度量值的方法。
④ 可行距离（FD）、通告距离（RD）和可行性条件（FC）的深层含义。
⑤ IPv4 EIGRP 等价负载均衡和非等价负载均衡配置和调试方法。
⑥ IPv4 EIGRP 手工路由总结配置和调试方法。
⑦ IPv4 EIGRP 验证配置和调试方法。
⑧ 向 IPv4 EIGRP 网络中注入默认路由的方法。
⑨ **ip default-network** 命令使用方法。
⑩ 重分布静态默认路由到 IPv4 EIGRP 网络中的方法。

2．实验拓扑

配置高级 IPv4 EIGRP 的实验拓扑如图 16-7 所示。

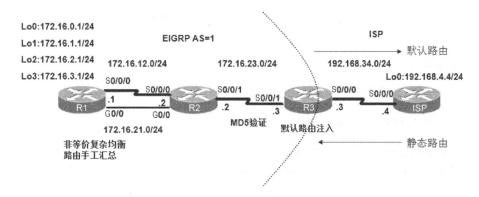

图 16-7　配置高级 IPv4 EIGRP 的实验拓扑

3．实验步骤

路由器 R1、R2 和 R3 之间运行 IPv4 EIGRP，路由器 R3 和 ISP 之间配置静态路由，通过在边界路由器 R3 上进行重分布配置，使得路由器 R1 和 R2 学习到一条 IPv4 EIGRP 的默认路由。同时在 R1 上对 4 条环回接口路由做 IPv4 EIGRP 路由手工总结。为了提高链路利用率，在 R1 和 R2 之间配置 IPv4 EIGRP 非等价负载均衡。为了增加安全性，在 R2 和 R3 的串行链路启上用 IPv4 EIGRP 的 MD5 验证。

（1）配置路由器 R1

```
R1(config)#router eigrp 1
R1(config-router)#eigrp router-id 1.1.1.1
R1(config-router)#variance 2                    //配置 variance 的值，用于实现非等价负载均衡
R1(config-router)#network 172.16.0.0 0.0.3.255
//配置环回接口 0～3 运行 IPv4 EIGRP
R1(config-router)#network 172.16.12.1 0.0.0.0
//通配符掩码全 0 表示精确激活运行 IPv4 EIGRP 的接口
R1(config-router)#network 172.16.21.1 0.0.0.0
R1(config-router)#passive-interface loopback 0   //配置 IPv4 EIGRP 被动接口
R1(config-router)#passive-interface loopback 1
R1(config-router)#passive-interface loopback 2
R1(config-router)#passive-interface loopback 3
R1(config-router)#exit
R1(config)#interface GigabitEthernet0/0
R1(config-if)#ip summary-address eigrp 1 172.16.0.0 255.255.252.0
 //配置 IPv4 EIGRP 手工路由总结
R1(config-if)#ip hello-interval eigrp 1 10       //配置 IPv4 EIGRP Hello 发送间隔
R1(config-if)#ip hold-time eigrp 1 30            //配置 IPv4 EIGRP Hold 时间
R1(config-if)#exit
R1(config)#interface Serial0/0/0
R1(config-if)#ip summary-address eigrp 1 172.16.0.0 255.255.252.0
```

【技术要点】

① 在手工配置路由总结时，仅当路由表中至少有一条该总结路由的明细路由时，总结路由才能被通告出去。

② 当被总结的明细路由全部 down 掉后，总结路由才自动从路由表里被删除，从而可以有效避免路由抖动。

（2）配置路由器 R2

```
R2(config)#router eigrp 1
R2(config-router)#eigrp router-id 2.2.2.2
R2(config-router)#variance 128
R2(config-router)#network 172.16.12.2 0.0.0.0
R2(config-router)#network 172.16.21.2 0.0.0.0
R2(config-router)#network 172.16.23.2 0.0.0.0
R2(config-router)#exit
R2(config)#key chain cisco                       //配置密钥链，名称本地有效
R2(config-keychain)#key 1                        //配置密钥 ID，范围为 1～2147483647
R2(config-keychain-key)#key-string cisco123      //配置密钥字符串
R2(config-keychain-key)#accept-lifetime 12:00:00 May 1 2018 12:00:00 May 31 2018
 //密钥链中的密钥可以被有效接收的时间
R2(config-keychain-key)#send-lifetime 12:00:00 May 1 2018 12:00:00 May 31 2018
 //密钥链中的密钥可以被有效发送的时间
R2(config-keychain-key)#exit
```

```
R2(config-keychain)#key 2
R2(config-keychain-key)#key-string cisco123
R2(config-keychain-key)#accept-lifetime 12:00:00 May 28 2018 infinite
R2(config-keychain-key)#send-lifetime 12:00:00 May 28 2018 infinite

R2(config)#interface Serial0/0/1
R2(config-if)#ip authentication mode eigrp 1 md5            //配置验证模式为 MD5
R2(config-if)#ip authentication key-chain eigrp 1 cisco     //在接口上调用密钥链
```

【技术要点】

① EIGRP 支持使用密钥链来管理密钥,在密钥链中,为了提高安全性,可以定义多个密钥,每个密钥还可以指定特定的存活时间。

② 在配置 IPv4 EIGRP 身份验证时,需要指定密钥 ID、密钥和密钥的存活期(可选,默认为 infinite),并使用第一个(基于密钥 ID)有效(根据寿命)的密钥进行验证。

③ 在非存活时间内,密钥将是不可用的。

④ 在密钥之间切换,不会中断 IPv4 EIGRP 操作。建议密钥的生存期彼此重叠,避免某一时刻没有存活的密钥。

⑤ 配置路由器时钟同步来确保所有路由器在同一时刻使用的密钥都是相同的,如 NTP。

⑥ 用命令 **show key chain** 来查看密钥链以及每个密钥的字符串和存活时间等。

```
R1#show key chain cisco
Key-chain cisco:
    key 1 -- text "cisco123"                                //key1 的密钥字符串
        accept lifetime (12:00:00 UTC May 1 2018) - (12:00:00 UTC May 31 2018) [valid now]
        send lifetime (12:00:00 UTC May 1 2018) - (12:00:00 UTC May 31 2018) [valid now]
//以上 2 行说明 key 1 是有效的,即处于存活期
    key 2 -- text "cisco123"
        accept lifetime (12:00:00 UTC May 28 2018) - (infinite)
        send lifetime (12:00:00 UTC May 28 2018) - (infinite)
//以上 2 行说明 key 2 是无效的,即处于非存活期
```

(3)配置路由器 R3

```
R3(config)#ip route 0.0.0.0 0.0.0.0 Serial0/0/0             //配置静态默认路由
R3(config)#router eigrp 1
R3(config-router)#eigrp router-id 3.3.3.3
R3(config-router)#redistribute static
R3(config-router)#network 172.16.23.3 0.0.0.0
R3(config-router)#exit
R3(config)#key chain cisco
R3(config-keychain)#key 1
R3(config-keychain-key)#key-string cisco123
R3(config-keychain-key)#accept-lifetime 12:00:00 May 1 2018 12:00:00 May 31 2018
R3(config-keychain-key)#send-lifetime 12:00:00 May 1 2018 12:00:00 May 31 2018
R3(config-keychain-key)#exit
R3(config-keychain)#key 2
R3(config-keychain-key)#key-string cisco123
R3(config-keychain-key)#accept-lifetime 12:00:00 May 28 2018 infinite
R3(config-keychain-key)#send-lifetime 12:00:00 May 28 2018 infinite
```

```
R3(config-keychain-key)#exit
R3(config-keychain)#exit
R3(config)#interface Serial0/0/1
R3(config-if)#ip authentication mode eigrp 1 md5
R3(config-if)#ip authentication key-chain eigrp 1 cisco
```

（4）配置路由器 ISP

```
ISP(config)#ip route 172.16.0.0 255.255.0.0 Serial0/0/0          //配置静态总结路由
```

4．实验调试

（1）查看路由表

```
show ip route                                                     //查看路由表
```

以下各命令的输出全部省略路由代码部分。

```
R1#show ip route eigrp                                            //查看 IPv4 EIGRP 路由表
Gateway of last resort is 172.16.21.2 to network 0.0.0.0          //默认路由的网关
D*EX  0.0.0.0/0    [170/2684416] via 172.16.21.2, 00:22:06, GigabitEthernet0/0
                   [170/3193856] via 172.16.12.2, 00:22:06, Serial0/0/0
```

//路由器 R1 的默认路由有 2 条路径，而且度量值不相同，即 EIGRP 的非等价负载均衡，该路由在 R3 上通过重分布进入 EIGRP 网络，所以路由代码为 **D*EX**，EX 表示 **external**，*表示默认，管理距离为 170

```
      172.16.0.0/16 is variably subnetted, 14 subnets, 3 masks
D     172.16.0.0/22 is a summary, 12:36:14, Null0
```

//在接口执行手工路由总结后，会在自己的路由表中产生一条指向 Null0 的 IPv4 EIGRP 路由，主要是为了防止路由环路，该路由条目的管理距离默认为 5

```
D     172.16.23.0/24 [90/2172416] via 172.16.21.2, 00:10:09, GigabitEthernet0/0
                     [90/2681856] via 172.16.12.2, 00:10:10, Serial0/0/0
```

//路由器 R1 到达 172.16.23.0/24 的网络有 2 条路径，而且是将度量值不相同的两条路径同时放入路由表中

进一步查看 172.16.23.0/24 路由的详细信息：

```
R1#show ip route 172.16.23.0 255.255.255.0
Routing entry for 172.16.23.0/24
Known via "eigrp 1", distance 90, metric 2172416, type internal
   //EIGRP 进程、管理距离、度量值和路由类型
Redistributing via eigrp 1                                        //通过 IPv4 EIGRP 进程 1 进入路由表
Last update from 172.16.12.2 on Serial0/0/0, 00:24:29 ago
//更新源地址、本地出接口以及离最近一次更新过的时间
Routing Descriptor Blocks:                                        //路由描述区
* 172.16.21.2, from 172.16.21.2, 00:24:35 ago, via GigabitEthernet0/0
    Route metric is 2172416, traffic share count is 120
    //路由条目度量值和流量分配比例
    Total delay is 20100 microseconds, minimum bandwidth is 1544 Kbit
    Reliability 255/255, minimum MTU 1500 bytes
    Loading 1/255, Hops 1
```

//以上 3 行显示总延时、最小带宽、可靠性、最小 MTU、负载和跳数，其中默认计算度量值采用带宽和延时计算

```
  172.16.12.2, from 172.16.12.2, 00:24:29 ago, via Serial0/0/0
    Route metric is 2681856, traffic share count is 97
    Total delay is 40000 microseconds, minimum bandwidth is 1544 Kbit
    Reliability 255/255, minimum MTU 1500 bytes
```

Loading 1/255, Hops 1

以上输出信息表明 2 条路由流量分担的比例为 120:97。

```
R2#show ip route eigrp
D*EX 0.0.0.0/0 [170/2681856] via 172.16.23.3, 00:00:21, Serial0/0/1
      172.16.0.0/16 is variably subnetted, 7 subnets, 3 masks
D        172.16.0.0/22 [90/156160] via 172.16.21.1, 00:00:17, GigabitEthernet0/0
                      [90/2297856] via 172.16.12.1, 00:00:11, Serial0/0/0
```
//在路由器 R2 上只收到 R1 上被总结的路由条目 **172.16.0.0/22**,没有收到明细路由（R1 的环回接口 0～3 所在网络）。手工路由总结时,可以对学到的 IPv4 EIGRP 路由进行总结,这和自动总结是不同的。总结后路由的度量值是以明细路由度量值中最小的为总结后的初始度量值的,两条路径的度量值相差将近 15 倍,因此如果要两条路由同时出现在路由表中,则 variance 的值至少配置为 15

```
R3#show ip route eigrp
      172.16.0.0/16 is variably subnetted, 5 subnets, 3 masks
D        172.16.0.0/22 [90/2300416] via 172.16.23.2, 00:05:10, Serial0/0/1
```
//路由器 R3 的路由表中也只收到 R1 手工总结的路由条目
```
D        172.16.12.0/24 [90/2681856] via 172.16.23.2, 00:05:11, Serial0/0/1
D        172.16.21.0/24 [90/2172416] via 172.16.23.2, 00:05:11, Serial0/0/1
```

（2）查看 IPv4 EIGRP 拓扑表

```
R1#show ip eigrp topology                          //查看 IPv4 EIGRP 拓扑表
IP-EIGRP Topology Table for AS 1/ID(1.1.1.1)       //IPv4 EIGRP 路由进程号码和路由器 ID
Codes: P - Passive, A - Active, U - Update, Q - Query, R - Reply, r - Reply status
P 172.16.2.0/24, 1 successors, FD is 128256
        via Connected, Loopback2                   //直连接口
P 172.16.0.0/22, 1 successors, FD is 128256
        via Summary (128256/0), Null0              //接口手工路由总结,出接口为 Null0, RD 为 0
P 172.16.0.0/24, 1 successors, FD is 128256
        via Connected, Loopback0
P 172.16.21.0/24, 1 successors, FD is 28160
        via Connected, GigabitEthernet0/0
P 172.16.3.0/24, 1 successors, FD is 128256
        via Connected, Loopback3
P 0.0.0.0/0, 2 successors, FD is 2684416
        via 172.16.12.2 (3193856/2681856), Serial0/0/0
        via 172.16.21.2 (2684416/2681856), GigabitEthernet0/0
```
//以上 3 行表明默认路由已经通过重分布进入 EIGRP 网络,有 2 个后继意味着 2 条路由都会进入路由表
```
P 172.16.12.0/24, 1 successors, FD is 2169856
        via Connected, Serial0/0/0
P 172.16.1.0/24, 1 successors, FD is 128256
        via Connected, Loopback1
P 172.16.23.0/24, 2 successors, FD is 2172416
        via 172.16.21.2 (2172416/2169856), GigabitEthernet0/0
        via 172.16.12.2 (2681856/2169856), Serial0/0/0
```
//从以上 3 行的输出中可以看到,第二条路径（选择 S0/0/0 接口）的 RD 为 **2169856**,而最优路由（选择 G0/0 接口）的 FD 为 **2172416**,**RD<FD**,满足可行性条件,所以第二条路径（选择 S0/0/0 接口）是最优路由（选择 G0/0 接口）的可行后继。因为 EIGRP 既支持等价负载均衡,也支持非等价负载均衡。EIGRP 的非等价负载均衡是通过 **variance** 命令来实现的。在前面路由器 R1 的配置中,配置了命令 **variance 2**,使得这两条路径在路由表中都可见和可用,上面 R1 的路由表已经验证了这一点

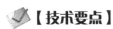【技术要点】

　　EIGRP 非等价负载均衡是通过 **variance** 命令实现的，**variance** 默认值是 1（即等价路径的负载均衡），variance 值的范围是 1~128。这个参数代表了可以接受的非等价路径的度量值的倍数，即任何路径的度量值如果小于最优路径的度量值乘以 Variance 的值，在这个范围内的路由（满足 FC 条件）都将被接受，并且被放入路由表中（前提是所有路由条目的数量≤EIGRP 支持负载均衡路径的默认最大条数）。

　　(3) 调试验证信息

　　通过 **debug eigrp packets** 命令调试在路由器 R2 和 R3 之间的串行链路的 IPv4 EIGRP 验证信息（下面的调试信息是在路由器 R3 上显示的）。

　　① 如果路由器 R2 的 S0/0/1 接口的验证配置正确，而路由器 R3 的接口没有起用验证，则出现下面的提示信息：

　　　　May　2 12:35:58.143: EIGRP: Serial0/0/1: ignored packet from 172.16.23.2, opcode = 5 **(authentication off)**　　　　//验证关闭

　　② 如果路由器 R2 的 S0/0/1 接口的验证配置正确，并且路由器 R3 的接口起用验证，但是没有调用钥匙链，则出现下面的提示信息：

　　　　May　2 12:37:30.387: EIGRP: Serial0/0/1: ignored packet from 172.16.23.2, opcode = 5 **(invalid authentication** or **key-chain missing)**　　　　//无效的验证或者钥匙链丢失

　　③ 如果路由器 R2 和 R3 的 S0/0/1 接口的验证配置正确，但是钥匙链的密匙不正确，则出现下面的提示信息：

　　　　May　2 12:39:48.095: EIGRP: pkt key id = 1, authentication mismatch　　　　//key1 验证不匹配
　　　　May　2 12:39:48.095: EIGRP: Serial0/0/1: ignored packet from 172.16.23.2, opcode = 5 **(invalid authentication)**　　　　//无效的验证

　　④ 如果路由器 R2 和 R3 的 S0/0/1 接口的验证配置正确，但是路由器 R3 没有配置钥匙链，则出现下面的提示信息：

　　　　May　2 12:41:49.935: EIGRP: interface Serial0/0/1, **No live authentication keys**
　　　　//没有存活的验证 key
　　　　May　2 12:41:49.935: EIGRP: Serial0/0/1: ignored packet from 172.16.23.2, opcode = 5 **(invalid authentication)**　　　　//无效的验证

　　⑤ 如果路由器 R2 和 R3 的 S0/0/1 接口的验证配置正确，但是双方的 key ID 配置不相同，比如 R2 用 key1，而 R3 用 key2，则出现下面的提示信息：

　　　　May　2 12:46:12.327: EIGRP: pkt authentication key id = 1, key not defined　　　　//key 没有定义
　　　　May　2 12:46:12.327: EIGRP: Se0/0/1: ignored packet from 172.16.23.2, opcode = 5 **(invalid authentication)**　　　　//无效的验证

　　(4) 向 IPv4 EIGRP 网络注入默认路由

　　通过 **ip default-network** 命令向 IPv4 EIGRP 网络注入默认路由，路由器 R3 的配置如下。

```
R3(config)#ip default-network 192.168.34.0
//由于网络地址后面没有子网掩码参数，所以此处必须为主类网络地址
R3(config)#router eigrp 1
R3(config-router)#no redistribute static
R3(config-router)#network 192.168.34.0
```

在路由器 R1、R2 和 R3 上查看路由表：

① R1#**show ip route eigrp**
    172.16.0.0/16 is variably subnetted, 14 subnets, 3 masks
D   172.16.0.0/22 is a summary, 01:08:41, Null0
D   172.16.23.0/24 [90/2172416] via 172.16.21.2, 01:23:10, GigabitEthernet0/0
                [90/2681856] via 172.16.12.2, 01:23:10, Serial0/0/0
D*   **192.168.34.0/24** [90/2684416] via 172.16.21.2, 00:00:07, GigabitEthernet0/0
                [90/3193856] via 172.16.12.2, 00:00:07, Serial0/0/0

② R2#**show ip route eigrp**
    172.16.0.0/16 is variably subnetted, 7 subnets, 3 masks
D   172.16.0.0/22   [90/156160] via 172.16.21.1, 01:09:55, GigabitEthernet0/0
                 [90/2297856] via 172.16.12.1, 01:09:50, Serial0/0/0
D*   **192.168.34.0/24** [90/2681856] via 172.16.23.3, 00:01:29, Serial0/0/1

以上①和②输出表明，在 R3 上执行 **ip default-network** 命令确实向 IPv4 EIGRP 网络中注入一条 D*的默认路由。

③ R3#**show ip route | include 192.168.34.0**
*   192.168.34.0/24 is variably subnetted, 2 subnets, 2 masks
C*   192.168.34.0/24 is directly connected, Serial0/0/0
//**ip default-network** 命令在本地路由器产生一条直连的*路由

以上①、②和③输出表明，通过重分布静态默认路由可以向 IPv4 EIGRP 网络注入默认路由，默认路由的表示方式是 **0.0.0.0**，路由代码为 **D*EX**，管理距离为 170；通过 **ip default-network** 命令也可以向 EIGRP 网络注入默认路由，默认路由的表示方式是 **D*192.168.34.0/24**，管理距离为 90，采用 2 种配置方法，路由器产生的默认路由的表示方式是不一样的。

16.2.3 实验 3：配置 IPv6 EIGRP

1. 实验目的

通过本实验可以掌握：
① 启用 IPv6 路由的方法。
② IPv6 EIGRP 基本配置和调试方法。
③ IPv6 EIGRP 验证配置方法。
④ IPv6 EIGRP 路由手工总结配置方法。

2. 实验拓扑

配置 IPv6 EIGRP 的实验拓扑如图 16-8 所示。

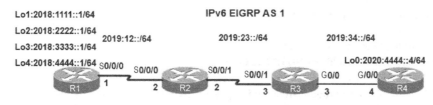

图 16-8　配置 IPv6 EIGRP

3. 实验步骤

本实验在路由器 R1 上手工总结 4 条环回接口前缀的路由，同时在路由器 R1 和 R2 之间的链路上配置 IPv6 EIGRP 的 MD5 验证，最后在路由器 R4 上重分布直连接口。

（1）配置路由器 R1

```
R1(config)#ipv6 unicast-routing                              //启用 IPv6 单播路由功能
R1(config)#key chain ccnp                                    //配置密钥链
R1(config-keychain)#key 1                                    //配置密钥 ID，无须连续
R1(config-keychain-key)#key-string cisco123                  //配置密钥字符串
R1(config-keychain-key)#exit
R1(config-keychain)#exit
R1(config)#ipv6 router eigrp 1                               //进入 IPv6 EIGRP 配置模式
R1(config-rtr)#eigrp router-id 1.1.1.1
//配置 IPv6 EIGRP 路由器 ID，必须显式配置
R1(config-rtr)#passive-interface Loopback1                   //配置被动接口
R1(config-rtr)#passive-interface Loopback2
R1(config-rtr)#passive-interface Loopback3
R1(config-rtr)#passive-interface Loopback4
R1(config-rtr)#no shutdown                                   //启动 IPv6 EIGRP 进程，默认已经开启
R1(config-rtr)#exit
R1(config)#interface range loopback 1 -4
R1(config-if-range)#ipv6 eigrp 1                             //在接口上启用 IPv6 EIGRP
R1(config-if-range)#exit
R1(config)#interface Serial0/0/0
R1(config-if)#ipv6 address 2019:12::1/64
R1(config-if)#ipv6 eigrp 1
R1(config-if)#ipv6 authentication mode eigrp 1 md5           //配置验证模式为 MD5
R1(config-if)#ipv6 authentication key-chain eigrp 1 ccnp     //在接口上调用密钥链
R1(config-if)#ipv6 summary-address eigrp 1 2018::/16
//接口上配置 IPv6 EIGRP 手工路由总结
R1(config-if)#no shutdown
```

（2）配置路由器 R2

```
R2(config)#ipv6 unicast-routing
R2(config)#key chain ccnp
R2(config-keychain)#key 1
R2(config-keychain-key)#key-string cisco123
R2(config-keychain-key)#exit
R2(config-keychain)#exit
R2(config)#ipv6 router eigrp 1
R2(config-rtr)#eigrp router-id 2.2.2.2
R2(config-rtr)#exit
R2(config)#interface Serial0/0/0
R2(config-if)#ipv6 address 2019:12::2/64
R2(config-if)#ipv6 eigrp 1
R2(config-if)#ipv6 authentication mode eigrp 1 md5
R2(config-if)#ipv6 authentication key-chain eigrp 1 ccnp
R2(config-if)#exit
R2(config)#interface Serial0/0/1
```

```
R2(config-if)#ipv6 address 2019:23::2/64
R2(config-if)#ipv6 eigrp 1
```

（3）配置路由器 R3

```
R3(config)#ipv6 unicast-routing
R3(config)#ipv6 router eigrp 1
R3(config-rtr)#eigrp router-id 3.3.3.3
R3(config-rtr)#exit
R3(config)#interface GigabitEthernet0/0
R3(config-if)#ipv6 address 2019:34::3/64
R3(config-if)#ipv6 eigrp 1
R3(config-if)#exit
R3(config)#interface Serial0/0/1
R3(config-if)#ipv6 address 2019:23::3/64
R3(config-if)#ipv6 eigrp 1
```

（4）配置路由器 R4

```
R4(config)#ipv6 unicast-routing
R4(config)#ipv6 router eigrp 1
R4(config-rtr)#eigrp router-id 4.4.4.4
R4(config-rtr)#redistribute connected metric 10000 100 255 1 1500
//将直连路由重分布到 IPv6 EIGRP 中并指定初始度量值计算参数
R4(config-rtr)#exit
R4(config)#interface Loopback0
R4(config-if)#ipv6 address 2020:4444::4/64
R4(config-if)#exit                       //注意，此接口不需要激活 IPv6 EIGRP
R4(config)#interface GigabitEthernet0/0
R4(config-if)#ipv6 address 2019:34::4/64
R4(config-if)#ipv6 eigrp 1
```

4．实验调试

（1）查看 IPv6 EIGRP 的路由

```
show ipv6 route eigrp                    //查看 IPv6 EIGRP 的路由
```
以下各命令的输出全部省略 IPv6 路由代码部分。

① R1#**show ipv6 route eigrp**
D   2018::/16 [5/128256]
        via Null0, directly connected   //IPv6 EIGRP 使用 Null0 接口来丢弃与总结网络路由条目匹配但与所有被总结子网前缀都不匹配的数据包，从而可以有效避免路由环路，该总结路由管理距离为 5
D   2019:23::/64 [90/2681856]
        via FE80::FA72:EAFF:FE69:1C78, Serial0/0/0
D   2019:34::/64 [90/2684416]
        via FE80::FA72:EAFF:FE69:1C78, Serial0/0/0
EX   2020:4444::/64 [170/2710016]
        via FE80::FA72:EAFF:FE69:1C78, Serial0/0/0

② R2#**show ipv6 route eigrp**
D   **2018::/16** [90/2297856]
        via FE80::FA72:EAFF:FED6:F4C8, Serial0/0/0
D   2019:34::/64 [90/2172416]

```
                    via FE80::FA72:EAFF:FE69:18B8, Serial0/0/1
          EX    2020:4444::/64 [170/2198016]
                    via FE80::FA72:EAFF:FE69:18B8, Serial0/0/1
      ③ R3#show ipv6 route eigrp
          D     2018::/16 [90/2809856]
                    via FE80::FA72:EAFF:FE69:1C78, Serial0/0/1
          D     2019:12::/64 [90/2681856]
                    via FE80::FA72:EAFF:FE69:1C78, Serial0/0/1
          EX    2020:4444::/64 [170/284160]
                    via FE80::FA72:EAFF:FEC8:4F98, GigabitEthernet0/0
      ④ R4#show ipv6 route eigrp
          D     2018::/16 [90/2812416]
                    via FE80::FA72:EAFF:FE69:18B8, GigabitEthernet0/0
          D     2019:12::/64 [90/2684416]
                    via FE80::FA72:EAFF:FE69:18B8, GigabitEthernet0/0
          D     2019:23::/64 [90/2172416]
                    via FE80::FA72:EAFF:FE69:18B8, GigabitEthernet0/0
```

以上①、②、③和④输出说明 IPv6 EIGRP 路由条目的下一跳是其 EIGRP 邻居的链路本地地址，同时 IPv6 EIGRP 也能够区分内部路由和外部路由，内部路由代码为 **D**，管理距离为 90；外部路由代码为 **EX**，管理距离为 170。

（2）查看 IPv6 EIGRP 的邻居信息

```
R2#show ipv6 eigrp neighbors                              //查看 IPv6 EIGRP 的邻居信息
IPv6-EIGRP neighbors for process 1                        //进程号为 1 的 IPv6 EIGRP 邻居
H   Address                    Interface       Hold Uptime    SRTT  RTO   Q    Seq
                                               (sec)          (ms)        Cnt  Num
1   Link-local address:        Se0/0/1         14   00:04:38  1037  5000  0    43
    FE80::FA72:EAFF:FE69:18B8
0   Link-local address:        Se0/0/0         14   00:06:21  23    1140  0    26
    FE80::FA72:EAFF:FED6:F4C8
```

以上输出表明路由器 R2 有 2 个 IPv6 EIGRP 邻居，邻居的地址用对方的链路本地地址表示。

（3）查看 IPv6 EIGRP 的拓扑表

```
R2#show ipv6 eigrp topology                              //查看 IPv6 EIGRP 的拓扑表
IPv6-EIGRP Topology Table for AS(1)/ID(2.2.2.2)          //进程号为 1 的 IPv6 EIGRP 拓扑表
Codes: P - Passive, A - Active, U - Update, Q - Query, R - Reply,
       r - reply Status, s - sia Status
P 2019:34::/64, 1 successors, FD is 2172416
        via FE80::FA72:EAFF:FE69:18B8 (2172416/28160), Serial0/0/1
P 2019:12::/64, 1 successors, FD is 2169856
        via Connected, Serial0/0/0
P 2020:4444::/64, 1 successors, FD is 2198016
        via FE80::FA72:EAFF:FE69:18B8 (2198016/284160), Serial0/0/1
P 2019:23::/64, 1 successors, FD is 2169856
        via Connected, Serial0/0/1
```

第 16 章　EIGRP

```
P 2018::/16, 1 successors, FD is 2297856
        via FE80::FA72:EAFF:FED6:F4C8 (2297856/128256), Serial0/0/0
```

以上输出显示路由器 **R2** 的 **IPv6 EIGRP** 的拓扑表信息，包括路由前缀的状态、后继路由器、可行距离、所有可行后继路由器及其通告距离、下一跳链路本地地址和出接口等信息。

（4）查看 IPv6 路由协议相关的信息

```
R1#show ipv6 protocols                             //查看 IPv6 路由协议相关的信息
IPv6 Routing Protocol is "connected"
IPv6 Routing Protocol is "application"
IPv6 Routing Protocol is "ND"
IPv6 Routing Protocol is "eigrp 1"                 //IPv6 EIGRP 进程 ID 为 1
  EIGRP metric weight K1=1, K2=0, K3=1, K4=0, K5=0 //计算度量值权重的因子，默认 K1=K3=0
Soft SIA disabled
NSF-aware route hold timer is 240
  Router-ID: 1.1.1.1                               //EIGRP 路由器 ID
  Topology: 0 (base)
    Active Timer: 3 min                            //SIA 计时器
    Distance: internal 90 external 170             //管理距离
    Maximum path: 16                               //支持等价或非等价负载均衡的路由条目
    Maximum hopcount 100                           //IPv6 EIGRP 最大跳数
    Maximum metric variance 1                     //variance 值为 1
  Interfaces:                                      //以下 5 行表示启用 IPv6 EIGRP 的接口
    Serial0/0/0
    Loopback1 (passive)                            //被动接口
    Loopback2 (passive)
    Loopback3 (passive)
    Loopback4 (passive)
  Redistribution:
    None                                           //没有重分布其他 IPv6 路由信息
  Address Summarization:
    2018::/16 for Se0/0/0                          //在接口上配置 IPv6 EIGRP 路由手工总结
      Summarizing with metric 128256               //IPv6 EIGRP 总结路由的初始度量值
    Maximum path: 16              //默认支持最大等价路径为 16 条，该值和 IOS 版本有关
    Distance: internal 90 external 170
//IPv6 EIGRP 的内部路由管理距离为 90，外部路由管理距离为 170
```

（5）查看 IPv6 EIGRP 发送和接收数据包统计情况

```
R2#show ipv6 eigrp traffic                 //查看 IPv6 EIGRP 发送和接收数据包统计情况
IPv6-EIGRP Traffic Statistics for AS 1
  Hellos sent/received: 489/474            //接收和发送的 Hello 数据包的数量
  Updates sent/received: 46/39
  Queries sent/received: 5/3
  Replies sent/received: 2/5
  Acks sent/received: 22/25
  SIA-Queries sent/received: 0/0
  SIA-Replies sent/received: 0/0
  Hello Process ID: 230                    //Hello 进程 ID
```

```
        PDM Process ID: 203                              //PDM 进程 ID
        Socket Queue: 0/10000/1/0 (current/max/highest/drops)
        Input Queue: 0/10000/1/0 (current/max/highest/drops)
```

（6）查看运行 IPv6 EIGRP 路由协议的接口的信息

```
R2#show ipv6 eigrp interfaces                    //查看运行 IPv6 EIGRP 路由协议的接口的信息
IPv6-EIGRP interfaces for process 1
                  Xmit Queue    Mean    Pacing Time    Multicast     Pending
Interface   Peers Un/Reliable   SRTT    Un/Reliable    Flow Timer    Routes
Se0/0/0       1      0/0         23        7/190          286           0
Se0/0/1       1      0/0        1037       7/190         6602           0
```

以上输出信息表明路由器 R2 有 2 个接口运行 IPv6 EIGRP。

第 17 章 OSPF

OSPF 路由协议是典型的链路状态路由协议,它克服了距离矢量路由协议依赖邻居进行路由决策的缺点,应用非常广泛。OSPF 是一种基于 SPF 算法的路由协议,1989 年,OSPFv1 规范在 RFC 1131 中发布,但是 OSPFv1 是一种实验性的路由协议,未获得实施。1991 年,OSPFv2 在 RFC 1247 中引入,到了 1998 年,OSPFv2 规范在 RFC 2328 中得以更新,也就是 OSPF 的现行 RFC 版本。1999 年,用于 IPv6 的 OSPFv3 在 RFC 2740 中发布。本章重点讨论 OSPF 特征、术语、数据包类型、网络类型、邻居关系建立、OSPF 运行步骤、OSPFv2 和 OSPFv3 的比较以及 OSPFv2 和 OSPFv3 配置。本章中提及的 OSPF 如果没有特殊说明均代表 OSPFv2。

17.1 OSPF 概述

17.1.1 OSPFv2 特征

OSPF(Open Shortest Path First,开放最短链路优先)作为一种内部网关协议(Interior Gateway Protocol,IGP),用于在同一个自治系统(AS)中的路由器之间交换路由信息,运行 OSPF 的路由器彼此交换并保存整个网络的链路状态信息,从而掌握整个网络的拓扑结构,并独立计算路由。OSPF 的特征如下所述。

① 收敛速度快,适应规模较大的网络。
② 是无类别的路由协议,支持不连续子网、VLSM 和 CIDR 以及手工路由总结。
③ 采用组播方式(224.0.0.5 或 224.0.0.6)更新,支持等价负载均衡。
④ 支持区域划分,构成结构化的网络,提供路由分级管理,从而使得 SPF 的计算频率更低,链路状态数据库和路由表更小,链路状态更新的开销更小,同时可以将不稳定的网络限制在特定的区域。
⑤ 支持简单口令和 MD5 验证。
⑥ 采用触发更新,无路由环路,并且可以使用路由标记(Tag)对外部路由进行跟踪,便于监控和控制。
⑦ OSPF 路由协议的管理距离是 110,OSPF 路由协议采用开销(Cost)作为度量标准。
⑧ OSPF 维护邻居表(邻接数据库)、拓扑表(链路状态数据库)和路由表(转发数据库)。
⑨ 为了确保 LSDB(链路状态数据库)同步,OSPF 每隔 30 分钟进行链路状态刷新。

17.1.2 OSPF 术语

① 链路(Link):路由器上的一个接口。
② 链路状态(Link State):有关各条链路的状态的信息,用来描述路由器接口及其与邻

居路由器的关系，这些信息包括接口的 IP 地址和子网掩码、网络类型、链路的开销以及链路上的所有相邻路由器信息。所有链路状态信息构成链路状态数据库。

③ 区域（Area）：共享链路状态信息的一组路由器。在同一个区域内的路由器有相同的 OSPF 链路状态数据库。

④ 自治系统（Autonomous System，AS）：采用同一种路由协议交换路由信息的路由器及其网络构成一个自治系统。

⑤ 链路状态通告（Link-State Advertisement，LSA）和链路状态更新（Link-State Update，LSU）：LSA 用来描述路由器和链路的状态，LSA 包括的信息有路由器接口的状态和所形成的邻接状态。而 LSU 可以包含一个或多个 LSA。

⑥ 最短路径优先（Shortest Path First，SPF）算法：是 OSPF 路由协议的基础。SPF 算法也被称为 Dijkstra 算法，这是因为最短路径优先算法（SPF）是 Dijkstra 发明的。OSPF 路由器利用 SPF 独立地计算出到达目标网络的最佳路由。

⑦ 邻居（Neighbor）关系：如果两台路由器共享一条公共数据链路，并且能够协商 Hello 数据包中所指定的某些参数，它们就形成邻居关系。

⑧ 邻接（Adjacency）关系：相互交换 LSA 的 OSPF 的邻居建立的关系，一般说，在点到点、点到多点的网络上邻居路由器都能形成邻接关系，而在广播多路访问（Broadcast Multiple Access，BMA）和非广播多路访问（Non-Broadcast Multiple Access，NBMA）网络上，要选举 DR 和 BDR，DR 和 BDR 路由器与所有的邻居路由器形成邻接关系，但是 DRother 路由器之间不能形成邻接关系，只形成邻居关系。

⑨ 指定路由器（Designated Router，DR）和备份指定路由器（Backup Designated Router，BDR）：为了避免路由器之间建立完全邻接关系而引起的大量开销，OSPF 要求在多路访问的网络中选举一个 DR，每个路由器都与之建立邻接关系。选举 DR 的同时也选举出一个 BDR，在 DR 失效时，BDR 担负起 DR 的职责，而且在同一个 BMA 网络中所有其他路由器只与 DR 和 BDR 建立邻接关系。

⑩ OSPF 路由器 ID：运行 OSPF 路由器的唯一标识，长度为 32 比特，格式和 IP 地址相同。

17.1.3 OSPFv2 数据包类型

每个 OSPF 数据包都具有 OSPF 数据包头部。OSPFv2 数据被封装到 IPv4 数据包中。在该 IPv4 数据包包头中，协议字段被设为 89，目的地址则被设为组播地址（224.0.0.5 或 224.0.0.6）或者单播地址。如果 OSPFv2 组播数据包被封装在以太网帧内，则目的 MAC 地址也是组播地址：01-00-5E-00-00-05 或 01-00-5E-00-00-06。

OSPFv2 数据包包括 5 种类型，每种数据包在 OSPFv2 路由过程中发挥各自的作用。

1．Hello 数据包

Hello 数据包用于与其他 OSPFv2 路由器建立和维持邻居关系，Hello 数据包的发送周期与 OSPF 网络类型有关。只有 Hello 数据包中的多个参数协商成功，才能形成 OSPFv2 的邻居关系。OSPFv2 Hello 数据包格式如图 17-1 所示，各字段的含义如下所述。

① 版本：OSPF 的版本号，IPv4 协议字段值为 2，IPv6 协议字段值为 3。

图 17-1　OSPFv2 Hello 数据包格式

② 类型：OSPFv2 数据包类型，Hello 数据包类型为 1。
③ 数据包长度：OSPFv2 数据包的长度，包括数据包头部的长度，单位为字节。
④ 路由器 ID：始发路由器的路由器 ID。
⑤ 区域 ID：始发数据包的路由器接口所在区域。
⑥ 校验和：对整个数据包的校验和。
⑦ 身份验证类型：验证类型包括 3 种，其中 0 表示不验证，1 表示简单口令验证，2 表示 MD5 验证。
⑧ 身份验证：数据包验证的必要信息，如果验证类型为 0，将不检查该字段；如果验证类型为 1，则该字段包含的是一个最长为 64 位的口令；如果验证类型为 2，则该字段包含 Key ID、验证数据的长度和一个不会减小的加密序列号（用来防止重放攻击）。这个摘要消息附加在 OSPFv2 数据包的尾部，不作为 OSPFv2 数据包本身的一部分。
⑨ 网络掩码：发送 OSPFv2 数据包接口的子网掩码。
⑩ Hello 间隔：连续 2 次发送 Hello 数据包之间的时间间隔，单位为秒。
⑪ 路由器优先级：用于 DR/BDR 选举，范围为 0~255。
⑫ 路由器 Dead 间隔：宣告邻居路由器无效之前等待的最长时间。
⑬ 指定路由器（DR）：DR 的路由器接口 IP 地址，如果没有，该字段为 0.0.0.0。
⑭ 备份指定路由器（BDR）：BDR 的路由器接口 IP 地址，如果没有，该字段为 0.0.0.0。
⑮ 邻居列表：列出建立邻居关系的相邻路由器的 OSPF 路由器 ID。

2．DBD（Database Description，数据库描述）

DBD（Database Description，数据库描述）包含发送方路由器的链路状态数据库的简略列表，接收方路由器使用本数据包与其本地链路状态数据库对比。在同一区域内的所有链路状态路由器的 LSDB 必须保持一致，以构建准确的 SPF 树。OSPFv2 DBD 数据包格式如图 17-2 所示，除了包头，各字段含义如下所述。

① 接口 MTU：在数据包不分段的情况下，路由器接口能发送的最大 IP 数据包的大小。
② I：初始位，发送的第一个 DBD 数据包 I 位置 1，后续的 DBD 数据包 I 位置 0。
③ M：后继位，最后一个 DBD 数据包，M 位置 0，其他 M 位置 1。

图 17-2 OSPFv2 DBD 数据包格式

④ MS：主从位，用于协商主 / 从路由器，置 1 表示主路由器，置 0 表示从路由器。

⑤ DD 序列号：在数据库同步过程中，用来确保路由器收到完整的 DBD 数据包，该序列号由主路由器在发送第一个 DBD 数据包时设置，后续数据包的序列号将依次增加。

⑥ LSA 头部：LSA 头部包含的信息，可以唯一地标识一个 LSA，OSPFv2 LSA 头部格式如图 17-3 所示，各字段含义如下所述。

图 17-3 OSPFv2 LSA 头部格式

- 老化时间：发送 LSA 后经历的时间，单位为秒；
- 类型：LSA 的类型；
- 链路状态 ID：标识 LSA，LSA 类型不同标识方法也不同；
- 通告路由器：始发 LSA 通告的路由器 ID；
- 序列号：每当 LSA 被更新时都加 1，可以帮助识别最新的 LSA；
- 校验和：除老化时间之外的 LSA 全部信息的校验和；
- 长度：LSA 头部和 LSA 数据的总长度。

3. LSR（Link-State Request，链路状态请求）

在 LSDB 同步过程中，路由器收到 DBD 数据包后，会查看自己的 LSDB 中不包括哪些 LSA，或者哪些 LSA 比自己的更新，然后把这些 LSA 记录在链路状态请求列表中，接着通过发送 LSR 数据包来请求 DBD 中任何 LSA 条目的详细信息。OSPFv2 LSR 数据包格式如

图 17-4 所示，除了包头，各字段的含义如下所述。

图 17-4　OSPFv2 LSR 数据包格式

① 链路状态类型：LSA 的类型。
② 链路状态 ID：标识 LSA，LSA 类型不同标识方法也不同。
③ 通告路由器：始发 LSA 通告的路由器，表现为该路由器的路由器 ID。

4．LSU（Link-State Update，链路状态更新）

LSU（Link-State Update，链路状态更新）用于回复 LSR 或通告新的 OSPFv2 更新。OSPFv2 LSU 数据包格式如图 17-5 所示，除了包头，各字段的含义如下所述。
① LSA 的数目：更新包中包含 LSA 的数量。
② LSAs：一个更新包中可以携带多个 LSA。

图 17-5　OSPFv2 LSU 数据包格式

5. LSACK（Link-State ACKnowledgement，链路状态确认）

路由器收到 LSU 后，会发送一个 LSACK 数据包来确认接收到了 LSU。OSPFv2 LSACK 数据包格式如图 17-6 所示。多个 LSA 可以通过单个 LSACK 来确认。

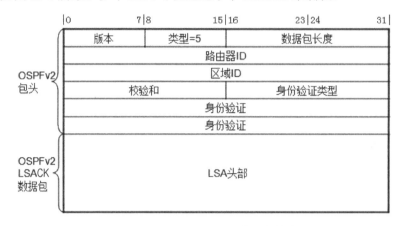

图 17-6　OSPFv2 LSACK 数据包格式

17.1.4　OSPF 网络类型

OSPF 路由协议为了能够适应二层网络环境，根据路由器所连接的物理网络不同通常将网络划分为 4 种类型：广播多路访问（Broadcast MultiAccess，BMA）、非广播多路访问（Non-Broadcast MultiAcces，NBMA）、点到点（Point-to-Point）、点到多点（Point-to-MultiPoint）。在每种网络类型中，OSPF 的运行方式不同，包括是否需要 DR 选举等，OSPF 网络类型如表 17-1 所示，表中对不同网络类型进行了比较。

表 17-1　OSPF 网络类型

网络类型	物理网络举例	选举 DR	Hello 间隔	Dead 间隔	邻居
广播多路访问	以太网	是	10 秒	40 秒	自动发现
非广播多路访问	帧中继	是	30 秒	120 秒	管理员配置
点到点	PPP、HDLC	否	10 秒	40 秒	自动发现
点到多点	管理员配置	否	30 秒	120 秒	自动发现

17.1.5　OSPF 邻居关系建立

在 OSPF 邻接关系建立的过程中，邻居关系的状态变化过程如下所述。

① Down：路由器没有检测到 OSPF 邻居发送的 Hello 数据包。

② Init：路由器从运行 OSPF 协议的接口收到一个 Hello 数据包，但是邻居列表中没有自己的路由器 ID。

③ Two-way：路由器收到的 Hello 数据包中的邻居列表中包含自己的路由器 ID。如果

所有其他需要的参数都匹配，则形成邻居关系。同时在多路访问的网络中将进行 DR 和 BDR 选举。

④ Exstart：确定路由器主、从角色和 DBD 的序列号。路由器 ID 高的路由器成为主路由器。

⑤ Exchange：路由器间交换 DBD。

⑥ Loading：每个路由器将收到的 DBD 与自己的链路状态数据库进行比对，然后为缺少、丢失或者过期的 LSA 发出 LSR。每个路由器使用 LSU 对邻居的 LSR 进行应答。路由器收到 LSU 后，将进行确认。确认可以通过显示确认或者隐式确认完成。收到确认后，路由器将从重传列表中删除相应的 LSA 条目。

⑦ Full：链路状态数据库得到同步，建立了完全的邻接关系。

17.1.6 OSPF 运行步骤

OSPF 的运行过程分为如下 5 个步骤。

1．建立邻居关系

所谓邻居关系是指 OSPF 路由器以交换路由信息为目的，在所选择的相邻路由器之间建立的一种关系。路由器首先发送拥有自身路由器 ID 信息的 Hello 包，与之相邻的路由器如果收到这个 Hello 数据包，就将这个数据包内的路由器 ID 信息加入到自己的 Hello 数据包内的邻居列表中。

如果路由器的某接口收到从其他路由器发送的含有自身路由器 ID 信息的 Hello 数据包，则它根据该接口所在网络类型确定是否可以建立邻接关系。在点对点网络中，路由器将直接和对端路由器建立起邻居关系，并且该路由器将直接进入到第三步操作。若为多路访问网络，该路由器将进入 DR 选举步骤。此过程完成后，路由器之间形成 Two-way 状态。

2．选举 DR/BDR

多路访问网络通常有多个路由器，在这种状况下，OSPF 需要建立起作为链路状态更新和 LSA 的中心节点，即 DR 和 BDR。DR 选举利用 Hello 数据包内的路由器 ID 和优先级（Priority）字段值来确定。优先级值最高的路由器成为 DR，优先级值次高的路由器成为 BDR。如果优先级相同，则路由器 ID 最高的路由器成为 DR。

3．发现路由器

路由器与路由器之间首先利用 Hello 数据包中的路由器 ID 信息确认主从关系，然后主、从路由器相互交换链路状态信息摘要。每个路由器对摘要信息进行分析比较，如果收到的信息有新内容，路由器将要求对方发送完整的链路状态信息。这个状态完成后，路由器之间建立完全邻接（Full Adjacency）关系。

4．选择适当的路由

当一个路由器拥有完整的链路状态数据库后，OSPF 路由器依据链路状态数据库的内容，独立地用 SPF 算法计算出到每一个目的网络的最优路径，并将路径存入路由表中。OSPF 利用量度（Cost）计算到目的网络的最优路径，Cost 最小者即为最优路径。

5. 维护路由信息

当链路状态发生变化时，OSPF 通过泛洪过程通告网络上其他路由器。OSPF 路由器接收到包含有新信息的链路状态更新数据包后，将更新自己的链路状态数据库，然后用 SPF 算法重新计算路由表。在重新计算过程中，路由器继续使用旧路由表，直到 SPF 完成新路由表计算。新链路状态信息将发送给其他路由器。值得注意的是，即使链路状态没有发生改变，OSPF 路由信息也会自动更新，默认时间为 30 分钟，称为链路状态刷新。

17.1.7 OSPFv2 和 OSPFv3 比较

OSPFv2 通过 IPv4 网络层运行，通告 IPv4 路由，OSPFv3 通过 IPv6 网络层运行，通告 IPv6 前缀，两者在路由器上独立运行，OSPFv2 和 OSPFv3 都独立维护自己的邻居表、拓扑表和路由表。OSPFv2 和 OSPFv3 有很多的相似点，同时也有一些差异，二者的相似点和差异如下所述。

1. OSPFv2 和 OSPFv3 之间的相似点

OSPFv3 在工作机制上与 OSPFv2 基本相同，二者的相似点如下所述。
① 都是无类链路状态路由协议。
② 都使用 SPF 算法作路由转发决定。
③ 度量值的计算方法相同，接口下的开销计算公式都是参考带宽 / 接口带宽。
④ 都支持区域分级管理，支持的区域类型也相同，包括骨干区域、标准区域、末节区域、完全末节区域和 NSSA 区域。
⑤ 基本数据包类型相同，包括 Hello、DBD、LSR、LSU 和 LSACK。
⑥ 邻居的发现和邻居关系的建立机制相同。
⑦ DR 和 BDR 的选举过程相同。
⑧ 路由器 ID 都和 IPv4 地址格式相同。
⑨ 路由器类型相同，包括内部路由器、骨干路由器、区域边界路由器和自治系统边界路由器。
⑩ 接口网络类型相同，包括点到点链路、点到多点链路、BMA 链路、NBMA 链路和虚拟链路。
⑪ LSA 的传播和老化机制相同。

2. OSPFv2 和 OSPFv3 之间的差异

为了支持在 IPv6 环境中运行，进行 IPv6 数据包的转发，OSPFv3 数据包包头格式如图 17-7 所示。

OSPFv3 对 OSPFv2 进行了一些必要的改进，OSPFv2 和 OSPFv3 的主要差异如表 17-2 所示。

图 17-7　OSPFv3 数据包包头格式

表 17-2　OSPFv2 和 OSPFv3 的主要差异

比　较　项	OSPFv2	OSPFv3
通告	IPv4 网络	IPv6 前缀
运行	基于网络	基于链路
源地址	接口 IPv4 地址	接口 IPv6 链路本地地址
目的地址	● 邻居接口单播 IPv4 地址 ● 组播 224.0.0.5 或 224.0.0.6 地址	● 邻居 IPv6 链路本地地址 ● 组播 FF02::5 或 FF02::6 地址
通告网络	路由模式下使用 **network** 命令或接口下使用 **ip ospf** *process-id* **area** *area-id*	接口下使用 **ipv6 ospf** *process-id* **area** *area-id*
IP 单播路由	IPv4 单播路由，路由器默认启用	IPv6 单播路由， 使用 **ipv6 unicast-routing** 命令启用
同一链路上运行多个实例	不支持	支持，通过 Instance ID 字段来实现
唯一标识邻居	取决于网络类型	通过 Router ID
验证	简单口令或 MD5	使用 IPv6 提供的安全机制来保证自身数据包的安全性
包头	● 版本为 2 ● 包头长度 24 字节 ● 含有验证字段	● 版本为 3 ● 包头长度 16 字节 ● 去掉了认证字段，增加了 Instance ID 字段 　OSPFv3 包头格式如 17-7 所示
LSA	有 Options 字段	取消 Options 字段，新增加了链路 LSA（类型 8）和区域内前缀 LSA（类型 9）

17.1.8　OSPF 路由器类型

当一个 AS 划分成几个 OSPF 区域时，根据一个路由器在相应区域的作用，可以将 OSPF 路由器进行如下分类，图 17-8 所示为 OSPF 路由器类型。

① 内部路由器：OSPF 路由器上所有直连的链路都处于同一个区域。

② 主干路由器：具有连接区域 0 接口的路由器。

③ 区域边界路由器（Area Border Router，ABR）：路由器与多个区域相连，对于连接的每个区域，路由器都有一个独立的链路状态数据库。Cisco 建议每台路由器所属区域最多不要

超过 3 个。

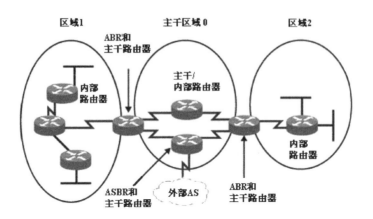

图 17-8　OSPF 路由器类型

④ 自治系统边界路由器（Autonomous System Boundary Router，ASBR）：与 AS 外部的路由器相连并互相交换路由信息的路由器。同一台路由器可能属于多种类型 OSPF 路由器，比如可能既是 ABR，同时又是 ASBR。

17.1.9　OSPFv2 LSA 类型

一台路由器中所有有效的 LSA 通告都被存放在它的链路状态数据库中，正确的 LSA 通告可以描述一个 OSPF 区域的网络拓扑结构。OSPFv2 中常见的 LSA 有 6 类，表 17-3 所示为 OSPFv2 LSA 类型及相应描述。

表 17-3　OSPFv2 LSA 类型及相应描述

类型代码	LSA 名称及路由代码	描　　述
1	路由器 LSA（O）	所有的 OSPF 路由器都会产生这种 LSA，用于描述路由器上连接到某一个区域的链路或是某一接口的状态信息。该 LSA 只会在区域内扩散，而不会扩散至其他的区域。链路状态 ID 为本路由器 ID。
2	网络 LSA（O）	由 DR 产生，用来描述一个多路访问网络和与之相连的所有路由器，只会在包含 DR 所属的多路访问网络的区域中扩散，不会扩散至其他的 OSPF 区域。链路状态 ID 为 DR 接口的 IP 地址。
3	网络汇总 LSA（O IA）	由 ABR 产生，它将一个区域内的网络通告给 OSPF 自治系统中的其他区域。这些条目通过主干区域被扩散到其他的 ABR。链路状态 ID 为目标网络的地址。
4	ASBR 汇总 LSA（O IA）	由 ABR 产生，描述到 ASBR 的可达性，由主干区域发送到其他 ABR。链路状态 ID 为 ASBR 路由器 ID。
5	外部 LSA（O E1 或 E2）	由 ASBR 产生，含有关于自治系统外的链路信息。链路状态 ID 为外部网络的地址。
7	NSSA 外部 LSA（O N1 或 N2）	由 ASBR 产生的关于 NSSA 的信息，可以在 NSSA 区域内扩散，ABR 可以将类型 7 的 LSA 转换为类型 5 的 LSA。链路状态 ID 为外部网络的地址。

17.1.10 OSPF 区域类型

OSPF 区域采用两级结构，一个区域所设置的特性控制着它所能接收到的链路状态信息的类型。区分不同 OSPF 区域类型的关键在于它们对区域外部路由的处理方式。OSPF 区域类型如下所述。

① 标准区域：可以接收链路更新信息、相同区域的路由、区域间路由以及外部 AS 的路由。标准区域通常与区域 0 连接。

② 主干区域：连接各个区域的中心实体，可以快速高效地传输 IP 数据包，其他的区域都要连接到该区域交换路由信息。主干区域也叫区域 0。

③ 末节区域（Stub Area）：不接收外部自治系统的路由信息。

④ 完全末节区域（Totally Stubby Area）：不接收外部自治系统的路由信息和自治系统内其他区域的路由汇总信息。完全末节区域是 Cisco 专有的特性。

⑤ 次末节区域（Not-So-Stubby Area，NSSA）：允许接收以 7 类 LSA 发送的外部路由信息，并且 ABR 要负责把类型 7 的 LSA 转换成类型 5 的 LSA。

17.2 配置单区域 OSPF

17.2.1 实验 1：配置单区域 OSPFv2

1. 实验目的

通过本实验可以掌握：

① 启动 OSPFv2 路由进程。
② 启用参与 OSPFv2 路由协议接口的方法。
③ OSPFv2 度量值（Cost）的计算方法。
④ 配置 OSPFv2 计时器参数的方法。
⑤ OSPFv2 计算度量值参考带宽。
⑥ 点到点链路上的 OSPFv2 的特征。
⑦ 广播多路访问链路上的 OSPFv2 的特征。
⑧ 修改 OSPFv2 接口优先级控制 DR 选举的方法。
⑨ 向 OSPFv2 网络注入默认路由的方法。
⑩ 查看和调试 OSPFv2 路由协议相关信息的方法。

2. 实验拓扑

配置单区域 OSPFv2 的实验拓扑如图 17-9 所示。

3. 实验步骤

（1）配置路由器 R1

```
R1(config)#ip route 0.0.0.0 0.0.0.0 Serial0/0/1    //配置到外网的静态默认路由
```

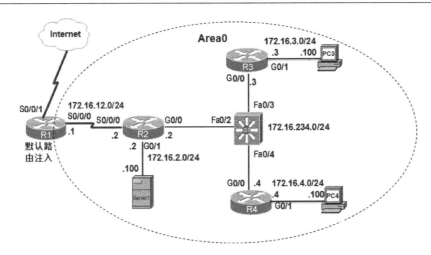

图 17-9 配置单区域 OSPFv2 的实验拓扑

```
R1(config)#router ospf 1                          //启动 OSPFv2 进程
R1(config-router)#router-id 1.1.1.1               //配置 OSPFv2 路由器 ID
R1(config-router)#auto-cost reference-bandwidth 1000
```
//修改 OSPFv2 计算度量值参考带宽，单位为 Mbps，默认为 100 Mbps，即 10^8。如果以太网接口的带宽单位是 Gbps，而采用默认参考带宽的单位是 Mbps，计算出来的 Cost 值是 0.1，这显然是不合理的。修改参考带宽要在所有的运行 OSPF 的路由器上配置，目的是确保计算度量值的参考标准一致。另外，当执行命令 **auto-cost reference- bandwidth** 的时候，系统也会提示如下信息：

```
% OSPF: Reference bandwidth is changed.           //参考带宽改变
        Please ensure reference bandwidth is consistent across all routers.
```
//请确保所有路由器的参考带宽一致

```
R1(config-router)#network 172.16.12.1 0.0.0.0 area 0
```
//配置参与 OSPFv2 的接口范围，匹配到该网络范围的路由器所有接口将激活 OSPFv2，通配符掩码越精确，激活接口的范围就越小。对于本实验而言，命令 **network 172.16.12.0 0.0.0.255 area 0** 的作用和命令 **network 172.16.12.1 0.0.0.0 area 0** 是一样的，只是前者的范围更大一些而已。在实际应用中，一般都用接口地址后跟通配符掩码 **0.0.0.0** 来精确匹配某一个接口地址

```
R1(config-router)#default-information originate   //向 OSPFv2 网络注入默认路由
R1(config)#interface serial0/0/0
R1(config-if)#ip ospf hello-interval 5            //修改接口 OSPFv2 Hello 数据包发送间隔
R1(config-if)#ip ospf dead-interval 20
```
//修改接口 OSPFv2 Dead 时间，默认为 Hello 数据包发送间隔 4 倍。第一次修改 Hello 间隔时，Dead 时间、Wait 时间自动跟着变化，反之不可以，建立 OSPFv2 邻居关系的路由器接口的计时器值必须相同，所以 R2 的 **S0/0/0** 接口也必须进行相应修改

【技术要点】

1）OSPFv2 确定路由器 ID 遵循如下顺序。

① 在 OSPFv2 进程中用命令 **router-id** 指定的路由器 ID 优先。用 **clear ip ospf process** 命令可以使配置的新路由器 ID 生效。路由器 ID 并不是 IP 地址，只是格式和 IP 地址相同，通过该命令指定的路由器 ID 可以是任何 IP 地址格式的标识（路由器 ID 不能为 **0.0.0.0**），而该标识不一定要求接口下必须配置这样的 IP 地址。

② 如果没有在 OSPFv2 进程中指定路由器 ID，那么选择 IP 地址最大的环回接口的 IP 地址作为路由器 ID。

③ 如果没有配置环回接口，就选择最大的活动的物理接口的 IP 地址作为路由器 ID。对于②和③，如果想配置的新路由器 ID 生效，比如配置了更大的环回接口的 IP 地址，可行的方式是保存配置后重启路由器，或者是删除 OSPFv2 配置，然后重新配置 OSPFv2。

④ 建议用命令 **router-id** 来指定路由器 ID，这样可控性比较好。其次建议采用环回接口的 IP 地址作为路由器 ID，因为环回接口比较稳定。

2）OSPFv2 路由进程 ID 的范围为 1～65535，而且只有本地含义，不同路由器的路由进程 ID 可以不同。

3）区域 ID 是 0～4294967295 的十进制数，也可以是 IP 地址的格式。当网络区域 ID 为 0 或 0.0.0.0 时称为主干区域。

4）在高版本的 IOS（如 IOS 15 以后）中使用 **network** 命令时，网络地址的后面可以跟通配符掩码，也可以跟网络掩码，IOS 系统会自动转换成通配符掩码。

5）路由器上任何匹配 **network** 命令中配置的网络地址范围的接口都将启用 OSPFv2，可发送和接收 OSPF 数据包，在高版本的 IOS 中，也可以在接口下通过命令 **ip ospf** *process-id* **area** *area-id* 来激活参与 OSPF 的接口。

6）向 OSPFv2 网络注入默认路由的命令 default-information originate [always] [cost *metric*] [metric-type *type*] 的各参数含义如下所述。

① **Always：** 无论路由表中是否存在默认路由，路由器都会向 OSPF 网络内注入一条默认路由。

② **Cost：** 指定初始度量值，默认为 20。

③ **Type：** 指定路由的类型是 O E1 或 O E2，默认为 O E2。

（2）配置路由器 R2

```
R2(config)#router ospf 1
R2(config-router)#router-id 2.2.2.2
R2(config-router)#log-adjacency-changes
//对 OSPFv2 邻居关系状态变化产生日志，是系统默认配置
R2(config-router)#auto-cost reference-bandwidth 1000
R2(config-router)#network 172.16.2.2 0.0.0.0 area 0
R2(config-router)#network 172.16.12.2 0.0.0.0 area 0
R2(config-router)#network 172.16.234.2 0.0.0.0 area 0
R2(config-router)#passive-interface gigabitEthernet0/1        //配置被动接口
R2(config-router)#exit
R2(config)#interface serial0/0/0
R2(config-if)#ip ospf hello-interval 5
R2(config-if)#ip ospf dead-interval 20
R2(config-if)#exit
R2(config)#interface gigabitEthernet0/0
R2(config-if)#ip ospf priority 20
//修改 OSPFv2 接口优先级，使得 R2 成为 DR，以太网接口优先级默认为 1
```

（3）配置路由器 R3

```
R3(config)#router ospf 1
R3(config-router)#router-id 3.3.3.3
R3(config-router)#auto-cost reference-bandwidth 1000
R3(config-router)#network 172.16.3.3 0.0.0.0 area 0
```

```
R3(config-router)#network 172.16.234.3 0.0.0.0 area 0
R3(config-router)#passive-interface gigabitEthernet0/1
R3(config-router)#exit
R3(config)#interface gigabitEthernet0/0
R3(config-if)#ip ospf priority 10              //修改 OSPFv2 接口优先级，使得 R3 成为 BDR
```

（4）配置路由器 R4

```
R4(config)#router ospf 1
R4(config-router)#router-id 4.4.4.4
R4(config-router)#auto-cost reference-bandwidth 1000
R4(config-router)#network 172.16.4.4 0.0.0.0 area 0
R4(config-router)#network 172.16.234.4 0.0.0.0 area 0
R4(config-router)#passive-interface gigabitEthernet0/1
```

4．实验调试

（1）查看 OSPFv2 邻居的基本信息

```
R2#show ip ospf neighbor     //查看 OSPFv2 邻居的基本信息
Neighbor ID     Pri    State           Dead Time   Address         Interface
3.3.3.3         10     FULL/BDR        00:00:36    172.16.234.3    GigabitEthernet0/0
4.4.4.4         1      FULL/ DROTHER   00:00:37    172.16.234.4    GigabitEthernet0/0
1.1.1.1         0      FULL/  -        00:00:16    172.16.12.1     Serial0/0/0
```

以上输出表明路由器 R2 有 3 个 OSPFv2 邻居，它们的路由器 ID 分别为 1.1.1.1、3.3.3.3 和 4.4.4.4，其他参数解释如下所述。

① Pri：邻居路由器接口的 OSPFv2 优先级

② State：当前邻居路由器的状态，其中 FULL 表示建立了邻接关系；BDR 表示在 G0/0 接口所在的网络中，路由器 R3 是 BDR；DROTHER 表示在 G0/0 接口所在的网络中，路由器 R4 是 DROTHER，从而可以清楚地知道路由器 R2 在 G0/0 接口所在的网络中是 DR；"-" 表示点到点的链路上 OSPF 不进行 DR 和 BDR 选举

③ Dead Time：重置 OSPFv2 邻居关系前等待的最长时间

④ Address：邻居接口的 IPv4 地址

⑤ Interface：路由器自己和邻居路由器相连的接口

【技术要点 1】

在路由器 R1 上将 S0/0/0 接口关闭（**shutdown** 命令），然后再开启（**no shutdown** 命令），通过 **debug** 命令查看 R1 和 R2 OSPF 邻接关系建立过程的详细信息如下：

```
R1#debug ip ospf adj
*Apr 29 02:44:22.335: OSPF-1 ADJ    Se0/0/0: Route adjust notification: UP/UP
//路由调整通知
*Apr 29 02:44:22.335: OSPF-1 ADJ    Se0/0/0: Interface going Up              //接口变为 UP
*Apr 29 02:44:22.335: OSPF-1 ADJ    Se0/0/0: Interface state change to UP, new ospf state P2P
//接口状态变为 UP，新的 OSPF 状态为点到点
*Apr 29 02:44:22.335: OSPF-1 ADJ    Se0/0/0: 2 Way Communication to 2.2.2.2, state 2WAY
//邻居关系进入 2WAY 状态，即双向状态，表明 R1 从 R2 收到的 Hello 数据包的邻居列表中已经看到自己路由器 ID
*Apr 29 02:44:22.335: OSPF-1 ADJ    Se0/0/0: Nbr 2.2.2.2: Prepare dbase exchange
```

第 17 章　OSPF

//和邻居路由器 R2 准备交换数据库
　　*Apr 29 02:44:22.335: OSPF-1 ADJ　　　Se0/0/0: **Send DBD to** 2.2.2.2 seq 0x1953 opt 0x52 **flag 0x7** len 32
　　*Apr 29 02:44:22.335: OSPF-1 ADJ　　　Se0/0/0: **Rcv DBD from** 2.2.2.2 seq 0xF26 opt 0x52 **flag 0x7** len 32　mtu 1500 state **EXSTART**
　　*Apr 29 02:44:22.335: OSPF-1 ADJ　　　Se0/0/0: **NBR Negotiation** Done. We are the **SLAVE**
//以上 4 行表示 R1 和 R2 通过 First DBD 发送和接收确定了主、从角色，本路由器为从路由器，由于是 First DBD 数据包，所有 flag 的值为 7，表示 I、M、MS 位都为 1
　　*Apr 29 02:44:22.335: OSPF-1 ADJ　　　Se0/0/0: Nbr 2.2.2.2: **Summary list built**, size 6
//构建 LSDB 摘要列表
　　*Apr 29 02:44:22.335: OSPF-1 ADJ　　　Se0/0/0: **Send DBD to** 2.2.2.2 seq **0xF26** opt 0x52 flag 0x2 len 152
//以上 2 行表示 R1 发送 DBD 数据包，注意序列号是从主路由器 R2 继承的 **0xF26**，而不是从路由器 R1 的序列号 **0x1953**
　　*Apr 29 02:44:22.339: OSPF-1 ADJ　　　Se0/0/0: **Rcv DBD from** 2.2.2.2 seq 0xF27 opt 0x52 flag 0x1 len 72　mtu 1500 state **EXCHANGE**
//R1 收到主路由器发送的 DBD 数据包，主路由器 R2 负责将序列号加 1，即 **0xF27**
　　*Apr 29 02:44:22.339: OSPF-1 ADJ　　　Se0/0/0: **Send DBD** to 2.2.2.2 seq 0xF27 opt 0x52 flag **0x0** len 32
//R1 向主路由器发送 DBD 数据包，从路由器 R1 保持原有从主路由器 R2 收到的序列号，即 **0xF27**，这个过程可以理解为 OSPF 的隐式确认，flag 为 0 表示没有后续的 DBD 数据包要发送
　　*Apr 29 02:44:22.339: OSPF-1 ADJ　　　Se0/0/0: **Exchange Done** with 2.2.2.2
// R1 和 R2 的 LSDB 摘要信息交换过程完成
　　*Apr 29 02:44:22.339: OSPF-1 ADJ　　　Se0/0/0: **Send LS REQ** to 2.2.2.2 length 36
//路由器 R1 向路由器 R2 发送 LSR，请求详细的 LSA 信息
　　*Apr 29 02:44:22.339: OSPF-1 ADJ　　　Se0/0/0: **Rcv LS UPD** from Nbr ID 2.2.2.2 length 64 LSA count 1
//收到 R2 发送的 LSU，LSA 数量为 1
　　*Apr 29 02:44:22.339: OSPF-1 ADJ　　　Se0/0/0: **Synchronized** with 2.2.2.2, state **FULL**
　　*Apr 29 02:44:22.339: %OSPF-5-ADJCHG: Process 1, Nbr 2.2.2.2 on Serial0/0/0 from **LOADING to FULL, Loading Done**
//以上 2 行表明 R1 同 R2 的 LSDB 完成同步，达到 FULL 状态，形成邻接关系
　　*Apr 29 02:44:22.339: OSPF-1 ADJ　　　Se0/0/0: **Rcv LS REQ** from 2.2.2.2 length 36 LSA count 1
　　*Apr 29 02:44:42.339: OSPF-1 ADJ　　　Se0/0/0: Nbr 2.2.2.2: **Clean-up** dbase exchange
//以上 2 行表明从路由器 R2 收到 LSR，由于之前路由器 R2 已经有了 R1 的 LSA 信息（在 R2 上通过 **show ip ospf database** 命令查看），而且没有老化，所以清除这个数据库交换信息

【技术要点 2】

关于 DR 选举的细节如下所述。
1）在多路访问网络中，DROTHER 路由器只与 DR 和 BDR 建立邻接关系，DROTHER 路由器之间只建立邻居关系，通过命令 **show ip ospf interface** 查看运行 OSPF 接口的详细信息，如下所示。

　　R2#**show ip ospf interface gigabitEthernet0/0**
　　GigabitEthernet0/0 is **up**, line protocol is **up**　　　　　　//接口状态为 up
　　　Internet Address 172.16.234.2/24, **Area** 0, Attached via Network Statement
//接口地址、掩码、所在区域以及接口激活 OSPF 的方式，接口激活 OSPF 的方式包括以下 2 种：
① 在路由模式下通过 network 命令激活该接口，显示为 **Attached via Network Statement**
② 在接口模式下通过 ip ospf 1 area 0 命令激活该接口，显示为 **Attached via Interface Enable**
　　　Process ID 1, **Router ID** 2.2.2.2, **Network Type** BROADCAST, **Cost:** 10
//OSPF 进程 ID、路由器 ID、网络类型和接口开销值

```
                Topology-MTID     Cost    Disabled    Shutdown      Topology Name
                      0            10        no          no              Base
         //以上 2 行显示 OSPF 多拓扑路由的信息，包括多拓扑 ID 和名称等信息
         Transmit Delay is 1 sec, State DR, Priority 20
         //传输延时为 1 秒（可通过命令 ip ospf transmit-delay 命令修改）、接口状态为 DR，接口优先级
为 20
         Designated Router (ID) 2.2.2.2, Interface address 172.16.234.2
         //DR 的路由器 ID 及接口地址
         Backup Designated router (ID) 3.3.3.3, Interface address 172.16.234.3
         //BDR 的路由器 ID 及接口地址
         Timer intervals configured, Hello 10, Dead 40, Wait 40, Retransmit 5
         //Hello 发送周期、Dead 时间和 Wait 时间及重传时间。其中 Wait 表示在选举 DR 和 BDR 之前等
待邻居路由器 Hello 数据包的最长时间；Retransmit 表示在没有得到确认的情况下，重传 OSPF 数据包等待
的时间，默认为 5 秒，可以通过 ip ospf retransmit-interval 命令来修改
           oob-resync timeout 40              //oob（Out-of-band）同步超时时间
           Hello due in 00:00:03              //距离下一个 Hello 数据包到达的时间
         （此处省略部分输出）
         Neighbor Count is 2, Adjacent neighbor count is 2
         //R2 是 DR，有 2 个邻居，并且与 2 个邻居全部形成邻接关系
           Adjacent with neighbor 3.3.3.3   (Backup Designated Router)    //与 BDR 形成邻接关系
           Adjacent with neighbor 4.4.4.4                        //与 DROTHER 形成邻接关系
           Suppress hello for 0 neighbor(s)                      //接口没有抑制 Hello 数据包
```

2）DR 和 BDR 有自己的组播地址 **224.0.0.6**。

3）DR 和 BDR 的选举是以独立的网络为基础的，也就是说 DR 和 BDR 选举是一个路由器的接口特性，而不是整个路由器的特性。例如，1 台路由器可以是某个多路访问网络的 DR，也可以是另外多路访问网络的 BDR。

4）DR 选举的原则：首要因素是时间，该时间就是启用 OSPF 路由协议接口下的 **Wait** 时间。如果通过命令 **ip ospf hello-interval** 调整 Hello 间隔，或者通过命令 **ip ospf dead-interval** 调整 **Dead** 时间，**Wait** 时间都会跟着自动调整。这是等待 DR 选举进行的最长时间，过了该时间，将开始 DR 选举过程。其次，如果在 **Wait** 时间内网络内所有接口都加入 OSPF 进程，或者重新选举，则比较接口优先级（范围为 0～255），优先级最高的路由器被选举成 DR，默认情况下，多路访问网络的接口优先级为 1，点到点网络接口优先级为 0，修改接口优先级的命令是 **ip ospf priority** *priority*。如果接口的优先级被配置为 0，那么该接口将不参与 DR 选举。如果接口优先级相同，最后比较路由器 ID，路由器 ID 最高的路由器被选举成 DR。

5）DR 选举是非抢占的，但下列情况可以重新选举 DR。

① 路由器重新启动或者删除 OSPF 配置，然后再重新配置 OSPF 进程。

② 参与选举的路由器执行 **clear ip ospf process** 命令。

③ DR 出现故障。

④ 将 OSPF 接口的优先级设置为 0。

6）仅当 DR 出现故障，BDR 才会接管 DR 的任务，然后选举新的 BDR；如果 BDR 出现故障，将选举新的 BDR。所以大家经常说的 DR 选举实际先选举的是 BDR，然后把 BDR 提升为 DR，接着再选出新的 BDR。所以在一个需要选举 DR 的网络中不可能出现有 BDR 而没有 DR 的情况；但是，一个网络有 DR，没有 BDR 是可能的。

【技术要点3】

与基于目的地址路由和基于策略路由方案不同,多拓扑路由(Multi-topology Routing, MTR)根据流量类型动态选择路由,其最大的特点是能够将不同的流量(如语音流量)分开,使它们在不同的拓扑中根据本拓扑的网络结构独立进行选路和转发。多拓扑路由并不改变网络原有物理拓扑,而是在原有物理拓扑上划分多个逻辑子拓扑,这样可以给某些对链路质量敏感的业务流量划分出专门的网络通道,每个业务独立地进行路径选择和路由转发,防止因网络流量过大对某些业务造成影响。多拓扑路由知识已经超过本书的范围,更多的信息请读者参考 Cisco 官网相关信息,链接地址如下:

http://www.cisco.com/c/en/us/td/docs/ios/12_2sr/12_2srb/feature/guide/srmtrdoc.html#wp1054132

http://www.cisco.com/c/en/us/td/docs/ios/12_2sr/12_2srb/feature/guide/srmtrdoc.html

可以通过命令 show ip ospf 1 topology-info topology base 查看多拓扑路由具体信息。

【技术要点4】

OSPF 邻居关系建立非常复杂,受到多种因素的限制,不能建立邻居关系的常见原因有:
① Hello 间隔或 Dead 时间不同。同一链路上的 Hello 间隔和 Dead 间隔必须相同才能建立邻居关系。
② 建立 OSPF 邻居关系的两个接口所在区域 ID 不同。
③ 特殊区域(如 STUB、NSSA 等)的区域类型不匹配。
④ 身份验证类型或验证信息不一致。
⑤ 建立 OSPF 邻居关系的路由器 ID 相同。
⑥ 接口下应用了拒绝 OSPF 数据包的 ACL,如 **access-list 100 deny ospf any any**。
⑦ 链路上的 MTU 不匹配,可以通过命令 **ip ospf mtu-ignore** 忽略 MTU 检测。
⑧ 多路访问网络中,接口的子网掩码不同。

(2)查看 IP 路由协议配置和统计信息

```
R2#show ip protocols | begin Routing Protocol is "ospf 1"
//查看 IP 路由协议配置和统计信息
Routing Protocol is "ospf 1"          //当前路由器运行的 OSPFv2 进程 ID
  Outgoing update filter list for all interfaces is not set
  Incoming update filter list for all interfaces is not set
//以上 2 行表明入方向和出方向都没有配置分布列表
  Router ID 2.2.2.2                    //OSPF 路由器 ID
  Number of areas in this router is 1. 1 normal 0 stub 0 nssa
//本路由器接口所属的区域数量和区域类型
  Maximum path: 4          //默认支持等价路径数目,最大为 32 条(IOS 15.7,路由器为 2911)
  Routing for Networks:
    172.16.2.2 0.0.0.0 area 0
    172.16.12.1 0.0.0.0 area 0
    172.16.234.2 0.0.0.0 area 0
//以上 4 行表明通过 network 命令激活 OSPFv2 进程的接口匹配的范围及所在的区域
  Passive Interface(s):
```

```
    GigabitEthernet0/1
//以上 2 行表示 OSPFv2 中配置的被动接口
    Routing Information Sources:
    Gateway         Distance        Last Update
    3.3.3.3         110             03:45:36
    4.4.4.4         110             03:45:11
    1.1.1.1         110             03:34:49
//以上 5 行表明 OSPFv2 路由信息源，管理距离和最后一次更新时间
    Distance: (default is 110)      //OSPFv2 路由协议默认的管理距离为 110
```

（3）查看相关信息

```
    R2#show ip ospf                 //查看 OSPFv2 进程 ID、路由器 ID、OSPFv2 区域信息、OSPFv2 进程
启动和持续时间，以及 SPF 算法执行次数等
    Routing Process "ospf 1" with ID 2.2.2.2    //OSPFv2 路由进程 ID 和路由器 ID
     Start time: 02:08:33.472, Time elapsed: 04:26:14.164  //OSPF 进程启动时间和持续的时间
     Supports only single TOS(TOS0) routes      //只支持简单 TOS 路由
     Supports opaque LSA                        //支持不透明 LSA
     Supports Link-local Signaling (LLS)        //支持链路本地信令
     Supports area transit capability           //支持区域传输能力
     Supports NSSA (compatible with RFC 3101)   //支持 NSSA（Not-So-Stubby Area）
     Supports Database Exchange Summary List Optimization (RFC 5243)
//支持 OSPF 数据库交换汇总列表优化
     Event-log enabled, Maximum number of events: 1000, Mode: cyclic
//启用事件日志功能，事件最大数量为 1000，模式为循环方式
     Router is not originating router-LSAs with maximum metric
     Initial SPF schedule delay 5000 msecs      //初始 SPF 运算计划延时
     Minimum hold time between two consecutive SPFs 10000 msecs
//防止路由器持续运行 SPF 算法的保留时间
     Maximum wait time between two consecutive SPFs 10000 msecs
//路由器运行完一次 SPF 算法后，等待 10 秒才再次运行该算法
     (此处省略部分输出)
     Reference bandwidth unit is 1000 mbps      //计算 OSPFv2 接口开销的参考带宽
        Area BACKBONE(0)                        //主干区域
            Number of interfaces in this area is 3   //区域 0 运行 OSPFv2 的接口的数量
            Area has no authentication          //区域没有启用验证
            SPF algorithm last executed 02:45:39.652 ago  //距离上次运行 SPF 的时间
            SPF algorithm executed 7 times      //SPF 算法运行的次数
            Area ranges are                     //区域间路由汇总
            (此处省略部分输出)
```

（4）查看运行 OSPFv2 接口的信息摘要

```
    R2#show ip ospf interface brief             //查看运行 OSPFv2 接口的信息摘要
    Interface   PID    Area    IP Address/Mask     Cost    State   Nbrs F/C
    Gi0/1       1      0       172.16.2.2/24       10      DR      0/0
    Se0/0/0     1      0       172.16.12.2/24      647     P2P     1/1
    Gi0/0       1      0       172.16.234.2/24     10      DR      2/2
```

以上输出显示运行 OSPFv2 接口的名字、进程 ID、接口所在区域、接口地址和掩码、接口 Cost 值、状态、邻居和邻接的数量。注意 G0/1 所在接口没有 OSPF 邻居，自己成为 DR 的角色。

第 17 章　OSPF

（5）查看 OSPFv2 链路状态数据库的信息

```
R2#show ip ospf database                //查看 OSPFv2 链路状态数据库的信息
     OSPF Router with ID (2.2.2.2) (Process ID 1)    //OSPF 路由器 ID 和进程 ID
           Router Link States (Area 0)              //类型 1 的 LSA
Link ID      ADV Router      Age      Seq#          Checksum     Link count
1.1.1.1      1.1.1.1         1710     0x8000000D    0x00CB95     2
2.2.2.2      2.2.2.2         1709     0x80000011    0x0005E8     4
3.3.3.3      3.3.3.3         1095     0x8000000E    0x003C9A     2
4.4.4.4      4.4.4.4         899      0x8000000F    0x0011BA     2
            Net Link States (Area 0)               //类型 2 的 LSA
Link ID         ADV Router      Age       Seq#          Checksum
172.16.234.2    2.2.2.2         1135      0x8000000A    0x008BCB
//172.16.234.2 是 DR 路由器接口的 IP 地址
          Type-5 AS External Link States           //类型 5 的 LSA
Link ID       ADV Router      Age      Seq#          Checksum     Tag
0.0.0.0       1.1.1.1         826      0x8000000A    0x000B9A     1
```

以上输出是 R2 的区域 0 的链路状态数据库的信息，如果在 R1、R3 和 R4 上也查看 OSPF 链路状态数据库，会发现 R1～R4 的链路状态数据库是相同的。以上在输出中，标题行的含义解释如下所述。

① Link ID：标识每个 LSA

② ADV Router：通告链路状态信息的路由器 ID

③ Age：老化时间，范围是 0～60 分钟，老化时间达到 60 分钟的 LSA 条目将被从 LSDB 中删除

④ Seq#：序列号，范围为 0x80000001～0x7fffffff，序列号越大，LSA 越新。为了确保 LSDB 同步，OSPF 每隔 30 分钟进行链路状态刷新，序列号会自动加 1，刷新信息如下所示：

```
00:55:59: OSPF: Build router LSA for area 0, router ID 2.2.2.2, seq 0x80000007, process 1
01:29:33: OSPF: Build router LSA for area 0, router ID 2.2.2.2, seq 0x80000008, process 1
02:02:55: OSPF: Build router LSA for area 0, router ID 2.2.2.2, seq 0x80000009, process 1
```

⑤ Checksum：校验和，计算除 Age 字段以外的所有字段，LSA 存放在 LSDB 中，每 5 分钟进行一次校验，以确保该 LSA 没有损坏

⑥ Link count：通告路由器在本区域内的链路数目

⑦ Tag：外部路由的标识，默认为 1

（6）查看路由表中 OSPFv2 路由

```
show ip route ospf                      //查看路由表中 OSPFv2 路由
```

以下输出全部省略路由代码部分。

① R1#show ip route ospf
```
     172.16.0.0/16 is variably subnetted, 2 subnets, 2 masks
O       172.16.2.0/24 [110/657] via 172.16.12.2, 00:37:01, Serial0/0/0
O       172.16.3.0/24 [110/667] via 172.16.12.2, 00:37:01, Serial0/0/0
O       172.16.4.0/24 [110/667] via 172.16.12.2, 00:37:01, Serial0/0/0
O       172.16.234.0/24 [110/657] via 172.16.12.2, 00:37:01, Serial0/0/0
```
② R2#show ip route ospf
```
Gateway of last resort is 172.16.12.1 to network 0.0.0.0
O*E2   0.0.0.0/0 [110/1] via 172.16.12.1, 00:39:25, Serial0/0/0      //默认路由
       172.16.0.0/16 is variably subnetted, 8 subnets, 2 masks
```

```
O       172.16.3.0/24 [110/20] via 172.16.234.3, 04:56:11, GigabitEthernet0/0
O       172.16.4.0/24 [110/20] via 172.16.234.4, 04:55:46, GigabitEthernet0/0
```
③ R3#**show ip route ospf**
```
Gateway of last resort is 172.16.234.2 to network 0.0.0.0
O*E2    0.0.0.0/0 [110/1] via 172.16.234.2, 00:40:27, GigabitEthernet0/0
        172.16.0.0/16 is variably subnetted, 7 subnets, 2 masks
O       172.16.2.0/24 [110/20]   via 172.16.234.2, 04:56:46, GigabitEthernet0/0
O       172.16.4.0/24    [110/20] via 172.16.234.4, 04:56:46, GigabitEthernet0/0
O       172.16.12.0/24 [110/657] via 172.16.234.2, 00:40:27, GigabitEthernet0/0
```
④ R4#**show ip route ospf**
```
Gateway of last resort is 172.16.234.2 to network 0.0.0.0
O*E2    0.0.0.0/0 [110/1] via 172.16.234.2, 00:42:29, GigabitEthernet0/0
        172.16.0.0/16 is variably subnetted, 7 subnets, 2 masks
O       172.16.2.0/24 [110/20]   via 172.16.234.2, 04:58:49, GigabitEthernet0/0
O       172.16.3.0/24    [110/20] via 172.16.234.3, 04:58:49, GigabitEthernet0/0
O       172.16.12.0/24 [110/657] via 172.16.234.2, 00:42:29, GigabitEthernet0/0
```

以上①、②、③和④输出结果表明 OSPFv2 路由协议的管理距离是 **110**,同一个区域内通过 OSPF 路由协议学到的路由条目用代码 **O** 表示。路由器 R2、R3 和 R4 的路由表的输出表明,在 R1 上通过命令 **default-information originate** 确实可以向 OSPFv2 网络注入 1 条默认路由,路由类型为 **O E2**,默认度量值为 **1**。OSPFv2 接口 Cost 值计算公式为 10^9/接口带宽(bps),然后取整,而路由的度量值计算是路由传递方向的所有链路入口的 Cost 之和,环回接口的 Cost 值默认为 1。路由器 R4 路由条目 **172.16.12.0/24** 的度量值为 **657**,计算过程如下:路由条目 **172.16.12.0/24** 到路由器 R4 经过的入接口包括路由器 R2 的 S0/0/0 接口,路由器 R4 的 G0/0 接口,10^9/1 544 000+10^9/10^8=657。当然也可以直接通过命令 **ip ospf cost** *cost* 配置接口的 Cost 值,并且它是优先计算的 Cost 值。

【提示】

① 可以通过命令 **show interfaces** 查看接口的带宽。
② 如果网络中使用了环回接口,则其他路由器学到其所在网络的 OSPF 路由条目的掩码长度默认都是 32 位(不管接口的掩码长度实际是多少),这是环回接口的特性,要使得路由条目的掩码长度和环回接口的掩码长度保持一致,解决的办法是在环回接口下修改网络类型为 **Point-to-Point**,接口下配置命令为 **ip ospf network point-to-point**。

17.2.2 实验 2:配置 OSPFv2 验证

1. 实验目的

通过本实验可以掌握:
① OSPFv2 验证的类型和意义。
② 配置基于区域的 OSPFv2 简单口令验证和 MD5 验证的方法。
③ 配置基于链路的 OSPFv2 简单口令验证和 MD5 验证的方法。

2. 实验拓扑

配置 OSPFv2 验证的实验拓扑如图 17-10 所示。

第17章 OSPF

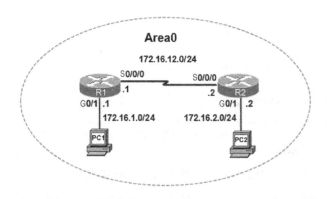

图 17-10 配置 OSPFv2 验证的实验拓扑

3．实验步骤

（1）配置路由器 R1

```
R1(config)#router ospf 1
R1(config-router)#router-id 1.1.1.1
R1(config-router)#auto-cost reference-bandwidth 1000
R1(config-router)#network 172.16.1.1 0.0.0.0 area 0
R1(config-router)#network 172.16.12.1 0.0.0.0 area 0
R1(config-router)#passive-interface gigabitEthernet0/1
R1(config-router)#area 0 authentication              //区域 0 启用简单口令验证
R1(config-router)#exit
R1(config)#interface Serial0/0/0
R1(config-if)#ip ospf authentication-key cisco       //配置验证密码
```

（2）配置路由器 R2

```
R2(config)#router ospf 1
R2(config-router)#router-id 2.2.2.2
R2(config-router)#auto-cost reference-bandwidth 1000
R2(config-router)#network 172.16.2.2 0.0.0.0 area 0
R2(config-router)#network 172.16.12.2 0.0.0.0 area 0
R2(config-router)#passive-interface gigabitEthernet0/1
R2(config-router)#area 0 authentication
R2(config-router)#exit
R2(config)#interface Serial0/0/0
R2(config-if)#ip ospf authentication-key cisco
```

4．实验调试

（1）查看运行 OSPFv2 的接口信息

```
R2#show ip ospf interface Serial0/0/0                //查看运行 OSPFv2 的接口信息
Internet Address 172.16.12.2/24, Area 0, Attached via Network Statement
  Process ID 1, Router ID 2.2.2.2, Network Type POINT_TO_POINT, Cost: 647
    （此处省略部分输出）
  Simple password authentication enabled             //接口启用了简单口令验证
```

（2）查看运行 OSPFv2 的进程信息

```
R1#show ip ospf                                    //查看运行 OSPFv2 的进程信息
 Routing Process "ospf 1" with ID 1.1.1.1
（此处省略部分输出）
    Area BACKBONE(0)
       Number of interfaces in this area is 2
       Area has simple password authentication    //区域 0 启用简单口令验证
（此处省略部分输出）
```

（3）查看接收（IN）和发送（OUT）的 OSPFv2 数据包

```
R2#debug ip ospf packet                            //查看接收（IN）和发送（OUT）的 OSPFv2 数据包
   *Apr 29 08:34:14.377: OSPF-1 PAK : Se0/0/0: OUT: 172.16.12.2->224.0.0.5: ver:2 type:1 len:48
rid:2.2.2.2 area:0.0.0.0 chksum:E693 auth:1
   *Apr 29 08:34:16.989: OSPF-1 PAK : Se0/0/0: IN: 172.16.12.1->224.0.0.5: ver:2 type:1 len:48
rid:1.1.1.1 area:0.0.0.0 chksum:E693 auth:1
```

以上输出表明运行 OSPFv2 的接口 S0/0/0 接收和发送的验证类型为 1 的 Hello 数据包，各部分含义如下所述。

① ver：OSPF 版本。

② type：OSPFv2 数据包类型，1 为 Hello，2 为 DBD，3 为 LSR，4 为 LSU，5 为 LSACK。

③ len：数据包长度，单位是字节。

④ rid：路由器 ID。

⑤ area：区域 ID。

⑥ chksum：校验和。

⑦ auth：验证类型，0 代表不进行验证，1 代表简单口令验证，2 代表 MD5 验证。

（4）完成基于链路的简单口令验证配置

如果不想针对整个区域验证，而是针对某些关键的链路进行验证，则路由进程下不需要配置基于区域的验证，基于链路的简单口令验证配置步骤如下的述。

① 配置路由器 R1

```
R1(config)#interface Serial0/0/0
R1(config-if)#ip ospf authentication              //接口启用简单口令验证
R1(config-if)#ip ospf authentication-key cisco    //配置验证密码
```

② 配置路由器 R2

```
R2(config)#interface Serial0/0/0
R2(config-if)#ip ospf authentication
R2(config-if)#ip ospf authentication-key cisco
```

（5）配置 OSPFv2 MD5 验证

删除上述 OSPF 简单口令验证的配置，保留其他配置，然后配置 OSPFv2 MD5 区域验证。

① 配置路由器 R1

```
R1(config)#router ospf 1
R1(config-router)#area 0 authentication message-digest    //区域 0 启用 MD5 验证
R1(config-router)#exit
R1(config)#interface Serial0/0/0
R1(config-if)#ip ospf message-digest-key 1 md5 cisco       //配置验证 key ID 及密钥
```

第 17 章 OSPF

② 配置路由器 R2

```
R2(config)#router ospf 1
R2(config-router)#area 0 authentication message-digest
R2(config-router)#exit
R2(config)#interface Serial0/0/0
R2(config-if)#ip ospf message-digest-key 1 md5 cisco
```

（6）查看 OSPFv2 MD5 区域验证情况

```
R2#show ip ospf interface Serial0/0/0
Serial0/0/0 is up, line protocol is up
  Internet Address 172.16.12.2/24, Area 0, Attached via Network Statement
  Process ID 1, Router ID 2.2.2.2, Network Type POINT_TO_POINT, Cost: 647
  （此处省略部分输出）
  Cryptographic authentication enabled
    Youngest key id is 1
```
//以上 2 行输出信息表明该接口启用了 MD5 验证，而且使用密钥 ID 为 1 进行验证。OSPFv2 的 MD5 验证允许在接口上配置多个密钥，从而可以保证方便、安全地改变密钥。而 **Youngest key id** 和配置顺序有关，最后一次配置的就是 Youngest key id，和 ID 数字本身大小没有关系

```
R2#show ip ospf
    （此处省略部分输出）
    Area BACKBONE(0)
        Number of interfaces in this area is 2
        Area has message digest authentication            //区域 0 采用 MD5 验证
        （此处省略部分输出）
R2#debug ip ospf packet
    *Apr 29 08:59:17.733: OSPF-1 PAK : Se0/0/0:  IN: 172.16.12.1->224.0.0.5: ver:2 type:1 len:48
rid:1.1.1.1 area:0.0.0.0 chksum:0 auth:2 keyid:1 seq:0x5723
    *Apr 29 08:59:24.045: OSPF-1 PAK : Se0/0/0: OUT: 172.16.12.2->224.0.0.5: ver:2 type:1 len:48
rid:2.2.2.2 area:0.0.0.0 chksum:0 auth:2 keyid:1 seq:0x5723
```

以上输出表明运行 OSPFv2 的接口 S0/0/0 的收发验证类型为 2、keyid 为 1 以及序列号为 0x5723 的 Hello 包。

（7）完成基于链路的 MD5 验证配置

如果不想针对整个区域验证，而是针对某些关键的链路进行验证，则不需要在区域上启用 MD5 验证，基于链路的 MD5 验证配置步骤如下所述。

① 配置路由器 R1

```
R1(config)#interface Serial0/0/0
R1(config-if)#ip ospf authentication message-digest        //接口启用 MD5 验证
R1(config-if)#ip ospf message-digest-key 1 md5 cisco       //配置 key id 及密钥
```

② 配置路由器 R2

```
R2(config)#interface Serial0/0/0
R2(config-if)#ip ospf authentication message-digest
R2(config-if)#ip ospf message-digest-key 1 md5 cisco
```

【技术要点】

① OSPFv2 定义了 3 种验证类型：0—表示不进行验证，是默认的类型；1—表示采用简单口令验证；2—表示采用 MD5 验证。

② 区域验证相当于开启了运行 OSPFv2 协议的所有接口的验证，而链路验证只是针对某个链路开启的，OSPFv2 链路验证优于区域验证。

17.2.3　实验 3：配置单区域 OSPFv3

1．实验目的

通过本实验可以掌握：
① 启用 IPv6 单播路由的方法。
② 启用参与 OSPFv3 路由协议接口的方法。
③ 向 OSPFv3 网络注入默认路由的方法。
④ 配置 OSPFv3 计时器的方法。
⑤ OSPFv3 DR 选举的方法。
⑥ OSPFv3 链路状态数据库的特征和含义。
⑦ OSPFv3 LSA 的类型和特征。
⑧ 查看和调试 OSPFv3 路由协议相关信息的方法。

2．实验拓扑

配置单区域 OSPFv3 的实验拓扑如图 17-11 所示。

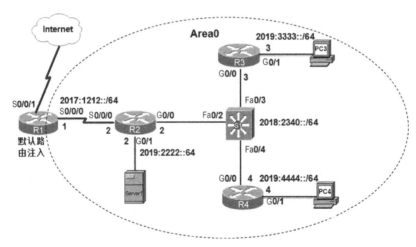

图 17-11　配置单区域 OSPFv3 的实验拓扑

3．实验步骤

（1）配置路由器 R1

```
R1(config)#ipv6 unicast-routing                //启动 IPv6 单播路由
R1(config)#ipv6 route::/0 serial0/0/1          //配置 IPv6 静态默认路由
R1(config)#ipv6 router ospf 1                  //启动 OSPFv3 路由进程
R1(config-rtr)#router-id 1.1.1.1
//配置 OSPFv3 路由器 ID，如果是纯 IPv6 环境，必须显式配置
```

```
R1(config-rtr)#auto-cost reference-bandwidth 1000          //修改计算 Cost 参考带宽
R1(config-rtr)#default-information originate metric 30 metric-type 2
//向 OSPFv3 网络注入一条默认路由，初始度量值为 30，类型为 OE2（默认）
R1(config-rtr)#exit
R1(config)#interface Serial0/0/0
R1(config-if)#ipv6 address 2017:1212::1/64
R1(config-if)#ipv6 ospf 1 area 0                           //在接口上启用 OSPFv3，并声明接口所在区域。
接口要先配置 IPv6 地址，才能启用 OSPFv3 接口，否则会提示：
    % OSPFv3: IPV6 is not enabled on this interface
R1(config-if)#ipv6 ospf hello-interval 5                   //修改 OSPFv3 Hello 间隔
R1(config-if)#ipv6 ospf dead-interval 20                   //修改 OSPFv3 Dead 时间
```

（2）配置路由器 R2

```
R2(config)#ipv6 unicast-routing
R2(config)#ipv6 router ospf 1
R2(config-rtr)#router-id 2.2.2.2
R2(config-rtr)#auto-cost reference-bandwidth 1000
R2(config-rtr)#passive-interface GigabitEthernet0/1        //配置被动接口
R2(config-rtr)#exit
R2(config)#interface GigabitEthernet0/0
R2(config-if)#ipv6 address 2018:2340::2/64
R2(config-if)#ipv6 ospf 1 area 0
R2(config-if)#ipv6 ospf priority 20                        //修改接口优先级，控制 DR 选举，默认为 1
R2(config-if)#exit
R2(config)#interface GigabitEthernet0/1
R2(config-if)#ipv6 address 2019:2222::2/64
R2(config-if)#ipv6 ospf 1 area 0
R2(config-if)#exit
R2(config)#interface Serial0/0/0
R2(config-if)#ipv6 address 2017:1212::2/64
R2(config-if)#ipv6 ospf 1 area 0
R2(config-if)#ipv6 ospf hello-interval 5
R2(config-if)#ipv6 ospf dead-interval 20
```

（3）配置路由器 R3

```
R3(config)#ipv6 unicast-routing
R3(config)#ipv6 router ospf 1
R3(config-rtr)#router-id 3.3.3.3
R3(config-rtr)#passive-interface GigabitEthernet0/1
R3(config-rtr)#auto-cost reference-bandwidth 1000
R3(config-rtr)#exit
R3(config)#interface GigabitEthernet0/0
R3(config-if)#ipv6 address 2018:2340::3/64
R3(config-if)#ipv6 ospf 1 area 0
R3(config-if)#ipv6 ospf priority 10
R3(config-if)#exit
R3(config)#interface GigabitEthernet0/1
R3(config-if)#ipv6 address 2019:3333::3/64
R3(config-if)#ipv6 ospf 1 area 0
R3(config-if)#exit
```

(4) 配置路由器 R4

```
R4(config)#ipv6 unicast-routing
R4(config)#ipv6 router ospf 1
R4(config-rtr)#router-id 4.4.4.4
R4(config-rtr)#auto-cost reference-bandwidth 1000
R4(config-rtr)#passive-interface GigabitEthernet0/1
R4(config-rtr)#exit
R4(config)#interface GigabitEthernet0/0
R4(config-if)#ipv6 address 2018:2340::4/64
R4(config-if)#ipv6 ospf 1 area 0
R4(config-if)#exit
R4(config)#interface GigabitEthernet0/1
R4(config-if)#ipv6 address 2019:4444::4/64
R4(config-if)#ipv6 ospf 1 area 0
```

4. 实验调试

(1) 查看 OSPFv3 邻居信息

```
R2#show ipv6 ospf neighbor      //查看 OSPFv3 邻居信息
          OSPFv3 Router with ID (2.2.2.2) (Process ID 1)     //OSPFv3 路由器 ID 和进程 ID
Neighbor ID     Pri    State              Dead Time    Interface ID    Interface
3.3.3.3         10     FULL/BDR           00:00:31     4               GigabitEthernet0/0
4.4.4.4         1      FULL/DROTHER       00:00:37     4               GigabitEthernet0/0
1.1.1.1         0      FULL/  -           00:00:16     8               Serial0/0/0
```

以上输出表明路由器 R2 有 3 个 OSPFv3 邻居,都处于邻接状态,在以上输出信息的各字段中,OSPFv3 用 **Interface ID** 取代了 OSPFv2 的 **Address** 字段,该字段在路由器上唯一标识运行 OSPFv3 的接口,表示 OSPFv3 邻居路由器接口的 ID,其他字段的含义和 OSPFv2 相同。

(2) 查看和 IPv6 路由相关信息

```
R2#show ipv6 protocols                    //查看和 IPv6 路由相关信息
IPv6 Routing Protocol is "connected"
IPv6 Routing Protocol is "application"
IPv6 Routing Protocol is "ospf 1"
  Router ID 2.2.2.2
  Number of areas: 1 normal, 0 stub, 0 nssa
  Interfaces (Area 0):
    GigabitEthernet0/1
    GigabitEthernet0/0
    Serial0/0/0
  Redistribution:
    None
IPv6 Routing Protocol is "ND"
```

以上输出表明路由器 R2 上启动的 OSPFv3 进程 ID 为 1,路由器 ID 为 2.2.2.2,接口 G0/0、G0/1 和 S0/0/0 启用 OSPFv3,同属于区域 0,没有其他 IPv6 路由重分布进 OSPFv3 进程中。

(3) 查看 OSPFv3 链路状态数据库

```
R2#show ipv6 ospf database               //查看 OSPFv3 链路状态数据库
          OSPFv3 Router with ID (2.2.2.2) (Process ID 1)
```

Router Link States (Area 0)						//路由器 LSA
ADV Router	Age	Seq#	Fragment ID	Link count	Bits	
1.1.1.1	1233	0x80000002	0	1	E	
2.2.2.2	832	0x80000004	0	2	None	
3.3.3.3	515	0x80000003	0	1	None	
4.4.4.4	398	0x80000005	0	1	None	

Net Link States (Area 0)					//网络 LSA
ADV Router	Age	Seq#	Link ID	Rtr count	
2.2.2.2	397	0x80000004	4	3	

Link (Type-8) Link States (Area 0)					//链路 LSA
ADV Router	Age	Seq#	Link ID	Interface	
1.1.1.1	1645	0x80000001	8	Se0/0/0	
2.2.2.2	1537	0x80000001	8	Se0/0/0	
2.2.2.2	1553	0x80000001	5	Gi0/1	
2.2.2.2	1570	0x80000002	4	Gi0/0	
3.3.3.3	1473	0x80000002	4	Gi0/0	
4.4.4.4	510	0x80000001	4	Gi0/0	

Intra Area Prefix Link States (Area 0)						//区域内前缀 LSA
ADV Router	Age	Seq#	Link ID	Ref-lstype	Ref-LSID	
1.1.1.1	1308	0x80000001	0	0x2001	0	
2.2.2.2	832	0x80000005	0	0x2001	0	
2.2.2.2	1150	0x80000001	4096	0x2002	4	
3.3.3.3	515	0x80000004	0	0x2001	0	
4.4.4.4	398	0x80000004	0	0x2001	0	

Type-5 AS External Link States				//外部 LSA
ADV Router	Age	Seq#	Prefix	
1.1.1.1	1307	0x80000001	::/0	

以上输出显示了路由器 R2 上 OSPFv3 区域 0 的链路状态数据库的信息,包含路由器 LSA、网络 LSA、链路 LSA、区域内前缀 LSA 和类型 5 的外部 LSA。如果在 R1、R3 和 R4 上也查看 OSPFV3 链路状态数据库,会发现 R1~R4 的 OSPFv3 链路状态数据库是相同的。输出标题行的解释如下所述。

① ADV Router:指通告链路状态信息的路由器,表现为该路由器的路由器 ID。

② Age:老化时间,范围是 0~60 分钟,老化时间达到 60 分钟的 LSA 条目将被从 LSDB 中删除。

③ Seq#:序列号,范围为 0x80000001~0x7fffffff,序列号越大,LSA 越新。为了确保 LSDB 的同步,OSPF 每隔 30 分钟进行链路状态刷新。

④ Link count:通告路由器在本区域内的链路数目。

⑤ Bits(Options):可选功能,如果相应位置位,表示路由器支持所选的功能,该字段中包含 R 比特、N 比特、E 比特等,比如 E 位置 1,表示始发路由器是一台 ASBR。在 OSPFv2 中,Option 字段出现在每一个 Hello 数据包、DD 数据包以及每一个 LSA 中。在 OSPFv3 中,Option 字段只在 Hello 数据包、DD 数据包、Router LSA、Network LSA、Inter Area Router LSA 以及 Link LSA 中出现。

⑥ Ref-lstype:引用的 LSA 相关的类型。

⑦ Ref-LSID:引用的 LSA 的 Link State ID。

⑧ Prefix:LSA 中所包含的 IPv6 地址前缀。

【技术扩展】

OSPFv3 的设计理念之一就是拓扑信息和路由信息分离:计算拓扑的基本 LSA(Router LSA 和 Network LSA)中不再含有路由信息,所以原来 OSPFv2 中这两类 LSA 中所携带的路由信息由新的 LSA 来描述,这就是 Intra Area Prefix LSA。Intra Area Prefix LSA 描述了 Router LSA 和 Network LSA 所携带的路由信息,因此在该 LSA 中需要标明引用的 Router LSA 或 Network LSA,其通过 Referenced LS Type、Referenced Link State ID 和 Referenced Advertising Router 字段来联合标识。

① Referenced LS Type(参考链路状态类型):取值为 0x2001 表明该 LSA 与 RouterLSA 相关;取值为 0x2002 表明该 LSA 与 Network LSA 相关。

② Referenced Link State ID(参考链路状态 ID):取值为 0,表示引用的是 Router LSA 0;取值为 DR 在该条链路上的 Interface ID,表示引用的是 Network LSA。

③ Referenced Advertising Router(参考通告路由器):引用 LSA 的始发路由器。如果引用的是 Router LSA,该字段值为产生该 LSA 路由器的 Router ID;如果引用的是 Network LSA,此字段值为相应网络的 DR 的 Router ID。

(4)查看相关信息

```
R2#show ipv6 ospf                        //查看 OSPFv3 进程 ID、路由器 ID、路由器类型、重分布信息、
OSPF 区域信息,以及 SPF 算法执行次数等信息
 Routing Process "ospfv3 1" with ID 2.2.2.2      //OSPFv3 进程 ID 和路由器 ID
 Supports NSSA (compatible with RFC 3101)        //支持 NSSA(Not-So-Stubby Area)
 Supports Database Exchange Summary List Optimization (RFC 5243)
//支持 OSPF 数据库交换汇总列表优化
 Event-log enabled, Maximum number of events: 1000, Mode: cyclic
//启用事件日志功能,事件最大数量为 1 000,模式为循环方式
 Router is not originating router-LSAs with maximum metric
 Initial SPF schedule delay 5000 msecs           //初始 SPF 运算计划延时
 Minimum hold time between two consecutive SPFs 10000 msecs
//防止路由器持续运行 SPF 算法的保留时间
 Maximum wait time between two consecutive SPFs 10000 msecs
//路由器运行完一次 SPF 算法后,等待 10 秒才再次运行该算法
(此处省略部分输出)
 Number of areas in this router is 1. 1 normal 0 stub 0 nssa   //区域的个数及类型
 Graceful restart helper support enabled         //开启 GR helper 功能
 Reference bandwidth unit is 1000 mbps           //计算度量值参考带宽
 RFC1583 compatibility enabled
    Area BACKBONE(0)
       Number of interfaces in this area is 3    //本路由器在该区域接口的数量
       SPF algorithm executed 11 times           //SPF 算法执行的次数
      (此处省略部分输出)
```

(5)查看运行 OSPFv3 接口的信息详细

```
R2#show ipv6 ospf interface gi0/0                //查看运行 OSPFv3 接口的信息详细
GigabitEthernet0/0 is up, line protocol is up
  Link Local Address FE80::FA72:EAFF:FE69:1C78, Interface ID 4  //接口链路本地地址和接口 ID
  Area 0, Process ID 1, Instance ID 0, Router ID 2.2.2.2
```

//接口所在区域、OSPFv3 进程 ID、实例 ID 和路由器 ID

【技术要点】

OSPFv3 支持在同一链路上运行多个实例,实现链路复用并节约成本。如果接口配置的 Instance ID 与接收的 OSPFv3 数据包的 Instance ID 不匹配,则丢弃该数据包,从而无法建立起邻居关系。Instance ID 值默认为 0。可以在接口下通过命令 **ipv6 ospf** *process-id* **area** *area-id* **instance** *instance-id* 配置实例 ID。

```
        Network Type BROADCAST, Cost: 10                 //接口网络类型和接口 Cost 值
        Transmit Delay is 1 sec, State DR, Priority 20   //传输延时时间、状态和接口优先级
        Designated Router (ID) 2.2.2.2, local address FE80::FA72:EAFF:FE69:1C78
        Backup Designated router (ID) 3.3.3.3, local address FE80::FA72:EAFF:FEDB:EA78
//以上 2 行给出 DR 和 BDR 的路由器 ID 和所在链路的链路本地地址
        Timer intervals configured, Hello 10, Dead 40, Wait 40, Retransmit 5
//Hello 周期、死亡时间、等待时间和重传时间
            Hello due in 00:00:00                        //距离下次发送 Hello 数据包的时间
        Graceful restart helper support enabled          //开启 GR helper 功能
(此处省略部分输出)
        Neighbor Count is 2, Adjacent neighbor count is 2
//邻居的个数以及已建立邻接关系的邻居的个数
        Adjacent with neighbor 3.3.3.3   (Backup Designated Router)
        Adjacent with neighbor 4.4.4.4
//以上 2 行说明 DR 路由器 R2 与 R3(BDR)和 R4(DROTHER)形成邻接关系
        Suppress hello for 0 neighbor(s)
```

【技术扩展】

OSPF GR(Graceful Restart,平滑重启)技术属于高可靠性技术的一种,可以在路由协议重启时保证数据的正常转发,从而保证关键业务不中断,其核心在于:当设备进行协议重启时,能够通知其周边设备,使该设备的邻居关系和相关路由在一定时间内保持稳定。在协议重启完毕后,周边设备协助其进行信息(包括支持 GR 的相关协议所维护的各种拓扑、路由和会话信息)同步,在尽量短的时间内恢复到重启前的状态。在协议重启过程中不会产生路由振荡,数据包转发路径也没有任何改变,整个系统可以实现不间断运行。OSPF GR 可以保证运行 OSPF 协议的路由器在进行主备切换或 OSPF 协议重启时,转发业务正常进行。

(6)查看 IPv6 路由表

```
        show ipv6 route                                  //查看 IPv6 路由表
```

以下输出全部省略 IPv6 路由代码部分。

```
    ① R1#show ipv6 route | include O|S                   //查看 IPv6 路由表中静态和 OSPFv3 路由
    S   ::/0 [1/0]
            via Serial0/0/1, directly connected          //静态默认路由
    O   2018:2340::/64 [110/657]                         // OSPFv3 默认管理距离是 110
            via FE80::FA72:EAFF:FE69:1C78, Serial0/0/0
            //在 OSPFv3 中,IPv6 路由条目的更新源是邻居的链路本地地址
    O   2019:2222::/64 [110/657]                         //OSPFv3 度量值的计算方法和 OSPFv2 相同
            via FE80::FA72:EAFF:FE69:1C78, Serial0/0/0
    O   2019:3333::/64 [110/667]
            via FE80::FA72:EAFF:FE69:1C78, Serial0/0/0
```

```
        O   2019:4444::/64 [110/667]
                via FE80::FA72:EAFF:FE69:1C78, Serial0/0/0
    ② R2#show ipv6 route ospf   //查看 IPv6 路由表中 OSPFv3 路由
    OE2::/0 [110/30], tag 1
            via FE80::FA72:EAFF:FED6:F4C8, Serial0/0/0
```
//该默认路由是在路由器 R1 上执行 **default-information originate** 命令向 OSPFv3 区域注入的，tag 值为 1，度量值为 30
```
        O   2019:3333::/64 [110/20]
                via FE80::FA72:EAFF:FE69:18B8, GigabitEthernet0/0
        O   2019:4444::/64 [110/20]
                via FE80::FA72:EAFF:FEC8:4F98, GigabitEthernet0/0
    ③ R3#show ipv6 route ospf
    OE2::/0 [110/30], tag 1
            via FE80::FA72:EAFF:FE69:1C78, GigabitEthernet0/0
        O   2017:1212::/64 [110/657]
                via FE80::FA72:EAFF:FE69:1C78, GigabitEthernet0/0
        O   2019:2222::/64 [110/20]
                via FE80::FA72:EAFF:FE69:1C78, GigabitEthernet0/0
        O   2019:4444::/64 [110/20]
                via FE80::FA72:EAFF:FEC8:4F98, GigabitEthernet0/0
    ④ R4#show ipv6 route ospf
    OE2::/0 [110/30], tag 1
            via FE80::FA72:EAFF:FE69:1C78, GigabitEthernet0/0
        O   2017:1212::/64 [110/657]
                via FE80::FA72:EAFF:FE69:1C78, GigabitEthernet0/0
        O   2019:2222::/64 [110/20]
                via FE80::FA72:EAFF:FE69:1C78, GigabitEthernet0/0
        O   2019:3333::/64 [110/20]
                via FE80::FA72:EAFF:FE69:18B8, GigabitEthernet0/0
```

以上①、②、③和④输出结果表明 OSPFv3 路由协议的管理距离是 **110**，同一个区域内通过 OSPFv3 路由协议学到的路由条目用代码 **O** 表示，同时下一跳地址均为邻居路由器的同一链路的链路本地地址。路由器 R2、R3 和 R4 的 IPv6 路由表的输出表明，在 R1 上通过命令 **default-information originate** 确实可以向 OSPFv3 网络注入 1 条默认路由，路由类型为 **OE2**，度量值为 **30**。在 IPv6 路由表中的默认路由是没有*标记的，这点和 IPv4 路由表不同。

（7）查看 OSPFv3 数据包接收和发送情况

```
    R1#debug ipv6 ospf packet                //查看 OSPFv3 数据包接收和发送情况
    *Apr 30 06:22:36.310: OSPFv3-1-IPv6 PAK : Se0/0/0:  IN: FE80::FA72:EAFF:FE69:1C78->FF02::5:
ver:3 type:1 len:40 rid:2.2.2.2 area:0.0.0.0 chksum:F73D inst:0
    *Apr    30    06:22:38.166:    OSPFv3-1-IPv6    PAK    :    Se0/0/0:    OUT:
FE80::FA72:EAFF:FED6:F4C8->FF02::5: ver:3 type:1 len:40 rid:1.1.1.1 area:0.0.0.0 chksum:C3BE inst:0
```

以上输出表明运行 OSPFv3 的接口 S0/0/0 接收（IN）和发送（OUT）类型为 1（Hello）数据包，显示格式为 OSPFv3 头部各字段名称和值，各部分含义解释如下所述。

① **ver**：OSPF 版本信息。

② **type**：OSPFv3 数据包类型，1 为 Hello，2 为 DBD，3 为 LSR，4 为 LSU，5 为 LSACK。

③ **len**：数据包长度，单位为字节。

④ **rid**：路由器 ID。

⑤ **area**：区域 ID。
⑥ **chksum**：校验和。
⑦ **inst**：实例 ID。

17.2.4 实验 4：配置 OSPFv3 验证

1．实验目的

通过本实验可以掌握：
① OSPFv3 验证的类型和意义。
② 配置基于区域的 OSPFv3 验证和加密方法。
③ 配置基于链路的 OSPFv3 验证和加密方法。

2．实验拓扑

配置 OSPFv3 验证的实验拓扑如图 17-12 所示。

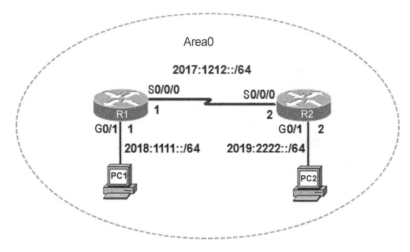

图 17-12　配置 OSPFv3 验证的实验拓扑

3．实验步骤

OSPFv3 本身不提供验证功能，而是依赖于 IPv6 扩展包头的验证功能来保证数据包的完整性和安全性的，可以基于接口或区域配置 OSPFv3 数据包验证和加密，需要注意的是接口验证优先于区域验证。

（1）配置路由器 R1

```
R1(config)#ipv6 unicast-routing
R1(config)#ipv6 router ospf 1
R1(config-rtr)#router-id 1.1.1.1
R1(config-rtr)#auto-cost reference-bandwidth 1000
R1(config-rtr)#passive-interface GigabitEthernet0/1
R1(config-rtr)#area 0 encryption ipsec spi 1212 esp des 1234567890ABCDEF md5 1234567890123
4567890123456789012
```

//开启区域 0 的 OSPFv3 数据包验证和加密，指定 IPSec 的 SPI 值和加密、验证算法，更多关于 IPSec 的内容请参见第 19 章

【提示】

如果只是配置 OSPFv3 验证而不对数据包加密，使用如下命令：
  R1(config-rtr)#area 0 authentication ipsec spi 1212 md5 12345678901234567890123456789012

（2）配置路由器 R2

  R2(config)#**ipv6 unicast-routing**
  R2(config)#**ipv6 router ospf 1**
  R2(config-rtr)#**router-id 2.2.2.2**
  R2(config-rtr)#**auto-cost reference-bandwidth 1000**
  R2(config-rtr)#**passive-interface GigabitEthernet0/1**
  R2(config-rtr)#**area 0 encryption ipsec spi 1212 esp des 1234567890ABCDEF md5 12345678901234567890123456789012**

4. 实验调试

（1）查看 OSPFv3 进程

  R2#**show ipv6 ospf 1**   //查看 OSPFv3 进程
  （此处省略部分输出）
    Area BACKBONE(0)
      Number of interfaces in this area is 2
    DES Encryption MD5 Auth, SPI 1212
  //显示区域 0 加密算法为 DES、验证算法为 MD5、IPSec 的 SPI 值为 1212
    （此处省略部分输出）

（2）查看运行 OSPFv3 接口信息

  R2#**show ipv ospf interface Serial0/0/0**   //查看运行 OSPFv3 接口信息
  Serial0/0/0 is up, line protocol is up
    Link Local Address FE80::FA72:EAFF:FE69:1C78, Interface ID 8 //接口链路本地地址和接口 ID
    Area 0, Process ID 1, Instance ID 0, Router ID 2.2.2.2
    Network Type **POINT_TO_POINT**, Cost: 647   //OSPFv3 网络类型和接口开销
    DES encryption MD5 auth (Area) SPI 1212, secure socket UP (errors: 0)
  //接口上使用基于区域的 OSPFv3 验证和加密的算法和 SPI 值
    （此处省略部分输出）

（3）查看活动的 IPSec VPN 会话

  R2#**show crypto engine connections active**   //查看活动的 IPSec VPN 会话
  Crypto Engine Connections

ID	Type	Algorithm	Encrypt	Decrypt	LastSeqN	IP-Address
2001	IPsec	DES+MD5	0	70	0	FE80::FA72:EAFF:FE69:1C78
2002	IPsec	DES+MD5	69	0	0	FE80::FA72:EAFF:FE69:1C78

从以上输出可以看到建立的 IPSec VPN 的会话 ID、使用的加密和验证算法、加密和解密的数据包的数量以及参与加密和验证的路由器接口的链路本地地址。

（4）完成针对某些关键链路验证和加密的配置

如果不想针对整个区域验证和加密，而是针对某些关键链路进行验证和加密，配置步骤

如下所述。

① 配置路由器 R1。

R1(config)#interface Serial0/0/0
R1(config-if)#**ipv6 ospf encryption ipsec spi 500 esp des 1234567890abcdef md5 12345678901234567890123456789012**　　　　　//接口启用 DES 加密和 MD5 验证

② 配置路由器 R2。

R2(config)#**interface Serial0/0/0**
R2(config-if)#**ipv6 ospf encryption ipsec spi 500 esp des 1234567890abcdef md5 12345678901234567890123456789012**
R2#**show ipv6 ospf interface Serial0/0/0**
Serial0/0/0 is up, line protocol is up
　Link Local Address FE80::FA72:EAFF:FE69:1C78, Interface ID 8
　Area 0, Process ID 1, Instance ID 0, Router ID 2.2.2.2
　Network Type POINT_TO_POINT, Cost: 647
　DES encryption MD5 auth SPI 500, secure socket UP (errors: 0)
//接口上使用基于链路的 OSPFv3 加密算法为 DES、验证算法为 MD5、IPSec 的 SPI 值为 500
（此处省略部分输出）

17.3　配置多区域 OSPF

17.3.1　实验 5：配置多区域 OSPFv2

1. 实验目的

通过本实验可以掌握：
① 在路由器上启动 OSPFv2 路由进程。
② 启用参与路由协议接口的方法。
③ OSPFv2 LSA 的类型和特征。
④ 不同路由器类型的功能。
⑤ OSPFv2 链路状态数据库的特征和含义。
⑥ E1 路由和 E2 路由的区别。
⑦ 查看和调试 OSPFv2 路由协议相关信息。

2. 实验拓扑

配置多区域 OSPFv2 的实验拓扑如图 17-13 所示。

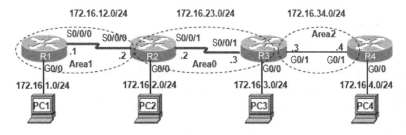

图 17-13　配置多区域 OSPFv2 的实验拓扑

3. 实验步骤

路由器 R4 的 G0/0 接口不激活 OSPFv2，通过重分布进入 OSPFv2 网络。

（1）配置路由器 R1

```
R1(config)#router ospf 1
R1(config-router)#router-id 1.1.1.1
R1(config-router)#auto-cost reference-bandwidth 1000
R1(config-router)#network 172.16.1.1 0.0.0.0 area 1
R1(config-router)#network 172.16.12.1 0.0.0.0 area 1
R1(config-router)#passive-interface gigabitEthernet0/0
```

（2）配置路由器 R2

```
R2(config)#router ospf 1
R2(config-router)#router-id 2.2.2.2
R2(config-router)#auto-cost reference-bandwidth 1000
R2(config-router)#network 172.16.12.2 0.0.0.0 area 1
R2(config-router)#network 172.16.23.2 0.0.0.0 area 0
R2(config-router)#network 172.16.2.2 0.0.0.0 area 0
R2(config-router)#passive-interface gigabitEthernet0/0
```

（3）配置路由器 R3

```
R3(config)#router ospf 1
R3(config-router)#router-id 3.3.3.3
R3(config-router)#auto-cost reference-bandwidth 1000
R3(config-router)#network 172.16.23.3 0.0.0.0 area 0
R3(config-router)#network 172.16.3.3 0.0.0.0 area 0
R3(config-router)#network 172.16.34.3 0.0.0.0 area 2
R3(config-router)#passive-interface gigabitEthernet0/0
```

（4）配置路由器 R4

```
R4(config)#router ospf 1
R4(config-router)#router-id 4.4.4.4
R4(config-router)#auto-cost reference-bandwidth 1000
R4(config-router)#network 172.16.34.4 0.0.0.0 area 2
R4(config-router)#redistribute connected subnets     //将直连路由重分布进 OSPF
```

4. 实验调试

（1）查看路由表

```
show ip route                                          //查看路由表
① R1#show ip route ospf
     172.16.0.0/16 is variably subnetted, 9 subnets, 2 masks
O IA    172.16.2.0/24 [110/657] via 172.16.12.2, 00:56:46, Serial0/0/0
O IA    172.16.3.0/24 [110/1295] via 172.16.12.2, 00:55:29, Serial0/0/0
O E2    172.16.4.0/24 [110/20] via 172.16.12.2, 00:00:25, Serial0/0/0
O IA    172.16.23.0/24 [110/1294] via 172.16.12.2, 00:57:11, Serial0/0/0
O IA    172.16.34.0/24 [110/1295] via 172.16.12.2, 00:55:19, Serial0/0/0
② R2#show ip route ospf
```

第 17 章 OSPF

```
                  172.16.0.0/16 is variably subnetted, 10 subnets, 2 masks
        O         172.16.1.0/24 [110/657] via 172.16.12.1, 00:59:09, Serial0/0/0
        O         172.16.3.0/24 [110/648] via 172.16.23.3, 00:57:06, Serial0/0/1
        O E2      172.16.4.0/24 [110/20] via 172.16.23.3, 00:02:03, Serial0/0/1
        O IA      172.16.34.0/24 [110/648] via 172.16.23.3, 00:56:56, Serial0/0/10
    ③ R3#show ip route ospf
                  172.16.0.0/16 is variably subnetted, 7 subnets, 2 masks
    172.16.0.0/16 is variably subnetted, 10 subnets, 2 masks
        O IA      172.16.1.0/24 [110/721] via 172.16.23.2, 00:57:52, Serial0/0/1
        O         172.16.2.0/24 [110/74] via 172.16.23.2, 00:57:52, Serial0/0/1
        O E2      172.16.4.0/24 [110/20] via 172.16.34.4, 00:02:55, GigabitEthernet0/1
        O IA      172.16.12.0/24 [110/711] via 172.16.23.2, 00:57:52, Serial0/0/1
    ④ R4#show ip route ospf
                  172.16.0.0/16 is variably subnetted, 9 subnets, 2 masks
        O IA      172.16.1.0/24 [110/722] via 172.16.34.3, 00:03:36, GigabitEthernet0/1
        O IA      172.16.2.0/24 [110/75] via 172.16.34.3, 00:03:36, GigabitEthernet0/1
        O IA      172.16.3.0/24 [110/2] via 172.16.34.3, 00:03:36, GigabitEthernet0/1
        O IA      172.16.12.0/24 [110/712] via 172.16.34.3, 00:03:36, GigabitEthernet0/1
        O IA      172.16.23.0/24 [110/65] via 172.16.34.3, 00:03:36, GigabitEthernet0/1
```

以上①、②、③和④输出表明路由表中带有 **O** 的路由是区域内的路由，路由表中带有 **O IA** 的路由是区域间的路由，路由表中带有 **O E2** 的路由是外部自治系统网络被重分布到 OSPF 中的路由。这就是为什么在 R4 上要用重分布，就是为了构造自治系统外部的路由。此外，在路由器 R1、R2 和 R3 上的 **O E2** 路由条目 **172.16.4.0/24** 的度量值都是 20，这是 **O E2** 路由的特征，当把外部自治系统的路由重分布到 OSPF 中时，如果不设置度量值和类型，默认度量值是 20，默认路由类型为 **O E2**。OSPF 的外部路由分为类型 1（在路由表中用代码 E1 表示）和类型 2（在路由表中用代码 E2 表示），它们计算路由度量值的方式不同。

① 类型 1（E1）：外部路径成本+数据包在 OSPF 网络所经过各链路成本。

② 类型 2（E2）：外部路径成本，即 ASBR 上的默认设置。

③ OSPF 选路原则的优先顺序如下：O > O IA > O E1 > O E2

在重分布时可以通过 **metric-type** 参数设置是类型 1 或 2，也可以通过 **metric** 参数设置外部路径成本，默认为 20。

（2）查看 OSPFv2 的链路状态数据库

```
        show ip ospf database                                //查看 OSPFv2 的链路状态数据库
        ① R1#show ip ospf database
                    OSPF Router with ID (1.1.1.1) (Process ID 1)
                            Router Link States (Area 1)        //区域 1 类型 1 的 LSA
        Link ID         ADV Router      Age         Seq#            Checksum    Link count
        1.1.1.1         1.1.1.1         456         0x80000004      0x00A9E5    3
        2.2.2.2         2.2.2.2         375         0x80000003      0x00B3A6    2
                            Summary Net Link States (Area 1)   //区域 1 类型 3 的 LSA
        Link ID         ADV Router      Age         Seq#            Checksum
        172.16.2.2      2.2.2.2         375         0x80000002      0x00A5CC
        172.16.3.3      2.2.2.2         375         0x80000002      0x002E32
        172.16.23.0     2.2.2.2         375         0x80000002      0x0065EA
        172.16.34.0     2.2.2.2         375         0x80000002      0x0089AB
                            Summary ASB Link States (Area 1)   //区域 1 类型 4 的 LSA
```

Link ID	ADV Router	Age	Seq#	Checksum	
4.4.4.4	2.2.2.2	130	0x80000002	0x00BF43	

Type-5 AS External Link States   //类型 5 的 LSA

Link ID	ADV Router	Age	Seq#	Checksum	Tag
172.16.4.0	4.4.4.4	946	0x80000002	0x0065CB	0

② R2#**show ip ospf database**

OSPF Router with ID (2.2.2.2) (Process ID 1)

Router Link States (Area 0)   //区域 0 类型 1 的 LSA

Link ID	ADV Router	Age	Seq#	Checksum	Link count
2.2.2.2	2.2.2.2	412	0x80000003	0x006208	3
3.3.3.3	3.3.3.3	246	0x80000004	0x00EE73	3

Summary Net Link States (Area 0)   //区域 0 类型 3 的 LSA

Link ID	ADV Router	Age	Seq#	Checksum
172.16.1.1	2.2.2.2	412	0x80000002	0x00580C
172.16.12.0	2.2.2.2	412	0x80000002	0x00DE7C
172.16.34.0	3.3.3.3	246	0x80000002	0x00CD73

Summary ASB Link States (Area 0)   //区域 0 类型 4 的 LSA

Link ID	ADV Router	Age	Seq#	Checksum
4.4.4.4	3.3.3.3	246	0x80000002	0x00040B

Router Link States (Area 1)   //区域 1 类型 1 的 LSA

Link ID	ADV Router	Age	Seq#	Checksum	Link count
1.1.1.1	1.1.1.1	495	0x80000004	0x00A9E5	3
2.2.2.2	2.2.2.2	416	0x80000003	0x00B3A6	2

Summary Net Link States (Area 1)   //区域 1 类型 3 的 LSA

Link ID	ADV Router	Age	Seq#	Checksum
172.16.2.2	2.2.2.2	416	0x80000002	0x00A5CC
172.16.3.3	2.2.2.2	416	0x80000002	0x002E32
172.16.23.0	2.2.2.2	416	0x80000002	0x0065EA
172.16.34.0	2.2.2.2	416	0x80000002	0x0089AB

Summary ASB Link States (Area 1)   //区域 1 类型 4 的 LSA

Link ID	ADV Router	Age	Seq#	Checksum
4.4.4.4	2.2.2.2	170	0x80000002	0x00BF43

Type-5 AS External Link States   //类型 5 的 LSA

Link ID	ADV Router	Age	Seq#	Checksum	Tag
172.16.4.0	4.4.4.4	986	0x80000002	0x0065CB	0

③ R3#**show ip ospf database**

OSPF Router with ID (3.3.3.3) (Process ID 1)

Router Link States (Area 0)   //区域 0 类型 1 的 LSA

Link ID	ADV Router	Age	Seq#	Checksum	Link count
2.2.2.2	2.2.2.2	455	0x80000003	0x006208	3
3.3.3.3	3.3.3.3	287	0x80000004	0x00EE73	3

Summary Net Link States (Area 0)   //区域 0 类型 3 的 LSA

Link ID	ADV Router	Age	Seq#	Checksum
172.16.1.1	2.2.2.2	455	0x80000002	0x00580C
172.16.12.0	2.2.2.2	455	0x80000002	0x00DE7C
172.16.34.0	3.3.3.3	287	0x80000002	0x00CD73

Summary ASB Link States (Area 0)   //区域 0 类型 4 的 LSA

Link ID	ADV Router	Age	Seq#	Checksum
4.4.4.4	3.3.3.3	287	0x80000002	0x00040B

Router Link States (Area 2)   //区域 2 类型 1 的 LSA

Link ID	ADV Router	Age	Seq#	Checksum	Link count

| 3.3.3.3 | 3.3.3.3 | 287 | 0x80000003 | 0x00CA4E | 1 |
| 4.4.4.4 | 4.4.4.4 | 214 | 0x80000002 | 0x006FA4 | 1 |

Net Link States (Area 2)   //区域 2 类型 2 的 LSA

Link ID	ADV Router	Age	Seq#	Checksum
172.16.34.3	3.3.3.3	526	0x80000001	0x0059D6

Summary Net Link States (Area 2)   //区域 2 类型 3 的 LSA

Link ID	ADV Router	Age	Seq#	Checksum
172.16.1.1	3.3.3.3	291	0x80000002	0x00D778
172.16.2.2	3.3.3.3	291	0x80000002	0x002539
172.16.3.3	3.3.3.3	291	0x80000002	0x0072F9
172.16.12.0	3.3.3.3	291	0x80000002	0x005EE8
172.16.23.0	3.3.3.3	291	0x80000002	0x004705

Type-5 AS External Link States   //类型 5 的 LSA

Link ID	ADV Router	Age	Seq#	Checksum	Tag
172.16.4.0	4.4.4.4	1027	0x80000002	0x0065CB	0

④ R4#**show ip ospf database**

OSPF Router with ID (4.4.4.4) (Process ID 1)

Router Link States (Area 2)   //区域 2 类型 1 的 LSA

Link ID	ADV Router	Age	Seq#	Checksum	Link count
3.3.3.3	3.3.3.3	347	0x80000003	0x00CA4E	2
4.4.4.4	4.4.4.4	268	0x80000002	0x006FA4	2

Net Link States (Area 2)   //区域 2 类型 2 的 LSA

Link ID	ADV Router	Age	Seq#	Checksum
172.16.34.3	3.3.3.3	526	0x80000001	0x0059D6

Summary Net Link States (Area 2)   //区域 2 类型 3 的 LSA

Link ID	ADV Router	Age	Seq#	Checksum
172.16.1.1	3.3.3.3	347	0x80000002	0x00D778
172.16.2.2	3.3.3.3	347	0x80000002	0x002539
172.16.3.3	3.3.3.3	347	0x80000002	0x0072F9
172.16.12.0	3.3.3.3	347	0x80000002	0x005EE8
172.16.23.0	3.3.3.3	347	0x80000002	0x004705

Type-5 AS External Link States   //类型 5 的 LSA

Link ID	ADV Router	Age	Seq#	Checksum	Tag
172.16.4.0	4.4.4.4	1082	0x80000002	0x0065CB	0

以上①、②、③和④输出结果包含了区域 1 的 LSA 类型 1、3、4 的链路状态信息，区域 0 的 LSA 类型 1、3、4 的链路状态信息，区域 2 的 LSA 类型 1、2、3 的链路状态信息以及 LSA 类型 5 的链路状态信息。同时看到路由器 R1 和 R2 的区域 1 的链路状态数据库完全相同，路由器 R2 和 R3 的区域 0 的链路状态数据库完全相同，路由器 R3 和 R4 的区域 2 的链路状态数据库完全相同。

（3）查看路由重分布情况

```
R4#show ip ospf
Routing Process "ospf 1" with ID 4.4.4.4
（此处省略部分输出）
  It is an autonomous system boundary router        //路由器 R4 是一台 ASBR 路由器
  Redistributing External Routes from,
    connected with metric mapped to 20, includes subnets in redistribution
//以上 2 行表明该路由器将直连路由重分布到 OSPF 进程，度量值为 20，重分布时携带子网信息
（此处省略部分输出）
```

17.3.2 实验 6：配置多区域 OSPFv3

1. 实验目的

通过本实验可以掌握：
① 启用 IPv6 路由的方法。
② 向 OSPFv3 网络注入默认路由的方法。
③ OSPFv3 多区域配置和调试的方法。
④ OSPFv3 DR 选举的方法。
⑤ OSPFv3 OE1 和 OE2 路由区别。
⑥ OSPFv3 链路状态数据库的特征和含义。
⑦ OSPFv3 LSA 的类型和特征。

2. 实验拓扑

配置多区域 OSPFv3 的实验拓扑如图 17-14 所示。

图 17-14 配置多区域 OSPFv3 的实验拓扑

3. 实验步骤

在路由器 R1 上向 OSPFv3 区域注入一条默认路由，在路由器 R4 上重分布直连路由。

（1）配置路由器 R1

```
R1(config)#ipv6 unicast-routing
R1(config)#ipv6 route::/0 serial0/0/1                     //配置 IPv6 静态默认路由
R1(config)#ipv6 router ospf 1                             //启动 OSPFv3 路由进程
R1(config-rtr)#router-id 1.1.1.1                          //定义路由器 ID，必须显式配置
R1(config-rtr)#default-information originate metric 30 metric-type 2
//向 OSPFv3 网络注入一条默认路由，初始度量值为 30，类型为 OE2
R1(config)#interface loopback 1
R1(config-if)#ipv6 address 2018:1111::1/64
R1(config-if)#ipv6 ospf 1 area 1                          //接口上启用 OSPFv3，并声明接口所在区域
R1(config-if)#ipv6 ospf network point-to-point            //修改接口 OSPFv3 网络类型
R1(config-if)#exit
R1(config)#interface Serial0/0/0
R1(config-if)#ipv6 address 2019:12::1/64
R1(config-if)#ipv6 ospf 1 area 1
```

第 17 章 OSPF

（2）配置路由器 R2

```
R2(config)#ipv6 unicast-routing
R2(config)#ipv6 router ospf 1
R2(config-rtr)#router-id 2.2.2.2
R2(config-rtr)#exit
R2(config)#interface Serial0/0/0
R2(config-if)#ipv6 address 2019:12::2/64
R2(config-if)#ipv6 ospf 1 area 1
R2(config-if)#exit
R2(config)#interface Serial0/0/1
R2(config-if)#ipv6 address 2019:23::2/64
R2(config-if)# ipv6 ospf 1 area 0
R2(config-if)#exit
```

（3）配置路由器 R3

```
R3(config)#ipv6 unicast-routing
R3(config)#ipv6 router ospf 1
R3(config-rtr)#router-id 3.3.3.3
R3(config-rtr)#exit
R3(config)#interface GigabitEthernet0/0
R3(config-if)#ipv6 address 2019:34::3/64
R3(config-if)#ipv6 ospf 1 area 2
R3(config-if)#exit
R3(config)#interface Serial0/0/1
R3(config-if)#ipv6 address 2019:23::3/64
R3(config-if)#ipv6 ospf 1 area 0
```

（4）配置路由器 R4

```
R4(config)#ipv6 unicast-routing
R4(config)#interface Loopback4
R4(config-if)#ipv6 address 2020:4444::4/64
R4(config-if)#exit
R4(config)#ipv6 router ospf 1
R4(config-rtr)#router-id 4.4.4.4
R4(config-rtr)#redistribute connected metric-type 1 metric 100    //重分布直连
R4(config)#interface GigabitEthernet0/0
R4(config-if)#ipv6 address 2019:34::4/64
R4(config-if)#ipv6 ospf 1 area 2
R4(config-if)#ipv6 ospf priority 2                                //配置接口优先级，控制 DR 选举
```

4．实验调试

（1）查看 IPv6 路由表

```
show ipv6 route                //查看 IPv6 路由表，以下各命令的输出均省略路由代码部分
① R1#show ipv6 route ospf
OI   2019:23::/64 [110/128]
        via FE80::FA72:EAFF:FE69:1C78, Serial0/0/0
OI   2019:34::/64 [110/129]
        via FE80::FA72:EAFF:FE69:1C78, Serial0/0/0
```

```
    OE1 2020:4444::/64 [110/229]
        via FE80::FA72:EAFF:FE69:1C78, Serial0/0/0
//路由度量值计算如下：初始值 100+R3 接口 G0/0 的 1+R2 接口 S0/0/1 的 64+ R1 接口 S0/0/0 的 64
    ② R2#show ipv6 route ospf
    OE2::/0 [110/30], tag 1                              //该路由 tag 值为 1
        via FE80::FA72:EAFF:FED6:F4C8, Serial0/0/0
    O   2018:1111::/64 [110/65]
        via FE80::FA72:EAFF:FED6:F4C8, Serial0/0/0
    OI  2019:34::/64 [110/65]
        via FE80::FA72:EAFF:FE69:18B8, Serial0/0/1
    OE1 2020:4444::/64 [110/165]
        via FE80::FA72:EAFF:FE69:18B8, Serial0/0/1
    ③ R3#show ipv6 route ospf
    OE2::/0 [110/30], tag 1
        via FE80::FA72:EAFF:FE69:1C78, Serial0/0/1
    OI  2018:1111::/64 [110/129]
        via FE80::FA72:EAFF:FE69:1C78, Serial0/0/1
    OI  2019:12::/64 [110/128]
        via FE80::FA72:EAFF:FE69:1C78, Serial0/0/1
    OE1 2020:4444::/64 [110/101]
        via FE80::FA72:EAFF:FEC8:4F98, GigabitEthernet0/0
    ④ R4#show ipv6 route ospf
    OE2::/0 [110/30], tag 1
        via FE80::FA72:EAFF:FE69:18B8, GigabitEthernet0/0
    OI  2018:1111::/64 [110/130]
        via FE80::FA72:EAFF:FE69:18B8, GigabitEthernet0/0
    OI  2019:12::/64 [110/129]
        via FE80::FA72:EAFF:FE69:18B8, GigabitEthernet0/0
    OI  2019:23::/64 [110/65]
        via FE80::FA72:EAFF:FE69:18B8, GigabitEthernet0/0
```

以上①、②、③和④输出表明 OSPFv3 的外部路由代码为 OE2 或 OE1，区域间路由代码为 OI，区域内路由代码为 O，OSPFv3 管理距离为 110。OE2 和 OE1 路由的区别与 OSPFv2 类似。同时 R1 向 OSPFv3 区域注入一条度量值为 30 的 OE2 默认路由。

（2）查看路由协议

```
R2#show ipv6 protocols
（此处省略部分输出）
IPv6 Routing Protocol is "ospf 1"
Router ID 2.2.2.2                                    //路由器 ID
    Area border router                               //该路由器是 ABR
    Number of areas: 2 normal, 0 stub, 0 nssa        //区域的数量和类型
    Interfaces (Area 0):
        Serial0/0/1
    Interfaces (Area 1):
        Serial0/0/0
```

以上输出表明路由器 R2 上启动的 OSPFv3 进程 ID 为 1，在 S0/0/1 和 S0/0/0 接口上启用 OSPFv3，S0/0/1 接口属于区域 0，S0/0/0 接口属于区域 1。

（3）查看 OSPFv3 链路状态数据库

```
R3#show ipv6 ospf database                           //查看 OSPFv3 链路状态数据库
```

```
OSPFv3 Router with ID (3.3.3.3) (Process ID 1)              //OSPFv3 路由器 ID 及进程 ID
              Router Link States (Area 0)                   //路由器 LSA
ADV Router      Age         Seq#          Fragment ID  Link count    Bits
2.2.2.2         1907        0x8000000E    0            1             B
3.3.3.3         1831        0x8000000D    0            1             B
           Inter Area Prefix Link States (Area 0)           //区域间前缀 LSA
ADV Router      Age         Seq#          Prefix
2.2.2.2         1063        0x80000001    2019:12::/64
2.2.2.2         1063        0x80000001    2018:1111::/64
3.3.3.3         983         0x80000001    2019:34::/64
           Inter Area Router Link States (Area 0)           //区域间路由器 LSA
ADV Router      Age         Seq#          Link ID      Dest RtrID
2.2.2.2         57          0x80000001    16843009     1.1.1.1
3.3.3.3         338         0x80000003    67372036     4.4.4.4
             Link (Type-8) Link States (Area 0)             //链路 LSA
ADV Router      Age         Seq#          Link ID      Interface
2.2.2.2         1420        0x80000008    9            Se0/0/1
3.3.3.3         1333        0x80000005    9            Se0/0/1
           Intra Area Prefix Link States (Area 0)           //区域内前缀 LSA
ADV Router      Age         Seq#          Link ID      Ref-lstype   Ref-LSID
2.2.2.2         901         0x80000006    0            0x2001       0
3.3.3.3         832         0x80000006    0            0x2001       0
              Router Link States (Area 2)                   //路由器 LSA
ADV Router      Age         Seq#          Fragment ID  Link count    Bits
3.3.3.3         340         0x8000000E    0            1             B
4.4.4.4         335         0x8000000B    0            1             E
                Net Link States (Area 2)                    //网络 LSA
ADV Router      Age         Seq#          Link ID      Rtr count
3.3.3.3         340         0x80000007    4            2
           Inter Area Prefix Link States (Area 2)           //区域间前缀 LSA
ADV Router      Age         Seq#          Prefix
3.3.3.3         973         0x80000001    2019:23::/64
3.3.3.3         973         0x80000001    2018:1111::/64
3.3.3.3         973         0x80000001    2019:12::/64
           Inter Area Router Link States (Area 2)           //区域间路由器 LSA
ADV Router      Age         Seq#          Link ID      Dest RtrID
3.3.3.3         103         0x80000001    16843009     1.1.1.1
             Link (Type-8) Link States (Area 2)
ADV Router      Age         Seq#          Link ID      Interface
3.3.3.3         1002        0x80000001    4            Gi0/0
4.4.4.4         868         0x80000003    4            Gi0/0
           Intra Area Prefix Link States (Area 2)           //链路 LSA
ADV Router      Age         Seq#          Link ID      Ref-lstype   Ref-LSID
3.3.3.3         386         0x80000007    4096         0x2002       4
             Type-5 AS External Link States                 //外部 LSA
ADV Router      Age         Seq#          Prefix
1.1.1.1         1127        0x80000001    ::/0
4.4.4.4         866         0x80000002    2020:4444::/64
```

以上输出显示了路由器 R3 的区域 0 和区域 2 的 OSPFv3 的链路状态数据库的信息。

【技术要点】

① OSPFv3 和 OSPFv2 的 LSA 的对比如表 17-4 所示。
② OSPFv3 的路由器 LSA 和网络 LSA 不携带 IPv6 地址，而是将该功能放入区域内前缀 LSA，因此路由器 LSA 和网络 LSA 只代表路由器的节点信息。
③ OSPFv3 加入了新的链路 LSA，提供了路由器链路本地地址，并列出了链路所有 IPv6 的前缀。

表 17-4 OSPFv3 和 OSPFv2 的 LSA 的对比

OSPFv3 LSA		OSPFv2 LSA	
类型代码	名称	类型代码	名称
0x2001	路由器 LSA	1	路由器 LSA
0x2002	网络 LSA	2	网络 LSA
0x2003	区域间前缀 LSA	3	网络汇总 LSA
0x2004	区域间路由器 LSA	4	ASBR 汇总 LSA
0x2005	外部 LSA	5	外部 LSA
0x2007	类型 7 LSA	7	NSSA 外部 LSA
0x2008	链路 LSA		
0x2009	区域内前缀 LSA		

（4）查看邻居信息

```
R2#show ipv6 ospf neighbor
Neighbor ID     Pri   State        Dead Time   Interface ID   Interface
3.3.3.3          1    FULL/  -      00:00:38       7           Serial0/0/1
1.1.1.1          1    FULL/  -      00:00:17       6           Serial0/0/0
```

以上输出表明路由器 R2 有 2 个 OSPFv3 的邻居并且状态为 **FULL**。

（5）查看 OSPFv3 进程信息

```
R4#show ipv6 ospf                         //查看 OSPFv3 进程信息，包括 OSPFv3 进程 ID、路由器 ID、路
由器类型、重分布信息、OSPF 区域信息以及 SPF 算法执行次数等
 Routing Process "ospfv3 1" with ID 4.4.4.4
（此处省略部分输出）
 It is an autonomous system boundary router       //ASBR 路由器
 Redistributing External Routes from,
    connected with metric 100 metric-type 1       //重分布直连
（此处省略部分输出）
 Number of external LSA 2. Checksum Sum 0x00D2B2  //外部 LSA 条数
 Number of areas in this router is 1. 1 normal 0 stub 0 nssa  //区域类型和数量
 Reference bandwidth unit is 100 mbps             //计算 Cost 值的参考带宽
    Area 2
       Number of interfaces in this area is 1
（此处省略部分输出）
```

连接网络篇

- 第18章 HDLC 和 PPP
- 第19章 分支连接
- 第20章 网络安全和监控
- 第21章 QoS

第 18 章 HDLC 和 PPP

在每个广域网连接上,数据在通过广域网链路传输之前都会封装成帧。要确保使用正确的协议,需要配置适当的二层封装类型,而协议的选择取决于 WAN 技术和通信设备。常见的广域网封装有 HDLC 和 PPP 等,本章讨论 HDLC 和 PPP,重点讨论 PPP 组件、会话过程、帧格式以及 PAP 和 CHAP 验证。

18.1 HDLC 和 PPP 概述

18.1.1 HDLC 简介

高级数据链路控制(High-Level Data Link Control,HDLC)是由国际标准化组织(ISO)开发的、面向比特的同步数据链路层协议。HDLC 采用同步串行传输,可以在两点之间提供无错通信。Cisco 的 HDLC 协议对标准的 HDLC 协议进行了扩展,包含一个用于识别封装网络协议的字段,因而解决了无法支持多协议的问题,也由此带来 Cisco 的 HDLC 封装和标准的 HDLC 封装不兼容的问题。如果链路的两端都是 Cisco 设备,使用 HDLC 封装没有问题,但如果 Cisco 设备与非 Cisco 设备进行连接,应使用 PPP 协议。HDLC 不能提供验证,缺少了对链路的安全保护。Cisco HDLC 是 Cisco 设备在同步串行线路上使用的默认封装方法。标准 HDLC 和 Cisco HDLC 帧格式如图 18-1 所示,各字段的含义如下所述。

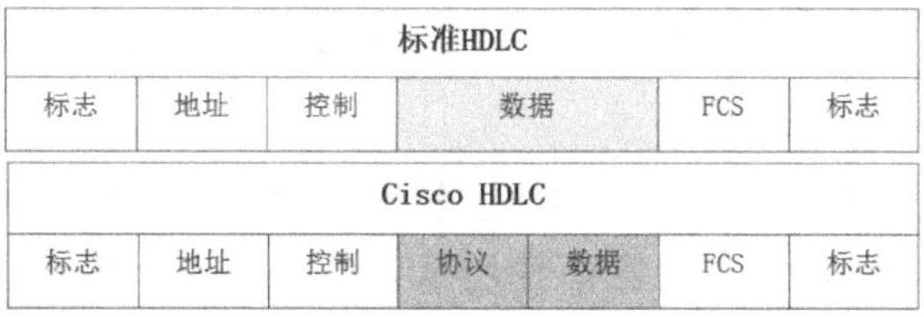

标准HDLC					
标志	地址	控制	数据	FCS	标志

Cisco HDLC						
标志	地址	控制	协议	数据	FCS	标志

图 18-1 标准 HDLC 和 Cisco HDLC 帧格式

① 标志:帧定界符,用 01111110 标识帧的起始和终止位置。

② 地址:包含从站的 HDLC 地址。该地址可以是一个特定的地址、一个组地址或者一个广播地址,如 0x0f、0x8f。

③ 控制:有 3 种不同格式,取决于所用 HDLC 帧的类型是信息帧、监察帧还是无编号帧。

④ 协议:仅用于 Cisco HDLC,此字段指定帧内封装的协议类型,例如,使用 0x0800 表示 IP 协议,0x86dd 表示 IPv6 协议。

⑤ 数据:可以是任意的二进制比特串。

⑥ 帧校验序列(Frame Check Sequence,FCS):位于终止定界符前面,通常是循环冗余

校验（Cyclic Redundancy Check，CRC）计算结果的余数。

18.1.2 PPP 组件和会话过程

和 HDLC 一样，点到点协议（Point to Point Protocol，PPP）也是串行线路上（同步电路或者异步电路）的一种帧封装协议，但是 PPP 可以提供对多种网络层协议的支持。PPP 为不同厂商的设备互连提供了可能，并且支持链路验证、多链路捆绑、回拨、压缩和链路质量管理等功能。PPP 包含以下 3 个主要组件。

① 用于在点对点链路上传输种协议类型的数据包，类似于 HDLC 的成帧方式。

② 用于建立、配置和测试数据链路连接的可扩展链路控制协议（Link Control Protocol，LCP）。

③ 用于建立和配置各种网络层协议的一系列网络控制协议（Network Control Protocol，NCP）。最常见的 NCP 有 IPv4 控制协议和 IPv6 控制协议。

PPP 分层架构如图 18-2 所示，由物理层（可以使用同步介质或者异步介质）、LCP 和 NCP 构成。

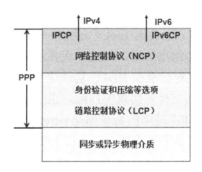

图 18-2　PPP 分层架构

一次完整的 PPP 会话过程包括 4 个阶段：链路建立阶段、确定链路质量阶段、网络层控制协议协商阶段和链路终止阶段。

① 链路建立阶段：PPP 通信双方用链路控制协议交换配置信息，一旦配置信息交换成功，链路即宣告建立。配置信息通常都使用默认值，只有不依赖于网络控制协议的配置选项才在此时由链路控制协议配置。值得注意的是，在链路建立的过程中，任何非链路控制协议的包都会被没有任何通告地丢弃。

② 链路质量确定阶段：链路控制协议负责测试链路的质量是否能承载网络层的协议。在这个阶段中，链路质量测试是 PPP 协议提供的一个可选项，也可不执行。同时，如果用户选择了 PPP 验证协议，验证的过程将在这个阶段完成。PPP 支持 2 种验证协议：密码验证协议（Password Authentication Protocol，PAP）和质询握手验证协议（Challenge Handshake Authentication Protocol，CHAP）。

③ 网络层控制协议协商阶段：PPP 会话双方完成上述两个阶段的操作后，开始使用相应的网络层控制协议配置网络层的协议，如 IP 和 IPv6 等。

④ 链路终止阶段：链路控制协议用交换链路终止包的方法终止链路。引起链路终止的原因很多，有载波丢失、验证失败、空闲周期定时器期满或管理员关闭链路等。

18.1.3 PPP 帧结构

PPP 帧结构如图 18-3 所示，包含 6 个字段，各字段含义如下所述。

图 18-3 PPP 帧结构

① 标志（8 比特）：表示帧的开头或结尾，由二进制序列 **01111110** 组成。
② 地址（8 比特）：由标准广播地址（0xFF）组成。
③ 控制（8 比特）：由二进制序列 00000011 构成，要求以不排序的帧传输用户数据。
④ 协议（16 比特）：用于标识帧的数据字段中封装的协议，如 LCP 的协议字段值为 0xc021，IPCP 的协议字段值为 0x8021，IPv6CP 的协议字段值为 0x8057，CDPCP 的协议字段值为 0x8207，IP 的协议字段值为 0x0021，IPv6 的协议字段值为 0x0057。
⑤ 数据：0 字节或多字节，包含协议字段中指定协议的数据包。
⑥ 帧校验序列（FCS，8 比特）：如果接收方计算的 FCS 与 PPP 帧中的 FCS 不一致，则该 PPP 帧将被丢弃且不会给出任何提示。

18.1.4 LCP 操作和 NCP 操作

LCP 操作包括对链路创建、链路维护和链路切断的策略控制。

1. 链路建立

在链路建立过程中，LCP 打开连接并协商配置参数。链路建立过程的第一步是发起方设备向响应方发送 Configure-Request 帧。Configure-Request 帧包括需要在该链路上设置的各种配置选项。响应方按照如下方式方处理请求：

① 如果选项不可接受或无法识别，那么响应方将会发送 Configure-Nak 或 Configure-Reject 消息。如果发生这种情况且协商失败，发起方必须使用新的选项重新启动链路协商流程。

② 如果选项可以接受，响应方会回复 Configure-Ack 消息，然后进入身份验证阶段（如果需要）。接下来链路的操作交给 NCP 处理。当 NCP 完成所有必要的配置后，可以使用该链路进行数据传输。在数据交换期间，LCP 过渡到链路维护阶段。

2. 链路维护

在链路维护期间，LCP 可以使用以下消息来测试链路并提供反馈。
① 测试链路：Echo-Request、Echo-Reply 和 Discard-Request 消息。
② 提供反馈：Code-Reject 和 Protocol-Reject 消息。当设备收到无效帧时，发送设备将重新发送数据包。

3. 链路切断

在网络层完成数据传输之后，LCP 会切断链路。NCP 仅切断网络层和 NCP 链路。LCP

链路始终处于打开状态,直到 LCP 切断链路为止。如果 LCP 在 NCP 之前切断链路,则 NCP 会话也会终止。

PPP 可以随时切断该链路。发生切断可能是因为载波丢失、身份验证失败、链路质量故障、空闲计时器超时或人为因素。LCP 通过交换 Terminate 数据包切断链路。发起切断连接的设备发送 Terminate-Request 消息,其他设备则以 Terminate-ACK 作出响应。在切断链路时,PPP 会通知网络层协议采取相应的操作。

在 LCP 链路建立之后,将会调用相应的 NCP 来配置要使用的网络层协议。在 NCP 成功配置网络层协议之后,在已建立的 LCP 链路上,网络协议将处于开启状态。此时 PPP 可以传输相应的网络层协议数据包。

18.1.5 PPP 身份验证协议

PPP 身份验证协议如图 18-4 所示,该协议包括 PAP 和 CHAP 两个协议。

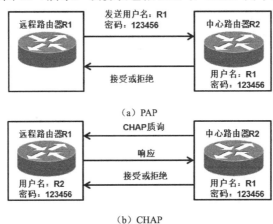

图 18-4 PPP 身份验证协议

1. PAP（Password Authentication Protocol,密码验证协议）

利用 2 次握手的简单方法进行身份验证。在 PPP 链路建立完毕后,被验证方不停地在链路上反复发送用户名和密码,直到验证通过。PAP 在验证过程中,密码在链路上是以明文传输的,而且由于是被验证方控制验证重试频率和次数的,因此 PAP 不能防范再生攻击和重复的尝试攻击。尽管如此,PAP 仍可用于以下情形:

① 当系统中安装了大量不支持 CHAP 的客户端应用程序时。
② 当不同供应商实现的 CHAP 互不兼容时。
③ 当主机远程登录必须使用纯文本口令时。

2. CHAP（Challenge Handshake Authentication Protocol,质询握手验证协议）

利用 3 次握手周期性地验证远程节点的身份。CHAP 定期执行消息询问,以确保远程节点仍然拥有有效的口令值。口令值是个变量,在链路存在时该值不断改变,并且这种改变是不可预知的。本地路由器或第三方身份验证服务器控制着发送询问信息的频率和时机,CHAP 不允许连接发起方在没有收到询问消息的情况下进行验证尝试,这使得链路更为安全。CHAP

每次使用不同的询问消息，每个消息都是不可预测的唯一的值，CHAP 不直接传送密码，只传送一个不可预测的询问消息，以及该询问消息与密码经过 MD5 运算后的 Hash 值。所以 CHAP 可以防止再生攻击，CHAP 的安全性比 PAP 要高。

18.2 配置 PPP

18.2.1 实验 1：配置 PPP 封装

1. 实验目的

通过本实验可以掌握：
① 串行链路上的封装概念。
② 配置 HDLC 封装的方法。
③ 配置 PPP 封装的方法。

2. 实验拓扑

配置 PPP 封装的实验拓扑如图 18-5 所示。

图 18-5　配置 PPP 封装的实验拓扑

3. 实验步骤

（1）配置 HDLC 封装

① 配置路由器 R1。

```
R1(config)#interface Serial0/0/0
R1(config-if)#ip address 172.16.12.1 255.255.255.0
R1(config-if)#no shutdown
```

② 配置路由器 R1。

```
R2(config)# interface Serial0/0/0
R2(config-if)#ip address 172.16.12.2 255.255.255.0
R2(config-if)#no shutdown
```

③ 查看路由器串行接口的信息。

```
R1#show   interface serial0/0/0        //查看路由器串行接口的信息。
Serial0/0/0 is up, line protocol is up
  Hardware is WIC MBRD Serial          //接口硬件类型
  Internet address is 172.16.12.1/24   //接口 IP 地址
  MTU 1500 bytes, BW 1544 Kbit/sec, DLY 20000 usec,   //MTU、带宽、延时
     reliability 255/255, txload 1/255,  rxload 1/255    //可靠性、负载
  Encapsulation HDLC, loopback not set  //Cisco 路由器串行接口的默认封装协议为 HDLC
  （此处省略部分输出）
```

【技术要点】

串行接口常见的几种状态如下所述：
① Serial0/0/0 is up, line protocol is up   //物理层和数据链路层正常工作
② Serial0/0/0 is administratively down, line protocol is down
//没有开启该接口，执行 no shutdown 可以开启接口
③ Serial0/0/0 is up, line protocol is down   //物理层正常，数据链路层有问题，通常是因为没有配置时钟、两端封装不匹配、PPP 验证错误等原因
④ Serial0/0/0 is down, line protocol is down
//物理层发生故障，通常是连线问题或者板卡故障

（2）配置 PPP 封装

配置路由器 R1。

```
R1(config)#interface Serial0/0/0
R1(config-if)#encapsulation ppp     //配置 PPP 封装
R1(config-if)#compress stac   //使用 Stacker (LZS) 压缩算法
R1(config-if)#ppp quality 80   //指定链路质量阈值
```

【技术要点】

① 通过 PPP 压缩功能可以增加 PPP 链路的有效吞吐量。该协议将在帧到达目的地后将帧解压缩。Cisco 路由器支持 Stacker 和 Predictor 2 种压缩协议。

② PPP 链路质量监控（Link Quality Monitoring，LQM）用于确保链路满足您设定的质量要求，否则链路将关闭。百分比是针对入站和出站两个方向分别计算的。出站链路质量的计算方法是将已发送的数据包及字节总数与目的节点接收的数据包及字节总数进行比较。入站链路质量的计算方法是将已收到的数据包及字节总数与源节点发送的数据包及字节总数进行比较。默认情况下，LQM 发送周期为 10 秒。

③ 配置路由器 R2。

```
R2(config)# interface Serial0/0/0
R2(config-if)#encapsulation ppp
R2(config-if)#compress stac
R2(config-if)#ppp quality 80
R2(config-if)#no shutdown
```

4. 实验调试

（1）查看接口状态和封装方式

```
R1#show interfaces serial 0/0/0
Serial0/0/0 is up, line protocol is up
  Hardware is WIC MBRD Serial
  Internet address is 172.16.12.1/24
  MTU 1500 bytes, BW 1544 Kbit/sec, DLY 20000 usec,
     reliability 255/255, txload 1/255, rxload 1/255
  Encapsulation PPP, LCP Open           //接口为 PPP 封装，LCP 状态为 Open
  Open: IPCP, CCP,    loopback not set
```

//IPCP、压缩控制协议(CCP,Compression Control Protocol)开启
（此处省略部分输出）

（2）配置 PPP 封装

把图 18-5 中 R1 的 S0/0/0 接口地址改为 1.1.1.1/24，把 R2 的 S0/0/0 接口地址改为 2.2.2.2/24，然后将接口封装为 PPP，配置如下：

```
R1(config)#interface Serial0/0/0
R1(config-if)#ip address 1.1.1.1 255.255.255.0
R1(config-if)#encapsulation ppp

R2(config)#interface Serial0/0/0
R2(config-if)#ip address 2.2.2.2 255.255.255.0
R2(config-if)#encapsulation ppp
```

在路由器 R1 和 R2 上分别查看路由表，显示如下：

① **R1#show ip route connected**

```
     1.0.0.0/8 is variably subnetted, 2 subnets, 2 masks
C       1.1.1.0/24 is directly connected, Serial0/0/0
L       1.1.1.1/32 is directly connected, Serial0/0/0
     2.0.0.0/32 is subnetted, 1 subnets
C       2.2.2.2 is directly connected, Serial0/0/0
```

② R2#show ip route connected

```
     1.0.0.0/32 is subnetted, 1 subnets
C       1.1.1.1 is directly connected, Serial0/0/0
     2.0.0.0/8 is variably subnetted, 2 subnets, 2 masks
C       2.2.2.0/24 is directly connected, Serial0/0/0
L       2.2.2.2/32 is directly connected, Serial0/0/0
```

以上①和②输出表明接口被封装成 PPP 后，在路由器本地路由表中会产生一条到对方接口地址的主机路由，这是 PPP 封装的特性，此时在路由器 R1 上 ping R2 的 S0/0/0 接口地址，结果是通的，显示如下：

```
R1#ping 2.2.2.2
Type escape sequence to abort.
Sending 5, 100-byte ICMP Echos to 2.2.2.2, timeout is 2 seconds:
!!!!!
Success rate is 100 percent (5/5), round-trip min/avg/max = 12/15/16 ms
```

18.2.2　实验 2：配置 PAP 验证

1. 实验目的

通过本实验可以掌握：
① PAP 验证工作原理。
② PAP 验证配置和调试方法。

2. 实验拓扑

实验拓扑如图 18-5 所示。

3. 实验步骤

本实验中路由器 R1 被配置为被验证方，被路由器 R2 验证方验证，即单向验证。

（1）配置路由器 R1

```
R1(config)#interface Serial0/0/0
R1(config-if)#ip address 172.16.12.1 255.255.255.0
R1(config-if)#encapsulation ppp
R1(config-if)#ppp pap sent-username R1 password cisco
//配置将要发送的 PAP 验证的用户名和密码
R1(config-if)#no shutdown
```

（2）配置路由器 R2

```
R2(config)#username R1 password cisco      //建立本地验证数据库
R2(config)#interface Serial0/0/0
R2(config-if)#ip address 172.16.12.2 255.255.255.0
R2(config-if)#encapsulation ppp
R2(config-if)#ppp authentication pap       //配置 PAP 验证
R2(config-if)#no shutdown
```

4. 实验调试

（1）查看 PPP 验证过程

```
R2#debug ppp authentication    //查看 PPP 验证过程
PPP authentication debugging is on
*Nov 26 04:47:33.807: Se0/0/0 PPP: Using default call direction
*Nov 26 04:47:33.807: Se0/0/0 PPP: Treating connection as a dedicated line
//连接被视为专线
*Nov 26 04:47:33.807: Se0/0/0 PPP: Session handle[6000046] Session id[70]   //PPP 会话信息
*Nov 26 04:47:33.831: Se0/0/0 PAP: I AUTH-REQ id 1 len 22 from "R1"
//收到用户名 R1 发送的 id 为 1，长度为 22 的验证请求，I 表示 IN
*Nov 26 04:47:33.831: Se0/0/0 PAP: Authenticating peer R1    //开始验证对端
*Nov 26 04:47:33.831: Se0/0/0 PPP: Sent PAP LOGIN Request    //发送 PAP 登录请求
*Nov 26 04:47:33.835: Se0/0/0 PPP: Received LOGIN Response PASS    //收到的登录响应通过信息
*Nov 26 04:47:33.835: Se0/0/0 PAP: O AUTH-ACK id 1 len 5
  //发送 id 为 1，长度为 5 的验证确认，O 表示 out
*Nov 26 04:47:33.835: %LINEPROTO-5-UPDOWN: Line protocol on Interface Serial0/0/0, changed state to up    //PAP 验证通过，线性协议 up，接口处于正常工作状态
```

以上输出表明 PAP 验证采用 2 次握手。

（2）验证失败的例子

如果在 R2 上没有配置本地验证数据库，或者用户名或密码错误，则会导致验证失败。下面是由于本地数据库没有配置用户名和密码而导致验证失败的例子，调试信息如下：

```
*Nov 27 01:55:14.023: Se0/0/0 PPP: Using default call direction
*Nov 27 01:55:14.023: Se0/0/0 PPP: Treating connection as a dedicated line
*Nov 27 01:55:14.023: Se0/0/0 PPP: Session handle[F000002] Session id[2]
*Nov 27 01:55:14.051: Se0/0/0 PAP: I AUTH-REQ id 1 len 19 from "R1"
*Nov 27 01:55:14.051: Se0/0/0 PAP: Authenticating peer R1
*Nov 27 01:55:14.051: Se0/0/0 PPP: Sent PAP LOGIN Request
*Nov 27 01:55:14.051: Se0/0/0 PPP: Received LOGIN Response FAIL    //收到的登录响应失败信息
```

*Nov 27 01:55:14.051: Sc0/0/0 PAP: **O AUTII-NAK** id 1 len 26 msg is "**Authentication failed**"
//发送 id 为 1，长度为 26 的验证非确认的消息，消息内容是验证失败（**Authentication failed**）

18.2.3 实验 3: 配置 CHAP 验证

1. 实验目的

通过本实验可以掌握：
① CHAP 验证工作原理。
② CHAP 验证配置和调试方法。

2. 实验拓扑

实验拓扑如图 18-5 所示。

3. 实验步骤

本实验实现路由器 R1 通过 CHAP 单向验证 R2。

（1）配置路由器 R1

```
R1(config)#username  R2   password cisco
R1(config)#interface Serial0/0/0
R1(config-if)#ip address 172.16.12.1 255.255.255.0
R1(config-if)#encapsulation ppp
R1(config-if)#ppp authentication chap    //配置 CHAP 验证
R1(config-if)#no shutdown
```

（2）配置路由器 R2

```
R2(config)#username  R1   password cisco
R2(config)#interface Serial0/0/0
R2(config-if)#ip address 172.16.12.2 255.255.255.0
R2(config-if)#encapsulation ppp
R2(config-if)#no shutdown
```

【技术要点】

① CHAP 验证配置时默认要求用户名为对方路由器名，而双方验证密码必须一致。
② 在 PAP 和 CHAP 验证过程中，密码是大小写敏感的。

4. 实验调试

（1）CHAP 验证

```
R1#debug ppp authentication
PPP authentication debugging is on
*Nov 27 04:55:02.679: Se0/0/0 PPP: Using default call direction
*Nov 27 04:55:02.679: Se0/0/0 PPP: Treating connection as a dedicated line
*Nov 27 04:55:02.679: Se0/0/0 PPP: Session handle[A100004F] Session id[79]
*Nov 27 04:55:02.687: Se0/0/0 CHAP: O CHALLENGE id 1 len 29 from "R1"
```
//从路由器 R1 发出的 id 为 1，长度为 29 的质询，O 代表 out

```
*Nov 27 04:55:02.711: Se0/0/0 CHAP: I RESPONSE id 1 len 29 from "R2"
// R2 路由器接收到的 id 为 1，长度为 29 的响应，I 表示 IN
*Nov 27 04:55:02.711: Se0/0/0 PPP: Sent CHAP LOGIN Request    //发送 CHAP 登录请求
*Nov 27 04:55:02.711: Se0/0/0 PPP: Received LOGIN Response PASS    //收到登录响应通过消息
*Nov 27 04:55:02.711: Se0/0/0 CHAP: O SUCCESS id 1 len 4
//从路由器 R1 发出的 id 为 1，长度为 4 的验证成功信息
*Nov 27 04:55:02.711: %LINEPROTO-5-UPDOWN: Line protocol on Interface Serial0/0/0, changed
state to up    //CHAP 验证通过，线性协议 up，接口处于正常工作状态
```

以上输出表明 CHAP 验证采用 3 次握手。

（2）验证失败的例子

如果在路由器 R1 上配置本地验证数据库的用户名或密码错误，则会导致验证失败。下面是由于 R1 本地数据库配置用户名对应的密码与路由器 R2 配置的用户名对应的密码不一致而导致验证失败的例子，路由器 R1 调试信息如下：

```
*Nov 22 02:36:59.911: Se0/0/0 PPP: Using default call direction
*Nov 22 02:36:59.911: Se0/0/0 PPP: Treating connection as a dedicated line
*Nov 22 02:36:59.911: Se0/0/0 PPP: Session handle[84000048] Session id[85]
*Nov 22 02:36:59.927: Se0/0/0 CHAP: O CHALLENGE id 1 len 29 from "R1"
*Nov 22 02:36:59.943: Se0/0/0 CHAP: I RESPONSE id 1 len 29 from "R2"
*Nov 22 02:36:59.943: Se0/0/0 PPP: Sent CHAP LOGIN Request
*Nov 22 02:36:59.943: Se0/0/0 PPP: Received LOGIN Response FAIL    //收到登录响应失败消息
*Nov 22 02:36:59.943: Se0/0/0 CHAP: O FAILURE id 1 len 25 msg is "Authentication failed"
//发送 id 为 1、长度为 25 的验证失败（Authentication failed）消息
```

18.2.4 实验 4：配置 PPP Multilink

1. 实验目的

通过本实验可以掌握：
① PPP Multilink 工作原理。
② PPP Multilink 配置和调试方法。

2. 实验拓扑

配置 PPP Multilink 的实验拓扑如图 18-6 所示。

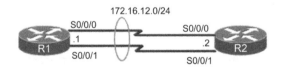

图 18-6 配置 PPP Multilink 的实验拓扑

3. 实验步骤

（1）配置路由器 R1

```
R1(config)#interface Serial0/0/0
```

```
R1(config-if)#encapsulation ppp        //接口封装 PPP
R1(config-if)#ppp multilink            //接口启用多链路 PPP
R1(config-if)#ppp multilink group 1    //接口分配到多链路组
R1(config-if)#no shutdown
R1(config-if)#exit
R1(config)#interface Serial0/0/1
R1(config-if)#encapsulation ppp
R1(config-if)#ppp multilink
R1(config-if)#ppp multilink group 1
R1(config-if)#no shutdown
R1(config-if)#exit
R1(config)#interface Multilink 1       //创建多链路接口
R1(config-if)#ip address 172.16.12.1 255.255.255.0
R1(config-if)#ppp multilink
R1(config-if)#ppp multilink group 1    //多链路组编号
```

（2）配置路由器 R2

```
R2(config)#interface Serial0/0/0
R2(config-if)#encapsulation ppp
R2(config-if)#ppp multilink
R2(config-if)#ppp multilink group 1
R2(config-if)#no shutdown
R2(config-if)#exit
R2(config)#interface Serial0/0/1
R2(config-if)#encapsulation ppp
R2(config-if)#ppp multilink
R2(config-if)#ppp multilink group 1
R2(config-if)#no shutdown
R2(config-if)#exit
R2(config)#interface Multilink1
R2(config-if)#ip address 172.16.12.2 255.255.255.0
R2(config-if)#ppp multilink
R2(config-if)#ppp multilink group 1
```

【技术要点】

多链路 PPP（也称为 MP、MPPP、MLP 或多链路）提供在多个物理串行链路上传输数据流量的方法。多链路 PPP 还提供数据包分段和重组、正确定序、多供应商互操作性以及入站和出站流量的负载均衡功能。

4．实验调试

（1）查看 PPP 多链路信息

```
R1#show ppp multilink         //查看 PPP 多链路信息
Multilink1   //多链路接口 1
  Bundle name: R2    //绑定名，对端路由器的主机名
  Remote Endpoint Discriminator: [1] R2    //远端标识符
  Local Endpoint Discriminator: [1] R1     //本端标识符
  Bundle up for 00:10:05, total bandwidth 3088, load 1/255
//绑定时间、总的带宽（1.544×2=3.088 Mbps）和负载
```

```
        Receive buffer limit 24000 bytes, frag timeout 1000 ms
        //接收缓冲区限制和分片超时时间
            0/0 fragments/bytes in reassembly list    //分片数量和大小
            0 lost fragments, 0 reordered
            0/0 discarded fragments/bytes, 0 lost received
            0x16 received sequence, 0x16 sent sequence
        Member links: 2 active, 0 inactive (max not set, min not set)    //链路成员及状态
            Se0/0/0, since 00:10:05    //成员端口及绑定时间
            Se0/0/1, since 00:10:00
        No inactive multilink interfaces    //没有非活跃多链路成员接口
```

（2）查看多链路接口信息

```
    R1#show interfaces multilink 1    //查看多链路接口信息
    Multilink1 is up, line protocol is up    //多链路接口正常
        Hardware is multilink group interface    //硬件是多链路组接口
        Internet address is 172.16.12.1/24
        MTU 1500 bytes, BW 3088 Kbit, DLY 100000 usec,
            reliability 255/255, txload 1/255, rxload 1/255
        Encapsulation PPP, LCP Open, multilink Open    //多链路 Open
        Open: IPCP, CDPCP, loopback not set
    （此处省略部分输出）
```

（3）查看多链路路由信息

```
    R1 #show ip route connected
            172.16.0.0/16 is variably subnetted, 3 subnets, 2 masks
    C         172.16.12.0/24 is directly connected, Multilink1
    L         172.16.12.1/32 is directly connected, Multilink1
    C         172.16.12.2/32 is directly connected, Multilink1
```

（4）测试连通性

```
    R1#ping 172.16.12.2
    Type escape sequence to abort.
    Sending 5, 100-byte ICMP Echos to 172.16.12.2, timeout is 2 seconds:
    !!!!!
    Success rate is 100 percent (5/5), round-trip min/avg/max = 16/31/52 ms
```

第19章 分支连接

宽带传输可由包括 DSL、FTTX、同轴电缆系统、无线和卫星通信在内的各种技术提供，其解决方案能够为远程工作人员提供到企业站点和 Internet 的高速连接。PPPoE 技术可以在以太网上传输 PPP 的帧，可以满足 ISP 侧重的 PPP 的身份验证、计费和链路管理功能以及用户对以太网连接的易用性和偏爱性。VPN 利用 IPSec 在公共网络上创建专用隧道，进而可以提高 Internet 上数据传输的安全性。GRE 可以在 IP 隧道内封装各种协议数据包。BGP 是自治系统之间使用的路由协议。本章讨论 Internet 连接技术、PPPoE、GRE、IPSec VPN 以及 BGP 的基本原理和配置实现。

19.1 远程连接概述

19.1.1 公共 WAN 基础设施远程连接

远程工作者要连接到企业站点，首先要通过宽带连接到 Internet，国内的 ISP 提供多种方式的宽带接入。用户在选择时，应考虑每种宽带类型的优点和缺点，其中可能包括成本、速度、安全性以及实施或安装的难易度。

① DSL：数字用户线（Digital Subscriber Line），是一种能够通过普通电话线提供宽带数据业务的技术，分为非对称 DSL（Asymmetric Digital Subscriber Line，ADSL）和对称 DSL（Symmetric Digital Subscriber Line，SDSL）。ADSL 为用户提供的下行带宽比上行带宽要宽，而 SDSL 提供的上行带宽和下行带宽相同。DSL 的不同变体支持不同带宽，传输速率取决于本地环路的实际长度以及环路布线的类型和状况。比如要让 ADSL 服务满足要求，环路距离必须短于 5.46 千米。

② 电缆：由有线电视服务提供商提供的一种连接方式，电缆系统使用在网络之间传输射频（Radio Frequency，RF）信号的同轴电缆。现代电缆系统为客户提供先进的电信服务，包括高速 Internet 接入、数字有线电视以及住宅电话服务。电缆调制解调器（Cable Modem）将 Internet 信号与该电缆承载的其他信号分离，并提供与计算机或 LAN 的以太网连接。由于采用共享结构，随着用户的增多，个人用户的接入速率会有所下降，安全保密性也欠佳。

③ FTTX：是以光纤为传输媒介，为家庭和企业等终端用户提供接入到电信局端的服务。FTTX 包括 FTTH、FTTO、FTTB 和 FTTC。

- FTTH：Fiber To The Home，光纤直接到家庭；
- FTTO：Fiber To The Office，光纤到办公室；
- FTTB：Fiber To The Building，光纤到大楼；
- FTTC：Fiber To The Curb，光纤到路边。

④ 无线：采用无线技术使用免授权的无线频段收发数据，包括 WiFi、WiMax 和卫星等。

⑤ 蜂窝网络：移动客户端使用无线电波通过附近运营商的基站进行通信。随着 3G/4G 技术的广泛使用，蜂窝网络速度不断提高。蜂窝宽带接入包含的标准有 cdma2000、WCDMA、TD-CDMA、TD-LTE 和 FDD-LTE 等。

⑥ 虚拟专用网络：当远程工作人员或远程办公室员工使用宽带服务通过互联网接入公司网络时，会带来一定的安全风险。使用虚拟专用网络（Virtual Private Network，VPN）技术可以解决网络访问的安全问题。VPN 是公共网络（如互联网）上多个专用网络之间的加密连接技术，是企业网络在互联网上的延伸。

19.1.2　专用 WAN 基础设施远程连接

① 租用线路（Leased Line）：是从 ISP 租用的在客户站点和 ISP 的广域网之间或者在客户的两个站点之间永久的通信电路。因为提供专用永久性服务，通常被称为专线，而用租用线路构建的广域网通常称为专用 WAN。租用线路一般按月支付费用，通常比较昂贵。

② 综合业务数字网络（Integrated Services Digital Network，ISDN）：是一种电路交换技术，能够让公共交换电话网络（Public Switched Telephone Network，PSTN）本地环路传输数字信号，从而实现更高容量的交换连接。ISDN 接口有基本速率接口（Basic Rate Interface，BRI）和主速率接口（Primary Rate Interface，PRI）2 种。其中目前使用较多的是 PRI，在北美可以提供 23B 信道+1D 信道，总比特率可达 1.544 Mbps；在欧洲、澳大利亚和世界其他地区，可以提供 30B 信道+1D 信道，总比特率可达 2.048 Mbps。借助于 PRI ISDN 两个端点之间可以实现 VoIP、视频会议和无延时、无抖动的高带宽连接。

③ 以太网 WAN：现在运营商通过光纤布线提供以太网 WAN 服务。以太网 WAN 服务曾有过许多名称，包括城域以太网（MetroE）、MPLS 以太网（Ethernet over MPLS，EoMPLS）和虚拟专用 LAN 服务（Virtual Private Lan Service，VPLS）。目前以太网 WAN 已经得到普及和应用，而传统的帧中继（Frame Relay）和异步传输模式（Asynchronous Transfer Mode，ATM）WAN 链路基本很少使用了。

④ 甚小口径终端（Very Small Aperture Terminal，VSAT）：一种利用卫星通信创建专用 WAN 的解决方案。VSAT 是一个小型卫星天线，类似于家庭互联网和电视使用的天线。VSAT 创建专用 WAN，同时提供到远程位置的连接。

⑤ 多协议标签交换（MPLS）：一种运营商技术，目前用的最多的是 MPLS VPN 技术。MPLS VPN 是指采用 MPLS 技术在骨干宽带 IP 网络上构建企业 IP 专网，实现跨地域、安全、高速、可靠的数据、语音、图像多业务通信，并结合 QoS 服务、流量工程等相关技术，将公众网可靠的性能、良好的扩展性、丰富的功能与专用网的安全、灵活、高效结合在一起。

19.2　PPPoE 概述

19.2.1　PPPoE 简介

运营商希望通过同一台接入设备来连接远程的多台主机，同时接入设备能够提供访问控制和计费功能。在众多的接入技术中，把多台主机连接到接入设备的最经济的方法就是以太网，而 PPP 协议可以提供良好的访问控制和计费功能，于是产生了在以太网上传输 PPP 数据包的技术，即 PPPoE（PPP over Ethernet）。PPPoE 通过以太网连接创建 PPP 隧道，利用以太网将大量主机组成网络，通过远端接入设备连入 Internet，并运用 PPP 协议对接入的每台主机进行控制，具有适用范围广、安全性高、计费方便的特点。PPPoE 技术解决了用户上网收费等实际应用问题，得到了宽带接入运营商的认可并被广泛应用。

19.2.2 PPPoE 数据包类型

数据包 PPPoE 通过以下 5 种类型的数据包来建立和终结 PPPoE 会话。

① 发现初始（PPPoE Active Discovery Initiation，PADI）数据包：用户主机发向 PPPoE 服务器的探测数据包，目的 MAC 地址为广播地址。

② 发现提供（PPPoE Active Discovery Offer，PADO）数据包：PPPoE 服务器收到 PADI 数据包之后的回应数据包，目的 MAC 地址为客户端主机的 MAC 地址。

③ 发现请求（PPPoE Active Discovery Request，PADR）数据包：用户主机收到 PPPoE 服务器回应的 PADO 数据包后，单播发起的请求数据包，目的地址为此用户选定的 PPPoE 服务器的 MAC 地址。

④ 会话确认（PPPoE Active Discovery Session Confirmation，PADS）数据包：PPPoE 服务器分配一个唯一的会话进程 ID，并通过 PADS 数据包发送给主机。

⑤ 发现终止（PPPoE Active Discovery Terminate，PADT）数据包：当用户或者服务器需要终止 PPPoE 会话时，可以发送 PADT 数据包。

19.2.3 PPPoE 会话建立过程

PPPoE 会话建立过程可分为 3 个阶段，即发现（Discovery）阶段、会话（Session）阶段和终止（Terminate）阶段，PPPoE 会话建立过程如图 19-1 所示。

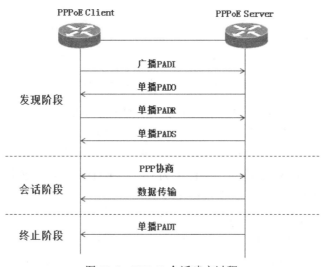

图 19-1 PPPoE 会话建立过程

1. 发现（Discovery）阶段

① PPPoE Client 广播发送一个 PADI 数据包，在此数据包中包含 PPPoE Client 想要得到

的服务类型信息。

② 所有的 PPPoE Server 收到 PADI 数据包之后,将其中请求的服务与自己能够提供的服务进行比较,如果可以提供,则单播回复一个 PADO 数据包。

③ 根据网络的拓扑结构,PPPoE Client 可能收到多个 PPPoE Server 发送的 PADO 数据包,PPPoE Client 选择最先收到的 PADO 数据包对应的 PPPoE Server 作为自己的 PPPoE Server,并单播发送一个 PADR 数据包。

④ PPPoE Server 产生一个唯一的会话 ID(Session ID),标识和 PPPoE Client 的这个会话,通过发送一个 PADS 数据包,把会话 ID 发送给 PPPoE Client,会话建立成功后便进入 PPPoE 会话阶段。

完成上述 4 个步骤后,PPPoE Server 和 PPPoE Client 通信双方都会知道 PPPoE 的会话 ID 以及对方以太网 MAC 地址,它们共同确定了唯一的 PPPoE 会话。

2. 会话(Session)阶段

PPPoE 会话中的 PPP 协商和普通的 PPP 协商方式一致。PPPoE 会话的 PPP 协商成功后,就可以承载 PPP 数据包。在 PPPoE 会话阶段所有的以太网数据包都是单播发送的。

3. 终止(Terminate)阶段

进入 PPPoE 会话阶段后,PPPoE Client 和 PPPoE Server 都可以通过发送 PADT 数据包给对方的方式来结束 PPPoE 连接。PADT 数据包可以在会话建立以后的任意时刻单播发送。在发送或接收到 PADT 后,就不允许再使用该会话发送 PPP 数据流量了。

在 PPPoE 的发现阶段以太网帧的类型字段值为 0x8863,而在 PPPoE 的会话阶段以太网帧的类型字段值为 0x8864。PPPoE 数据包格式如图 19-2 所示,各字段的含义如下所述。

0	7	8	15	16	23	24	31
版本	类型	代码		会话ID			
长度				载荷			

图 19-2 PPPoE 数据包格式

① 版本(4 比特):PPPoE 协议中规定该字段的值为 0x01。

② 类型(4 比特):PPPoE 协议中规定该字段的值为 0x01。

③ 代码(8 比特):对于 PPPoE 的不同阶段这个域内的内容也是不一样的,PADI 数据包该字段值为 0x09,PADO 数据包该字段值为 0x07,PADR 数据包该字段值为 0x19,PADS 数据包该字段值为 0x65,PADT 数据包该字段值为 0xA7。

④ 会话 ID(16 比特):如果 PPPoE Server 还未分配唯一的会话 ID 给用户主机的话,该字段的内容必须填充为 0x0000,一旦主机获取了会话 ID,那么在后续的所有报文中该字段必须填充这个唯一的会话 ID 值。

⑤ 长度(16 比特):用来表示 PPPoE 数据包中载荷的长度。

⑥ 载荷:也称数据域,在 PPPoE 的不同阶段该字段的数据内容会有很大的不同。在 PPPoE 的发现阶段时,该域内会填充一些标记;而在 PPPoE 的会话阶段,该域则携带的是 PPP 的数据。

19.3 隧道技术概述

19.3.1 GRE 简介

GRE（Generic Routing Encapsulation，通用路由封装）最早是由 Cisco 提出的，而目前它已经成为了一种标准，被定义在 RFC 1701、RFC 1702、RFC 2784、RFC 2890 中。其中 RFC 2890 是基于 RFC 2784 的增强版本，最新版本的 Cisco IOS 软件使用 RFC 2890。GRE 是一种封装协议，它定义了如何用一种网络协议去封装另一种网络协议的方法。GRE 属于 VPN 的第三层隧道（Tunnel）协议，所谓隧道就是指包括数据封装、传输和解封装在内的全过程。GRE 只提供数据包的封装，它并没有加密功能来防止网络侦听和攻击，所以在实际环境中它常和 IPSec 一起使用，由 IPSec 提供用户数据的安全性和完整性。例如，GRE 可以封装组播数据（如 OSPF、EIGRP、视频和 VoIP 等）并在 GRE 隧道中传输，而 IPSec 目前只能对单播数据进行加密保护。对于组播数据需要在 IPSec 隧道中传输的情况，可以先建立 GRE 隧道，对组播数据进行 GRE 封装，再对封装后的数据进行 IPSec 加密，从而实现组播数据在 IPSec 隧道中的加密传输。GRE 的主要应用就是在 IP 网络中承载 IP 以及非 IP 数据，GRE 特征如下所述。

① GRE 是一种无状态协议，不提供流量控制。

② GRE 至少增加 24 字节的开销，包括一个 20 字节 IPv4 头部和无任何附加选项的 4 字节的 GRE 头部。

③ GRE 具备多协议性，可以将 IP 以及非 IP 数据封装在隧道内。

④ GRE 允许组播流量和动态路由协议数据包穿越隧道。

⑤ GRE 的安全特性相对较弱。

当 GRE 用 IPv4 作为封装协议时，IPv4 协议号为 47。GRE 数据包头没有统一的格式，每个厂商具体实现的时候会有所差别。

19.3.2 IPSec VPN 简介

采用 GRE 技术的一个重要问题是数据包在 Internet 上传输是不安全的。IPSec（Internet Protocol Security）VPN 使用先进的加密技术和隧道在 Internet 上建立了安全的端到端私有网络。IPSec VPN 的基础是数据机密性、数据完整性、身份验证和防重放攻击。

① 数据机密性：一个常见的安全性考虑是防止窃听者截取数据。数据机密性旨在防止消息的内容被未经身份验证或未经授权的来源拦截。VPN 利用封装和加密机制来实现机密性。常用的加密算法包括 DES、3DES 和 AES。

② 数据完整性：数据完整性确保数据在源主机和目的主机之间传送时不被篡改。VPN 通常使用哈希来确保数据完整性。哈希类似于校验和，但更可靠，它可以确保没有人更改过数据的内容。常用的验证算法包括 MD5 和 SHA-1。

③ 身份验证：身份验证确保信息来源的真实性，并传送到真实目的地。常用的方法包括预共享密码和数字证书等。

④ 防重放攻击：IPSec 接收方可检测并拒绝接收过时或重复的数据包。

19.3.3 AH 和 ESP

IPSec 协议不是一个单独的协议，它是 IETF IPSec 工作组为了在 IP 层提供通信安全而制定的一整套协议标准，包括安全协议，如 AH 和 ESP、IKE（Internet Key Exchange）和用于验证及加密的一些算法等，RFC 2401 定义了 IPSec 的基本结构。要深入了解 IPSec 安全协议，必须先理解 IPSec 的两种工作模式。

① 隧道（Tunnel）模式：原始 IP 数据包被封装到新的 IP 数据包中，并在两者之间插入一个 IPSec 包头（AH 或 ESP）。IPSec 隧道模式封装如图 19-3 所示。

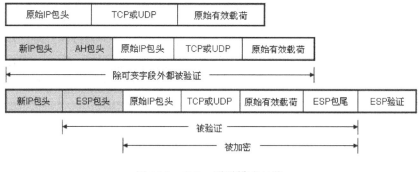

图 19-3　IPSec 隧道模式封装

② 传输（Transport）模式：在 IP 数据包包头和高层协议包头之间插入一个 IPSec 包头（AH 或 ESP）。新的 IP 数据包包头和原始的 IP 数据包包头相同，只是 IP 协议字段被改为 50（ESP）或 51（AH）。IPSec 传输模式如图 19-4 所示。

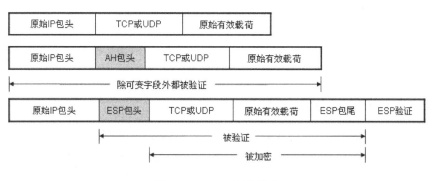

图 19-4　IPSec 传输模式

IPSec 安全协议包括 2 种：AH 和 ESP。

① AH（Authentication Header，验证包头）：不要求或不允许有机密性时使用，可以提供数据完整性和身份验证。AH 不提供数据包的数据机密性（加密）。AH 协议单独使用时提供的保护较脆弱。AH 包头格式如图 19-5 所示。

② ESP（Encapsulating Security Payload，封装安全有效负载）：ESP 提供数据机密性、完整性和身份验证。IP 数据包加密可以隐藏数据及源主机和目的主机的身份。ESP 可验证内部 IP 数据包和 ESP 包头，从而提供数据来源验证和数据完整性检查，因此使用的较多。ESP 包头格式如图 19-6 所示。

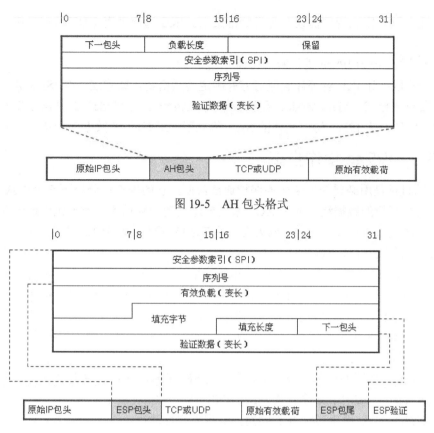

图 19-5　AH 包头格式

图 19-6　ESP 包头格式

19.3.4　安全关联和 IKE

安全关联常被称为 SA（Security Association），是 IPSec 的基本部件，是通信对等体间对某些要素的约定，例如，使用哪种协议、封装模式、加密算法、预共享密钥以及密钥的生存周期等。SA 分为两种：IKE（Internet Key Exchange） SA 和 IPSec SA。SA 是单向的，在两个对等体之间的双向通信，最少需要两个 SA 来分别对两个方向的数据流进行安全保护。同时，如果两个对等体同时使用 AH 和 ESP 来进行安全通信，则每个对等体都会针对每一种协议来构建一个独立的 SA。SA 由一个三元组来唯一标识，这个三元组包括 SPI（Security Parameters Index，安全参数索引）、目的 IP 地址、安全协议号（AH 或 ESP）。通过 IKE 协商建立的 SA 具有生存周期，生存周期有以下 2 种定义方式。

① 基于时间的生存周期：定义了一个 SA 从建立到失效的时间。
② 基于流量的生存周期：定义了一个 SA 允许处理的最大流量。

生存周期到达指定的时间或指定的流量，SA 就会失效。SA 失效前，IKE 将为 IPSec 协商建立新的 SA，这样，在旧的 SA 失效前新的 SA 就已经准备好。在新的 SA 开始协商而没有协商好之前，继续使用旧的 SA 保护通信。在新的 SA 协商好之后，则立即采用新的 SA 保护通信。

IKE 为 IPSec 提供了可以在不安全的网络上安全地验证身份、分发密钥、建立 IPSec SA 的方式，该协议建立在由 ISAKMP（Internet Security Association and Key Management Protocol，

Internet 安全关联和密钥管理协议）定义的框架上。IKE 协商采用 UDP 数据包格式，默认端口是 500。

IKE 分两个阶段为 IPSec 进行密钥协商并建立 SA。
- 第一阶段：让 IKE 对等体验证对方并确定会话密钥，即建立一个 ISAKMP SA。第一阶段有主模式（Main Mode）和积极模式（Aggressive Mode）2 种 IKE 交换方法。
- 第二阶段：为 IPSec 协商具体的 SA，建立用于最终的 IP 数据安全传输的 IPSec SA。

19.3.5　IPSec 操作步骤

IPSec 的目标是用必要的安全服务保护通信数据，它的操作可分以下 5 个步骤。

① 定义感兴趣的数据流：应用 ACL 来匹配感兴趣的数据流。数据包处理分 3 种类型：应用 IPSec、绕过 IPSec 以明文发送或丢弃。丢弃是指发现在策略中定义为加密数据，但实际它并未加密，那么丢弃该数据包。

② IKE 阶段 1： 该阶段用于协商 IKE 策略集、验证对等体并在对等体之间建立安全的通道。包括主模式和积极模式 2 种模式。主模式的主要结果是为对等体之间的后续交换建立一个安全通道。在发送端和接收端有如下 3 次双向交换。

第一次交换：在两个对等体之间协商用于保证 IKE 通信安全的算法和散列，结果是 ISAKMP 被商定。

第二次交换：使用 DH 交换来产生共享密钥 SKEYID，并且衍生出以下其他 3 个密钥。
- SKEYID_d：被用于计算后续 IPSec 密钥资源；
- SKEYID_a：被用于后续 IKE 消息的数据完整性验证；
- SKEYID_e：被用于提供后续 IKE 消息的加密。

第三次交换：验证对等体身份，包括预共享密钥、RSA 签名和 RSA 加密的 nonces 3 种验证方法。

积极模式较主模式而言，交换次数和信息较少。在这种模式中不提供身份保护，交换的信息都是以明文传递的。在第一次交换中，几乎所有需要交换的信息都被压缩到所建议的 IKE SA 中一起发给对端，接收方返回所需内容，等待确认，然后由发送端确认最后的协商结果。

③ IKE 阶段 2： 该阶段 IPSec 参数被协商，执行以下功能。
- 协商 IPSec 安全性参数和 IPSec 转换集；
- 建立 IPSec 的 SA；
- 定期重协商 IPSec 的 SA，以确保安全性；
- 当使用 PFS（Perfect Forward Secrecy，完美前向保密）时，可执行额外的 DH 交换。

IKE 阶段 2 只有一种模式，即快速模式（Quick Mode）。快速模式协商一个共享的 IPSec 策略，获得共享的、用于 IPSec 安全算法的密钥资源，并建立 IPSec SA。快速模式也用在 IPSec SA 生命期过期之后重新协商一个新的 IPSec SA。该阶段的最终目的是在对等体间建立一个安全的 IPSec 会话。在这个发生之前，对等体要协商所需的加密和验证算法，这些内容被统一到 IPSec 转换集（Transform Set）中。IPSec 转换集在对等体之间交换，如转换集匹配则 IPSec 会话的流程继续进行，如果没发现匹配转换集则终止协商。

④ 数据传输：在完成 IKE 阶段 2 之后，将通过安全的通道在主机之间传输数据流。

⑤ IPSec 终止：管理员手工删除或者空闲时间到期后自动删除会话。

19.4 BGP 概述

19.4.1 BGP 特征

BGP 被称为基于策略的路径向量路由协议，它的任务是在自治系统之间交换路由信息，同时确保没有路由环路，其特征如下所述。
① 用属性（Attribute）描述路径，丰富的属性特征方便实现基于策略的路由控制。
② 使用 TCP（端口 179）作为传输协议，继承了 TCP 的可靠性和面向连接的特性。
③ 通过 Keepalive 信息来检验 TCP 的连接。
④ 拥有自己的 BGP 表。
⑤ 支持 VLSM 和 CIDR。
⑥ 支持 MD5 身份验证。
⑦ 采用增量更新和触发更新方法。
⑧ 适合在大型网路中使用。
当网络满足下列一个或者多个条件时，建议使用 BGP。
① 自治系统允许数据包穿越它前往其他自治系统。
② 自治系统有多条到达其他自治系统的连接。
③ 必须对进入或者是离开自治系统的数据包进行路由策略控制。
当网络符合下面的条件时，不建议使用 BGP。
① 与 Internet 或者另一个自治系统只有单一连接。
② 路由器没有足够的 CPU 处理能力和足够的内存处理 BGP 进程。
③ 对 BGP 路由操纵理解有限，无法预计启动 BGP 后的结果。

19.4.2 BGP 术语

① 对等体（peer）：当两台运行 BGP 的路由器之间建立了一条基于 TCP 的连接并且完成 BGP 路由信息的交换时，就称它们为邻居或对等体。
② 自治系统（AS）：是一组处于统一管理控制和策略下的路由器或主机，它们使用内部网关路由协议决定如何在自治系统内部路由数据包，并使用自治系统间路由协议决定如何把数据包路由到其他自治系统。AS 号由因特网注册机构分配，16 比特长度（在 RFC 4893 中描述了使用 32 位长度的 AS 号的扩展），范围为 1~65535，其中 64512~65535 是私有使用的。
③ IBGP：当 BGP 在一个 AS 内运行时，被称为内部 BGP（IBGP）。
④ EBGP：当 BGP 运行在 AS 之间时，被称为外部 BGP（EBGP）。
⑤ NLRI（网络层可达性信息）：是 BGP 更新数据包的一部分，用于列出通过该路径可到达的目的地的集合。
⑥ IBGP 水平分割：通过 IBGP 学到的路由信息不能通告给其他的 IBGP 邻居。

19.4.3 BGP 属性

BGP 具有丰富的属性，为路由控制带来很大的方便，BGP 路径属性分为以下 4 类。

（1）公认必遵（Well-Known Mandatory）

公认必遵是 BGP 更新中必须包含的，且必须被所有厂商的运行 BGP 的设备所能识别的，包括 ORIGIN、AS_PATH 和 Next_Hop 的 3 个属性。

① ORIGIN（起源）：该属性说明了路由信息的来源，有 3 个可能的源——IGP、EGP 和 INCOMPLETE。路由器在多个路由选择的处理过程中使用这个信息。路由器选择具有最低 ORIGIN 类型的路径。ORIGIN 类型从低到高的顺序为 IGP<EGP<INCOMPLETE。

② AS_PATH（AS 路径）：包含在 Update 中的路由信息所经过的自治系统的序列。

③ Next_HOP（下一跳）：路由器所获得的 BGP 路由的下一跳。对 EBGP 会话来说，下一跳就是通告该路由的邻居路由器的源地址。对于 IBGP 会话，有 2 种情况，一种是起源 AS 内部的路由的下一跳就是通告该路由的邻居路由器的源地址；二种是由 EBGP 注入 AS 的路由，它的下一跳不变并带入 IBGP 中。

（2）公认自决（Well-Known Discretionary）

公认自决指必须被所有 BGP 设备所识别，但是在 BGP 更新过程中可以发送也可以不发送的属性，包括 LOCAL_PREF 和 ATOMIC_AGGREGATE 两个属性。

① LOCAL_PREF（本地优先级）：用于告诉自治系统内的路由器在有多条路径的时候，怎样离开自治系统。本地优先级越高，路由优先级越高。这个属性仅仅在 IBGP 邻居之间传递。

② ATOMIC_AGGREGATE（原子聚合）：指出已被丢失了的信息。当路由聚合时将会导致信息丢失，因为聚合可能来自具有不同属性的不同源。如果一个路由器发送了导致信息丢失的聚合信息，路由器被要求将原子聚合属性附加到该路由上。

（3）可选过渡（Optional Transitive）

可选过渡属性并不要求所有的 BGP 实现都支持。如果该属性不能被 BGP 进程识别，它就会去看过渡标志。如果过渡标志被设置了，BGP 进程会接受这个属性并将它不加改变地传送，包括 AGGREGATOR 和 COMMUNITY。

① AGGREGATOR（聚合者）：标明了实施路由聚合的 BGP 路由器 ID 和聚合路由的路由器的 AS 号。

② COMMUNITY（团体）：指共享一个公共属性的一组路由器。

（4）可选非过渡（Optional Nontransitive）

可选非过渡属性并不要求所有的 BGP 都支持。如果这些属性被发送到不能对其识别的路由器，这些属性将会被丢弃，不能传送给 BGP 邻居，包括 MED、ORIGINATOR_ID 和 CLUSTER_LIST。

① MED（多出口区分）：通知 AS 外的路由器采用哪一条路径到达 AS。它也被认为是路由的外部度量，低的 MED 值表示高的优先级。MED 属性在自治系统间交换，但 MED 属性不能传递到第三方 AS。默认情况下，仅当路径来自同一个自治系统的不同邻居时，路由器才比较它们的 MED 属性。

② ORIGINATOR_ID（起源 ID）：路由反射器会附加到这个属性上，它携带本 AS 源路由器的路由器 ID，用以防止环路。

③ CLUSTER_LIST（簇列表）：此属性显示了采用的反射路径。

19.4.4　BGP 数据包格式

1. BGP 包头

BGP 数据包类型主要包括 Open、Keepalive、Update 和 Notification，它们具有相同的数据包包头，长度为 19 字节，BGP 包头格式如图 19-7 所示，各字段含义如下所述。

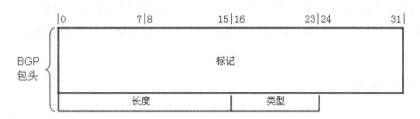

图 19-7　BGP 包头格式

① 标记（16 字节）：用来检测对等体之间同步的丢失；当支持验证功能时用来验证 BGP 数据包，当不使用验证时所有比特均为 1。

② 长度（2 字节）：BGP 数据包总长度（包括包头在内），以字节为单位，范围为 19～4 096。

③ 类型（1 字节）：BGP 数据包的类型，其取值从 1～5，分别表示 Open、Update、Notification、Keepalive 和 Route-refresh 数据包。

2. Open 数据包

Open 数据包是 TCP 连接建立后发送的第一个数据包，用于建立 BGP 对等体之间的连接关系。Open 数据包格式如图 19-8 所示，各字段含义如下所述。

图 19-8　Open 数据包格式

① 版本（1 字节）：BGP 的版本号对于 BGP4 来说其值为 4。

② 我的自治系统（2 字节）：邻居建立发起者的 AS 号。用来决定双方是 IBGP 邻居，还是 EBGP 邻居。

③ 保持时间（2 字节）：是设备收到一个 Keepalive 数据包之前允许等待的最长时间。如

果在该时间内未收到对端发来的 Keepalive 数据包，则认为 BGP 连接中断；如果该时间为 0 秒则不发送 Keepalive 数据包，如果不为 0，则至少是 3 秒。在建立对等体关系时两端要协商保持时间，协商时，采用 Open 数据包中较小端的保持时间作为双方的保持时间。Cisco 默认保持时间是 180 秒。

④ BGP 标识符（4 字节）：发送者的 BGP 路由器 ID，以 IP 地址的形式表示。BGP 路由器 ID 的确定方法和 OSPF 路由器 ID 确定方法相同。

⑤ 可选参数长度（1 字节）：可选参数的长度。如果为 0 则表示没有可选参数。

⑥ 可选参数：可变长度，用于 BGP 验证或多协议扩展等功能。包括一个可选参数列表，每个参数由 1 字节类型字段、1 字节长度字段和一个包含参数值的可变长度字段来确定，即 TLV 方式。

3. Update 数据包

Update 数据包用于在对等体之间交换路由信息。它既可以发布可达路由信息，也可以撤销不可达的路由信息。Update 数据包格式如图 19-9 所示，各字段含义如下所述。

图 19-9 Update 数据包格式

① 不可用路由长度（2 字节）：撤销路由字段的整体长度。如果为 0，说明没有路由被撤销，并且在该消息中没有撤销路由的字段。

② 撤销路由：可变长度，包含不可达路由的列表。

③ 全部路径属性长度（2 字节）：路径属性字段的长度。如果为 0 则说明没有路径属性字段。

④ 路径属性：可变长度，列出与 NLRI 相关的所有路径属性列表，包括 AS_PATH、本地优先级和起源等，每个路径属性由一个 TLV（Type-Length-Value）三元组构成。路径属性是 BGP 用以进行路由控制和决策的重要信息。

⑤ 网络层可达信息：可变长度，是可达路由的前缀和前缀长度二元组。

4. Notification 数据包

当 BGP 检测到错误状态时，就向对等体发出 Notification 数据包，之后 BGP 连接会立即中断。Notification 数据包格式如图 19-10 所示，各字段含义如下所述。

① 错误编码（1 字节）：错误类型。

② 错误子码（1 字节）：错误类型更详细的信息。

③ 数据：可变长度，用于诊断错误的原因，内容依赖于具体的错误编码和错误子码。

图 19-10　Notification 数据包格式

5. Keepalive 数据包

BGP 会周期性（Cisco 默认为 60 秒）地向对等体发出 Keepalive 数据包，用来保持 TCP 连接的有效性。其数据包格式中只包含 BGP 包头，没有附加其他任何字段。Keepalive 数据包的发送周期是保持时间的 1/3，但该时间不能低于 1 秒。如果协商后的保持时间为 0，则不发送 Keepalive 数据包。

19.5　配置 PPPoE

19.5.1　实验 1：配置 ADSL

1. 实验目的

通过本实验可以掌握：
① ATM 接口配置。
② VPDN 配置。
③ NAT 配置。
④ DHCP 配置。

2. 实验拓扑

配置 ADSL 连接到 Internet（使用 HWIC-1 ADSL 卡）的实验拓扑如图 19-11 所示。

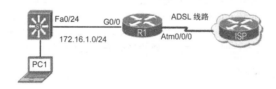

图 19-11　配置 ADSL 连接到 Internet（使用 HWIC-1 ADSL 卡）的实验拓扑

3. 实验步骤

（1）实验准备

配置路由器接口 IP 地址、DHCP 服务器，计算机 PC1 的 IP 地址通过 DHCP 方式获得。

```
R1(config)#interface gigabitEthernet 0/0
R1(config-if)#no shutdown
R1(config-if)#ip address 172.16.1.1 255.255.255.0
R1(config)#ip dhcp pool ADSL
R1(dhcp-config)#network 172.16.1.0 255.255.255.0
R1(dhcp-config)#default-router 172.16.1.1
R1(dhcp-config)#dns-server 202.96.134.133
R1(dhcp-config)#domain-name abc.com
```

PC1 的 IP 地址通过 DHCP 自动获得，测试计算机和路由器之间的连通性成功。

（2）在 R1 上配置 ADSL

```
R1(config)#vpdn enable
//由于 ADSL 的 PPPoE 应用是通过虚拟拨号来实现的，所以在路由器中需要使用 VPDN 的功能
R1(config)#interface atm0/0/0            //进入 ATM 接口
R1(config-if)#no shutdown                //开启 ATM 接口
R1(config-if)#no ip address
R1(config-if)#dsl operating-mode auto    //配置 ADSL 的操作模式为自动
R1(config-if)#pvc 8/35
//设置 PVC 的相关参数，即 VCI 和 VPI 的值，如果不清楚请向 ISP 查询
R1(config-if-atm-vc)#pppoe-client dial-pool-number 1
//配置该接口是拨号池 1 的成员
R1(config)#interface dialer 1    //创建虚拟的拨号接口
R1(config-if)#ip address negotiated    //配置接口的 IP 地址动态从 ISP 获得
R1(config-if)#ip mtu 1492
//配置接口上的 MTU，默认为 1 500，由于 PPPoE 头会占用 8 字节，所以减小 8 字节
R1(config-if)#dialer pool 1      //创建拨号池
R1(config-if)#interface dialer 1 //创建拨号接口
R1(config-if)#encapsulation ppp  //配置 PPP 封装
R1(config-if)#ppp authentication pap chap callin
//配置 PPP 验证方法，此处指明可以支持 PAP 和 CHAP 两种方法验证，取决于电信端的设置，参
数 callin 并不是对电信端进行 PAP 或 CHAP 验证，其含义是只对客户端拨入服务器的行为进行单向验证，也就
是只让电信的服务器端验证拨入的客户端，而客户端不需要验证服务端，并且会忽略服务端发来的验证请求
R1(config-if)#ppp pap sent-username test@163.gd password test123
//配置 PPP 的 PAP 验证发送的信息
R1(config-if)#ppp chap hostname test@163.gd
 //配置 PPP 的 CHAP 验证发送的用户名
R1(config-if)#ppp chap password test123    //配置 PPP 的 CHAP 验证发送的密码
//以上 PPP 验证同时配置了 PAP 和 CHAP 验证，如果已经明确地知道电信端的 PPP 验证方法，则
只需要配置相应的 PPP 验证方法即可，没有必要两种验证方法都配置
```

（3）在 R1 上配置 NAT

```
R1(config)#interface dialer 1
R1(config-if)#ip nat outside     //配置 NAT 外部接口
R1(config-if)#exit
R1(config)#interface gigabitEthernet 0/0
R1(config-if)#ip nat inside      //配置 NAT 内部接口
R1(config-if)#exit
R1(config)#access-list 1 permit 172.16.1.0 0.0.0.255    //NAT 转换的 ACL
R1(config)#ip nat inside source list 1 interface dialer 1 overload    //配置 PAT
R1(config)#ip route 0.0.0.0 0.0.0.0 dialer 1    //配置静态默认路由
```

4. 实验调试

```
R1#show interfaces atm 0/0/0
  ATM0/0/0 is up, line protocol is up
    Hardware is DSLSAR (with Alcatel ADSL Module)    //ADSL 模块信息
    MTU 4470 bytes, sub MTU 4470, BW 768 Kbit, DLY 660 usec,
      reliability 255/255, txload 42/255, rxload 40/255
    Encapsulation ATM, loopback not set    //接口采用 ATM 封装
    Encapsulation(s): AAL5   AAL2, PVC mode    //ATM 封装格式和虚链路模式
    23 maximum active VCs, 256 VCs per VP, 1 current VCCs
    VC Auto Creation Disabled.
    VC idle disconnect time: 300 seconds    //VC 空闲断开连接时间为 300 秒
    （此处省略部分输出）
```

show ip interface

```
R1#show ip interface ATM 0/0/0
  ATM0/0/0 is up, line protocol is up    //接口正常工作
    Internet protocol processing disable
    （此处省略部分输出）
  R1#show ip interface dialer 1
  Dialer1 is up, line protocol is up
    Internet address is 113.88.232.216/32    //ISP 分配
    Broadcast address is 255.255.255.255
    Address determined by IPCP    //通过 IPCP 获得 IP 地址
    MTU is 1492 bytes    //接口 MTU
    （此处省略部分输出）
  R1#show dsl interface atm 0/0/0    //查看 DSL 接口信息
  ATM0/0/0
  Alcatel 20150 chipset information    //ADSL 模块的芯片信息
                         ATU-R (DS)                   ATU-C (US)
  Modem Status:    Showtime (DMTDSL_SHOWTIME)    // Modem 状态
  DSL Mode:        ITU G.992.1 (G.DMT) Annex A    //DSL 操作模式
  ITU STD NUM:     0x01                          0x1
  Vendor ID:       '  '                          'BDCM'
  Vendor Specific: 0xDBB0                        0xA189
  Vendor Country:  0x04                          0xB5
  Capacity Used:   98%                           78%
  Noise Margin:    7.0 dB                        12.0 dB
  Output Power:    16.0 dBm                      12.0 dBm
  Attenuation:     7.5 dB                        6.5 dB
  Defect Status:   None                          None
  Last Fail Code:  None
  Watchdog Counter: 0x66
  Watchdog Resets: 0
  Selftest Result: 0x00
  Subfunction:     0x15
  Interrupts:      1338 (0 spurious)
  PHY Access Err:  0
  Activations:     2
  LED Status:      ON
  LED On Time:     100
```

```
          LED Off Time:        100
          Init FW:             embedded
          Operation FW:        embedded
          FW Version:          3.8.131
                               Interleave          Fast      Interleave        Fast
          Speed (kbps):        10144               0         768               0
          Cells:               203875              0         334420773         0
          Reed-Solomon EC:     20450               0         4                 6
          CRC Errors:          3586                0         8                 3
          Header Errors:       2794                0         7                 6
          （此处省略部分输出）
      R1#show pppoe session       //查看 PPPoE 会话信息
            1 client session
          Uniq ID   PPPoE   RemMAC         Port          Source      VA       State
                    SID     LocMAC                                   VA-st
          N/A       8552    0018.82ab.70ba ATM0/0/0      Di1         Vi1      UP
                            0013.c3b4.0b20 VC:  8/35                          UP
```

以上输出显示了 PPPoE 会话的信息，包括会话的 ID、本地和远端的 MAC 地址、VC 信息及状态等。

在计算机上打开浏览器上网，测试上网是否正常。

19.5.2　实验 2：配置 PPPoE 服务器和客户端

1．实验目的

通过本实验可以掌握：
① PPPoE 客户端配置。
② PPPoE 服务器配置。

2．实验拓扑

配置 PPPoE 服务器和客户端的实验拓扑如图 19-12 所示。

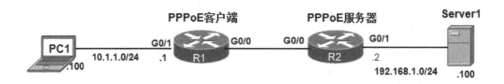

图 19-12　配置 PPPoE 服务器和客户端的实验拓扑

3．实验步骤

（1）配置路由器 R1

```
R1(config)#interface gigabitEthernet0/1
R1(config-if)#no shutdown
R1(config-if)#ip address 10.1.1.1  255.255.255.0
```

```
R1(config-if)#exit
R1(config)#interface Dialer0                    //创建拨号接口
R1(config-if)#ip address negotiated   //IP 地址采用 PPP 协商方式获得
R1(config-if)#encapsulation ppp          //配置 PPP 封装
R1(config-if)#dialer pool 1                   //配置拨号池
R1(config-if)#dialer-group 1                //配置拨号组
R1(config-if)#ppp chap hostname cisco     //CHAP 验证时发送的用户名
R1(config-if)#ppp chap password  cisco    //CHAP 验证时发送的密码
R1(config-if)#mtu 1492                         //配置接口上的 MTU
R1(config-if)#ip tcp adjust-mss 1450
//调整 TCP 三次握手期间的 MSS 值来防止丢弃 TCP 会话
R1(config-if)#exit
R1(config)#interface gigabitEthernet0/0
R1(config-if)#pppoe enable group global    //开启 PPPoE
R1(config-if)#pppoe-client dial-pool-number 1
//将物理端口与虚拟拨号端口进行关联
R1(config-if)#exit
R1(config)#ip route 0.0.0.0 0.0.0.0 Dialer0   //配置默认路由，拨号接口为出接口
```

（2）配置路由器 R2

```
R2(config)#username cisco password cisco    //PPP CHAP 验证的用户名和密码
R2(config)#ip local pool cisco 172.16.1.10 172.16.1.20    //创建本地地址池
R2(config)#bba-group pppoe ABC      //创建BBA（Broadband Aggregation）组
R2(config-bba-group)#virtual-template 1    //关联一个虚拟模板
R2(config-bba-group)#exit
R2(config)#interface virtual-template 1    //创建虚拟模板
R2(config-if)#ip address 172.16.1.2 255.255.255.0
R2(config-if)# encapsulation ppp            //配置PPP封装
R2(config-if)#peer default ip address pool cisco
//使用本地地址池为客户端分配 IP
R2(config-if)#ppp authentication chap    //配置 PPP 验证方式为 CHAP
R2(config-if)#mtu 1492                          //配置接口上的 MTU
R2(config-if)#exit
R2(config)#interface gigabitEthernet0/0
R2(config-if)# pppoe enable group ABC    //开启 PPPoE
R2(config-if)#no shutdown
R2(config-if)#exit
R2(config)#interface gigabitEthernet0/1
R2(config-if)# ip address 192.168.1.2 255.255.255.0
R2(config-if)#no shutdown
R2(config-if)#exit
R2(config-if)#ip route 10.1.1.0 255.255.255.0 172.16.1.10
```

4. 实验调试

（1）查看所有的 PPPoE 会话

```
show pppoe session all   //查看所有的 PPPoE 会话
① R1#show pppoe session all
Total PPPoE sessions 1
```

```
  session id: 1
  local MAC address: f872.ead6.f4c8, remote MAC address: f872.ea69.1c78
  virtual access interface: Vi2, outgoing interface: Gi0/0
   VLAN Priority: 0
       29 packets sent, 0 received
       836 bytes sent, 0 received
② R2#show pppoe session all
Total PPPoE sessions 1
  session id: 1
  local MAC address: f872.ea69.1c78, remote MAC address: f872.ead6.f4c8
  virtual access interface: Vi1.1, outgoing interface: Gi0/0
       49 packets sent, 49 received
       1122 bytes sent, 1116 received
```

以上①和②输出表明 PPPoE 客户端和服务器显示的 PPPoE 会话的信息，包括会话 ID、本地和远程 MAC 地址、虚拟访问接口、路由器自己的出接口以及发送和接收数据包的个数和字节数。

（2）查看路由信息

```
show ip route
① R1#show ip route connected
（此处省略路由代码部分）
Gateway of last resort is 0.0.0.0 to network 0.0.0.0
      10.0.0.0/8 is variably subnetted, 2 subnets, 2 masks
C        10.1.1.0/24 is directly connected, GigabitEthernet0/1
L        10.1.1.1/32 is directly connected, GigabitEthernet0/1
      172.16.0.0/32 is subnetted, 2 subnets
C        172.16.1.2 is directly connected, Dialer0
//接口 PPP 封装的特性，对方接口的地址会在本地路由表中生成主机路由
C        172.16.1.10 is directly connected, Dialer0
//该条路由是通过 PPP 的 IPCP 协商从 R2 的本地地址池分配来的 IP 地址
② R2#show ip route connected
（此处省略路由代码部分）
      172.16.0.0/16 is variably subnetted, 3 subnets, 2 masks
C        172.16.1.0/24 is directly connected, Virtual-Access1.1
L        172.16.1.2/32 is directly connected, Virtual-Access1.1
C        172.16.1.10/32 is directly connected, Virtual-Access1.1
//分配给 R1 拨号接口的地址，由于链路是 PPP 封装，所以本地路由表中会出现此主机路由
      192.168.1.0/24 is variably subnetted, 2 subnets, 2 masks
C        192.168.1.0/24 is directly connected, GigabitEthernet0/1
L        192.168.1.2/32 is directly connected, GigabitEthernet0/1
```

（3）查看拨号接口信息

```
R1#show ip interface brief | include Dialer0    //查看拨号接口信息
Dialer0        172.16.1.10      YES IPCP      up                    up
//拨号接口的 IP 地址是通过 PPP 的 IPCP 协商获得的
```

19.6 配置隧道

19.6.1 实验 3: 配置 GRE

1. 实验目的

通过本实验可以掌握：
① GRE 的工作原理和特征。
② Tunnel 接口的配置和特征。
③ GRE 隧道的配置和调试方法。

2. 实验拓扑

配置 GRE 的实验拓扑如图 19-13 所示。

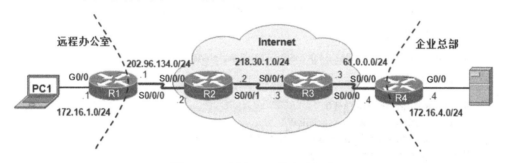

图 19-13　配置 GRE 的实验拓扑

3. 实验步骤

本实验中，路由器 R2 和 R3 模拟 Internet，路由器 R1 和 R4 通过静态路由连接到 Internet 上。路由器 R1 的 G0/0 接口模拟远程办公室所在的局域网，路由器 R4 的 G0/0 接口模拟企业总部所在的局域网。使用 GRE 隧道把远程办公室和企业总部进行连接，并且在远程办公室和企业总部运行 EIGRP 路由协议，实现两地网络连通。同时需要在路由器 R1 和 R4 上配置 NAT，实现两地的网络也可以访问 Internet。

（1）配置路由器 R1

```
R1(config)#interface tunnel 0
//创建 Tunnel 接口，编号为 0，Tunnel 接口的编号本地有效，不必和对端的相同
R1(config-if)#tunnel source serial0/0/0   //配置 Tunnel 的源接口，路由器将以此接口的地址作为源地址重新封装数据包，也可以直接输入接口的地址
R1(config-if)#tunnel destination 61.0.0.4
//配置 Tunnel 的目的 IP 地址，路由器将以此地址作为目的地址重新封装数据包
R1(config-if)#tunnel mode gre ip
//配置隧道的模式，默认就是 gre ip
R1(config-if)#ip address 172.16.14.1 255.255.255.0
//配置隧道接口上的 IP 地址，创建该隧道后，可以把隧道比作一条专线
```

```
R1(config-if)#tunnel key 123456        //配置验证的 key，提供隧道建立的安全性
R1(config-if)#exit
R1(config)#ip route 0.0.0.0 0.0.0.0 serial0/0/0        //默认路由指向 Internet
R1(config)#router eigrp 1
R1(config-router)#network 172.16.1.1 0.0.0.0
R1(config-router)#network 172.16.14.1 0.0.0.0
R1(config-router)#passive-interface gigabitEthernet0/0
R1(config-router)#exit
R1(config)#interface serial0/0/0
R1(config-if)#ip nat outside
R1(config-if)#exit
R1(config)#interface gigabitEthernet0/0
R1(config-if)#ip nat inside
R1(config-if)#exit
R1(config)#access-list 10 permit 172.16.1.0 0.0.0.255
R1(config)#ip nat inside source list 10 interface serial0/0/0 overload
```

(2) 配置路由器 R2

```
R2(config)#ip route 61.0.0.0 255.255.255.0 serial0/0/1
```

(3) 配置路由器 R3

```
R3(config)#ip route 202.96.134.0 255.255.255.0 serial0/0/1
```

(4) 配置路由器 R4

```
R4(config)#interface tunnel 0
R4(config-if)#tunnel source serial0/0/0
R4(config-if)#tunnel destination 202.96.134.1
R4(config-if)#tunnel mode gre ip
R4(config-if)#ip address 172.16.14.4 255.255.255.0
R4(config-if)#tunnel key 123456
R4(config-if)#exit
R4(config)#ip route 0.0.0.0 0.0.0.0 serial0/0/0
R4(config)#router eigrp 1
R4(config-router)#network 172.16.4.4 0.0.0.0
R4(config-router)#network 172.16.14.4 0.0.0.0
R4(config-router)#passive-interface gigabitEthernet0/0
R4(config-router)#exit
R4(config)#interface serial0/0/0
R4(config-if)#ip nat outside
R4(config-if)#exit
R4(config)#interface gigabitEthernet0/0
R4(config-if)#ip nat inside
R4(config-if)#exit
R4(config)#access-list 10 permit 172.16.4.0 0.0.0.255
R4(config)#ip nat inside source list 10 interface serial0/0/0 overload
```

4. 实验调试

(1) 查看隧道接口信息

```
R1#show interfaces tunnel 0        //查看隧道接口信息
```

```
Tunnel0 is up, line protocol is up        //隧道接口状态
    Hardware is Tunnel    //接口硬件是隧道
    Internet address is 172.16.14.1/24        //隧道接口 IP 地址
    MTU 17912 bytes, BW 100 Kbit/sec, DLY 50000 usec,
        reliability 255/255, txload 1/255, rxload 1/255
    Encapsulation TUNNEL, loopback not set        //隧道封装
    Keepalive not set
    Tunnel linestate evaluation up
    Tunnel source 202.96.134.1 (Serial0/0/0), destination 61.0.0.4    //隧道源地址和目的地址
    Tunnel Subblocks:
        src-track:
            Tunnel0 source tracking subblock associated with Serial0/0/0
                Set of tunnels with source Serial0/0/0, 1 member (includes iterators), on interface <OK>
    //以上 4 行是隧道源跟踪的情况
    Tunnel protocol/transport GRE/IP        //隧道协议为 GRE，传输协议为 IP
    Key 0x1E240, sequencing disabled        //隧道验证的 key，123456 转换成 16 进制就是 1E240
    Checksumming of packets disabled
    //以上 2 行表示序列号和校验和位为 0，即 GRE 包头没有相应的字段，key 位为 1，即 GRE 包头
包含 key
    Tunnel TTL 255 , Fast tunneling enabled    //隧道 TTL 值，启用快速建立隧道
    Tunnel transport MTU 1472 bytes    //GRE 会额外增加 24 字节开销，再加上 key 选项的 4 字节，
一共 28 字节，所以 MTU=1 500-24-4=1 472
    (此处省略部分输出)
```

（2）查看 GRE 隧道的建立情况

```
R1#debug tunnel    //查看 GRE 隧道的建立情况
Tunnel Interface debugging is on
*Nov 26 08:32:16.243: Tunnel0: GRE/IP encapsulated 202.96.134.1->61.0.0.4 (linktype=7, len=88)
//显示 GRE 封装模式、封装的源地址和目的地址以及链路类型和数据包长度
*Nov 26 08:32:16.379: ipv4 decap oce used, oce_rc=0x1 tunnel Tunnel0    //IPv4 解封装
*Nov 26 08:32:16.383: Tunnel0: GRE/IP (PS) to decaps 61.0.0.4->202.96.134.1 (tbl=0,"default" len=88
ttl=252)    //解封装来自 61.0.0.4 的 TTL 为 252 的数据包
*Nov 26 08:32:16.383: Tunnel0: Pak Decapsulated on Serial0/0/0, ptype 0x800, nw start 0xD9F2C74,
mac start 0xD9F2C54, datagram size 60 link type 0x7
*Nov 26 08:32:16.383: Tunnel0: GRE decapsulated IP packet (linktype=7, len=60)
//以上 2 行表明在接口 S0/0/0 解封装，包括协议类型、数据包长度和链路类型等
```

（3）查看路由信息

```
show ip route
① R1#show ip route eigrp
    172.16.0.0/24 is subnetted, 3 subnets
D        172.16.4.0 [90/26882560] via 172.16.14.4, 00:03:37, Tunnel0
② R4#show ip route eigrp
    172.16.0.0/24 is subnetted, 3 subnets
D        172.16.1.0 [90/26882560] via 172.16.14.1, 00:04:07, Tunnel0
```

以上①和②输出表明两端互相学到内部网络的路由，路由的下一跳为隧道另一端的地址，出接口为隧道接口。

（4）用 ping 命令测试连通性

① R1#ping 172.16.4.4 source gigabitEthernet0/0

```
Type escape sequence to abort.
Sending 5, 100-byte ICMP Echos to 172.16.4.4, timeout is 2 seconds:
Packet sent with a source address of 172.16.1.1
!!!!!
Success rate is 100 percent (5/5), round-trip min/avg/max = 52/52/52 ms
```

以上输出表明远程办公室已经可以和企业总部通信了。

② R1#**ping 61.0.0.3 source gigabitEthernet0/0**

```
Type escape sequence to abort.
Sending 5, 100-byte ICMP Echos to 61.0.0.3, timeout is 2 seconds:
Packet sent with a source address of 172.16.1.1
!!!!!
Success rate is 100 percent (5/5), round-trip min/avg/max = 28/28/32 ms
```

以上测试表明远程办公室和 Internet 的通信成功。

19.6.2 实验 4：配置 Site to Site VPN

1. 实验目的

通过本实验可以掌握：
① Site to Site VPN 的概念。
② Site to Site VPN 的配置和调试方法。

2. 实验拓扑

实验拓扑如图 19-13 所示。

3. 实验步骤

当采用 GRE 封装数据包时，数据在 Internet 上传输时是不安全的，本实验要采用 IPSec VPN 解决该问题。Site to Site 是指把一个局域网和另一个局域网连接在一起，有时候也称为 LAN-to-LAN。本实验中，路由器 R2 和 R3 模拟 Internet，将路由器 R1 和 R4 连接 Internet 上，路由器 R1 的 G0/0 接口模拟远程办公室所在的局域网，路由器 R4 的 G0/0 接口模拟企业总部所在的局域网。要把远程办公室和企业总部进行连接，实现两地网络安全连通。同时需要在路由器 R1 和 R4 上配置 NAT，实现两地的网络也可以访问 Internet。

（1）配置路由器 R1

```
R1(config)#crypto isakmp policy 10    //创建一个 isakmp 策略，编号为 10
R1(config-isakmp)#encryption aes
//配置 isakmp 采用的加密算法，默认是 DES
R1(config-isakmp)#authentication pre-share
//配置 isakmp 采用的身份验证算法，这里采用预共享密钥。如果有 CA 服务器，也可以用 CA 进行身份验证
R1(config-isakmp)#hash sha    //配置 isakmp 采用的 HASH 算法，默认是 SHA
R1(config-isakmp)#group 5    //配置 isakmp 采用的 DH 组，默认为组 1
R1(config-isakmp)#exit
R1(config)#crypto isakmp key cisco address 61.0.0.4
//配置对等体 61.0.0.4 的预共享密钥为 cisco，双方配置的密钥需要一致
```

R1(config)#**crypto ipsec transform-set TRAN esp-aes esp-sha-hmac**
//创建一个 IPSec 转换集，名称本地有效，但是双方路由器转换集参数要一致
　　R1(cfg-crypto-trans)# **mode tunnel**　　//配置隧道的工作模式，默认就是 Tunnel 模式
R1(cfg-crypto-trans)#**exit**

【技术要点】

① isakmp 策略可以有多个策略，双方路由器将采用编号最小、参数一致的策略，双方至少要有一个策略是一致的，否则协商失败。isakmp 工作端口为 UDP 500。

② DH 组可以选择 1、2 或 5，group1 的密钥长度为 768 比特，group2 的密钥长度为 1 024 比特，group5 的密钥长度为 1 536 比特。

③ 转换集有 ESP 封装、AH 封装、ESP+AH 封装 3 种方式，加密算法有 DES、3DES 和 AES，HASH 有 MD5 和 SHA 算法。ESP 封装可以提供机密性、完整性、身份验证功能，而 AH 封装仅提供完整性、身份验证功能。实际中 AH 使用得较少。

R1(config)#**ip access-list extended VPN**
R1(config-ext-nacl)#**permit ip 172.16.1.0 0.0.0.255 172.16.4.0 0.0.0.255**
//定义 VPN 感兴趣流量，用来指明什么样的流量要通过 VPN 加密传输，注意这里限定的是从远程办公室发出到达企业总部的流量才进行加密，其他流量（如到 Internet 的流量）不加密
R1(config)#**crypto map MAP 10 ipsec-isakmp**
//创建加密图，名为 MAP，10 为该加密图的编号，名称和编号都本地有效，如果有多个编号，路由器将从小到大逐一匹配
R1(config-crypto-map)#**set peer 61.0.0.4**　　　　　//配置 VPN 对等体的地址
R1(config-crypto-map)#**set transform-set TRAN**　　//配置转换集
R1(config-crypto-map)#**match address VPN**　　　　//指明 VPN 感兴趣流量
R1(config-crypto-map)#**reverse-route static**
//配置反向路由注入，这样在路由器中当 VPN 会话建立时将产生一条静态路由，**static** 关键字指明即使 VPN 会话没有建立起来反向路由也要创建静态路由
R1(config-crypto-map)#**exit**
R1(config)#**interface serial0/0/0**
R1(config-if)#**crypto map MAP**　　　　//在接口上应用创建的加密图
R1(config-if)#**ip nat outside**
R1(config)#**interface gigabitEthernet0/0**
R1(config-if)#**ip nat inside**
R1(config)#**access-list 100 deny ip 172.16.1.0 0.0.0.255 172.16.4.0 0.0.0.255**
// 在执行 NAT 时，排除 VPN 感兴趣流量
R1(config)#**access-list 100 permit ip 172.16.1.0 0.0.0.255 any**
R1(config)#**ip nat inside source list 100 interface serial0/0/0 overload**
R1(config)#**ip route 0.0.0.0 0.0.0.0 serial 0/0/0**

（2）配置路由器 R2

R2(config)#**ip route 61.0.0.0 255.255.255.0 serial0/0/1**

（3）配置路由器 R3

R3(config)#**ip route 202.96.134.0 255.255.255.0 serial0/0/1**

（4）配置路由器 R4

R4(config)#**crypto isakmp policy 10**
R4(config-isakmp)#**encryption aes**
R4(config-isakmp)#**authentication pre-share**

```
R4(config-isakmp)#hash sha
R4(config-isakmp)#group 5
R4(config-isakmp)#exit
R4(config)#crypto isakmp key cisco address 202.96.134.1
R4(config)#crypto ipsec transform-set TRAN esp-aes esp-sha-hmac
R4(cfg-crypto-trans)# mode tunnel
R4(cfg-crypto-trans)#exit
R4(config)#ip access-list extended VPN
R4(config-ext-nacl)#permit ip 172.16.4.0 0.0.0.255 172.16.1.0 0.0.0.255
R4(config)#crypto map MAP 10 ipsec-isakmp
R4(config-crypto-map)#set peer 202.96.134.1
R4(config-crypto-map)#set transform-set TRAN
R4(config-crypto-map)#reverse-route static
R4(config-crypto-map)#match address VPN
R4(config-crypto-map)#exit
R4(config)#interface serial0/0/0
R4(config-if)#crypto map MAP
R4(config-if)#ip nat outside
R4(config)#interface gigabitEthernet0/0
R4(config-if)#ip nat inside
R4(config)#access-list 100 deny ip 172.16.4.0 0.0.0.255 172.16.1.0 0.0.0.255
R4(config)#access-list 100 permit ip 172.16.4.0 0.0.0.255 any
R4(config)#ip nat inside source list 100 interface serial0/0/0 overload
R4(config)#ip route 0.0.0.0 0.0.0.0 serial 0/0/0
```

4. 实验调试

（1）查看路由信息

```
show ip route
① R1#show ip route
       172.16.0.0/24 is subnetted, 3 subnets, 2 masks
S         172.16.4.0 [1/0] via 61.0.0.4
S*     0.0.0.0/0 is directly connected, Serial0/0/0
② R4#show ip route
S*     0.0.0.0/0 is directly connected, Serial0/0/0
       172.16.0.0/16 is variably subnetted, 3 subnets, 2 masks
S         172.16.1.0/24 [1/0] via 202.96.134.1
```

以上①和②输出表明路由器 R1 和 R2 上已经有静态路由存在了，即使 VPN 隧道还没有建立，该路由是通过反向路由注入添加到路由表中的，下一跳为 VPN 对端的公网 IP 地址。

（2）用 ping 命令测试连通性

```
R1#ping 172.16.4.4 source 172.16.1.1
//触发 IPSec VPN 隧道建立，实现远程办公室和总部私有网络的通信
Type escape sequence to abort.
Sending 5, 100-byte ICMP Echos to 172.16.4.4, timeout is 2 seconds:
Packet sent with a source address of 172.16.1.1
!!!!!
Success rate is 100 percent (5/5), round-trip min/avg/max = 4/5/8 ms
```

如果在上述命令执行之前在 R1 上执行 **debug crypto isakmp** 命令，可以清楚地看到 IKE

第一阶段和第二阶段交换过程。此处不再给出具体的输出信息，请读者自行调试和观察。

（3）查看活动的 IPSec VPN 会话信息

```
R1#show crypto engine connections active    //查看活动的 IPSec VPN 会话信息
Crypto Engine Connections    //加密引擎的连接
  ID    Type    Algorithm      Encrypt   Decrypt   LastSeqN   IP-Address
  1001  IKE     SHA+AES           0         0          0      202.96.134.1
  2001  IPsec   AES+SHA           0        19         19      202.96.134.1
  2002  IPsec   AES+SHA          19         0          0      202.96.134.1
```

以上输出显示活动的 VPN 会话中的 IKE 和 IPSec 的基本情况，包括会话 ID，会话类型，加密和验证算法，加、解密数据包数量，最后一个包的序号，以及本地加密点的 IP 地址，其中 IPSec 的加密和解密是独立的会话，可以看到加密和解密了各 19 个数据包。

（4）查看 isakmp 策略信息

```
R1#show crypto isakmp policy   //查看 isakmp 策略信息
Global IKE policy    //全局 IKE 策略
Protection suite of priority 10
        encryption algorithm:    AES - Advanced Encryption Standard (128 bit keys).
        //加密算法
        hash algorithm:          Secure Hash Standard        //HASH 算法
        authentication method:   Pre-Shared Key              //验证方法
        Diffie-Hellman group:    #5 (1536 bit)               //DH 组
        lifetime:                86400 seconds, no volume limit  //生存时间
```

（5）查看 IPSec 转换集的信息

```
R1#show crypto ipsec transform-set    //查看 IPSec 转换集的信息
Transform set TRAN: { esp-aes esp-sha-hmac }    //配置的转换集名称以及加密和验证算法
    will negotiate = { Tunnel, },       //工作模式为隧道模式
Transform set default: { esp-aes esp-sha-hmac }  //系统默认的转换集名称以及加密和验证算法
    will negotiate = { Transport, },    //工作模式为传输模式
```

（6）查看加密图的信息

```
R1#show crypto map    //查看加密图的信息
Crypto Map "MAP" 10 ipsec-isakmp        //名为 MAP 的加密图，编号 10 的配置
    Peer = 61.0.0.4                     //VPN 对端地址
    Extended IP access list VPN         //VPN 感兴趣流量
        access-list VPN permit ip 172.16.1.0 0.0.0.255 172.16.4.0 0.0.0.255
    Current peer: 61.0.0.4              //当前 VPN 会话的对端 IP 地址
    Security association lifetime: 4608000 kilobytes/3600 seconds
        //生存时间，即多长时间或者传输了多少字节重新建立会话，保证数据的安全
    Responder-Only (Y/N): N     //只作为 VPN 响应端
    PFS (Y/N): N        //没有开启完美前向保密（Perfect Forward Secrecy）
    Mixed-mode : Disabled       //混合模式禁用
    Transform sets={
        TRAN: { esp-aes esp-sha-hmac },//使用的转换集 TRAN，包括加密和验证算法
    }
    Reverse Route Injection Enabled         //启用反向路由注入
    Interfaces using crypto map MAP:        //加密图应用的接口
        Serial0/0/0
```

（7）查看 IPSec 会话的安全关联信息

```
R1#show crypto ipsec sa    //查看 IPSec 会话的安全关联信息
 interface: Serial0/0/0
    Crypto map tag: MAP, local addr 202.96.134.1    //加密图的名字及本地加密点的接口地址
   protected vrf: (none)
   local  ident (addr/mask/prot/port): (172.16.1.0/255.255.255.0/0/0)
   remote ident (addr/mask/prot/port): (172.16.4.0/255.255.255.0/0/0)
   //以上 2 行显示触发建立 VPN 连接的感兴趣流量
   current_peer 61.0.0.4 port 500    //当前 VPN 对端和 isakmp 工作端口
     PERMIT, flags={origin_is_acl,}    //标记为 ACL 定义的流量开始触发 VPN
    #pkts encaps: 19, #pkts encrypt: 19, #pkts digest: 19
    #pkts decaps: 19, #pkts decrypt: 19, #pkts verify: 19
    //以上 2 行是该接口的加、解密数据包和验证数据包的数量统计
    #pkts compressed: 0, #pkts decompressed: 0
    #pkts not compressed: 0, #pkts compr. failed: 0
    #pkts not decompressed: 0, #pkts decompress failed: 0
    #send errors 1, #recv errors 0

     local crypto endpt.: 202.96.134.1, remote crypto endpt.: 61.0.0.4
    //建立 VPN 连接的本地端点和远程端点
     plaintext mtu 1438, path mtu 1500, ip mtu 1500, ip mtu idb Serial0/0/0
     current outbound spi: 0x18100C04(403704836)    //当前出向 spi 值，与对端入向 spi 值相同
     inbound esp sas:      //入方向的 esp 安全关联集合
      spi: 0x9ABED570(2596197744)        //入向 spi 值
        transform: esp-aes esp-sha-hmac ,    //转换集信息
        in use settings ={Tunnel, }        //工作模式
        conn id: 2001, flow_id: NETGX:1, sibling_flags 80000046, crypto map: MAP
        //VPN 连接的 ID 及加密图，在重新建立 SA 时，连接 ID 自动加 1
        sa timing: remaining key lifetime (k/sec): (4437839/198)    //VPN 连接剩余的生存时间
        IV size: 16 bytes    //初始化向量（Initialization Vector，IV）长度
        replay detection support: Y        //支持重放保护
        Status: ACTIVE            //VPN 连接状态
     inbound ah sas:
     //入方向的 AH 安全关联信息，由于没有使用 AH 封装，所以没有 AH 安全关联信息
     inbound pcp sas:

     outbound esp sas:                //出方向的 esp 安全关联集合
      spi: 0x18100C04(403704836)
        transform: esp-aes esp-sha-hmac ,
        in use settings ={Tunnel, }
        conn id: 2002, flow_id: NETGX:2, sibling_flags 80000046, crypto map: MAP
        sa timing: remaining key lifetime (k/sec): (4437839/198)
        IV size: 16 bytes
        replay detection support: Y
        Status: ACTIVE
     outbound ah sas:
     outbound pcp sas:
```

（8）查看建立 IPSec VPN 的对端信息

```
R1#show cry isakmp peers    //查看建立 IPSec VPN 的对端信息
```

```
Peer: 61.0.0.4 Port: 500 Local: 202.96.134.1    //IPSec VPN 对端 IP 地址、端口和本端 IP 地址
Phase1 id: 61.0.0.4    //IKE 第一阶段 id
```

（9）查看建立 IPSec VPN 的预共享密钥

```
R1#show crypto isakmp key    //查看建立 IPSec VPN 的预共享密钥
Keyring          Hostname/Address                            Preshared Key

default          61.0.0.4                                    cisco
```

（10）通过 NAT 访问外网

① R1#**ping 218.30.1.2 source gigabitEthernet0/0**
Type escape sequence to abort.
Sending 5, 100-byte ICMP Echos to 218.30.1.2, timeout is 2 seconds:
Packet sent with a source address of 172.16.1.1
!!!!!
Success rate is 100 percent (5/5), round-trip min/avg/max = 1/1/4 ms

② R4#**ping 218.30.1.2 source gigabitEthernet0/0**
Type escape sequence to abort.
Sending 5, 100-byte ICMP Echos to 218.30.1.2, timeout is 2 seconds:
Packet sent with a source address of 172.16.4.4
!!!!!
Success rate is 100 percent (5/5), round-trip min/avg/max = 1/2/4 ms

以上测试表明远程办公室和总部都可以成功通过 NAT 访问外网。

【技术扩展】

IPSec 提供了端到端的 IP 通信的安全性。如果传输过程中经过 PAT 中间设备，就会带来问题。AH 设计的理念决定了 AH 协议不能穿越 PAT 设备。但是 ESP 协议穿越 PAT 设备时同样会带来问题。NAT 穿越（NAT Traversal，NAT-T）就是为解决这个问题而提出的。NAT-T 将 ESP 协议数据包封装到 UDP（目的端口号为 UDP 4500）数据包中，即在原 ESP 协议的 IP 包头后添加新的 UDP 包头。NAT-T 在 IKE 第一阶段开始探测网络路径中是否存在 PAT 设备，如果发现存在 PAT 设备，IKE 第二阶段会采用 NAT-T，NAT-T 默认是自动开启的，命令为 **crypto ipsec nat-transparency udp-encapsulation**，不用手工配置。需要注意的是 IPsec 只有采用 ESP 的隧道模式来封装数据时才能与 NAT-T 共存。

19.7 实验 5：配置 IBGP 和 EBGP

1. 实验目的

通过本实验可以掌握：
① 启动 BGP 路由进程。
② BGP 进程中通告网络的方法。
③ IBGP 邻居和 EBGP 邻居配置。
④ BGP 路由更新源和 next-hop-self 配置。

⑤ BGP 路由汇总配置。
⑥ BGP 路由调试。

2. 实验拓扑

配置 IBGP 和 EBGP 的实验拓扑如图 19-14 所示。

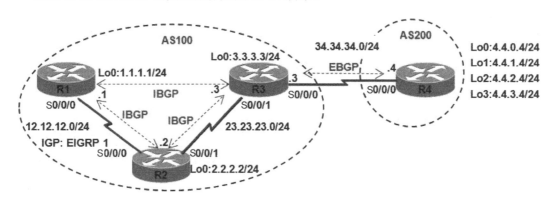

图 19-14 配置 IBGP 和 EBGP 的实验拓扑

3. 实验步骤

因为在本实验中 IBGP 的路由器（R1、R2 和 R3）形成全互连的邻居关系，所以路由器 R1、R2 和 R3 均关闭同步。AS100 内部路由器之间运行的 IGP 是 EIGRP，实现网络的连通性，为 BGP 邻居关系建立提供 TCP 连接。

（1）配置路由器 R1

```
R1(config)#router eigrp 1
R1(config-router)#network 1.1.1.1 0.0.0.0
R1(config-router)#network 12.12.12.1 0.0.0.0
R1(config-router)#exit
R1(config)#router bgp 100        //启动 BGP 进程
R1(config-router)#no synchronization    //关闭同步，高版本 IOS 的默认配置
R1(config-router)#bgp router-id 1.1.1.1
//配置 BGP 路由器 ID，如果建立邻居关系的两台路由器的 BGP 路由器 ID 相同，会出现类似如下的信息
04:53:11: %BGP-3-NOTIFICATION: received from neighbor 3.3.3.3 2/3 (BGP identifier wrong) 4 bytes 03030303   //提示 BGP 标识符错误，不能建立邻居关系
R1(config-router)#neighbor 2.2.2.2 remote-as 100
//指定邻居路由器更新源及所在的 AS
R1(config-router)#neighbor 2.2.2.2 update-source Loopback0   //指定 BGP 更新源
R1(config-router)#neighbor 3.3.3.3 remote-as 100
R1(config-router)#neighbor 3.3.3.3 update-source Loopback0
R1(config-router)#network 1.1.1.0 mask 255.255.255.0   //通告网络
R1(config-router)#no auto-summary    //关闭自动汇总，默认配置
```

（2）配置路由器 R2

```
R2(config)#router eigrp 1
R2(config-router)#network 2.2.2.2 0.0.0.0
R2(config-router)#network 12.12.12.2 0.0.0.0
R2(config-router)#network 23.23.23.2 0.0.0.0
R2(config-router)#exit
R2(config)#router bgp 100
R2(config-router)#bgp router-id 2.2.2.2
R2(config-router)#neighbor 1.1.1.1 remote-as 100
R2(config-router)#neighbor 1.1.1.1 update-source Loopback0
R2(config-router)#neighbor 3.3.3.3 remote-as 100
R2(config-router)#neighbor 3.3.3.3 update-source Loopback0
```

（3）配置路由器 R3

```
R3(config)#router eigrp 1
R3(config-router)#network 3.3.3.3 0.0.0.0
R3(config-router)#network 23.23.23.3 0.0.0.0
R3(config-router)#exit
R3(config)#router bgp 100
R3(config-router)#bgp router-id 3.3.3.3
R3(config-router)#neighbor 1.1.1.1 remote-as 100
R3(config-router)#neighbor 1.1.1.1 update-source Loopback0
R3(config-router)#neighbor 1.1.1.1 next-hop-self
```
//配置下一跳自我，即对从 EBGP 邻居收到的路由，在通告给 IBGP 邻居时，强迫路由器通告自己的更新源是发送 BGP 更新信息的下一跳，而不是 EBGP 邻居的更新源

```
R3(config-router)#neighbor 2.2.2.2 remote-as 100
R3(config-router)#neighbor 2.2.2.2 update-source Loopback0
R3(config-router)#neighbor 2.2.2.2 next-hop-self
R3(config-router)#neighbor 34.34.34.4 remote-as 200
```

（4）配置路由器 R4

```
R4(config)#ip route 4.4.0.0 255.255.252.0 null0
```
//在 IGP 路由表中构造该汇总路由，否则不能在 BGP 中用 network 命令通告该汇总路由

```
R4(config)#router bgp 200
R4(config-router)#bgp router-id 4.4.4.4
R4(config-router)#neighbor 34.34.34.3 remote-as 100
R4(config-router)#network 4.4.0.0 mask 255.255.255.0
R4(config-router)#network 4.4.1.0 mask 255.255.255.0
R4(config-router)#network 4.4.2.0 mask 255.255.255.0
R4(config-router)#network 4.4.3.0 mask 255.255.255.0
R4(config-router)#network 4.4.0.0 mask 255.255.252.0
```
//用 network 命令通告汇总路由，如此配置是为了说明在 BGP 中，network 命令不仅可以通告直连路由，还可以通告 IGP 路由表中的其他路由条目。从功能上讲，汇总路由可以取代上面通告的四条直连子网路由。在本实验中，汇总路由和明细路由都被通告，实际应用中不需要

📓 【技术要点】

① 一台路由器只能启动一个 BGP 进程。

② 命令 **neighbor** 后边跟的是邻居路由器 BGP 更新源的地址。

③ BGP 中的 **network** 命令与 IGP 不同，它只是将 IGP 中存在的路由条目（可以是直连路由、静态路由或动态路由）在 BGP 中通告。同时 **network** 命令使用参数 **mask** 来通告单独的子网。如果 BGP 的自动汇总功能没有关闭，而且在 IGP 路由表中存在子网路由，在 BGP 中可以用 **network** 命令通告主类网络，当然也可以通过参数 **mask** 来通告单独的子网。如果 BGP 的自动汇总功能关闭，则通告必须通过参数 **mask** 严格匹配路由条目的掩码长度。

④ 在命令 **neighbor** 后边跟 **update-source** 参数，是用来指定 BGP 更新源的。如果网络中有多条路径，那么，用环回接口建立 TCP 连接并作为 BGP 路由的更新源会增加 BGP 的稳定性和健壮性。

⑤ 在命令 **neighbor** 后边跟 **next-hop-self** 参数是为了解决 BGP 路由下一跳可达的问题，因为当 BGP 路由通过 EBGP 学到下一路地址并传递给本 AS 的 IBGP 邻居时，从 EBGP 获得的下一跳地址会保持不变在 IBGP 中传递，**next-hop-self** 参数使得路由器会用自己的 BGP 更新源作为发送 BGP 更新信息的下一跳通告给 IBGP 邻居。

⑥ BGP 的下一跳是指 BGP 路由表中路由条目的下一跳，也就是相应 **neighbor** 命令所指的地址。

4. 实验调试

（1）查看 TCP 连接信息摘要

```
R3#show tcp brief    //查看 TCP 连接信息摘要
TCB          Local Address         Foreign Address        (state)
64752BAC     3.3.3.3.11002         1.1.1.1.179            ESTAB
64753B5C     3.3.3.3.11000         2.2.2.2.179            ESTAB
6472708      34.34.34.3.11001      34.34.34.4.179         ESTAB
```

以上输出表明路由器 R3 和路由器 R1、R2 和 R4 之间使用 179 端口建立了 TCP 连接。建立 TCP 连接的双方使用 BGP 路由更新源的地址。只要两台路由器之间建立了一条 TCP 连接，就可以形成 BGP 邻居关系。

（2）查看 BGP 邻居的详细信息

```
R3#show ip bgp neighbors 34.34.34.4    //查看 BGP 邻居的详细信息
BGP neighbor is 34.34.34.4,  remote AS 200, external link
//BGP 邻居的地址和所在 AS，external 表示建立的是 EBGP 邻居关系
BGP version 4, remote router ID 4.4.4.4    //BGP 版本和远程邻居的 BGP 路由器 ID
BGP state = Established, up for 00:50:29   //BGP 邻居关系的状态以及建立的时间
Last read 00:00:21, hold time is 180, keepalive interval is 60 seconds
//默认的保持时间和 keepalive 发送周期可以通过命令 timers bgp keepalive holdtime 来调整，该命令对所有邻居生效；如果想针对某个邻居调整，命令为 neighbor ip-address timers keepalive holdtime，调整之后，在进行 BGP 连接建立时，会协商使用小的值
（此处省略部分输出）
```

以上输出表明路由器有一个外部 BGP 邻居路由器 R4（**34.34.34.4**）在 AS200 中。此邻居

的路由器 ID 是 **4.4.4.4**。命令 **show ip bgp neighbors** 显示出的信息最重要的一部分是 **BGP state=**那一行。此行给出了 BGP 连接的状态。**Established** 状态表示 BGP 对等体间的会话正在运行，可以交换 BGP 路由信息。

（3）查看 BGP 的摘要信息

```
R3#show ip bgp summary      //查看 BGP 的摘要信息
BGP router identifier 3.3.3.3, local AS number 100   //BGP 路由器 ID 及本地 AS
BGP table version is 8, main routing table version 8
//BGP 表的版本号（BGP 表变化时号码会逐次加 1）和注入主路由表的最后版本号
6 network entries using 792 bytes of memory
6 path entries using 312 bytes of memory
3/2 BGP path/bestpath attribute entries using 504 bytes of memory
1 BGP AS-PATH entries using 24 bytes of memory
0 BGP route-map cache entries using 0 bytes of memory
0 BGP filter-list cache entries using 0 bytes of memory
Bitfield cache entries: current 2 (at peak 2) using 64 bytes of memory
BGP using 1696 total bytes of memory
//以上 8 行显示了 BGP 使用内存的情况
BGP activity 6/0 prefixes, 6/0 paths, scan interval 60 secs
//BGP 活动的前缀、路径和扫描间隔
Neighbor     V    AS    MsgRcvd   MsgSent   TblVer   InQ   OutQ   Up/Down    State/PfxRcd
1.1.1.1      4    100   58        58        8        0     0      00:44:01   1
2.2.2.2      4    100   51        49        8        0     0      00:43:54   0
34.34.34.4   4    200   19        19        8        0     0      00:15:21   5
```

以上输出的邻居表的各个字段的含义如下所述。

① **Neighbor**：BGP 邻居的路由器 ID。

② **V**：BGP 的版本。

③ **AS**：邻居所在的 AS 号码。

④ **MsgRcvd**：接收的 BGP 数据包数量。

⑤ **MsgSent**：发送的 BGP 数据包数量。

⑥ **InQ/OutQ**：入站队列或出站队列中等待处理的数据包数量。

⑦ **TblVer**：发送给该邻居的最后一个 BGP 表的版本号。

⑧ **Up/Down**：保持邻居关系的时间。

⑨ **State/PfxRcd**：BGP 连接的状态或者收到的路由前缀数量。

【技术要点】

为了确保能够建立 BGP 邻居关系，**neighbor** 命令指定的邻居地址必须可达（但是两端不能全都通过默认路由实现可达性，因为用默认路由不可以主动发起 BGP 连接），同时要确保发送方路由器的更新源地址（BGP 路由器默认以到达邻居的出接口为更新源）和接收方路由器 **neighbor** 命令所指定的地址相同。BGP 邻居无法建立的可能原因有以下两种。

① 如果 BGP 邻居关系一直停在 **idle** 状态，可能的原因如下：
- 没有去往邻居的路由；
- **neighbor** 命令指的邻居的地址不正确；

- BGP 路由器 ID 相同。

② 如果 BGP 邻居关系一直停在 **active** 状态，可能的原因如下：
- 邻居没有更新源的路由；
- 邻居的 **neighbor** 命令指的地址不正确；
- 邻居没有配置 **neighbor** 命令；
- 双方配置的 BGP 更新源不匹配；
- 两端全都通过默认路由实现更新源可达性。

（4）查看 BGP 路由表的信息

```
R3#show ip bgp    //查看 BGP 路由表的信息
BGP table version is 11, local router ID is 3.3.3.3    //BGP 表的版本号和 BGP 路由器 ID
Status codes: s suppressed, d damped, h history, * valid, > best, i - internal,
              r RIB-failure, S Stale              //BGP 路由状态代码区
Origin codes: i - IGP, e - EGP, ? - incomplete    //BGP 路由起源代码区
   Network          Next Hop        Metric LocPrf Weight Path
r>i1.1.1.0/24       1.1.1.1              0    100      0 i
*>4.4.0.0/24        34.34.34.4           0             0 200 i
*>4.4.0.0/22        34.34.34.4           0             0 200 i
*>4.4.1.0/24        34.34.34.4           0             0 200 i
*>4.4.2.0/24        34.34.34.4           0             0 200 i
*>4.4.3.0/24        34.34.34.4           0             0 200 i
```

在以上输出中，路由条目表项的状态代码（**Status Code**）的含义解释如下。

① s：表示路由条目被抑制。

② d：表示路由条目由于被惩罚而受到抑制，从而阻止了不稳定路由的发布。

③ h：表示该路由正在被惩罚，但还未达到抑制阈值而使它被抑制。

④ *：表示该路由条目有效。

⑤ >：表示该路由条目最优，可以被传递，达到最优的重要前提是下一跳可达。

⑥ i：表示该路由条目是从 IBGP 邻居学到的。

⑦ r：表示将 BGP 表中的路由条目安装到 IP 路由表中失败，可以通过命令 **show ip bgp rib-failure** 显示没有安装到路由表的 BGP 路由以及没有装入的原因，如下所示。

```
R3#show ip bgp rib-failure
   Network        Next Hop      RIB-failure              RIB-NH Matches
   1.1.1.0/24     1.1.1.1       Higher admin distance    n/a
//路由条目没有被安装到路由表的原因是管理距离大，因为通过 EIGRP 学到该路由的管理距离是
90，而通过 IBGP 学到该路由的管理距离是 200
```

⑧ S：表示该路由条目过期，用于支持 NSF 的路由器中。

在以上输出中，起源代码（**Origin Code**）的含义解释如下。

① i：表示路由条目来源为 IGP。

② e：表示路由条目来源为 EGP。

③ ?：表示路由条目来源不清楚，通常是从 IGP 重分布到 BGP 中的路由条目。

下面具体地解释 BGP 路由条目 r>i1.1.1.0/24   1.1.1.1   0 100   0 i 的含义。

① r：因为路由器 R3 通过 EIGRP 学到 **1.1.1.0/24** 路由条目，其管理距离为 90，而通过

IBGP 学到 **1.1.1.0/24** 路由条目的管理距离是 200，而且关闭了同步，BGP 表中的路由条目放入到 IP 路由表中失败，所以出现代码 r。

② >：表示该路由条目最优，可以被传递。

③ i：紧跟>的 i，表示该路由条目是从 IBGP 邻居学到的。

④ **1.1.1.1**：表示该 BGP 路由的下一跳，即邻居的 BGP 路由更新源。

⑤ **0**（标题栏对应 Metric）：表示该路由外部度量值即 MED 值为 0。

⑥ **100**：表示该路由本地优先级为 100。

⑦ **0**（标题栏对应 Weight）：表示该路由的权重值为 0，如果是本地产生的，默认权重值是 32768；如果是从 BGP 邻居学来的，默认权重值为 0。

⑧ 由于该路由是通过相同 AS 的 IBGP 邻居传递来的，所以 PATH 字段为空。

⑨ i：最后的 i，表示路由条目来源为 IGP，它是路由器 R1 用 **network** 命令通告的，而不是通过 EGP 或者重分布学到的。

（5）查看路由表

```
show ip route    //查看路由表
① R1#show ip route bgp
        4.0.0.0/8 is variably subnetted, 5 subnets, 2 masks
B       4.4.0.0/24 [200/0] via 3.3.3.3, 00:22:39
B       4.4.0.0/22 [200/0] via 3.3.3.3, 00:22:39
B       4.4.1.0/24 [200/0] via 3.3.3.3, 00:22:40
B       4.4.2.0/24 [200/0] via 3.3.3.3, 00:22:40
B       4.4.3.0/24 [200/0] via 3.3.3.3, 00:22:40
② R3#show ip route bgp
        4.0.0.0/8 is variably subnetted, 5 subnets, 2 masks
B       4.4.0.0/24 [20/0] via 34.34.34.4, 01:11:28
B       4.4.0.0/22 [20/0] via 34.34.34.4, 01:11:28
B       4.4.1.0/24 [20/0] via 34.34.34.4, 01:11:28
B       4.4.2.0/24 [20/0] via 34.34.34.4, 01:11:28
B       4.4.3.0/24 [20/0] via 34.34.34.4, 01:12:53
```

以上输出表明 IBGP 的管理距离是 200，EBGP 的管理距离是 20。由于在路由器 R3 的 IBGP 邻居配置了 **next-hop-self** 参数，所以看到路由器 R1 的 BGP 路由条目的下一跳为 **3.3.3.3**，即 R3 的 BGP 的更新源。

（6）使用 ping 命令测试连通性

在路由器 R4 上 ping 1.1.1.1，结果是不通的，原因很简单，就是在路由器 R1 和 R2 的路由表中没有到 34.34.34.0 的路由。此时，如果执行扩展 ping 命令，就是通的，测试结果如下。

```
① R4#ping 1.1.1.1
Type escape sequence to abort.
Sending 5, 100-byte ICMP Echos to 1.1.1.1, timeout is 2 seconds:
.....
Success rate is 0 percent (0/5)
② R4#ping 1.1.1.1 so 4.4.0.4
Type escape sequence to abort.
Sending 5, 100-byte ICMP Echos to 1.1.1.1, timeout is 2 seconds:
```

```
Packet sent with a source address of 4.4.0.4
!!!!!
```

如果一定要用标准 ping 命令，无非就是让路由器 R1 和 R2 学到 **34.34.34.0** 的路由，方法很多，比如在路由器 R3 的 EIGRP 进程中重分布直连网络。

（7）验证 IBGP 水平分割

删除路由器 R1 和 R3 之间的邻居关系，保持路由器 R1 和 R2 建立邻居关系，路由器 R2 和 R3 建立邻居关系，配置如下：

```
R1(config)#router bgp 100
R1(config-router)#no synchronization
R1(config-router)#no neighbor 3.3.3.3
R3(config)#router bgp 100
R3(config-router)#no neighbor 1.1.1.1
```

在路由器 R1 和 R2 上查看 BGP 表：

① R1#**show ip bgp**
BGP table version is 2, local router ID is 1.1.1.1
Status codes: s suppressed, d damped, h history, * valid, > best, i - internal,
              r RIB-failure, S Stale
Origin codes: i - IGP, e - EGP, ? - incomplete

Network	Next Hop	Metric	LocPrf	Weight	Path
*>1.1.1.0/24	0.0.0.0	0		32768	i

② R2#**show ip bgp**
BGP table version is 8, local router ID is 2.2.2.2
Status codes: s suppressed, d damped, h history, * valid, > best, i - internal,
              r RIB-failure, S Stale
Origin codes: i - IGP, e - EGP, ? - incomplete

Network	Next Hop	Metric	LocPrf	Weight	Path
r>i1.1.1.0/24	1.1.1.1	0	100	0	i
*>i4.4.0.0/24	3.3.3.3	0	100	0	200 i
*>i4.4.0.0/22	3.3.3.3	0	100	0	200 i
*>i4.4.1.0/24	3.3.3.3	0	100	0	200 i
*>i4.4.2.0/24	3.3.3.3	0	100	0	200 i
*>i4.4.3.0/24	3.3.3.3	0	100	0	200 i

以上①和②输出表明路由器 R2 并没有将路由器 R3 通告的 BGP 路由通告给路由器 R1，这也进一步验证了 IBGP 水平分割的基本原理：通过 IBGP 学到的路由不能通告给相同 AS 内的其他的 IBGP 邻居。通常的解决办法有两个：IBGP 形成全互连邻居关系或使用路由反射器。其中路由反射器知识超出本书范围，此处不再讨论。

第 20 章 网络安全和监控

网络安全性取决于其最薄弱的链路,而第二层可能是最薄弱的链路。常见的第二层攻击包括 CDP 侦察攻击、Telnet 漏洞攻击、MAC 地址泛洪攻击、VLAN 攻击以及与 DHCP 相关的攻击。网络管理员必须知道如何缓解这些攻击,以及使用 AAA 保护管理访问和使用 IEEE 802.1x 保护端口访问。监控正在运行的网络可以为网络管理员提供相关信息,从而主动管理网络并向其他人报告网络使用情况。SNMP 和 SPAN 技术是常用的网络管理和监控手段。本章主要介绍常见的攻击和缓解方法,重点介绍 AAA、IEEE 802.1x、SNMP 和 SPAN 的工作原理和配置。

20.1 常见 LAN 攻击

20.1.1 常见 LAN 攻击类型及缓解措施

如果网络第二层被入侵,则其高层也会受影响。常见 LAN 各种攻击类型及其缓解措施如表 20-1 所示。

表 20-1 常见 LAN 各种攻击类型及其缓解措施

序号	攻击方法	描述	缓解措施	章节
1	CDP 和 LLDP	CDP 和 LLDP 的功能是发现直连链路设备的信息,没有验证机制	除设备互连的接口外,关闭其他接口的 CDP 或 LLDP 功能	12
2	Telnet	Telnet 用于远程管理设备,以明文发送密码,容易被窃听	用 SSHv2 替代 Telnet,并用 ACL 限制远程管理的客户端 IP 地址	7
3	利用各种网络服务的弱点	默认时网络设备开启了很多常用服务,如 finger,这些服务本身有弱点,可以被黑客利用对设备发起攻击	保留必要的服务,关闭不必要的服务	20
4	MAC 泛洪攻击	通过发送虚假源 MAC 地址的帧,填满 MAC 地址表,导致交换机泛洪数据帧	启用端口安全	7
5	DHCP 欺骗、耗尽攻击和中间人攻击	先冒充 DHCP Client 申请 IP 地址,耗尽 DHCP 服务器的地址池,然后再冒充 DHCP 服务器分配 IP 地址,实施中间人攻击	启用 DHCP Snooping	10
6	VLAN 跳跃攻击	把数据帧的 VLAN 标签封装为另一个 VLAN,导致跨 VLAN 的访问和攻击	禁止接口的 Trunk 协商,把 Native VLAN 设为不存在的 VLAN	8
7	同一 VLAN 间设备之间的攻击	同一 VLAN 里的计算机是可以通信的,导致一旦一台主机被攻陷,其他计算机也受到威胁	启用端口隔离或者使用 PVLAN 技术	13
8	STP 根攻击	通过发送更高优先级的 BPDU,成为 STP 根桥,改变 STP 树拓扑	启用 STP 根保护	14
9	VTP 攻击	发送伪造的 VTP 信息,覆盖正常的 VLAN 信息	配置 VTP 验证	13

20.1.2 交换机安全基本措施

为了防止交换机被攻击者探测或者控制，必须在交换机上配置基本的安全措施，具体措施如下所述（这些措施也适用于路由器的基本安全）。

① 配置访问密码，包括控制台密码、enable 密码和 VTY 密码等。密码仍是防范未经授权人员访问网络设备的主要手段，必须为每台路由器或者交换机配置密码以限制访问。密码设置不能过于简单，应该采用强口令，如密码中包含大写字母、小写字母、数字和特殊符号等。同时要启用密码加密服务对密码进行加密。相关配置参见第 3 章。

② 配置标语消息。尽管要求用户输入密码是防止未经授权人员进入网络的有效方法，但同时必须向试图访问设备的人员声明仅授权人员才可以访问设备。出于此目的，用户登录设备时可向用户输出一条标语。当控告某人非法入侵设备时，标语可在诉讼程序中起到重要作用。某些法律体系规定，若不事先通知用户，则既不允许起诉该用户，甚至连对该用户进行监控都不允许。标语的确切内容或措辞取决于当地法律和企业政策。相关配置参见第 3 章。下面是几个常用的标语信息。

- 仅授权人员才可使用设备（Use of the device is specifically for authorized personnel）；
- 活动可能被监控（Activity may be monitored）；
- 未经授权擅自使用设备将招致诉讼（Legal action will be pursued for any unauthorized use）。

③ 建议在远程管理路由器和交换机时使用 SSHv2 替代 Telnet，同时配置 ACL 限制对交换机或者路由器的远程管理。Telnet 在网络上以明文发送所有通信。攻击者使用网络监视软件可以窃听在 Telnet 客户端和交换机或者路由器之间发送的流量，所以它不是访问网络设备的安全方法。SSH 和与 Telnet 一样，都可以远程管理网络设备，但是增加了安全性。SSH 客户端和 SSH 服务器之间的通信是加密的。Cisco 设备目前支持 SSHv1 和 SSHv2。使用中建议采用具有更强的安全加密算法的 SSHv2。因为需要远程管理权限的用户非常有限，通常都是网络管理员，所以应该通过 ACL 限制能够访问设备的主机。相关配置参见第 7 章。

④ 禁用不需要的服务和应用。Cisco 路由器或者交换机支持大量网络服务，其中部分服务属于应用层协议，用于允许用户的主机进程连接到路由器或者交换机；其他服务则是用于支持传统或特定配置的自动进程和设置，这些服务具有潜在的安全风险，可以限制或禁用其中某些服务以提升安全性。相关配置本章讲述。

⑤ 禁用未使用的端口。禁用网络中路由器或者交换机上所有未使用的端口有助于保护网络设备，使其免受未经授权的访问。管理员直接将不使用的端口关闭即可。

⑥ 启用系统日志。日志可用于检验网络设备是否工作正常或是否已遭到攻击。在某些情况下，日志能够显示出企图对网络设备或受保护的网络进行的探测或攻击的类型。建议将日志信息发送到 Syslog 服务器上，因为这样所有设备都可以将它们的日志转发到一个集中的主机上，以方便管理员通过查看日志进行故障排除和网络攻击取证等。相关配置参见第 12 章。

⑦ 关闭 SNMP 或者使用 SNMPv3。SNMP 是用于自动远程监控和管理网络设备的协议。如果不需要使用 SNMP，请将其关闭。SNMPv3 以前的版本以明文形式传送信息，存在安全隐患，建议使用更为安全的 SNMPv3 管理网络设备。相关配置本章讲述。

⑧ 通过禁止 DTP 协商、手工配置 Trunk 链路、将端口配置为接入模式、将 Native VLAN 配置为不存在的 VLAN 以及在 Trunk 链路上禁止 Native VLAN 的流量等手段可以缓解 VLAN 跳跃攻击。相关配置参见第 8 章。VLAN 跳跃攻击通常采用如下的两种方法实施。

- 基于 DTP 的 VLAN 跳跃攻击：攻击者的主机主动发送 DTP 协商数据包，由于 Cisco 交换机的端口默认的 DTP 工作模式是动态 auto，当它收到 DTP 数据包后，会自动协商成为 Trunk 链路，之后，攻击者则可以发送携带不同 VLAN 标签的数据帧，从而达到攻击不同 VLAN 的主机的目的。
- 基于双重标签 VLAN 跳跃攻击：攻击者的主机从交换机端口模式为 access 的端口发送属于 Trunk 链路 Native VLAN 的数据帧，如果该帧包含 IEEE 802.1q 双标签，其中外层标签是 Native VLAN 的 ID，内层标签是攻击者想要攻击的 VLAN 的 ID，那么当数据帧通过 Trunk 链路时，交换机会剥离外层的 VLAN 标签，将包含内层标签的数据帧发送到 Trunk 链路上，从而达到攻击不同 VLAN 主机的目的。

20.2　AAA 和 IEEE 802.1x 概述

20.2.1　AAA 简介

AAA 是 Authentication（验证）、Authorization（授权）和 Accounting（计费）的简称，是网络安全的一种管理机制，提供验证、授权、计费 3 种功能，相关描述如下所述。

① 验证（Authentication）：确认访问网络设备的用户的身份，判断访问者是否为合法用户。

② 授权（Authorization）：对不同用户赋予不同的权限，限制用户可以使用的服务。例如，用户成功登录交换机后，管理员可以授权用户对交换机进行配置时所使用的命令。

③ 计费（Accounting）：记录用户使用网络服务中的所有操作，包括使用的服务类型、登录起始和终止时间、数据流量等，它不仅是一种安全手段，也可以对用户访问网络实现计费。

Cisco 提供以下 2 种常用的实施 AAA 验证的方法。

① 本地 AAA 身份验证：使用本地数据库进行身份验证，在 Cisco 路由器或者交换机等网络设备上本地存储用户名和密码，并根据本地数据库对用户进行身份验证。本地 AAA 验证是小型网络的理想选择。

② 基于服务器的 AAA 身份验证：基于服务器的 AAA 身份验证是一种扩展性更强的解决方案。使用该方法时，网络设备访问 AAA 服务器，AAA 服务器上存储所有用户的用户名和密码。常用的 AAA 服务器包括 RADIUS（Remote Authentication Dial In User Service，远程验证拨号用户服务）或 TACACS+（Terminal Access Controller Access Control System，终端访问控制器访问控制系统）两种。TACACS+协议和 RADIUS 协议比较如表 20-2 所示。

基于服务器的 AAA 身份验证的工作过程如下所述。

① 客户端与网络设备（如路由器或者交换机等）建立连接。
② 网络设备提示用户输入用户名和密码。
③ 网络设备使用 AAA 服务器验证用户名和密码的合法性。

表 20-2 TACACS+协议和 RADIUS 协议比较

TACACS+协议	RADIUS 协议
使用 TCP，端口号为 49，网络传输更可靠	使用 UDP，端口号为 1812（验证和授权）和 1813（计费），网络传输效率更高
除了 TACACS+数据包头部，对数据包主体全部进行加密	只对验证数据包中的密码字段进行加密
协议较为复杂，验证和授权分离，使得验证、授权服务可以分别在不同的安全服务器上实现	协议比较简单，验证和授权结合
支持对设备的配置命令进行授权使用。用户可使用的命令行受到用户级别和 AAA 授权的双重限制，某一级别的用户输入的每一条命令都需要通过 TACACS+服务器授权，如果授权通过，命令就可以被执行	不支持对设备的配置命令进行授权使用 用户登录设备后可以使用的命令由用户级别决定，用户只能使用小于或等于用户级别的命令

20.2.2 IEEE 802.1x 简介

IEEE IEEE 802.1x（也称为 Dot1x）标准定义了基于端口的访问控制和身份验证协议，可限制未经授权的客户端通过交换机端口连接到网络。在使用交换机端口之前，身份验证服务器会对连接到交换机端口的每一个客户端进行身份验证。在验证通过之前，IEEE 802.1x 只允许 EAPoL（Extensible Authentication Protocol over LAN，基于局域网的扩展验证协议）数据通过主机连接的交换机端口；验证通过以后，客户端才可以正常使用交换机端口。IEEE 802.1x 验证系统采用典型的 Client/Server 结构，包括 3 个部分：客户端（Client）、设备端（Device）和验证服务器（Server）。IEEE 802.1x 系统支持 EAP 中继方式和 EAP 终结方式与远端 RADIUS 服务器交互完成验证。假设客户端主动发起验证，下面以 EAP-MD5 中继方式为例讲解 IEEE 802.1x 验证过程，如图 20-1 所示。

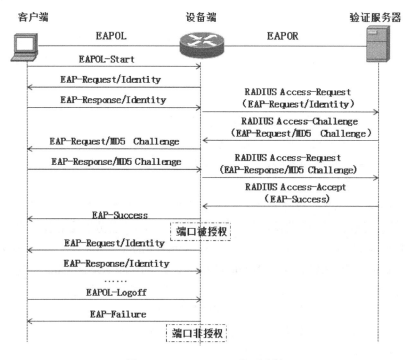

图 20-1 IEEE 802.1x 验证过程

① 当客户端有访问网络需求时打开 IEEE 802.1x 客户端程序，发起连接请求（EAPOL-Start），开始启动一次验证过程。

② 设备端收到请求验证的数据帧后，将发出一个请求帧（EAP-Request/Identity）要求客户端程序发送输入的用户名。

③ 客户端程序响应设备端发出的请求，将用户名信息通过 EAP-Response/Identity 帧发送给设备端。设备端将客户端发送的数据帧通过封装 RADIUS Access-Request 帧后发送给验证服务器进行处理。

④ RADIUS 服务器收到设备端转发的用户名信息后，将该信息与数据库中的用户名对比，找到该用户名对应的密码信息，用随机生成的一个加密字对它进行加密处理，同时将此加密字通过 RADIUSAccess-Challenge 帧发送给设备端，由设备端转发给客户端程序。

⑤ 客户端程序收到由设备端传来的含加密字的 EAP-Request/MD5 Challenge 帧后，用该加密字对密码部分进行加密处理，生成 EAP-Response/MD5 Challenge 帧，并通过设备端传给验证服务器。

⑥ RADIUS 服务器将收到的已加密的 RADIUS Access-Request 帧和本地经过加密运算后的密码信息进行对比，如果相同，则认为该用户为合法用户，反馈验证通过的信息（RADIUS Access-Accept 帧和 EAP-Success 帧）。

⑦ 设备收到验证通过消息后将端口改为授权状态，允许用户通过端口访问网络。在此期间，设备端会通过向客户端定期发送握手数据包的方法，对用户的在线情况进行监测。其他情况下，如果两次握手请求数据包都得不到客户端应答，设备端就会让用户下线，防止用户因为异常原因下线而设备无法感知。

⑧ 客户端也可以发送 EAPOL-Logoff 帧给设备端，主动要求下线。设备端把端口状态从授权状态改为未授权状态，并向客户端发送 EAP-Failure 帧。

20.3 SNMP 和 SPAN 概述

20.3.1 SNMP 简介

简单网络管理协议（Simple Network Management Protocol，SNMP）可以让网络管理员管理 IP 网络上的各个节点，例如，服务器、工作站、路由器、交换机和安全设备等，帮助网络管理员监控和管理网络性能，查找和解决网络故障，规划未来网络的增长。SNMP 系统包括网络管理工作站（Network Management Station，NMS）、SNMP 代理（Agent）、管理信息库（Management Information Base，MIB）3 个部分。

① 网络管理工作站（NMS）：运行 SNMP 管理软件的计算机，管理员可以从 SNMP 代理的 MIB 中读取信息或者将命令发到 SNMP 代理去执行。

② 代理（Agent）：运行在网络设备上的 SNMP 代理软件，NMS 可以向 Agent 发出 GetRequest、GetNextRequest 和 SetRequest 请求，Agent 接收到 NMS 的请求后，根据数据包类型进行读（Read）或写（Write）操作，生成响应（Response）并返回给 NMS。Agent 在设备发生异常情况或状态改变时（如设备重新启动），也会主动向 NMS 发送陷阱（Trap）信息，向 NMS 报告所发生的事件。

③ 管理信息库（MIB）：存储与设备和操作统计信息有关的数据，是管理对象（Object）的集合。MIB 分层组织变量，管理软件可以使用 MIB 变量监视和控制网络设备。MIB 在形式上将每个变量定义为一个对象 ID（OID，Object ID）。OID 唯一标识 MIB 层次结构的对象。MIB 根据 RFC 标准将 OID 组织为 OID 层次结构，通常显示为树形。RFC 中定义了一些常见的公共变量，此外，像 Cisco 网络设备供应商可以定义各自树的专用分支，以适应厂商设备的新变量，属于 Cisco 的 OID 如下：.iso (1).org (3).dod (6).internet (1).private (4).enterprises (1).cisco (9)，因此，OID 为 1.3.6.1.4.1.9。而 SNMP 代理负责提供对本地 MIB 的访问。

NMS 定期轮询 SNMP 代理，但是定期 SNMP 轮询与事件发生的时间可能存在延时，如果提高轮询频率会占用过多网络带宽。为了弥补这些不足之处，SNMP 代理可以生成并发送陷阱，以便将某些事件立即告知 NMS。陷阱是未经请求的消息，提醒 NMS 在网络上的一个条件或事件，包括不适当的用户身份验证、重新启动、链路状态变化、TCP 连接断开、OSPF 邻居断开等重要事件。陷阱是定向通知的，不需要发送某些 SNMP 轮询请求，从而加快事件的响应速度并减少网络和代理资源的使用。SNMP 代理开放 UDP 161 端口，接收 NMS 的请求（如 **get** 和 **set**），NMS 开放 UDP 162 端口，接收代理发送的陷阱。

SNMP 常见的使用版本有 3 种，SNMP 版本 v1、v2c 和 v3 比较如表 20-3 所示。其中，Community 字符串分为只读（RO）和读写（RW）2 种类型，而且是明文传输。

表 20-3　SNMP 版本 v1、v2c 和 v3 比较

版本	安全级别	验证	加密	最终结果
SNMPv1	无验证无加密	Community 字符串	无	使用 Community 字符串进行身份验证
SNMPv2c	无验证无加密	Community 字符串	无	使用 Community 字符串进行身份验证
SNMPv3	无验证无加密	用户名	无	使用用户名进行身份验证
	有验证无加密	MD5 或 SHA	无	提供基于 HMAC-MD5 或 HMAC-SHA 算法的身份验证
	有验证有加密	MD5 或 SHA	DES、3DES 或 AES	提供基于 HMAC-MD5 或 HMAC-SHA 算法的身份验证和基于 DES、3DES 或 ARS 算法的加密

20.3.2　SPAN 简介

交换机端口分析（Switched Port Analyzer，SPAN）或者远程 SPAN（Remote SPAN，RSPAN）经常用于监控网络流量，特别是用于入侵检测方面。SPAN 或 RSPAN 可以将一个交换机的端口镜像至另一个端口，即把端口的收发流量备份到该交换机或者其他交换机的另一个端口，这样，只需将分析或侦听设备连接至监控端口，即可实现对被监听端口的流量进行分析和侦听。由于 SPAN 采用复制（或镜像）源端口或源 VLAN 上的接收或发送（或两者都有）流量到目的端口的方式，因此，SPAN 不影响源端口或 VLAN 的网络流量传输。除非特殊配置，除了 SPAN 或 RSPAN 会话的流量，镜像的目的端口不参与其他的二层协议。目的端口只能是单独的一个实际物理端口，一个目的端口只能在一个 SPAN 会话中使用。SPAN 分为以下 2 种模式。

① 本地 SPAN（Local SPAN）：指基于端口的 SPAN。源端口和目标端口都处于同一交

换机,并且源可以是一个或多个交换机端口或者某个 VLAN。

② 远程 SPAN(Remote SPAN):目的端口和源端口位于不同的交换机上。这是一项高级功能,要求有专门的 VLAN(RSPAN VLAN)来传送该业务的流量,并由交换机之间的 SPAN 进行监控,因此,要求中间交换机必须支持 RSPAN VLAN 技术。

20.4 关闭不必要的服务和开启 HTTPS 服务

20.4.1 实验 1:关闭不必要的服务

1. 实验目的

通过本实验可以掌握:
① 各种服务的作用。
② 各种服务的开启和关闭方法。

2. 实验拓扑

关闭不必要服务的实验拓扑如图 20-2 所示。

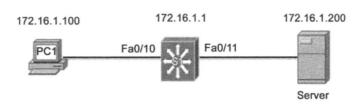

图 20-2 关闭不必要服务的实验拓扑

3. 实验步骤

默认时,交换机或者路由器开启各种各样的服务,有些服务的开启可能会造成安全隐患,因此在不影响网络设备功能使用情况下,从安全的角度考虑,可以把不必要的服务关闭。

关闭不必要的端口和服务:

```
S1(config)#interface range fa0/1-9,fa0/12-24,gi0/1-2
S1(config-if-range)#shutdown    //关闭不使用的交换机端口
S1(config-if-range)#switchport mode access
//端口配置为接入模式,防止 VLAN 跳跃攻击
S1(config-if-range)#exit
S1(config)#no cdp run    //全局关闭 CDP 功能,CDP 协议是 Cisco 的邻居发现协议
S1(config)#interface fastEthernet 0/1
S1(config-if)#no cdp enable   //关闭特定端口的 CDP 功能
S1(config-if)#exit
S1(config)#no lldp run   //全局关闭 LLDP 功能,LLDP 协议是标准的邻居发现协议
S1(config)#interface fastEthernet 0/1
S1(config-if)#no lldp receive   //关闭特定端口的 LLDP 接收功能
```

```
S1(config-if)#no lldp transmit    //关闭特定端口的 LLDP 发送功能
S1(config-if)#exit
S1(config)#no ip source-route
//关闭基于源的路由功能，利用该功能用户可以在发送出的 IP 数据包中指明转发路径
S1(config)#no ip http server
//关闭 HTTP 服务功能，用户无法通过 Web 浏览器配置交换机
S1(config)#no service tcp-small-servers
//关闭 TCP 端口号小于或者等于 19 的服务，例如，datetime、echo、chargen 等服务
S1(config)#no service udp-small-servers
//关闭 UDP 端口号小于或者等于 19 的服务
S1(config)#no service finger
//关闭 finger 服务，该服务主要用于查询远程主机在线用户、操作系统类型以及是否缓冲区溢出等用户的详细信息，该服务端口号为 TCP 69，该命令和 show   user 命令很类似
S1(config)#no service dhcp
//关闭 DHCP 服务，如果确实需要提供 DHCP 服务才开启该服务
S1(config)#no ip name-server        //不为交换机配置 DNS 服务器地址
S1(config)#no ip domain-lookup      //关闭 DNS 解析
S1(config)#no service config        //关闭交换机在网络上查找配置文件的功能
S1(config)#no snmp-server           //关闭 SNMP 服务，同时删除所有和 SNMP 有关的配置
```

20.4.2 实验 2：开启 HTTPS 服务

1. 实验目的

通过本实验可以掌握：
① HTTPS 服务的作用。
② HTTPS 服务的开启验证配置。

2. 实验拓扑

实验拓扑如图 20-2 所示。

3. 实验步骤

命令 **no ip http server** 关闭了交换机的 HTTP 服务，如果确实需要使用 Web 浏览器配置或者查看交换机，可以配置 HTTPS 服务，命令如下：

```
S1(config)#ip http secure-server
% Generating 1024 bit RSA keys, keys will be non-exportable...[OK]
*Mar  1 20:25:29.452: %PKI-4-NOAUTOSAVE: Configuration was modified.  Issue "write memory" to save new certificate   //HTTPS 需要 1 024 位 RSA 密钥保护通信，启用该服务自动产生，执行 write 命令保存配置及产生的证书
S1(config)#ip http authentication local   //配置 HTTPS 服务采用本地验证
S1(config)#username cisco privilege 15 secret cisco
//创建用户，用户要有等级为 15 的权限才能配置交换机
```

4. 实验调试

在 PC1 浏览器中输入 https://172.16.1.1，会弹出 HTTPS 验证页面，如图 20-3 所示。输入用户名和密码后，单击【确定】按钮，出现交换机的 Web 页面，如图 20-4 所示。

Windows 安全
The server 172.16.100.254 is asking for your user name and password. The server reports that it is from level_15_or_view_access.
cisco
•••••
记住我的凭据
确定
取消

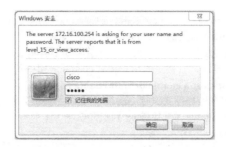

图 20-3　HTTPS 验证页面

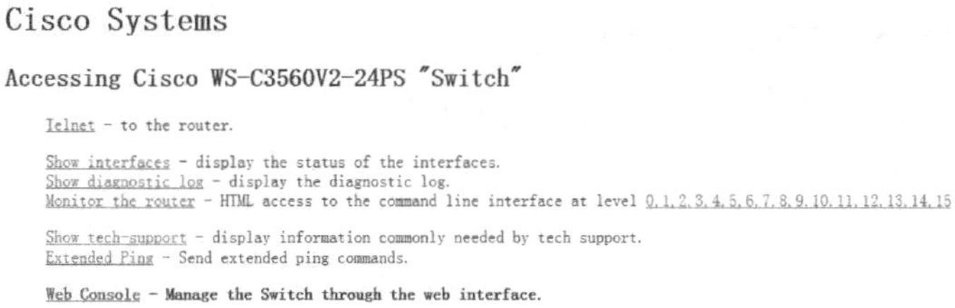

Cisco Systems
Accessing Cisco WS-C3560V2-24PS "Switch"
Telnet - to the router.
Show interfaces - display the status of the interfaces.
Show diagnostic log - display the diagnostic log.
Monitor the router - HTML access to the command line interface at level 0,1,2,3,4,5,6,7,8,9,10,11,12,13,14,15
Show tech-support - display information commonly needed by tech support.
Extended Ping - Send extended ping commands.
Web Console - Manage the Switch through the web interface.

图 20-4　交换机的 Web 页面

20.5　配置 AAA 和 IEEE 802.1x

20.5.1　实验 3：配置本地验证 AAA

1. 实验目的

通过本实验可以掌握：

① AAA 的概念和作用。

② 本地验证 AAA 的配置。

2. 实验拓扑

实验拓扑如图 20-2 所示。

3. 实验步骤

（1）配置交换机 S1 本地验证 AAA

```
S1(config)#enable secret cisco123    //输入特权模式的验证密码
S1(config)#interface vlan 1
S1(config-if)#ip address 172.16.1.1 255.255.255.0    //配置管理 VLAN1 的 IP 地址
S1(config-if)#exit
S1(config)#username cisco privilege 15 secret cisco    //创建使用本地验证的用户
S1(config)#username test privilege 5 secret cisco123
S1(config)#aaa new-model        //启用 AAA 功能
S1(config)#aaa authentication login CON none
//创建验证列表，该列表验证方法为 none，即不需要通过 AAA 验证，并在 Console 端口下调用，用
```

来保护 Console 端口，避免配置出现问题或者验证失败，通过 Console 端口都无法登录交换机，切记此配置

    S1(config)#**aaa authentication login T_login local none**
    //创建验证列表，指定通过 Telnet 或 SSH 等登录时使用的验证方法，首先使用本地验证，如果本地没有输入相应的用户名，则不验证，直接进入用户模式，实际应用中肯定不要配置 none
    S1(config)#**aaa authentication enable default enable none**
    //创建验证列表，指定在用户模式执行 enable 命令时的验证方法，首先使用 enable 密码，如果没有配置 enable 密码，则不需要 enable 密码直接进入特权模式
    S1(config)#**line console 0**
    S1(config-line)#**login authentication CON**   //验证列表在 Console 下调用
    S1(config)#**line vty 0 4**
    S1(config-line)#**login authentication T_login**   //验证列表在 VTY 下调用

（2）测试交换机 S1 本地验证 AAA

在 PC1 上通过 SecureCRT 软件 telnet 交换机 S1。

① 使用用户名 cisco 登录。

```
User Access Verification
Username: cisco
Password:         //用户的密码是 cisco
S1>enable
Password:         //输入 enable 的密码 cisco123
S1#show privilege
Current privilege level is 15
```

以上输出说明用户 cisco 通过本地验证，登录到交换机上。尽管用户 cisco 权限级别为 15 级，但是由于配置了 enable 验证，所以需要输入 enable 的密码才能进入特权模式。

② 查看 AAA 会话信息。

```
S1#show aaa sessions    //查看 AAA 会话信息
Total sessions since last reload: 24
Session Id: 24      //会话 ID
    Unique Id: 48
    User Name: cisco    //登录用户名
    IP Address: 172.16.1.100    //登录用户主机的 IP 地址
    Idle Time: 0
    CT Call Handle: 0
```

③ 用任意本地不存在的用户名登录。

```
User Access Verification
Username: www
S1>enable
Password:
S1#
```

以上输出说明用户名 www 虽然没有存在本地数据库中，而且用户也没有输入密码就进入了用户模式，输入 enable 的密码就能进入特权模式。这是由配置的验证列表中的方法 **local none** 决定的。首先使用本地验证，如果本地数据库中没有输入的相应的用户名，则不验证，直接进入用户模式。如果将验证列表改为如下配置：

    S1(config)#**aaa authentication login T_login local**

此时再用 www 用户登录，提示验证失败，信息如下：

```
User Access Verification
Username: www
```

```
Password:
% Authentication failed
```

（3）配置交换机 S1 本地授权

如果不进行授权，用户验证成功后可以按照用户的级别执行相应的命令。

```
S1(config)#aaa authorization exec T_author local
//配置 exec 模式的授权列表。exec 模式就是特权模式，local 表示授权按照用户的级别进行
S1(config)#aaa authorization config-commands    //配置模式下的命令也要授权
S1(config)#aaa authorization commands 15 default local
//配置命令等级为 15 的命令授权列表，local 表示授权按照用户的级别进行
S1(config)#line vty 0 4
S1(config-line)#authorization exec T_author     //在 VTY 下调用 exec 授权列表
S1(config-line)#authorization commands 15 default   //在 VTY 下调用命令授权列表
```

（4）测试交换机 S1 本地授权

① 用用户名 cisco 登录。

```
User Access Verification
Username: cisco
Password:          //用户的密码是 cisco
S1#show privilege  //获得授权，直接进入特权模式
Current privilege level is 15
```

以上输出说明用户 cisco 通过本地验证，由于用户 cisco 权限级别为 15 级，获得授权后进入特权模式。

② 用任意本地不存在的用户名登录。

```
User Access Verification
Username: www
% Authorization failed.  //虽然能够通过验证，但是授权失败，因为本地不存在该用户，无法对其授权
```

③ 用用户名 test 登录

```
User Access Verification
Username: test
Password:
S1#show privilege
Current privilege level is 5
S1#conf t
       ^
% Invalid input detected at '^' marker.
```

以上输出表明用户 test 通过验证，并获得相应级别为 5 的授权，但是不能执行高于其级别的 conf t 命令，因为该命令级别为 15。

20.5.2　实验 4：配置基于 TACACS+服务器的 AAA

1. 实验目的

通过本实验可以掌握：
① ACS 服务器的安装和配置。
② 基于服务器的 AAA 验证、授权和计费的配置。

2. 实验拓扑结构

实验拓扑如图 20-2 所示。

说明：受篇幅限制，本书没有给出 ACS 服务器的配置过程，如果有需要，可向本书作者申请电子文档。

3. 实验步骤

本实验在 Server 上安装 Cisco 的 ACS（Access Control Server）软件，在交换机 S1 上配置 AAA 服务器，在 PC1 上进行测试。读者也可以使用 Cisco 的 ISE（Identity Services Engine）软件完成 AAA 实验。

（1）配置 AAA 验证（Authentication）

```
S1(config)#interface vlan 1
S1(config-if)#ip address 172.16.1.1 255.255.255.0
S1(config)#username ccie privilege 15 secret cisco    //创建使用本地验证的用户
S1(config)#enable secret cisco123    //使用 enable 验证的密码
S1(config)#aaa new-model            //启用 AAA 功能
S1(config)#tacacs-server host 172.16.1.200   //配置 AAA 服务器的 IP 地址
S1(config)#tacacs-server key cisco   //配置和 AAA 服务器相互验证时使用的密码
```

通过下面的命令测试一下 **user1** 用户是否可以通过验证，**cisco** 是该用户的密码。

```
S1#test aaa group tacacs+ user1 cisco legacy
Attempting authentication test to server-group tacacs+ using tacacs+
User was successfully authenticated.   //用户被成功验证


S1(config)#aaa authentication login CON none
    //创建验证列表，该列表验证方法为 none，即不需要通过 AAA 验证，并在 Console 端口下调用，
用来保护 Console 端口，避免 AAA 验证出现问题，通过 Console 端口都无法访问设备
S1(config)#line console 0
S1(config-line)#login authentication CON    //验证列表在 Console 端口下应用
S1(config-line)#exit
S1(config)#aaa authentication login TEST_LOGIN group tacacs+ local
    //创建验证列表，指定通过 Telnet 或 SSH 登录设备时使用的验证方法，首先使用 tacacs+进行验证，
当 ACS 服务器发生故障或不可达而不是验证失败时才用本地验证
S1(config)#line vty 0 4
S1(config-line)#login authentication TEST_LOGIN    //验证列表在 VTY 下应用
```

（2）测试 AAA 验证

在 PC1 上通过 SecureCRT 软件 telnet 交换机 S1 进行验证测试。

① 用用户名 user1 登录。

```
User Access Verification
Username: user1
Password:         //用户的密码是 cisco
S1>enable
Password:    //输入 enable 密码 cisco123
S1#show privilege
Current privilege level is 15
```

以上输出说明用户 user1 通过 AAA 服务器的验证，登录到交换机上。

② 查看 AAA 会话信息。

```
S1#show aaa sessions    //查看 AAA 会话信息
Total sessions since last reload: 24
Session Id: 24          //会话 ID
   Unique Id: 48
   User Name: user1     //登录用户名
   IP Address: 172.16.1.100   //登录用户主机的 IP 地址
   Idle Time: 0
   CT Call Handle: 0
```

③ 关闭 ACS 服务，或者将 ACS Server 的网卡禁用，目的是切断交换机 S1 和 ACS 的通信，再次测试。

```
User Access Verification
Username: user1
Password:
% Authentication failed    //tacacs+验证失败
Username: ccie
Password:        //密码是 cisco
S1>enable
Password:
S1#    //本地验证成功
```

（3）配置 AAA 授权（**Authorization**）

授权的功能是用户可以获得哪些权限。如果不进行授权，用户通过 AAA 验证成功 Telnet 到交换机后可以执行所有命令。可以通过使用 ACS 命令实现对不同用户登录设备时可执行的命令授权。本实验假设授权 user1 用户 exec 的级别为 5 级，并且对其能够执行的命令授权。

```
S1(config)#aaa authorization exec TEST group tacacs+
//配置 exec 模式的授权列表，exec 模式就是特权模式
S1(config)#aaa authorization config-commands    //要求配置模式下的命令也要授权
S1(config)#aaa authorization commands 5 TEST group tacacs+ local
//配置命令等级为 5 的命令授权列表
S1(config)#privilege exec level 5 configure terminal    //配置命令等级为 5 的本地 exec 授权
S1(config)#privilege configure all level 5 router
//配置命令等级为 5 的本地配置模式下 router 命令及该模式下所有命令的授权
S1(config)#privilege configure all level 5 interface
//配置命令等级为 5 的本地配置模式下 interface 命令及该模式下所有命令的授权
S1(config)#privilege configure level 5 ip routing
//配置命令等级为 5 的本地配置模式下 ip routing 命令的授权
```

【提示】

IOS 中不同命令有不同的默认等级，例如，**disable** 命令的等级是 1，而 **show running-config** 和 **configure terminal** 等命令等级是 15。用户登录后也有不同的默认等级，用户模式下是 1，特权模式下是 15，用户可以执行比自己等级低的命令。使用 **show privilege** 命令可以显示用户可执行命令的等级。可以通过 enable 0 查看 0 级的命令（只包括 5 个命令），分别是 disable、enable、exit、help 和 logout。

```
S1(config)#line vty 0 4
```

```
S1(config-line)#authorization exec TEST
S1(config-line)#authorization commands 5 TEST
//配置用户 telnet 功能后,在 exec 模式下执行等级为 5 的命令使用列表 TEST 进行授权。因为是等
级为 5 的命令,所以要授权,这意味着低于其等级的命令就不需要授权了。例如,用户可以不经授权执行 show
version 命令,因为该命令的等级为 1
```

(4) 测试 AAA 授权

从 PC1 上 telnet 交换机 S1 进行授权测试:

```
User Access Verification
username: user1
password:
S1#show privilege    //该命令为 1 级命令,低于 5 级,不需要授权
Current privilege level is 5
S1(config)#interface fastEthernet 0/1
Command authorization failed.
   //授权失败,不能执行,AAA 服务器上该命令授权为 deny,尽管是本地授权,但是 AAA 授权优先
S1(config)#router ospf 1
S1(config-router)#auto-cost reference-bandwidth 1000
Command authorization failed.   // AAA 服务器上该命令并没有被授权。授权失败,不能执行
S1(config-router)#network 1.1.1.1 0.0.0.0 area 0   //AAA 服务器上该命令被授权,所以能够执行
S1(config-router)#exit   //该命令为 0 级命令,低于 5 级,不需要授权
S1(config)#exit
S1#show run   //该命令为 15 级命令,由于没有授权,所以不能执行
       ^
% Invalid input detected at '^' marker.
```

(5) 配置 AAA 审计 (Accounting)

审计功能记录用户使用网络资源的情况。

```
S1(config)#aaa accounting exec ACC start-stop group tacacs+
S1(config)#aaa accounting commands 0 ACC start-stop group tacacs+
S1(config)#aaa accounting commands 1 ACC start-stop group tacacs+
S1(config)#aaa accounting commands 5 ACC start-stop group tacacs+
//配置用户进入 exec 模式,命令等级为 0、1、5 的审计列表
S1(config)#line vty 0 4
S1(config-line)#accounting exec ACC
S1(config-line)#accounting commands 0 ACC
S1(config-line)#accounting commands 1 ACC
S1(config-line)#accounting commands 5 ACC
//配置用户进入 exec 模式,执行等级为 0、1、5 命令的都要审计
```

(6) 完成 AAA 审计测试

从 PC1 上 telnet 交换机 S1 进行测试:

```
User Access Verification
username:user1
password:
S1#conf t
S1(config)#router ospf 1
S1(config-router)#router-id 1.1.1.1
S1(config-router)#auto-cost reference-bandwidth 1000
Command authorization failed.
```

```
S1(config-router)#network 1.1.1.1 0.0.0.0 area 0
S1(config-router)#end
S1#exit
```

（7）在 ACS 上查看验证、授权和审计结果

① AAA 验证报告如图 20-5 所示。Status 栏的☑标记表示 AAA 验证通过。

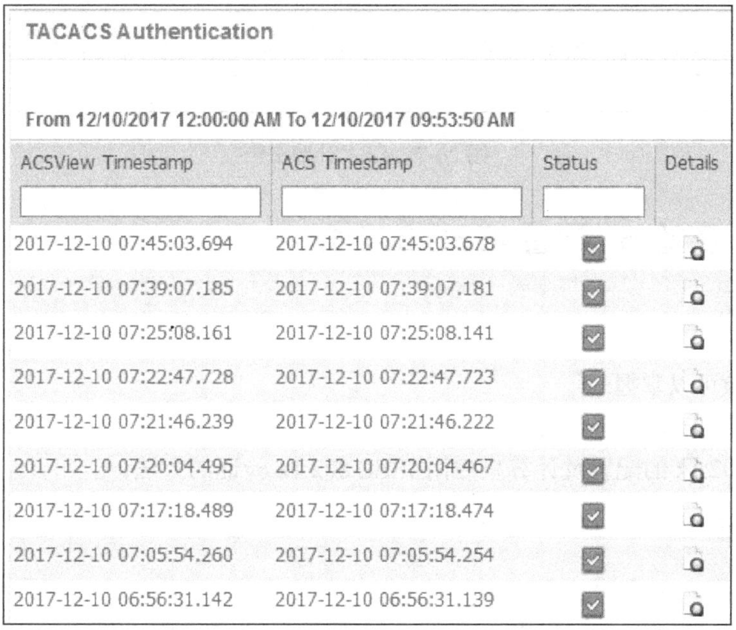

图 20-5 AAA 验证报告

② AAA 授权报告如图 20-6 所示，从中可以看到，在用户所执行的命令中，哪些命令授权失败，哪些命令授权成功。

图 20-6 AAA 授权报告

③ AAA 计费报告如图 20-7 所示。

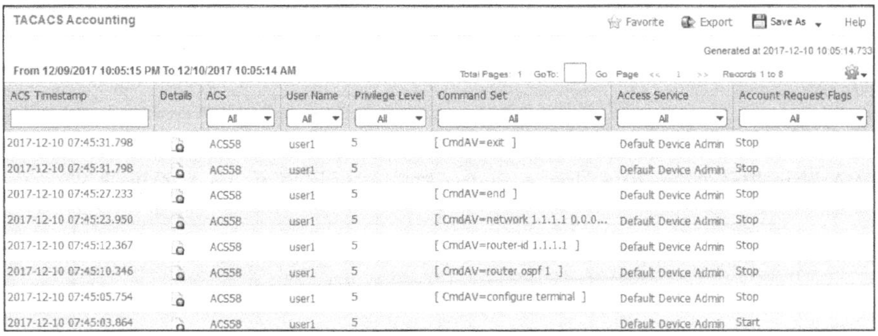
TACACS Accounting　Favorite　Export　Save As　Help

Generated at 2017-12-10 10:05:14.733

From 12/09/2017 10:05:15 PM To 12/10/2017 10:05:14 AM　Total Pages: 1　GoTo:　Go　Page << 1 >>　Records 1 to 8

ACS Timestamp	Details	ACS	User Name	Privilege Level	Command Set	Access Service	Account Request Flags
		All	All	All	All	All	All
2017-12-10 07:45:31.798		ACS58	user1	5	[CmdAV=exit]	Default Device Admin	Stop
2017-12-10 07:45:31.798		ACS58	user1	5		Default Device Admin	Stop
2017-12-10 07:45:27.233		ACS58	user1	5	[CmdAV=end]	Default Device Admin	Stop
2017-12-10 07:45:23.950		ACS58	user1	5	[CmdAV=network 1.1.1.1 0.0.0...	Default Device Admin	Stop
2017-12-10 07:45:12.367		ACS58	user1	5	[CmdAV=router-id 1.1.1.1]	Default Device Admin	Stop
2017-12-10 07:45:10.346		ACS58	user1	5	[CmdAV=router ospf 1]	Default Device Admin	Stop
2017-12-10 07:45:05.754		ACS58	user1	5	[CmdAV=configure terminal]	Default Device Admin	Stop
2017-12-10 07:45:03.864		ACS58	user1	5		Default Device Admin	Start

图 20-7　AAA 计费报告

20.5.3　实验 5：配置 IEEE 802.1x

1. 实验目的

通过本实验可以掌握：

① IEEE 802.1x 的验证过程。

② IEEE 802.1x 的配置及计算机启用 IEEE 802.1x 验证的方法。

2. 实验拓扑

实验拓扑如图 20-2 所示。

说明：受篇幅限制，本书没有给出 ACS 服务器的安装和配置过程，如果读者需要，可向本书作者申请电子文档；本实验只给出交换机上 IEEE 802.1x 验证的配置部分的内容。

3. 实验步骤

本实验在交换机 S1 上开启 IEEE 802.1x 验证，在 PC1 上进行测试。当用户输入正确的用户名和密码后，才可以使用交换机 S1 的端口 Fa0/10，否则不能使用。

```
S1(config)#interface vlan 1
S1(config-if)#ip address 172.16.1.1 255.255.255.0
S1(config)#aaa group server radius ACS   //配置 AAA 组服务器为 RADIUS，名称为 ACS
S1(config-sg-radius)#server-private 172.16.1.200 auth-port 1812 acct-port 1813 key cisco
//配置 RADIUS 服务器地址、验证和计费端口以及验证 key
S1(config)#aaa new-model   //启用 AAA 功能
S1(config)#aaa authentication dot1x default group ACS
//配置 IEEE 802.1x 使用 RADIUS 服务器的默认验证列表验证，并调用 AAA 组服务器
S1(config)#aaa aaa authorization network default group ACS
//配置 IEEE 802.1x 使用 RADIUS 服务器的默认验证列表授权网络，并调用 AAA 组服务器
S1(config)#aaa accounting dot1x default start-stop group ACS
//配置 IEEE 802.1x 使用 RADIUS 服务器的默认验证列表计费，并调用 AAA 组服务器
S1(config)#dot1x system-auth-control   //全局开启 IEEE 802.1x 功能
S1#test aaa group radius user1 cisco new-code   //测试 AAA 服务是否正常
Attempting authentication test to server-group radius using radius
User was successfully authenticated.   //用户被成功验证
S1(config)#interface fastethernet0/10
```

```
S1(config-if)#switchport mode access
S1(config-if)#dot1x port-control auto    //配置IEEE 802.1x控制模式为自动
```

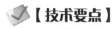【技术要点】

dot1x port-control 命令可以配置的参数如下所述。

① **auto**：验证通过后端口状态就变为 force-authorized，不通过就为 force-unauthorized。
② **force-authorized**：强制端口状态为验证通过，这样用户就不需要验证了。
③ **force-unauthorized**：强制端口状态为验证不通过，这样用户实际上不能使用端口。

```
S1(config-if)#dot1x pae authenticator
//工作在 IEEE 802.1x 的端口被称为验证者的 PAE（Port Access Entity，端口访问实体）
S1(config-if)#authentication periodic    //开启重验证
S1(config-if)#authentication timer reauthenticate 7200    //配置重验证周期
S1(config-if)#authentication host-mode multi-auth
//如果某个端口接 Hub 或者接交换机，那么该端口就需要开启多用户模式
S1(config-if)#dot1x max-req 3    //最多重试次数
S1(config-if)#dot1x timeout server-timeout 20    //配置服务器超时为 20 秒
```

4. 实验调试

（1）启用 Windows 7 的 IEEE 802.1x 验证服务

在 PC1 上进行测试。默认情况下 Windows 7 系统的 IEEE 802.1x 服务是禁用的，必须通过本机服务来启用它，首先从 Windows 菜单中【设置】→【控制面板】→【管理工具】→【服务】，启用 Wired AutoConfig 和 WLAN AutoConfig 服务，如图 20-8 所示。

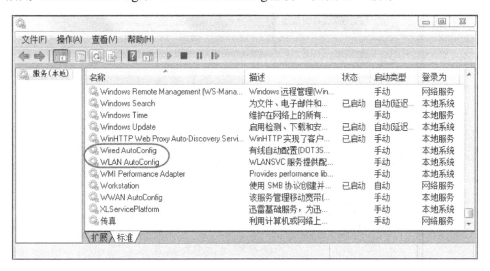

图 20-8　启用 Wired AutoConfig 和 WLAN AutoConfig 服务

（2）启用 Windows 7 IEEE 802.1x 身份验证

启用 Windows 7 IEEE 802.1x 身份验证如图 20-9 所示，在该图中，在网络本地连接属性中，勾选【启用 IEEE 802.1X 身份验证】，同时单击【设置】按钮，如图 20-10 所示完成 IEEE 802.1x 身份验证详细设置。

图 20-9　启用 Windows 7 IEEE 802.1x 身份验证

图 20-10　IEEE 802.1x 身份验证详细设置

（3）网络身份验证

把网卡禁用并重启，会弹出如图 20-11 验证界面，输入用户名和密码，单击【确定】按钮。

图 20-11　输入用户名和密码

（4）在 PC1 上完成测试

```
C:\>ping 172.16.1.200
Pinging 172.16.1.200 with 32 bytes of data:
Reply from 172.16.1.200: bytes=32 time=1ms TTL=255
Reply from 172.16.1.200: bytes=32 time<1ms TTL=255
```

以上结果说明 IEEE 802.1x 验证成功后，PC1 已经可以使用交换机 S1 的端口 Fa0/10 和其他主机通信。

（5）查看 dot1x 信息

```
S1# show dot1x all              //查看 dot1x 信息
Sysauthcontrol              Enabled      //全局开启 IEEE 802.1x 功能
Dot1x Protocol Version           3       //dot1x 协议版本
Dot1x Info for FastEthernet0/10          //启用 dot1x 的接口
-----------------------------------
PAE                        = AUTHENTICATOR
QuietPeriod                = 60    //验证失败后的安静期
ServerTimeout              = 20    //服务器超时为 20 秒
SuppTimeout                = 30
ReAuthMax                  = 2     //验证失败后，重验证最多次数
MaxReq                     = 3     //和 AAA 通信的最大重试次数
TxPeriod                   = 30
```

（6）查看端口的 dot1x 详细信息

```
S1# show dot1x interface FastEthernet0/10 details   //查看端口 dot1x 的详细信息
Dot1x Info for FastEthernet0/10
-----------------------------------
PAE                        = AUTHENTICATOR
QuietPeriod                = 60
ServerTimeout              = 20
SuppTimeout                = 30
ReAuthMax                  = 2
MaxReq                     = 3
TxPeriod                   = 30
Dot1x Authenticator Client List    //验证客户端列表
-----------------------------
EAP Method                 = PEAP    //EAP 协议
```

```
        Supplicant              = a41f.7290.b919      //验证请求者 MAC 地址
        Session ID              = 000000000000002000997ECB   //会话 ID
        Auth SM State           = AUTHENTICATED       //通过验证
```

20.6　配置 SNMP 和 SPAN

20.6.1　实验 6: 配置 SNMPv2c

1. 实验目的

通过本实验可以掌握:
① SNMP 工作原理。
② SNMPv2c 的特征和配置。
③ SNMP 浏览器的使用方法。

2. 实验拓扑

配置 SNMP 的实验拓扑如图 20-12 所示。

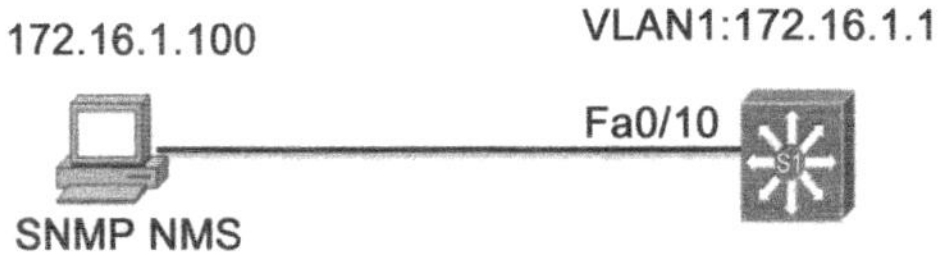

```
   172.16.1.100                VLAN1:172.16.1.1
                                    Fa0/10
   [PC]─────────────────────────[Switch]
   SNMP NMS
```

图 20-12　配置 SNMP 的实验拓扑

3. 实验步骤

（1）配置交换机 S1

```
S1(config)#interface vlan 1
S1(config-if)#ip address 172.16.1.1 255.255.255.0
S1(config-if)#exit
S1(config)#access-list 1 permit host 172.16.1.100    //配置 ACL，控制访问 SNMP 代理的主机
S1(config)#snmp-server community cisco ro 1
//配置团体读字串，当管理工作站以该密码连接到交换机时，只能读取交换机上的 MIB 信息
S1(config)#snmp-server community cisco123 rw 1
//配置团体读写字串，当管理工作站以该密码连接到交换机时，能读写交换机上的 MIB 信息
S1(config)#snmp-server host 172.16.1.100 version 2c cisco
//配置管理工作站的 IP 地址以及 SNMP 版本和发送 Trap 信息时的团体字串
S1(config)#snmp-server enable traps      //开启 SNMP 的 trap 功能
S1(config)#snmp-server source-interface traps vlan 1    //用指定端口的 IP 地址作为源发送 Trap 信息
S1(config)#snmp-server contact Jack.Lee       //配置联系信息，可选
S1(config)#snmp-server location Shenzhen China   //配置位置信息，可选
```

（2）使用 SNMP MIB 浏览软件进行操作

本实验采用的 SNMP MIB 浏览软件是 ManageEngine 推出的 SNMP MIB 浏览器。读者可以从以下 URL 下载并安装该软件：https://www.manageengine.com/products/mibbrowser-free-tool/download.html。

① 安装成功后，运行程序，SNMP MIB 浏览器界面如图 20-13 所示。在【Host】字段输入 SNMP 代理的 IP 地址 **172.16.1.1**，保持【Port】字段的 **161**，在【Community】字段输入 **cisco**，在【Write Community】字段输入 **cisco123**。

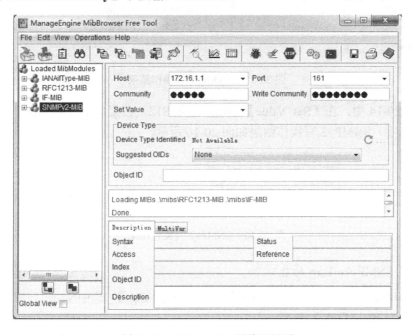

图 20-13　SNMP MIB 浏览器界面

② SNMPv2 读操作如图 20-14 所示，在【SNMPv2-MIB】模块中单击导航条，选中【SysName】，单击右键，在菜单中单击【GET】进行读操作来查看系统名字，在菜单中选中【GETNEXT】进行读操作，显示下一条目来查看系统位置。

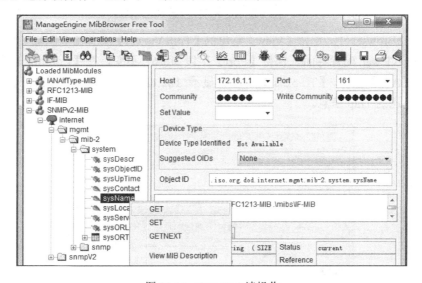

图 20-14　SNMPv2 读操作

③ SNMPv2 读操作结果如图 20-15 所示。

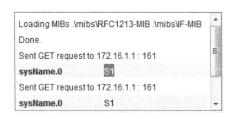

图 20-15 SNMPv2 读操作结果

④ 在图 20-14 中，在【Set Value】字段中输入 S12，在菜单中选中【SET】进行写操作来更改系统名字，SNMPv2 写操作结果如图 20-16 所示。

图 20-16 SNMPv2 写操作结果

（3）实现 SNMPv2c Trap 功能

① 在 MibBrowser 中，单击【Edit】菜单中的【Settings】，选中 v2c，如图 20-17 所示选择 SNMP 版本，单击【OK】继续。

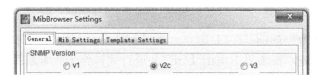

图 20-17 选择 SNMP 版本

② 在 MibBrowser 中，单击【View】菜单的【Trap Viewer】或者快捷图标，如图 20-18 所示进入 TrapViewer 配置界面，保持【Port】字段为 162 不变，在【Community】字段输入 **cisco**，单击【Add】按钮，【TrapList】字段会显示 **162:cisco**，然后单击【Start】按钮，开始接收交换机发送的 Trap 信息。

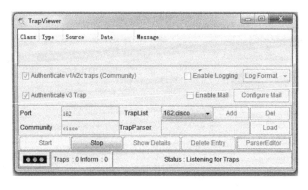

图 20-18 TrapViewer 配置界面

③ 在交换机上执行如下的命令，目的是让交换机向网络管理工作站发送 Trap 信息：

```
S1(config)#interface loopback 0
S1(config)#no interface loopback 0
```

在 TrapViewer 窗口中会看到交换机发送到管理工作站的 Trap 信息，如图 20-19 所示查看交换机 S1 发送的 Trap 信息，类型字段显示 v2c Trap。

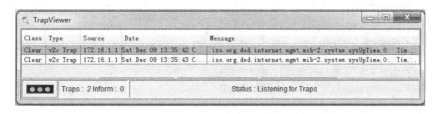

图 20-19　查看交换机 S1 发送的 Trap 信息

4. 实验调试

（1）查看 SNMP 的团体信息

```
S1#show snmp community    //查看 SNMP 的团体信息
Community name: cisco
Community Index: cisco
Community SecurityName: cisco
storage-type: nonvolatile        active access-list: 1
```

以上输出信息显示了 SNMP 团体的名称、索引、安全名称和可管理该设备的 ACL。

（2）查看 SNMP 发送 Trap 信息的目的主机信息

```
S1#show snmp host    //查看 SNMP 发送 Trap 信息的目的主机的信息
Notification host: 172.16.1.100  udp-port: 162    type: trap
user: cisco        security model: v2c
```

以上输出信息显示了 SNMP 发送 Trap 信息到目的主机的 IP 地址、工作端口号、类型、用户名（v2c 中实际就是团体读字串）和安全模式。

（3）查看 SNMP 信息

```
S1#show snmp    //查看 SNMP 信息
Chassis: FDO1720Y254      //主板 ID
Contact: Jack.Lee         //SNMP 联系信息
Location: Shenzhen China  //SNMP 位置信息
10106 SNMP packets input  //以下是 SNMP 输入数据包统计信息
    0 Bad SNMP version errors
    0 Unknown community name
    9 Illegal operation for community name supplied
    0 Encoding errors
    10094 Number of requested variables
    3 Number of altered variables
    5 Get-request PDUs
    10089 Get-next PDUs
    12 Set-request PDUs
    0 Input queue packet drops (Maximum queue size 1000)
```

```
        10125 SNMP packets output        //以下是 SNMP 输出数据包统计信息
            0 Too big errors (Maximum packet size 1500)
            6 No such name errors
            0 Bad values errors
            0 General errors
            10106 Response PDUs
            19 Trap PDUs
        SNMP global trap: enabled        //全局启用 SNMP Trap
        SNMP logging: enabled            //启用 SNMP 日志
            Logging to 172.16.1.100.162, 0/10, 19 sent, 0 dropped.
            //发送日志信息的目的地址、端口和数量
        SNMP agent enabled               //启用 SNMP 代理
```

20.6.2 实验 7: 配置 SNMPv3

1. 实验目的

通过本实验可以掌握:
① SNMP 工作原理。
② SNMPv3 的特征和配置。
③ SNMP 浏览器的使用方法。

2. 实验拓扑

实验拓扑如图 20-12 所示。

3. 实验步骤

(1) 配置交换机 S1 的 SNMPv3

```
S1(config)#interface vlan 1
S1(config-if)#ip address 172.16.1.1 255.255.255.0
S1(config-if)#exit
S1(config)#access-list 1 permit host 172.16.1.100    //配置 ACL,控制访问 SNMP 代理的主机
S1(config)#snmp-server view cisco iso included
//配置 SNMPv3 的视图,并指定 SNMP 管理器能够读取 MIB 对象标识符
S1(config)#snmp-server group admin v3 priv write cisco access 1
//配置 SNMPv3 组功能,包括组名称、SNMP 版本、安全级别、读写权限、视图名称和 ACL
S1(config)#snmp-server user cisco admin v3 auth sha cisco123 priv aes 128 cisco321 access 1
//配置 SNMPv3 用户,包括所属组名称、版本、验证和加密算法及字串和 ACL
S1(config)#snmp-server enable traps    //开启 SNMP 的 Trap 功能
S1(config)#snmp-server host 172.16.1.100 version 3 cisco
//配置管理工作站的 IP 地址、SNMP 版本及发送 Trap 信息的用户名
S1(config)#snmp-server source-interface traps vlan 1    //用指定端口的 IP 地址作为源发送 Trap 信息
S1(config)#snmp-server contact Jack.Lee    //配置联系信息,可选
S1(config)#snmp-server location Shenzhen China    //配置位置信息,可选
```

(2) 使用 SNMP MIB 浏览软件进行操作

① 在 MibBrowser 中,单击【Edit】菜单的【Settings】,选中 v3,如图 20-20 所示选择

SNMP 的版本。

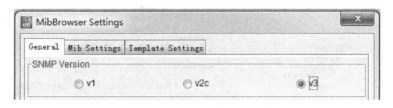

图 20-20　选择 SNMP 的版本

② 单击 MibBrowser 的【Add】按钮，如图 20-21 所示完成 SNMPv3 参数设置。在【Target Host】字段中输入 **172.16.1.1**，保持【Target Port】字段 **161** 不变，在【User Name】字段中输入 **cisco**，在【Security Level】下拉菜单中选择 **Auth，Priv**，在【Auth Protocol】下拉菜单中选择 **SHA**，在【Auth Password】字段中输入 **cisco123**，在【Priv Protocol】下拉菜单中选择 **CFB-AES-128**，在【Priv Password】字段中输入 **cisco321**，单击【Apply】按钮和【OK】按钮。在 MibBrowser 的【Edit】菜单的【Settings】中显示用户 cisco 的信息。如图 20-22 所示为添加的 SNMPv3 用户信息。

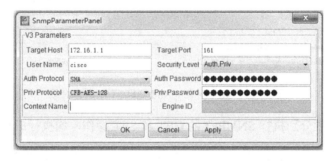

图 20-21　SNMPv3 参数设置

图 20-22　添加的 SNMPv3 用户信息

③ 单击 MibBrowser 的【Edit】菜单的【Find Node】，在【Find What】字段中输入【ipAddrTable】，MibBrowser 发现节点如图 20-23 所示，然后单击【Close】按钮，节点导航条所在位置和 ObjectID 如图 20-24 所示，在图 20-24 中可以看到 **ipAddrTable** 在左侧面板中被选中，在【Object ID】字段中显示 **iso.org.dod.internet.mgmt.mib-2.ip.ipAddrTable**。

图 20-23　MibBrowser 发现节点

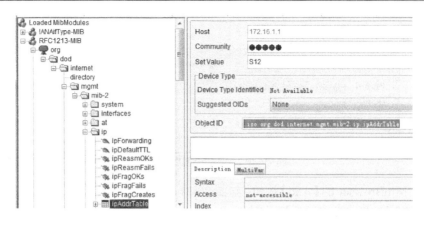

图 20-24　节点导航条所在位置和 ObjectID

④ 单击 MibBrowser 的【Operations】菜单的【GET】以获取选定的 MIB 对象 ipAddrTable 下的所有对象，如图 20-25 所示。

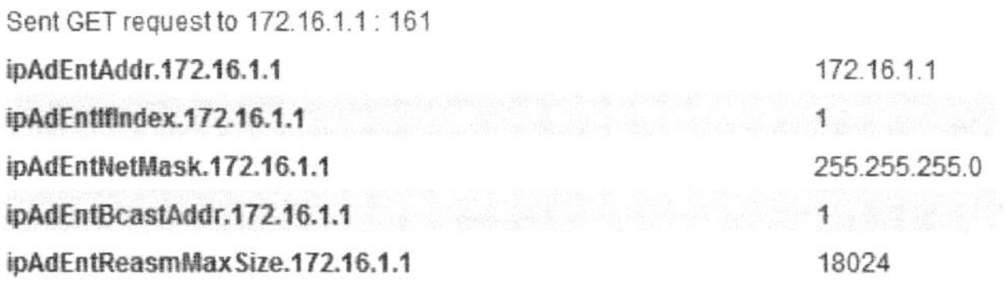

```
Sent GET request to 172.16.1.1 : 161
ipAdEntAddr.172.16.1.1              172.16.1.1
ipAdEntIfIndex.172.16.1.1           1
ipAdEntNetMask.172.16.1.1           255.255.255.0
ipAdEntBcastAddr.172.16.1.1         1
ipAdEntReasmMaxSize.172.16.1.1      18024
```

图 20-25　MIB 对象 ipAddrTable 下的所有对象

⑤ 在图 20-26 中分别执行 SNMPv3 的 GET 和 SET 操作，均执行成功。

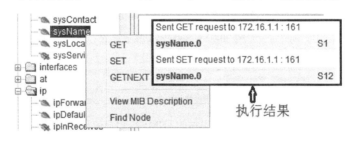

图 20-26　SNMPv3 的 GET 和 SET 操作

4. 实验调试

```
S1#show snmp user          //查看 SNMPv3 用户信息
User name: cisco           //用户名
Engine ID: 800000090300D0C789AB1183   //引擎 ID
storage-type: nonvolatile         active access-list: 1
Authentication Protocol: SHA      //验证算法
Privacy Protocol: AES128          //加密算法
Group-name: admin                 //用户所在组
S1#show snmp host
Notification host: 172.16.1.100 udp-port: 162    type: trap
```

```
    user: cisco          security model: v3 priv    //用户名和安全模式
      S1#show snmp view | include cisco iso    //查看 SNMPv3 视图
    cisco iso - included nonvolatile active
      S1#show snmp group     //查看 SNMPv3 组信息
    groupname: admin                           security model:v3 priv
    contextname: <no context specified>        storage-type: nonvolatile
    readview: v1default                        writeview: cisco
```

以上输出显示 SNMPv3 组的名称、安全级别、上下文名称、存储类型、读视图和写视图的信息，其中上下文名称可以通过命令 **snmp-server context** *context* 配置。

20.6.3 实验 8：配置 SPAN 和 RSPAN

1. 实验目的

通过本实验可以掌握：
① SPAN 和 RSPAN 的工作原理。
② 配置 SPAN 的方法。
③ 配置 RSPAN 的方法。
④ Wireshark 软件的使用方法。

2. 实验拓扑

配置 SPAN 和 RSPAN 的实验拓扑如图 20-27 所示。

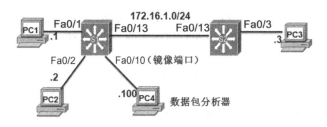

图 20-27　配置 SPAN 和 RSPAN 的实验拓扑

3. 实验步骤

（1）准备工作

配置交换机 S1 和 S2 之间的 Trunk 链路。
① 配置交换机 S1。
```
    S1(config-if)#interface fastethernet0/13
    S1(config-if)#switchport trunk encapsulation dot1q
    S1(config-if)#switchport mode trunk
    S1(config-if)# switchport nonegotiate
    S1(config-if)#switchport trunk native vlan 199
```
② 配置交换机 S2。
```
    S2(config)#interface fastethernet0/13
    S2(config-if)#switchport trunk encapsulation dot1q
```

```
S2(config-if)#switchport mode trunk
S2(config-if)# switchport nonegotiate
S2(config-if)#switchport trunk native vlan 199
```

测试 PC1、PC2、PC3 和 PC4 之间的连通性，应该是可以互相通信的。

(2) 在交换机 S1 上配置 SPAN

```
S1(config)#monitor session 1 source interface fastethernet0/1 both
//配置 SPAN 的源为 Fa0/1 端口接收和发送的流量，默认就是 both，会话 ID 只有本地含义
S1(config)#monitor session 1 destination interface fastethernet0/10
//配置 SPAN 的目标端口为 Fa0/10，默认时，端口被配置为 SPAN 目标端口，将不能从该端口发送流量
```

(3) 测试在交换机 S1 上配置的 SPAN

① 在 PC4 上开启抓包软件 WireShark，然后从 PC1 上 ping PC2，查看数据包分析器 PC4 捕获的流量，PC1 ping PC2 数据包捕获结果如图 20-28 所示。

```
No.     Time          Source        Destination    Protocol Length Info
    4 2.20543100 172.16.1.1    172.16.1.2     ICMP     114 Echo (ping) request
    5 2.20643400 172.16.1.2    172.16.1.1     ICMP     114 Echo (ping) reply
    6 2.20643500 172.16.1.1    172.16.1.2     ICMP     114 Echo (ping) request
    7 2.20643600 172.16.1.2    172.16.1.1     ICMP     114 Echo (ping) reply
    8 2.20745000 172.16.1.1    172.16.1.2     ICMP     114 Echo (ping) request
    9 2.20745100 172.16.1.2    172.16.1.1     ICMP     114 Echo (ping) reply
   10 2.20745200 172.16.1.1    172.16.1.2     ICMP     114 Echo (ping) request
   11 2.20745300 172.16.1.2    172.16.1.1     ICMP     114 Echo (ping) reply
   12 2.20847800 172.16.1.1    172.16.1.2     ICMP     114 Echo (ping) request
   13 2.20847900 172.16.1.2    172.16.1.1     ICMP     114 Echo (ping) reply
```

图 20-28　PC1 ping PC2 数据包捕获结果

② 此时测试 PC4 ping PC1 或 PC2，应该是不能通信。当端口成为 SPAN 的目的端口后，除非特殊配置，否则该端口将不能接收和发送数据包。执行 **show interface fastethernet0/10** 命令，端口状态显示为如下：

```
FastEthernet0/10 is up, line protocol is down (monitoring)
```

③ 增加 Fa0/13 作为 SPAN 的源，该端口是 Trunk 端口，封装类型为 dot1q，配置如下：

```
S1(config)# monitor session 1 source interface fastethernet0/13 both
```

然后从 PC3 上 ping PC1，查看数据包分析器 PC4 捕获的流量，PC3 ping PC1 数据包捕获结果如图 20-29 所示。

```
No.     Time          Source        Destination    Protocol Length Info
    5 6.81700000 172.16.1.3    172.16.1.1     ICMP      74 Echo (ping) request
    6 6.84800000 172.16.1.1    172.16.1.3     ICMP      74 Echo (ping) reply
    7 7.87800000 172.16.1.3    172.16.1.1     ICMP      74 Echo (ping) request
    8 7.90900000 172.16.1.1    172.16.1.3     ICMP      74 Echo (ping) reply
⊞ Ethernet II, Src: dc:4a:3e:46:44:23 (dc:4a:3e:46:44:23), Dst: dc:4a:3e:89:33:12 (dc:4a:3e:89:33:12)
⊞ Internet Protocol Version 4, Src: 172.16.1.3 (172.16.1.3), Dst: 172.16.1.1 (172.16.1.1)
⊞ Internet Control Message Protocol
```

图 20-29　PC3 ping PC1 数据包捕获结果

以上捕获的数据包并没有 dot1q 的封装。因为默认时数据帧从目的端口发送出时，dot1q 封装会被去掉再发送。可以配置复制到目的端口的帧继续保持源端口的封装，更改命令为

```
S1(config)#monitor session 1 destination interface fastethernet0/10 encapsulation replicate
```

再次在 PC4 开启抓包软件 WireShark，然后从 PC3 上 ping PC1，查看数据包分析器 PC4 捕获的流量，PC3 ping PC1 数据包捕获结果如图 20-30 所示，发现已经捕获到带 tag 的 dot1q 帧。

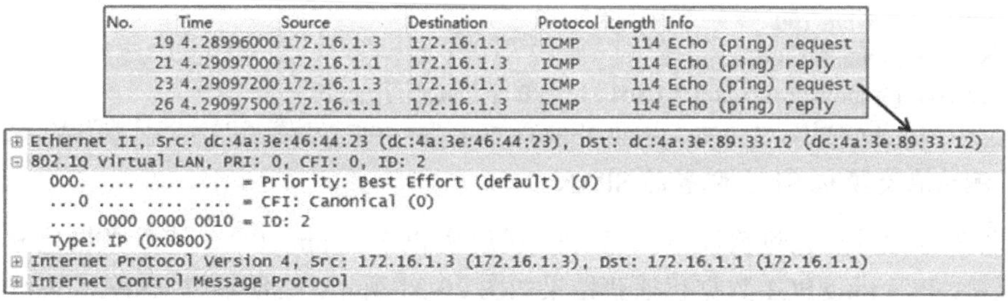

第 20 章　网络安全和监控　　·413·

```
No.     Time           Source        Destination   Protocol Length Info
    19 4.28996000 172.16.1.3    172.16.1.1    ICMP     114 Echo (ping) request
    21 4.29097000 172.16.1.1    172.16.1.3    ICMP     114 Echo (ping) reply
    23 4.29097200 172.16.1.3    172.16.1.1    ICMP     114 Echo (ping) request
    26 4.29097500 172.16.1.1    172.16.1.3    ICMP     114 Echo (ping) reply

⊞ Ethernet II, Src: dc:4a:3e:46:44:23 (dc:4a:3e:46:44:23), Dst: dc:4a:3e:89:33:12 (dc:4a:3e:89:33:12)
⊟ 802.1Q Virtual LAN, PRI: 0, CFI: 0, ID: 2
    000. .... .... .... = Priority: Best Effort (default) (0)
    ...0 .... .... .... = CFI: Canonical (0)
    .... 0000 0000 0010 = ID: 2
    Type: IP (0x0800)
⊞ Internet Protocol Version 4, Src: 172.16.1.3 (172.16.1.3), Dst: 172.16.1.1 (172.16.1.1)
⊞ Internet Control Message Protocol
```

图 20-30　PC3 ping PC1 数据包捕获结果

④ 查看 montior 会话信息。

```
S1#show monitor session 1        //查看 montior 会话信息
Session 1                        //会话 ID
---------
Type                : Local Session     //SPAN 类型
Source Ports        :                   //SPAN 源端口
    Both            : Fa0/1,Fa0/13
Destination Ports   : Fa0/10   //SPAN 目的端口，一个端口不能同时成为多个会话的目的端口
Encapsulation       : Replicate   //复制到目的端口的帧继续保持源端口的封装，如果没有配置，
此处显示 Native
Ingress             : Disabled   //当端口成为 SPAN 的目的端口后该端口将不能接收和发送数据包
```

【技术要点】

如果要让 SPAN 的目的端口能够发送和接收流量，配置如下：

```
S1(config)#monitor session 1 destination interface fastethernet0/10 ingress vlan 2
S1#show monitor session 1
Session 1
---------
Type                : Local Session
Source Ports        :
    Both            : Fa0/1,Fa0/13
Destination Ports   : Fa0/10
Encapsulation       : Native
Ingress             : Enabled, default VLAN = 2   //开启发送 VLAN2 数据包的能力，相当
于将该端口划分到 VLAN2
    Ingress encap   : Untagged   //数据帧没有进行 IEEE 802.1q 封装
```

（4）配置 RSPAN

本实验通过 RSPAN，实现了连接在交换机 S1 的 Fa0/10 端口的数据分析器捕获通过交换机 S2 的 Fa0/3 端口的流量。捕获的流量通过 VLAN100 来承载。

① 配置交换机 S1。

```
S1(config)#vlan 100
S1(config-vlan)#remote-span   //创建 VLAN100，作为 RSPAN VLAN，承载交换机 S1 和 S2 的 SPAN
流量
S1(config)#monitor session 2 source remote vlan 100   //配置 SPAN 的源为来自 VLAN100 的流量
    S1(config)#monitor session 2 destination interface fastethernet0/10
```

② 配置交换机 S2。

```
S2(config)#vlan 100
S2(config-vlan)#remote-span
S2(config)#monitor session 2 source interface fastethernet0/3
S2(config)#monitor session 2 destination remote vlan 100    //配置 SPAN 的目的为 VLAN100
```

（5）测试在交换机 S1 上配置的 SPAN

① 在 PC4 上开启抓包软件 WireShark，然后从 PC3 上 ping PC2，查看数据包分析器 PC4 捕获的流量，PC3 ping PC1 数据包捕获结果如图 20-31 所示。说明通过 RSPAN 可以捕获不同交换机端口的流量。

No.	Time	Source	Destination	Protocol	Length	Info
9	2.45416900	172.16.1.3	172.16.1.2	ICMP	114	Echo (ping) request
10	2.45516400	172.16.1.2	172.16.1.3	ICMP	114	Echo (ping) reply
11	2.45516500	172.16.1.3	172.16.1.2	ICMP	114	Echo (ping) request
12	2.45516600	172.16.1.2	172.16.1.3	ICMP	114	Echo (ping) reply

图 20-31 PC3 ping PC1 数据包捕获结果

② 查看 montior 会话信息。

```
S1#show monitor session 2    //查看 montior 会话信息
Session 2
---------
Type                   : Remote Destination Session    //SPAN 类型为 RSPAN 的目的端
Source RSPAN VLAN      : 100    //RSPAN 的源为 remote VLAN100
Destination Ports      : Fa0/10    //RSPAN 目的端口
    Encapsulation      : Native    //帧的封装方式，Native 表示不进行封装
    Ingress            : Disabled    //不允许 SPAN 目的端口发送和接收流量
```

③ 查看 SPAN 类型。

```
S2#show monitor session 2
Session 2
---------
Type                   : Remote Source Session    //SPAN 类型为 RSPAN 的源端
Source Ports           :
    Both               : Fa0/3    //RSPAN 源端口
Dest RSPAN VLAN        : 100    //RSPAN 的目的地为 remote VLAN100
```

④ 查看 remote-span VLAN。

```
S1#show vlan remote-span    //查看 remote-span VLAN
Remote SPAN VLANs
------------------------------------------------------
100
```

第 21 章 QoS

当今网络对 QoS 的要求不断提高。用户的新应用（如语音和实时视频传输等）对交付的质量提出了更高的要求。默认时 TCP/IP 采用先到先服务的方式转发数据包，一旦网络发生拥塞，将造成对延时等有较高要求的应用程序服务质量低下甚至无法正常工作。QoS 是解决网络拥塞非常重要的手段，本章介绍网络传输质量、网络流量的类型和网络拥塞的特征、队列技术、QoS 模型和 QoS 实施技术，包括流量分类与标记、队列技术、拥塞避免机制、流量监管和流量整形的原理和配置。

21.1 QoS 概述

21.1.1 网络流量的类型

当今网络流量主要包括语音、视频和数据 3 类。语音流量具有可预测的带宽需求和已知的数据包到达时间，视频流量具有实时性和不可预测性，而数据流量不是实时流量，而且具有不可预测的带宽需求。语音、视频和数据流量对于网络的需求类型各不相同，而且语音和视频流量在今后的网络应用中所占比重会越来越大。

1. 语音

语音对延时和丢包非常敏感，因此语音数据包必须获得较高的优先级。语音流量通常要求延时不超过 150 毫秒，抖动不超过 30 毫秒，丢包率不超过 1%，带宽需要至少 30 kbps。

2. 视频

如果没有 QoS（Quality of Service）和大量的额外带宽量，视频质量通常会降低，表现在图片看起来模糊、参差不齐或处于慢动作中、视频源的音频部分可能与视频不同步等。与语音流量相比，视频流量往往具有不可预测性、不一致性和突发性。视频流量通常要求延时不超过 400 毫秒，抖动不超过 50 毫秒，丢包率不超过 1%，带宽需要至少 384 kbps。

3. 数据

数据流量分为用户数据流量和网络控制流量，用户数据流量可能突发，而网络控制流量通常可预测。虽然与语音和视频流量相比，数据流量的丢包和延时敏感性相对较弱，但是网络管理员仍需要考虑用户的体验。

21.1.2 网络拥塞的特征

如果网络流量规模大于网络自身的承载能力，网络就会发生拥塞，主要体现在缺乏带宽、延时太大、抖动和丢包等方面。

1. 缺乏带宽

网络带宽用一秒内传输的比特数进行衡量，单位为比特/秒（bit per second，bps）。和木桶原理一样：木桶能装多少水取决于最短的那块木板高度，网络的最大带宽取决于整个路径中的链路最小带宽。

2. 延时太大

延时或延时是指数据包从源传输到目的地所需的时间。延时分为固定延时和可变延时 2 种类型。固定延时是指特定进程所花费的特定时长。可变延时的时长不固定，且受诸如处理流量的数量等因素影响。延时的来源通常包括如下几种。

① 代码延时：将数据传输到第一台网络设备（通常为交换机）之前，在源端处理数据的固定时间。
② 分包延时：使用所有必要的包头信息封装数据包所需要的固定时间。
③ 排队延时：数据包在链路上等待传输的可变时间。
④ 串行延时：将数据帧传输到线路所需的固定时间。
⑤ 传播延时：数据帧在源和目的之间传输所需要的可变时间。
⑥ 去抖动延时：缓冲数据包流量，然后将其以均匀间距发出所需的固定时间。

一旦网络拥塞，将造成数据包总延时过大，这对于视频和语音来说将是无法接受的。

3. 抖动

抖动是指接收数据包延时的变化。在发送方，数据包以持续的流发出，数据包之间的间距均匀。由于网络拥塞、不正确的排队或配置错误，每个数据包之间的延时可能会有所不同，而不是保持不变的。需要控制并最大限度地降低延时和抖动，以支持实时和交互式流量。

4. 丢包

如果没有实施任何 QoS 机制，数据包将按照其收到的顺序进行处理。当发生拥塞时，路由器和交换机等网络设备可能会丢弃数据包。这意味着时间敏感型数据包（如实时视频和语音）将与非时间敏感型的数据（如电子邮件和 FTP 应用）一同被丢弃。丢包是 IP 网络上出现语音质量问题的一个非常常见的原因。在设计合理的网络中，丢包应接近零。可以通过提高链路容量、增加带宽、提高缓冲空间，以及在拥塞出现之前丢弃优先级较低的数据包以防止拥塞。

QoS 将是解决以上问题非常重要的手段。QoS 的基本思想是把数据包分类，根据不同类别数据包的需求，对它们实施不同的服务。QoS 相对网络业务而言，在保证某类业务服务质量的同时也在损害其他业务的服务质量。因为网络资源总是有限的，只要存在抢夺网络资源的情况，就会出现服务质量的要求。需要强调的是 QoS 并不能增加实际的网络带宽。

21.1.3 QoS 模型

QoS 包括尽力而为服务模型、集成服务模型和差分服务模型 3 种。

1. 尽力而为（Best-effort）服务模型

尽力而为服务模型是最简单的 QoS 服务模型，网络设备平等对待所有的数据包，尽最大的可能采用先进先出（First In First Out，FIFO）的规则来转发数据包。

该模型的优点如下所述。

① 具有扩展性，可扩展性仅受网络带宽限制。
② 无须特殊的 QoS 部署，是最为简单的 QoS 模型。

该模型的缺点如下所述。

① 没有传输保证。
② 没有数据包会被优先处理，语音、视频和关键业务数据与普通数据同样对待。

2. 集成服务（IntServ）模型

集成服务模型使用资源预留和准入控制机制来建立并维护 QoS，也称为"硬 QoS"。硬 QoS 可保证端到端的流量特征（如带宽、延时和丢包率等），也可确保关键型应用可以获得可预测和有保证的服务级别。在该模型中，在数据发送前，应用向网络请求特定类型的服务。应用将其流量配置文件通知网络并请求特定类型服务，包含其对带宽和延时的要求。IntServ 模型使用资源预留协议（Resource Reservation Protocol，RSVP）发出对设备中应用流量的 QoS 需求信令，如果路径中的网络设备可以保留必要的带宽，则始发应用可以开始传输。如果路径中请求的预留失败，则始发应用不发送任何数据。边缘路由器根据来自应用和可用网络资源的信息执行准入控制。RSVP 是在应用程序开始发送数据之前来为该应用申请网络资源的，所以是带外信令。集成服务要求为单个数据流预先保留所有连接路径上的网络资源，而当前在 Internet 主干网络上有着大量的应用流，保证服务如果要为每一条流提供 QoS 服务就变得不可想象了。因此，该模型很难独立应用于大规模的网络，目前主要与 MPLS 流量工程（Traffic Engineering，TE）结合使用。

该模型的优点如下所述。

① 显式地实现端到端资源准入控制。
② 采用动态端口信令预请求策略实现准入控制。

该模型的缺点如下所述。

① 连续性信令会占用资源。
② 基于流的方法很难扩展到如 Internet 等大型网络中。

3. 差分服务（DiffServ）模型

差分服务模型指定了一种简单且可扩展的机制，用于对网络流量进行分类和管理，并在 IP 网络中提供 QoS 保证，在设计上克服了尽力而为和集成服务模型的限制。差分服务不是一个端到端 QoS 策略，因为它无法执行端到端保证，因此也称为"软 QoS"。网络中的各个设备独立对待不同类型的数据包，这意味着可能一个网络设备会优先转发某种类型的数据包，而另一个设备并不优先转发同一类型的数据包。差分服务模型通常使用队列、流量监管和流量整形等方式实现差分服务，扩展性较强，但是实现较为复杂。本章主要是介绍差分服务模型。现代网络主要使用差分服务模型实现 QoS。但是，由于延时敏感型和抖动敏感型流量的日益增加，有时会共同部署和构建集成服务模型和 RSVP。

该模型的优点如下所述。
① 具有高度可扩展性。
② 根据需求提供多种质量服务等级。
该模型的缺点如下所述。
① 无法绝对保证服务质量。
② 实现机制比较复杂。

21.2 队 列 技 术

当网络设备需要转发的流量大于出接口所能发送的流量时，就会发生拥塞现象。当拥塞发生时，需要使用队列技术对数据包进行排队，实现重要数据流被优先调度和优先转发，因此队列技术是解决拥塞管理的方法之一。需要强调的是队列技术只是应用在网络设备接口的出方向上，并且一个接口只能使用一种队列技术。在网络设备的出接口上都有一个软件队列和一个硬件队列。需要从接口转发出去的数据包，先进入到软件队列中，然后采用各种队列技术对数据包进行调度，数据包再进入硬件队列中，硬件队列总是采用先进先出的方式把数据包发送出去。如果硬件队列不满，则说明出接口能够及时转发数据包，此时无须排队，直接转发。

21.2.1 先进先出（FIFO）队列

FIFO 按照数据包的到达顺序缓冲和转发数据，它没有优先级或流量类别的概念，只有一个队列，而且会同等对待所有数据包。数据包按照到达接口的顺序来转发。默认时，当接口的速度大于 2.048 Mbps 时，路由器采用 FIFO 进行调度。FIFO 队列具有处理简单，开销小的优点。但 FIFO 不区分数据包类型，采用尽力而为的转发模式，使对时间敏感的实时应用（如 VoIP）的延时得不到服务保证，关键业务的带宽也不能得到服务保证。

21.2.2 优先级队列（PQ）

优先级队列（Priority Queuing，PQ）是针对关键业务应用设计的。关键业务有一个重要特点，需要在拥塞发生时要求优先获得服务以减少响应的延时。PQ 中有高、中、普通、低优先级四个队列。数据包根据事先的分类放在不同的队列中，路由器按照高、中、普通、低的顺序调度数据包，只有高优先级的队列为空后才会调度中优先级队列的数据包，依次类推。这样能保证高优先级数据包一定是优先转发。然而如果高优先级队列长期不空，则低优先级的队列永远不会被转发。可以为每个队列设置一个长度，队列满后，数据包尾部将被丢弃。

PQ 的优点是能保证高优先级数据包被转发，缺点是当较高优先级队列中总有数据包存在时，则低优先级队列中的数据包将一直得不到服务，出现队列"饿死"现象，因此这种队列很少在接口下直接调用。

21.2.3 加权公平队列（WFQ）

加权公平队列（Weighted Fair Queuing，WFQ）对数据包按流特征进行分类，对于 IP 网络，相同源 IP 地址、目的 IP 地址、源端口号、目的端口号、协议号、ToS 的数据包属于同一个流，采用 HASH 算法来自动计算完成。每一个流被分配到一个队列，这种方式会尽量将不同特征的流分入不同的队列中。每个队列类别可以看作一类流，其数据包进入 WFQ 中的同一个队列。WFQ 允许的队列数量是有限的，用户可以根据需要配置该值。在出队列的时候，WFQ 按流的优先级来分配每个流应占有的出口带宽。优先级的数值越小，所得的带宽越小。优先级的数值越大，所得的带宽越大。这样就保证了相同优先级业务之间的公平，体现了不同优先级业务之间的权值。当接口的带宽小于 2.048 Mbps 时，Cisco 路由器在接口上默认采用加权公平队列。WFQ 的优点在于配置简单，有利于较小数据包的转发，每个流都可以获得公平调度，同时照顾高优先级数据流的利益。但由于流自动分类，无法手工干预，故缺乏一定的灵活性，且受资源限制，当多个流进入同一个队列时无法提供精确服务，无法保证每个流获得的实际带宽。WFQ 均衡各个流的延时与抖动，因此不适合延时敏感的业务应用。

21.2.4 基于类的加权公平队列（CBWFQ）

基于类的加权公平队列（Class-Based Weighted Fair Queuing，CBWFQ）扩展了标准 WFQ 的功能，以支持用户定义的流量类别，可以根据协议、访问控制列表和输入接口等定义流量类别。每个类别均保留一个 FIFO 队列，属于一个类别的流量将定向到该类别的队列。管理员可以为每个类分配带宽、权重和最大数据包限制，而为一个类别分配的带宽是在拥塞期间传输该类别数据的保证带宽。在队列达到其配置的队列限制之后，向该类别队列添加更多数据包将导致尾部丢弃或其他方式的丢包（取决于类别策略的配置方式）。CBWFQ 与 WFQ 的区别如下：

① WFQ 中用户无法控制分类，由 HASH 算法自己决定，对正常流量处理没问题，但是对语音流量显得"太公平"（因为语音流量要求低延时）。

② CBWFQ 中用户自定义流量类别，虽然考虑到了公平特性，但并没有考虑到语音的应用。

21.2.5 低延时队列（LLQ）

低延时队列（Low Latency Queueing，LLQ）为 CBWFQ 带来严格的优先级队列。严格的优先级队列可使语音等延时敏感型数据在其他队列中的数据包之前发送，从而减少语音流量的延时和抖动。LLQ 具有 CBWFQ 的所有优点，包括自定义流量类别，为每种类别的流量提供带宽保证，并且可以在所有类别的队列上应用相应的丢弃方法。对于 LLQ 和 CBWFQ 来说，任何没有被显示分类的流量都被认为是 class-default 流量，可以将 class-default 流量类别的队列由 FIFO 改为 WFQ。

21.3 QoS 实施技术

21.3.1 分类与标记

在对数据包应用 QoS 策略之前，必须对其进行分类。分类与标记就是根据 IP 数据包（或者帧）里的某些特征把数据包分为不同类别，并在数据包中做标记（也称着色），供其他设备进一步处理。分类和标记通常是同时完成的，分类是为了标记，标记是分类的结果。数据包的分类方式取决于 QoS 策略。对二层和三层的流量进行分类的方法包括使用接口和 ACL 等，可使用网络应用识别（Network Based Application Recognition，NBAR）对四至七层的流量进行分类。标记表示添加一个值到数据包包头中，接收数据包的设备查看此字段以确定它是否与已定义的策略相符。标记应尽量靠近源设备进行，这可以建立信任边界。流量的标记方式通常取决于技术，表 21-1 介绍了各种技术的标记字段。

表 21-1 各种技术的标记字段

技术	层	标记字段	位数
以太网（IEEE 802.1q）	二	服务等级（Class of Service，CoS）	3
IEEE 802.11（WiFi）	二	WiFi 流量表示符（Traffic Identifier，TID）	3
MPLS	二	试验位（Experimental，EXP）	3
IP	三	IP 优先级（IP Precedence）	3
IP	三	差分服务代码点（Differentiated Services Code Point，DSCP）	6

1. 二层标记

本书只讨论二层以太网 IEEE 802.1q 的帧标记技术。IEEE 802.1q 帧中包含称为 IEEE 802.1p 的 QoS 优先级方案。IEEE 802.1p 标准使用标记控制信息（Tag Control Information，TCI）字段的前 3 比特，称为优先级字段，这 3 位字段用于识别服务等级（Class of Service，CoS）标记，可以使用 8 个优先级级别（值 0～7）标记二层以太网帧。IEEE 802.1q 服务等级和 COS 值的对应关系如表 21-2 所示。

表 21-2 IEEE 802.1q 服务等级和 COS 值的对应关系

CoS 值	服务等级说明	CoS 值	服务等级说明
0	尽力而为数据	4	视频会议
1	中等优先级数据	5	语音流量
2	高优先级数据	6	保留
3	控制信令	7	保留

2. 三层标记

IPv4 在其数据包包头中包含一个 8 比特服务类型（Type of Service，ToS）字段，用以标记数据包。可以在 IP 数据包包头的 IP 优先级（Precedence）位，也可以在区分服务代码点

（Differentiated Services Code Point，DSCP）位做标记，IP 优先级与 DSCP 在 IP 数据包头中的位置如图 21-1 所示。

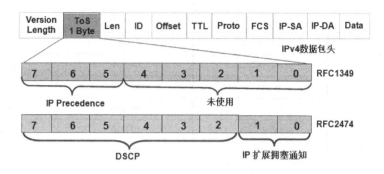

图 21-1　IP 优先级与 DSCP 在 IP 数据包头中的位置

早期在 IP 数据包包头中的 TOS 字段定义高 3 位作为 IP 优先级，IP 优先级如表 21-3 所示，表中给了优先级值对应的含义，IP 优先级值越大代表优先级越高。

表 21-3　IP 优先级

IP 优先级值	IP 优先级说明	IP 优先级值	IP 优先级说明
0	Routine（普通）	4	Flash Override（疾速）
1	Priority（优先）	5	Critical（关键）
2	Immediate（快速）	6	Internet Control（网间控制）
3	Flash（闪速）	7	Network Control（网络控制）

然而 IP 优先最多只能有 8 个优先级，因此后来就使用 IP 数据包 TOS 字段的高 6 位进行了扩充，称为 DSCP 位。理论上 DSCP 应该有 64 个等级，然而为了兼容 IP 优先级等原因，DSCP 只定义了一部分。DSCP 定义如表 21-4 所示，分为尽力而为（Best-Effort，BE）、加速转发（Expedited Forwarding，EF）、保证转发（Assured Forwarding，AF）和类选择器（Class Selector，CS）4 类。

① 尽力而为（BE）：所有 IP 数据包的默认值。DSCP 值为 0。每跳行为是正常路由。当路由器遇到拥塞时，将丢弃这些数据包。尚未实施 QoS 计划。

② 加速转发（EF）：RFC 3246 将 EF 定义为 DSCP 十进制值 46（二进制 101110）。前 3 位（101）直接映射至用于语音流量的二层 CoS 值 5。在三层，Cisco 建议只使用 EF 标记语音数据包。

③ 保证转发（AF）：RFC 2597 将 AF 定义为使用 5 位 DSCP 高有效位表示队列和丢弃优先级。前 3 位高有效位用于指定类。4 类是最佳队列，1 类是最差的队列。第 4 和第 5 位高有效位用于指定丢弃优先级。第 6 位高有效位设置为零。AF_{xy} 公式说明 AF 值的计算方式，DSCP 值=$x \times 8 + y \times 2$。例如，af32 属于 3 类（二进制 011），并具有中等丢弃优先级（二进制 10），DSCP 值为 28，即 $3 \times 8 + 2 \times 2 = 28$。

④ 类选择器（CS）：由于 DSCP 字段的前 3 个高有效位表示类，因此这些位也称为类选择器（CS）位。这 3 位直接映射到 CoS 字段和 IP 优先级字段的 3 位以维持与 IEEE 802.1p 和 IP 优先级的兼容性。

表 21-4 DSCP 定义

DSCP 值	含义	DSCP 值	含义
000000	Default（BE）	010010	af21（AF）
001000	cs1（CS）	010100	af22（AF）
010000	cs2（CS）	010110	af23（AF）
011000	cs3（CS）	011010	af31（AF）
100000	cs4（CS）	011100	af32（AF）
101000	cs5（CS）	011110	af33（AF）
110000	cs6（CS）	100010	af41（AF）
111000	cs7（CS）	100100	af42（AF）
001010	af11（AF）	100110	af43（AF）
001100	af12（AF）	101110	ef（EF）
001110	af13（AF）		

21.3.2 拥塞避免

当队列的长度达到规定的最大长度时，后到的数据包被尾部丢弃。如果是采用 WFQ 队列，则可能不是尾部丢弃。对于 TCP 数据包，如果大量的数据包被丢弃将造成 TCP 超时，从而引发 TCP 的慢启动，TCP 减少数据包的发送。当队列同时丢弃多个 TCP 连接的数据包时，将造成多个 TCP 连接同时进入慢启动和拥塞避免，这种情况称为 TCP 全局同步。多个 TCP 连接发向队列的数据包将同时减少，链路带宽未能充分利用；随后多个 TCP 连接又同时慢慢加大数据包的发送量，队列又出现溢出的情况。这样队列的数据包的流量总是忽大忽小，使得链路上的流量总在极少和饱满之间波动，链路带宽平均利用率下降，也会影响特定流量的延时和抖动。尾部丢弃会造成 TCP 流量之间分配带宽不均衡，使得一些"贪婪"的流量会占用大部分的带宽，而普通的 TCP 流量因分配不了带宽而"饿死"。特别是网络中既有 TCP 又有 UDP 流量的时候，TCP 流量因为采用滑动窗口机制（尾部丢弃造成滑动窗口减小）而释放带宽，UDP 流量没有采用滑动窗口机制，于是 UDP 流量会迅速占用 TCP 释放的带宽，最终造成 UDP 流量占用了所有带宽而 TCP 流量因没有带宽分配而"饿死"。

如图 21-2 所示，TCP 出现同步，链路平均利用率低。

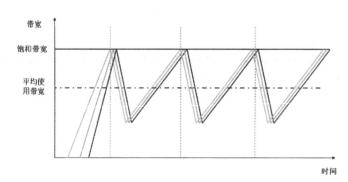

图 21-2　TCP 出现同步，链路平均利用率低

1. 随机早期检测（Random Early Detection，RED）

为了避免尾部丢弃的这些问题，必须在网络设备端口在将要拥塞之前丢弃一些数据包。RED 就是一种在队列拥塞之前进行数据包丢弃的拥塞避免机制。RED 会主动丢弃可能造成网络拥塞的数据包，它能够使 TCP 会话所占用的输出带宽缓慢地降低，不会引起大量的 TCP 全局同步及 TCP 饥饿，还能够降低平均队列长度。RED 给队列设定 2 个丢弃门限：最小丢弃门限和最大丢弃门限，当队列的平均长度小于最小丢弃门限时，不丢弃数据包；当队列的平均长度在最小丢弃门限和最大丢弃门限之间时，RED 开始随机丢弃数据包，队列的平均长度越长，丢弃的概率越高；当队列的平均长度大于最大丢弃门限时，丢弃尾部所有的数据包。

2. 加权随机早期检测（Weighted Random Early Detection，WRED）

WRED 的原理和 RED 一样。不过 WRED 与 RED 的区别在于：WRED 可以根据不同的 IP 优先级或者 DSCP 值，设定不同的最小丢弃门限、最大丢弃门限和丢弃概率，从而对不同优先级的数据包提供不同的丢弃特性。当然如果将所有 IP 优先级或者 DSCP 值的最小丢弃门限、最大丢弃门限和丢弃概率设置为一样，WRED 就成为了 RED。

21.3.3 流量监管与流量整形

1. 流量监管（Traffic Policing）

流量监管是一种在入接口或出接口应用的对进入路由器的某流量进行限制的流量管理技术。流量监管的典型应用是监控进入网络的某一流量的规格，把它限制在一个合理的范围之内，或者对超出的部分流量进行"惩罚"，比如丢弃数据包，以保护网络资源和运营商的利益。运营商和用户之间都签有服务水平协议（Service Level Agreement，SLA），其中包含每种业务流的承诺信息速率（Committed Information Rate，CIR）、峰值信息速率（Peak Information Rate，PIR）、承诺突发尺寸（Committed Burst Size，CBS）、峰值突发尺寸（Peak Burst Size，PBS）等流量参数。流量监管采用承诺访问速率（Committed Access Rate，CAR）来对流量进行控制，依据评估结果，实施预先设定好的监管动作，流量监管动作如下所述。

① 转发（Pass）：对测量结果不超过承诺速率（CIR）的数据包通常进行正常转发。
② 丢弃（Discard）：对测量结果超过峰值速率（PIR）的数据包通常进行丢弃。
③ 重标记（Remark）：对处于 CIR 与 PIR 之间的流量通常执行 Remark 动作，此时的数据包不丢弃，而是通过 Remark 降低优先级进行尽力而为的转发。

要实现流量的控制，必须有一种机制可以对通过设备的流量进行度量。令牌桶（Token Bucket）是目前最常采用的一种流量测量方法，用来评估流量速率是否超过了规定值。令牌桶可以看作一个存放令牌的容器，预先设定一定的容量。系统按设定的速度向桶中放置令牌，当桶中令牌满时，多余的令牌会溢出。令牌是周期性地添加到令牌桶中的，这个周期为 T，每个周期加入的令牌数为 B_c，加入的速度称为 CIR（Committed Information Rate，承诺信息速率）$=B_c/T$。令牌桶对数据包进行流量监管的方式分为以下 3 种。

（1）单桶单速率双色流量监管

一个令牌桶，容量是 CBS，填充令牌的速率是 CIR。当有 B 字节的数据包传过来时，根据桶当前的容量来对这个数据包进行处理。当数据包要转发出去时，需要从令牌桶中取出相应数量的令牌（字节数），如果有令牌可取，则称为 conform（遵从）；如果没有足够的令牌可取，则称为超出（exceed）。由于有 conform 和 exceed 两种情形，所以称为双色，通常前者的执行行为为转发，而后者的执行行为为丢弃。

在单桶单速率双色模式中，系统按照 CIR 速率向令牌桶中投放令牌：

① 如果可用令牌的总数量（T_c）小于 CBS，则令牌数继续增加。

② 如果令牌桶已满，则令牌数不再增加。

对于到达的数据包（大小为 B）：

① 如果 $B \leqslant T_c$，数据包被标记为绿色（conform），且 T_c 减少 B。

② 如果 $B > T_c$，数据包被标记为红色（exceed），T_c 不减少。

（2）双桶单速率三色流量监管

两个令牌桶，一个容量是 CBS，另一个容量是 EBS，填充令牌的速率是 CIR，两个令牌桶使用同一个填充速率。当有 B 字节的数据包传过来时，根据两个桶的当前容量来对该数据包进行处理。由于对数据包处理有 conform（遵从）、exceed（超出）、violate（违规）三种情形，所以称为双桶单速率三色。

在双桶单速率三色模式中，系统按照 CIR 速率向桶中投放令牌。

① 如果 C 桶中可用令牌的总数量（T_c）小于 CBS，则 C 桶中令牌数增加。

② 如果 T_c 等于 CBS 且 E 桶中的可用令牌总数量（T_e）小于 EBS，则 C 桶中令牌数不增加，E 桶中令牌数增加。

③ 如果 C 桶和 E 桶中的令牌都已满，则两个桶中的令牌数都不再增加。

对于到达的数据包（大小为 B）：

① 如果 $B \leqslant T_c$，数据包被标记为绿色（conform），且 T_c 减少 B。

② 如果 $T_c < B \leqslant T_e$，数据包被标记为黄色（exceed），且 T_e 减少 B，T_c 不减少。

③ 如果 $B > T_e$，数据包被标记为红色（violate），且 T_c 和 T_e 都不减少。

（3）双桶双速率三色流量监管

两个令牌桶，一个容量是 CBS，一个的容量是 PBS。这两个令牌桶分别使用两个填充令牌的速率，一个填充速率是 CIR，一个填充速率是 PIR。当有 B 字节的数据包传过来时，根据两个桶的当前容量来对这个数据包进行处理。由于对数据包处理有 conform、exceed、violate 三种情形，所以称为双桶双速率三色。

在双桶双速率三色模式中，系统按照 PIR 速率向 P 桶中投放令牌，按照 CIR 速率向 C 桶中投放令牌：

① 如果 P 桶中可用令牌的总数量（T_p）小于 PBS，则 P 桶中令牌数增加。

② 如果 C 桶中可用令牌的总数量（T_c）小于 CBS，则 C 桶中令牌数增加。

对于到达的数据包（大小为 B）：

① 如果 $T_p < B$，数据包被标记为红色（violate），且 T_c 和 T_p 都不减少。

② 如果 $T_c<B \leq T_p$，数据包被标记为黄色（exceed），且 T_p 减少 B，T_c 不减少。

③ 如果 $B \leq T_c$，数据包被标记为绿色（conform），且 T_p 和 T_c 都减少 B。

2. 流量整形（Traffic Shaping）

流量整形的典型作用是限制流出某一网络的某一连接的流量与突发流量，使这类数据包以比较均匀的速度向外发送。流量整形通常使用缓冲区或队列和令牌桶来完成，当数据包的发送速度过快时，首先在缓冲区或队列进行缓存，在令牌桶的控制下，再均匀地发送这些被缓冲的数据包。流量整形通常是为了使数据包传输速率与下游设备相匹配，通常采用的技术是通用流量整形（Generic Traffic Shaping，GTS）。GTS 与流量监管一样，都采用令牌桶技术来控制流量，主要区别在于：流量监管对不符合流量特征的数据包进行丢弃；而 GTS 对于不符合流量特征的数据包则是进行缓存，减少了数据包的丢弃，提高了链路的利用效率。流量整形与流量监管的区别如图 21-3 所示。

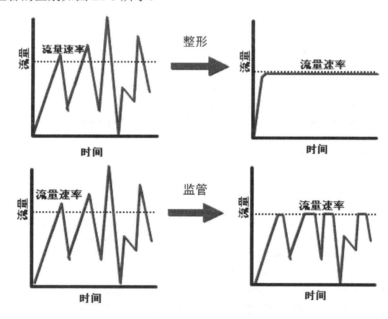

图 21-3 流量整形与流量监管的区别

21.4 配置分类与标记

21.4.1 实验 1：配置分类与标记

1. 实验目的

通过本实验可以掌握：

① QoS 中分类和标记的方法。

② QoS 中分类和标记的配置。

2. 实验拓扑

配置分类与标记的实验拓扑如图 21-4 所示，在路由器 R2 上进行分类和标记：把 R1 发往 R3 的 ICMP 数据包标记为 IP 优先级为 2；R1 发往 R3 的 Telnet 数据包标记为 DSCP 为 AF11；R1 发往 R3 的 HTTP 数据包标记为 DSCP 为 AF22；其他数据包的 IP 优先级设置为 1，整个网络运行 OSPFv2 实现网络连通性。

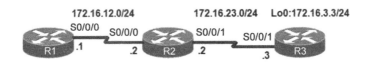

图 21-4　配置分类与标记的实验拓扑

3. 实验步骤

（1）实验准备

```
R3(config)#ip http server              //开启 HTTP 服务，用于测试
R3(config)#service finger              //开启 finger 服务，用于测试
R3(config)#line vty 0 4
R3(config-line)#no login               //配置 Telnet 密码，用于测试
```

（2）配置路由器 R2

① 使用 ACL 分类。

```
R2(config)#access-list 100 permit icmp any any              //匹配 ICMP 流量
R2(config)#access-list 110 permit tcp any any eq telnet     //匹配 Telnet 流量
R2(config)#access-list 120 permit tcp any any eq www        //匹配 HTTP 流量
```

② 使用路由映射图（route-map）标记。

```
R2(config)#route-map ICMP permit 10              //定义一个 route-map
R2(config-route-map)#match ip address 100        //匹配 ICMP 的数据包
R2(config-route-map)#set ip precedence 2         //设置 IP 优先级标记为 2
R2(config)#interface Serial0/0/0
R2(config-if)#ip policy route-map ICMP           //在接口的入方向应用 route-map
```

【技术要点】

定义路由映射图的命令为 route-map *map-tag* [permit | deny] [*sequence-number*]。通常每个 route map 陈述中都包含 match 和 set。match 用来匹配条件，常用的匹配条件包括 IP 地址、接口、度量值、tag、路由类型以及数据包长度等。set 定义了当符合匹配条件时所采取的行为。

③ 用模块化 QoS 命令行（Modular QoS Command-Line，MQC）工具标记。

```
R2(config)#class-map match-all ICMP              //定义 class-map
R2(config-cmap)#match access-group 100           //定义匹配类型流量
R2(config-cmap)#exit
R2(config)#class-map match-all TELNET
```

第 21 章 QoS

```
R2(config-cmap)#match access-group 110
R2(config-cmap)#exit
R2(config)#class-map match-all HTTP
R2(config-cmap)#match access-group 120
R2(config-cmap)#exit
R2(config)#policy-map MARK        //定义 policy-map
R2(config-pmap)#class TELNET
R2(config-pmap-c)#set dscp af11   //将 Telnet 流量的 DSCP 值设置为 af11
R1(config-pmap-c)#exit
R2(config-pmap)#class HTTP
R2(config-pmap-c)#set dscp af22   //将 HTTP 流量的 DSCP 值设置为 af22
R2(config-pmap-c)#exit
R2(config-pmap)#class ICMP
//对于 ICMP 数据包，已经用 route-map 进行了标记，此处不再重新标记
R2(config-pmap-c)#exit
R2(config-pmap)#class class-default  //class-default 类是系统默认定义的
R2(config-pmap-c)#set ip precedence 1  //其他类型数据包，把 IP 优先级配置为 1
R2(config-pmap-c)#exit
R2(config-pmap)#exit
R2(config)#interface Serial0/0/1
R2(config-if)#service-policy output MARK  //在接口的出方向上应用 policy-map
```

【技术要点】

class-map 命令语法结构如下：
　　R2(config)#class-map {match-all | match-any} *class-map-name*
　　R2(config-cmap)#match {*match-criteria*}
其中，class-map-name 为类的名字，各个参数含义如下：
① match-all：当设定多个 match 条件时，满足所有条件的数据才是匹配的，这是系统默认配置。
② match-any：当设定多个 match 条件时，数据满足一个条件即可。
③ match-criteria：设定匹配的条件。

4．实验调试

在 R3 上配置 ACL 如下，用于查看匹配所需测试的 DSCP 值和 IP 优先级的数据统计情况。

```
R3(config)#access-list 100 permit ip any any dscp af11
R3(config)#access-list 100 permit ip any any dscp af22
R3(config)#access-list 100 permit ip any any precedence 1
R3(config)#access-list 100 permit ip any any precedence 2
R3(config)#interface Serial0/0/1
R3(config-if)#ip access-group 100 in
```

（1）发起测试流量

在路由器 R1 上发起测试流量如下：

```
R1#ping 172.16.3.3
R1#telnet 172.16.3.3              //访问 R3 的 HTTP 服务
R1#telnet 172.16.3.3 80           //访问 R3 的 HTTP 服务，按 CTRL+C 键可以终止
R1#telnet 172.16.3.3 finger       //访问 R3 的 finger 服务，产生所需的其他数据包
```

```
R3#show ip access-lists
Extended IP access list 100
    10 permit ip any any dscp af11 (14 matches)
    20 permit ip any any dscp af22 (17 matches)
    30 permit ip any any precedence priority (8 matches)
    40 permit ip any any precedence immediate (5 matches)
```

以上输出表明 R2 确实按照预先设置的方法对数据包进行了分类和标记。

（2）查看配置的 class-map

```
R2#show class-map              //查看配置的 class-map
 Class Map match-all TELNET (id 2)
   Match access-group   110
 Class Map match-all ICMP (id 1)
   Match access-group   100
 Class Map match-all HTTP (id 3)
   Match access-group   120
 Class Map match-any class-default (id 0)
   Match any
```

以上输出表明 R2 配置的 class-map 中的类及其匹配的条件

（3）查看配置的路由映射图

```
R2#show route-map     //查看配置的路由映射图
route-map ICMP, permit, sequence 10    //route-map 名字、行为和序号
 Match clauses:
   ip address (access-lists): 100    //匹配条件
 Set clauses:
   ip precedence immediate //执行行为
 Policy routing matches: 5 packets, 520 bytes   //该策略匹配的数据包个数和字节数
```

（4）查看配置的 policy-map

```
R2#show policy-map    //查看配置的 policy-map
 Policy Map MARK      //名字
   Class TELNET       //class-map 名字
     set dscp af11    //执行行为
   Class HTTP
     set dscp af22
   Class ICMP         //此处行为为空，即不执行任何行为
   Class class-default //默认为 class-map
     set ip precedence 1
```

（5）查看接口下 policy-map 的应用情况

```
R2#show policy-map    interface Serial0/0/1
 //查看接口下 policy-map 的应用情况
 Serial0/0/1  //policy-map 应用的接口
  service-policy output: MARK    // service-policy 名字和接口下应用的方向
    class-map: TELNET (match-all)    // class-map 名字
      28 packets,1287 bytes                //匹配的数据包个数和字节数
      5 minute offered rate 0 bps, drop rate 0 bps
      Match: access-group 110   //Class 的匹配条件
      QoS Set     // QoS 设置
```

```
                dscp af11      /执行行为
                    Packets marked 28      //标记的数据包个数
            class-map: HTTP (match-all)
                9 packets, 405 bytes
                5 minute offered rate 0 bps, drop rate 0 bps
                Match: access-group 120
                QoS Set
                    dscp af22
                    Packets marked 9
            class-map: ICMP (match-all)
                0 packets, 0 bytes
                //本 class-map 没有对 ICMP 流量标记，所以匹配的数据包个数和字节数显示为 0
                5 minute offered rate 0 bps
                Match: access-group 100
            class-map: class-default (match-any)      //系统的默认类
                205 packets, 15441 bytes      //匹配的数据包个数和字节数
                5 minute offered rate 0 bps, drop rate 0 bps
                Match: any
                QoS Set
                    precedence 1
                    Packets marked 107
```

21.4.2 实验 2：配置 NBAR

1. 实验目的

通过本实验可以掌握：
① NBAR 的概念。
② NBAR 的配置和调试方法。

2. 实验拓扑

配置 NBAR 的实验拓扑如图 21-5 所示。本实验将使用 NBAR 限制 PC1 通过 Web 方式访问路由器 R2 上的 15 级权限，整个网络运行 OSPFv2 实现网络连通性，R2 将充当 Web Server。基于网络的应用识别（NBAR）可以检查应用层的内容，一旦协议或应用被 NBAR 识别出来，网络设备就可以对其执行标记、限速、丢弃等操作。

图 21-5 配置 NBAR 的实验拓扑

3. 实验步骤

（1）启用路由器 R2 上的 HTTP Server

```
R2(config)#username ccie privilege 15 secret cisco123
R2(config)#ip http server      //开启 HTTP 服务
```

R2(config)#**ip http authentication local**   //开启 HTTP 验证

测试从 PC1 访问 R2 上的 HTTP 服务，输入验证的用户名和密码。路由器 R2 的 Web 页面如图 21-6 所示，单击图中的 0,1,2……15 的链接，应该能够正常访问。

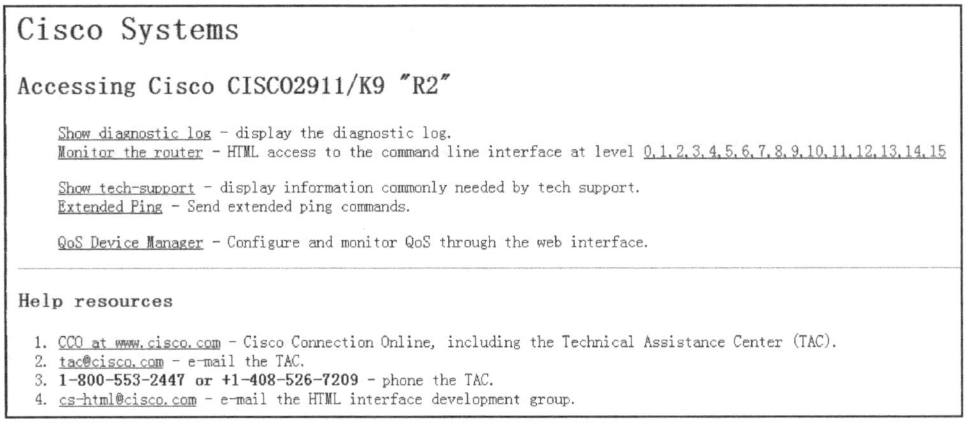

```
Cisco Systems

Accessing Cisco CISCO2911/K9 "R2"

    Show diagnostic log - display the diagnostic log.
    Monitor the router - HTML access to the command line interface at level 0,1,2,3,4,5,6,7,8,9,10,11,12,13,14,15
    Show tech-support - display information commonly needed by tech support.
    Extended Ping - Send extended ping commands.
    QoS Device Manager - Configure and monitor QoS through the web interface.

Help resources

  1. CCO at www.cisco.com - Cisco Connection Online, including the Technical Assistance Center (TAC).
  2. tac@cisco.com - e-mail the TAC.
  3. 1-800-553-2447 or +1-408-526-7209 - phone the TAC.
  4. cs-html@cisco.com - e-mail the HTML interface development group.
```

图 21-6 路由器 R2 的 Web 页面

（2）在路由器 R1 上配置 NBAR

本实验实现 PC1 不能访问 URL：http://172.16.12.2/level/15/exec/-，即不能在浏览器中执行 15 级命令配置路由器 R2，在 R1 上用 MQC 配置 NBAR 来实现该功能。利用 NBAR 把 PC1 访问 R2 特定网页的流量分类，并标记为 DSCP=af43，再把 DSCP 为 af43 的数据包丢弃，从而实现利用 NBAR 技术限制 PC1 访问该 URL。

R1(config)#**ip cef**   //NBAR 需要路由器启用 CEF 功能，默认 CEF 是开启的
R1(config)#**access-list 100 permit tcp 172.16.1.0 0.0.0.255 host 172.16.12.2 eq www**   //定义 ACL，匹配 PC1 网段到路由器 R2 的 HTTP 访问
R1(config)#**class-map match-all LEVEL15**   //定义 class-map，满足全部 match 语句
R1(config-cmap)#**match protocol http url "*/level/15/exec/*"**
//定义 HTTP 的 URL 匹配/level/15/exec/字符串，*表示任意字符串
R1(config-cmap)#**match access-group 100**   //匹配 ACL 条件
R1(config-cmap)#**exit**
R1(config)#**policy-map LEVEL15**   //定义 policy-map
R1(config-pmap)#**class LEVEL15**   //定义匹配的条件
R1(config-pmap-c)#**set dscp af43**   //配置行为，匹配流量的 DSCP 被标记为 af43
R1(config-pmap-c)#**exit**
R1(config-pmap)#**exit**
R1(config)#**interface gigabitEthernet 0/0**
R1(config-if)#**ip nbar protocol-discovery**
//启用接口 NBAR 协议发现功能，是为了能统计各种应用层协议的流量
R1(config-if)#**service-policy input LEVEL15**   //在接口上应用 policy-map
R1(config-if)#**exit**
R1(config)#**class-map match-all AF43**
R1(config-cmap)#**match   dscp af43**   //定义分类条件
R1(config-cmap)#**exit**
R1(config)#**policy-map DROP**
R1(config-pmap)#**class AF43**
R1(config-pmap-c)#**drop**   //配置策略行为

```
R1(config-pmap-c)#exit
R1(config-pmap)#exit
R1(config)#interface Serial0/0/0
R1(config-if)#service-policy output DROP
```

4. 实验调试

（1）查看 NBAR 的版本信息

```
R1#show ip nbar version      //查看 NBAR 的版本信息
NBAR software version:  23                              //NBAR 软件版本号
NBAR minimum backward compatible version:  21           //最小向后兼容的版本号
Loaded Protocol Pack(s):                                //装载的 NBAR 协议包
  Name:                      Advanced Protocol Pack     //协议包名字
  Version:                   14.0                       //协议版本
  Publisher:                 Cisco Systems Inc.         //发布者
  NBAR Engine Version:       23                         //NBAR 引擎版本
  State:                     Active                     //NBAR 状态
```

（2）测试访问

从 PC1 访问 http://172.16.12.2，如图 21-6 所示，应该不能访问路由器 R2 的 15 级命令，即 URL:http://172.16.12.2/level/15/exec/-，其他链接应该能够正常访问。

（3）查看 NBAR 的协议发现信息

```
R1#show ip nbar protocol-discovery   //查看 NBAR 的协议发现信息
 GigabitEthernet0/0   //启用 NBAR 协议发现功能的接口
 Last clearing of "show ip nbar protocol-discovery" counters 00:06:52
                            Input                    Output
                            -----                    ------
  Protocol                  Packet Count             Packet Count
                            Byte Count               Byte Count
                            5min Bit Rate (bps)      5min Bit Rate (bps)
                            5min Max Bit Rate (bps)  5min Max Bit Rate (bps)
  ------------------------  -----------------------  -----------------------
  http                      90                       101
                            21226                    33738
                            0                        0
                            3000                     4000
（此处省略部分输出）
```

以上输出显示 G0/0 接口进入或者流出的 HTTP 流量数据包个数、字节数、5 分钟内的速率、5 分钟内的最大速率

（4）查看接口下 policy-map 的应用情况

```
R1#show policy-map interface gigabitEthernet0/0
//查看接口下 policy-map 的应用情况
 GigabitEthernet0/0   //policy-map 应用的接口
  service-policy input: LEVEL15  // service-policy 名字和接口下应用的方向
    class-map: LEVEL15 (match-all)   //class-map 名字
      55 packets, 15494 bytes     //匹配的数据包个数和字节数
      5 minute offered rate 0000 bps, drop rate 0000 bps
```

```
      Match: protocol http url "*/level/15/exec/*"    // class-map 匹配的条件
      Match: access-group 100      //class-map 匹配的条件
      QoS Set   // QoS 执行行为
        dscp af43    //设置 DSCP 为 af43
           Packets marked 55    //被标记的数据包个数
（此处省略部分输出）
```

21.5 配置队列和 WRED

21.5.1 实验 3：配置 PQ

1. 实验目的

通过本实验可以掌握：
① PQ 的工作原理。
② PQ 的配置和调试方法。

2. 实验拓扑

实验拓扑如图 21-5 所示，整个网络运行 OSPFv2 实现网络连通性。注意，新版的 IOS 已经不支持接口下配置 PQ 这样的技术了，本实验是在旧版的 IOS 上完成的，目的是帮助大家理解 PQ 的概念，实际应用中都使用 LLQ 技术。

3. 实验步骤

配置路由器 R1：

```
        R1(config)#access-list 101 permit tcp host 172.16.1.100 host 172.16.12.2 eq 23
        R1(config)#priority-list 1 protocol ip high list 101
        //创建优先级队列，标号为 1，把匹配 ACL101 流量放在高优先级队列中
        R1(config)# priority-list 1 protocol cdp medium
        //创建优先级队列，标号为 1，把数据包协议类型为 CDP 的流量放在中优先级队列中
        R1(config)#priority-list 1 priority-list 1 protocol ip normal fragments
        //创建优先级队列，标号为 1，把 IP 数据包分片的流量放在普通优先级队列中
        R1(config)#priority-list 1 default low
        //创建优先级队列，标号为 1，把其他的流量放在低优先级队列中
        R1(config)#priority-list 1 queue-limit 10 30 40 50
        //定义优先级队列高、中、普通、低队列中的长度，如果队列中的数据包超过这些长度，数据包将
被丢弃，默认值为 20
        R1(config)#interface Serial0/0/0
        R1(config-if)#priority-group 1   //将优先级队列应用在接口上
```

4. 实验调试

（1）查看接口上的队列应用情况

```
      R1#show interfaces Serial0/0/0   //查看接口上的队列应用情况
      Serial0/0/0 is up, line protocol is up
      （此处省略部分输出信息）
```

```
Input queue: 0/75/0/0 (size/max/drops/flushes); Total output drops: 0
    Queueing strategy: priority-list 1    //接口上应用优先级队列，队列编号为 1，默认情况下，Cisco
路由器以太网接口队列为 FIFO，串行口队列为 WFQ
    Output queue (queue priority: size/max/drops):
        high: 0/10/0, medium: 0/30/0, normal: 0/40/0, low: 0/50/0
    //当前队列的数据包数量、队列的大小、丢弃的数据包数量
（此处省略部分输出信息）
```

（2）查看优先级队列的配置

```
    R1#show queueing priority    //查看优先级队列的配置
    Current DLCI priority queue configuration:
    Current priority queue configuration:    //当前的优先级队列配置
    List   Queue   Args
    1      low     default
    1      high    protocol ip           list 101    //加入高优先级队列的流量
    1      medium  protocol cdp                      //加入中优先级队列的流量
    1      normal  protocol ip           fragments   //加入正常优先级队列的流量
    1      high    limit 10              //队列的大小
    1      medium  limit 30
    1      normal  limit 40
    1      low     limit 50
```

（3）测试优先级队列

① 从 PC1 执行 Telnet 172.16.12.2 操作。

② 从 PC1 上 ping R2 上的 172.16.12.2：命令为 **C:> ping 172.16.12.2 –l 5000**。

```
    R1#show queueing interface Serial0/0/0    //查看接口队列匹配数据包情况
    Interface Serial0/0/0 queueing strategy: priority    //接口应用优先级队列
    Output queue utilization (queue/count)
              high/66 medium/12 normal/12 low/6    //各个队列匹配的数据包个数
```

21.5.2　实验 4：配置 CBWFQ

1. 实验目的

通过本实验可以掌握：
① CBWFQ 的工作原理。
② CBWFQ 的配置和调试方法。

2. 实验拓扑

实验拓扑如图 21-5 所示，整个网络运行 OSPFv2 实现网络连通性。

3. 实验步骤

配置路由器 R1：

```
    R1(config)#ip cef
    R1(config)#class-map match-all MAP1    //定义 class-map，名字为 MAP1
    R1(config-cmap)#match protocol http    //定义匹配协议类型
    R1(config-cmap)#exit
```

```
R1(config)#class-map match-all MAP2
R1(config-cmap)#match protocol telnet
R1(config-cmap)#exit
R1(config)#policy-map P1          //定义 policy-map
R1(config-pmap)#class MAP1
R1(config-pmap-c)#bandwidth percent 30    //为该类保留 30%的带宽
```

【技术要点】

bandwidth {*bandwidth_value* | percent *percent_value* | percent remaining *remain_percent_value*}命令参数含义如下：

① *bandwidth_value*：指定的具体带宽，单位为 kbps。
② *percent_value*：指定接口带宽的百分比。
③ *remain_percent_value*：指定接口剩余带宽的百分比。

【注意】

在同一个 policy-map 中不能混合使用 bandwidth、bandwidth percent 和 bandwidth remain percent 命令。

```
R1(config-pmap-c)#queue-limit 128        //定义队列长度
R1(config-pmap-c)#fair-queue 256    //队列采用 WFQ 调度，允许的最大会话数量为 256
R1(config-pmap-c)#exit
R1(config-pmap)#class MAP2
R1(config-pmap-c)#bandwidth percent 10
R1(config-pmap-c)#exit
R1(config-pmap)#class class-default
R1(config-pmap-c)#fair-queue 128    //队列采用 WFQ 调度，允许的最大会话数量为 128
R1(config-pmap-c)#exit
R1(config-pmap)#exit
R1(config)#interface Serial0/0/0
R1(config-if)#bandwidth 1024    //配置接口的带宽为 1 024 kbps
R1(config-if)#service-policy output P1
//将 policy-map 应用到接口上，注意：CBWFQ 只能在接口的出方向应用
```

4. 实验调试

（1）查看配置的 class-map

```
R1#show class-map        //查看配置的 class-map
Class Map match-any class-default (id 0)
   Match any
Class Map match-all MAP1 (id 1)
   Match protocol http     //匹配的协议
Class Map match-all MAP2 (id 2)
   Match protocol telnet
```

（2）查看配置的 policy-map

```
R1#show policy-map       //查看配置的 policy-map
 Policy Map P1           //policy-map 的名字
   Class MAP1
```

```
        bandwidth 30 (%)           //为类分配的带宽
        queue-limit 128 packets    //队列长度
        fair-queue 256             //采用 WFQ 进行队列调度及会话数量
    Class MAP2
        bandwidth 10 (%)
    Class class-default
        fair-queue 128
```

（3）检查 policy-map 在接口上的应用情况

```
R1#show policy-map interface Serial0/0/0
//检查 policy-map 在接口上的应用情况
Serial0/0/0    //service-policy 应用接口
    service-policy output: P1    //service-policy 名字和接口上的应用方向
        class-map: MAP1 (match-all)
        2 packets, 475 bytes     //匹配该类流量的数据包个数和字节数
        5 minute offered rate 0000 bps, drop rate 0000 bps
        Match: protocol http     //匹配的协议
        Queueing    //该类别的队列情况
        queue limit 128 packets     //队列的长度
        (queue depth/total drops/no-buffer drops/flowdrops) 0/0/0/0
        (pkts output/bytes output) 2/475    //匹配该类流量的数据包个数和字节数
            bandwidth 30% (307 kbps)    //为类分配的带宽百分比及实际带宽，307≈1 024×0.3
            Fair-queue: per-flow queue limit 32 packets    //WFQ 的每个数据流的队列长度
                    Maximum Number of Hashed Queues 256 //基于 Hash 运算的最大的会话数量
        class-map: MAP2 (match-all)
        18 packets, 830 bytes    //匹配该类流量的数据包个数和字节数
        5 minute offered rate 0000 bps, drop rate 0000 bps
        Match: protocol telnet    //匹配的协议
        Queueing    //该类别的队列情况
        queue limit 64 packets    //队列的长度，默认值为 64
        (queue depth/total drops/no-buffer drops) 0/0/0
        (pkts output/bytes output) 18/830
            bandwidth 10% (102 kbps)
        //为类分配的带宽百分比及实际带宽，102≈1 024×0.1，但并未启用 WFQ
        class-map: class-default (match-any)
        82 packets, 6116 bytes    //匹配默认类别流量的数据包个数和字节数
        5 minute offered rate 0000 bps, drop rate 0000 bps
        Match: any
        Queueing
        queue limit 64 packets
        (queue depth/total drops/no-buffer drops/flowdrops) 0/0/0/0
        (pkts output/bytes output) 82/6116
            Fair-queue: per-flow queue limit 16 packets    //WFQ 队列调度，每个流队列长度为 6 个数据包
                    Maximum Number of Hashed Queues 128    //允许的最大会话数量为 128
```

21.5.3 实验 5：配置 LLQ

1. 实验目的

通过本实验可以掌握：

① LLQ 的工作原理。

② LLQ 的配置和调试方法。

2. 实验拓扑

实验拓扑如图 21-5 所示，在实验 4 的基础上继续完成本实验。LLQ 的配置和 CQWFQ 配置很类似，不过使用了 **priority** 命令，而不是 **bandwidth** 命令，该类流量优先发送完后才发送其他类别的流量。

3. 实验步骤

配置路由器 R1：

```
R1(config)#class-map match-any MAP3
R1(config-cmap)#match ip precedence critical    //定义匹配的流量，IP 优先级为 5
R1(config-cmap)#exit
R1(config)#policy-map P1
R1(config-pmap)#class MAP3
R1(config-pmap-c)#priority percent 10    //此处保证 MAP3 的带宽为接口带宽的 10%
```

4. 实验调试

（1）查看配置的 class-map

```
R1#show class-map    //查看配置的 class-map
 Class Map match-any class-default (id 0)
   Match any
 Class Map match-all MAP1 (id 1)
   Match protocol http
 Class Map match-all MAP2 (id 2)
   Match protocol telnet
 Class Map match-all MAP3 (id 3)
   Match ip   precedence 5
```

（2）查看接口上 policy-map 的应用情况

```
R1#show policy-map   interface Serial0/0/0   //查看接口上 policy-map 的应用情况
 Serial0/0/0    //service-policy 应用接口
  service-policy output: P1   //service-policy 名字和应用方向
    class-map: MAP1 (match-all)
      2 packets, 475 bytes    //匹配该类流量的数据包个数和字节数
      5 minute offered rate 0000 bps, drop rate 0000 bps
      Match: protocol http    //匹配的协议
      Queueing    //该类别的队列情况
      queue limit 128 packets    //队列的长度
      (queue depth/total drops/no-buffer drops/flowdrops) 0/0/0/0
      (pkts output/bytes output) 2/475    //匹配该类流量的数据包个数和字节数
      bandwidth 30% (307 kbps)    //为类分配的带宽百分比及实际带宽，307≈1 024×0.3
      Fair-queue: per-flow queue limit 32 packets    //WFQ 的每个数据流的队列长度
              Maximum Number of Hashed Queues 256    //基于 Hash 运算的最大的会话数量
    class-map: MAP2 (match-all)
      18 packets, 830 bytes    //匹配该类流量的数据包个数和字节数
      5 minute offered rate 0000 bps, drop rate 0000 bps
```

```
        Match: protocol telnet
        Queueing
          queue limit 64 packets    //队列的长度，默认值为 64
          (queue depth/total drops/no-buffer drops) 0/0/0
          (pkts output/bytes output) 18/830   //匹配该类流量的数据包个数和字节数
              bandwidth 10% (102 kbps)
                   //为类分配的带宽百分比及实际带宽，102≈1 024×0.1，但并未启用 WFQ
    class-map: MAP3 (match-any)
        0 packets, 0 bytes
        5 minute offered rate 0000 bps, drop rate 0000 bps
        Match: ip precedence 5   //该类匹配的流量，IP 优先级为 5
            0 packets, 0 bytes
            5 minute rate 0 bps
          Priority: 10% (102 kbps), burst bytes 2550, b/w exceed drops: 0
//此类别流量为优先级队列调度，为类分配的带宽百分比及实际带宽，突发字节数
    class-map: class-default (match-any)
        1572 packets, 124067 bytes
        （此处省略部分输出）
```

21.5.4 实验 6：配置 CB-WRED 实现拥塞避免

1. 实验目的

通过本实验可以掌握：
（1）CB-WRED 的工作原理。
（2）基于 IP Precedence 的 CB-WRED 的配置和调试方法。
（3）基于 DSCP 的 CB-WRED 的配置和调试方法。

2. 实验拓扑

实验拓扑如图 21-5 所示，整个网络运行 OSPFv2 实现网络连通性。

3. 实验步骤

（1）配置基于 IP Precedence 的 CB-WRED

```
R1(config)#class-map match-any MAP1        //定义 class-map，名字为 MAP1
R1(config-cmap)#match protocol telnet      //定义匹配协议类型
R1(config-cmap)#match protocol icmp
R1(config-cmap)#exit
R1(config)#policy-map WRED                 //定义 policy-map
R1(config-pmap)#class MAP1
R1(config-pmap-c)#bandwidth 128            //为该类保留 128 kbps 的带宽
R1(config-pmap-c)#random-detect            //该类启用基于 IP 优先级的 WRED
R1(config-pmap-c)#random-detect precedence 0 13 30 15
//修改IP优先级0丢弃数据包的最小门限、最大门限和丢弃概率
R1(config-pmap-c)#exit
R1(config-pmap)#exit
R1(config)#interface serial0/0/0
R1(config-if)#bandwidth 1024               //将配置接口的带宽改为 1 024 kbps
```

```
R1(config-if)#service-policy output WRED
```

（2）验证基于 IP Precedence 的 CB-WRED

```
R1#show policy-map           //查看配置的policy-map
 Policy Map WRED             //policy-map名字
  Class MAP1                 //class-map名字
    bandwidth 128 (kbps)     //为类分配的带宽
    packet-based wred, exponential weight 9
    //基于数据包的WRED以及计算队列平均长度的权重因子
     class    min-threshold    max-threshold    mark-probablity
     ----------------------------------------------------------
       0          13              30                1/15
       1           -               -                1/10
       2           -               -                1/10
       3           -               -                1/10
       4           -               -                1/10
       5           -               -                1/10
       6           -               -                1/10
       7           -               -                1/10
```
//以上10行显示IP各个优先级（0～7）的WRED丢弃最小门限、最大门限和丢弃概率，除了修改的IP优先级0的丢弃最小门限、最大门限和丢弃概率，其他都是默认值，用"-"符号表示，丢弃概率默认为1/10

```
R1#show policy-map interface Serial0/0/0
 Serial0/0/0    //service-policy应用接口
  service-policy output: WRED    //service-policy的名字和应用方向
   class-map: MAP1 (match-any)
    507 packets, 512418 bytes    //匹配该类流量的数据包个数和字节数
    5 minute offered rate 1000 bps, drop rate 0000 bps
    //5分钟内的速率和丢包速率，丢包速率为0表示没有丢包
    Match: protocol telnet
      107 packets, 4818 bytes    //匹配Telnet流量的数据包个数和字节数
      5 minute rate 1000 bps
    Match: protocol icmp
      400 packets, 507600 bytes  //匹配ICMP流量的数据包个数和字节数
      5 minute rate 0 bps
    Queueing    //该类别的队列情况
    queue limit 64 packets       //队列的长度
    (queue depth/total drops/no-buffer drops) 0/0/0
    //队列长度、丢包总数和无缓冲丢包
    (pkts output/bytes output) 507/512418    //输出数据包个数和字节数
    bandwidth 128 kbps    //为该类分配的带宽
    Exp-weight-constant: 9 (1/512)    //计算队列平均长度的权重因子
    Mean queue depth: 0 packets       //当前的平均队列长度
```

class	Transmitted pkts/bytes	Random drop pkts/bytes	Tail drop pkts/bytes	Minimum thresh	Maximum thresh	Mark prob
0	400/507600	0/0	0/0	13	30	1/15
1	0/0	0/0	0/0	22	40	1/10
2	0/0	0/0	0/0	24	40	1/10
3	0/0	0/0	0/0	26	40	1/10
4	0/0	0/0	0/0	28	40	1/10
5	0/0	0/0	0/0	30	40	1/10
6	107/4818	0/0	0/0	32	40	1/10

| | 7 | 0/0 | 0/0 | 0/0 | 34 | 40 | 1/10 |

//以上各列显示IP各个优先级（0～7）的WRED相关丢弃信息，各列含义如下：**class**——IP数据包的优先级；**Transmitted**——传输的相应IP优先级的数据包个数和字节数；**Random drop**——随机丢弃的数据包个数和字节数；**Tail drop**——尾部丢弃的数据包个数和字节数；**Minimum thresh**——WRED丢弃数据包的最小门限；**Maximum thresh**——WRED丢弃数据包的最大门限；**Mark prob**——WRED随机丢弃数据包的概率

```
    class-map: class-default (match-any)
       59 packets, 4669 bytes   //属于默认类别流量的数据包个数和字节数
    （此处省略部分输出）
```

（3）配置路由器R1：实现基于DSCP的CB-WRED

清除步骤（1）基于IP Precedence的CB-WRED的配置。

```
R1(config)#class-map match-any MAP1        //定义class-map，名字为MAP1
R1(config-cmap)#match dscp ef              //定义匹配的DSCP值
R1(config-cmap)#match dscp af11
R1(config-cmap)#exit
R1(config)#policy-map WRED                 //定义policy-map
R1(config-pmap)#class MAP1
R1(config-pmap-c)#bandwidth 128            //为该类保留128 kbps的带宽
R1(config-pmap-c)#random-detect dscp-based //该类启用基于DSCP的WRED
R1(config-pmap-c)#random-detect dscp af11 20 36 12
//修改DSCP为af11丢弃数据包的最小门限、最大门限和丢弃概率
R1(config-pmap-c)#random-detect dscp ef 32 46 8
//修改DSCP为EF丢弃数据包的最小门限、最大门限和丢弃概率
R1(config-pmap-c)#exit
R1(config-pmap)#exit
R1(config)#interface serial0/0/0
R1(config-if)#bandwidth 1024               //将配置接口的带宽改为1 024 kbps
R1(config-if)#service-policy output WRED
```

（4）验证基于DSCP的CB-WRED

```
R1#show policy-map                //查看配置的policy-map
   Policy Map WRED                //policy-map的名字
     Class MAP1                   //class-map的名字
       bandwidth 128 (kbps)       //为类分配的带宽
       packet-based wred, exponential weight 9
//基于数据包的WRED以及计算队列平均长度的权重因子
       dscp      min-threshold    max-threshold    mark-probablity
       --------------------------------------------------------
       af11 (10)      20                36              1/12
       ef   (46)      32                46              1/8
       default (0)    -                 -               1/10
//以上5行显示DSCP为af11（DSCP值为10）、EF（DSCP值为46）和默认（DSCP值为0）的丢弃信息，包括丢弃数据包的最小门限、最大门限和丢弃概率
R1#show policy-map interface Serial0/0/0
 Serial0/0/0      //service-policy应用接口
    service-policy output: WRED     //service-policy名字和应用方向
      class-map: MAP1 (match-any)
        10 packets, 1040 bytes    //匹配该类流量的数据包个数和字节数
        5 minute offered rate 0000 bps, drop rate 0000 bps
        Match:   dscp ef (46)     //匹配条件
```

```
        10 packets, 1040 bytes     //匹配DSCP EF流量的数据包个数和字节数
        5 minute rate 0 bps
      Match:    dscp af11 (10)    //匹配条件
        10 packets, 1040 bytes     //匹配DSCP af11流量的数据包个数和字节数
        5 minute rate 0 bps
      Queueing    //该类别的队列情况
      queue limit 64 packets      //队列的长度
      (queue depth/total drops/no-buffer drops) 0/0/0
      //队列长度、丢包总数和无缓冲丢包
      (pkts output/bytes output) 10/1040   //匹配该类流量的输出数据包个数和字节数
      bandwidth 128 kbps      //为该类分配的带宽
        Exp-weight-constant: 9 (1/512)    //计算队列平均长度的权重因子
        Mean queue depth: 0 packets     //当前的平均队列长度
  dscp    Transmitted    Random drop    Tail drop     Minimum    Maximum    Mark
          pkts/bytes     pkts/bytes     pkts/bytes    thresh     thresh     prob
  af11    5/520          0/0            0/0           20         36         1/12
  ef      5/520          0/0            0/0           32         46         1/8
```

//以上4行输出各列含义：dscp表示基于dscp的WRED，Transmitted表示传输相应类别的DSCP的数据包个数和字节数，Random drop表示WRED随机丢弃的数据包个数和字节数，Tail drop表示尾部丢弃的数据包个数和字节数，Minimum thresh表示WRED丢弃数据包的最小门限，Maximum thresh表示WRED丢弃数据包的最大门限，Mark prob表示WRED随机丢弃数据包的概率

21.6 配置流量监管和流量整形

21.6.1 实验 7：配置流量整形

1. 实验目的

通过本实验可以掌握：
① 流量整形的工作原理。
② 基于 MQC 的流量整形的配置和调试方法。

2. 实验拓扑

实验拓扑如图 21-5 所示，整个网络运行 OSPFv2 实现网络连通性。

3. 实验步骤

```
R1(config)#class-map match-all MAP1        //定义 class-map
R1(config-cmap)#match protocol icmp        //定义匹配协议类型
R1(config)#policy-map CBSHAPING            //定义 policy-map
R1(config-pmap)#class MAP1
R1(config-pmap-c)#bandwidth 16      //为该类保留 16 kbps 的带宽
R1(config-pmap-c)#fair-queue    //采用 WFQ 调度
R1(config-pmap-c)#shape average 64000 8000 8000

R1(config-pmap-c)#queue-limit 16    //配置队列的长度
R1(config-pmap-c)#exit
```

```
R1(config-pmap)#exit
R1(config)#interface Serial0/0/0
R1(config-if)#bandwidth 1024              //将配置接口的带宽改为 1 024 kbps
R1(config-if)#service-policy output CBSHAPING     //在接口上应用流量整形策略
```

【技术要点】

命令 shape {average | peak} CIR {burst-size {excess-burst-size}} 各参数含义如下。

① **average**：即 CIR，承诺信息速率，单位是 bps。
② **peak**：即 CIR+EIR，等于 CIR ×（1+Be/Bc），单位为 bps。
③ **CIR**：承诺信息速率，单位是 bps。
④ **brust-size**：即 Bc，正常突发流量的大小，单位是比特，默认为 CIR × 1/8。
⑤ **excess-brust-size**：即 Be，超额突发流量的大小，单位是比特，默认为 CIR × 1/8。

4. 实验调试

```
R1#show policy-map               //查看配置的 policy-map
  Policy Map CBSHAPING           //policy-map 名字
    Class MAP1
      bandwidth 16 (kbps)        //为类分配的带宽
      fair-queue                 //该类内使用 WFQ 队列调度
      Average Rate Traffic Shaping  //基于 CIR 速率的流量整形
      cir 640000 (bps) bc 8000 (bits) be 8000 (bits)
      //流量整形所设置的参数：CIR、Bc 和 Be 的值，注意单位
      queue-limit 16 packets     //队列的长度
R1#show policy-map interface Serial0/0/0
 Serial0/0/0            //service-policy 应用接口
   service-policy output: CBSHAPING   //service-policy 名字和应用方向
     class-map: MAP1 (match-any)
       1025 packets, 1536900 bytes    //匹配该类流量的数据包个数和字节数
       5 minute offered rate 37000 bps, drop rate 0000 bps
       Match: protocol icmp           //匹配条件
         1025 packets, 1536900 bytes  //匹配 ICMP 流量的数据包个数和字节数
         5 minute rate 37000 bps      //5 分钟的平均速率
       Queueing  //该类别的队列情况
       queue limit 16 packets         //队列的长度
       (queue depth/total drops/no-buffer drops/flowdrops) 0/0/0/0
       (pkts output/bytes output) 1025/1536900  //匹配该类流量的输出数据包个数和字节数
       bandwidth 16 kbps              //为该类分配的带宽
       Fair-queue: per-flow queue limit 4 packets   //WFQ 每个流队列限制 4 个数据包
       shape (average) cir 640000, bc 8000, be 8000  //流量整形所设置的参数
       target shape rate 640000       //目标整形速率
```

21.6.2 实验 8：配置 CAR 实现流量监管

1. 实验目的

通过本实验可以掌握：

① 流量监管技术 CAR 的工作原理。

② 流量监管技术 CAR 的配置和调试方法。

2. 实验拓扑

实验拓扑如图 21-5 所示，整个网络运行 OSPFv2 实现网络连通性。

3. 实验步骤

```
R1(config)#access-list 100 permit icmp any any
R1(config)#interface Serial0/0/0
R1(config-if)#rate-limit output access-group 100 64000 1600 2000 conform-action transmit exceed-action drop
//配置对匹配 ACL 100 的流量进行限速：CIR=64 000 bps，Bc=1 600 Byte，Be=2 000 Byte，对于 conform 的流量正常转发，对于 exceed 的流量丢弃
```

【技术要点】

命令 rate-limit {input|output}[access-group *ACL*] *CIR Bc Be* conform-action *action* exceed-action *action* 各参数含义如下：

① input|output：在接口的入或者出方向上使用 CAR。
② access-group *ACL*：针对特定符合 ACL 的流量实行 CAR。
③ *CIR*：承诺信息速率，单位是 bps。
④ *Bc*：正常突发流量的大小，单位是字节。
⑤ *Be*：超额突发流量的大小，单位是字节。
⑥ *action*：当发生 conform 或者 exceed 情况时要采取的动作，action 动作包括 continue、transmit 和 drop 等。

4. 实验调试

（1）完成 ping 测试

本实验使用路由器 R3 模拟计算机 PC1，执行 ping 命令。

```
R3#ping 172.16.12.2 size 3000 repeat 50
Type escape sequence to abort.
Sending 50, 3000-byte ICMP Echos to 172.16.12.2, timeout is 2 seconds:
!.!.!.!.!.!.!.!.!.!.!.!.!.!.!.!.!.!.!.!.!.!.!.!.!.
Success rate is 50 percent (25/50), round-trip min/avg/max = 24/24/24 ms
//产生测试用的数据包，可以看到丢包现象，说明 CAR 限速生效
```

（2）查看接口限速情况

```
R1#show interfaces serial0/0/0 rate-limit    //查看接口限速情况
Serial0/0/0
  Output    //接口限速方向
    matches: access-group 100    //对匹配 ACL 100 的流量进行限速
      params:  64000 bps, 1600 limit, 2000 extended limit
      //限速配置的参数，依次为 CIR、Bc 和 Be
      conformed 100 packets, 78860 bytes; action: transmit
      //conformed 的数据包个数和字节数以及 conformed 的动作
```

exceeded 50 packets, 73740 bytes; action: **drop**
//exceeded 的数据包个数和字节数以及 exceeded 的动作

21.6.3 实验 9：配置 CB-Policing 实现流量监管

1. 实验目的

通过本实验可以掌握：
① CB-Policing 的工作原理。
② CB-Policing 的配置和调试方法。

2. 实验拓扑

实验拓扑如图 21-5 所示，整个网络运行 OSPFv2 实现网络连通性。

3. 实验步骤

```
R1(config)#class-map match-all MAP1    //定义 class-map
R1(config-cmap)#match protocol icmp    //定义匹配协议类型
R1(config-cmap)#exit
R1(config)#policy-map CBPOLICING       //定义 policy-map
R1(config-pmap)#class MAP1
R1(config-pmap-c)#police cir 16000 bc 1000 be 2000 conform-action set-prec-transmit 1 exceed-action set-prec-transmit 2 violate-action drop
//配置 CB-Policing，使用双桶双速三色令牌桶
R1(config-pmap-c-police)#exit
R1(config-pmap-c)#exit
R1(config)#interface Serial0/0/0
R1(config-if)#service-policy output CBPOLICING    //在接口上应用流量监管策略
```

4. 实验调试

（1）完成 ping 测试

本实验使用路由器 R3 模拟计算机 PC1，执行 ping 命令。

```
R3#ping 172.16.12.2 size 800 repeat 500
Type escape sequence to abort.
Sending 50, 3000-byte ICMP Echos to 172.16.12.2, timeout is 2 seconds:
!!.!!.!!.!!.!!.!!.!!.!!.!!.!!.!!.!!.!!.!!.!!.!!.!!
Success rate is 68 percent (34/50), round-trip min/avg/max = 8/8/8 ms
//产生测试用的数据包，可以看到丢包现象，说明 CB-Policing 限速生效
```

（2）检查策略在接口上的应用情况

```
R1#show policy-map interface Serial0/0/0    //检查策略在接口上的应用情况
 Serial0/0/0         //service-policy 应用接口
  service-policy output: CBPOLICING    //service-policy 的名字和应用方向
   class-map: MAP1 (match-any)
     92 packets, 73968 bytes      //匹配该类流量的数据包个数和字节数
     5 minute offered rate 4000 bps, drop rate 3000 bps
     Match: protocol icmp    //匹配条件
       92 packets, 73968 bytes    //匹配 ICMP 流量的数据包个数和字节数
```

```
    5 minute rate 4000 bps    //5 分钟平均传输速率
police:   //该类别的流量监管情况
    cir 16000 bps, bc 1000 bytes, be 2000 bytes    //监管的配置参数，依次为 CIR、Bc 和 Be
    conformed 23 packets, 18492 bytes; actions:
        set-prec-transmit 1
    //以上 2 行给出了 conformed 的数据包个数和字节数以及 conformed 的动作
    exceeded    46 packets, 36984 bytes; actions:
        set-prec-transmit 2
    //以上 2 行给出了 exceeded 的数据包个数和字节数以及 exceeded 的动作
    violated    23 packets, 18492 bytes; actions:
        drop
    //以上 2 行给出了 violated 的数据包个数和字节数以及 violated 的动作
    conformed 3000 bps, exceeded 4000 bps, violated 3000 bps
    //3 种行为的平均速率
```

参 考 文 献

[1] 梁广民,王隆杰,编著. 思科网络实验室路由交换实验指南(第2版). 北京:电子工业出版社. 2013.
[2] 梁广民,王隆杰,编著. 网络互联技术(第二版). 北京:高等教育出版社. 2018.
[3] [美] Rick Graziani,等著. 思科网络技术学院教程 第6版 网络简介. 思科系统公司,译. 北京:人民邮电出版社. 2018.
[4] [加]Bob Vachon,等著. 思科网络技术学院教程 第6版 路由和交换基础. 思科系统公司,译. 北京:人民邮电出版社. 2018.
[5] [美]Jeff Doyle,等著. TCP/IP 路由技术(第一卷)(第二版). 葛建立,等译. 北京:人民邮电出版社. 2007.
[6] [美]Jeff Doyle,著. TCP/IP 路由技术 第2卷(第2版). 夏俊杰,译. 北京:人民邮电出版社. 2017.
[7] 梁广民,王隆杰,编著. 思科网络实验室CCNP(路由技术)实验指南. 北京:电子工业出版社. 2012.
[8] 梁广民,王隆杰,编著. 思科网络实验室CCNP(交换技术)实验指南(第2版). 北京:电子工业出版社. 2012.
[9] [美]Wendell Odom,著. CCNA ICND2 路由与交换 200-105 认证考试指南(第5版). 田果,译. 北京:人民邮电出版社. 2018.

反侵权盗版声明

电子工业出版社依法对本作品享有专有出版权。任何未经权利人书面许可,复制、销售或通过信息网络传播本作品的行为;歪曲、篡改、剽窃本作品的行为,均违反《中华人民共和国著作权法》,其行为人应承担相应的民事责任和行政责任,构成犯罪的,将被依法追究刑事责任。

为了维护市场秩序,保护权利人的合法权益,本社将依法查处和打击侵权盗版的单位和个人。欢迎社会各界人士积极举报侵权盗版行为,本社将奖励举报有功人员,并保证举报人的信息不被泄露。

举报电话:(010)88254396;(010)88258888
传　　真:(010)88254397
E-mail: dbqq@phei.com.cn
通信地址:北京市海淀区万寿路173信箱
　　　　　电子工业出版社总编办公室
邮　　编:100036